全国应用型本科院校化学课程统编教材

化工原理

Principles of Chemical Engineering

（第二版）

主　编　王淑波　蒋红梅

副主编　胡　达　杨荣华　崔晓君　廖庆玲
段腾飞

编　委　潘永兰　马奕春　张　铭　钱　洁
霍月洋　李青云　王　芳　刘爱军
高前欣

华中科技大学出版社
中国·武汉

内 容 提 要

本书重点介绍化工单元操作的基本原理、典型设备及工程计算。全书包括绪论、流体流动、流体输送机械、非均相物系分离、传热、蒸发、蒸馏、吸收、干燥、萃取及其他分离技术。各章末附有思考题和习题，并附有习题参考答案。

本书重视基本概念和基本原理，简化公式推导，阐述力求严谨，注重实际应用。

本书可作为应用型本科院校化工及相关专业本科生的教材，也可供化工及相关领域的技术人员参考。

图书在版编目(CIP)数据

化工原理/王淑波，蒋红梅主编. —2 版. —武汉：华中科技大学出版社，2019.1(2022.8 重印)
全国应用型本科院校化学课程统编教材
ISBN 978-7-5680-4837-8

Ⅰ.①化… Ⅱ.①王… ②蒋… Ⅲ.①化工原理－高等学校－教材 Ⅳ.①TQ02

中国版本图书馆 CIP 数据核字(2019)第 012569 号

化工原理(第二版)
Huagong Yuanli

王淑波 蒋红梅 主编

策划编辑：王新华
责任编辑：王新华
封面设计：原色设计
责任校对：张会军
责任监印：周治超
出版发行：华中科技大学出版社(中国·武汉) 电话：(027)81321913
武汉市东湖新技术开发区华工科技园 邮编：430223
录 排：武汉正风天下文化发展有限公司
印 刷：武汉科源印刷设计有限公司
开 本：787mm×1092mm 1/16
印 张：25.5
字 数：666 千字
版 次：2022 年 8 月第 2 版第 2 次印刷
定 价：58.00 元

第二版前言

本书结合应用型本科生的培养特点，根据教育部高等学校化学与化工学科教学指导委员会制定的学科规范要求编写。

本次修订前对第一版教材使用情况进行了问卷调查，采纳了一些院校提出的宝贵意见，根据少学时课程教学的需要，删除了固-液萃取、搅拌两部分内容。

第二版保持了第一版的特色，以化工单元为主线，力求系统完整，突出基本概念和基本原理，简化公式推导，注重典型设备及工程计算的介绍。为了便于学生学习，各章均有本章学习要求、例题、思考题和习题，且附有习题参考答案。

第二版编写工作由北京理工大学珠海学院、湖南农业大学、荆州学院、山东第一医科大学、中国计量大学现代科技学院、湖北理工学院、宿州学院、南京中医药大学、南京中医药大学翰林学院、聊城大学东昌学院、浙江农林大学等十一所院校共同完成。参加编写的有王淑波、蒋红梅、胡达、杨荣华、崔晓君、廖庆玲、段腾飞、潘永兰、马奕春、张铭、钱洁、霍月洋、李青云、王芳、刘爱军和高前欣，全书由王淑波拟订大纲、组织编写及审定书稿。

本书可作为化学工程、石油化工、制药工程、生物工程、食品工程、应用化学、精细化工、环境工程等专业的化工原理课程本科生教材，也可供化工及相关领域的技术人员参考。

本书的编写工作得到了华中科技大学出版社的大力支持，在此表示感谢。

鉴于编者水平所限，书中不足之处在所难免，恳请读者批评指正。

编　者

目　　录

绪　论

0.1　化工原理课程的性质、内容及任务

化工原理课程是化工、生物、制药、轻工食品、环境、石油、材料等类专业重要的技术基础课。它是一门工程性、实用性很强的学科，是综合运用数学、物理、物理化学等基础知识，分析和解决化学加工类生产中各种物理过程问题的工程学科。在化工类专业人才培养中，它承担着工程科学与工程技术的双重教育任务。

化工产品种类繁多，在某种化工产品的加工过程中，原料通过一系列的化工设备加工处理后成为产品或中间产品。图 0-1 为化工生产过程示意图。在生产过程中涉及原料预处理、化学反应过程、粗产品后处理等环节。虽然这些化工生产过程很复杂，但经研究分析发现，所包含的加工步骤可归纳为两类：一类是化学反应过程，也是化工过程的核心；另一类是物理性加工步骤，它们具有共同的特点，并能使用相同的数学物理方法描述。我们把化工产品生产的物理过程归纳为几种基本操作，如流体输送、换热(加热和冷却)、蒸馏、吸收、蒸发、萃取、结晶和干燥等，这些基本的物理操作统称为化工单元操作，简称为化工单元。化工原理就是研究化工单元操作共性的一门课程，而化学反应过程则不属于本课程的研究范畴。在化工生产中，化工单元操作占有大部分的设备投资和操作费用，在很大程度上决定了生产过程的经济性和生产技术的先进性。

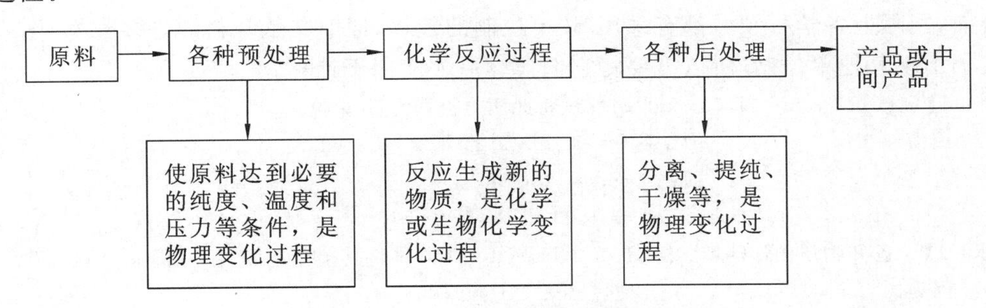

图 0-1　化工生产过程示意图

化工单元操作的特点如下：所有的化工单元操作都是物理性操作，只改变物料的状态或物理性质，并不改变化学性质；化工单元操作是化工生产过程中共有的操作，只是不同的化工生产中所包含的化工单元操作数目、名称与排列顺序不同；化工单元操作作用于不同的化工过程时，基本原理相同，所用的设备也是通用的。

根据各化工单元操作所遵循的基本规律不同，将其划分为以下四种类型：

(1) 遵循流体动力学基本规律，用动量传递理论研究的单元，如流体输送、沉降、过滤、固体流态化、搅拌等；

(2) 遵循传热基本规律，用热量传递理论研究的单元，如加热、冷却、蒸发等；

(3) 遵循传质基本规律，用质量传递理论研究的单元，如蒸馏、气体吸收、萃取、吸附等；

(4) 同时遵循传热和传质基本规律的单元,如干燥、结晶等。

化工单元操作的研究内容包括“过程”和“设备”两个方面,所以化工原理课程主要讲述各种化工单元操作的基本原理、典型设备的结构、工艺计算、设备选型等内容。

0.2 单位制和单位换算

0.2.1 单位制

在工程和科学中,由于历史、地区及学科的不同,使用的单位制也有所不同。目前,国际上逐渐统一采用国际单位制,即 SI 单位制。欧美国家常采用英制单位,可以通过附录中的换算表进行换算。我国采用中华人民共和国法定计量单位(简称法定单位),见附录 A。

(1) CGS 制(物理单位制) 基本物理量为长度、质量及时间,基本单位为厘米(cm)、克(g)、秒(s)。

(2) MKS 制(绝对单位制) 基本物理量为长度、质量及时间,基本单位为米(m)、千克(kg)、秒(s)。

(3) 工程单位制(重力单位制) 基本物理量为长度、力(或重力)及时间,基本单位为米(m)、千克力(kgf)、秒(s)。

(4) SI 单位制(国际单位制) 基本物理量为长度、质量、时间、热力学温度、物质的量、电流及发光强度,对应的基本单位为米(m)、千克(kg)、秒(s)、开尔文(K)、摩尔(mol)、安培(A)和坎德拉(cd)。

0.2.2 单位换算

目前,国际上各学科领域都有采用 SI 单位制的趋势,但旧文献资料的许多数据、图表和经验公式仍出现其他单位制,所以需要将它们换算后才能用于计算。

【例 0-1】 已知 $1\ \text{atm} = 1.033\ \text{kgf/cm}^2$,试将此压力换算为 SI 单位。

解 因为

$$力\ 1\ \text{kgf} = 1\ \text{kg} \times 9.81\ \text{m/s}^2 = 9.81\ \text{N}$$

$$面积\ 1\ \text{cm}^2 = 10^{-4}\ \text{m}^2$$

所以

$$1\ \text{atm} = 1.033\ \text{kgf/cm}^2 = 1.033 \times 9.81/10^{-4}\ \text{N/m}^2 = 1.013 \times 10^5\ \text{N/m}^2$$

【例 0-2】 已知物质的比热容 $c_p = 1.00\ \text{BTU/(lb·°F)}$,试将其换算为 SI 单位,即 kJ/(kg·℃)。

解 因为

$$热量\ 1\ \text{BTU} = 1.055\ \text{kJ}$$

$$质量\ 1\ \text{lb} = 0.4536\ \text{kg}$$

$$温度\ 1\ \text{°F} = 5/9\ ℃$$

所以 $c_p = 1.00\ \text{BTU/(lb·°F)} = 1.00 \times 1.055/(0.4536 \times 5/9)\ \text{kJ/(kg·℃)} = 4.187\ \text{kJ/(kg·℃)}$

0.3 化工单元操作遵循的守恒定律及过程速率

物料衡算、能量衡算和过程传递速率是化工单元操作中几个最重要的概念,下面进行简单介绍。

0.3.1 物料衡算

物料衡算的依据是质量守恒定律,即物质既不会产生也不会消失,参与任何化工生产过程的物料质量是守恒的。将某个单元(某个车间、某个工段、某个设备)选定为衡算范围,输入衡算范围的物料量总和等于输出衡算范围的物料量总和加上累积物料量(忽略物料损失)。某个单元的衡算方程为

$$输入量总和 = 输出量总和 + 累积量$$

如果此单元为稳定操作过程,则累积量为零。其物料衡算方程为

$$输入量总和 = 输出量总和$$

稳定操作过程是指任一点的温度、压力、密度等物理量都不随时间变化而变化。非稳定操作过程反之。一般情况下,化工单元操作的开车和停车过程都是非稳定操作过程,而正常运行时为稳定操作过程。

进行物料衡算时,首先画出衡算范围,然后选定计算基准,列出衡算方程,求解未知量。

【例 0-3】 将某湿物料投入真空干燥器内进行干燥,如图 0-2 所示。已知将含水量 40% 的 100 kg 湿物料投入干燥器中,得到含水量 20%(以上为质量分数)的产品,求产品的质量和去掉的水量。

图 0-2　真空干燥器物料衡算示意图

解　设产品量为 B kg,去掉水量为 W kg。对干燥器(操作单元)进行物料衡算:

$$100 = B + W \tag{1}$$

对水分进行物料衡算:

$$100 \times 40\% = B \times 20\% + W \tag{2}$$

联立式(1) 和式(2) 得　$B = 75$,　$W = 25$

另解　对干物料进行物料衡算:

$$100 \times (1 - 40\%) = B \times (1 - 20\%) \tag{3}$$

解得　$B = 75$,　$W = 100 - 75 = 25$

0.3.2　能量衡算

能量一般包括机械能、热能、磁能、化学能、电能、原子能等。化工生产过程中一般只涉及机械能和热能。能量衡算的依据是能量守恒定律,其步骤与物料衡算的基本相同。

将某个单元(某个车间、某个工段、某个设备)选定为衡算范围,输入衡算范围的能量总和等于输出衡算范围的能量总和加上累积能量(忽略能量损失)。某个单元的能量衡算方程为

$$输入能量总和 = 输出能量总和 + 累积能量$$

对于稳定操作过程,累积能量为零。其能量衡算方程为

$$输入能量总和 = 输出能量总和$$

能量衡算与物料衡算的步骤基本相同,计算基准不同。

【例 0-4】 将某湿物料投入真空干燥器内进行干燥,如图 0-3 所示。写出能量衡算式。

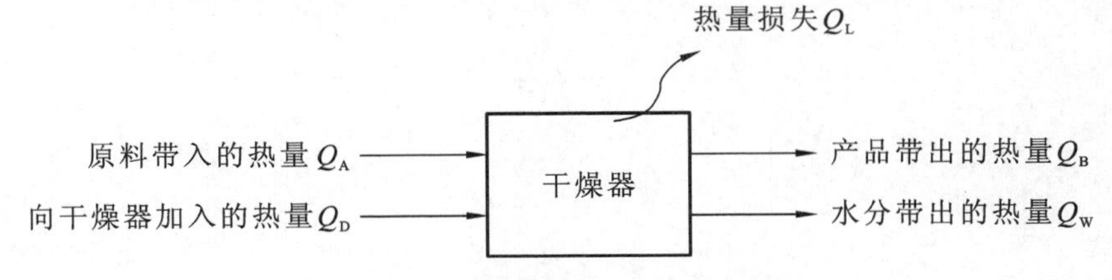

图 0-3　真空干燥器能量衡算示意图

解　根据题意,对干燥器(化工操作单元)进行能量衡算:

$$Q_A + Q_D = Q_B + Q_W + Q_L$$

0.3.3　过程的平衡与速率

过程的平衡是指过程进行的方向和所能达到的极限。例如,若两物体存在温度差,热量将从高温物体向低温物体传递,直至温度相等,传热过程达到极限,即传热过程达到平衡。

过程的速率是指过程进行的快慢,也称为过程的传递速率。化工原理涉及传热速率和传质速率。过程速率的大小直接影响到设备的大小及经济效益等。过程速率等于过程推动力与过程阻力之比,即

$$\text{过程速率} = \frac{\text{推动力}}{\text{阻力}}$$

不同过程的传递速率不同,其推动力、阻力以及比例系数的表达方式都取决于过程的传递机理。

第1章　流体流动

学习要求

通过本章学习，掌握流体和流体流动有关的概念、基本原理和规律，并能够运用这些原理和规律去分析流体流动过程的有关问题，进行有关计算。

具体学习要求：掌握流体混合物的密度及影响因素、压力的表示方法及单位换算、流体静力学方程及其应用、连续性方程、伯努利方程及其应用、雷诺数、流动类型及其判据、管路阻力（直管阻力、局部阻力和总阻力）的计算；了解简单管路的计算及流速与流量的测量。

气体和液体统称为流体。化工生产过程中所处理的物料大多数是流体。流体具有较好的流动性，无固定形状，其形状随容器形状变化而变化，在外力作用下其内部发生相对运动。利用流体的特征，可使化学反应趋于均匀，物料便于运输，容易实现生产过程的连续化和自动化。流体流动规律在化学工程学科中极为重要，研究范围不仅包括流体输送、流体搅拌、非均相物系分离及固体流态化等化工单元操作所依据的基本规律，而且与热量传递、质量传递和化学反应等过程都有着密切的关系。

在研究流体流动时，常将流体视为由无数流体微团所组成的连续介质。把每个流体微团称为质点，其大小与容器或管路相比是微不足道的。质点在流体内部一个紧挨一个，它们之间没有任何空隙，即认为流体充满其所占据的空间。一般液体可作为不可压缩的流体处理。气体具有较大的压缩性，但当温度或压力变化很小时也可作为不可压缩的流体处理。

流体流动的规律包括流体静力学和流体动力学两大部分，本章将结合化工过程的特点，对流体静力学原理和流体动力学基本规律进行讨论，并运用这些原理与规律去分析流体的输送问题，进行有关计算。

1.1　流体静力学方程

流体静力学是研究流体在外力作用下处于静止或平衡状态时其内部质点间、流体与固体边壁间的作用规律。流体静力学与流体的密度、压力等性质有关，下面先介绍这些性质。

1.1.1　密度

1. 密度的定义及表达式

单位体积流体的质量，称为流体的密度，其表达式为

$$\rho = \frac{m}{V} \tag{1-1}$$

式中，ρ 为流体的密度，kg/m^3；m 为流体的质量，kg；V 为流体的体积，m^3。

气体具有可压缩性及膨胀性，气体的密度随压力和温度发生变化，即 $\rho = f(p,T)$，通常在

温度不太低、压力不太大的情况下,气体密度可近似用理想气体状态方程进行计算。

$$pV = nRT = \frac{m}{M}RT \Rightarrow \rho = \frac{m}{V} = \frac{pM}{RT} \tag{1-2}$$

式中,p 为气体的压力(绝对压力),kPa;T 为气体的热力学温度,K;M 为气体分子的千摩尔质量,kg/kmol;R 为摩尔气体常数,8.314 kJ/(kmol·K);n 为气体的物质的量,kmol。

理想气体在标准状况($T^{\ominus} = 273.15$ K,$p^{\ominus} = 101.325$ kPa)下的摩尔体积为 $V_m^{\ominus} = 22.4\ \mathrm{m^3/kmol}$,密度为

$$\rho^{\ominus} = \frac{M}{22.4\ \mathrm{m^3/kmol}} \tag{1-3}$$

已知标准状态下的气体密度 $\rho^{\ominus}$,可以按照下式计算出其他温度 T 和压力 p 下的该气体的密度:

$$\rho = \rho^{\ominus} \frac{T^{\ominus} p}{T p^{\ominus}} \tag{1-4}$$

化工生产中所遇到的流体,往往是含有几个组分的混合物,则混合流体的密度计算方法相应有所改变。

对于液体混合物,若混合液为理想溶液,则其体积等于各组分单独存在时的体积之和。现以 1 kg 混合液为基准,混合液中各组分用质量分数表示,根据混合液总体积等于各组分单独存在时的体积之和,混合液的密度 ρ_m 可由下式计算:

$$\frac{1}{\rho_m} = \sum_{i=1}^{n} \frac{w_i}{\rho_i} \tag{1-5}$$

式中,ρ_i 为液体混合物中纯组分 i 的密度,kg/m^3;w_i 为液体混合物中纯组分 i 的质量分数。

对于气体混合物,各组分的浓度常用体积分数来表示。关于混合气体的密度 ρ_m 的计算,现以1 m^3 混合气体为基准,若各组分在混合前后其质量不变,则 1 m^3 混合气体的质量等于各组分的质量之和,即

$$\rho_m = \sum_{i=1}^{n} (\rho_i y_i) \tag{1-6}$$

式中,ρ_i 为气体混合物中纯组分 i 的密度,kg/m^3;y_i 为气体混合物中纯组分 i 的体积分数。

在温度不太低、压力不太大的情况下,气体混合物的平均密度 ρ_m 也可按式(1-2)计算,此时应以气体混合物的平均相对分子质量 M_m 代替式中的气体相对分子质量 M,则

$$M_m = \sum_{i=1}^{n} (M_i y_i) \tag{1-7}$$

式中,M_i 为气体混合物中各组分的相对分子质量,kg/kmol;y_i 为气体混合物中各组分的体积分数。

【例 1-1】 已知硫酸与水的密度分别为1830 kg/m^3 与 998 kg/m^3,试求 60%(质量分数)的硫酸水溶液的密度。

解 根据式(1-5),则有

$$\frac{1}{\rho_m} = \frac{0.6}{1830\ \mathrm{kg/m^3}} + \frac{0.4}{998\ \mathrm{kg/m^3}}$$

混合液的密度

$$\rho_m = 1372\ \mathrm{kg/m^3}$$

即 60% 的硫酸水溶液的密度为 1372 kg/m^3。

2. 比容

单位质量流体具有的体积,称为比容。比容是密度的倒数,用符号 v 表示,单位为 m^3/kg,则

$$v=\frac{V}{m}=\frac{1}{\rho} \tag{1-8}$$

1.1.2　流体的压力

1. 定义

流体垂直作用于单位面积的力称为流体的静压强，习惯上称为流体的压力(本书中所述压力，如不特别指明，均指压强)。密度随压力或温度改变很小的流体称为不可压缩流体；若有显著改变，则称为可压缩流体。通常认为液体是不可压缩流体，气体是可压缩流体。

2. 压力的单位

在SI单位中，压力的单位是N/m^2或Pa。此外，压力的大小也可间接地以流体柱高度表示，如米水柱或毫米汞柱等。需要注意的是，用液柱高度表示压力时，必须指明流体的种类，如600 mmHg、10 mH_2O等。压力还可以用atm(标准大气压)、kgf/cm^2、at(工程大气压)等表示，其换算关系为

$$1\ \text{atm}=1.013\times10^5\ \text{Pa}=760\ \text{mmHg}=10.33\ \text{mH}_2\text{O}=1.033\ \text{kgf/cm}^2$$

$$1\ \text{at}=9.81\times10^4\ \text{Pa}=735\ \text{mmHg}=10\ \text{mH}_2\text{O}=1\ \text{kgf/cm}^2$$

3. 绝对压力、表压、真空度

压力可以有不同的计量标准。以绝对真空为基准测得的压力称为绝对压力，以外界大气压为基准测得的压力称为表压或真空度。工程上用压力表测得的流体压力就是以外界大气压为基准的压力。绝对压力、表压和真空度的关系如图1-1所示。

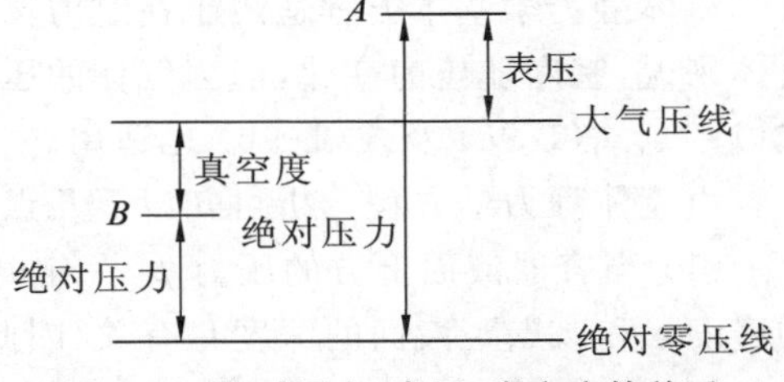

图1-1　绝对压力、表压、真空度的关系

从图1-1中可以看出：

$$表压=绝对压力-大气压力$$

$$真空度=大气压力-绝对压力$$

$$真空度=-表压$$

一般为避免混淆，在书写流体压力的时候要注明是表压或真空度，如3×10^4 Pa(表压)、10 mmHg(真空度)等，还应指明当地大气压力。

【例1-2】　某台离心泵进、出口压力表读数分别为220 mmHg(真空度)及1.7 kgf/cm^2(表压)。若当地大气压力为760 mmHg，试求：进、出口的绝对压力各为多少帕斯卡？

解　$p_{进口}=p_a-p_{表}=760\ \text{mmHg}-220\ \text{mmHg}=540\ \text{mmHg}=7.198\times10^4\ \text{Pa}$

由于大气压$p_a=760\ \text{mmHg}=1.013\times10^5\ \text{Pa}$，$1\ \text{kgf/cm}^2=9.81\times10^4\ \text{Pa}$，则

$p_{出口}=p_a+p_{表}=1.7\ \text{kgf/cm}^2+1.013\times10^5\ \text{Pa}=1.7\times9.81\times10^4\ \text{Pa}+1.013\times10^5\ \text{Pa}=2.681\times10^5\ \text{Pa}$

即离心泵进、出口的绝对压力分别为7.198×10^4 Pa和2.681×10^5 Pa。

1.1.3　流体静力学基本方程

流体静力学基本方程是用于描述静止流体内部的压力沿着高度变化的数学表达式。对于不可压缩流体，密度随压力变化可忽略，其静力学基本方程可用下述方法推导。

如图1-2所示，容器内装有密度为ρ的液体，液体可视为不可压缩流体。在静止液体中取一段液柱，其截面积为A，以容器底面为基准水平面，液柱的上、下端面与基准水平面的垂直距离

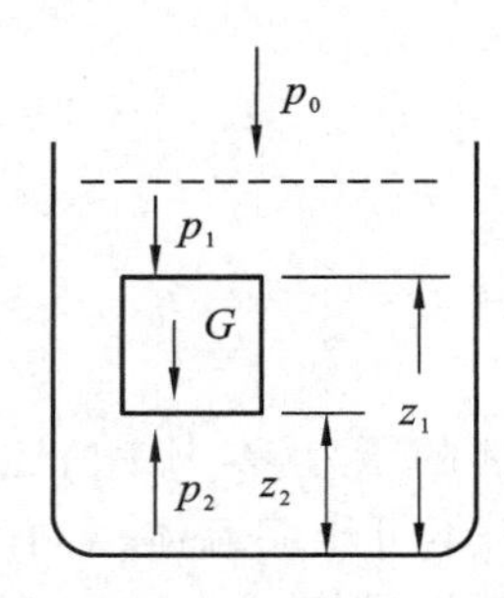

图 1-2 液柱受力分析图

分别为 z_1 和 z_2,作用在上、下两端面的压力分别为 p_1 和 p_2。

重力场中在垂直方向上对液柱进行受力分析:

(1) 上端面所受总压力 $P_1 = p_1 A$,方向向下;

(2) 下端面所受总压力 $P_2 = p_2 A$,方向向上;

(3) 液柱的重力 $G = \rho g A(z_1 - z_2)$,方向向下。

液柱处于静止状态时,上述三项力的合力应为零,即

$$p_2 A - p_1 A - \rho g A(z_1 - z_2) = 0$$

整理并消去 A,得

$$p_2 = p_1 + \rho g(z_1 - z_2) \tag{1-9}$$

或

$$\frac{p_1}{\rho} + z_1 g = \frac{p_2}{\rho} + z_2 g \tag{1-9a}$$

若将液柱的上端面取在容器内的液面上,设液面上方的压力为 p_0,液柱高度 $h = z_1 - z_2$,$p = p_2$,则式(1-9) 可改写为

$$p = p_0 + \rho g h \tag{1-9b}$$

式(1-9)、式(1-9a) 及式(1-9b) 均称为流体静力学基本方程。

流体静力学基本方程适用于在重力场中静止、连续的同种不可压缩流体,如液体。而对于气体来说,密度随压力变化,但当气体的压力变化不大,密度近似地取其平均值而视为常数时,式(1-9)、式(1-9a) 及式(1-9b) 也适用。

由流体静力学方程分析可知以下几点。

(1) 当容器液面上方的压力 p_0 一定时,静止液体内部任一点压力 p 的大小仅与液体本身的密度 ρ 和该点距液面的深度 h 有关。因此,在静止的、连续的同一液体内,处于同一水平面上各点的压力都相等,压力相等的水平面称为等压面。

(2) 压力具有传递性。液面上方压力变化时,液体内部各点的压力也将发生相应的变化。

(3) 式(1-9a) 中,zg、$\frac{p}{\rho}$ 分别为单位质量流体所具有的位能和静压能,此式反映出在同一静止流体中,处在不同位置流体的位能和静压能各不相同,但总和为常数。因此,静力学基本方程也反映了静止流体内部能量守恒与转换的关系。

(4) 式(1-9b) 可改写为

$$\frac{p - p_0}{\rho g} = h \tag{1-9c}$$

上式说明压差的大小可以用一定高度的液体柱来表示。由此可以引申出压力的大小也可用一定高度的液体柱表示,这就是前面所介绍的压力可以用 mmHg、mH_2O 单位来计量的依据。当用液柱高度来表示压力或压差时,必须注明是何种液体,否则就失去了意义。

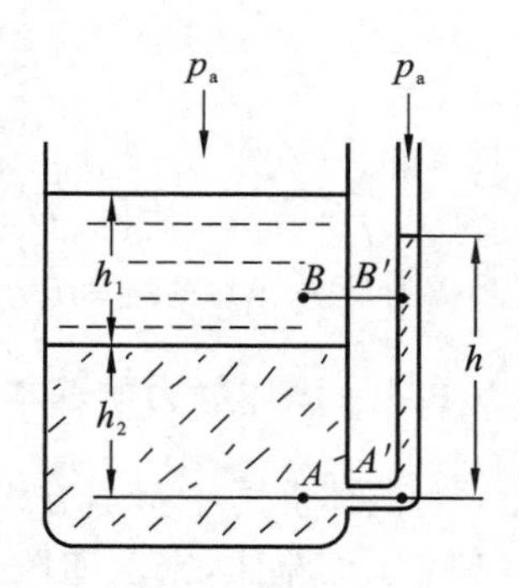

图 1-3 例 1-3 附图

【例 1-3】 如图 1-3 所示的开口容器内盛有油和水。油层高度 $h_1 = 0.6$ m,密度 $\rho_1 = 800\ \text{kg/m}^3$;水层高度 $h_2 = 0.7$ m,密度 $\rho_2 = 1000\ \text{kg/m}^3$。(1) 判断下列两关系是否成立,即 $p_A = p_{A'}$,$p_B = p_{B'}$;(2) 计算水在玻璃管内的高度 h。

解 (1) $p_A = p_{A'}$ 的关系成立。因 A 与 A' 两点在静止的、连通着的同一流体内,并在同一水平面上,所以截面 $A—A'$ 称为等压面。$p_B = p_{B'}$ 的关系不能成立。因 B 及 B' 两点虽在静止流体的同一水平面上,但不是连通着的同一种流体,即截面 $B—B'$ 不是等压面。

(2) 由上面讨论可知：$p_A = p_{A'}$，用 p_a 表示大气压，用流体静力学基本方程计算，即

$$p_A = p_a + \rho_1 g h_1 + \rho_2 g h_2$$

$$p_{A'} = p_a + \rho_2 g h$$

于是

$$p_a + \rho_1 g h_1 + \rho_2 g h_2 = p_a + \rho_2 g h$$

简化上式并将已知值代入，得

$$800 \times 0.6 + 1000 \times 0.7 = 1000h$$

解得

$$h = 1.18 \text{ m}$$

即 $p_A = p_{A'}$ 的关系成立，$p_B = p_{B'}$ 的关系不能成立；水在玻璃管内的高度为1.18 m。

1.1.4　流体静力学方程的应用

利用静力学基本原理可以测量流体的压力、容器中液位及计算液封高度等。

1. 压力测量

测量流体压力的仪表很多，现仅介绍以流体静力学基本方程为依据的液柱压差计。液柱压差计可测量流体中某点的压力，也可测量两点之间的压差。

1) U形管压差计

U形管压差计是一根内装指示液的U形玻璃管，如图1-4所示。常用的指示液有汞、水、着色水、CCl_4 等。要求指示液的密度大于所测流体的密度，且与所测流体不发生化学反应，不互溶。测量时，U形管两端分别接到流体系统的两个测压口，被测流体流入U形管内。如果U形管两端的压力 p_1 和 p_2 不等(图1-4中 $p_1 > p_2$)，则指示液就在U形管两端出现高度差 R，利用 R 的数值，根据静力学基本方程，就可算出液体两点间的压差。若指示液的密度为 ρ_0，被测流体的密度为 ρ，根据流体静力学基本方程，有

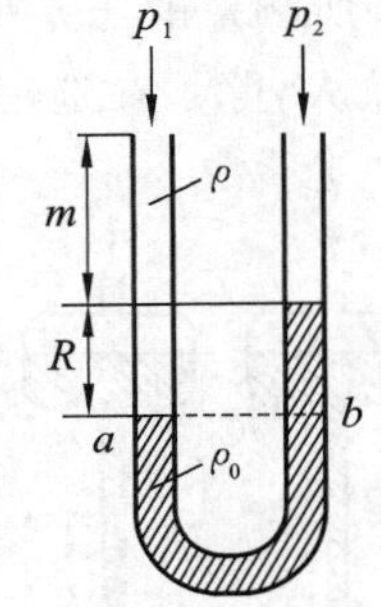

图1-4　U形管压差计

$$p_a = p_1 + \rho g(m + R)$$

$$p_b = p_2 + \rho g m + \rho_0 g R$$

因为

$$p_a = p_b$$

则

$$p_1 + \rho g(m + R) = p_2 + \rho g m + \rho_0 g R$$

化简有

$$p_1 - p_2 = Rg(\rho_0 - \rho) \tag{1-10}$$

测量气体时，由于气体的密度 ρ 比指示液的密度 ρ_0 小得多，故 $\rho_0 - \rho \approx \rho_0$，则有

$$p_1 - p_2 = Rg\rho_0 \tag{1-10a}$$

U形管压差计也可以测流体某点的压力。当将U形管一端与被测点连接、另一端与大气相通时，也可测得流体的表压或真空度，如图1-5所示。

为防止在使用U形管压差计时水银蒸气向空气中扩散，通常在与大气相通的一侧水银液面上充入少量水，计算时其高度可忽略不计。

2) 斜管压差计

当被测的流体压力或压差不大时，可采用如图1-6所示的斜管压差计进行测量，从而得到较精确的读数。R_1 与 R 的关系为

$$R_1 = \frac{R}{\sin\alpha} \tag{1-11}$$

式中，α 为倾斜角，其值越小，则 R 放大为 R_1 的倍数越大。

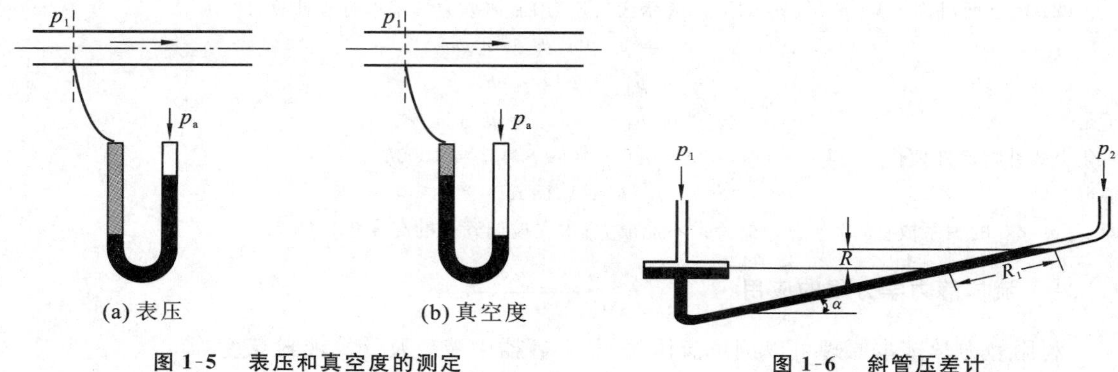

图 1-5　表压和真空度的测定

图 1-6　斜管压差计

3) 微差压差计

若所测量的压差很小,U 形管压差计的读数 R 也就很小,有时难以准确读出 R 值。为把读数 R 放大,除了在选用指示液时,尽可能使其密度与被测流体的密度相接近外,还可采用如图 1-7 所示的微差压差计,压差计内装密度接近但不互溶的两种液体 A 和 C($\rho_A > \rho_C$)。为了读数方便,U 形管的两侧臂顶端装有扩大室。扩大室内径与 U 形管内径之比应大于 10。这样,扩大室的截面积比 U 形管的截面积大很多,即使 U 形管内指示液的液面差 R 很大,两扩大室内的指示液的液面变化仍很微小,可以认为维持等高。于是压力差 $p_1 - p_2$ 便可用下式计算:

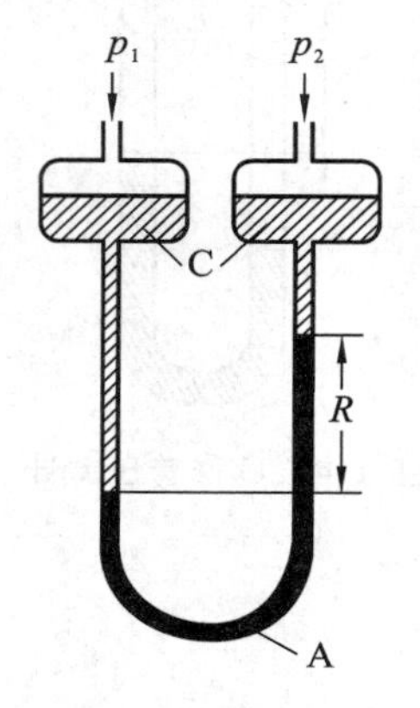

图 1-7　微差压差计

$$p_1 - p_2 = Rg(\rho_A - \rho_C) \tag{1-12}$$

注意:上式的 $\rho_A - \rho_C$ 是两种指示液的密度差,不是指示液与被测流体的密度差。

从式(1-12)可看出,对于一定的压差,$\rho_A - \rho_C$ 越小则读数 R 越大,所以应该使用两种密度接近的指示液。

2. 液位的测量

化工厂中经常要了解容器里液体的储存量或要控制设备里的液面,因此要进行液位的测量。大多数液位计的作用原理均遵循静止液体内部压力变化的规律。如图 1-8 所示,将装有密度为 ρ_0 的指示剂的 U 形管压差计的两端分别与容器底部和平衡室(扩大室)相连,平衡室上方用气相平衡管与容器连接。平衡室中装的液体与容器里的液体相同且密度为 ρ,所装液体量能使平衡室里液面高度维持在容器液面容许到达的最高液位。压差计的读数 R 指示容器里的液面高度,液面越高,读数越小。当液面达到最高容许液位时,压差计的读数为零。其贮槽内的液位高度为

$$h = \frac{\rho_0 - \rho}{\rho}R \tag{1-13}$$

若容器离操作室较远或埋在地面以下,可采用远程压力测量装置来测量其液位,如图 1-9 所示。

在管内通入压缩氮气,用阀 1 调节其流量,测量时控制流量使在观察器中有少许气泡逸出。用 U 形压差计测量吹气管内的压力,其读数 R 的大小即可反映出容器内的液位高度,若指示液密度为 ρ_0,容器内液体密度为 ρ,则有

$$h = \frac{\rho_0}{\rho}R \tag{1-14}$$

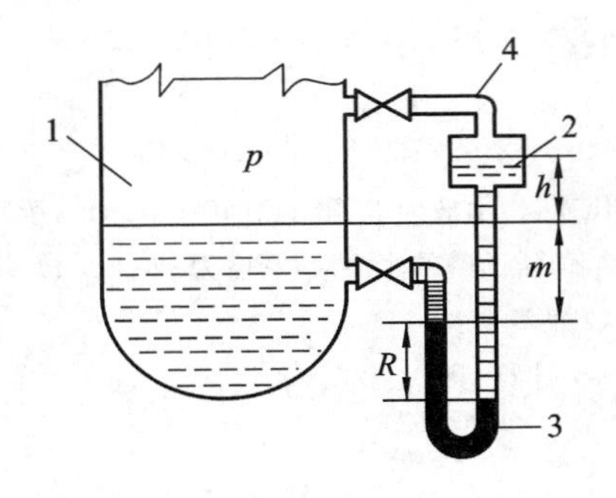

图 1-8　压差法测量装置

1— 容器；2— 平衡室；
3—U形管压差计；4— 气相平衡管

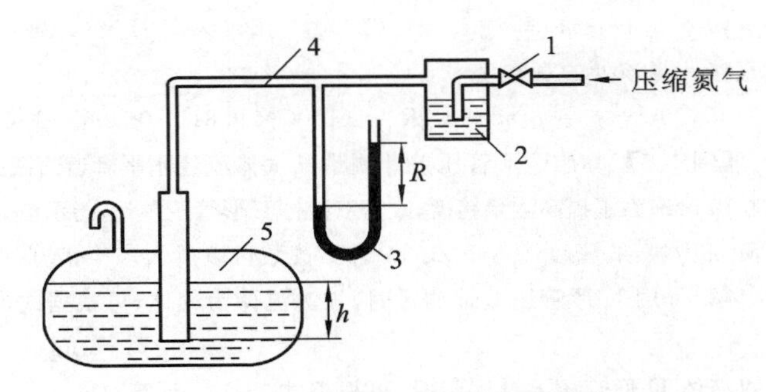

图 1-9　远程压力测量装置

1— 调节阀；2— 鼓泡观察室；
3—U形管压差计；4— 吹风管；5— 贮罐

3. 液封高度的计算

液封装置是利用液柱高度封闭气体的一种装置，在化工生产中被广泛应用。通过液封装置的液柱高度，控制容器内压力不变或者防止气体泄漏。为了控制容器内气体压力不超过给定的数值，常常使用安全液封装置（或称水封装置），如图 1-10 所示，其目的是确保设备的安全。若气体压力超过给定值，则气体从液封装置排出。液封还可达到防止气体泄漏的目的，液封效果极佳，甚至比阀门还要严密。例如煤气柜通常用水来封住，以防止煤气泄漏。在化工生产中常遇到设备的液封问题，主要根据流体静力学基本方程来确定液封的高度。若设备要求压力不超过 p（表压），液体密度为 ρ，按流体静力学基本方程，则液封管插入液面下的高度为

$$h_0 = \frac{p(\text{表压})}{\rho g} \tag{1-15}$$

为了保证安全，在实际安装时，应使管子插入液面下的深度比计算值略小些，使超压力及时排放，但要严格保证气体不泄漏。

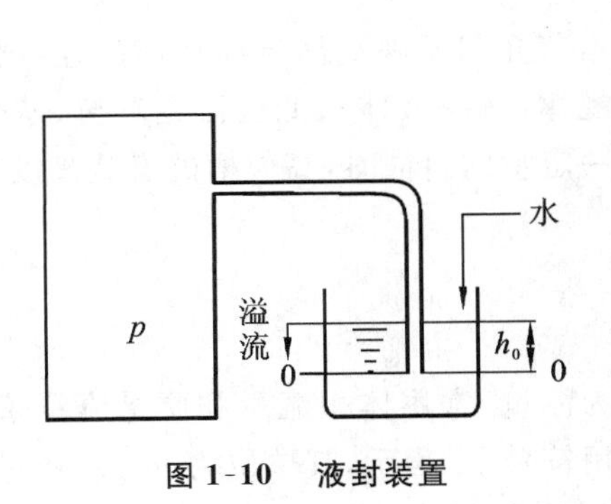

图 1-10　液封装置

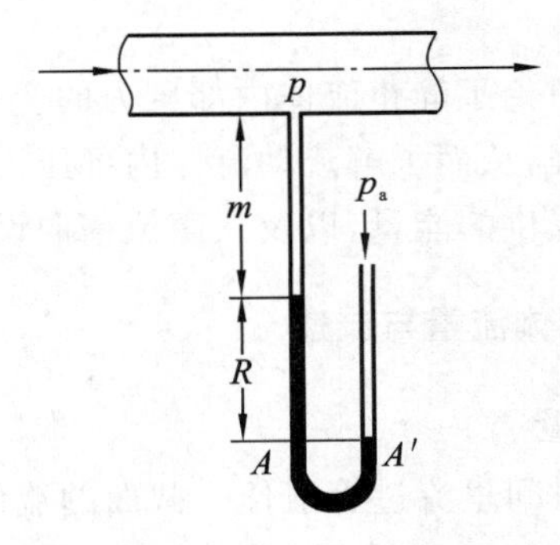

图 1-11　例 1-4 附图

【例 1-4】　如图 1-11 所示，水在水平管道内流动。为测量流体在某截面处的压力，直接在该处连接一个 U 形管压差计，指示液为水银，读数 $R = 250$ mm，$m = 900$ mm。已知当地大气压为 101.3 kPa，水的密度 $\rho = 1000\ \text{kg/m}^3$，水银的密度 $\rho_0 = 13600\ \text{kg/m}^3$。试计算该截面处的压力。

解　图中 $A—A'$ 面间为静止、连续的同种流体，且处于同一水平面，因此为等压面，即

$$p_A = p_{A'}$$

而

$$p_{A'} = p_a,\quad p_A = p + \rho g m + \rho_0 g R$$

所以

$$p_a = p + \rho g m + \rho_0 g R$$

则截面处绝对压力

$$p = p_a - \rho g m - \rho_0 g R = (101300 - 1000 \times 9.81 \times 0.900 - 13600 \times 9.81 \times 0.250)\ \text{Pa} = 59117\ \text{Pa}$$

或直接计算该处的真空度

$$p_a - p = \rho g m + \rho_0 g R = (1000 \times 9.81 \times 0.900 + 13600 \times 9.81 \times 0.250)\ \text{Pa} = 42183\ \text{Pa}$$

【例 1-5】 用 U 形管压差计测量某气体流经水平管道两截面的压差,指示液为水,密度为 1000 kg/m³,读数 R 为 10 mm。为了提高测量精度,改为双液体 U 形管压差计,指示液 A 为含 40% 乙醇的水溶液,密度为 920 kg/m³,指示液 C 为煤油,密度为 850 kg/m³。问:读数可以放大多少倍?此时读数为多少?

解 用 U 形管压差计测量时,被测流体为气体,可根据式(1-10a)计算,即

$$p_1 - p_2 \approx R g \rho_0$$

用双液体 U 形管压差计测量时,可根据式(1-12)计算,即

$$p_1 - p_2 = R' g (\rho_A - \rho_C)$$

因为所测压差相同,联立以上两式,可得放大倍数

$$\frac{R'}{R} = \frac{\rho_0}{\rho_A - \rho_C} = \frac{1000}{920 - 850} = 14.3$$

此时双液体 U 形管的读数

$$R' = 14.3R = 14.3 \times 10\ \text{mm} = 143\ \text{mm}$$

即改为双液体 U 形管压差计后,读数放大 14.3 倍;此时读数为 143 mm。

【例 1-6】 如图 1-10 所示,假设容器中装有乙炔,控制乙炔发生器内的压力不大于 80 mmHg(表压),试计算水封水的液面应比气体出口管的管口高出多少米?

解 液封高度可根据式(1-15)计算,即

$$h = \frac{p(\text{表压})}{\rho g} = \frac{80 \times \dfrac{101325}{760}}{1000 \times 9.8}\ \text{m} = 1.09\ \text{m}$$

即水封水的液面应比气体出口管的管口高出 1.09 m。

1.2 流体在管内的流动

前面讨论了静止流体内部压力的变化规律。本节介绍反映流体流动规律的连续性方程与伯努利方程,从而了解流动流体内部压力变化的规律,解决液体从低位流到高位、从低压流到高压所需提供的能量,以及从高位槽向设备输送一定量的料液时,高位槽的安装高度等问题。

1.2.1 流体流量与流速

1. 流量

单位时间里流过管道任一截面的流体量,称为流量。常用体积流量和质量流量来表示。体积流量即单位时间内通过管路任一截面的体积,用符号 V_s 表示,其单位为 m³/s;质量流量,即单位时间内通过管路任一截面的质量,用 w_s 表示,其单位为 kg/s。二者之间的关系为

$$w_s = V_s \rho \tag{1-16}$$

式中,ρ 为流体的密度,kg/m³。

2. 流速

流速即单位时间内流体在流动方向上所流过的距离。因流体流经管道任一截面上各点的流速随管径变化而变化,故流体的流速通常是指整个管截面上的平均流速。工程上通常用体积流量除以管路截面积所得的值来表示流体在管路中的流速,以 u 表示,其单位为 m/s。流速与流量之间的关系为

$$u = \frac{V_s}{A} = \frac{w_s}{A\rho} \tag{1-17}$$

式中，A 为与流体流动方向相垂直的管道截面积，m^2。

由于气体的体积流量随温度和压力的变化而变化，显然气体的流速也随之而变，但是其质量流量不变。因此，采用质量流速较为方便。质量流速即单位时间内流体流过管道单位截面积的质量，以 G 表示，其单位为 $kg/(m^2 \cdot s)$。其表达式为

$$G = \frac{w_s}{A} = \frac{V_s\rho}{A} = u\rho \tag{1-18}$$

一般情况下，流体输送管路的截面均为圆形，流量一般由生产任务决定，根据流体的流速可以估算及选择管路的直径，若以 d 表示管路内径，则

$$d = \sqrt{\frac{4V_s}{\pi u}} = \sqrt{\frac{V_s}{0.785u}} \tag{1-19}$$

式中，d 为管内径，m。

流速可由有关手册查得，表 1-1 列出了一些流体常用的流速数据。在选择流速时，应综合考虑操作费用和投资费用。如图 1-12 所示，在生产任务决定流体的 V_s 以后，选择的流体流速越大，则管径可以越小，管路设备费用可以减小，但是流速大引起的阻力损耗也随之变大，从而使得操作费用也增大；反之，选择的流速越小，阻力损耗越小，操作费用虽然减小了，但是管路设备费用又增加了。因此在实际生产过程中，需要选择合适的流体流速。

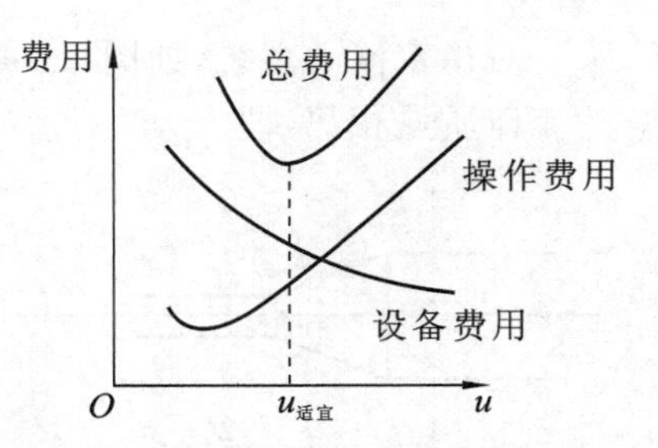

图 1-12　费用与流速之间的关系

表 1-1　一些流体常用的流速数据

流体种类	流速范围 /(m/s)	流体种类	流速范围 /(m/s)
一般液体	1 ～ 3	一般气体(常压)	10 ～ 20
黏度较大的液体	0.5 ～ 1	饱和蒸汽	20 ～ 40
低压气体	8 ～ 15	过热蒸汽	30 ～ 50
高压气体	15 ～ 25		

【例 1-7】　要求安装一根每小时输水量为 30 m^3 的管路，试选择合适的水管规格。

解　由题意可知体积流量 $V_s = 30\ m^3/h$，水属于一般液体，由表 1-1 可知水的流速在 1 ～ 3 m/s 范围内，取 $u = 1.8\ m/s$，则

$$d = \sqrt{\frac{4V_s}{\pi u}} = \sqrt{\frac{V_s}{0.785u}} = \sqrt{\frac{30}{0.785 \times 1.8 \times 3600}}\ m = 0.077\ m = 77\ mm$$

查附录 S 无缝钢管的规格，初步确定选用 $\phi 89\ mm \times 4\ mm$ 的管子，从而输水管内的实际操作流速为

$$u = \frac{V_s}{A} = \frac{30}{3600 \times 0.785 \times (89 - 4 \times 2)^2 \times 10^{-6}}\ m/s = 1.62\ m/s$$

核算管内流速符合要求，从而确定选 $\phi 89\ mm \times 4\ mm$ 的管子。

1.2.2　稳定流动和不稳定流动

流体在管道中流动时，在任一点上的流速、压力等有关物理参数都不随时间改变而改变，这种流动称为稳定流动或定态流动，如图 1-13(a) 所示。若流动的流体中，任一点上的物理参数有部分或全部随时间改变而改变，这种流动称为不稳定流动或非定态流动，如图 1-13(b) 所示。

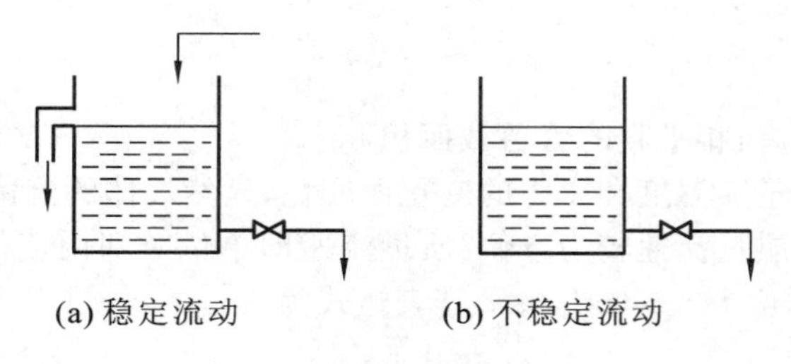

图 1-13　流体流动现象

在化工厂中，流体的流动情况大多为稳定流动。故除有特别指明（如开车、停车以及间歇操作）外，本书中所讨论的均为稳定流动。

1.2.3　连续性方程

对稳定流动系统，如图 1-14 所示，单位时间进入截面 1—1′ 的流体质量与流出截面 2—2′ 的流体质量相等，即

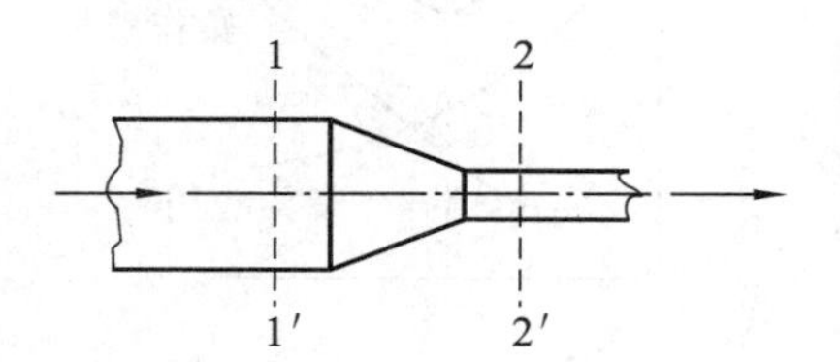

图 1-14　连续性方程的推导

$$w_{s1} = w_{s2} \Rightarrow \rho_1 A_1 u_1 = \rho_2 A_2 u_2 \tag{1-20}$$

管路上任何一截面都符合质量守恒定律，所以有如下连续性方程：

$$w_s = \rho_1 A_1 u_1 = \rho_2 A_2 u_2 = \cdots = \rho u A = 常数 \tag{1-21}$$

若流体为不可压缩，则密度 ρ 为常数，则有

$$uA = 常数 \tag{1-22}$$

由此可知，在连续稳定的不可压缩流体的流动中，流体流速与管道的截面积成反比。截面积愈大之处流速愈小，反之亦然。

对于圆形管道，则有

$$\frac{\pi}{4}d_1^2 u_1 = \frac{\pi}{4}d_2^2 u_2$$

即

$$\frac{u_1}{u_2} = \left(\frac{d_2}{d_1}\right)^2 \tag{1-23}$$

式中，d_1 为管道上截面 1—1′ 处的管内径，m；d_2 为管道上截面 2—2′ 处的管内径，m。

式(1-23) 说明不可压缩流体在管道中的流速与管道内径的平方成反比。

1.2.4　稳定流动系统的机械能衡算式 —— 伯努利方程

伯努利方程反映了流体在流动过程中，各种形式机械能之间相互转换的关系。伯努利方程的推导方法有多种，以下介绍较简便的机械能衡算法。

1. 流体流动系统的总能量衡算

如图 1-15 所示的稳定流动系统中，流体从 1—1′ 截面流入，2—2′ 截面流出。以 1—1′、2—2′ 截面以及管内壁所围成的空间为衡算范围，以 1 kg 流体为衡算基准，选取 0—0′ 截面为基准水平面。假设流体为不可压缩流体，流体在流动过程中将伴随以下几种形式的能量变化。

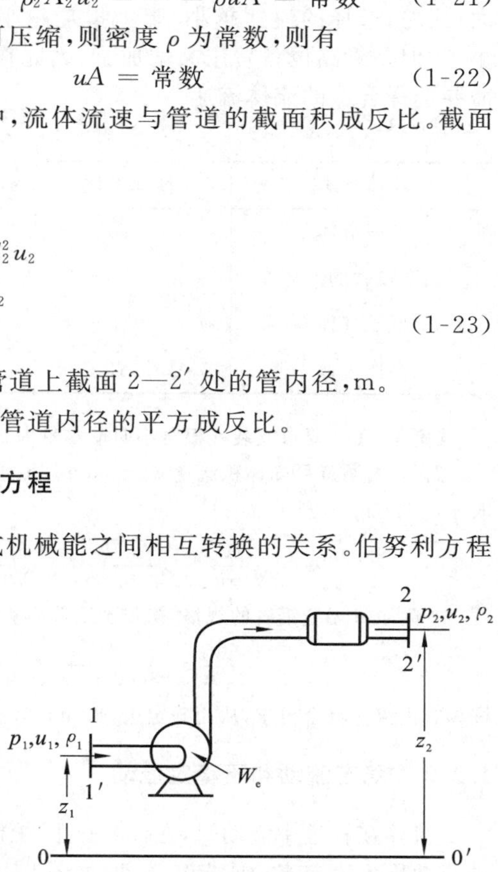

图 1-15　稳定流动系统示意图

1）内能

内能是储存于流体内部的能量总和，其大小取决于流体状态，并随流体的温度和比容的变化而改变。设 1 kg 流体具有的内能为 U，其单位为 J/kg。

2）位能

流体受重力作用在不同高度处所具有的能量称为位能。计算位能时应先规定一个基准水平面，如 0—0′ 面。将质量为 1 kg 的流体自基准水平面 0—0′ 升举到 z 处所做的功为位能，1 kg 的流体所具有的位能为 zg，其单位为 J/kg。

3）动能

流体以一定速度流动，便具有动能。1 kg 流体所具有的动能为 $\frac{1}{2}u^2$，其单位为 J/kg。

4）静压能

流体内部有一定的压力，流体流动时必须克服该压力对流体做功。克服该压力所需要的功称为静压能。1 kg 流体所具有的静压能为 p/ρ，其单位为 J/kg。

位能、动能及静压能三种能量均为流体所具有的机械能，三者之和称为流体的总机械能。流体力学中讨论的能量衡算主要是总机械能的衡算。

5）热

流体在流动过程中，还有通过其他外界条件与衡算系统交换的能量，若管路中有加热器、冷却器等，流体通过时必与之换热。设换热器向 1 kg 流体提供的热量为 Q_e，其单位为 J/kg。

6）外功

在图 1-15 所示的稳定流动系统中，还有流体输送机械（泵或风机）向流体做功，1 kg 流体从流体输送机械所获得的能量称为外功或有效功，用 W_e 表示，其单位为 J/kg。

根据能量守恒原则，对于衡算范围，其输入的总能量必等于输出的总能量。在图 1-15 中，在 1—1′ 截面与 2—2′ 截面之间的衡算范围内，有

$$U_1 + z_1 g + \frac{1}{2}u_1^2 + \frac{p_1}{\rho} + W_e + Q_e = U_2 + z_2 g + \frac{1}{2}u_2^2 + \frac{p_2}{\rho} \tag{1-24}$$

或

$$W_e + Q_e = \Delta U + \Delta zg + \Delta \frac{1}{2}u^2 + \Delta \frac{p}{\rho} \tag{1-24a}$$

以上形式的能量，可分为两类：

(1) 机械能，即位能、动能、静压能及外功，可用于输送流体；

(2) 内能与热，不能直接转变为输送流体的机械能。

假设流体为理想流体，即流体在流动过程中没有阻力损失，不需要外加功，$W_e = 0$，同时满足：不可压缩，即 $\rho_1 = \rho_2$；流动系统无热交换，即 $Q_e = 0$；流体温度不变，即 $U_1 = U_2$。则式(1-24) 可简化为

$$z_1 g + \frac{1}{2}u_1^2 + \frac{p_1}{\rho} = z_2 g + \frac{1}{2}u_2^2 + \frac{p_2}{\rho} \tag{1-25}$$

式(1-25) 即为理想流体的机械能衡算式，即理想流体的伯努利方程。位能、静压能和动能三种形式的能量可以相互转换，但理想流体的总能量不会有所增减。

2. 实际流体的机械能衡算

因实际流体具有黏性，在流动过程中必消耗一定的能量。根据能量守恒原则，这些消耗的机械能转变成热能，此热能不能用于流体输送，只能使流体的温度略微升高。从流体输送角度来看，这些能量是“损失”掉了，称为能量损失。将 1 kg 流体在流动过程中因克服摩擦阻力而损

失的能量用 $\sum h_f$ 表示,其单位为 J/kg。在图 1-15 所示的实际流体稳定流动系统中,有流体输送机械向流体做功,则式(1-25) 可修正为

$$z_1 g + \frac{1}{2}u_1^2 + \frac{p_1}{\rho} + W_e = z_2 g + \frac{1}{2}u_2^2 + \frac{p_2}{\rho} + \sum h_f \tag{1-26}$$

式(1-26) 即为不可压缩实际流体的机械能衡算式,以单位质量流体为基准,各项的单位均为 J/kg。

若以单位重量流体为基准,则将式(1-26) 各项同除以重力加速度 g,可得

$$z_1 + \frac{1}{2g}u_1^2 + \frac{p_1}{\rho g} + \frac{W_e}{g} = z_2 + \frac{1}{2g}u_2^2 + \frac{p_2}{\rho g} + \frac{\sum h_f}{g} \tag{1-26a}$$

令

$$H_e = \frac{W_e}{g}, \quad H_f = \frac{\sum h_f}{g}$$

则有

$$z_1 + \frac{1}{2g}u_1^2 + \frac{p_1}{\rho g} + H_e = z_2 + \frac{1}{2g}u_2^2 + \frac{p_2}{\rho g} + H_f \tag{1-26b}$$

上式中各项的单位均为 J/N = m,表示单位重量(1 N) 流体所具有的能量。虽然各项的单位为 m,与长度的单位相同,但在这里应理解为 m 液柱,其物理意义是指单位重量流体所具有的机械能可以把它自身从基准水平面升举的高度。习惯上将 z、$\frac{u^2}{2g}$ 和 $\frac{p}{\rho g}$ 分别称为位压头、动压头和静压头,三者之和称为总压头,H_f 称为压头损失,H_e 为单位重量的流体从流体输送机械所获得的能量,称为外加压头。

3. 伯努利方程的讨论

(1) 如果系统中的流体处于静止状态,则 $u = 0$,且无能量损失,即 $\sum h_f = 0$,当然也不需要外加功,$W_e = 0$,则式(1-26) 简化为

$$z_1 g + \frac{p_1}{\rho} = z_2 g + \frac{p_2}{\rho}$$

上式即为流体静力学基本方程。由此可见,伯努利方程除表示流体的运动规律外,还表示流体静止状态的规律,而流体的静止状态只不过是流体运动状态的一种特殊形式。

(2) 伯努利方程式(1-25) 表明不可压缩理想流体作稳定流动时,管道中各截面上每种形式的能量并不一定相等,管道中各截面上总机械能为常数,即

$$zg + \frac{1}{2}u^2 + \frac{p}{\rho} = 常数$$

(3) 在伯努利方程式(1-26) 中,zg、$\frac{u^2}{2}$ 和 $\frac{p}{\rho}$ 分别表示单位质量流体在某截面上所具有的位能、动能和静压能,而 W_e、$\sum h_f$ 是指单位质量流体在两截面流动时从外界获得的能量以及消耗的能量。W_e 是输送机械对 1 kg 流体所做的有效功,单位时间输送机械所做的有效功称为有效功率,用 N_e 表示,单位为 J/s 或 W,即

$$N_e = W_e w_s$$

实际上,泵所做的功并不是全部有效的,若考虑泵的效率 η,则泵消耗的轴功率应为

$$N = N_e/\eta$$

(4) 伯努利方程是通过不可压缩流体推导出来的。对于可压缩流体,当所取系统两截面间的绝对压力变化小于原来绝对压力的 20%,即 $\frac{p_1 - p_2}{p_1} < 20\%$ 时,仍可用该方程计算,但式中

密度 ρ 应用两截面间流体的平均密度 ρ_m 代替。

1.2.5 伯努利方程的应用

伯努利方程是流体流动的基本方程，它的应用范围很广。就化工生产过程来说，利用伯努利方程与连续性方程主要可以确定管内流体的流量、管路中流体的压力和容器间的相对位置。下面举例说明伯努利方程的应用。

【例1-8】 如图1-16所示，用泵将贮槽中的稀碱液送到蒸发器中进行浓缩。泵的进口管为 ϕ89 mm×3.5 mm的钢管，碱液在进口管的流速为1.5 m/s，泵的出口管为 ϕ76 mm×2.5 mm的钢管。贮槽中碱液的液面距蒸发器入口处的垂直距离为7 m，碱液经管路系统的能量损失为40 J/kg，蒸发器内碱液蒸发压力保持在0.2 kgf/cm²（表压），碱液的密度为1100 kg/m³。试计算所需的外加能量。

解 取贮槽的液面为1—1′截面，蒸发器入口管口为2—2′截面，1—1′截面为基准面，在1—1′与2—2′截面间列伯努利方程，即

$$z_1 g + \frac{1}{2}u_1^2 + \frac{p_1}{\rho} + W_e = z_2 g + \frac{1}{2}u_2^2 + \frac{p_2}{\rho} + \sum h_f$$

移项，得

$$W_e = (z_2 - z_1)g + \frac{p_2 - p_1}{\rho} + \frac{u_2^2 - u_1^2}{2} + \sum h_f$$

泵入口管的内径为 d_0，流速为 u_0；泵出口管的内径为 d_1，流速为 u_2。则

$$d_0 = (89 - 2 \times 3.5)\ \text{mm} = 82\ \text{mm}, \quad d_1 = (76 - 2 \times 2.5)\ \text{mm} = 71\ \text{mm}$$

根据连续性方程，碱液在泵的出口管中的流速为

$$u_2 = u_0 \left(\frac{d_0}{d_1}\right)^2 = 1.5 \times \left(\frac{82}{71}\right)^2\ \text{m/s} = 2.0\ \text{m/s}$$

因贮槽液面比管道截面大得多，故可认为 $u_1 \approx 0$。已知 $z_1 = 0$，$z_2 = 7$ m，$p_1 = 0$（表压），$p_2 = 0.2 \times 9.81 \times 10^4$ Pa（表压），$\sum h_f = 40$ J/kg，将已知各值代入上式，则输送碱液所需的外加能量为

$$W_e = \left[7 \times 9.81 + \frac{(0.2 - 0) \times 9.81 \times 10^4}{1100} + \frac{2^2}{2} + 40\right]\ \text{J/kg} = 128.5\ \text{J/kg}$$

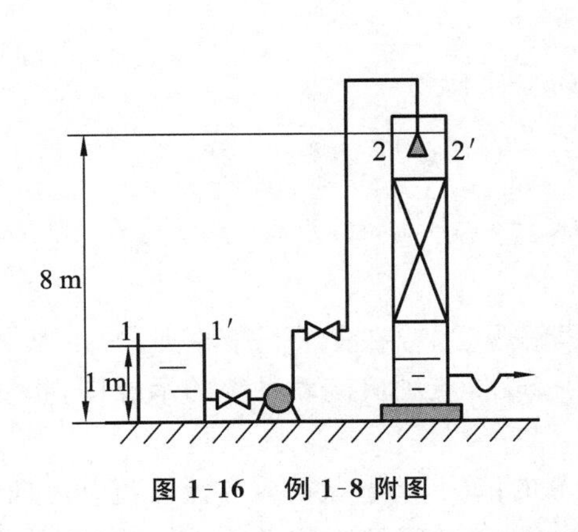

图1-16 例1-8附图

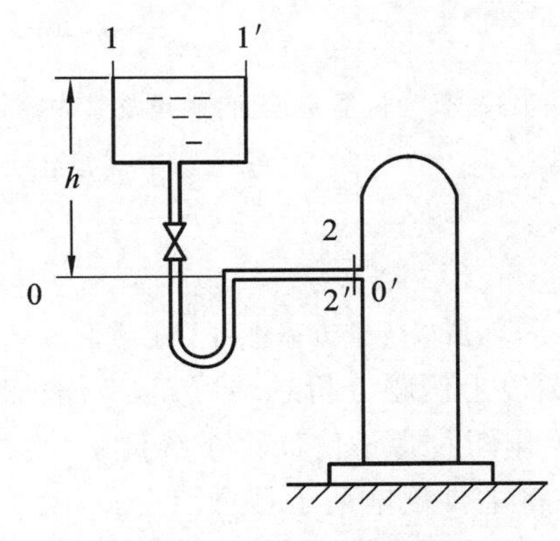

图1-17 例1-9附图

【例1-9】 如图1-17所示，某车间用高位槽向塔内喷洒进料，液体密度为1050 kg/m³。为了达到所要求的喷洒条件，塔的管入口处维持 4.05×10^4 Pa的压力（表压），液体在管内的流速为2.2 m/s，管路阻力约为25 J/kg（从高位槽的液面算至管入口为止），假设高位槽液面维持恒定，求：高位槽液面至少要在管入口以上多少米？

解 取高位槽液面为1—1′截面，管入口处截面为2—2′截面，2—2′截面中心线所在的水平面为基准面0—0′。在此两截面之间列伯努利方程，有

$$gz_1 + \frac{u_1^2}{2} + \frac{p_1}{\rho} + W_e = gz_2 + \frac{u_2^2}{2} + \frac{p_2}{\rho} + \sum h_f$$

因高位槽截面比管道截面大得多,故槽内流速比管内流速要小得多,可忽略不计,即 $u_1 \approx 0$,因两截面间无外功加入,即 $W_e = 0$,$z_2 = 0$,$u_2 = 2.2$ m/s,$\rho = 1050$ kg/m^3,$p_1 = 0$(表压),$p_2 = 4.05 \times 10^4$ Pa(表压),$\sum h_f = 25$ J/kg。

将已知数据代入伯努利方程,得

$$gz_1 = \left(\frac{2.2^2}{2} + \frac{4.05 \times 10^4}{1050} + 25\right) \text{ J/kg} = 65.99 \text{ J/kg}$$

解得

$$z_1 = 6.73 \text{ m}$$

计算结果说明高位槽的液面至少要在管入口以上 6.73 m,由本题可知,高位槽能连续供应液体,是由于流体的位能转变为动能和静压能,并用于克服管路阻力。

【例 1-10】 水以 7 m^3/h 的流量流过如图 1-18 所示的文丘里管,在喉颈处接一根支管与下部水槽相通。已知截面 1—1′ 处内径为 50 mm,压力为 0.02 MPa(表压),喉颈内径为 15 mm。试判断图中垂直支管中水的流向。设流动无阻力损失,水的密度取 1000 kg/m^3。

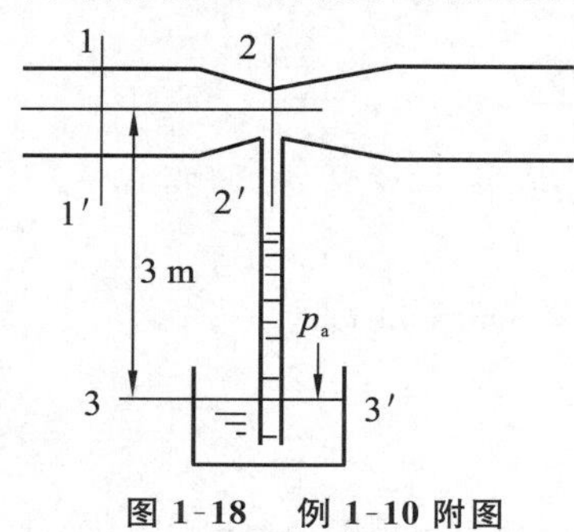

图 1-18 例 1-10 附图

解 先设支管中水为静止状态。如图所示,选取 1—1′ 和 2—2′ 截面,并选 1—1′ 截面的中心线所在的水平面为基准面,在截面 1—1′ 和 2—2′ 间列伯努利方程,有

$$gz_1 + \frac{p_1}{\rho} + \frac{u_1^2}{2} = gz_2 + \frac{p_2}{\rho} + \frac{u_2^2}{2}$$

$$u_1 = \frac{V_s}{A} = \frac{7/3600}{\pi \times 0.050^2/4} \text{ m/s} = 0.99 \text{ m/s}$$

$$u_2 = u_1\left(\frac{d_1}{d_2}\right)^2 = 0.99 \times \left(\frac{0.050}{0.015}\right)^2 \text{ m/s} = 11 \text{ m/s}$$

$$p_1 = p_a + 2.0 \times 10^4 \text{ Pa}$$

若 $p_a = 101330$ Pa,则

$$p_1 = (1.0133 \times 10^5 + 2.0 \times 10^4) \text{ Pa} = 1.2133 \times 10^5 \text{ Pa}$$

代入伯努利方程,解得

$$p_2 = p_1 - \frac{\rho(u_2^2 - u_1^2)}{2} = 6.13 \times 10^4 \text{ Pa}$$

取水槽液面 3—3′ 为位能基准面,假设支管内流体处于静止条件下,则

$$E_2 = \frac{p_2}{\rho} + z_2 g = \left(\frac{6.13 \times 10^4}{1000} + 3 \times 9.81\right) \text{ J/kg} = 90.7 \text{ J/kg}$$

$$E_3 = \frac{p_a}{\rho} = \frac{101330}{1000} \text{ J/kg} = 101.3 \text{ J/kg}$$

因为 $E_3 > E_2$,所以支管流体将向上流动。

根据以上例题分析总结可知,应用伯努利方程解题时,需要注意下列事项。

(1) 作图 为了使计算系统清晰,有助于正确解题,应画出流动系统的示意图,指明流动方向,并将主要数据列于示意图上。

(2) 截面的选取 选取截面就是划定能量衡算的范围,所选截面应与流体流动方向垂直;为了使计算方便,所选截面必须为已知条件最多处。两截面间的流体必须是连续的;两截面上的 u、p、z 与两截面间的 $\sum h_f$ 应相互对应。

(3) 确定基准面 基准面是用以衡量位能大小的基准,由于能量衡算中须求取的是截面之间的位压头之差,因此基准面的选取可以任意,但是必须与地面平行,选取的原则是解题方便,通常取较低的截面作为基准面(若该截面与地面垂直,则取该截面的中心线所在的水平面作为基准面)。

(4) 单位一致性 方程中各项的单位必须一致,由于方程的两边均有静压能,故 p_1 和 p_2

用绝对压力和表压都可以，但是必须统一，即方程两边同时用表压或同时用绝对压力。在计算中容易出错的是流体的压力单位，需要换成 Pa。

(5) 当两截面相差较大时，大截面上的流速可以看成零；凡是与大气压相通的位置，其压力可以认为是一个大气压。

(6) 计算时要注意流体流动的方向，将外加机械能 W_e（或压头 H_e）放在入口端，能量损失 $\sum h_f$（或压头损失 H_f）放在出口端；应用伯努利方程有时候还需要结合流体静力学方程、连续性方程及范宁公式求解（范宁公式见 1.4 节）。

1.3　管内流体流动现象

由前述可知，在使用伯努利方程进行管路计算时，必须先知道能量损失的数值。本节将讨论产生能量损失的原因及管内速度分布等，以便为下一节讨论能量损失计算提供必要的基础。

1.3.1　流体的黏性

1. 牛顿黏性定律

流体流动时产生内摩擦力的性质，称为黏性。流体黏性越大，其流动性就越小。如图 1-19 所示，有上、下两块平行放置、面积很大且相距很近的平板，两板间充满静止的液体。若将下板固定，对上板施加恒定的外力，使上板作平行于下板的等速运动。此时，紧靠上板的液体因附着在板面上，所以具有与平板相同的速度。而紧靠下板的液体，也因附着于下板面而静止不动。在两平板间的液体可看成许多平行于平板的流体层，各液体层之间存在相对运动。速度快的液体层对其相邻的液体层产生一个向前的推动力，同时，速度慢的液体层对速度快的液体层也作用着一个大小相等、方向相反的力，从而阻碍较快液体层向前运动。这种运动着的流体内部相邻两流体层之间的相互作用力，称为流体的内摩擦力，也称黏滞力。流体运动时内摩擦力的大小，体现了流体黏性的大小。

实验证明，对于一定的液体，内摩擦力 F 与两流体层之间的速度差 Δu 成正比，与两层之间的垂直距离 Δy 成反比，与两层间的接触面积 A 成正比，即 $F \propto \dfrac{\Delta u}{\Delta y}A$，把此式写成等式，引入比例系数 μ，有

$$F = \mu \frac{\Delta u}{\Delta y} A \tag{1-27}$$

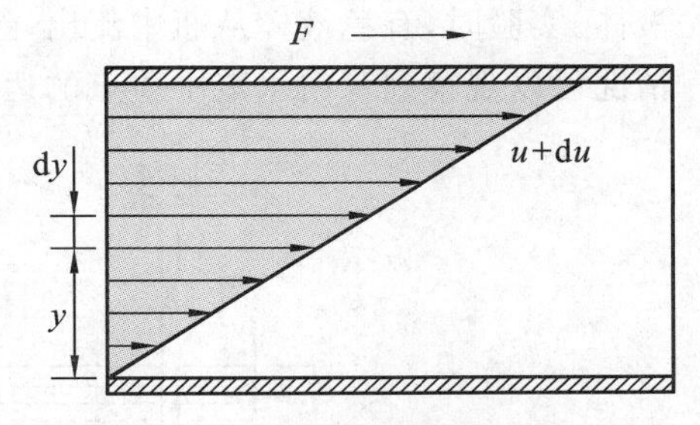

图 1-19　平板间液体速度分布

单位面积上的内摩擦力称为剪应力，以 τ 表示。当流体在管内流动，径向速度变化不呈线性关系时，有

$$\tau = \frac{F}{A} = \mu \frac{\mathrm{d}u}{\mathrm{d}y} \tag{1-28}$$

式中，$\dfrac{\mathrm{d}u}{\mathrm{d}y}$ 为速度梯度，即在与流动方向相垂直的 y 方向上流体速度的变化率，单位为 s^{-1}；μ 为比例系数，称为黏性系数或动力黏度，简称黏度，单位为 Pa · s。式(1-28) 所表示的关系称为牛顿黏性定律。

2. 黏度

黏度的物理意义是促使流体流动产生单位速度梯度时剪应力的大小。黏度总是与速度梯

度相联系,只有在运动时才显现出来。

黏度是流体物理性质之一,其值由实验测定。通常,液体的黏度随温度升高而减小,气体的黏度则随温度升高而增大。压力对液体黏度的影响很小,可忽略不计;对于气体的黏度,在极高或极低的压力下,须考虑影响,否则,可以认为与压力无关。黏度的单位

$$[\mu]=\left[\frac{\tau}{\frac{du}{dy}}\right]=\frac{N/m^2}{m/s/m}=\frac{N\cdot s}{m^2}=Pa\cdot s \tag{1-29}$$

从手册中查到的黏度数据,其单位常用 CGS 制单位。

$$[\mu]=\left[\frac{\tau}{\frac{du}{dy}}\right]=\frac{dyn/cm^2}{cm/s/cm}=\frac{dyn\cdot s}{cm^2}=\frac{g}{cm\cdot s}=P \tag{1-30}$$

由于 P(泊) 的单位比较大,使用不方便,而通常用 P 的百分之一作为黏度单位,以符号 cP 表示,称为厘泊。

cP 与 Pa · s 的换算关系为 1 Pa · s = 10 P = 1000 cP。

此外,流体的黏性还可用黏度 μ 与密度 ρ 的比值来表示,称为运动黏度,单位为 m^2/s,以 ν 表示,即 $\nu=\frac{\mu}{\rho}$。

3. 流体类型

服从牛顿黏性定律的流体,称为牛顿型流体,所有气体和大多数液体都属于这一类。不服从牛顿黏性定律的流体称为非牛顿型流体,如某些高分子的溶液、胶体溶液及泥浆等。

1.3.2 流体流动类型

1. 雷诺实验

流体的流动类型最初由雷诺经实验观察得到。在雷诺实验装置(见图 1-20)中,入口为喇叭状的玻璃管浸没在透明的水槽内,管出口有调节水流量的阀门,水槽上方的小瓶内充有有色液体。实验时,有色液体从瓶中流出,经喇叭口中心处的针状细管流入管内。从有色流体的流动情况可以观察到管内水流中质点的运动情况。

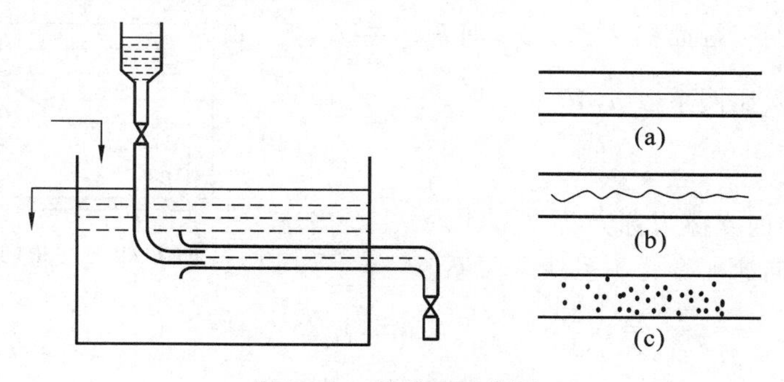

图 1-20 雷诺实验装置

当流速较小时,管中心的有色流体在管内沿轴线方向呈一条轮廓清晰的直线,平稳地流过整根玻璃管,与旁侧的水丝毫不相混合,如图 1-20(a) 所示。此实验现象表明,水的质点在管内都是沿着与管轴平行的方向作直线运动。当开大阀门使水的流速逐渐增大到一定数值时,呈直线流动的有色细流便开始出现波动而呈波浪形细线,并且不规则地波动,如图 1-20(b) 所示。速度再增大,细线的波动加剧,然后被冲断而向四周散开,最后可使整个玻璃管中的水呈现均

匀的颜色，如图 1-20(c) 所示。显然，此时流体的流动状况已发生了显著的变化。上述实验表明，流体在管道中的流动状态可分为两种类型。

当流体在管中流动时，若其质点始终沿着与管轴平行的方向作直线运动，则质点之间互不混合。因此，充满整个管的流体就如一层一层的同心圆筒在平行地流动，这种流动状态称为层流或滞流。

当流体在管道中流动时，若有色液体与水迅速混合，则表明流体质点除了沿着管道向前流动外，各质点的运动速度在大小和方向上都随时发生变化，质点间彼此碰撞并互相混合，这种流动状态称为湍流。

从不同的流体和不同的管径所获得的实验结果表明：影响流型的因素，除了流体的流速 u 外，还有管径 d、流体密度 ρ 和流体的黏度 μ。u、d、ρ 越大，μ 越小，就越容易从层流转变为湍流。雷诺得出结论：上述四个因素所组成的复合数群 $du\rho/\mu$，是判断流体流型的判据。$\frac{du\rho}{\mu}$ 称为雷诺数，用 Re 表示，即

$$Re=\frac{du\rho}{\mu} \tag{1-31}$$

雷诺数是一个无量纲数群。计算雷诺数时，各物理量应使用一致的单位。只要数群中各物理量的单位一致，雷诺数计算值必相等。

2. 流型的判据 —— 雷诺数 Re

实验证明，若流体在直管内流动，则有以下结论：

(1) 当 $Re \leqslant 2000$ 时，流体的流型属于层流，此区为层流区或者滞流区；

(2) 当 $2000 < Re < 4000$ 时，有时出现层流，有时出现湍流，依赖于环境，此区为过渡区；

(3) 当 $Re \geqslant 4000$ 时，流体的流型属于湍流，此区为湍流区。

当 $Re \leqslant 2000$ 时，任何扰动只能暂时地使之偏离层流，一旦扰动消失，层流状态必将恢复。当 $Re > 2000$ 时，层流不再是稳定的，但是否出现湍流，取决于外界的扰动。如果扰动很小，不足以使流型转变，则层流仍然能够存在。当 $Re \geqslant 4000$ 时，则微小的扰动就可以触发流型的转变，因而一般情况下总出现湍流。根据 Re 的数值将流动区划为三个区，即层流区、过渡区及湍流区，但只有两种流型。过渡区不是一种过渡的流型，它只表示在此区内可能出现层流也可能出现湍流，需视外界扰动而定。

【例 1-11】 有一内径为 25 mm 的水管，如管中流速为 1.0 m/s，水温为 20 ℃。求：(1) 管道中水的流型；(2) 管道内水保持层流状态的最大流速。

解 (1) 20 ℃ 下水的黏度为 1 cP，密度为 998.2 kg/m³，管中雷诺数为

$$Re=\frac{du\rho}{\mu}=\frac{0.025\times 1\times 998.2}{1\times 10^{-3}}=2.5\times 10^{4}>4000$$

故管中为湍流。

(2) 因层流最大雷诺数为 2000，即

$$Re=\frac{du_{\max}\rho}{\mu}=2000$$

故水保持层流的最大流速

$$u_{\max}=\frac{2000\times 0.001}{0.025\times 998.2}\ \text{m/s}=0.08\ \text{m/s}$$

1.3.3 流体在圆管内的速度分布

无论是层流还是湍流，在管道任意截面上，流体质点的速度沿管径而变，管壁处速度为零，

离开管壁以后速度渐增，到管中心处速度最大。速度在管道截面上的分布规律因流型而异。

1. 流体在圆管中层流时的速度分布

流体在管内流动过程中需消耗能量以克服流动阻力。在伯努利方程中，单位体积流体流动时所消耗的机械能为$\rho\sum h_f$，单位为J/m^3或Pa，通常用Δp_f表示，即$\Delta p_f=\rho\sum h_f$。由于Δp_f单位与压力单位相同，故常称Δp_f为流体阻力引起的压降。

值得注意的是，Δp_f与伯努利方程中的Δp是不同的概念。Δp_f只是一个符号，其中的“Δ”不代表增量。对于实际流体的伯努利方程：

$$g\Delta Z+\frac{\Delta u^2}{2}+\frac{\Delta p}{\rho}=W_e-\sum h_f$$

两边乘以ρ，整理得

$$\Delta p=p_2-p_1=\rho W_e-\rho g\Delta Z-\rho\frac{\Delta u^2}{2}-\rho\sum h_f$$

由上式可知，只有当不可压缩流体在一段管径相同的水平管内流动，且无外加功时，Δp_f才与Δp在绝对值上相等。

1）速度分布方程的推导

层流时流体层的剪应力τ服从牛顿黏性定律，由此分析管内流体速度分布。不可压缩流体沿半径为R的水平直管作层流流动，如图1-21所示，在管轴心处取半径为r、长度为l的液柱作为研究对象，作用于液柱两端的压力分别为p_1和p_2。

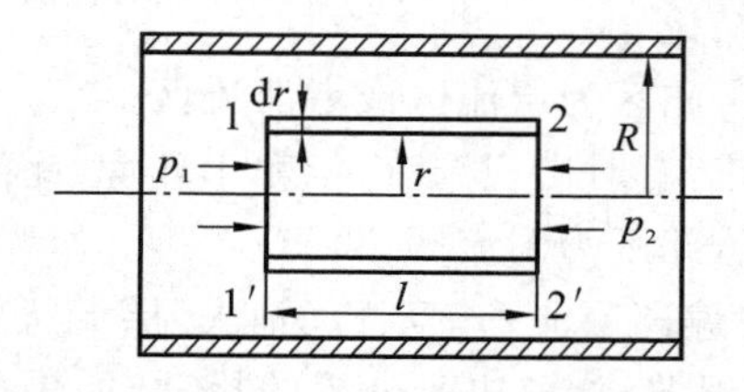

图1-21　层流时管内速度分布的推导

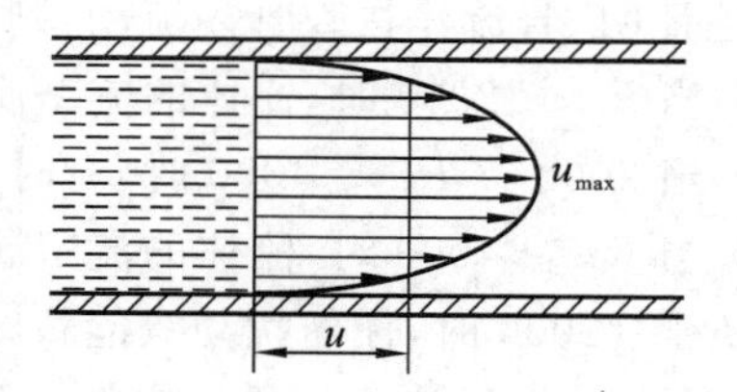

图1-22　层流时的速度分布

对所选的流体柱进行受力分析，可得

$$p_1\pi r^2-p_2\pi r^2-\tau\times 2\pi rl=ma$$

若流体匀速流动，则$a=0$，将$\tau=-\mu\dfrac{du_r}{dr}$代入上式并整理得

$$du_r=-\frac{p_1-p_2}{2\mu l}r\,dr$$

边界条件：$r=r$时，$u_r=u_r$；$r=R$时，$u_r=0$。对上式积分

$$\int_0^{u_r}du_r=-\frac{p_1-p_2}{2\mu l}\int_R^r r\,dr=\frac{p_1-p_2}{4\mu l}(R^2-r^2)$$

$$u_r=\frac{p_1-p_2}{4\mu l}(R^2-r^2)=\frac{\Delta p_f}{4\mu l}(R^2-r^2) \qquad (1-32)$$

式(1-32)是流体在圆管内作层流流动时的速度分布表达式，表示在某一压降Δp_f下u_r与r的关系符合抛物线方程，其速度分布形式如图1-22所示。

2）最大流速

流体在管中心处流速最大，由式(1-32)可知，$r=0$，则

$$u_{max}=\frac{\Delta p_f}{4\mu l}R^2 \qquad (1-33)$$

3）流体的流量

如图1-21所示，通过厚度为 $\mathrm{d}r$ 的环形截面上的体积流量为 $\mathrm{d}V_{\mathrm{s}}=u_r\mathrm{d}A=(2\pi r\mathrm{d}r)u_r$，将式(1-32)代入，则

$$\mathrm{d}V_{\mathrm{s}}=\frac{\Delta p_{\mathrm{f}}}{4\mu l}(R^2-r^2)2\pi r\mathrm{d}r$$

通过管截面的流量为

$$V_{\mathrm{s}}=\int_0^R\frac{\Delta p_{\mathrm{f}}}{4\mu l}(R^2-r^2)2\pi r\mathrm{d}r$$

则有

$$V_{\mathrm{s}}=\frac{\pi R^4\Delta p_{\mathrm{f}}}{8\mu l}\tag{1-34}$$

4）层流时的平均流速

$$u=\frac{V_{\mathrm{s}}}{\pi R^2}=\frac{\pi R^4\Delta p_{\mathrm{f}}}{8\mu l\,\pi R^2}=\frac{\Delta p_{\mathrm{f}}}{8\mu l}R^2\tag{1-35}$$

对比式(1-33)，则有

$$u=\frac{1}{2}u_{\max}\tag{1-35a}$$

由式(1-35a)可见，层流时圆管截面平均流速为最大流速的0.5倍。

设圆管的内径为 d，将 $R=d/2$ 代入式(1-35)，整理可得

$$\Delta p_{\mathrm{f}}=32\frac{\mu l u}{d^2}\tag{1-36}$$

式(1-36)称为哈根(Hagen)-泊肃叶(Poiseuille)方程，由此可以计算层流时的压降 Δp_{f}。虽然此方程是从水平管推出的，但同样适用于非水平管。

2. 流体在湍流时的速度分布

湍流时，流体质点的运动方向和速度大小随时都在变化，所以湍流时的速度分布目前不能利用理论推导求解，需采用实验方法求得。实验证明，湍流时圆管的速度分布如图1-23所示。u 与 $u_{\max}$ 的比值随 Re 变化而变化，如图1-24所示。

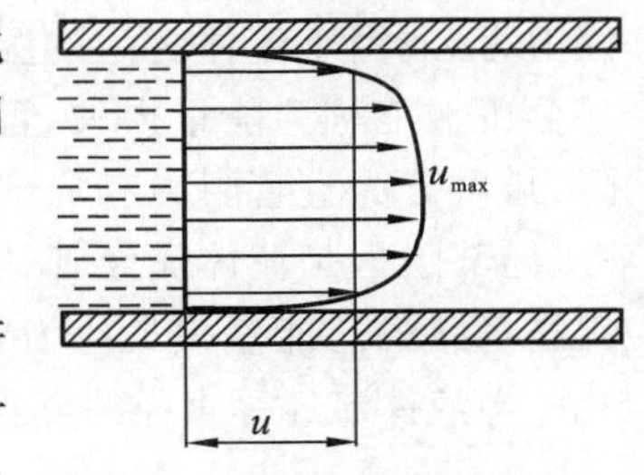

图1-23　湍流的速度分布

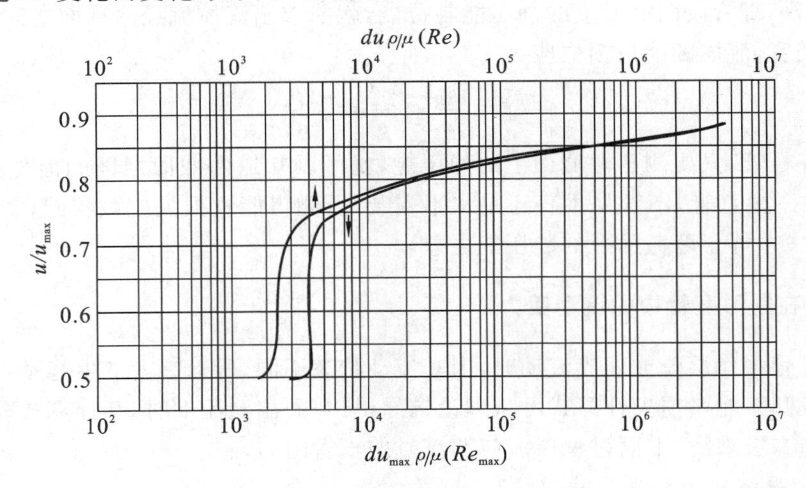

图1-24　$u/u_{\max}$ 与 Re、$Re_{\max}$ 的关系

注：图中上条曲线代表 $u/u_{\max}$-Re 关系；下条曲线代表 $u/u_{\max}$-$Re_{\max}$ 关系。

比较典型的湍流速度分布经验公式是1/7次方定律：

$$u_r = u_{\max}\left(1-\frac{r}{R}\right)^{\frac{1}{7}}$$

式中，u_r为半径为r处的流速，m/s；R为管内半径，m；$u_{\max}$为管中心最大流速，m/s。1/7次方定律适用范围：

$$1.1\times10^5 < Re < 3.2\times10^6 \tag{1-37}$$

Re值越大，近壁区以外的速度分布越均匀。根据式(1-37)可以推出，管截面的平均流速与管中心最大流速的关系为

$$u = 0.817u_{\max} \approx 0.82u_{\max}$$

由式(1-37)可知湍流时管壁处的速度也等于零，则靠近管壁的流体仍作层流流动，作层流流动的流体薄层称为层流底层。自层流底层往管中心推移，速度逐渐增大，出现了既非层流流动也非完全湍流流动的区域，此区域称为缓冲层或过渡层。再往中心才是湍流主体。滞流内层的厚度随Re值的增加而减小。

1.4　流体在管内的流动阻力

1.4.1　流体阻力的表达式

流体在管内从第一截面流到第二截面时，由于流体层之间的分子动量传递而产生的内摩擦阻力，或由于流体之间的湍流动量传递而引起的摩擦阻力，使一部分机械能转化为热能。这部分机械能称为能量损失。管路一般由直管段和管件、阀门等组成。因此，流体在管路中的流动阻力，可分为直管阻力和局部阻力两类。直管阻力是流体流经一定直径的直管时所产生的阻力。局部阻力是流体流经管件、阀门及进出口时，由于受到局部障碍所产生的阻力。因此，流体流经管路的总能量损失应为直管阻力与局部阻力所引起能量损失之总和。

当液体流经等直径的直管时，动能没有改变。由伯努利方程可知，此时流体的能量损失应为

$$h_f = \left(z_1 g+\frac{p_1}{\rho}\right)-\left(z_2 g+\frac{p_2}{\rho}\right) \tag{1-38}$$

只要测出一直管段两截面上的静压能与位能，就能求出流体流经两截面之间的能量损失。对于水平等径管，流体的能量损失应为

$$h_f = \frac{p_1}{\rho}-\frac{p_2}{\rho}=\frac{\Delta p_f}{\rho} \tag{1-39}$$

即对于水平等径管，只要测出两截面上的静压能，就可以知道两截面之间的能量损失。应该注意：① 对于同一根直管，不管是垂直还是水平安装，所测得能量损失应该相同；② 只有水平安装时，能量损失才等于两截面上的静压能之差。

1.4.2　流体在圆形直管中的流动阻力

流体在直管中作层流或湍流流动时，因其流动状态不同，所以二者产生能量损失的原因也不同。层流流动时，能量损失计算式可从理论推导得出。而湍流流动时，其计算式需要用理论与实验相结合的方法求得。下面讨论层流与湍流时的直管阻力。

1. *层流的摩擦阻力损失计算*

在图1-25中，流体从1—1′到2—2′截面间的阻力损失为

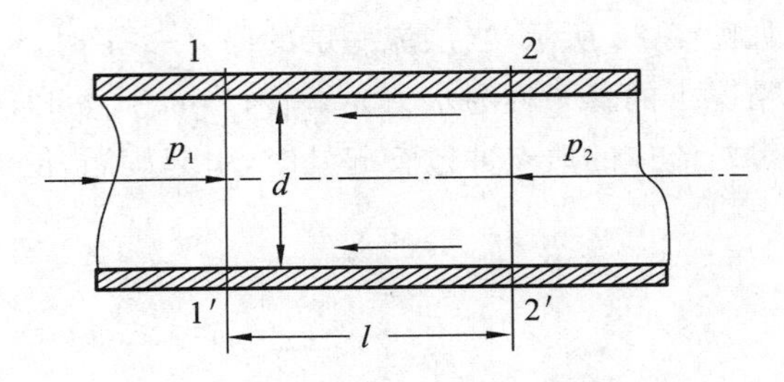

图 1-25　直管内流体流动

$$h_f=\frac{p_1}{\rho}-\frac{p_2}{\rho}=\frac{\Delta p_f}{\rho}=\frac{32\mu lu}{d^2\rho}=\frac{64}{\frac{du\rho}{\mu}}\frac{l}{d}\left(\frac{u^2}{2}\right) \tag{1-40}$$

令
$$\lambda=\frac{64}{\frac{du\rho}{\mu}}=\frac{64}{Re}$$

则
$$h_f=\lambda\frac{l}{d}\frac{u^2}{2} \tag{1-41}$$

式(1-41)为流体在直管内流动阻力的通式，称为范宁(Fanning)公式。式中，λ 为无量纲系数，称为摩擦系数，它通常与流体流动的 Re 及管壁状况有关(层流流动时仅与 Re 有关)。

根据伯努利方程的其他形式，也可写出相应的范宁公式表示式：

压头损失
$$H_f=\lambda\frac{l}{d}\frac{u^2}{2g}=\frac{h_f}{g} \tag{1-41a}$$

压降
$$\Delta p_f=\lambda\frac{l}{d}\frac{\rho u^2}{2}=\rho h_f \tag{1-41b}$$

应当指出，范宁公式对层流和湍流均适用，只是两种情况下摩擦系数 λ 不同。

2. 湍流流动的直管阻力

在湍流流动的情况下，可采用式(1-41)计算其直管阻力，但 λ 不仅与 Re 有关，还与管壁粗糙度有关。化工生产中所铺设的管道，大致可分为光滑管(包括玻璃管、铜管、铅管及塑料管等)和粗糙管(包括钢管、铸铁管等)。管壁粗糙面凸出部分的平均高度称为绝对粗糙度，以 ε 表示；绝对粗糙度与管内径的比值 $\frac{\varepsilon}{d}$，称为相对粗糙度。表 1-2 列出了某些工业管路的绝对粗糙度。

表 1-2　某些工业管路的绝对粗糙度

管路类型	绝对粗糙度 ε/mm	管路类型	绝对粗糙度 ε/mm
无缝黄铜管、铜管及铝管	0.01 ～ 0.05	干净玻璃管	0.0015 ～ 0.01
新的无缝钢管或镀锌铁管	0.1 ～ 0.2	橡皮软管	0.01 ～ 0.03
新的铸铁管	0.3	木管	0.25 ～ 1.25
具有轻度腐蚀的无缝钢管	0.2 ～ 0.3	陶土排水管	0.45 ～ 6.0
具有显著腐蚀的无缝钢管	0.5 以上	很好整平的水泥管	0.33
旧的铸铁管	0.85 以上	石棉水泥管	0.03 ～ 0.8

当流体作层流流动时，流体层平行于管道轴线，流速比较缓慢，对管壁凸出部分没有什么碰撞作用。所以在层流时 $\lambda=f(Re)$。

若流体作湍流流动，如图 1-26 所示，当层流底层的厚 $\delta_b > \varepsilon$ 时，ε 对流体阻力或摩擦系数的影响与层流相近，这种情况下的管子称为水力光滑管；当 $\delta_b < \varepsilon$ 时，管壁粗糙面部分地暴露在层流底层之外的湍流区域，流体的质点冲过突起处时，引起旋涡，使流体的能量损失增大，此时 $\lambda = f\left(Re, \frac{\varepsilon}{d}\right)$。

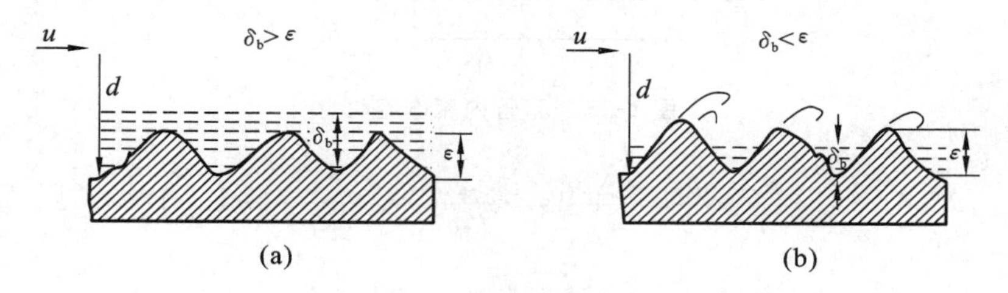

图 1-26　流体流过管壁面的情况

摩擦系数与 Re 的关系由实验确定，并绘在图上，如图 1-27 所示，该图分为四个区域。

(1) 层流区：$Re \leqslant 2000$，$\lambda = \frac{64}{Re}$，λ 与 Re 呈线性关系，而与 $\frac{\varepsilon}{d}$ 无关。

(2) 过渡区：$2000 < Re < 4000$，流型不稳定，为安全起见，对于流体阻力计算，一般将湍流时曲线延伸，以查取 λ 值。

(3) 湍流区：$Re \geqslant 4000$，光滑管曲线到虚线区域。λ 与 Re 及 $\frac{\varepsilon}{d}$ 均有一定关系，在此区域内，对于一个 $\frac{\varepsilon}{d}$ 值，画出一条 λ 与 Re 的关系曲线，最下一条曲线是光滑管曲线。

(4) 完全湍流区：在图中虚线以上的区域，在此区域内，对于一定的 $\frac{\varepsilon}{d}$ 值，λ 与 Re 的关系趋近于水平线，可看做 λ 与 Re 无关。Re 一定时，λ 值随 $\frac{\varepsilon}{d}$ 的增大而增大。此区域也称为阻力平方区。

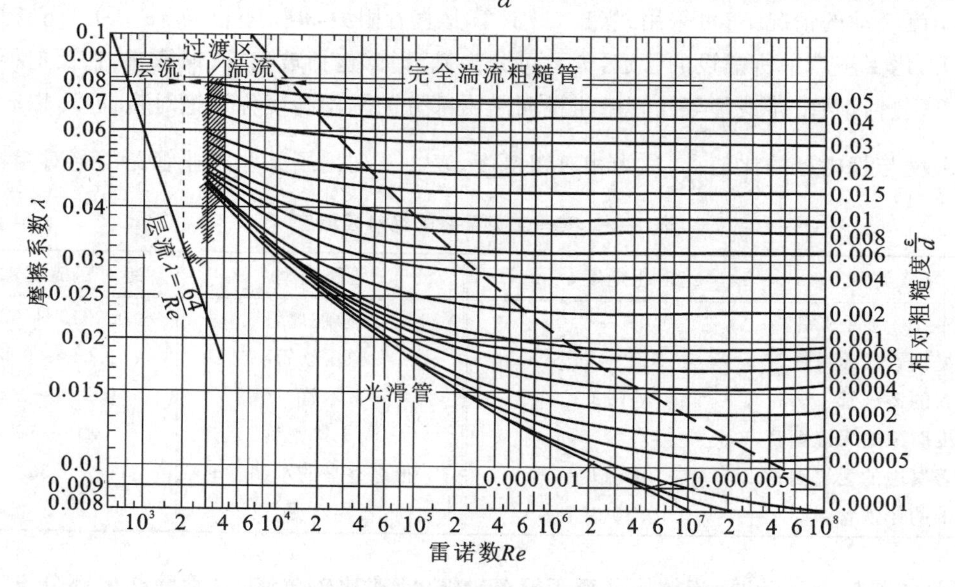

图 1-27　摩擦系数与雷诺数、相对粗糙度之间的关系

3. 求阻力系数的关联式

除通过图1-27获得摩擦系数外，也可对实验数据进行关联，得出各种计算 λ 的关联式。

(1) 层流时：

$$\lambda=\frac{64}{Re} \tag{1-42a}$$

(2) 对于 $3\times10^3\leqslant Re\leqslant10^5$ 的光滑管，布拉修斯(Blasius)提出如下关联式：

$$\lambda=\frac{0.3164}{Re^{0.25}} \tag{1-42b}$$

(3) 对于湍流区的光滑管、粗糙管，直至完全湍流区，都能适用的关联式有下列两种：
考莱布鲁斯(Colebrook)提出的关联式

$$\frac{1}{\sqrt{\lambda}}=-2\times\lg\left(\frac{\varepsilon/d}{3.7}+\frac{2.51}{Re\sqrt{\lambda}}\right) \tag{1-42c}$$

哈兰德(Haaland)提出的关联式

$$\frac{1}{\sqrt{\lambda}}=-1.8\times\lg\left[\left(\frac{\varepsilon/d}{3.7}\right)^{1.11}+\frac{6.9}{Re}\right] \tag{1-42d}$$

式(1-42c)中 λ 为隐函数，计算不方便，在完全湍流区，Re 对 λ 的影响很小，式中含 Re 项可以忽略。式(1-42c)和式(1-42d)兼顾了光滑管内的湍流和粗糙管内的湍流。

1.4.3　非圆形管的当量直径

前面讨论了圆形管道内流体的流动阻力。在工业生产中经常会遇到非圆形截面的管道或设备，如套管换热器环隙、列管换热器管间、长方形的通风管等。对于非圆形管内的流体湍流流动，必须找到一个与直径 d 相当的量来计算 Re、h_f 等。为此引入当量直径的概念，以表示非圆形管相当于直径为多少的圆形管。当量直径用 d_e 表示，当流体在非圆形管内流动时，计算 Re 和 h_f 时可以用当量直径 d_e 代替。介绍当量直径，需先引入水力半径 r_H 的概念，其定义是

$$r_H=\frac{\text{流通截面积}\,A}{\text{润湿周边长度}\,\Pi} \tag{1-43}$$

根据上述定义，对于内径为 d 的圆形管，其内部可供流体流过的面积为 $\frac{\pi d^2}{4}$，其被润湿的周边长为 πd，因此管的水力半径应为

$$r_H=\frac{\frac{\pi d^2}{4}}{\pi d}=\frac{d}{4} \tag{1-44}$$

上式表明圆形直管直径等于4倍水力半径，将此概念推广到非圆形管，即非圆形管的当量直径 $d_e=4r_H$。

对长为 a、宽为 b 的矩形管道，有

$$d_e=4\times\frac{ab}{2(a+b)} \tag{1-45}$$

当 $a/b>3$ 时，此式误差比较大。

对于外管内径为 d_1、内管外径为 d_2 的套管环隙，当量直径的计算式为

$$d_e=4\times\frac{\frac{\pi}{4}(d_1^2-d_2^2)}{\pi(d_1+d_2)}=d_1-d_2 \tag{1-46}$$

当量直径的定义是经验性的,并无充分的理论依据。但对于层流流动,层流摩擦系数图(图1-27)不可用,因为查图得到的 λ 不可靠。可用下式求 λ:

$$\lambda = \frac{C}{Re}, \quad Re = \frac{d_e u \rho}{\mu} \tag{1-47}$$

其中:套管环隙,$C = 96$;正方形截面,$C = 57$;等边三角形截面,$C = 53$;长为 a、宽为 b 的矩形截面,当 $\frac{b}{a} = \frac{1}{2}$ 时,$C = 62$,当 $\frac{b}{a} = \frac{1}{4}$ 时,$C = 73$。

值得注意的是非圆形管道的截面积、V_s 和 u 不能用 d_e 求得,用当量直径 d_e 计算的 Re 只可用以判断非圆形管中的流型。非圆形管中稳定层流的临界雷诺数同样是2000。

一般当流体流经的截面积相等时,润湿周边长度越短,当量直径越大,摩擦损失随当量直径增大而减小。因此,当其他条件相同时,圆形截面的摩擦损失最小。

1.4.4 管路上的局部阻力

流体输送管路上,当流体经过阀门、弯头等管件时,由于流体流动方向和流速大小的改变,会产生一定的涡流,使湍流程度增大,从而使摩擦阻力损失显著增大。由于管件所产生的流体摩擦阻力损失称为局部阻力损失。其计算方法有阻力系数法和当量长度法。

1. 阻力系数法

近似地将克服局部阻力引起的能量损失表示成动能 $\frac{u^2}{2}$ 的一个倍数,这个倍数称为局部阻力系数,用符号 ζ 表示,即

$$h'_f = \zeta \frac{u^2}{2} \tag{1-48}$$

或

$$\Delta p'_f = \zeta \frac{\rho u^2}{2} \tag{1-48a}$$

不同管件的 ζ 各不相同,其值由实验测定,常用阀门和管件的 ζ 值列于表1-3中。

表1-3 管件和阀件的局部阻力系数

名称	阻力系数	名称	阻力系数
45° 弯头	0.35	闸阀全开	0.17
90° 弯头	0.75	闸阀半开	4.5
三通	1	截止阀全开	6.0
回弯头	1.5	截止阀半开	9.5
管接头	0.04	角阀半开	2
活接头	0.04	盘式水表	7
球式止回阀	70	摇摆式止回阀	2

流体流过如图1-28所示的突然扩大管道和突然缩小管道时,由于流体的流动方向的改变而产生旋涡,从而有一定的能量损失。

突然扩大时的阻力系数
$$\zeta = \left(1 - \frac{A_1}{A_2}\right)^2 \tag{1-49a}$$

突然缩小时的阻力系数
$$\zeta = 0.5\left(1 - \frac{A_2}{A_1}\right)^2 \tag{1-49b}$$

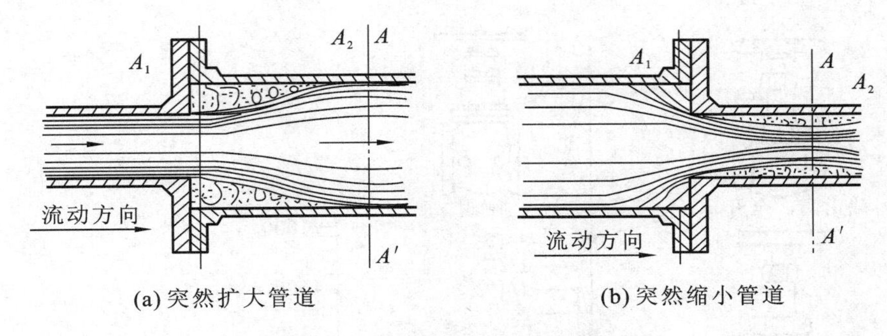

(a) 突然扩大管道　　(b) 突然缩小管道

图 1-28　突然扩大管道和突然缩小管道

通过式(1-49a)和式(1-49b)可知，当 $A_1 = A_2$ 时，$\zeta = 0$，则对等直径的直管无此项阻力损失；当流体从管路流入截面较大的容器或气体从管路排放到大气中，$\dfrac{A_1}{A_2} \approx 0$ 时，即突然扩大时，$\zeta = 1$；当流体自容器进入管的入口，流体截面突然缩小到很小的截面，$\dfrac{A_2}{A_1} \approx 0$ 时，即突然缩小时，$\zeta = 0.5$。

在计算突然扩大和突然缩小的局部摩擦损失时，利用式(1-48)计算阻力损失的流速 u 为小管中的流速。

2. 当量长度法

此法是将流体流过管件或阀门所产生的局部阻力损失，折合成流体流过长度为 l_e 的直管的阻力损失，局部阻力损失的计算如下：

$$h'_f = \lambda \frac{l_e}{d} \frac{u^2}{2} \tag{1-50}$$

或

$$\Delta p'_f = \lambda \frac{l_e}{d} \frac{\rho u^2}{2} \tag{1-50a}$$

式中，l_e 为管件或阀门的当量长度，单位为 m，由实验测定，可利用图 1-29 查出各管件的 l_e。

1.4.5　流体在管内流动的总阻力损失计算

流体在管路中的总阻力损失是所有直管阻力损失与所有局部阻力损失之和，即

$$\sum h_f = \lambda \frac{l}{d} \frac{u^2}{2} + \lambda \frac{\sum l_e}{d} \frac{u^2}{2} = \lambda \frac{l + \sum l_e}{d} \frac{u^2}{2} \tag{1-51a}$$

$$\sum h_f = \lambda \frac{l}{d} \frac{u^2}{2} + \sum \zeta \frac{u^2}{2} = \left(\lambda \frac{l}{d} + \sum \zeta\right) \frac{u^2}{2} \tag{1-51b}$$

注意：(1) 以上各式适用于直径相同的管段或管路系统的计算，式中的流速是指管段或管路系统的流速。由于管径相同，所以 u 可以按任一截面来计算。而机械能衡算式中动能 $\dfrac{u^2}{2}$ 项中的流速 u 是指相应的衡算截面处的最大流速。

(2) 当管路由若干直径不同的管段组成时，由于各段的流速不同，此时管路的总能量损失应分段计算，然后求和。

(3) 式(1-51a)中的局部阻力计算中，所有局部产生的阻力均由当量长度法计算；式(1-51b)中的局部阻力全部采用阻力系数法计算。

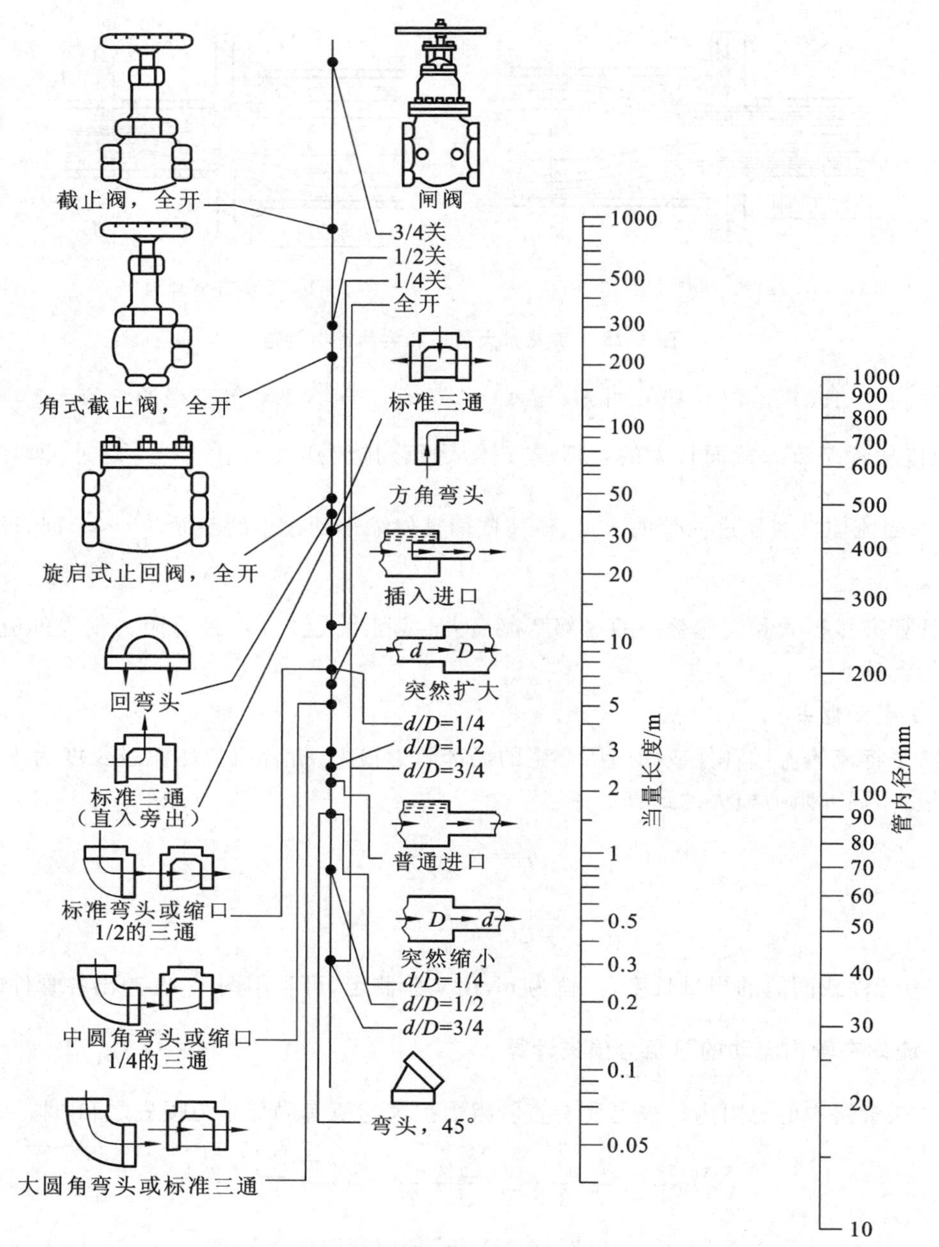

图 1-29　管件与阀门的当量长度共线图

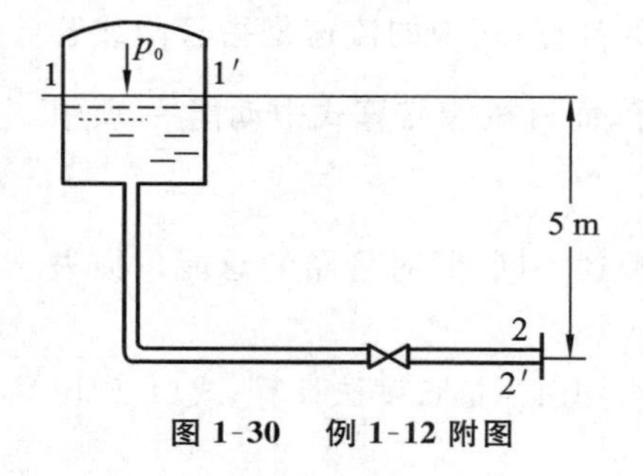

图 1-30　例 1-12 附图

【例 1-12】　如图 1-30 所示，高位槽水面距管路出口的垂直距离保持为 5 m，水面上方的压力为 4.905×10^4 Pa(表压)，管路内径为 20 mm，长度为 24 m(包括管进出口处的当量长度，不包括管件的当量长度)，摩擦系数为 0.02，管路中装球心阀一个，试求：(1) 当阀门全开($\zeta=6.4$，包括出口阻力)时，管路的阻力损失为多少？阻力损失为出口动能的多少倍？(2) 假定 λ 数值不变，当阀门关小($\zeta'=20$)时，管路的出口动能和阻力损失有何变化？

解　(1) 在截面 1—1′ 和 2—2′ 之间列机械能衡算式，以 2—2′ 截

面中心线所在的水平面为基准面，有

$$z_1 g + \frac{1}{2}u_1^2 + \frac{p_1}{\rho} + W_e = z_2 g + \frac{1}{2}u_2^2 + \frac{p_2}{\rho} + \sum h_f$$

由题意知

$$p_1 = p_0,\quad p_0 = 4.905\times 10^4\ \text{Pa(表压)},\quad z_1 = 5\ \text{m},\quad u_1 \approx 0,\quad u_2 = 0,$$

$$p_2 = 0\text{(表压)},\quad z_2 = 0,\quad \sum h_f = \left(\lambda\frac{l}{d} + \zeta\right)\frac{u^2}{2},\quad W_e = 0$$

代入上式，得

$$5\times 9.81 + \frac{4.905\times 10^4}{10^3} = \left(0.02\times\frac{24}{0.02} + 6.4\right)\frac{u^2}{2}$$

$$\frac{u^2}{2} = 3.2\ \text{J/kg}$$

$$\sum h_f = \left(\lambda\frac{l}{d} + \zeta\right)\frac{u^2}{2} = \left(0.02\times\frac{24}{0.02} + 6.4\right)\times 3.2\ \text{J/kg} = 97.3\ \text{J/kg}$$

$$\frac{\sum h_f}{\frac{u^2}{2}} = \lambda\frac{l}{d} + \zeta = 0.02\times\frac{24}{0.02} + 6.4 = 30.4$$

此结果表明，实际流体在管内流动时，阻力损失和动能的增加是造成流体势能减少的两个主要原因。但对于通常管路，动能增加是一个可以忽略的小量，而阻力损失是使势能减小的主要原因。换言之，阻力损失所消耗的能量是由势能提供的。

(2) 当 $\zeta' = 20$ 时，代入机械能衡算式，得

$$\frac{u^2}{2} = 2.2\ \text{J/kg}$$

$$\sum h_f = \left(\lambda\frac{l}{d} + \zeta'\right)\frac{u^2}{2} = (24 + 20)\times 2.2\ \text{J/kg} = 96.8\ \text{J/kg}$$

与(1)比较，当阀门关小时，出口动能减少而阻力损失略有增加，但是，绝不可因此而认为阻力损失所消耗的能量是由动能提供的。实际上，动能的增加和阻力损失皆由势能提供，当阀门关小时，损失的能量增加使得动能减少了。

1.5　管路计算

前面几节已导出了连续性方程、机械能衡算式以及阻力损失计算式。据此，可以进行不可压缩流体输送管路的计算。化工管路按其布置情况可分为简单管路与复杂管路两种，下面分别讨论其计算方法。

1.5.1　简单管路计算

简单管路是指没有分支或汇合的单一管路。在实际计算中碰到的有三种情况：一是管径不变的单一管路；二是不同管径的管道串联组成的单一管路；三是循环管路。在简单管路计算中，实际是连续性方程、机械能衡算式和阻力损失计算式的具体运用，即联立求解这些方程。

连续性方程：　$V_s = \frac{\pi}{4}d^2 u$　或　$\frac{u_2}{u_1} = \left(\frac{d_1}{d_2}\right)^2$

机械能衡算式：　$gz_1 + \frac{p_1}{\rho} + \frac{u_1^2}{2} + W_e = gz_2 + \frac{p_2}{\rho} + \frac{u_2^2}{2} + \sum h_f$

摩擦系数计算式(或图)：　$\lambda = \varphi\left(Re, \frac{\varepsilon}{d}\right)$

下面先分析一下管径不变的简单管路。

1. 等径管路计算

对于管径不变的管路,当被输送的流体已定时,其物性 μ、ρ 已定,上面给出的三个方程中已包含 9 个变量,即 V_s、d、u、p_1、p_2、λ、l、$\sum\zeta$(或 $\sum l_e$)、ε。需给定其中 6 个独立变量,才能解出 3 个未知量。由于已知量与未知量情况不同,因而计算的方法有所不同。工程计算中按管路计算的目的可分为设计型计算与操作型计算两类。

1) 简单管路的设计型计算

设计型计算是给定输送任务,要求设计经济上合理的管路。典型的设计型命题如下。设计要求:为完成一定量的流体输送任务 V_s,需设计经济上合理的管道尺寸(一般指管径 d)及供液点所提供的静压能 $\left(\frac{p_1}{\rho}\right)$。给定条件:$V_s$、$l$、$\frac{p_2}{\rho}$(需液点的静压能)、管道材料及管道配件的 ε、$\sum\zeta$(或 $\sum l_e$)等 5 个变量。

在以上命题中只给定了 5 个变量,用上述三个方程求 4 个未知量仍无定解。要使问题有定解,还需设计者另外补充一个条件,这是设计型问题的主要特点。对以上命题,剩下的 4 个待求量是 u、d、λ、$\frac{p_1}{\rho}$。工程上往往是通过选择流速 u,继而通过上述方程组达到确定 d 与 $\frac{p_1}{\rho}$ 的目的。由于不同的 u 对应于一组不同的 d、$\frac{p_1}{\rho}$,设计者的任务在于选择一组经济上最合适的数据,即设计计算存在变量优化的问题。什么样的数据才是最合适的呢?对一定 V_s,d 与 $u^{\frac{1}{2}}$ 成反比,若 u 增大,则 d 变小,设备费用减少,但 u 增大使流动阻力增大,操作费用也随之增加;反之,若 u 减小,则 d 增大,设备费用也随之增加,但 u 减小使流动阻力减小,操作费用也随之减少。因此,必存在最佳流速 u_{opt},使输送系统的总费用(设备费用 + 操作费用)最小。原则上说,可以通过将总费用作为目标函数,通过取目标函数的最小值来求出最优管径(或流速),但对于车间内部规模较小的管路设计问题,往往采取经验流速 u,以确定管径 d,再根据管道标准进行调整。在选择流速时,应考虑流体的性质。黏度较大的流体(如油类),流速应取得低一些;含有固体悬浮物的流体,为了防止管路的堵塞,流速不能取得太低。密度较大的液体,流速应取得低一些,而密度小的液体,流速则可取得高一些。气体输送中,容易获得压力的气体,流速可以取高些;而一般气体输送的压力不易获得,流速不宜取太高。还有对于真空管路,流速的选择必须保证产生的压降 Δp_f 低于允许值。管径的选择也要受到结构上的限制,如支撑跨距 5 m 以上的普通钢管,管径不应小于 40 mm。

【例 1-13】 钢管总长为 100 m,20 ℃ 的水在其中的流量为 27 m³/h。输送过程中允许摩擦阻力为 40 J/kg,试确定管路的直径。

解 本题为简单管路的设计型计算问题,待求量为管径 d。由于 d 未知,即使 V_s 已知,u 也无法求得;Re 无法计算,λ 不能确定,故须用试差法计算。根据题意,有

$$\sum h_f = \lambda \frac{l}{d}\frac{u^2}{2}$$

将 $\sum h_f = 40\ \text{J/kg}$、$V_s = 27/3600\ \text{m}^3/\text{s} = 7.5\times10^{-3}\ \text{m}^3/\text{s}$、$l = 100\ \text{m}$、$u = \dfrac{V_s}{\frac{\pi}{4}d^2}$ 代入上式并整理,得

$$d = 0.163\lambda^{\frac{1}{5}} \tag{a}$$

20 ℃ 水的密度 ρ 为 1000 kg/m³,黏度 μ 为 1.005 cP(20 ℃ 水的黏度是一个很特殊的数据,许多出题者不会将 20 ℃ 水的 μ 作为已知条件给出,读者必须记住,近似计算可将其取为 1 cP)。把已知数据代入 Re 表达式,得

$$Re = \frac{du\rho}{\mu} = \frac{dV_s\rho}{0.785d^2\mu} = \frac{7.5\times10^{-3}\times1000}{0.785\times1.005\times10^{-3}d} = \frac{9507}{d} \tag{b}$$

粗糙管湍流时 λ 可用下式计算：

$$\frac{1}{\sqrt{\lambda}} = -1.8\times\lg\left[\left(\frac{\varepsilon/d}{3.7}\right)^{1.11} + \frac{6.9}{Re}\right] \tag{c}$$

本题取管壁绝对粗糙度 $\varepsilon = 0.2\ \text{mm} = 0.2\times10^{-3}\ \text{m}$，湍流时 λ 值在 0.02～0.03，故易于假设 λ 值，而管径 d 的变化范围较大不易假设。本题设初值 $\lambda = 0.028$，由式(a)求出 d，再由式(b)求出 Re，计算相对粗糙度 ε/d，把 ε/d 及 Re 值代入式(c)求 λ'，比较 λ' 与初设 λ，若二者不符，则将 λ' 作为下一轮迭代的初值 λ。重复上述步骤，直至 $|\lambda'-\lambda| \leqslant 0.001$ 为止。表 1-4 为迭代结果。

表 1-4　计算结果

λ	d/m	Re	ε/d	λ'	$\lvert\lambda'-\lambda\rvert$
0.028	0.0797	1.192×10^5	2.51×10^{-3}	0.0264	0.0018
0.0264	0.0788	1.207×10^5	2.54×10^{-3}	0.0265	0.001

经过两轮迭代即收敛，故计算的管道内径 d 为 0.0788 m，实际上市场上没有此规格的管子，需根据管子规格选用合适的标准管。本题中输送水，题目没有给出水压值，故认为水压不会太高，根据有缝钢管（即水、煤气管，最高承受压力可达 16 kgf/cm²）规格，选用普通水、煤气管，其具体尺寸为 ϕ88.5 mm×4 mm，内径 $d = (88.5-2\times4)\ \text{mm} = 80.5\ \text{mm} = 0.0805\ \text{m}$。由于所选 d 与计算 d 不一致，必须验算采用此管时的摩擦阻力是否超过允许值。

$$u = \frac{V_s}{0.785d^2} = \frac{27/3600}{0.785\times0.0805^2}\ \text{m/s} = 1.47\ \text{m/s}$$

$$Re = \frac{du\rho}{\mu} = \frac{0.0805\times1.47\times1000}{1.005\times10^{-3}} = 1.177\times10^5$$

$$\frac{\varepsilon}{d} = \frac{0.2\times10^{-3}}{0.0805} = 2.48\times10^{-3}$$

$$\frac{1}{\sqrt{\lambda}} = -1.8\times\lg\left[\left(\frac{\varepsilon/d}{3.7}\right)^{1.11} + \frac{6.9}{Re}\right]$$

$$\lambda = 0.0264$$

$$\sum h_f = \lambda\frac{l}{d}\frac{u^2}{2} = 0.0264\times\frac{100}{0.0805}\times\frac{1.47^2}{2}\ \text{J/kg} = 35.4\ \text{J/kg} < 40\ \text{J/kg}$$

计算结果说明，采用水、煤气管时的摩擦阻力小于允许值 40 J/kg，故认为所选的管子合适。

2）简单管路的操作型计算

操作型计算问题是管路已定，要求核算在某给定条件下管路的输送能力或某项技术指标。这类问题的命题如下。给定条件：d、l、$\sum\zeta$（或 $\sum l_e$）、ε、$\frac{p_1}{\rho}$、$\frac{p_2}{\rho}$ 等 6 个变量；计算目的：求输送量 V_s。或给定条件：d、l、$\sum\zeta$（或 $\sum l_e$）、ε、$\frac{p_1}{\rho}$、V_s 等 6 个变量；计算目的：求 $\frac{p_2}{\rho}$。

计算的目的不同，命题中须给定的条件也不同。但是，在各种操作型问题中，有一点是完全一致的，即都给定了 6 个变量，方程组有唯一解。在第一种命题中，由于 u 未知，Re 未知，无法确定流型，λ 不知道，必须用试差法求解。

先假设 λ 或 u（λ 变化范围比 u 变化范围小，先假设 λ 求解比较方便，因为一般情况下 $\lambda = 0.02 \sim 0.03$）；通常可取进入阻力平方区的 λ 作为初值。λ 计算步骤如下：假设 λ，首先计算 Re，确定流动类型，再求得 λ'，与假设值 λ 比较，若不趋于相等，则重新假设 λ，再次进行试差计算；若 λ' 与假设 λ 趋于相等，则 λ' 为所求。若已知阻力损失服从平方或一次方定律，则可以解析

求解,不需试差。$\left(\text{如层流},\lambda=\frac{64}{Re}\right)$

2. 串联管路

串联管路往往是由不同直径的管道串联组成的不等径管路。对于不可压缩流体,由连续性方程可知其流过串联管路内各段的体积流量相等。

$$V_{s1}=V_{s2}=V_{s3}\text{(不可压缩流体)}$$

$$\frac{\pi}{4}d_1^2u_1=\frac{\pi}{4}d_2^2u_2=\frac{\pi}{4}d_3^2u_3$$

则

$$u_2=u_1\left(\frac{d_1}{d_2}\right)^2,\quad u_3=u_1\left(\frac{d_1}{d_3}\right)^2$$

串联管路的阻力损失等于各段管路阻力损失之和,即

$$\sum h_f=\sum h_{f1}+\sum h_{f2}+\sum h_{f3}=\lambda_1\frac{l_1}{d_1}\frac{u_1^2}{2}+\left(\lambda_2\frac{l_2}{d_2}+\xi_2\right)\frac{u_2^2}{2}+\left(\lambda_3\frac{l_3}{d_3}+\xi_3\right)\frac{u_3^2}{2}$$

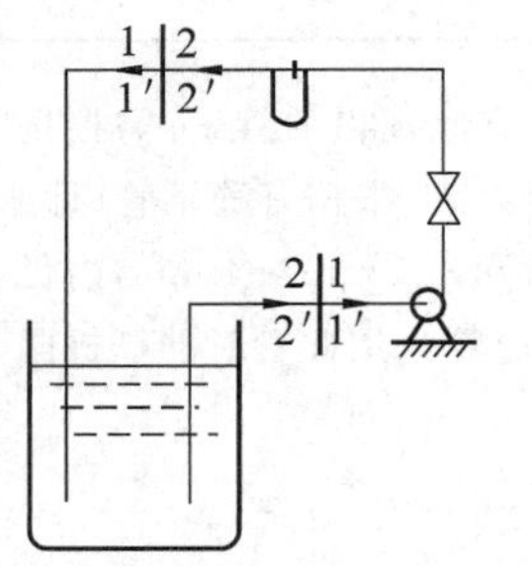

图 1-31 循环管路示意图

3. 循环管路的计算

如图 1-31 所示,在管路中任取一截面同时作为上游 1—1′ 截面和下游 2—2′ 截面,则

$$z_1=z_2,\quad u_1=u_2,\quad p_1=p_2$$

机械能衡算式化为 $W_e=\sum h_f$

上式说明,对循环管路,外加的能量全部用于克服流动阻力,这是循环管路的特点,后面解题时常用到。由以上分析可以看出:对于简单管路,通过各管段的质量流量相等,对于不可压缩流体,体积流量相等;整个管路的阻力损失等于各管段阻力损失之和。

1.5.2 复杂管路计算

有分支、汇合的管路称为复杂管路,常见的复杂管路有分支管路、汇合管路和并联管路三种。下面分别介绍它们的特点和计算方法。

1. 分支管路与汇合管路

(1) 流量 由图 1-32 所示分支管路和汇合管路可以看出,不管是分支管路还是汇合管路,对于稳定流动,总管流量等于各支管流量之和。

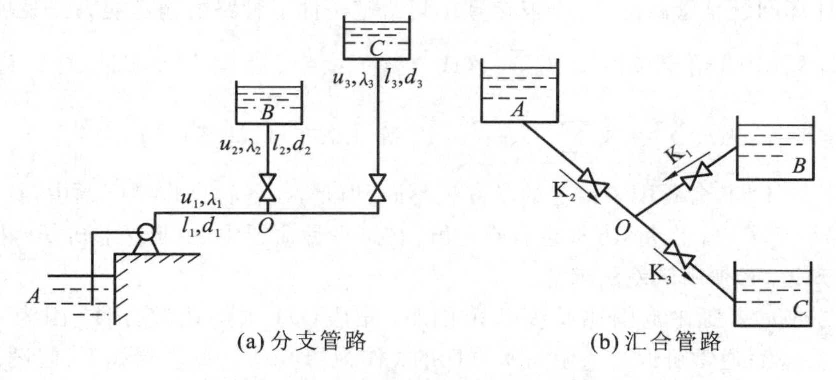

图 1-32 分支管路和汇合管路示意图

(2) 分支点或汇合点O处的总机械能　不管是分支还是汇合，在交点O处都存在能量交换与损失。如果弄清楚O点处的能量交换及损失，那么前面讲到的对于单一管路的机械能衡算式同样可以用于分支或汇合管路，工程上采用两种方法解决交点处的能量交换和损失。

交点O处的能量交换和损失与各流股流向和流速大小都有关系，可将单位质量流体跨越交点的能量变化看做流出管件(三通)的局部阻力损失，由实验测定在不同情况下三通的局部阻力系数ζ。若流过交点时能量有所增加，则ζ值为负；若能量减少，则为正。

若输送管路的其他部分的阻力较大，如对于$\frac{\varepsilon}{d}$大于1000的长管，三通阻力所占的比例很小，可不计三通阻力而跨越交点，列出机械能衡算式。对于分支或汇合管路，无论各支管内的流量是否相等，在分支点或汇合点处的总机械能为定值。

2. 并联管路

如图1-33所示，在主管A处分为两支或多支的支管，然后在B处又汇合为一个管路，称为并联管路。其特点如下。

(1) 主管的流量等于各支管流量之和。

(2) 各支管的阻力损失相等，即并联管路各支管阻力损失相等，这是并联管路的主要特征。一般情况下各支管的长度、直径及粗糙度是不相同的，但各支管的流体流动的推动力(Δp)是相同的，因此各支管的流速也不同。

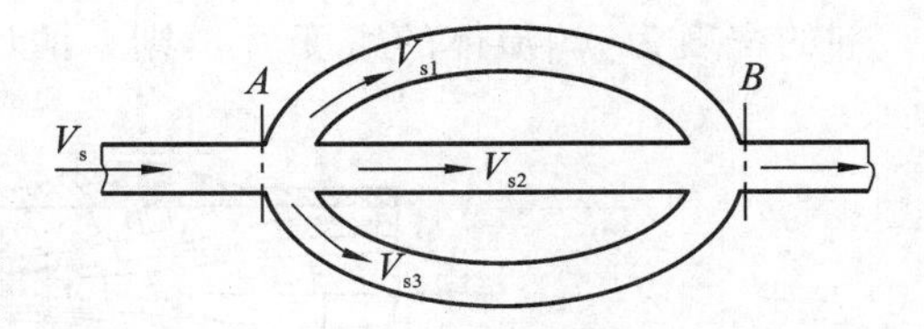

图1-33　并联管路示意图

复杂管路计算时注意两点。① 在计算分支管路所需能量时，为了保证将流体输送至需用能量最大的支管，就需要按照耗用能量最大的那支管路计算。通常是从最远的支管开始，由远及近，依次进行各支管的计算。当按已知的流量和管路(管路上阀门全开)计算出的能量不等时，应取能量最大者作为依据。② 在计算管路的总阻力时，如果管路上有并联管路存在，则总阻力损失应为主管部分与并联部分的串联阻力损失之和。在计算并联管路的阻力时，只需考虑其中任一管段的阻力即可，绝不能将并联的各段阻力全部加在一起，作为并联管路的阻力。

1.6　流量的测定

流体的流量是化工生产中的重要参数之一。为保证生产过程的稳定进行，流体的流量是必须控制的参数之一。

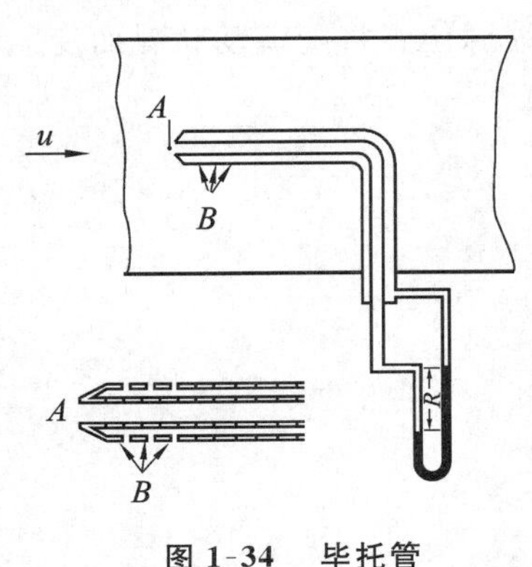

图1-34　毕托管

化工生产中较常用的流量计是利用前述流体流动过程中的机械能转化原理而设计的。下面简单介绍几种流量计。

1. 毕托管

毕托管用来测量管路中流体的点速度。测速装置如图1-34所示，它由两根弯成直角的同心套管所组成，外管的管口是封闭的，在外管前端壁面四周开有若干测压小孔，为了减小误差，测速管的前端经常做成半球形以减少涡流。测量时，测速管可以放在管截面的任一位置上，并使其管口正对着管道中流体的流动方向，外管与内管的末端分别与液柱压差计的两臂相连接。在管道中的流体流动过程中，毕托管内外管中的流体均处于静止状态，流体流经内管进口处时动压头瞬间转化为静压头，根据内外管的压差可以求出转化为静压头的动压头，从而求出流体的流速。若U形管压差计的读数为R，指示剂的密度为ρ_0，流体的密度为ρ，则流体流速u的计算式如下：

$$u=\sqrt{\frac{2gR(\rho_0-\rho)}{\rho}} \tag{1-52}$$

毕托管对流体的阻力小，适用于测量大直径气体管道内的流速，但是不能直接求出平均速度，且当压差计读数较小时，要放大后才能精确读数，当流体中含有固体杂质时，会将测压孔堵塞，故不宜采用测速管。实际安装毕托管时应注意以下几点：① 必须保证测量点位于均匀流段；② 必须保证毕托管口截面严格垂直于流动方向；③ 毕托管直径应小于管径的1/50。

2. 孔板流量计

孔板流量计是在管路中安装一片中央带有圆孔的孔板制成的，其构造如图1-35所示。流体在流经孔板流量计时，由于横截面的变化而引起流速的变化，在流速变化的同时，流体压力也要随之变化，则可根据孔板前后的压差求出流体的流速。若U形管压差计的读数为R，指示剂的密度为ρ_0，流体的密度为ρ，则u的计算式如下：

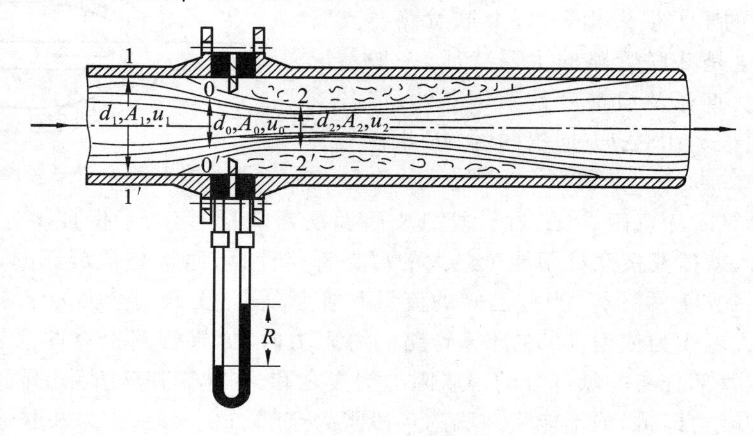

图1-35 孔板流量计

$$u=\frac{1}{\sqrt{1-\left(\frac{A_2}{A_1}\right)^2}}\sqrt{\frac{2gR(\rho_0-\rho)}{\rho}} \tag{1-53}$$

由于缩脉的面积A_2无法知道，工程上以孔口速度u_0代替上式中的u。同时，流体流过孔口时有阻力损失，且实际所测势能差不会恰巧是$(p_1-p_2)/\rho$，因为缩脉位置将随流动状况而变。因此引入校正系数C，于是有

$$u_0=\frac{C}{\sqrt{1-m^2}}\sqrt{\frac{2gR(\rho_0-\rho)}{\rho}} \tag{1-54}$$

其中，$m=\frac{A_0}{A_1}$。令$C_0=\frac{C}{\sqrt{1-m^2}}$，则有

$$u_0=C_0\sqrt{\frac{2gR(\rho_0-\rho)}{\rho}} \tag{1-55}$$

孔板的流量计算式为

$$V_s = C_0 A_0 \sqrt{\frac{2gR(\rho_0 - \rho)}{\rho}} \tag{1-56}$$

C_0 称为孔板的流量系数，实验测得的 C_0 示于图 1-36。

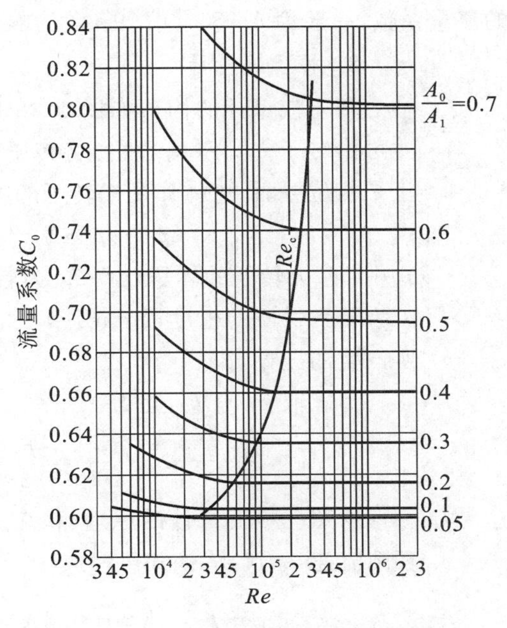

图 1-36　流量系数与 Re 的关系

孔板流量计安装位置的上、下游都要有一段内径不变的直管，以保证流体通过孔板之前的速度分布稳定。若孔板上游不远处装有弯头、阀门等，流量计读数的精确性和重现性都会受到影响。通常要求上游直管长度为 $50d_1$，下游直管长度为 $10d_1$。若 A_0/A_1 较小，则这段长度可缩短一些。

孔板流量计制作简单，当流量有较大变化时，为了调整测量条件，调换孔板也很方便。它的主要缺点是流体经过孔板后能量损失较大，并随 A_0/A_1 的减小而加大。而且孔口边缘容易腐蚀和磨损，所以流量计应定期进行校正。

为了减少流体流经孔板时的机械能损失，可以用喷嘴和文丘里管代替孔板，如图 1-37 所示，流体流经喷嘴和文丘里管时，流体在一定型面引导下，可以有效减少涡流区，所以流体流过的时候机械能损失较小。

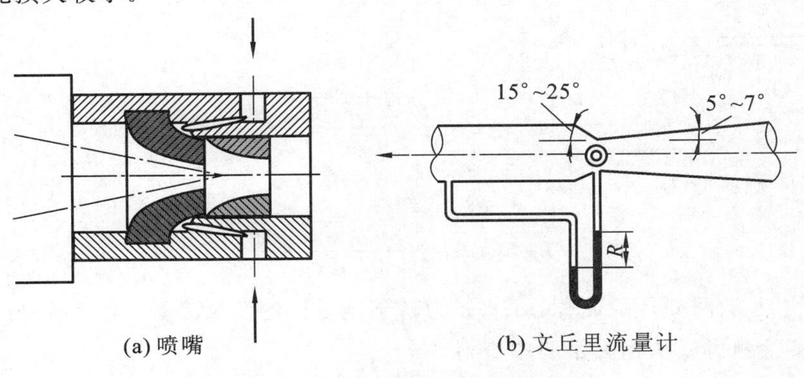

(a) 喷嘴　　(b) 文丘里流量计

图 1-37　喷嘴和文丘里流量计

文丘里流量计的测量原理与孔板流量计相同,其流量测量公式也与孔板流量计类似:

$$V_s = C_V A_0 \sqrt{\frac{2Rg(\rho_0 - \rho)}{\rho}}$$

式中,C_V 为文丘里流量计的流量系数,一般为 0.98～0.99;A_0 为喉管处截面积,m^2。

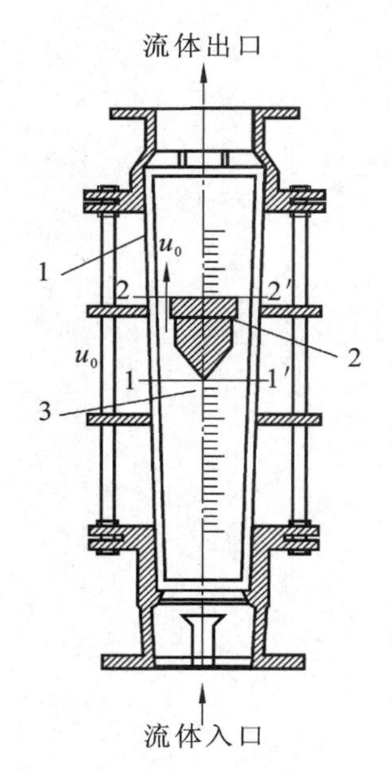

图 1-38　转子流量计

1—锥形玻璃管;2—转子;3—刻度

3. 转子流量计

转子流量计的构造如图 1-38 所示。转子流量计的计算式可由转子受力平衡导出。将转子简化为圆柱体。当转子处于平衡位置时,流体作用于转子的力应与转子重力相等,即

$$(p_1 - p_2)A_f = V_f \rho_f g \tag{1-57}$$

式中,V_f 为转子的体积,m^3;A_f 为转子最大部分截面积,m^2;ρ_f 为转子材质的密度,kg/m^3;$p_1 - p_2$ 为流体流经环形截面所产生的压差,Pa。

为求取 p_1 与 p_2,在 1—1′、2—2′ 截面间列机械能衡算式

$$\frac{p_1}{\rho} + gz_1 + \frac{u_1^2}{2} = \frac{p_2}{\rho} + gz_2 + \frac{u_2^2}{2} \tag{1-58}$$

仿照孔板流量计的原理,将缩脉处截面 2—2′ 的流速用环隙流速 u_0 代替。该式可写成

$$p_1 - p_2 = (z_2 - z_1)\rho g + \left(\frac{u_0^2}{2} - \frac{u_1^2}{2}\right)\rho \tag{1-59}$$

若将式(1-59) 各项乘以转子截面积 A_f,则有

$$(p_1 - p_2)A_f = A_f(z_2 - z_1)\rho g + A_f\left(\frac{u_0^2}{2} - \frac{u_1^2}{2}\right)\rho \tag{1-60}$$

由式(1-22) 将 u_1 用 u_0 表示,即 $u_1 = u_0 \frac{A_0}{A_1}$,代入式(1-60) 有

$$(p_1 - p_2)A_f = V_f \rho g + A_f \rho\left[1 - \left(\frac{A_0}{A_1}\right)^2\right] \times \frac{u_0^2}{2} \tag{1-61}$$

将所得的$(p_1 - p_2)$ 代入式(1-57) 得

$$u_0 = \frac{1}{\sqrt{1-(A_0/A_1)^2}} \times \sqrt{\frac{2V_f(\rho_f - \rho)g}{A_f \rho}} \tag{1-62}$$

令 $C_R = \frac{1}{\sqrt{1-(A_0/A_1)^2}}$,则有

$$u_0 = C_R \sqrt{\frac{2V_f(\rho_f - \rho)g}{A_f \rho}} \tag{1-63}$$

转子流量计的体积流量为

$$V_s = C_R A_R \sqrt{\frac{2V_f(\rho_f - \rho)g}{\rho A_f}} \tag{1-64}$$

式中,A_R 为转子上端面处环隙面积,m^2;C_R 为转子流量计的流量系数,无量纲,与 Re 值及转子形状有关,由实验测得或从相关手册中查得。

假定出厂标定时所用液体的流量系数与实际工作时的液体相等,并忽略黏度变化的影响,

则在相同刻度下，两种液体的流量关系为

$$\frac{V_{s2}}{V_{s1}}=\sqrt{\frac{\rho_1(\rho_f-\rho_2)}{\rho_2(\rho_f-\rho_1)}} \tag{1-65}$$

式中，下标“1”表示出厂标定的液体；下标“2”表示实际测量液体；下标“f”表示转子材料。同理，可以推算出气体流量的校正方法。

转子流量计读取流量方便，能量损失很小，测量范围也宽。但是流量计锥形管多为玻璃制品，不能经受高温和高压，在安装使用过程中应注意防止破碎，并且要求垂直安装。

上述流量计中毕托管、孔板流量计、喷嘴和文丘里流量计属于变压差恒截面型流量计，而转子流量计属于恒压差变截面型流量计。

思　考　题

1-1　真空度、表压和绝对压力之间有何关系？

1-2　气体和液体的密度如何计算？

1-3　流体静力学中等压面如何确定？其原理可以在哪些方面得以应用？

1-4　如何进行实际流体的机械能衡算？伯努利方程的应用有哪些？

1-5　利用伯努利方程解题时应注意哪些事项？

1-6　流体在管内流动的速度分布如何？

1-7　如何计算流体在管内的流动摩擦阻力？

1-8　管路计算所涉及的主要原理有哪些？如何进行设计型和操作型计算？

1-9　各种流量计的测量原理以及优缺点分别是什么？

习　题

1-1　若将密度为 820 kg/m^3 的油与密度为 710 kg/m^3 的油各 80 kg 混在一起，试求混合油的密度。

【答案：761 kg/m^3】

1-2　已知干空气的组成：O_2 为 21%，N_2 为 78%，Ar 为 1%（均为体积分数）。试求干空气在压力为 9.81×10^4 Pa 及温度为 100 ℃ 时的密度。

【答案：0.916 kg/m^3】

1-3　某地区大气压力为 750 mmHg，现有一设备需在真空度为 550 mmHg 的条件下操作，试求该设备操作条件下的绝对压力，分别用 mmHg、Pa、kgf/cm^2 三种单位表示。

【答案：200 mmHg，2.66×10^4 Pa，0.27 kgf/cm^2】

1-4　某流化床反应器上装有两个U形管压差计，如图1-39所示。测得 $R_1=400$ mm，$R_2=50$ mm，指示液为水银。为防止水银蒸气向空间扩散，往右侧的U形管与大气连通的玻璃管内灌入一段水，其高度 $R_3=50$ mm。试求 A、B 两处的表压。

【答案：$p_A=7.16\times10^3$ Pa（表压），$p_B=6.05\times10^4$ Pa】

1-5　根据图1-40所示的微差压差计的读数，计算管路中气体的表压 p。压差计中以油和水为指示液，其密度分别为 920 kg/m^3 及 998 kg/m^3，U形管中油、水交界面高度差 $R=300$ mm。两扩大室的内径 D 均为 60 mm，U形管内径 d 为 6 mm。（当管路内气体压力等于大气压时，两扩大室液面平齐）

【答案：$p=257$ Pa（表压）】

1-6　如图1-41所示，两个容器与一个水银压差计用橡皮管相连接，这两个容器中均充满水，设水银压差计读数 R 为 650 mm，试求：(1) 两容器的压差为多少？(2) 如果将两容器由图(a)改为图(b)位置，此时的压差和读数有何改变？为什么？

【答案：(1) 8190 mmH$_2$O；(2) 0.49 m】

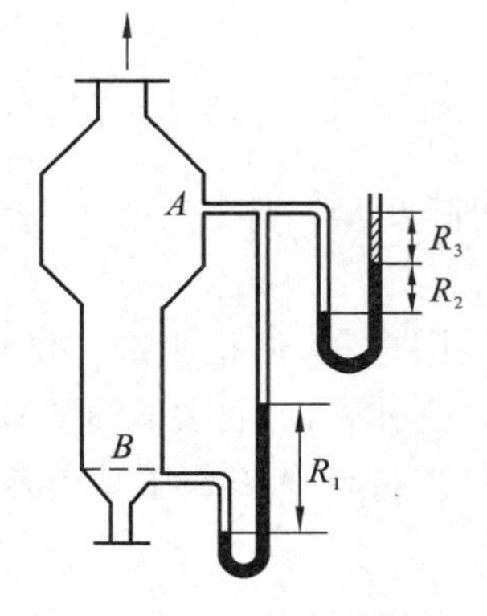

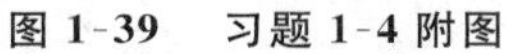
图 1-39 习题 1-4 附图

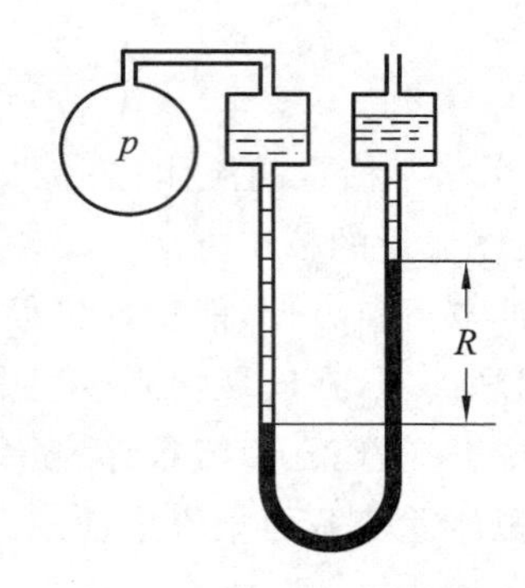

图 1-40 习题 1-5 附图

1-7 如图 1-42 所示，减压下的水蒸气送入冷凝器 1 中，与由上方进入的冷水相遇而冷凝，因水处于减压状态，必须靠重力作用才能自动通过气压管 3 排出。气压管 3 应插在水封槽 4 中，在排出冷凝水的同时，又可防止外界空气漏入设备内。已知真空表 2 上的读数为 7.8×10^4 Pa，图中 p_1 为冷凝管内的绝对压力。求气压管中水上升的高度 h。

【答案：7.96 m】

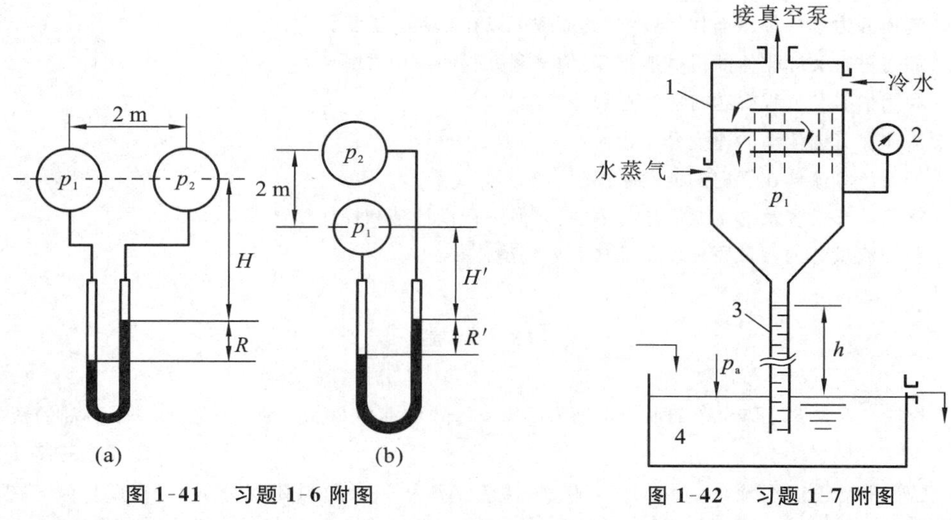

图 1-41 习题 1-6 附图

图 1-42 习题 1-7 附图

1-8 湿式钢制钟罩圆筒气柜如图 1-43 所示。圆筒直径为 6 m，质量为 3000 kg，圆筒没入水中的深度为 1 m，忽略圆筒所受的浮力。问：(1) 气柜内气体的表压为多少？(2) 圆筒内外的液面差为多少米？

【答案：(1) 1041 Pa；(2) 0.106 m】

1-9 如图 1-44 所示，用玻璃虹吸管将硫酸从贮槽中吸出，硫酸的液面恒定不变，液面距虹吸管出口的垂直距离为 0.4 m，求硫酸在出口管内侧的流速。

【答案：$u = 2.8$ m/s】

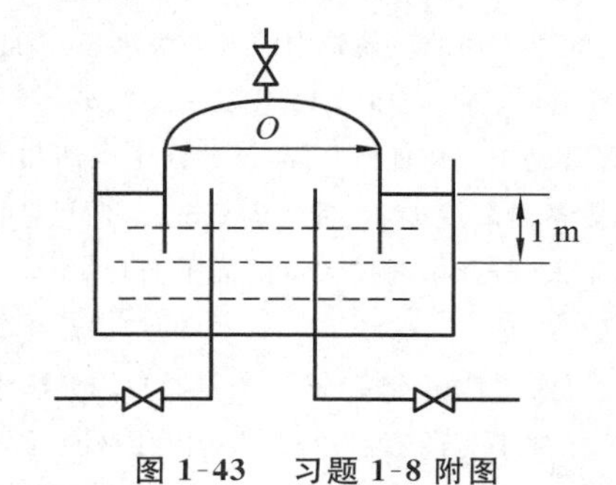

图 1-43 习题 1-8 附图

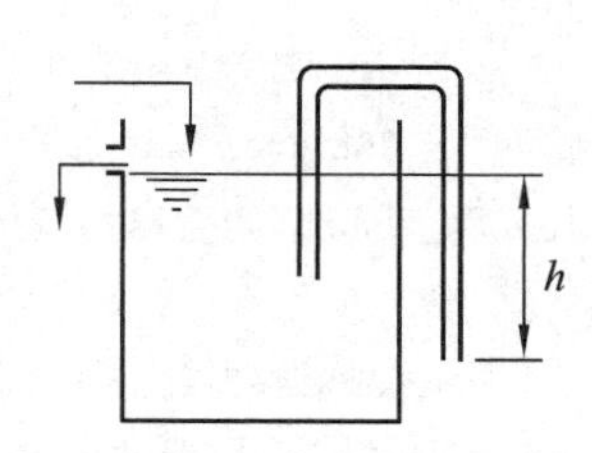

图 1-44 习题 1-9 附图

1-10　敞口容器的侧壁装有内径为 25 mm 的短管，用以排水。水以 4.5 m^3/h 的流量连续加入容器内，以维持液面恒定（水流经短管的阻力忽略不计）。如图 1-45 所示。试求容器中的水面高出短管处多少米。　【答案：0.33 m】

1-11　如图 1-46 所示，某厂利用喷射泵输送氨。管中稀氨水的质量流量为 1×10^4 kg/h，密度为 1000 kg/m^3，入口处的表压为 147 kPa。管道的内径为 53 mm，喷嘴出口处内径为 13 mm，喷嘴能量损失可忽略不计，试求喷嘴出口处的压力。　【答案：真空度为 71.45 kPa】

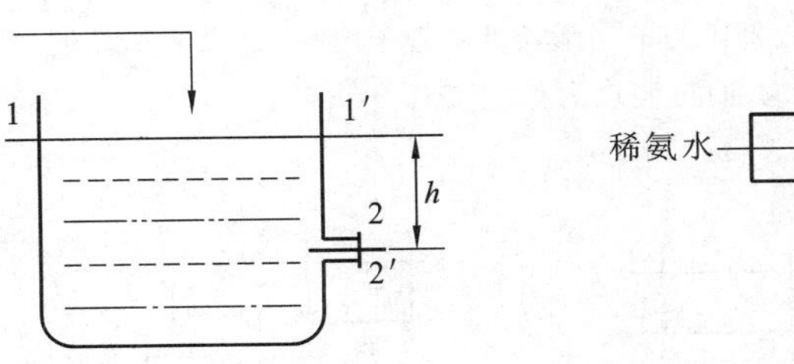

图 1-45　习题 1-10 附图

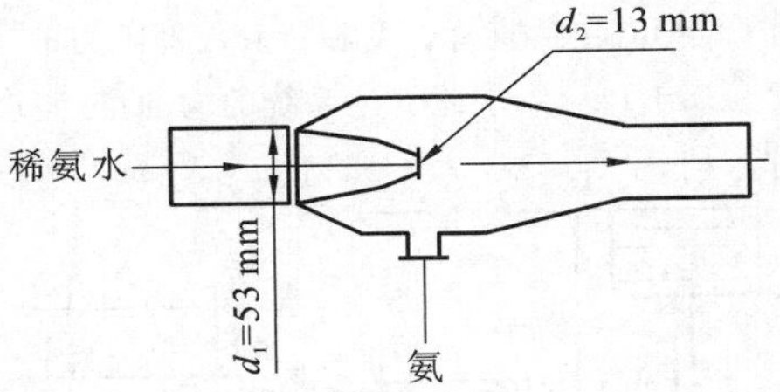

图 1-46　习题 1-11 附图

1-12　现用一根虹吸管来输送相对密度为 1.2 的某酸液，如图 1-47 所示。设酸液流经虹吸管的阻力可忽略不计，问：(1) 图中 A 处（管内）和 B 处（管内）的压力各为多少千帕？(2) 若要增大输送量，你认为对此装置采用何种改进最为简单？为什么？　【答案：4.7 kPa（真空度），7.06 kPa（真空度）】

1-13　如图 1-48 所示，用泵将贮槽中密度为 1200 kg/m^3 的溶液送到蒸发器内，贮槽内液面维持恒定，其上方压力为 101.33×10^3 Pa，蒸发器上部的蒸发室内操作压力为 26670 Pa（真空度），蒸发器进料口高于贮槽内液面 15 m，进料量为 20 m^3/h，溶液流经全部管路的能量损失为 120 J/kg（不包括进料管出口阻力），管路直径为 60 mm。求泵的有效功率。　【1.65 kW】

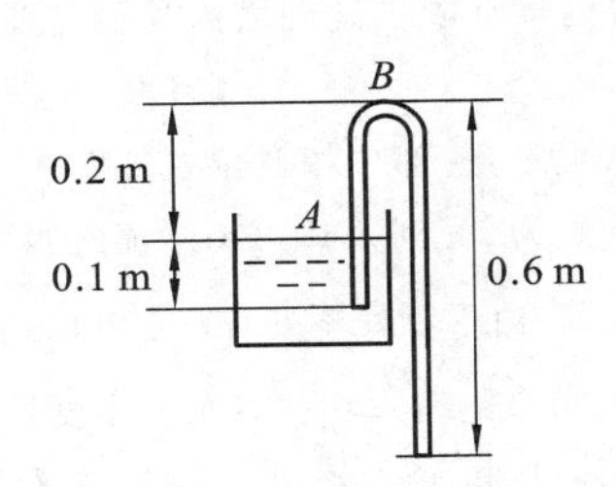

图 1-47　习题 1-12 附图

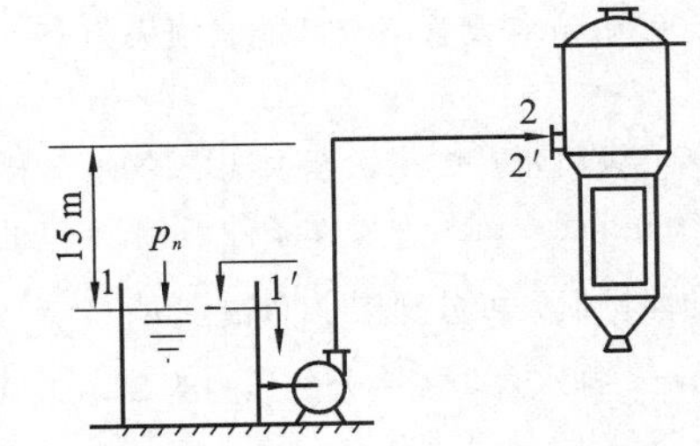

图 1-48　习题 1-13 附图

1-14　水从蓄水箱经过一根水管流出，如图 1-49 所示。假如 $Z_1 = 12$ m，$Z_2 = Z_3 = 6.5$ m，$d_2 = 20$ mm，$d_3 = 10$ mm，水流经 d_2 管段的阻力损失为 2 mH_2O，流经 d_3 管段的阻力损失为 1 mH_2O（不包括管出口阻力），求：(1) 管嘴出口处的流速 u_3；(2) 接近管口 2—2′ 截面处的流速 u_2 及压力 p_2。

【答案：(1) 7 m/s；(2) 1.75 m/s，3.3×10^4 Pa】

1-15　如图 1-50 所示，密度与水相同的稀溶液在水平管中作稳定流动，管子由 ϕ38 mm×2.5 mm 逐渐扩至 ϕ54 mm×3.5 mm。细管与粗管上各有一个测压口与 U 形管压差计相连，已知两个测压口间的能量损失为 2 J/kg。溶液在细管的流速为 2.5 m/s，压差计指示液密度为 1594 kg/m^3。求：(1) U 形管两侧的指示液液面哪侧较高？(2) 压差计读数 R。　【答案：(1) 左侧的指示液液面高于右侧；(2) 63.5 mm】

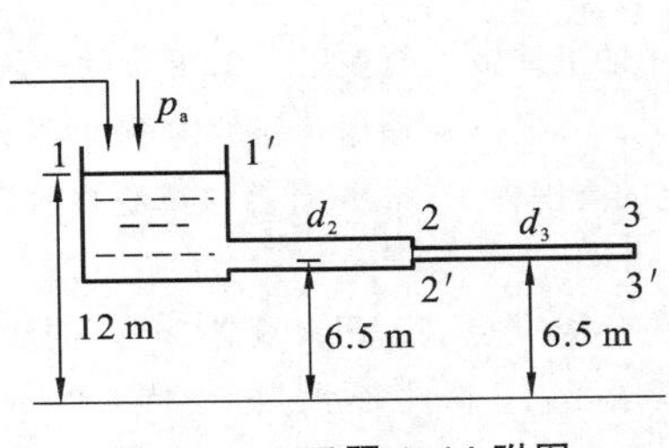

图 1-49　习题 1-14 附图

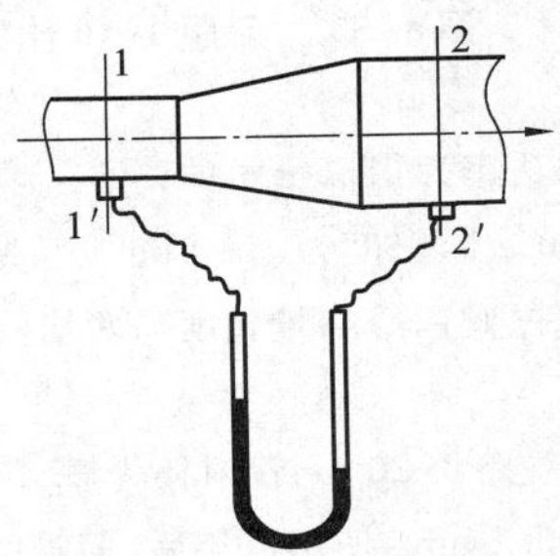

图 1-50　习题 1-15 附图

1-16 某车间的输水系统如图1-51所示,已知出口处管径为ϕ44 mm×2 mm,图中所示管段部分的压头损失为$3.2\times u_{出}^2/(2g)$,其他尺寸见图。(1) 求水的体积流量;(2) 欲使水的体积流量增加20%,应将高位槽水面升高多少米?(假设管路总阻力仍不变) 已知管出口处及液面上方均为大气压,且假设液面保持恒定。

【答案:(1) 21.85 m^3/h;(2) 2.20 m】

1-17 如图1-52所示,将密度为850 kg/m^3的油品,从贮槽A放至贮槽B,两槽液面均与大气相通。两槽间连接管长为1000 m(包括直管长度和所有局部阻力的当量长度),管子内径为0.20 m,两贮槽液面高度差为6 m,油的黏度为0.1 Pa·s。求此管路系统的输油量。假设为稳定流动。

【答案:70.7 m^3/h】

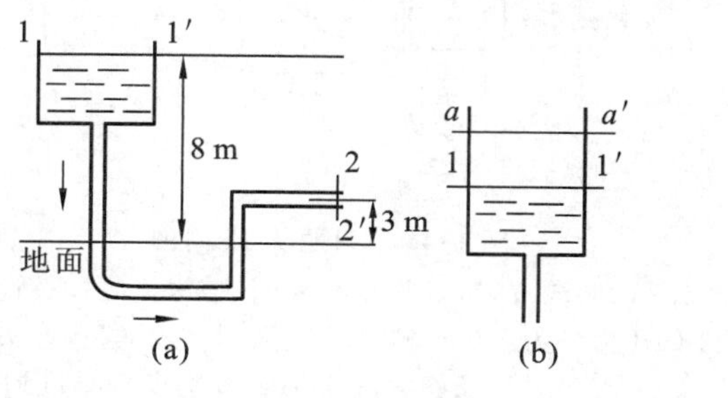

图1-51 习题1-16附图

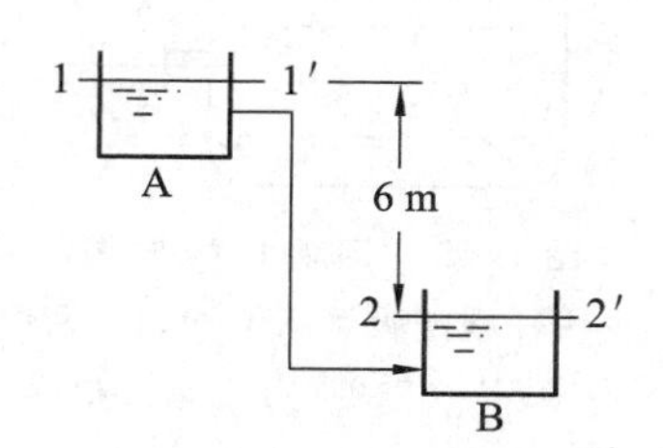

图1-52 习题1-17附图

1-18 某车间丙烯精馏塔的回流系统如图1-53所示,塔内操作压力为1304 kPa(表压),丙烯贮槽内液面上方的压力为2011 kPa(表压),塔内丙烯出口管距贮槽的高度差为30 m,管内径为145 mm,送液量为40 t/h。丙烯的密度为600 kg/m^3,设管路全部能量损失为150 J/kg。问:将丙烯从贮槽送到塔内是否需要用泵?计算后简要说明。

【答案:系统不需要用泵】

1-19 用离心泵将水从贮槽送至水洗塔的顶部,槽内水位维持恒定,各部分相对位置如图1-54所示。管路的直径均为ϕ76 mm×2.5 mm。在操作条件下,泵入口处真空表的读数为24.66×10^3 Pa;水流经吸入管与排出管(不包括喷头)的能量损失可分别按$\sum h_{f1}=2u^2$与$\sum h_{f2}=10u^2$计算。由于管径不变,故式中u为吸入或排出管的流速,单位为m/s。排水管与喷头处的压力为98.1×10^3 Pa(表压)。求泵的有效功率。(水的密度取1000 kg/m^3)

【答案:2260 W】

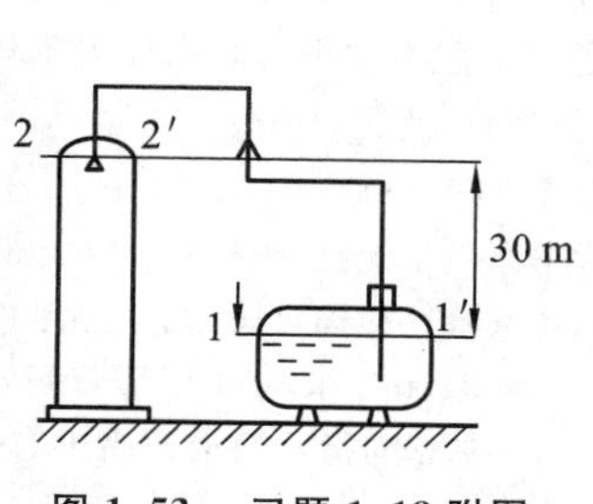

图1-53 习题1-18附图

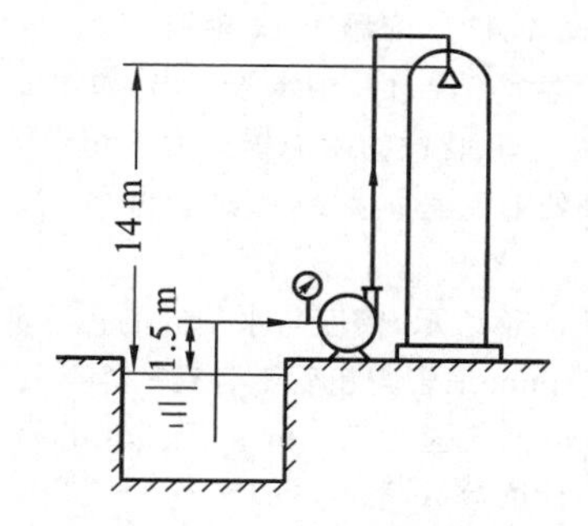

图1-54 习题1-19附图

1-20 用轴功率为0.55 kW的离心泵,将敞口贮槽中的液体输送至表压为90 kPa的密闭高位槽中。已知液体的流量为4 m^3/h,密度为1200 kg/m^3,黏度为0.96×10^{-3} Pa·s;输送管路的内径为32 mm,管路总长度为50 m(包括管件、阀门等当量长度);两槽液位维持恒定的高度差15 m。试计算该离心泵的效率。

【答案:61.6%】

1-21 某直管路长20 m、管内径为27 mm、普通壁厚的水煤气钢管,用以输送38 ℃的清水。新管时管内壁绝对粗糙度为0.1 mm,使用数年后,旧管的绝对粗糙度增至0.3 mm,若水流速维持1.20 m/s不变,试求该管路旧管时流动阻力为新管时流动阻力的倍数。

【答案:1.39】

本章主要符号说明

符号	意义	单位	符号	意义	单位
英文					
A	面积	m^2	p	压力	Pa
d	管径	m	p_a	大气压	Pa
C_0、C_R	流量系数		R	摩尔气体常数	kJ/(kmol·K)
g	重力加速度	m/s^2	R	液柱压差计读数	m
G	质量流速	$kg/(m^2 \cdot s)$	Re	雷诺数	
H_e	外加压头	m	T	热力学温度	K
H_f	压头损失	m	u	流体流速	m/s
h_f	能量损失	J/kg	V	体积	m^3
l	管长	m	V_s	体积流量	m^3/s
l_e	管路的当量长度	m	w_i	质量分数	
M	摩尔质量	kg/mol	w_s	质量流量	kg/s
N	轴功率	kW	W_e	外加机械功	J/kg
N_e	有效功率	kW	z	位压头或高度	m
希文					
δ	流体界层厚度	m	η	泵的效率	%
ε	绝对粗糙度	mm	μ	流体的黏度	Pa·s
ζ	局部阻力系数		ρ	流体的密度	kg/m^3
λ	摩擦系数		τ	剪应力	Pa

第 2 章　流体输送机械

学习要求

通过本章学习，掌握工业生产过程中最常见流体输送机械的结构、工作原理、性能参数及在管路中的运行特性，并且能合理选择输送机械。

具体学习要求：掌握离心泵的基本结构、工作原理、主要性能参数及特性曲线；掌握离心泵在管路中的安装高度，以及工作点的确定、流量的调节等运行特性，能够合理选择离心泵；了解其他液体输送机械的特性和适用条件；掌握离心式通风机的基本结构、工作原理及主要性能参数；了解其他气体输送机械的结构特点、操作特性及适用条件。

2.1 概　　述

在化工、制药、食品、环保等许多生产过程中，流体输送是最常见、最重要的单元操作之一，属于流体力学原理的应用。凡对流体做功以完成输送任务的机械和设备统称为流体输送机械。通常将输送液体的机械称为泵，输送气体的机械按所产生压力的高低分为通风机、鼓风机、压缩机和真空泵。

本章重点介绍工业上常用的泵和气体输送机械的工作原理、基本结构和主要性能，以达到能根据流体的性质、工作特点和输送要求正确进行选型和使用的目的。

流体输送机械的发展方向是提高功率、转速、工作压力和温度。对于泵，开发新材料既是突破单级扬程极限的重要条件，也是提高零部件使用寿命和耐受苛刻工作条件的重要研究课题。

2.1.1　流体输送机械的作用

流体输送机械的功能就是对流体做功以提高其机械能，其直接表现是使流体的静压能增大。流体增加的静压能在流动过程中转变为动能、位能或因克服流动阻力而消耗。管路系统要求流体输送机械提供的能量可由伯努利方程算得。流体输送机械的作用如下。

1. 满足管路系统对流体输送机械的能量要求

对于液体（对泵），常用以单位重量（1 N）液体为衡算基准的伯努利方程，即

$$H_e = \Delta z + \frac{\Delta p}{\rho g} + \frac{\Delta u^2}{2g} + H_f \tag{2-1}$$

式(2-1)中各项的单位均为m（或J/N），常将式中的z、$p/(\rho g)$、$u^2/(2g)$分别称为位压头、静压头、动压头，H_f称为压头损失，H_e为流体流过管路系统时所需压头，表示泵对单位重量（1 N）液体所提供的能量。

在液体输送中，动压头通常变化较小可忽略，即泵提供的能量主要用于提高液体的总势能（位能 + 静压能）及克服流动阻力。

对于气体（对通风机），常用以单位体积（1 m^3）气体为衡算基准的伯努利方程，即

$$H_T = \rho W_e = \rho g \Delta z + \Delta p + \rho \frac{\Delta u^2}{2} + \rho g H_f \tag{2-2}$$

式（2-2）中各项的单位均为 Pa（或 J/m^3），因此常将式中的 $\rho g \Delta z$、Δp、$\rho \Delta u^2/2$ 分别称为位风压、静风压、动风压，$\rho g H_f$ 称为风压损失，H_T 称为全风压，表示通风机对单位体积（1 m^3）气体所提供的能量。

在气体输送中，位风压通常可忽略，也即通风机提供的能量主要用于提高气体的流速、压力及克服流动阻力。

2. 满足管路系统对流体输送机械的其他性能要求

流体输送机械除应满足生产工艺对流量和扬程（对气体为风量和风压）这两项最主要的技术参数外，还应满足以下三点要求。

（1）适于输送流体的性质，如黏度、毒性、易燃性、爆炸性、腐蚀性、含有固体颗粒等。

（2）运行可靠，操作效率高，日常操作费用低。

（3）结构简单，维修方便，重量轻，价格低。

2.1.2　流体输送机械的分类

流体输送机械的分类方法有多种，按其工作原理可分为四大类。

（1）叶轮式（又称动力式）　利用高速旋转的叶轮使流体获得能量，包括离心式、轴流式和旋涡式流体输送机械。

（2）容积式（又称正位移式）　利用活塞或转子的挤压使流体获得能量，包括往复式和旋转式输送机械。此类流体输送机械的突出特点是在一定工作条件下可维持所输送的流体排出量恒定，而不受输送管路压头的影响，故又称为定排量式流体输送机械。

（3）流体作用式　包括水喷射泵、蒸汽喷射泵、空气升扬器、虹吸管等。

（4）其他　如磁力泵等。

2.2　离　心　泵

离心泵是一种最常用的液体输送设备（使用量占泵总量的 70% ～ 80%），其特点是结构简单、流量易于调节、适用于不同种类的液体及安装使用方便。若为制药用水系统，除要求使用的离心泵具有通常的性能外，还应满足卫生级的要求，即需要特别考虑控制微生物的能力。

2.2.1　离心泵的工作原理及气缚现象

图 2-1 为离心泵的装置示意图。泵体主要部件是供能装置叶轮和能量转换装置泵壳（蜗壳）。具有若干（通常为 4 ～ 12 个）后弯叶片的叶轮固定于泵轴上，并随泵轴由电机驱动作高速旋转。泵壳中央的吸入口与装有单向底阀的吸入管路相连接，泵壳的切线出口端与装有调节阀的排出管路连接。

离心泵的工作原理：启动前，先将泵内灌满液体；启动后，泵轴带动叶轮高速旋转，液体在惯性离心力作用下由叶轮中心被甩向叶轮外周，液体获得能量，其动能和静压能均有所提高，进入泵壳的液体沿截面逐渐扩大的流道运动，流速逐渐降低，部分动能转化为静压能。静压能增高后由泵壳的切线出口排出；在液体由叶轮中心甩向外周的同时，叶轮中心区形成低压，在

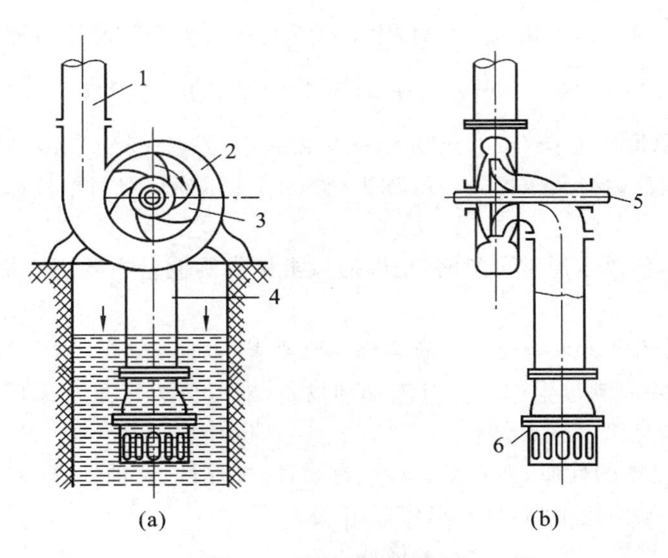

图 2-1　离心泵装置简图

1— 排出管；2— 泵壳；3— 叶轮；4— 吸入管；5— 泵轴；6— 滤网

贮槽液面压力(常为大气压)与叶轮中心(负压)的压差作用下，液体被吸入泵内，并由叶轮中心流向外缘；只要叶轮连续运转，液体便连续地被吸入和排出，达到输送液体的目的。

之所以启动前要先将泵内灌满液体，是因为离心泵无自吸能力。如果启动前泵内未灌满液体而存在大量空气，因空气密度远小于液体，叶轮旋转产生的离心力小，不足以在叶轮中心区形成足够的低压而吸上液体，造成“空转”而不能输送液体，此现象称为气缚现象。泵吸入管路安装单向底阀就是为了防止泵壳内液体泄漏发生气缚现象。此外，吸入管路漏气或泵轴与泵壳之间密封不好也会发生气缚现象。

2.2.2　离心泵的基本结构

离心泵最基本的部件包括供能装置(叶轮)和能量转换装置(泵壳、导轮)。

1. 离心泵的叶轮

叶轮是离心泵的核心部件，其主要功能是提供液体流动和扬升所需的动能和静压能。

按机械结构，叶轮分为开式、半开式和闭式三种，如图 2-2 所示。闭式叶轮两侧有前后盖板，输送效率较高，但易被固体杂物堵塞，故适用于输送清洁液体。开式叶轮(无前后盖板)和半开式叶轮(只有后盖板)流通截面大，不易堵塞，适用于输送含有固体颗粒或黏度较大的液体，但液体容易从叶轮侧面泄漏，所以效率低于闭式叶轮。

图 2-2　离心泵的叶轮示意图

在闭式和半开式叶轮运转时，离开叶轮的部分高压液体会漏入叶轮后侧与泵壳之间的空腔，因叶轮前侧吸入口压力低于后侧形成压差，故产生指向叶轮吸入口侧的轴向推力，使叶轮向吸入口偏移，严重时会引起叶轮与泵壳触碰摩擦造成泵体振动、机械磨损甚至故障。若在叶轮后盖板上钻几个平衡孔使高压液体返回入口处，可减小叶轮两侧的压差并缓解轴向推力的不利作用，但同时也降低了泵的效率。叶轮上叶片的几何形状有后弯、径向和前弯三种，从输送流体的角度来说，希望获得较高的静压能，实践证明后弯叶片有利于液体的动能转化为静压能，故后弯叶片应用广泛。

按吸液方式，叶轮分为单吸式和双吸式两种，如图 2-3 所示。单吸式叶轮只能从一侧吸入液体，结构简单。双吸式叶轮可同时对称地从叶轮两侧吸入液体，既增大了吸液能力，又基本上消除了轴向推力，但结构较复杂。

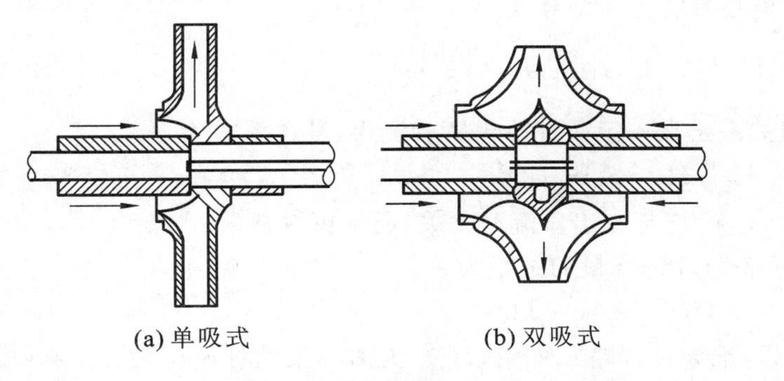

图 2-3　单吸式与双吸式叶轮

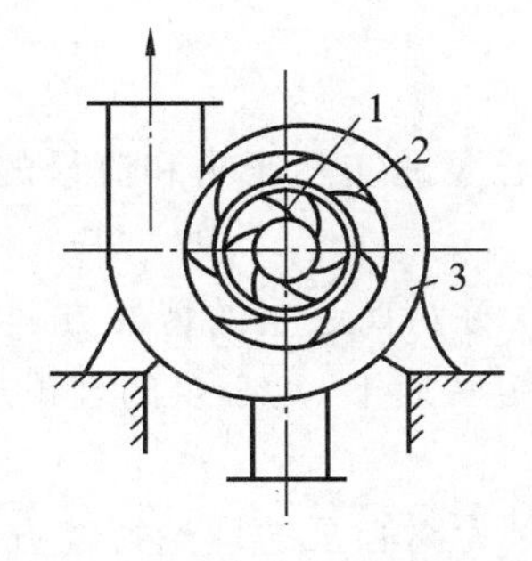

图 2-4　泵壳和导轮

1— 叶轮；2— 导轮；3— 泵壳

2. 离心泵的泵壳和导轮

如图 2-4 所示，泵壳多为蜗牛状，故又称蜗壳。这种液体流道截面沿流向逐渐扩大并弯转，使液体流速渐小、流向渐变，既利于液体汇集，又利于液体动能有效地转化为静压能，同时还可减小摩擦阻力损失和冲击能量损失。

为减小高速液体直接冲击泵壳引起的能量损失，有时在泵壳上安装带有叶片的固定的导轮。导轮上叶片的弯曲方向恰好适应从叶轮甩出的液体流向，引导液体逐渐转向并随流道扩大而减速，使部分动能有效转化成静压能。多级离心泵通常安装导轮。

蜗牛形泵壳、导轮和叶轮的后弯叶片，均能提高动能转化为静压能的效率，都可称为能量转化部件。

3. 离心泵的轴封装置

泵轴与泵壳之间的密封称为轴封，其作用是防止泵壳内高压液体沿轴外漏，同时防止空气进入泵内。常用的轴封装置有机械密封和填料密封两种。机械密封效果好，功耗小，寿命长，适于输送酸、碱、易燃易爆及有毒的液体，但造价高、维修麻烦。填料密封结构简单，但需经常维修，且不能完全避免泄漏，只适用于对密封要求不高的场合。

随着磁应用技术的发展，借助附着在泵壳内的磁性液体同时起到润滑和密封作用的磁密封技术，越来越受到人们的关注。

制药厂所用的卫生级泵，除安全、高效等一般要求外，还要求具有长效轴封、低噪声和高标准的卫生结构，如表面光滑、易于清洗、可在线清洁等，以最大限度减少细菌留存。

2.2.3 离心泵的性能参数和性能曲线

1. 离心泵的性能参数

离心泵的性能参数是正确选择和使用离心泵的主要依据。泵的主要性能参数有流量、扬程、效率和轴功率。

(1) 流量 Q 泵的流量是指单位时间内由泵输送到管路系统中的液体体积,单位为 m^3/s 或 m^3/h。泵的流量与其结构、尺寸(叶轮直径和叶片宽度)及转速等因素有关。

(2) 压头(扬程)H 泵的压头是指泵对单位重量(1 N)液体提供的有效能量,单位为J/N或m。泵的压头与其结构、尺寸、转速及流量有关,也与液体的黏度有关。参见例2-1附图,在泵进出口两测压截面间列伯努利方程,忽略泵进出口间的阻力损失,并令 $h_0 = \Delta z, H_1 = -p_1/(\rho g), H_2 = p_2/(\rho g)$,可得离心泵的压头计算式为

$$H = h_0 + H_1 + H_2 + \frac{\Delta u^2}{2g} \tag{2-3}$$

离心泵的实际压头和流量的关系是在一定条件下由实验测得,其关系式为

$$H = A_a - GQ^2 \tag{2-4}$$

式(2-4)称为离心泵的特性方程,A_a、G 均与泵出口流速无关,通常可取常数。

一定转速下,离心泵的理论压头与理论流量的关系为

$$H_{T\infty} = A - BQ_T \tag{2-5}$$

式(2-5)为离心泵的理论特性方程(推导过程略)。式中,$H_{T\infty}$ 为离心泵的理论压头,m。A 和 B 与流体在叶轮出口处的切向速度有关,此外 B 还与叶轮外径及叶片几何尺寸有关。

离心泵的压头与升扬高度是不同的概念,升扬高度是指离心泵将流体从低位送至高位时两液面间的高度差,即 Δz,而压头表示的是能量的概念。

(3) 有效功率 N_e 和轴功率 N 单位时间内液体从叶轮获得的能量即为泵的有效功率,用 N_e 表示。其计算式为

$$N_e = HQ\rho g \tag{2-6}$$

式中,N_e 为泵的有效功率,W;H 为泵的扬程,m;Q 为泵的流量,m^3/s;ρ 为流体的密度,kg/m^3。

若功率的单位用kW表示,则式(2-6)可写为

$$N_e = HQ\rho/102 \tag{2-6a}$$

泵轴从电机获得的功率即为泵的轴功率,用 N 表示。设电机效率为 $\eta_{电机}$,传动效率为 $\eta_{传动}$,则

$$N = \eta_{电机}\eta_{传动}N_{电机} \tag{2-7}$$

式中,N 为泵的轴功率,W或kW;$N_{电机}$ 为电机功率,W或kW。

(4) 效率 泵在运转中存在各种能量损失,导致液体从泵轴得到的功率明显低于轴功率。反映泵对外加能量的利用程度的参数称为泵的效率。泵的效率表达式为

$$\eta = \frac{N_e}{N} = \frac{HQ\rho g}{N} \tag{2-8}$$

式中,η 为泵的效率,%。

由此得出泵的轴功率(单位:kW)与效率的关系

$$N = \frac{N_e}{\eta} = \frac{HQ\rho}{102\eta} \tag{2-8a}$$

泵内的能量损失有以下三种。

① 机械损失：指由于泵轴与轴承、轴封之间的机械摩擦，叶轮表面与液体之间的摩擦所造成的能量损失，通常用机械效率 η_m 表示，其数值区间为 0.96 ～ 0.99。

② 水力损失：指由于液体流经叶片和泵壳时的沿程阻力，流道面积和弯转的局部阻力及叶轮通道内的环流、旋涡等造成的能量损失，可用水力效率 η_h 表示，其数值区间为 0.8 ～ 0.9。

③ 容积损失：指由于平衡孔等泄漏因素造成的能量损失。有、无容积损失时泵的功率之比称为容积效率（η_V）。闭式叶轮的容积效率值一般在 0.85 ～ 0.95。

离心泵的总效率为

$$\eta = \eta_m \eta_h \eta_V \tag{2-8b}$$

离心泵的效率与其类型、尺寸、加工精度、液体性质及流量等诸多因素有关。一般小型泵的效率在 50% ～ 70%，大型泵达 90% 以上。

2. 离心泵的性能曲线

表示离心泵的性能参数压头、效率、轴功率与流量之间关系的曲线称为离心泵的性能曲线。通常这些曲线是由泵生产厂家在常压（101.3 kPa）下用 20 ℃ 清水、针对特定型号的泵、在额定转速下测定的，载于产品说明书中。图 2-5 为离心泵的特性曲线示意图。

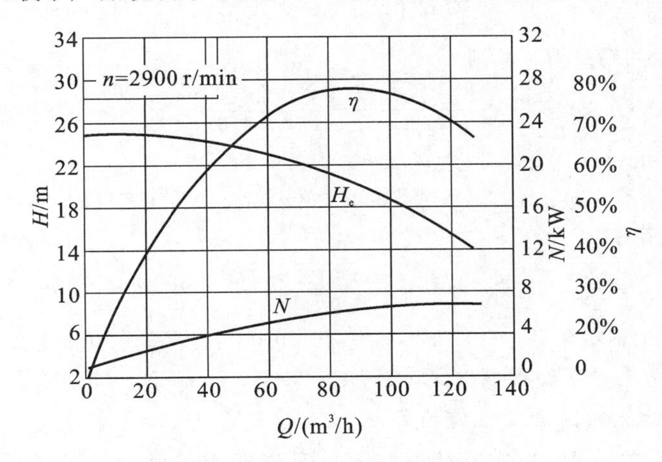

图 2-5　离心泵特性曲线

（1）H-Q 曲线　它表示压头与流量的变化关系。离心泵的压头随流量的增大而减小（极小流量时例外）。

（2）N-Q 曲线　它表示轴功率与流量的变化关系。离心泵的轴功率随流量的增大而增大，在流量为零时最小。因此离心泵启动前应先关闭出口阀，以使启动电流最小而保护电机。停泵前也应先关闭出口阀以防止管路中液体倒流而损坏叶轮。

（3）η-Q 曲线　它表示效率与流量的变化关系。当流量为零时，离心泵的效率为零；随着流量的增大，泵的效率增高，出现极大值（最高效率点）后则随流量的增大而减小。最高效率点对应的性能参数称为最佳工况参数，该点称为泵的设计点（额定点、最佳工作点）。为了节能降耗，离心泵应在高效区（最高效率的 92% 以上的范围内，图中流量在 65 ～ 115 m^3/h）运行。离心泵的铭牌上标出的所有性能参数都是最高效率点对应的数值。

除了上述性能曲线关系外，离心泵性能曲线还有以下两点共性。

（1）每种型号的离心泵在一定转速下都有各自独特的性能曲线，且与管路特性无关。

（2）离心泵在一定转速下的流量、压头和效率与所输送的液体密度无关，但泵的轴功率和有效功率都与所输送的液体密度成正比。

【例 2-1】 为了核定离心泵的性能，常用图 2-6 所示的实验装置。泵入口管内径为 80 mm，出口管内径为 65 mm，真空表与压力表测压截面间的垂直距离为 0.4 m，泵转速为 2900 r/min，工作介质为 20 ℃ 清水，测得管路流量为 45 m^3/h 时，泵入口处真空表读数为 26.7 kPa，泵出口处压力表读数为 255 kPa，功率表显示电机输入功率为 5.5 kW，电机效率为 94%，电机与泵传动效率视为 100%。试确定泵的压头、轴功率和效率。

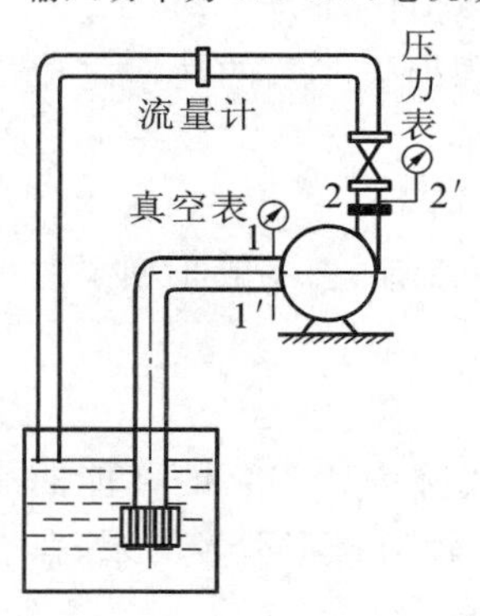

图 2-6　例 2-1 附图

解　离心泵主要性能参数有流量 Q、压头 H、轴功率 N 和效率 η。流量已由实验直接测出，需计算压头、轴功率和效率。

(1) 如图所示，在真空表和压力表两测压截面 1—1′ 和 2—2′ 之间列伯努利方程，有

$$H = \Delta Z + \frac{\Delta p}{\rho g} + \frac{\Delta u^2}{2g} + H_f$$

由题意知，$\Delta Z = 0.4$ m，$p_1 = -26.7$ kPa(表压)，$p_2 = 255$ kPa(表压)，20 ℃ 水的密度 $\rho = 998\ kg/m^3$，$Q = 45\ m^3/h = 0.0125\ m^3/s$，则

$$u_1 = \frac{4Q}{\pi d_1^2} = \frac{4 \times 0.0125}{3.14 \times 0.08^2}\ m/s = 2.49\ m/s$$

$$u_2 = \left(\frac{d_1}{d_2}\right)^2 u_1 = \left(\frac{0.08}{0.065}\right)^2 \times 2.49\ m/s = 3.77\ m/s$$

因两测压点间管路很短，可略去 $H_{f,1-2}$，则

$$H = \left[0.4 + \frac{(255 + 26.7) \times 10^3}{998 \times 9.81} + \frac{3.77^2 - 2.49^2}{2 \times 9.81} + 0\right]\ m = 29.6\ m$$

(2) 泵的轴功率可由式(2-5) 计算。因为 $\eta_{传动} = 100\%$，所以

$$N = \eta_{电机}\eta_{传动}N_{电机} = 0.94 \times 100\% \times 5.5\ kW = 5.17\ kW$$

(3) 对应的泵的效率为

$$\eta = \frac{N_e}{N} = \frac{HQ\rho}{102N} = \frac{29.6 \times 0.0125 \times 998}{102 \times 5.17} \times 100\% = 70.0\%$$

即泵的压头 $H = 29.6$ m，轴功率 $N = 5.17$ kW，效率 $\eta = 70.0\%$。调节流量，并重复以上的测量和计算，则可得到若干组不同流量下的特性参数，绘制出该泵在转速为 2900 r/min 下的特性曲线。

3. 影响离心泵性能的因素及性能换算

由于生产过程千差万别，当实际情况与泵产品说明书提供的相关参数不同时(如液体物性、泵转速发生变化等)，势必影响泵的性能而导致特性曲线发生变化，此时必须对相关参数或特性曲线进行换算、修正，以便确定其合适的操作参数。

1) 液体物性的影响

(1) 液体的密度　理论研究表明，离心泵的理论流量是叶轮周边截面积与液体在叶轮周边上的径向速度的乘积，即泵的理论流量与所输送液体的密度无关。由离心泵的特性方程(2-4) 可知，离心泵的理论压头也与所输送液体的密度无关，进而得知离心泵的效率也与所输送液体的密度无关。但由式(2-4) 和式(2-6a) 可知，泵的有效功率和轴功率都与所输送液体的密度成正比，即当液体密度变化时，N-Q 曲线随之变化，而 H-Q 和 η-Q 曲线保持不变。

应当注意两点：一是流体的质量流量与其密度成正比；二是同一压头下，泵的进出口压差也与流体的密度成正比。

(2) 液体的黏度　当所输送液体的黏度大于 20 ℃ 清水的黏度时，泵内液体的能量损失增大，导致泵的流量和扬程减小，效率降低，但轴功率增大，泵性能随之变化。当液体运动黏度大于 $2 \times 10^{-5}\ m^2/s$ 时，应查阅专门的黏度换算图，对性能曲线进行校正。

2) 离心泵转速的影响

泵的性能都是在特定转速下测定的，转速改变时泵的流量、扬程、轴功率都将随之变化，对

同型号泵，在所输送的液体黏度不大且泵的效率不变时，泵的流量、扬程、轴功率与转速的关系近似遵循离心泵的比例定律，即

$$\frac{Q_1}{Q_2}=\frac{n_1}{n_2},\quad \frac{H_1}{H_2}=\left(\frac{n_1}{n_2}\right)^2,\quad \frac{N_1}{N_2}=\left(\frac{n_1}{n_2}\right)^3$$

式中，Q_1、H_1、N_1 为转速 n_1 时泵的性能参数；Q_2、H_2、N_2 为转速 n_2 时泵的性能参数。

注意离心泵只有在转速变化幅度小于 ±20% 时，效率才基本不变。

3）离心泵叶轮外径的影响

对同型号的泵，若对叶轮的外径进行切削（即换用较小的叶轮，其他尺寸不变），当外径的切削量小于 5% 时，泵的效率不变。此时泵的流量、扬程、轴功率与转速的关系近似遵循离心泵的切削定律，即

$$\frac{Q_1}{Q_2}=\frac{D_1}{D_2},\quad \frac{H_1}{H_2}=\left(\frac{D_1}{D_2}\right)^2,\quad \frac{N_1}{N_2}=\left(\frac{D_1}{D_2}\right)^3$$

式中，Q_1、H_1、N_1 为叶轮外径 D_1 时泵的性能参数；Q_2、H_2、N_2 为叶轮外径 D_2 时泵的性能参数。

2.2.4　离心泵在输送系统中的运行

特定的泵和特定的管路组成特定的输送系统以完成特定的生产任务。因此，泵的转速、流量和扬程等运行参数不仅与泵本身的性能有关，而且必须与管路特性协调一致。

1. 离心泵的汽蚀现象和安装高度

1）汽蚀现象

根据离心泵的工作原理，泵能吸入液体完全是靠贮槽液面上方与泵进口处的压差作用，如图2-7所示。若 p_0 一定，则泵的安装高度过高，会导致叶轮内压力最低处 K 点的压力（p_K）小于或等于操作温度下液体的饱和蒸气压（p_v），此时，液体就会汽化产生大量气泡。气泡随液体进入高压区迅速凝结或破裂而消失，产生瞬时真空，导致高频、高压液体以极高的冲击力不断地冲击叶轮表面，使其疲劳，从开始点蚀到形成裂缝，使叶轮或泵壳受到破坏；同时气泡中含有的氧气或从液体中释放出来的活泼气体对金属产生电化学腐蚀作用。这种现象称为离心泵的汽蚀现象。汽蚀现象是对离心泵危害较大的不正常现象，泵体会强烈震动并发出噪声，流量明显减小，扬程和效率降低，甚至不能工作；严重时叶轮损坏报废。离心泵的压头较正常值降低 3% 以上时，即预示汽蚀现象发生。实际生产过程中，一定要注意避免汽蚀，有效方法是使泵的安装高度不大于规定的允许安装高度。

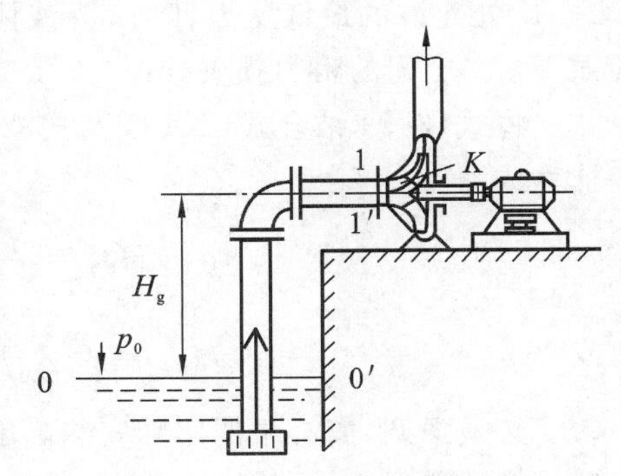

图 2-7　离心泵安装高度示意图

2）离心泵的抗汽蚀性能

为防止离心泵发生汽蚀现象，在泵入口截面处液体的静压头和动压头之和 $\left(\frac{p_1}{\rho g}+\frac{u_1^2}{2g}\right)$ 与操作温度下该液体饱和蒸气压头 $\left(\frac{p_v}{\rho g}\right)$ 的差值应足够大，此差值称为离心泵的允许汽蚀余量（NPSH），单位为 m，其定义式为

$$\mathrm{NPSH}=\frac{p_1}{\rho g}+\frac{u_1^2}{2g}-\frac{p_v}{\rho g} \tag{2-9}$$

(1) 临界汽蚀余量$(NPSH)_c$　离心泵发生汽蚀的临界条件是叶轮叶片入口处最低压力恰好等于操作温度下所输送液体的饱和蒸气压,泵刚好发生汽蚀现象,相应的泵入口处的压力为确定的最小值($p_{1,min}$),则临界汽蚀余量为

$$(NPSH)_c = \frac{p_{1,min} - p_v}{\rho g} + \frac{u_1^2}{2g} \tag{2-10}$$

$(NPSH)_c$由泵厂家测定。测定方法是,在额定流量下逐渐关小进口阀门,缓缓降低p_1直至恰好发生汽蚀现象(以泵的扬程较正常值降低3%为准),测得此时的$p_{1,min}$,由式(2-10)计算$(NPSH)_c$值。其值随流量增大而增大。

(2) 必需汽蚀余量$(NPSH)_r$　它是表示离心泵抗汽蚀能力大小的性能参数,是指泵在给定的转速和流量下所必需的汽蚀余量。必需的汽蚀余量越小,说明泵抗汽蚀能力越强。为避免汽蚀现象以确保离心泵能正常工作,通常规定必需汽蚀余量$(NPSH)_r = (NPSH)_c + 0.3$ m,并列入泵产品说明书中或标绘于泵性能曲线图上。$(NPSH)_r$也可用Δh_r表示,如Y型泵。

(3) 允许汽蚀余量$(NPSH)_p$　本着安全第一的原则,标准规定把必需汽蚀余量再加上0.5～1 m的安全裕量,作为设计离心泵的允许安装高度的实际汽蚀余量,即

$$(NPSH)_p = (NPSH)_r + 0.5\ \text{m} \tag{2-11}$$

3) 离心泵的允许安装高度(允许吸上高度)

离心泵的允许安装高度是指泵吸入口中心线与源头液面之间允许达到的最大垂直距离。

在图2-7的源头液面0—0′截面与泵入口处1—1′截面之间列伯努利方程,可得离心泵的安装高度

$$H_g = \frac{p_0 - p_1}{\rho g} - \frac{u_1^2}{2g} - H_{f,0-1} \tag{2-12}$$

式中,H_g为泵的安装高度,m;p_0为截面0—0′处源头液面上方的压力,Pa;p_1为泵入口截面1—1′处允许的最低压力,Pa;ρ为液体的密度,kg/m³;$H_{f,0-1}$为泵的吸入管路截面0—0′到截面1—1′之间的阻力损失,m。

将式(2-9)结合式(2-10)及式(2-11)代入式(2-12),可得离心泵的实际安装高度$H_{g,p}$的计算式为

$$H_{g,p} = \frac{p_0 - p_v}{\rho g} - (NPSH)_p - H_{f,0-1} \tag{2-13}$$

或

$$H_{g,p} = \frac{p_0 - p_v}{\rho g} - (NPSH)_r - 0.5\ \text{m} - H_{f,0-1} \tag{2-13a}$$

必须强调,离心泵的实际安装高度应以最高工作环境温度和生产任务所需要的最大输送量为设计依据。

【例2-2】　某车间生产需水量为50～60 m³/h,选用离心泵供水,水源为液面恒定的敞口蓄水池。已知转速为2900 r/min的IS80-65-125型水泵适用,该泵在最大流量下吸入管路的压头损失为2.62 m,当地大气压为101.3 kPa。生产任务有两种:(1) 输送20 ℃清水;(2) 输送60 ℃清水。试确定泵的安装高度。

解　由离心泵的性能表(附录T)查得,输水量范围下泵的必需汽蚀余量$(NPSH)_r$分别为3.0 m和3.5 m,随流量增加而增大。为保证泵正常运转而不发生汽蚀现象,在确定泵的安装高度时,应以最大输水量时的$(NPSH)_r$为依据,故取$(NPSH)_r = 3.5$ m。

由题意知,$H_{f,0-1} = 2.62$ m,$p_0 = p_a = 101.3$ kPa,查附录B水的物性表可得$p_{v,20℃} = 2.338$ kPa,$\rho_{20℃} = 998.2$ kg/m³;$p_{v,60℃} = 19.92$ kPa,$\rho_{60℃} = 983.2$ kg/m³。

(1) 输送20 ℃水时泵的安装高度。

将20 ℃水的物性参数代入式(2-13a)计算,泵的实际安装高度为

$$H_{g,p}=\frac{p_0-p_v}{\rho g}-(\mathrm{NPSH})_r-0.5\ \mathrm{m}-H_{f,0-1}=\left(\frac{101300-2338}{998.2\times 9.81}-3.5-0.5-2.62\right)\ \mathrm{m}=3.49\ \mathrm{m}$$

为确保安全，此情况下泵的安装高度应不大于 3.4 m（保留 1 位小数，只舍不入）。

(2) 输送 60 ℃ 水时泵的安装高度。

将 60 ℃ 水的物性参数代入式(2-13a)，可得此时泵的实际安装高度为

$$H_{g,p}=\frac{p_0-p_v}{\rho g}-(\mathrm{NPSH})_r-0.5\ \mathrm{m}-H_{f,0-1}=\left(\frac{101300-19920}{983.2\times 9.81}-3.5-0.5-2.62\right)\ \mathrm{m}=1.82\ \mathrm{m}$$

为确保安全，此情况下泵的安装高度应不大于 1.82 m。

本例表明，泵的允许安装高度随着所输送液体温度的升高而下降。同一台泵承担不同输送任务时，应以所计算的最小安装高度为准，以确保不发生汽蚀现象。

【例 2-3】 用离心泵输送一定压力下处于泡点的某种溶液，此时容器中液面上的绝对压力即操作温度下溶液的饱和蒸气压，容器内液面恒定。若已知泵的必需汽蚀余量为 3.0 m，吸入管路的全部压头损失为1.3 m。试确定容器内液面距泵入口中轴线的垂直高度。

解　本题的实质是确定输送饱和液体时泵的安装高度问题。

由于 $p_0=p_v$，则

$$H_{g,p}=\frac{p_0-p_v}{\rho g}-(\mathrm{NPSH})_r-0.5\ \mathrm{m}-H_{f,0-1}=(0-3.0-0.5-1.3)\ \mathrm{m}=-4.8\ \mathrm{m}$$

即泵的安装位置至少要比容器液面低 4.8 m。

本例说明，输送高温或易挥发液体时，泵的允许安装高度减小。为了防止发生汽蚀现象，泵安装高度常常不得不低于液面。与本例类似的情况有真空蒸发器完成液的输送、精馏塔釜残液或冷凝液的输送时泵安装高度的计算等。

2. 离心泵的工作点

液体输送系统由管路和泵共同组成。因此离心泵安装在特定的管路中正常运行时，其流量与压头不仅与泵本身的性能有关，而且与管路特性有关。

1) 管路特性方程及关系曲线

表示特定管路中液体流动所需压头与流量的关系方程称为管路特性方程。根据管路特性方程标绘的压头与流量的关系曲线称为管路特性曲线。参见式(2-1)，对于特定的管路系统，处于稳定操作时，式中的位压头和静压头的变化量均为定值，若以常数 K 表示，则

$$K=\Delta z+\frac{\Delta p}{\rho g} \tag{2-14}$$

式(2-1) 中，若压头损失项中局部阻力用当量长度法计算，展开可得

$$H_f=\left(\lambda\frac{l+\sum l_e}{d}\right)\frac{u^2}{2g}=\left(\lambda\frac{l+\sum l_e}{d}\right)\frac{(4Q_e)^2}{2g\,(\pi d^2)^2}=\frac{8\lambda(l+\sum l_e)}{\pi^2 d^5 g}Q_e^2=BQ_e^2 \tag{2-15}$$

式(2-15) 中 $B=\dfrac{8\lambda(l+\sum l_e)}{\pi^2 d^5 g}$，对特定管路系统稳定操作时，除 λ 外其他各量均为常数，完全湍流（或忽略 λ 随 Re 的变化）时 λ 也为常数，因此，B 也为常数。对于液体输送系统，式(2-1) 中动压头差常可忽略，结合式(2-14) 及式(2-15)，则式(2-1) 变换为

$$H_e=K+BQ_e^2 \tag{2-16}$$

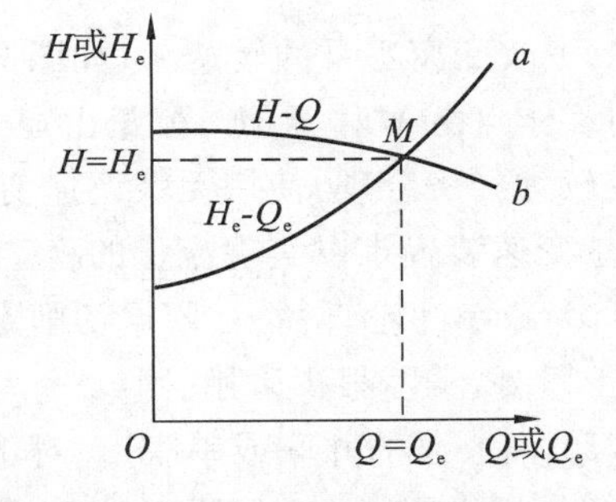

图 2-8　管路特性曲线和离心泵的工作点

式(2-16) 即管路特性方程，相应的管路特性曲线如图 2-8 中曲线 a 所示。K 为纵坐标上的截距，表示管

路所需要的最小压头;B 为曲线的陡峭程度,其值越大表示管路阻力越大。管路特性曲线表明输送任务的具体要求,与泵的性能无关。图中曲线 b 为离心泵的特性曲线。

2) 离心泵的工作点

离心泵在管路中正常运行时,液体的流量、压头由离心泵和管路共同决定。因此,泵的实际运行参数必须同时满足泵特性方程和管路特性方程。当 $H_e = H, Q_e = Q$ 时,方程组 $H = A_a - GQ^2$ 与 $H_e = K + BQ_e^2$ 的解,或图 2-8 中管路特性曲线 a 和离心泵特性曲线 b 的交点 M 即为离心泵的工作点。设计合理时,离心泵的工作点应在泵的高效区内,且尽量接近最高效率点。泵工作点的其他性能参数(如效率和轴功率等),都可从相应的性能曲线 η-Q 曲线和 N-Q 曲线查得。

3. 离心泵的流量调节

离心泵属于定型产品,因此所选泵的额定流量和压头恰好与管路所需要的流量和压头完全一致的情况并不多见,而且生产过程中也经常需要调节流量,故掌握流量调节方法具有实际意义。由于工作点是由泵和管路特性共同决定的,因此无论改变 H-Q 曲线或 H_e-Q 曲线,都可改变工作点的位置从而达到调节流量的目的。

1) 改变离心泵出口阀开度 —— 改变管路特性曲线

管路特性方程中常数的 K 值由管路配置决定,一般不可变,可变的是 B 值。改变泵出口阀开度即可改变管路阻力从而改变 B 值,使管路特性曲线发生变化。如图 2-9 所示,若关小阀门,则 B 值增大,流量减小而曲线变陡,工作点由 M 移至 M_1;若开大阀门,则 B 值减小,流量增大而曲线变平坦,工作点由 M 移至 M_2。此法简捷方便,流量可连续调节,应用较广。缺点是关小阀门时局部阻力增大,能耗增加,且当流量偏离高效区时效率降低,不经济。

2) 改变离心泵性能

改变离心泵特性的方法有:改变转速、减小叶轮直径、将泵串联或并联。

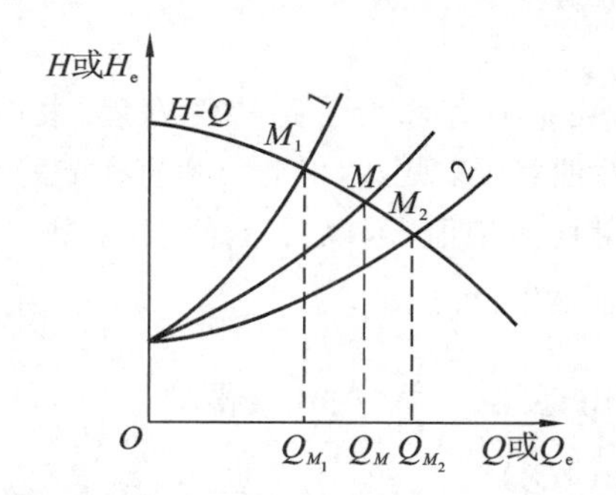

图 2-9 改变管路特性曲线调节流量

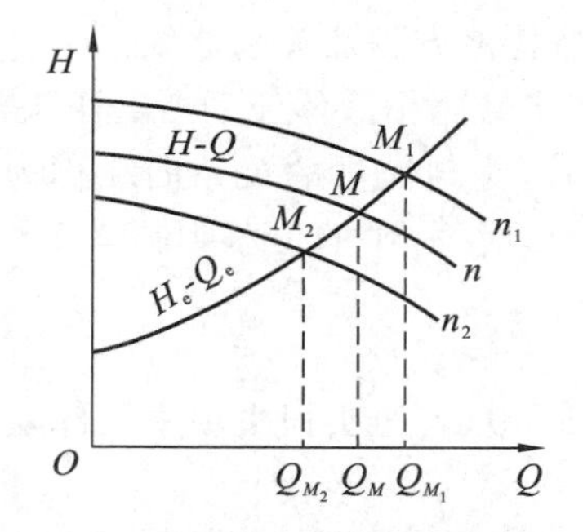

图 2-10 改变泵特性曲线调节流量

(1) 改变离心泵的转速　如图 2-10 所示,当管路特性曲线不变时,将叶轮转速由 n 增至 n_1,则工作点由 M 移至 M_1,流量由 Q_M 增至 Q_{M_1}。此法因管路不增设阀件,无额外的局部阻力损失,故较为经济合理。使用无级调速变频装置即可实现转速稳定的无级调节,但设备投资大;使用机械变速装置难以实现流量的稳定连续调节,应用较少。

(2) 减小叶轮直径　依据切削定律,更换较小的叶轮可减小流量,此法在理论上可行,但因过于繁复,实际很少采用。

(3) 离心泵的并联或串联　对于特定管路系统,当单台泵所提供的流量和压头不能满足生产任务要求时,可采用泵的串联或并联组合操作。现以两台相同泵的组合为例分别予以说明。

① 离心泵的并联　如图 2-11 所示，若将两台相同的泵并联于同一管路中，则两泵的流量和压头必相同。在相同的压头下，两泵并联后的流量约为单台泵的两倍。故将单台泵的流量加倍并维持压头不变，即得两泵并联后的合成特性曲线 2。两泵并联后的工作点由曲线 2 与管路特性曲线 H-Q 的交点 B 确定。由于管路阻力随流量增大而增大，并联后流经管路的总流量小于单台泵流量的两倍，总压头则略高于单台泵的压头，而总效率等于 $0.5Q_{并}$ 条件下单台泵的效率。

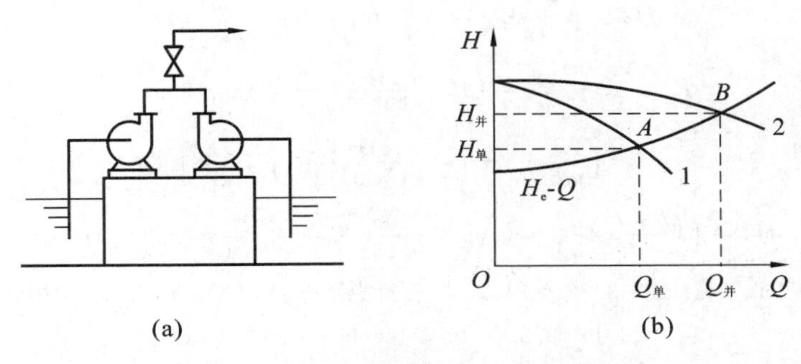

图 2-11　管路特性曲线和并联泵的工作点

② 离心泵的串联　如图 2-12 所示，若将两台相同的泵串联于同一管路中，两泵的流量和压头也相同。在相同的压头下，两泵串联后的压头约为单台泵的两倍。故将单台泵的压头加倍并维持流量不变，即得两泵串联后的合成特性曲线 2。串联后管路中的总流量、总压头由串联泵的特性曲线 2 和管路特性曲线 H-Q 的交点 B 确定。与并联类似，两泵串联后提供的总压头小于单台泵压头的两倍，总流量则大于单台泵的流量，而总效率等于 $Q_{串}$ 条件下单台泵的效率。

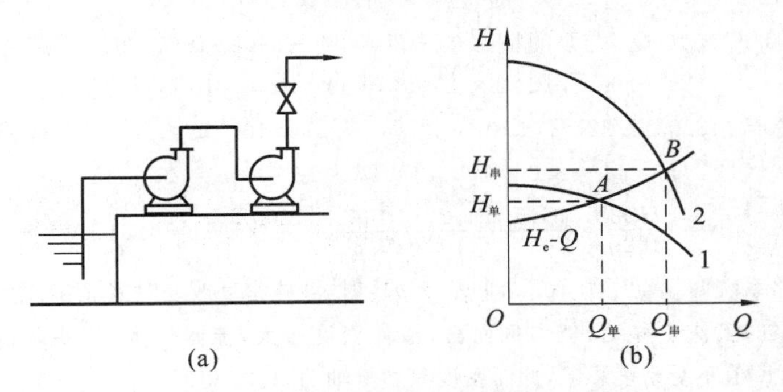

图 2-12　管路特性曲线和串联泵的工作点

③ 离心泵的并联或串联的选择　无论并联或串联，都能提高液体的流量和压头，但应视管路要求的流量和压头并结合管路特性方程中参数 K、B 值的具体情况确定。

当单台泵所提供的压头低于管路所要求的压头时，或当单台泵能够提供的最大压头不大于 K 值时，则只能采用泵的串联方式。

当单台泵能够提供的最大压头大于 K 值时，则应根据 B 值的大小来确定：当 B 值较大即管路阻力较大（也称高阻管路）时，宜采用泵的串联方式；对 B 值较小的低阻管路，宜采用泵的并联方式。在实际生产过程中，应以经济技术综合效果最佳为原则来确定。

【例 2-4】　用离心泵向密闭高位槽输送密度为 998 kg/m^3 的清水。在额定转速下泵的特性方程为 $H=44-8.0\times10^4Q^2$（H 的单位为 m，Q 的单位为 m^3/s）。密闭高位槽与水源液面维持恒定的高度差 16 m，槽内表压为 118 kPa。输水管为内径 131 mm 的钢管，包括所有局部阻力的当量长度为 500 m，摩擦系数为 0.03。设管内流动始终为完全湍流，泵的效率取 0.8，试求：(1) 泵的流量、压头和轴功率；(2) 当改送密度为 1200 kg/m³ 的与水性质相近的某种水溶液时，泵的流量、压头和轴功率。

解　本题的实质是确定泵输送两种密度不同的液体时泵的工作点参数。因已知泵的特性方程，求解的关键是确定管路特性方程。

(1) 输送密度为 998 kg/m³ 的清水时泵的流量、压头和轴功率。

先求管路特性方程，见式(2-14)、式(2-15)及式(2-16)，则

$$H_e = K + BQ_e^2 = K + H_f = \Delta z + \frac{\Delta p}{\rho g} + H_f$$

$$K = \Delta z + \frac{\Delta p}{\rho g} = \left(16 + \frac{118 \times 10^3}{998 \times 9.81}\right)\ \text{m} = 28.1\ \text{m}$$

$$u^2 = \left(\frac{4Q_e}{\pi d^2}\right)^2 = \left(\frac{4Q_e}{3.14 \times 0.131^2}\right)^2 = 5510 Q_e^2$$

$$H_f = \left(\lambda \frac{l + l_e}{d}\right)\frac{u^2}{2g} = 0.03 \times \frac{500}{0.131} \times \frac{5510 Q_e^2}{2 \times 9.81} = 3.22 \times 10^4 Q_e^2$$

将管路特性方程 $H_e = 28.1 + 3.22 \times 10^4 Q_e^2$ 与泵的特性方程 $H = 44 - 8.0 \times 10^4 Q^2$ 联立求解，得

$$28.1 + 3.22 \times 10^4 Q^2 = 44 - 8.0 \times 10^4 Q^2$$

$$Q = (15.9/11.22)^{1/2} \times 10^{-2}\ \text{m}^3/\text{s} = 1.19 \times 10^{-2}\ \text{m}^3/\text{s} = 42.9\ \text{m}^3/\text{h}$$

$$H = [44 - 8.0 \times 10^4 \times (1.19 \times 10^{-2})^2]\ \text{m} = 32.7\ \text{m}$$

$$N = \frac{HQ\rho}{102\eta} = \frac{32.7 \times 1.19 \times 10^{-2} \times 998}{102 \times 0.8}\ \text{kW} = 4.76\ \text{kW}$$

(2) 当改送密度为 1200 kg/m³ 的水溶液时，泵的流量、压头和轴功率。

液体密度增大后，泵的特性方程不受影响，但管路特性方程随密度而变(其中 K 值变化)，即

$$K = \Delta z + \frac{\Delta p}{\rho g} = 16 + \frac{118 \times 10^3}{1200 \times 9.81} = 26.0$$

得 $H'_e = 26.0 + 3.22 \times 10^4 Q_e^2$，与泵的特性方程 $H = 44 - 8.0 \times 10^4 Q^2$ 联立求解，得

$$26.0 + 3.22 \times 10^4 Q_e^2 = 44 - 8.0 \times 10^4 Q^2$$

$$Q = (18.0/11.22)^{1/2} \times 10^{-2}\ \text{m}^3/\text{s} = 1.27 \times 10^{-2}\ \text{m}^3/\text{s} = 45.6\ \text{m}^3/\text{h}$$

$$H = 44 - 8.0 \times 10^4 \times (1.27 \times 10^{-2})^2\ \text{m} = 31.1\ \text{m}$$

$$N = \frac{HQ\rho}{102\eta} = \frac{31.1 \times 1.27 \times 10^{-2} \times 1200}{102 \times 0.8}\ \text{kW} = 5.81\ \text{kW}$$

本例说明，当管路系统两端点压力不等(即 $p_1 \neq p_2$)时，液体密度改变时 K 值随之发生变化，影响到管路特性方程，从而导致泵的工作点移动。就本例而言，液体密度增大，流量增大，压头降低，轴功率增大。如果 $p_1 = p_2$，则 $K = \Delta z$，K 值不受密度影响，此时密度只影响轴功率。

2.2.5　离心泵的类型、选择、安装与操作

1. 离心泵的类型

离心泵结构简单、价廉耐用，适用于化工、石油、制药、食品等所有涉及液体输送的工业部门，因而种类繁多、应用广泛。其主要分类如下。

(1) 按叶轮数目分为单级泵(一个叶轮)和多级泵(多个叶轮)。

(2) 按吸液方式分为单吸式和双吸式。

(3) 按照泵输送液体的性质和使用条件分为清水泵、油泵、耐腐蚀泵、杂质泵、高温泵、高温高压泵、低温泵、潜水泵、屏蔽泵、磁力泵等。

各种类型的离心泵根据其结构特点自成系列，同一系列中又有多种规格。泵产品说明书中列有各类离心泵的性能和规格。常用的几种主要类型国产离心泵的简介如下。

1) 清水泵(IS型、Sh型、D型)

清水泵是应用最广的一种离心泵,一般用于输送清水或性质类似于清水的液体。其中最普通的是单级单吸式清水泵(IS型),全系列流量范围为4.5～360 m^3/h,压头范围为8～98 m。型号说明:IS 50-32-125表示吸入口直径为50 mm、排出口直径为32 mm、叶轮直径为125 mm的单级单吸式离心泵。

当输送的流量较大而不需高压头时,宜用双吸式清水泵(Sh型),全系列流量范围为120～12500 m^3/h,压头范围为9～140 m。

当要求较高的压头而不需大流量时,可选用多级式清水泵(D型)。叶轮级数一般为2～9级,最多12级。全系列流量范围为10.8～850 m^3/h,压头范围为14～351 m。型号说明:100D45×4表示吸入口直径为100 mm、单级压头为45 m的4级离心泵。

2) 油泵(Y型、YS型)

输送油类产品的泵称为油泵。因油品一般易燃易爆,故对泵的密封要求很高。当输送高温(200 ℃以上)油品时,需采用有良好冷却系统的高温泵。单吸式油泵为Y型,双吸式的为YS型。全系列流量范围为6.25～500 m^3/h,压头范围为60～630 m。型号说明:50Y-60×2A表示吸入口直径为50 mm、单级压头为60 m的2级离心油泵,A表示其叶轮直径在基本型号50Y-60×2型的基础上经过第一次切削(若为B、C则分别代表第二、第三次切削)。

3) 耐腐蚀泵(F型)

输送酸、碱、盐及浓氨水等腐蚀性液体时必须用耐腐蚀泵(F型)。耐腐蚀泵中液体接触部件均用耐腐蚀材料制造。耐腐蚀泵多用机械密封以保证密封效果。型号说明:40F-26表示吸入口直径为40 mm、压头为26 m的悬臂式耐腐蚀离心泵。

4) 杂质泵(P型,细分为PW型、PS型、PN型等)

用于输送悬浮液及稠厚浆液等物质的离心泵称为杂质泵(P型),根据用途又细分为污水泵(PW型)、沙石泵(PS型)和泥浆泵(PN型)等。此类泵的特点是叶轮流道宽、叶片少,常用开式或半开式叶轮,效率较低。

5) 屏蔽泵

屏蔽泵的特点是电机和叶轮作为整体密封在泵壳内,不需轴封装置,无泄漏。故又称无密封泵,属于无泄漏泵,适于输送易燃、易爆、剧毒以及放射性的液体。其缺点是效率低。

6) 磁力泵

磁力泵是一种高效节能的特种离心泵。其特点是用水磁连轴驱动,无轴封,无液体渗透,使用特别安全。因其运转时无机械摩擦,故而节能。主要用途是输送含固体颗粒的酸、碱、盐溶液及易挥发、剧毒性液体等,特别适于输送易燃易爆液体。C型磁力泵全系列流量范围为0.1～100 m^3/h,压头范围为1.2～100 m。

2. 离心泵的选择

离心泵种类齐全,适于各种用途,选泵时可参考如下步骤。

(1) 根据被输送液体的性质和使用条件,确定适宜的类型。

(2) 根据最大生产任务(最大流量和压头再加5%～15%裕量)确定泵的型号。当有几种型号的泵同时满足要求时,综合安全、高效、节能、环保及经济因素选最适宜者。

(3) 当单台泵不能满足流量或压头要求时,可考虑泵的并联或串联。

(4) 当被输送液体的密度大于水的密度时,核算泵的轴功率。

(5) 全面校核。校核泵是否满足使用条件、工作点是否在高效区、是否会发生汽蚀现象等。

3. 离心泵的安装与操作

(1) 离心泵的实际安装高度一定要小于允许安装高度(按工作环境最高气温、最大流量计算),并尽可能减小吸入管路阻力。

(2) 离心泵启动前必须向泵内充满待输送的液体,保证泵内和吸入管路内无空气存在。

(3) 启动离心泵之前要关闭出口阀,以使启动功率最小,保护电机;停泵前也要关闭出口阀,以防管路中液体倒流冲击,损坏叶轮。

(4) 对泵要定期检查和维护,以尽量避免故障,延长其使用寿命。

【例 2-5】 某厂拟用离心泵从水库抽水送到敞口高位水槽。已知流量为 45 ～ 50 m^3/h(多数情况下为 45 m^3/h)、管路系统要求压头为 18 m。试选一台适宜的离心泵,核算泵实际运行时所需的轴功率,并求流量为 50 m^3/h 时多消耗的轴功率。

解 (1) 确定泵的型号。

由于输送清水,流量和压头要求都不高,故选用IS型水泵。根据最大流量 $Q_e = 50\ m^3/h$、$H_e = 18$ m 的要求,查附录 T(IS 型单级单吸离心泵性能表) 知流量和压头均满足且最接近要求的是转速为 2900 r/min 的IS80-65-125 型水泵,其主要性能参数为

$$Q = 50\ m^3/h,\quad H = 20\ m,\quad N = 3.63\ kW,\quad (NPSH)_r = 3.0\ m,\quad \eta = 75\%$$

(2) 泵实际运行时的轴功率。

泵实际运行时的轴功率就是工作点所对应的轴功率。即当 $Q = 50\ m^3/h$ 时,$N = 3.63$ kW。

(3) 流量为 50 m^3/h 时因用阀门调节流量而多消耗的轴功率。

因用阀门调节流量而多消耗的压头为 $\Delta H = (20 - 18)\ m = 2\ m$,则多消耗的轴功率为

$$\Delta N = \frac{\Delta HQ\rho}{102\eta} = \frac{2 \times 50 \times 1000 \div 3600}{102 \times 0.75}\ kW = 0.363\ kW$$

本例说明选泵的基本依据是流量和压头,并以最大值为准;泵所提供的流量和压头应大于管路需求值。

2.3　其他类型泵

2.3.1　往复式泵

往复式泵属于正位移泵,包括活塞泵、计量泵和隔膜泵,简称往复泵,应用较广。往复泵是通过活塞的往复运动直接以压力能的形式向液体提供能量的输送机械。按驱动方式分为机动泵(电机驱动,最常见) 和直动泵(液体或气体(含蒸汽) 驱动) 两大类。

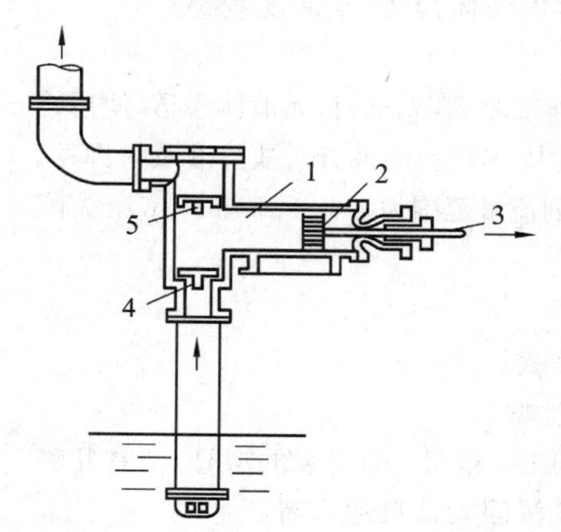

图 2-13　往复泵结构示意图
1— 泵缸;2— 活塞;3— 活塞杆;4— 单向吸入阀;5— 单向排出阀

1. 往复泵

1) 往复泵的基本结构和工作原理

(1) 往复泵的基本结构　如图 2-13 所示,往复泵的主要部件有泵缸、活塞、活塞杆、单向吸入阀、单向排出阀等。活塞与单向阀之间的可变空间为工作室。活塞杆在曲轴带动下推拉活塞作往复运动。

(2) 往复泵的工作原理　当活塞杆带动活塞远离吸入口时,工作室体积增大而压力降低,在泵缸内外压差作用下,排出阀关闭而吸入阀打开,液体进入工作室;当活塞趋近排出口时,工作室容积缩小,液体因受活塞的挤压

而压力增高，吸入阀关闭，排出阀打开，液体经排出口流入管路。活塞由泵缸一端移至另一端的距离即为一个行程。一个吸入行程和排出行程构成一个完整的工作循环。活塞如此往复循环运动，对吸入液体施加压力能后将液体排入输送管路，此即往复泵的工作原理。由于泵缸内的低压是由工作室容积的扩大形成的，故往复泵有自吸能力，启动前无须先灌液。但需注意，因为往复泵也是靠泵缸内外压差而吸入液体的，所以其吸入高度（安装高度）也是有限制的，也要依据工作环境大气压、所输送液体的性质和温度经计算确定。

若吸入阀和排出阀都安装在泵缸同一端，活塞往复一次只吸液一次和排液一次，这种往复泵称为单动泵，吸、排液交替进行，流量曲线既不均匀也不连续，如图 2-14(a) 所示。

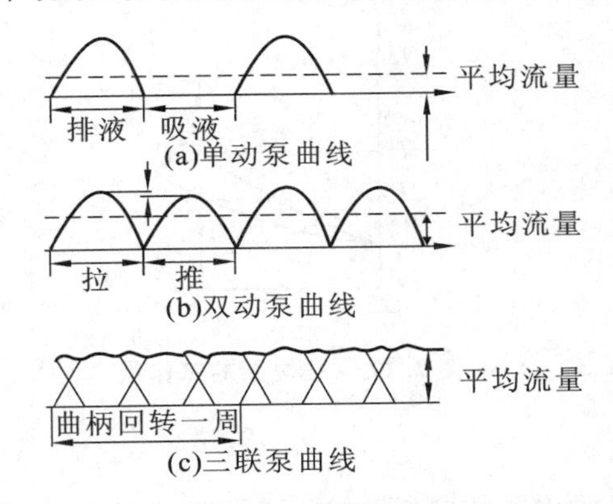

图 2-14　往复泵流量曲线示意图

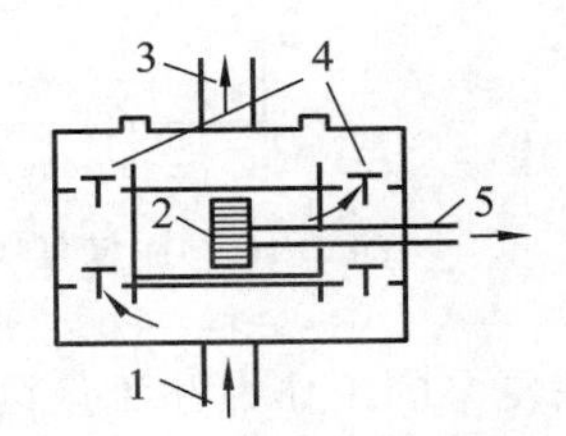

图 2-15　双动泵示意图

1— 进气管；2— 活塞；3— 排气管；4— 活门；5— 连杆

(3) 提高往复泵液体流量连续性、均匀性的措施　双动泵和三联泵可以改善往复泵液体流量的连续性和均匀性。若活塞的两端均装有吸入阀和排出阀，活塞无论向哪端运动都同时吸液和排液，这种往复泵称为双动泵，如图 2-15 所示。双动泵的流量达到了连续且较单动泵均匀，但因活塞运动的不匀速性，流量曲线仍是波动的，如图 2-14(b) 所示。若把三台单动泵连接在同一根曲轴的三个曲柄上，即构成三联泵。三联泵使流量的均匀程度得到进一步改善，如图 2-14(c) 所示。

如果在吸入管路的终端和压出管路的始端装置空气室，利用气体的压缩和膨胀来储存或放出小部分液体，可以对液体流动的不均匀性起到缓冲作用。

2) 往复泵的性能参数和特性曲线

(1) 流量(排液能力)　往复泵的流量只取决于活塞扫过的体积，理论平均流量计算式为

单动泵
$$Q_T = ASn_r/60 \tag{2-17}$$

双动泵
$$Q_T = (2A - a)Sn_r/60 \tag{2-18}$$

式中，Q_T 为往复泵理论流量，m^3/s；A 为活塞的截面积，m^2，$A = \pi D^2/4$，D 为活塞的直径，m；S 为活塞的冲程，m；n_r 为活塞的往复频率，min^{-1}；a 为活塞杆截面积，m^2。

实际上，由于活塞与泵缸内壁之间的泄漏、吸入阀与排出阀启闭滞后等，往复泵的实际流量 Q 小于理论流量 Q_T，即

$$Q = \eta_v Q_T \tag{2-19}$$

式中，η 为往复泵的容积效率，取值范围为 0.85 ～ 0.97，其中小型泵为 0.85 ～ 0.9，中型泵为 0.9 ～0.95。

(2) 功率与效率　往复泵的轴功率计算与离心泵相同,即

$$N = \frac{HQ\rho g}{\eta}\ (\mathrm{W}) \quad 或 \quad N = \frac{HQ\rho}{102\eta}\ (\mathrm{kW}) \tag{2-20}$$

式中,η 为往复泵的总效率,取值范围为 0.65 ～ 0.97,其值由实验测定。

由于往复泵的流量恒定不变,因此其功率和效率都随泵的排出压力而变。

(3) 压头和特性曲线　往复泵的压头与泵本身的几何尺寸和流量无关,只取决于管路情况。理论上只要泵的机械强度和电动机所提供的功率允许,无论管路系统所要求扬程有多高,往复泵都可满足。往复泵的流量与压头的关系曲线,即泵的特性曲线,如图 2-16 所示。

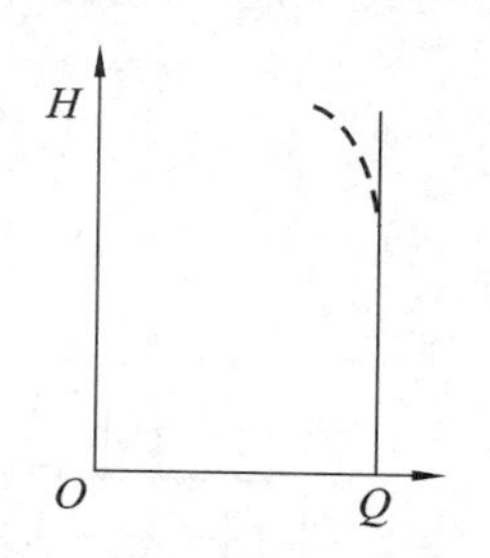

图 2-16　往复泵特性曲线

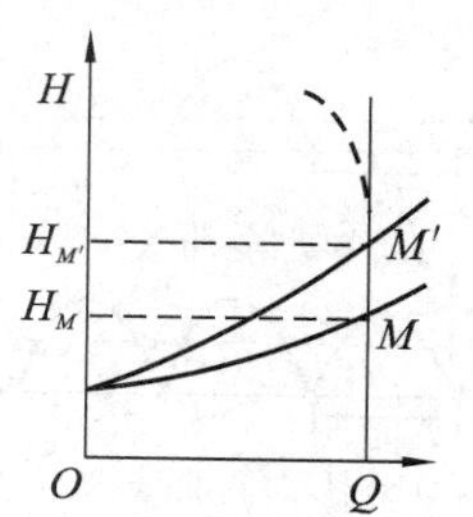

图 2-17　往复泵的工作点

3) 往复泵的工作点和流量调节

往复泵的输液能力取决于活塞的行程、截面积和往复频率,而与管路情况无关($Q =$ 常数),泵的扬程仅随输送系统要求而定,这种性质称为正位移特性,具有正位移特性的泵称为正位移泵,也叫定排量泵。往复泵是典型的正位移泵之一,其他的还有计量泵、齿轮泵等。

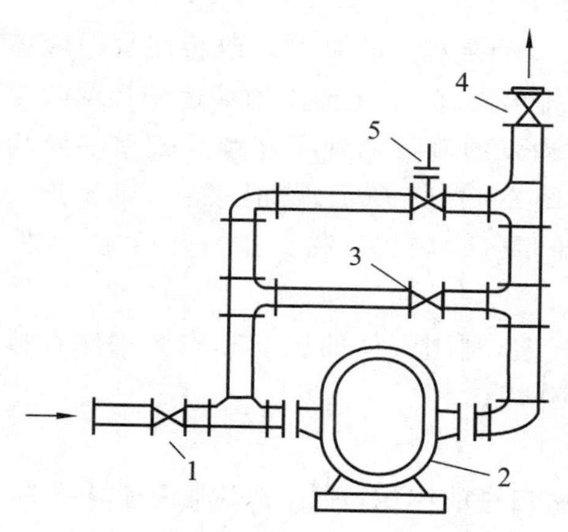

图 2-18　正位移泵旁路调节示意图

1— 吸入管调节阀;2— 泵;3— 旁路调节阀;4— 排出管调节阀;5— 安全阀

任何泵的工作点都是由管路特性曲线和泵性能曲线的交点所决定的,往复泵也不例外,但其 H-Q 曲线的表达式为 $Q =$ 常数。也即正位移泵的工作点只能在 $Q =$ 常数的垂线上移动,如图 2-17 所示。因此,往复泵不能通过出口阀来调节流量。其调节方法有以下几种:① 增加旁路调节装置,此法简便实用,但旁路无谓耗能,如图 2-18 所示;② 改变活塞行程(调节活塞杆长度),此法能量利用合理,但不宜经常使用;③ 改变往复频率,此法可使用变频电机实现,但设备投资较大;④ 对于输送易燃易爆液体,若用蒸汽直动泵则可方便地调节进入汽缸的蒸汽压力从而实现流量调节。

鉴于上述特点,往复泵适用于输送高黏度的清洁液体,要求高压头、小流量的场合;不适于输送含固体颗粒的悬浮液及腐蚀性液体。

2. 计量泵

计量泵(比例泵)的基本结构与往复泵相同,但配有操作方便的流量调控装置。计量原理是在固定往复频率下准确地调节偏心轮的偏心距离,达到调节柱塞行程从而定量送液的目的。计量泵主要用于定量输送液体的场合。多缸计量泵每个活塞的行程均可单独调节,既可实现每

种液体流量固定，又能实现多种液体按比例输送或混合。

3. 隔膜泵

隔膜泵实际上就是柱塞泵，其结构特点是借助薄膜把所输送液体与柱塞、泵缸隔开以免其受到腐蚀或污染。如图 2-19 所示，隔膜左侧与所输送液体接触的部位均由耐腐蚀材料制成或涂上防腐物质。隔膜右侧的液缸则充满油或水。当柱塞往复运动时，液缸中液体随之移动，迫使隔膜交替向两侧弯曲，将所输送液体吸入或排出。弹性隔膜材质常为耐腐蚀橡胶或金属薄片。隔膜泵主要用于定量输送剧毒、易燃、易爆、腐蚀性液体或悬浮液。

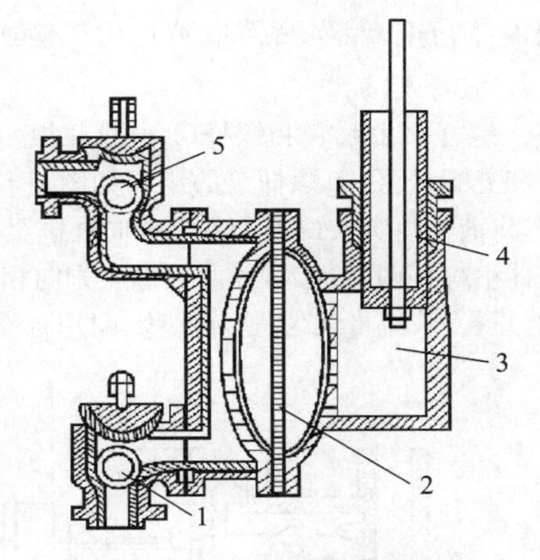

图 2-19　隔膜泵示意图

1— 吸入活门；2— 隔膜；3— 液缸；4— 活塞柱；5— 排出活门

【例 2-6】　现用单动活塞式往复泵从敞口贮槽向表压为 1275 kPa 的密闭高位槽压送密度为 1250 kg/m³ 的液体。已知两槽液面高度差为 10 m，管路系统总压头损失为 2 m，泵的活塞直径为 120 mm，冲程为 225 mm，曲轴转速为 200 $\mathrm{min^{-1}}$。操作范围内泵的容积效率为 96%，总效率为 85%，试求泵的实际流量、压头和轴功率。

解　(1) 泵的实际流量。

$$Q = \eta_v A S n_r = 0.96 \times (\pi/4) \times 0.12^2 \times 0.225 \times 200\ \mathrm{m^3/min} = 0.488\ \mathrm{m^3/min}$$

(2) 泵的压头。

工作点泵的压头等于管路所需压头，在两槽液面间列伯努利方程并以贮槽液面为基准面，可得

$$H = \Delta z + \frac{\Delta p}{\rho g} + \frac{\Delta u^2}{2g} + H_f$$

已知 $\Delta z = 10\ \mathrm{m}$，$\Delta p = 1275\ \mathrm{kPa}$，$H_f = 2\ \mathrm{m}$，$\rho = 1250\ \mathrm{kg/m^3}$，则

$$H = \Delta z + \frac{\Delta p}{\rho g} + \frac{\Delta u^2}{2g} + H_f = \left(10 + \frac{1275 \times 10^3}{1250 \times 9.81} + 0 + 2\right)\ \mathrm{m} = 116\ \mathrm{m}$$

(3) 泵的轴功率。

$$N = \frac{HQ\rho}{102\eta} = \frac{116 \times 0.488 \times 1250}{102 \times 0.85 \times 60}\ \mathrm{kW} = 13.6\ \mathrm{kW}$$

本例说明，往复泵的基本计算思路与离心泵类似，都遵循流体流动的基本规律。

2.3.2　回转式泵

回转式泵又称转子泵，属于正位移泵。其工作原理是依靠泵壳内转子(1 个或多个）的旋转而吸入和排出液体。常用的有齿轮泵和螺杆泵。

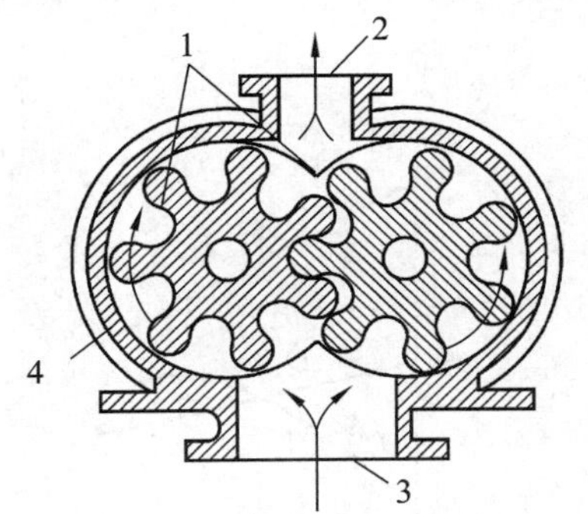

图 2-20　齿轮泵示意图

1— 齿轮；2— 排出口；3— 吸入口；4— 泵壳

1. 齿轮泵

齿轮泵的结构如图 2-20 所示。泵壳内有两个同规格相互啮合的齿轮，其中与电机相连的为主动轮，另一个为从动轮。当齿轮旋转时，吸入腔处(图中 3 处箭头部位）两个齿轮上相互啮合的轮齿彼此分开形成真空而吸入液体。随后液体沿着壳壁被轮齿推至压出腔(图中 2 处箭头尾部)，彼此分开的轮齿又相互啮合挤压液体形成高压使之排出。齿轮泵的特点是结构简单、流量均匀、平稳可靠，流量小、压头高，适于输送黏

稠液体乃至膏状物料,但不宜用于输送含固体颗粒的悬浮液。

2. 螺杆泵

螺杆泵由泵壳和螺杆(1 根或几根)构成,按螺杆的数目可分为单螺杆泵、双螺杆泵、三螺杆泵和五螺杆泵。单螺杆泵的结构如图 2-21(a) 所示,其工作原理是,螺杆在具有阴螺旋的泵壳内旋转,将液体由吸入口吸入并沿轴向推进至排出口排出。双螺杆泵如图 2-21(b) 所示,其工作原理是,液体由螺杆两端进入,经两根螺旋方向相反的螺杆挤压推移至中央无螺纹处排出。螺杆泵的效率较高,压头高、流量均匀、运转平稳、耐用且噪声小,特别适用于高黏度和非牛顿型流体的输送。

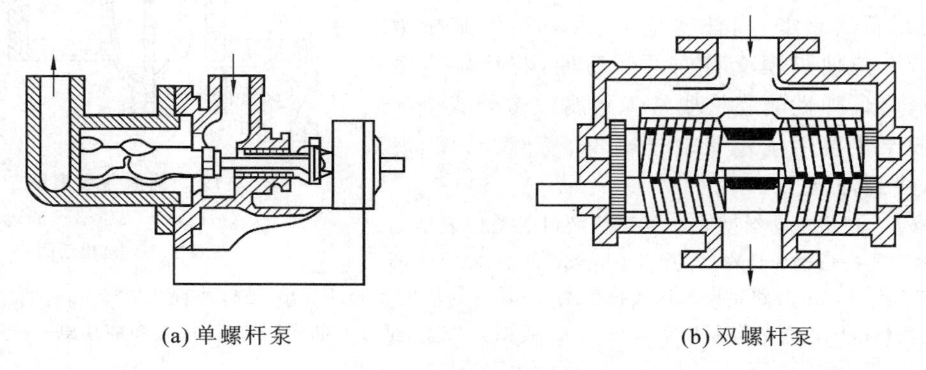

(a) 单螺杆泵　(b) 双螺杆泵

图 2-21　螺杆泵示意图

2.3.3　其他非正位移泵

1. 旋涡泵

旋涡泵是一种特殊类型的离心泵,其结构如图 2-22 所示,主要由泵壳和圆盘状叶轮组成。叶轮外缘两侧铣有几十条辐射状凹槽,槽壁构成叶片。叶轮和泵壳之间为环形流道。吸入口和排出口均在泵壳的顶部,两口间用隔板隔开。

运行状态下,泵内液体随叶轮旋转的同时由于离心力的作用被甩向叶轮边缘,此时凹槽根部形成低压,导致流道内相对高压的液体又流向叶片凹槽,在外甩离心力和向内压差的双重作用下,液体在叶片和流道之间作反复的旋涡运动,被叶片多次拍击而获得较高能量。因此,在叶轮直径和转速相同时,旋涡泵提供的压头远高于离心泵(高 2 ~ 4 倍)。

旋涡泵 H-Q 和 N-Q 曲线如图 2-23 所示,随着流量的减小,压头和轴功率迅速增大,因此在启动前必须全开出口阀并避免在低流量下工作,用旁路调节流量。由于液体在叶片槽和流道间形成旋涡流能量损失很大,故旋涡泵的效率较低,一般在 20% ~ 50% 范围内。

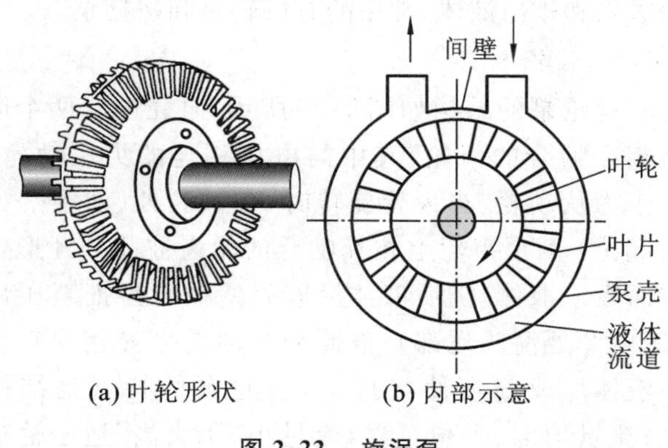

(a) 叶轮形状　(b) 内部示意

图 2-22　旋涡泵

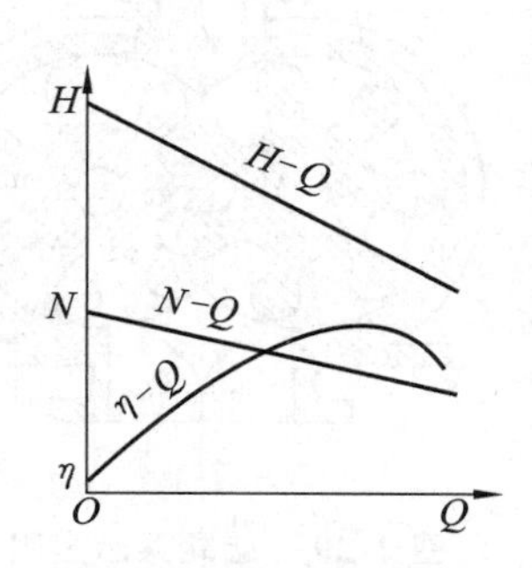

图 2-23　旋涡泵特性曲线

旋涡泵结构简单，适用于需要压头高但流量小、低黏度且不含固体颗粒的液体的输送。旋涡泵还有开式、闭式之分，开式旋涡泵抗汽蚀性能好，可输送气液混合物且有自吸能力，但效率仅为 20% ～ 40%。

2. 轴流泵

轴流泵由泵壳、叶轮和转轴等机件构成，为消除径向液流，叶片多制成螺旋桨状，故也称螺桨泵。通常轴流泵工作时叶轮浸没于液面之下，其工作原理是，当叶轮随轴一起旋转时，各叶片将液体沿轴向上推的同时在叶轮顶端形成低压而从液源吸取液体，使液体产生轴向的连续流动，达到不断输送液体的目的。液体压力因叶轮转动作用而提高并沿轴向上升，由出口管路流出。轴流泵多用于扬程要求不高但需要大流量的场合。

2.4　气体输送机械

气体输送、压缩及抽真空设备统称为气体输送机械。其主要用途是车间及工作场所的通风换气、为某些设备鼓风或固体流态化操作、用压缩气体将液体从低位输送到高位或用于气动装置、从设备中抽气以获得一定的真空等。尽管气体输送机械的基本结构和工作原理与液体输送机械大同小异，但和液体相比，气体的密度小(约为液体密度的 1‰)、可压缩性大且压缩升温明显，使气体输送机械具有某些不同于液体输送机械的特点。

2.4.1　气体输送机械的作用及分类

气体输送机械的作用就是对气体做功以提高其机械能。通常按其出口气体压力(也称终压)或压缩比结合用途进行分类。压缩比是指输送机械出口气体与进口气体绝对压力的比值。

通风机　出口表压不大于 14.7 kPa，压缩比为 1 ～ 1.15，如离心通风机；

鼓风机　出口表压为 14.7 ～ 294 kPa，压缩比小于 4，如罗茨鼓风机、离心鼓风机等；

压缩机　出口表压大于 294 kPa，压缩比大于 4，如往复压缩机、离心压缩机等；

真空泵　终压为当时当地大气压，用于减压操作，如往复真空泵、水环真空泵等。

如果按结构和工作原理分类，则气体输送机械又可分为离心式、往复式、旋转式和流体作用式等几类。

2.4.2　离心式通风机、鼓风机和压缩机

通风机只用于通风换气或气体输送，进出口风压变化较小，故都是单级的。鼓风机和压缩机都用于产生较高压气体，故多数是多级的，且压缩机因压缩比较大还需要冷却措施。

常用的通风机有离心式和轴流式两大类。轴流式通风机风量大但产生的风压很小，一般仅用于通风换气；离心式通风机的应用范围很广。

1. 离心式通风机

按出口表压由小到大，可将离心式通风机分为低压式(0.981 kPa 以下)、中压式(0.981 ～ 2.94 kPa)和高压式(2.94 ～ 14.7 kPa)三类。由于通风机进出口气体的绝对压力变化均小于 20%，故可视为不可压缩流体，相关计算可直接利用伯努利方程。

1) 离心式通风机的结构和工作原理

离心式通风机的工作原理与离心泵基本相同，结构也相似，特征是通风机的叶轮直径较

大，叶片数目多且短，泵壳出口一般为矩形(高压通风机多为圆形)。低压通风机的叶片为平直的，与轴心呈辐射状安装，出口为矩形，如图 2-24 所示。中、高压通风机的叶片为后弯的，高压通风机的结构和外形更像单级离心泵。

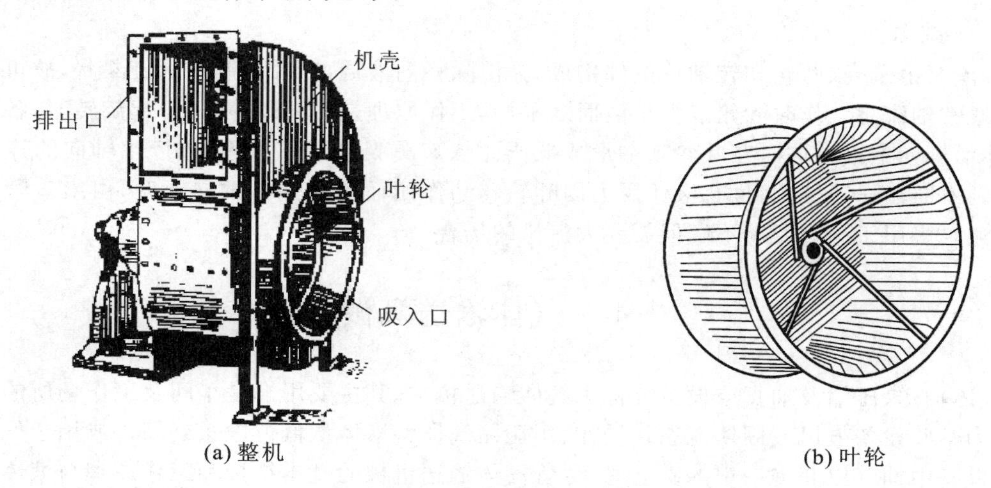

(a) 整机　　(b) 叶轮

图 2-24　离心式通风机示意图

2) 离心式通风机的性能参数和特性曲线

与离心泵相对应，离心式通风机的主要性能参数有风量、风压、轴功率和效率。

(1) 风量 Q　风量是指单位时间内经通风机出口排出的气体体积，但以通风机进口处的气体状态计，常用单位为 m^3/h。

(2) 风压 H_T　单位体积气体经通风机获得的总机械能称为全风压，简称全压或风压，单位为 Pa。当忽略位风压和通风机自身阻力损失(由效率校正)时，全风压等于静风压与动风压之和，通常通风机进口为大气，即

$$H_T = (p_2 - p_1) + \rho \frac{u_2^2}{2} \tag{2-21}$$

(3) 轴功率 N 和效率 η　离心通风机的轴功率由下式计算：

$$N = \frac{H_T Q}{\eta}\ (\text{W}) \quad \text{或} \quad N = \frac{H_T Q}{1000\eta}\ (\text{kW}) \tag{2-22}$$

通风机铭牌或说明书所列的性能参数均为标准条件(20 ℃，101.3 kPa，$\rho_0 = 1.2\ kg/m^3$)下以空气为介质的测定值，当实际操作条件与标准条件不同时，应进行换算后再用于通风机选择。设操作条件下的空气密度为 ρ'，风量为 Q'，风压为 H'_T，轴功率为 N'，则标准条件下的各参数值为

$$Q = Q' \frac{\rho'}{\rho} = Q' \frac{\rho'}{1.2} \tag{2-23}$$

$$H_T = H'_T \frac{\rho}{\rho'} = H'_T \frac{1.2}{\rho'} \tag{2-24}$$

$$N = N' \frac{\rho}{\rho'} = N' \frac{1.2}{\rho'} \tag{2-25}$$

(4) 特性曲线　如图 2-25 所示，离心式通风机的特性曲线图中有四条曲线，比离心泵的特性曲线图多了一条静风压(H_s)和流量的关系曲线。该图由厂家在标准条件下用空气测定。

3）离心式通风机的选用

离心式通风机的选用与离心泵类似，关键是要注意实际条件与标准条件的换算及气体密度的影响，具体步骤如下：① 根据管路特性计算所需实际风量和风压，并换算为标准条件下的值；② 以所输送气体性质和所需风压确定通风机类型；③ 确定适宜的通风机型号；④ 校核计算，确保无误。

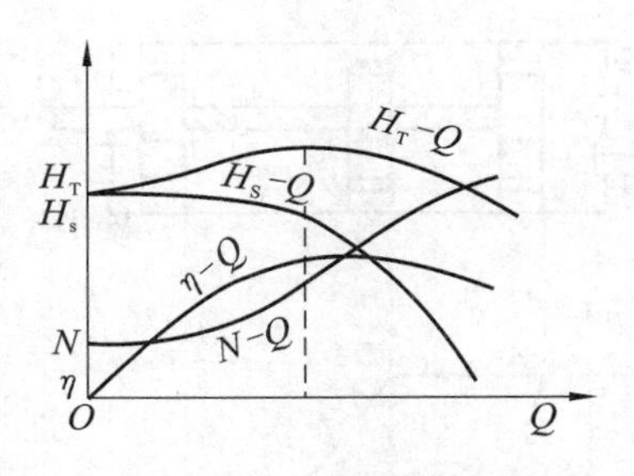

图 2-25　离心式通风机特性曲线

【例 2-7】　某地大气压为 97.4 kPa，有一在建的空气输送系统。已知系统要求的最大风量为 13500 kg/h，该风量下输送系统所需全风压为 1400 Pa（按通风机进口状态计），通风机进口与温度为 40 ℃、真空度为 238 Pa 的设备相连。试选一台合适的离心式通风机。

解　由于通风机性能表数据均为空气在 20℃、101.3 kPa 条件下的实验数据，故应对风压进行换算。风压换算按式(2-24)，即

$$H_T = H'_T \frac{1.2}{\rho'}$$

先求操作条件下空气密度，由附录 C 查得 40 ℃、101.3 kPa 下空气密度为 1.128 kg/m³，则

$$\rho' = 1.128 \times \frac{97400-238}{101300}\ \text{kg/m}^3 = 1.08\ \text{kg/m}^3$$

$$H_T = H'_T \frac{1.2}{\rho'} = 1400 \times \frac{1.2}{1.08}\ \text{Pa} = 1556\ \text{Pa}$$

通风机进口状态下风量为　$Q = \frac{13500}{1.08}\ \text{m}^3/\text{h} = 12500\ \text{m}^3/\text{h}$

根据风量 $Q = 12500\ \text{m}^3/\text{h}$，风压 $H_T = 1556$ Pa，由附录 U 查得 4-72-11No. 6C 型（转速为 1800 r/min）离心式通风机可满足要求。该通风机性能为 $H_T = 1569$ Pa，$Q = 12700\ \text{m}^3/\text{h}$，$N = 7.3$ kW，$\eta = 91\%$。

2. 离心式鼓风机和压缩机

离心式鼓风机、离心式压缩机的结构与离心泵很相似，工作原理与离心式通风机相同。单级鼓风机适于风压不超过 30 kPa 的场合。多级离心式鼓风机压缩比仍较小，各级叶轮直径大体相同，不需中间冷却装置，要求较高压头时可选用。需要更高压头时可选用离心式压缩机，其出口压力一般在 200 kPa 以上。离心式压缩机叶轮直径和宽度均逐渐缩小，其叶轮级数可达 10 级以上，压缩比相对较大，常分段设置，段间配置冷却装置，以免气体温度过高。

离心式压缩机具有送气量大且均匀、机体内无润滑油污染气体，结构紧凑、运转可靠、维修简便等显著优点，因而在现代大型的化肥（如合成氨）、乙烯、制药、炼油等生产装置中应用广泛。其缺点是单级压缩比不高、造价昂贵。

2.4.3　往复式压缩机

往复式压缩机的基本结构和工作原理都与往复泵相似。但由于压缩机介质为可压缩的气体，其压缩过程相对复杂。

1. 往复式压缩机的工作原理

图 2-26 为单缸往复式压缩机工作原理示意图。图中 1、2 分别代表吸气阀、排气阀，都安装在汽缸端盖处，相对应压缩机进、出口气压分别为 p_1、p_2。设汽缸处于工作中且恰好运行到距汽缸端盖最近点 A，则 V_A 为余隙体积（活塞与汽缸端盖之间的构件空隙称为余隙），此时余隙内气体压力为 p_2，因 $p_2 > p_1$，吸气阀仍处于关闭状态。当活塞由 A 点右移至 B 点时，气体压力由 p_2 逐渐降至 p_1，同时体积由 V_A 膨胀至 V_B，对应于图中 AB 线段。当活塞由 B 点继续右移时吸气

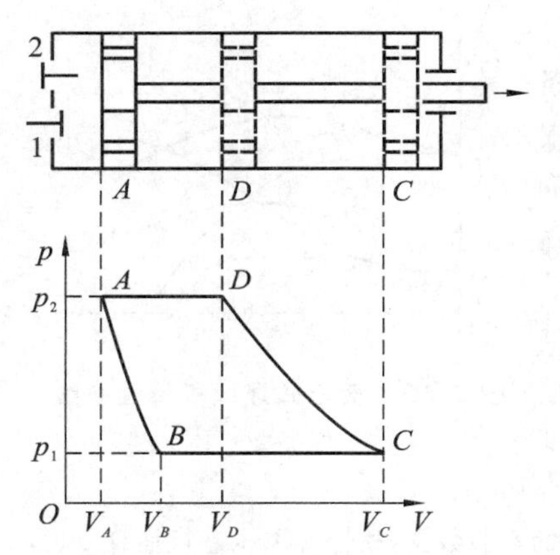

图 2-26 实际压缩循环示意图

阀打开,在恒定压力 p_1 下吸气至汽缸底端 C 点达到最大体积 V_C 后吸气过程结束,对应于图中 BC 线段。随后吸入阀关闭,压缩行程开始,当活塞由 C 点左移至 D 点时,气体压力由 p_1 逐渐增高至 p_2,排气阀打开,在恒定压力 p_2 下排气至最左端 A 点,排出行程结束。可见,整个周期由膨胀、吸气、压缩、排气四个部分组成。图中 $ABCDA$ 所围成的面积即为活塞在一个周期中对气体所做的功。

由上述分析可见,因余隙的存在,压缩机实际吸气量明显减小,且余隙内的气体反复循环也造成无谓功耗。余隙越大,压缩比越高,不利影响就越严重。余隙体积内气体的膨胀减压过程如图 2-26 中由 A 点到 B 点的过程所示,设为等温过程,则 $p_1V_B = p_2V_A$,有 $V_B = V_Ap_2/p_1$。设 $V_A = 0.1V_C$(即余隙体积占最大体积的 10%),若要求压缩比 $p_2/p_1 = 5$,则 $V_B = 0.5V_C$,即汽缸体积的一半被余隙体积内气体占据而不能吸气。如果 $p_2/p_1 = 10$,则 $V_B = V_C$,即汽缸体积完全被余隙体积内气体占据,相对于压缩机空转。因此余隙应尽量小,单级压缩比不可过高。同时,压缩比过高时动力消耗显著增大,气体温升很大,甚至可能导致润滑油汽化问题。

2. 多级压缩

当需要的压缩比大于 8 时,可采用多级压缩,在级间对气体进行冷却,能够克服单级压缩比过高的缺点。用多级压缩时,单级的压缩比可减小,余隙的影响减弱,从而提高汽缸容积利用率,还可降低气体出口温度而节省操作费用。理论计算可以证明,当单级压缩比相等时,多级压缩消耗的理论功最小。图 2-27 为二级压缩机示意图及 p-V 图。在一级汽缸中压力为 p_1 的气体由 a 点沿渐变线 ab 被压缩至 b 点,压力增至 p 后进入中间冷却器等压降温至 c 点,再进入二级汽缸中沿 cd 线被压缩至 d 点。由图可见,一级压缩改为二级压缩后,总压缩过程较接近等温压缩,由此节省的功为 $bcdeb$ 所围成的阴影面积。若用三级压缩会更省功。

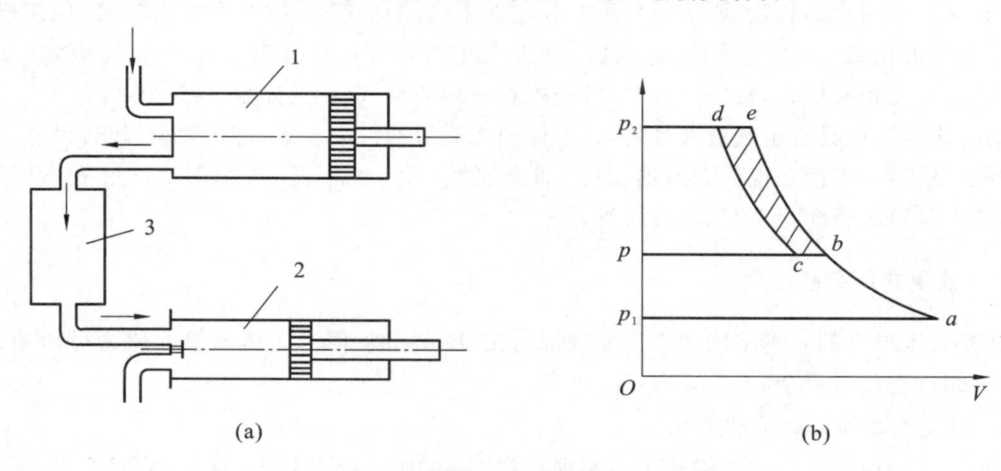

图 2-27 二级压缩机示意图及 p-V 图

1— 第一级汽缸;2— 第二级汽缸;3— 冷却器

往复式压缩机吸入和排出气体靠的是工作室容积的变化,基本与气体的性质无关,适应性强并能输出较高压力,常用于压力高、流量小的场合。缺点是结构复杂,易损件多。因吸、排气间歇交替,震动和噪声较大。

3. 往复式压缩机的类型与选用

往复式压缩机有多种分类方法,通常按所处理气体的种类分为空气压缩机、氨气压缩机、氧气压缩机、氢气压缩机、石油气压缩机等,还可按出口压力、排气量大小进行分类。

选用往复式压缩机时,先依气体性质确定类型,再依据生产任务和终压(或压缩比)指标,参考说明书确定具体型号。

2.4.4　罗茨鼓风机

罗茨鼓风机如图 2-28 所示,泵壳内有一对特殊形状(腰形)的转子,转子之间、转子与机壳之间的间隙很小,其工作原理与齿轮泵很相似。当泵壳内两个转子依相反方向旋转时,气体从一侧吸入并在转子与泵壳之间的空间被挤压而从另一侧排出,其风量最大可达 1400 m^3/min,通常为 2 ～ 500 m^3/min,当出口表压约为 40 kPa 时(最大可达 80 kPa)效率较高。

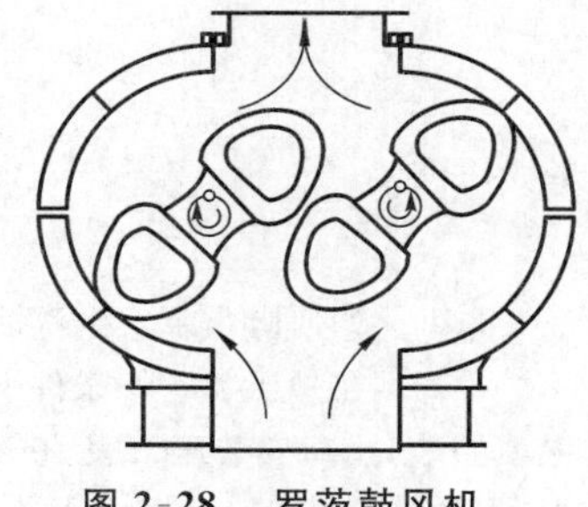
图 2-28　罗茨鼓风机

罗茨鼓风机属正位移式设备,其风量与出口风压无关而与转速成正比。通常用旁路调节流量,且应在出口安装稳压气罐并配置安全阀,以免发生事故。

2.4.5　真空泵

真空泵就是在负压下吸气以维持系统中所需的真空度的设备,常用于减压蒸馏、真空干燥、真空过滤等单元操作过程。以下就几种常见类型的真空泵简要加以介绍。

1. 往复式真空泵

往复式真空泵的结构和工作原理与往复式压缩机基本相同。区别是往复式真空泵的进出口压差小但压缩比很大(通常大于 20)。因此,真空泵的余隙体积要更小,进出口阀门要更轻巧且灵活。为减小余隙的不利影响,在真空泵汽缸两端之间设有平衡气道。

往复式真空泵属于干式真空泵,所吸送的气体中不允许含有湿气,通常应安装除湿装置。

2. 旋转式真空泵

旋转式真空泵有多种,如液环式真空泵(水环式真空泵、油环式真空泵等)、旋片式真空泵等。工业上水环式真空泵应用较多,现仅对其作简要介绍。

图 2-29 所示为水环式真空泵,其圆形外壳内的叶轮偏心安装,叶轮上有辐射状叶片若干,泵内充有约一半体积的水。叶轮旋转时离心力将水甩向壳壁形成水环起密封作用,使水环与叶片间的空隙成为密封室。当空隙由小变大时,形成真空由吸入口吸入气体;当空隙变小时,压力增大将气体由压出口排出。水环式真空泵的真空度受水温的限制,最高可达 83 kPa。当所抽吸气体忌水时,工作介质也可用油等其他适宜液体,故此类泵也统称为液环式真空泵。液环式真空泵属于湿式真空泵,允许所抽吸气体中含有少量的液体或固体微粒。该泵结构简单、维修方便,但效率仅为 30% ～ 50%。

3. 喷射式真空泵

喷射泵是利用流体高速射流时形成的低压将流体吸入泵内,在泵内与喷射流体混合后一并排出,如图 2-30 所示。其工作介质既可是水,也可是蒸气。喷射泵既可用于吸送气体,也可用于吸送液体;既有单级的,也有多级的;在化工过程中常用于抽真空,故又称喷射式真空泵。

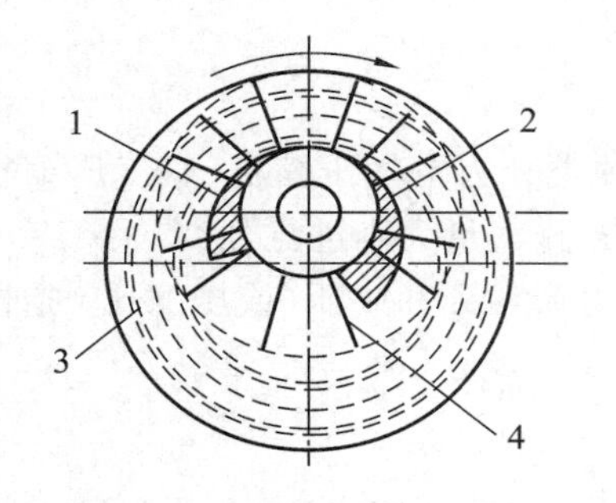

图 2-29　水环式真空泵示意图

1— 排出口;2— 吸入口;3— 水环;4— 叶片

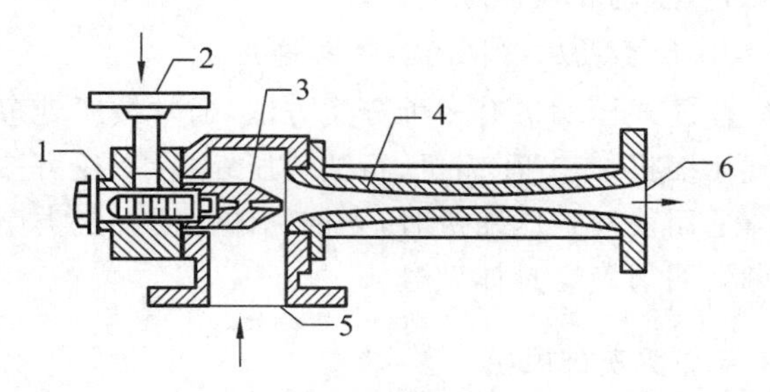

图 2-30　单级喷射泵示意图

1— 泵体;2— 工作流体入口;3— 喷嘴;
4— 混合室;5— 吸入口;6— 压出口

思　考　题

2-1　如何防止泵发生汽蚀现象?

2-2　在常压、20 ℃ 条件下,用离心泵从河流取水(密度取 1000 kg/m³)输送至开口高位槽,泵的进口安装真空表,出口安装压力表。在额定转速下,出口阀门一定开度时测得泵的流量、压头、轴功率分别为 Q、H、N,真空表读数为 p_1,压力表读数为 p_2。若分别改变如下条件之一,试判断上述5个参数将如何变化。(1) 泵的出口阀门开度开大。(2) 改送密度为 1260 kg/m³ 的水溶液(其他性质与水近似)。(3) 泵的转速提高 5%。(4) 泵的叶轮直径减小 5%。

2-3　往复泵和离心泵相比较有哪些优缺点?流量调节方法的最大差别在哪里?

2-4　请选择适宜的输送机械以完成如下生产任务。

(1) 按压头 65 m、流量 4 m³/h 的要求输送黏度为 0.8 mPa·s 的有机物溶液。

(2) 把含有粒状结晶的某饱和溶液送至常压过滤机。

(3) 以 300 m³/h 的流量把温度为 45 ℃ 的热水从地面送至 18 m 高的冷却塔。

(4) 按 pH 控制器要求,把一定浓度的碱液按控制的流量送入中和槽。

(5) 以 60000 m³/h 的气量把空气送至气柜,风压为 2.4 kPa。

(6) 以 550 m³/h 的风量把常压(101.3 kPa)空气压缩至 506.5 kPa。

(7) 以 5.5 m³/h 的流量把膏状物料送至高压罐。

习　　题

2-1　常温常压条件下用清水做某离心泵性能实验,测得在流量为 3.0 m³/h 时,泵的入口真空度为 1 kPa,出口表压为 143 kPa,电机功率表读数为 0.298 kW。已知泵的进出口管内径均为 35.5 mm,两测压口间垂直高度差为 215 mm(此段阻力损失可忽略),电机效率为 85%,水的密度可取 1000 kg/m³。试求此时泵的压头、轴功率和效率。【答案:压头 14.9 m,轴功率 0.253 kW,效率 48.15%】

2-2　已知某地大气压为 90 kPa,夏季最高水温为 20 ℃。当地有一座水库,堤坝地面距水面的垂直高度为 3.5 m。现拟用离心泵从水库取水,已知该泵吸入管路的总阻力损失为 2.6 m,泵铭牌上标示的必需汽蚀余量为 3.0 m,是否可以将该泵直接安装在堤坝地面上?【答案:$H_{g,p}$ = 2.85 m,不可以】

2-3　用离心式油泵从贮罐(罐内液面恒定)向反应器输送温度为 44 ℃ 的异丁烷,罐内液面上方压力为 6.50×10^5 Pa。该温度下异丁烷的饱和蒸气压为 6.375×10^5 Pa,密度为 530 kg/m³。已知泵吸入管路的总阻力损失为 1.5 m,泵的必需汽蚀余量为 3.0 m,试确定泵的安装高度。【答案:−2.60 m】

2-4　常温常压条件下用清水做某离心泵性能实验,测得流量与压头数据如表 2-1 所示。

表 2-1　习题 2-4 附表

$Q/(\mathrm{m^3/h})$	0	6	12	18	24	30
H/m	37.2	38.0	37.0	34.5	31.8	28.5

管路内径为 68 mm，所有局部阻力当量长度的总管长为 355 m，水源液面与贮水槽液面垂直高度差为 4.8 m，摩擦系数为 0.03，试用图解法求泵工作点时的流量和压头。　【答案：流量 24 $\mathrm{m^3/h}$，压头 31.8 m】

2-5　拟用泵将 70 ℃ 热水（密度为 977.8 $\mathrm{kg/m^3}$，饱和蒸气压为 31.16 kPa）输送至敞口高位槽，所需流量为22 $\mathrm{m^3/h}$。现有如图 2-31 所示的 2 种安装方案，所用管路材质、规格完全相同，管路总阻力损失为 2 m（其中吸入管路阻力损失一律按 1 m 计算），已知当地大气压为 97.4 kPa。若忽略动压头变化，试选一台合适的离心泵并确定合适的安装方案。　【答案：$H_{g,p}=2.9$ m，$H_e=7$ m；泵型号 IS80-65-160，转速 1450 r/min，流量25 $\mathrm{m^3/h}$，压头 8 m，轴功率 0.79 kW，效率 69%，必需汽蚀余量 2.5 m；方案(a)】

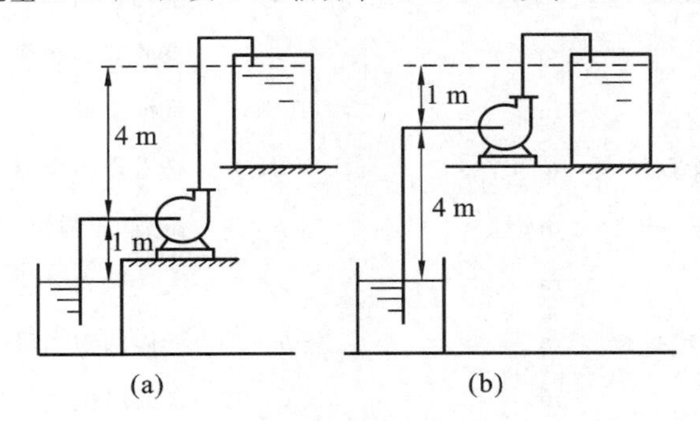

图 2-31　习题 2-5 附图

2-6　现有一水溶液输送系统如图 2-32 所示，一泵同时为两容器供水。各阀门全开时包括所有局部阻力的当量长度在内的各段管路尺寸分别为：水池液面 1—1′ 至分支点 o 之间的管长 30 m（其中吸入管长 10 m），管径 60 mm；分支管路管内径均为 50 mm，分支点 o 至敞口槽 a 之间的管长 15 m，至密闭罐 b 之间的管长10 m，两槽液面高度一致，距水池的垂直高度为 10 m；可能的最大流量槽 a 为 15 $\mathrm{m^3/h}$，罐 b 为 13 $\mathrm{m^3/h}$。已知管路摩擦系数均为 0.025，水溶液密度为 1250 $\mathrm{kg/m^3}$，其他性质与水近似，罐 b 内空间表压为 15 kPa，当地大气压为 100 kPa，操作条件下溶液的饱和蒸气压为 8.5 kPa，试选一台适宜的离心泵并确定其安装高度。【答案：IS80-50-250，转速 1450 r/min，流量 30 $\mathrm{m^3/h}$，压头 18.8 m，轴功率 2.52 kW，效率 61%，必需汽蚀余量 3.0 m；校核后轴功率 3.15 kW；安装高度 1.85 m】

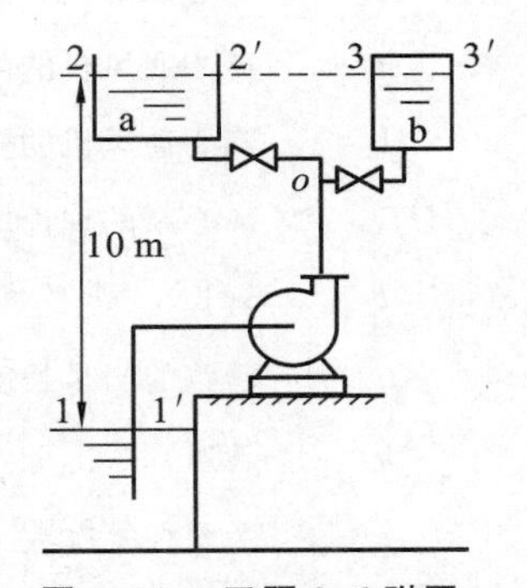

图 2-32　习题 2-6 附图

2-7　碱处理车间拟用离心泵输送密度为 1200 $\mathrm{kg/m^3}$ 的碱液，已知管路所需压头为 15 m，流量为 14 $\mathrm{m^3/h}$，试选一台合适的离心泵。　【答案：泵型号 50F-16，转速 2960 r/min，流量 14.4 $\mathrm{m^3/h}$，压头 15.7 m，轴功率 0.96 kW，电机功率 1.5 kW，效率 64%，允许吸上真空度 6 m；校核后实际轴功率 1.07 kW】

2-8　密度为 780 $\mathrm{kg/m^3}$ 的低黏度（20 cSt 以下）油品存于常压贮槽，该条件下油品的饱和蒸气压为 80 kPa。现拟用油泵把油品输送至表压为 185 kPa 的高压装置内，流量为 15 $\mathrm{m^3/h}$。已知贮槽液面恒定，装置进油口与贮槽液面垂直高度差为6 m，吸入管与排出管总压头损失分别为1 m和4 m，内径相同。现有一台65Y-60B型离心油泵，试核算该泵是否适用。　【答案：适用】

2-9　现用单动活塞式往复泵从敞口贮槽向高压塔压送某种黏稠液体。已知液体密度为 1250 $\mathrm{kg/m^3}$，塔内压力为 491 kPa，泵的活塞直径为 120 mm，冲程为 225 mm，曲轴转速为 200 $\mathrm{min^{-1}}$。操作范围内泵的容积效率和总效率分别为 0.96 和 0.85，管路特性可表达为 $H_e=56+182Q_e^2$（H_e 的单位为 m，Q_e 的单位为 $\mathrm{m^3/min}$）。假设管路特性方程不随流量的改变而变化，试求下述三种情况下泵的轴功率并加以比较：(1) 液体全部流经主管；(2) 开启旁路调节阀使主管流量减少 25%；(3) 关闭旁路调节阀，改变冲程使主管流量减少 25%。

【答案：(1) 11.6 kW；(2) 9.43 kW；(3) 7.07 kW】

2-10　拟用通风机将 20 ℃、36 000 kg/h 的新鲜空气经加热器加热至 100 ℃ 后送入压力为 101.3 kPa 的设备,已知输送系统所需全风压为 2120 Pa(按 60 ℃、101.3 kPa 计),试选合适的离心式通风机。

【答案:风机型号 4-72-11 No. 8,转速 1800 r/min,流量 30834 m^3/h,风压 2754 Pa,效率 86.1%,所需功率 32.83 kW】

本章主要符号说明

符号	意义	单位	符号	意义	单位
英文					
a	活塞杆的截面积	m^2	N	泵的轴功率	W(J/s) 或 kW
A	活塞的截面积	m^2	N_e	泵的有效功率	W(J/s) 或 kW
d	管径	m	NPSH	汽蚀余量	m
D	叶轮或活塞的直径	m	$(NPSH)_r$	必需汽蚀余量	m
g	重力加速度	m/s^2	p	压力(压强)	Pa
H	泵的扬程	m	p_a	大气压力(压强)	Pa
H_e	管路系统所需的扬程	m	p_v	液体的饱和蒸气压	Pa
H_f	压头损失	m	Q	泵或风机的流量	m^3/s
H_g	离心泵的安装高度	m	Q_e	管路系统要求的流量	m^3/s
H_s	离心通风机的静风压	Pa	Q_T	泵或风机的理论流量	m^3/s
$\mathrm{H_T}$	离心通风机的全风压	Pa	S	活塞行程(冲程)	m
$H_{T\infty}$	离心泵的理论压头	m	t	温度	℃
l	管长	m	T	热力学温度	K
l_e	管路的当量长度	m	u	流速	m/s
n	转速	r/min	V	体积	m^3
n_r	活塞往复次数	min^{-1}	z	位压头或高度	m
希文					
λ	摩擦系数		μ	流体的黏度	Pa·s
η	泵的效率	%	ρ	流体的密度	kg/m^3

第3章　非均相物系分离

学习要求

通过本章学习，掌握重力沉降与离心沉降原理及基本计算公式，过滤的机理及基本方程，熟悉降尘室、沉降槽、旋风分离器等沉降设备，以及板框压滤机、叶滤机、转筒真空过滤机等过滤设备的构造、原理等。

具体学习要求：掌握重力沉降原理及重力沉降基本计算式；掌握离心沉降原理及离心沉降基本计算式；掌握过滤的机理及过滤基本方程与恒压过滤基本方程；了解沉降与过滤操作型问题的分析与计算；了解降尘室、沉降槽、旋风分离器等沉降设备的构造、原理等；了解板框压滤机、叶滤机、转筒真空过滤机等过滤设备的构造、原理等。

3.1　概　述

化工、生物、食品、制药等生产过程中，所处理的大多数物质都是混合物，这些混合物根据其物系相界面的有无，可分为均相混合物和非均相混合物两大类。凡内部物料性质均匀且不存在相界面的物系称为均相混合物，如互溶液体、混合气体等；凡内部存在两相界面且界面两侧物质的物理性质不同的物系称为非均相混合物，如悬浮液、乳浊液、含尘气体、含雾气体等。

非均相混合物由分散相和连续相构成，其中处于分散状态的物质称为分散相或分散物质，如悬浮液和含尘气体中的固体颗粒，乳浊液和含雾气体中的微滴；处于连续状态的物质称为连续相或分散介质，如悬浮液和乳浊液中的液体、含尘气体和含雾气体中的气体。

沉降或过滤是分离非均相混合物最常用的单元操作之一。因为同一物系中的分散相和连续相具有不同的物理性质（如密度不同），所以工业上采用使分散相与连续相之间发生相对运动的机械分离方法。机械分离按两相运动方式的不同，分为下列两种操作方式。

（1）沉降　分散相相对于连续相（静止或运动）运动的过程称为沉降分离。在重力场中进行的沉降分离称为重力沉降，在离心力场中进行的沉降分离称为离心沉降。

（2）过滤　连续相相对于分散相运动而实现固液分离的过程称为过滤。过滤可以在重力场、离心力场或压差作用下进行，因此又可以分为重力过滤、离心过滤、加压过滤和真空过滤。

3.2　重力沉降

分散相颗粒在重力作用下，与周围连续相流体发生相对运动而实现分离的过程称为重力沉降。其实质是借分散相与连续相较大的密度差异而进行分离。颗粒的沉降速度是指颗粒相对于周围流体的沉降运动速度。影响沉降速度的因素很多，有颗粒的形状、大小、密度，流体的种类、密度、黏度等。为了便于讨论，先以形状和大小不随流动情况而变的固定直径的球形固体颗粒作为研究对象。

3.2.1 球形颗粒的自由沉降

颗粒几何形状与球形的差异程度用球形度表示。球形度的定义为:一个任意几何形状颗粒的球形度等于与之同体积的球形颗粒的表面积与这个任意形状颗粒的表面积之比,即

$$\phi_s = \frac{S}{S_p} \tag{3-1}$$

式中,ϕ_s 为颗粒的球形度,或称形状因数;S_p 为任意几何形状颗粒的表面积,m^2;S 为与该颗粒同体积的球体的表面积,m^2。

体积相同时球形颗粒的表面积最小,因此,任何非球形颗粒的球形度 $\phi_s < 1$,且 ϕ_s 值越小,颗粒形状与球形差异越大。当颗粒为球形时,$\phi_s = 1$。

如果颗粒在重力沉降过程中不受周围颗粒和器壁的影响,则称为自由沉降。一般来说,在颗粒含量较少,设备尺寸又足够大的情况下可认为是自由沉降。而颗粒浓度大,颗粒间距小,在沉降过程中因颗粒之间的相互影响而使颗粒不能正常沉降的过程称为干扰沉降。

如图 3-1 所示,球形颗粒置于静止的流体中,在颗粒密度大于流体密度时,颗粒将在流体中向下沉降,此时,颗粒受到三个力的作用,即重力 F_g、浮力 F_b 和阻力 F_d,其中重力的方向向下,浮力的方向向上,浮力在数值上等于同体积流体在力场中所受的力,阻力的方向与其运动方向相反,即向上,当颗粒直径为 d 时,有

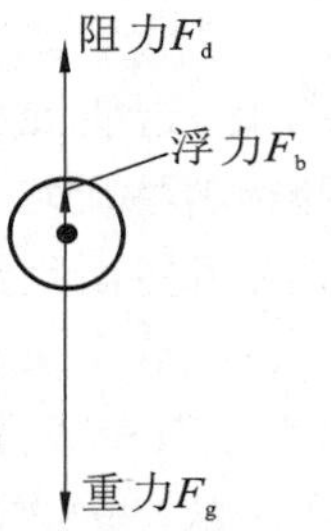

阻力F_d

浮力F_b

重力F_g

图 3-1 沉降颗粒的受力情况

重力 $$F_g = mg = V_s\rho_s g = \frac{\pi}{6}d^3\rho_s g$$

浮力 $$F_b = V_s\rho g = \frac{\pi}{6}d^3\rho g$$

阻力 $$F_d = \zeta A\frac{\rho u^2}{2} = \zeta\frac{\pi d^2}{4}\frac{\rho u^2}{2}$$

式中,m 为颗粒的质量,kg;ζ 为阻力系数,无量纲;A 为颗粒在运动方向平面上的投影面积,m^2;u 为颗粒与流体间的相对运动速度,m/s;ρ 为流体密度,kg/m^3;ρ_s 为颗粒密度,即单位体积内颗粒的质量,kg/m^3。

根据牛顿第二定律,颗粒重力沉降运动的基本方程为

$$\text{颗粒在沉降方向上的合力} = F_g - F_b - F_d = ma$$

即

$$\frac{\pi}{6}d^3\rho_s g - \frac{\pi}{6}d^3\rho g - \zeta\frac{\pi d^2}{4}\frac{\rho u^2}{2} = \frac{\pi}{6}d^3\rho_s a \tag{3-2}$$

式中,a 为沉降加速度,m/s^2。

对于一定的颗粒和流体,重力、浮力一定,但阻力 F_d 随着颗粒运动速度变化而变化。如颗粒开始沉降的瞬间,$u = 0$,因此阻力也为零,这时加速度具有最大值;颗粒开始沉降后,阻力随着颗粒运动速度 u 的增加而增大,则颗粒在沉降方向上的合力随之减小,即加速度不断减小,直至加速度减为零,此时,颗粒在沉降方向上的合力为零,开始作匀速沉降运动。可见,颗粒的重力沉降可分为加速和匀速两个阶段,对于小颗粒,加速阶段时间较短,可忽略不计,因此,整个沉降过程可视为匀速沉降过程,加速度 a 为零,此时,颗粒相对于流体的运动速度称为沉降速度,用 u_t 表示,单位为 m/s。

当 $a = 0$ 时,$u = u_t$,代入式(3-2)可导出颗粒沉降速度 u_t 的计算式为

$$u_t = \sqrt{\frac{4dg(\rho_s - \rho)}{3\rho\zeta}} \tag{3-3}$$

式中，u_t 为颗粒的自由沉降速度，m/s；d 为颗粒直径，m；ρ_s、ρ 分别为颗粒和流体的密度，kg/m^3。

3.2.2　阻力系数

利用式(3-3)计算沉降速度时，首先需要确定阻力系数 ζ 的值。通过量纲分析可知，ζ 是颗粒对流体作相对运动时的雷诺数 Re_t 的函数，一般由实验测定。重力沉降时，颗粒相对于流体运动时的雷诺数的定义式为

$$Re_t = \frac{du_t\rho}{\mu} \tag{3-4}$$

式中，μ 为流体的黏度，Pa · s。

图 3-2 所示为通过实验测定并综合绘制的 ζ-Re_t 关系曲线。对于球形颗粒($\phi_s = 1$)，图中曲线大致可分为三个区域，各区域中 ζ 与 Re_t 的函数关系可分别表示为

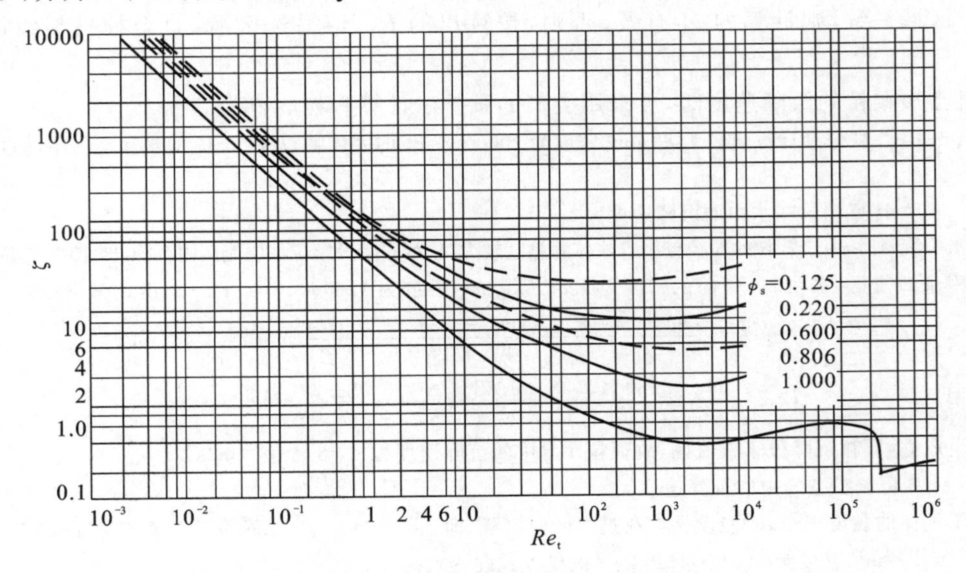

图 3-2　颗粒的 ζ 与 Re_t 及 ϕ_s 之间的关系

(1) 层流区　该区域又称为斯托克斯(Stokes)定律区，此区域内的曲线为一条向下倾斜的直线(斜率为负值)，该直线可回归成下式：

$$\zeta = \frac{24}{Re_t} \quad 10^{-4} < Re_t \leqslant 2 \tag{3-5}$$

(2) 过渡区　该区域又称为艾伦(Allen)定律区，此区域内的曲线可回归成下式：

$$\zeta = \frac{18.5}{Re_t^{0.6}} \quad 2 < Re_t < 10^3 \tag{3-6}$$

(3) 湍流区　该区域又称为牛顿(Newton)定律区，此区域内 ζ 与 Re_t 的关系曲线几乎为水平线，即

$$\zeta \approx 0.44 \quad 10^3 \leqslant Re_t < 2 \times 10^5 \tag{3-7}$$

将式(3-5)、式(3-6)、式(3-7)分别代入式(3-3)，可得到球形颗粒在各区域的重力沉降公式：

层流区　$$u_t=\frac{d^2(\rho_s-\rho)g}{18\mu}\quad 10^{-4}<Re_t\leqslant 2 \tag{3-8}$$

过渡区　$$u_t=0.27\sqrt{\frac{d(\rho_s-\rho)g}{\rho}Re_t^{0.6}}\quad 2<Re_t<10^3 \tag{3-9}$$

湍流区　$$u_t=1.74\sqrt{\frac{gd(\rho_s-\rho)}{\rho}}\quad 10^3\leqslant Re_t<2\times10^5 \tag{3-10}$$

式(3-8)、式(3-9)、式(3-10)分别称为斯托克斯公式、艾伦公式及牛顿公式。由此三式可看出，在整个区域内，u_t 与 d、$(\rho_s-\rho)$ 成正相关，即 d 或 $(\rho_s-\rho)$ 越大，则 u_t 越大。在层流区，由于流体黏性引起的表面摩擦阻力占主要地位，因此层流区的沉降速度与流体黏度 μ 成反比。

3.2.3　沉降速度的计算

在计算沉降速度 u_t 时，由于 u_t 与 Re_t 均为未知量，因此需用试差法进行求解，即先假设颗粒沉降属于某个区域，选择相对应的计算公式进行计算，然后将计算结果进行 Re_t 校核。若与原假设区域一致，则计算的 u_t 有效，否则，按算出的 Re_t 值另选区域，直至校核与假设相符为止。

当已知颗粒的沉降速度时，可采用类似的试差法计算颗粒的直径。

【例 3-1】　试分别计算直径为 80 μm、密度为 2000 kg/m³ 的固体颗粒在 20 ℃ 的水和空气中的自由沉降速度。

解　(1) 计算颗粒在水中的沉降速度。

在水中沉降时，由于颗粒的粒径较小且液体的黏度较大，故可先假设颗粒在层流区内沉降，即 $10^{-4}<Re_t\leqslant 2$。由附录B查得，水在 20 ℃ 时的密度为 998.2 kg/m³，黏度为 1.005×10^{-3} Pa·s，由式(3-8)得

$$u_t=\frac{d^2(\rho_s-\rho)g}{18\mu}=\frac{(80\times10^{-6})^2\times(2000-998.2)\times9.81}{18\times1.005\times10^{-3}}\ \text{m/s}=3.48\times10^{-3}\ \text{m/s}$$

核算流型　$$Re_t=\frac{du_t\rho}{\mu}=\frac{80\times10^{-6}\times3.48\times10^{-3}\times998.2}{1.005\times10^{-3}}=0.276<2$$

假设成立，颗粒沉降位于层流区，故颗粒在水中的沉降速度为 3.48×10^{-3} m/s。

(2) 计算颗粒在空气中的沉降速度。

由于气体的黏度很小，故假设颗粒在过渡区内沉降，即 $2<Re_t<10^3$。由附录C查得，空气在 20 ℃ 时的密度为 1.205 kg/m³，黏度为 1.81×10^{-5} Pa·s，代入式(3-9)，得

$$u_t=0.27\sqrt{\frac{d(\rho_s-\rho)g}{\rho}Re_t^{0.6}}=0.27\times\sqrt{\frac{80\times10^{-6}\times(2000-1.205)\times9.81}{1.205}\times\left(\frac{80\times10^{-6}\times1.205u_t}{1.81\times10^{-5}}\right)^{0.6}}\ \text{m/s}$$

试差求得
$$u_t=0.543\ \text{m/s}$$

核算流型　$$Re=\frac{du_t\rho}{\mu}=\frac{80\times10^{-6}\times0.543\times1.205}{1.81\times10^{-5}}=2.89$$

假设成立，颗粒沉降位于过渡区，故颗粒在空气中的沉降速度为 0.543 m/s。

此题说明，同一颗粒在不同介质中沉降时具有不同的沉降速度。

3.2.4　非球形颗粒的自由沉降速度

颗粒的几何形状及沉降方向投影面积 A 对沉降速度都有影响。投影面积 A 越大，沉降阻力越大，沉降速度越慢。一般来说，相同密度的颗粒，球形或近球形颗粒的沉降速度大于同体积非球形颗粒的沉降速度。

几种不同 ϕ_s 值的非球形颗粒的阻力系数 ζ 与 Re_t 的关系曲线如图 3-2 所示，查取 ζ 时，Re_t 中的直径 d 应以颗粒的体积当量直径 d_e 代替，即

$$V_p = \frac{\pi}{6} d_e^3 \tag{3-11}$$

式中，V_p 为任意形状的沉降颗粒的体积，m^3；d_e 为与颗粒等体积球形颗粒的直径，称为体积当量直径，m。

由式(3-11) 可得体积当量直径 d_e 的计算式为

$$d_e = \sqrt[3]{\frac{6}{\pi} V_p} \tag{3-12}$$

由图 3-2 可见，颗粒的球形度越小，对应于同一 Re_t 值的阻力系数 ζ 越大，但 ϕ_s 值对 ζ 的影响在层流区内并不显著；随着 Re_t 的增大，ϕ_s 值对 ζ 的影响逐渐增大。

在计算非球形颗粒的沉降速度时，利用上述方法求得非球形颗粒的当量直径 d_e，并从图 3-2 中查出其阻力系数 ζ 值，其计算方法同球形颗粒。

3.2.5　重力沉降设备

1. 降尘室

降尘室是利用重力沉降原理将含尘气体中的颗粒从气流中分离出来的设备，常用于含尘气体的预处理。典型的水平流动型降尘室如图 3-3(a) 所示。

含尘气体进入降尘室后，首先进入四棱台状入口，气体流速因流通截面扩大而降低，于是气体进入长方形内室，只要颗粒能够在气体通过内室的时间内降至室底，就能从气流中分离出来。颗粒在降尘室内的运动情况如图 3-3(b) 所示。

为便于计算，将降尘室内室简化为高 H、长 L、宽 B(单位均为 m) 的长方体，则气体通过降尘室的时间，即停留时间为

$$\tau = \frac{L}{u} \tag{3-13}$$

式中，τ 为停留时间，s；u 为气体在降尘室内水平通过的流速，m/s。

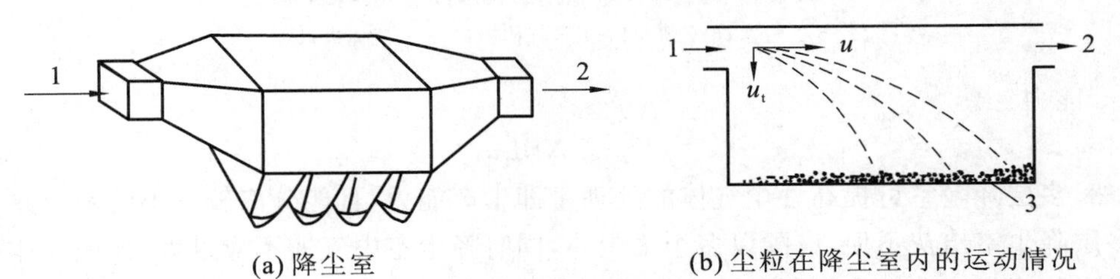

(a) 降尘室　(b) 尘粒在降尘室内的运动情况

图 3-3　降尘室及其内的颗粒运动

1— 含尘气体入口；2— 净化气体出口；3— 尘粒

位于降尘室内最高点的颗粒沉降至室底所需的时间

$$\tau_t = \frac{H}{u_t} \tag{3-14}$$

式中，τ_t 为沉降时间，s；u_t 为颗粒的沉降速度，m/s。

沉降分离需满足的基本条件如下：

$$\tau \geqslant \tau_t \quad 即 \quad \frac{L}{u} \geqslant \frac{H}{u_t} \tag{3-15}$$

其中气体通过降尘室的水平流速

$$u=\frac{V_s}{HB} \tag{3-16}$$

式中,V_s 为含尘气体的体积流量,即降尘室的生产能力,m^3/s。

将式(3-16)代入式(3-15)并整理得

$$V_s \leqslant BLu_t \tag{3-17}$$

式(3-17)表明,降尘室的生产能力仅取决于沉降面积 BL 和颗粒的沉降速度 u_t,而与降尘室的高度 H 无关。故降尘室宜设计成扁平形,或在降尘室内设置多层水平隔板,构成多层降尘室,如图 3-4 所示。隔板间距一般为 25 ~ 100 mm,若有水平隔板把室内分成 N 层,即有 $N-1$ 层隔板,其各层的层高即隔板间距为

$$h=\frac{H}{N} \tag{3-18}$$

式中,h 为多层降尘室的单层高度,m;N 为多层降尘室的层数。

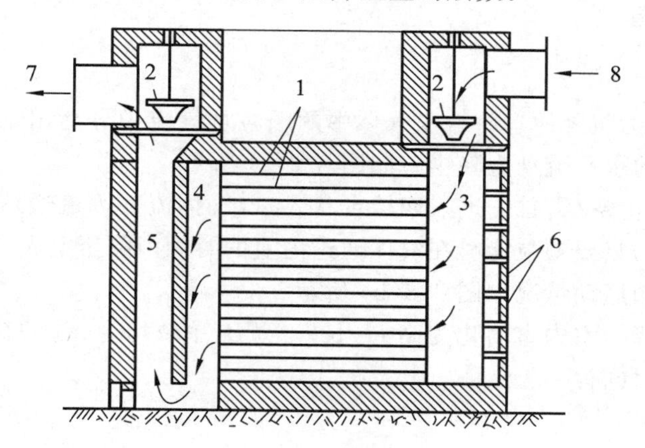

图 3-4 多层降尘室

1— 隔板;2— 调节阀;3— 气体分配道;4— 气体聚集道;
5— 气道;6— 清灰口;7— 气体出口;8— 气体进口

生产能力

$$V_s \leqslant NBLu_t \tag{3-19}$$

显然,多层降尘室可提高含尘气体的处理量即生产能力,且能分离较细小的颗粒并节省地面,但多层降尘室出灰不便,应配以多个集尘斗,同时降尘室中气速不应过大,保证气体在层流区流动,以防止气流湍动将已沉降的尘粒重新卷起,一般气速应控制在 0.5 ~ 1 m/s。

降尘室结构简单,阻力小,但体积庞大,分离效率低,适用于分离 75 μm 以上的粗颗粒,一般作预除尘器使用。

2. 沉降槽

借重力沉降从悬浮液中分离出固体颗粒的设备称为沉降槽。当用于低浓度悬浮液分离时,也称为澄清器;当用于中等浓度悬浮液的浓缩时,常称为浓缩器或增稠器。

按操作方式的不同,沉降槽可分为间歇式和连续式两大类。图 3-5 是常用的连续式沉降槽的结构示意图,它是一个底部略呈锥状的大直径浅槽,料浆由伸入液面下的圆筒进料口送至液面以下 0.3 ~ 1 m 处,并迅速分散至整个横截面上,液体缓慢向上流动,清液经溢流堰连续流出,称为溢流;而颗粒则沉降至底部形成沉淀层,并由缓慢转动的耙将其汇集于底部中央的排渣口处连续排出,排出的稠浆称为底流。

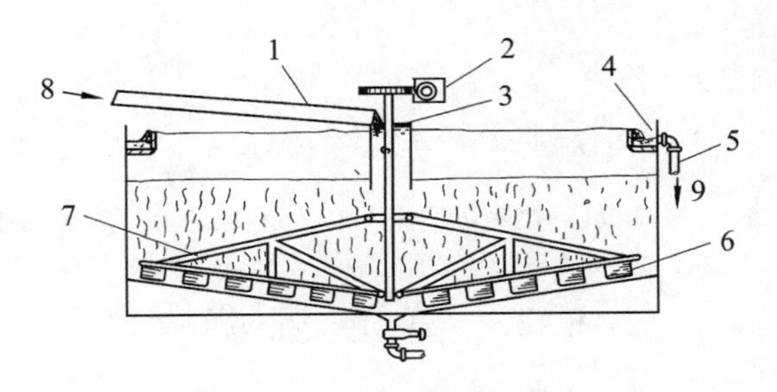

图 3-5　连续式沉降槽

1— 进料槽道；2— 转动机构；3— 料井；4— 溢流槽；5— 澄清液出口；
6— 叶片；7— 转耙；8— 悬浮液；9— 澄清液

为了获得澄清液体，沉降槽应具有足够大的横截面积，以确保液体向上的流动速度低于颗粒的沉降速度，并要求颗粒在设备中有足够的停留时间，因此，沉降槽加料口以下必须有足够的高度，以保证压紧沉渣所需要的时间。对于特定的沉降槽，为提高其生产能力，应设法提高颗粒的沉降速度。如向悬浮液中添加少量的电解质或表面活性剂，使细颗粒发生凝聚或絮凝；或采用加热、冷却、震动等方法改变颗粒的浓度或相界面积，均有利于提高沉降速度。

连续式沉降槽适用于处理量较大且固含量较低的大颗粒悬浮液料浆，常用于污水处理及药材浸取过程的后处理等过程，所得沉渣中一般还含有 50% 左右的液体。

【例 3-2】 某药厂采用降尘室回收气体中所含的球形固体颗粒。已知降尘室的底面积为 10 m^2，宽和高均为 2 m，气体在操作条件下的密度为 0.75 kg/m^3，黏度为 2.6×10^{-5} Pa·s；尘粒的密度为 3000 kg/m^3；降尘室的生产能力为 3 m^3/s。试求：(1) 理论上能完全捕集下来的最小颗粒直径；(2) 粒径为 40 μm 的颗粒的回收率；(3) 如欲完全回收直径为 10 μm 的尘粒，在原降尘室内需设置多少层水平隔板？

解　(1) 计算理论上能完全捕集下来的最小颗粒直径。

$$u_t=\frac{V_s}{BL}=\frac{3}{10}\ \mathrm{m/s}=0.3\ \mathrm{m/s}$$

假设颗粒在层流区沉降，由斯托克斯公式 $u_t=\dfrac{d^2(\rho_s-\rho)g}{18\mu}$ 推得

$$d_{\min}=\sqrt{\frac{18\mu u_t}{(\rho_s-\rho)g}}=\sqrt{\frac{18\times2.6\times10^{-5}\times0.3}{(3000-0.75)\times9.81}}\ \mathrm{m}=6.91\times10^{-5}\ \mathrm{m}$$

校核流型

$$Re_t=\frac{d_{\min}u_t\rho}{\mu}=\frac{6.91\times10^{-5}\times0.3\times0.75}{2.6\times10^{-5}}=0.598<2$$

假设成立，理论上能完全捕集下来的最小颗粒直径为 6.91×10^{-5} m。

(2) 计算粒径为 40 μm 的颗粒的回收率。

由(1) 的计算结果可知，直径为 40 μm 的颗粒其沉降区域必为层流区，设颗粒在降尘室内分布均匀。回收率等于颗粒的沉降速度与临界粒径下颗粒的沉降速度之比，故粒径为 40 μm 的颗粒的回收率为

$$回收率=\frac{u_t'}{u_t}\times100\%=\frac{\dfrac{d'^2(\rho_s-\rho)g}{18\mu}}{\dfrac{d_{\min}^2(\rho_s-\rho)g}{18\mu}}\times100\%=\left(\frac{d'}{d_{\min}}\right)^2\times100\%=\left(\frac{40}{69.1}\right)^2\times100\%=33.5\%$$

(3) 计算欲完全回收直径为 10 μm 的尘粒，在原降尘室内需设置水平隔板的层数。

由(1) 的计算结果可知，直径为 10 μm 的颗粒其沉降区域必为层流区。由斯托克斯公式得其沉降速度为

$$u_t=\frac{d^2(\rho_s-\rho)g}{18\mu}=\frac{(10\times10^{-6})^2\times(3000-0.75)\times9.81}{18\times2.6\times10^{-5}}\ \mathrm{m/s}=6.29\times10^{-3}\ \mathrm{m/s}$$

由式(3-19) 整理得

$$N=\frac{V_s}{BLu_t}=\frac{3}{10\times6.29\times10^{-3}}=47.69\approx48$$

即需设置 $N-1=47$ 层隔板。

代入式(3-18)得隔板间距为

$$h=\frac{H}{N}=\frac{2}{48}\ \text{m}=0.042\ \text{m}$$

可见,在原降尘室内设置 47 层隔板,每层隔板间距 0.042 m,理论上可完全回收直径为 10 μm 的尘粒。

3.3　离心沉降

当分散相与连续相密度差较小或颗粒细小时,若在重力作用下沉降,则沉降速度很小,此时可用离心沉降。所谓离心沉降,即依靠惯性离心力的作用,使流体中的颗粒产生沉降运动,从而达到分离目的的过程。离心沉降不仅大大提高了沉降速度,设备尺寸也可缩小很多。

3.3.1　惯性离心力作用下的离心沉降速度

离心沉降原理如图 3-6 所示。当流体围绕某一中心轴作圆周运动时,便形成了惯性离心力场。在与中心轴距离为 R,切向速度为 u_T 的位置上,离心加速度为$\frac{u_T^2}{R}$。显然,离心加速度不是常数,随质点位置及切向速度而变,其方向沿旋转半径从中心指向外周。

当流体带着颗粒旋转时,若颗粒密度大于流体密度,则惯性离心力将会使颗粒在径向上与流体发生相对运动而飞离中心,从而达到分离的目的。

与颗粒在重力场中相似,颗粒在离心力场中也受到三个力的作用,即惯性离心力、向心力(与重力场中的浮力相当,其方向为沿半径指向旋转中心)和阻力(与颗粒径向运动方向相反,沿半径指向旋转中心)。若流体的密度为 ρ,颗粒为球形且其直径为 d、密度为 ρ_s、与中心轴的距离为 R、切向速度为 u_T,则上述三个力分别为

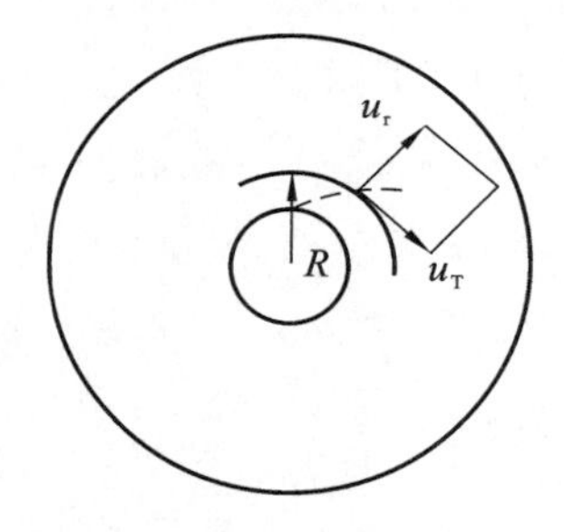

图 3-6　颗粒在离心力场中的运动

惯性离心力　　$F_c=\frac{\pi}{6}d^3\rho_s\frac{u_T^2}{R}$

向心力　　$F_b=\frac{\pi}{6}d^3\rho\frac{u_T^2}{R}$

阻力　　$F_d=\zeta\frac{\pi}{4}d^2\frac{\rho u_r^2}{2}$

式中,u_r 为颗粒与流体在径向上的相对速度,m/s。

与重力沉降相似,当上述三力的合力为零时,即达到平衡,此时颗粒在径向上相对于流体的运动速度 u_r 即为该颗粒在该位置处的离心沉降速度。即 $F_{合}=F_c-F_b-F_d=0$,代入上述三式,得

$$\frac{\pi}{6}d^3\rho_s\frac{u_T^2}{R}-\frac{\pi}{6}d^3\rho\frac{u_T^2}{R}-\zeta\frac{\pi}{4}d^2\frac{\rho u_r^2}{2}=0,$$

解得

$$u_r=\sqrt{\frac{4d(\rho_s-\rho)}{3\rho\zeta}\frac{u_T^2}{R}} \tag{3-20}$$

比较重力沉降速度公式(式(3-3))与离心沉降速度公式(式(3-20)),对离心沉降速度 u_r 作如下几点说明:

(1) 从公式看,u_r 与重力沉降速度 u_t 具有相似的关系式,只是在式(3-20)中用离心加速度$\frac{u_T^2}{R}$代替了式(3-3)中的重力加速度 g;

（2）对于一定颗粒 - 流体系统，u_t 是恒定值，但 u_r 不是恒定值，它随颗粒在离心力场中距轴心的距离 R 而变；

（3）u_r 不是颗粒的绝对速度 u，而是沿旋转半径方向的分速度；

（4）u_r 的方向为沿旋转半径向外。

离心沉降时，若颗粒与流体间的相对运动为层流，则阻力系数也符合斯托克斯定律，可用式(3-4) 表示，将式(3-5) 代入式(3-20) 解得层流时的离心沉降速度公式：

$$u_r = \frac{d^2(\rho_s - \rho)}{18\mu}\frac{u_T^2}{R} \tag{3-21}$$

进一步比较层流时离心沉降速度 u_r 与重力沉降速度 u_t，即比较式(3-21) 与式(3-8) 可知，对于相同流体中的颗粒，在层流区，其离心沉降速度与重力沉降速度之比取决于离心加速度与重力加速度之比，即

$$\frac{u_r}{u_t} = \frac{u_T^2}{gR} = K_C \tag{3-22}$$

比值 K_C 称为离心分离因数，它是离心分离设备的重要性能指标。K_C 值越大，离心沉降效果越好。例如，当旋转半径 $R = 0.3$ m、切向分速度 $u_T = 20$ m/s 时，离心分离因数 $K_C = 136$。可见，离心分离设备的分离效果要远好于重力沉降设备。一般情况下，离心分离设备的离心分离因数为 5 ～ 2500，某些高速离心分离设备（如高速管式离心机），K_C 可达数十万。

3.3.2　离心分离设备

化工生产中所用的离心分离设备主要有旋风分离器、旋液分离器和沉降离心机等。

1. 旋风分离器

旋风分离器是利用惯性离心力的作用从气流中分离出含尘颗粒的设备，它是一种气固分离设备。

1）结构与工作原理

标准型旋风分离器的结构如图 3-7(a) 所示，其主体的上部为圆柱形筒体，下部为圆锥形筒体，上部有排风管和沿切向安装的进风管，下部密封连接排灰口，各部件的尺寸比例均标注于图中。

如图 3-7(b) 所示，工作时，含尘气体以适当流速由上方进风管沿切线方向进入分离器，受器壁及器顶的约束而沿器壁向下作螺旋运动，这股气流称为外旋气流，简称外旋流。外旋流中的颗粒在惯性离心力的作用下被抛向器壁而与气流分离，并与器壁撞击后失去能量，颗粒在器壁面聚集后因重力作用沿壁面落入锥底排灰口被收集。外旋流在沿壁下旋过程中，中心形成一柱形低压区，由排气管入口一直延伸到锥底。外旋流下旋到锥底时，由于锥底与排灰口的集料桶密封连接，大量气流下旋至锥底使锥底压力增大，迫使气流旋向中心的低压柱而形成上旋的内旋气流，称为内旋流，最后夹带少量粉粒由顶部排气管排出。内、外旋流的旋转方向相同，因此不会形成涡流。由于外旋流紧贴器壁下旋，为了减小外旋气流与器壁之间的摩擦阻力，旋风分离器内壁应加工光滑。

旋风分离器上部的圆柱形筒体是主要除尘区，大粒径颗粒及部分微细尘粒在这里沉降，外旋流在下部锥形筒内旋转半径减小，转速提高，使 K_C 进一步增大，一部分微细尘粒在锥形筒内沉降。工作时，排灰口与集料桶之间应密封连接，若密封不良，很容易漏入气体，将已沉降的粉尘重新卷起而随着内旋气流排出，严重降低分离效率。

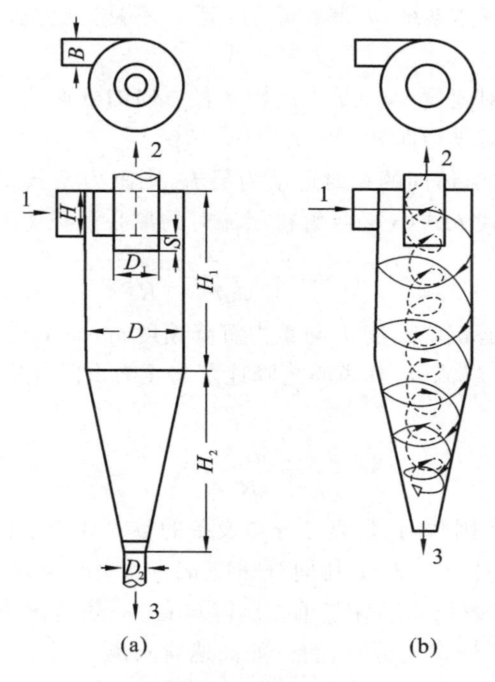

图 3-7　旋风分离器

1— 含尘气体进口;2— 净化气体出口;3— 排灰口

$H = \frac{D}{2}; S = \frac{D}{8}; B = \frac{D}{4}; D_1 = \frac{D}{2}; D_2 = \frac{D}{4}; H_1 = 2D; H_2 = 2D$

旋风分离器由于结构简单、耐用、造价低廉、对物料适应范围广、分离效率较高,因此是工业上常用的气固分离设备。但旋风分离器不适用于处理含湿量高的黏性粉尘及腐蚀性粉尘。

2) 旋风分离器的主要性能参数

旋风分离器的主要性能参数有临界粒径、分离效率和压降,主要性能参数是选型和操作控制的依据。

(1) 临界粒径 d_c　临界粒径是指理论上在旋风分离器中能被完全分离的最小颗粒直径,是衡量旋风分离器分离效率高低的重要依据。

临界粒径可近似用下式计算:

$$d_c = \sqrt{\frac{9\mu B}{\pi N_e u_i \rho_s}} \tag{3-23}$$

式中,d_c 为临界粒径,m;u_i 为含尘气体的进口气速(切向速度),m/s;B 为旋风分离器的进气口宽度,m;μ 为气体的黏度,Pa · s;ρ_s 为固体颗粒的密度,kg/m³;N_e 为气流在旋风分离器内向下运行的圈数,即外旋流圈数,对于标准型旋风分离器,可取 $N_e = 5$。

由图 3-7 可知,旋风分离器一般以圆筒直径 D 为参数,其他尺寸都与直径 D 成正比。由式(3-23) 可知,为减小临界粒径来增加旋风分离器分离效率,可使分离器尺寸减小,如气体处理量较大时,可将多台小尺寸分离器并联使用;同时,由于临界粒径随着外旋流圈数 N_e 的增加而减小,旋风分离器通常设计得较高;对于固体颗粒密度较大的含尘气体,旋风分离器处理时的临界粒径较小,分离效率较高。

(2) 分离效率　分离效率又称除尘效率,是衡量旋风分离器分离效果的一个重要指标。

分离效率有总效率和粒级效率两种表示方法。

总效率是指被分离出来的颗粒质量占进入分离器的颗粒质量的百分比，即

$$\eta_0 = \frac{C_1 - C_2}{C_1} \times 100\% \tag{3-24}$$

式中，η_0 指旋风分离器的总效率；C_1、C_2 分别指进、出口气体中的含尘浓度，kg/m^3。

总效率可反映旋风分离器的总除尘效果，是工程计算中常用的，也是最容易测定的分离效率，但是它不能表明旋风分离器对各种尺寸粒子的不同分离效果。因为含尘气体中颗粒粒径通常是大小不匀的，不同粒径的颗粒通过旋风分离器被分离下来的分数不同，因此，只有对相同粒径范围的颗粒分离效果进行比较，才能得知该分离器分离性能的好坏，尤其对于细小颗粒的分离效果。

粒级效率是指各种尺寸的颗粒被分离下来的质量分数。通常是将气流中所含颗粒的尺寸范围分成若干个小段，其中第 i 个小段范围内颗粒（平均粒径为 d_i）的粒级效率为

$$\eta_{pi} = \frac{C_{1i} - C_{2i}}{C_{1i}} \times 100\% \tag{3-25}$$

式中，η_{pi} 指第 i 个小段范围内颗粒的粒级效率；C_{1i}、C_{2i} 分别指进、出口气体中粒径在第 i 个小段范围内的尘粒浓度，kg/m^3。

图 3-8 所示为某旋风分离器实测粒级效率曲线，即粒级效率 η_p 与粒径 d 之间的关系曲线（见图中 efg 段曲线）。这种曲线可通过实测旋风分离器进、出口气流中所含尘粒的浓度及浓度分布而获得。根据计算，其临界粒径 d_c 约为 10 μm，则理论上，凡直径大于 10 μm 的颗粒，其粒级效率都应为 100%，即被完全分离，而小于 10 μm 的颗粒，粒级效率都应为零，即完全不被分离，如图中折线 $obch$ 所示。但由图中实测的粒级效率曲线可知，对于直径小于 d_c 的颗粒，也有客观的分离效果，而直径大于 d_c 的颗粒，还有部分未被分离下来。这主要是因为直径小于 d_c 的颗粒中，有些在旋风分离器进口处已很靠近壁面，在停留时间内能够到达壁面上，或者在其内聚结成大的颗粒，因而具有较大的沉降速度。而直径大于 d_c 的颗粒中，有些受气体涡流的影响未能到达壁面，或者沉降后又被气流重新卷起而带走。

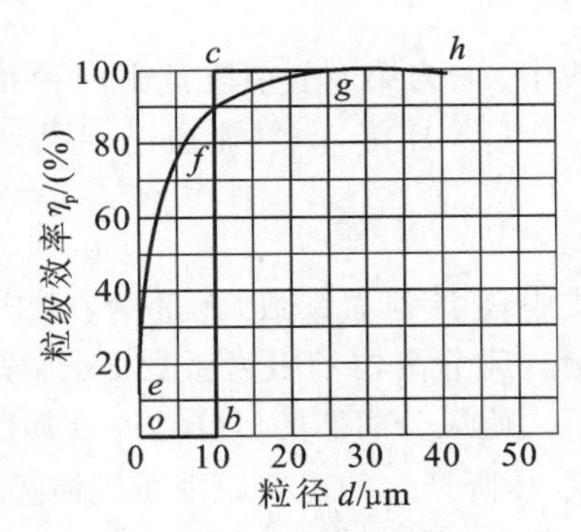

图 3-8　粒级效率曲线

有时也把旋风分离器的粒级效率 η_p 标绘成粒径比 $\frac{d}{d_{50}}$ 的函数曲线，其中 d_{50} 是粒级效率恰为 50% 的颗粒直径，称为分割粒径。图 3-7 所示的标准旋风分离器，其 d_{50} 可用下式估算：

$$d_{50} = 0.27\sqrt{\frac{\mu D}{u_i(\rho_s - \rho)}} \tag{3-26}$$

式中，d_{50} 为旋风分离器的分割粒径，m；D 为旋风分离器的圆筒直径，m。

对于标准型旋风分离器，其粒级效率 η_p 与粒径比 $\frac{d}{d_{50}}$ 之间的关系曲线如图 3-9 所示。对于同一型式且尺寸比例相同的旋风分离器，无论大小，皆可通用同一条 η_p-$\frac{d}{d_{50}}$ 曲线，这就给旋风分离器效率的估算带来了很大方便。

前述的旋风分离器总效率 η_0 不仅取决于各种尺寸颗粒的粒级效率，而且取决于气流中所

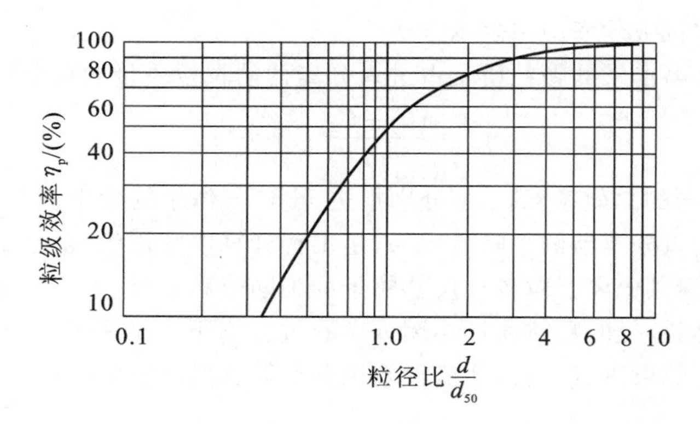

图 3-9　标准型旋风分离器的 η_p-$\frac{d}{d_{50}}$ 曲线

含尘粒的粒度分布,即使同一设备处于同样的操作条件下,如果气流含尘的粒度分布不同,也会得到不同的总效率。如果已知粒级效率曲线,并且已知气体含尘的颗粒分布数据,则可按下式估算总效率:

$$\eta_0 = \sum_{i=1}^{n} x_i \eta_{pi} \tag{3-27}$$

式中,x_i 为第 i 个小段范围内颗粒的质量分数;η_{pi} 为第 i 个小段范围内颗粒的粒级效率。

(3) 压降　气流通过旋风分离器的压降可表示为进口气体动能的函数,即

$$\Delta p_f = \zeta \frac{\rho u_i^2}{2} \tag{3-28}$$

式中,ζ 指阻力系数,无量纲,对于同一结构及尺寸比例的旋风分离器,ζ 值可视为常数,如标准型旋风分离器的阻力系数 $\zeta = 8$;ρ 为气体的密度,kg/m^3。

旋风分离器的压降是评价其性能的重要指标,也是决定分离过程能耗和合理选择风机的依据。压降产生的主要原因是气体经过器内时的膨胀、压缩、旋转、转向及对器壁的摩擦会消耗大量的能量,所以气体通过旋风分离器的压降应尽可能小。旋风分离器压降一般在 500 ~ 2000 Pa。

影响旋风分离器性能的因素多而复杂,物系情况及操作条件是其中的重要方面。一般来说,颗粒密度大、粒径大、进口气速高及粉尘浓度高等情况均有利于分离。比如含尘浓度高则有利于颗粒的聚结,可以提高效率,而且颗粒浓度增大可抑制气体涡流,从而使阻力下降,所以较高的含尘浓度对压降与效率两个方面都是有利的。但有些因素则对这两个方面有相互矛盾的影响,比如进口气速稍高有利于分离,但过高则导致涡流加剧,反而不利于分离,陡然增大压降,因此旋风分离器的进口气速保持在 10 ~ 25 m/s 范围内为宜。

【例 3-3】　某气流干燥器送出的含尘空气量为 8000 m^3/h,空气温度为 80 ℃。现用直径为 1 m 的标准型旋风分离器收集空气中的粉尘,粉尘的密度为 1200 kg/m^3,试计算:(1) 分割粒径;(2) 直径为 15 μm 的颗粒的粒级效率;(3) 压降。

解　(1) 计算分割粒径。

由附录 C 查得,80 ℃ 空气的密度为 1.0 kg/m^3,黏度为 2.11×10^{-5} Pa·s。标准型旋风分离器的进口截面积为

$$BH = \frac{D}{4}\frac{D}{2} = \frac{D^2}{8} = \frac{1^2}{8}\ m^2 = 0.125\ m^2$$

所以进口气速为

$$u_i = \frac{V_s}{BH} = \frac{8000}{3600 \times 0.125}\ m/s = 17.78\ m/s$$

对于标准型旋风分离器，分割粒径可用式(3-26)估算，即

$$d_{50} = 0.27\sqrt{\frac{\mu D}{u_i(\rho_s - \rho)}} = 0.27 \times \sqrt{\frac{2.11 \times 10^{-5} \times 1}{17.78 \times (1200 - 1.0)}}\ \text{m} = 8.49 \times 10^{-6}\ \text{m}$$

(2) 计算直径为 15 μm 的颗粒的粒级效率。

$$\frac{d}{d_{50}} = \frac{15 \times 10^{-6}}{8.49 \times 10^{-6}} = 1.77$$

由图 3-9 查得 $\eta_p = 0.71 = 71\%$。

(3) 计算压降。

由于是标准型旋风分离器，$\zeta = 8$，由式(3-28)得

$$\Delta p_f = \zeta \frac{\rho u_i^2}{2} = 8 \times \frac{1.0 \times 17.78^2}{2}\ \text{Pa} = 1265\ \text{Pa}$$

2. 旋液分离器

旋液分离器又称水力旋流器，是利用离心沉降原理，使悬浮液中的固体颗粒增稠或使粒径不同及密度不同的颗粒分级的设备，它的结构与操作原理和旋风分离器相类似。如图 3-10 所示，旋液分离器也由圆筒和圆锥两部分组成，工作时，悬浮液经入口管沿切向进入圆筒，向下作螺旋形运动，固体颗粒受惯性离心力作用被甩向器壁，随下旋流降至锥底出口，成为较稠的悬浮液而排出，称为底流。澄清的液体或含有微细颗粒的液体则成为上升的内旋流，从顶部的中心管排出，称为溢流。内层旋流处中心有一个处于负压的气柱，气柱中的气体是由料浆中释放出来的，或者是由溢流管口暴露于大气中时而将空气吸入器内的。

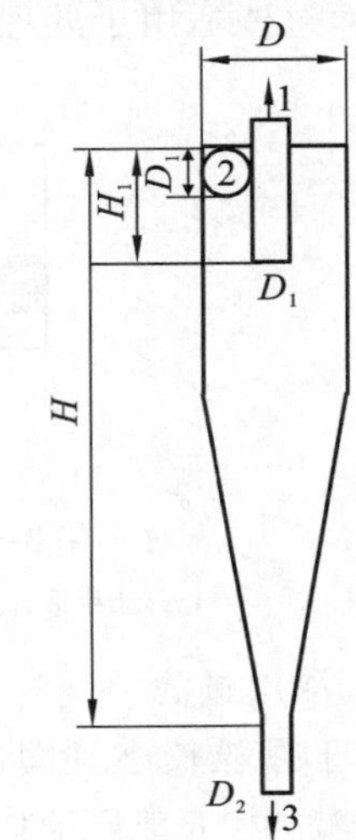

图 3-10　旋液分离器

1— 清液出口；2— 悬浮液进口；3— 底液出口

旋液分离器的结构特点是直径较小而圆锥部分较长。因为固液间的密度差比固气间的密度差小，在一定的切线进口速度下，小直径的圆筒有利于增大惯性离心力，以提高沉降速度；锥形部分的加长可增大液流的行程，从而延长悬浮液在器内的停留时间，有利于分离。

旋液分离器的粒级效率和颗粒直径的关系曲线与旋风分离器的颇为类似，并且同样可根据粒级效率及粒径分布计算总效率。旋液分离器的圆筒直径一般为 75 ～ 300 mm，悬浮液的进口速度一般为 5 ～ 15 m/s，压降一般为 50 ～ 200 kPa，可分离粒径为 5 ～ 200 μm 的颗粒。

在化工生产中，旋液分离器常用于悬浮液的增稠或分级操作，也可用于不互溶液体的分离、气液分离以及传热、传质和雾化等操作中。在旋液分离器中，颗粒沿器壁快速运动时产生严重磨损，为了延长使用期限，应采用耐磨材料制造或采用耐磨材料作内衬。

3.4　过　　滤

过滤是分离悬浮液最常用和最有效的单元操作之一。它是利用悬浮液中各物质粒径的不同，使之在重力、离心力或人为造成的压差作用下通过某种多孔性过滤介质，导致固体颗粒被截留，而液体穿过介质流出的过程。与沉降分离相比，过滤操作可使悬浮液分离得更迅速、更彻底，常作为沉降、结晶、固液反应等操作的后续操作。

3.4.1　过滤操作的基本概念

在过滤操作中,被处理的悬浮液称为料浆或滤浆,用于截留固体颗粒的多孔物质称为过滤介质或滤材,截留于过滤介质之上的固体物质称为滤饼或滤渣,通过过滤介质的澄清液体称为滤液。

1. 过滤方式

工业上的过滤操作有表面过滤和深层过滤两种方式,在制药、化工生产中以表面过滤最为普遍,因此,本节主要讲述表面过滤。

1) 表面过滤

表面过滤又称饼层过滤(见图 3-11)。过滤时,将悬浮液置于过滤介质的一侧,在压差的作用下固体颗粒被过滤介质截留形成滤饼层,而液体则通过过滤介质形成滤液。由于悬浮液中部分颗粒的直径可能小于过滤介质中的微细孔径,因此过滤之初悬浮液中的部分细小颗粒可能通过过滤介质而使滤液出现混浊。但随着过滤的继续进行,固体沉积物在介质通道内发生"架桥"现象,如图 3-12 所示。架桥现象使小于过滤介质孔径的细小颗粒也能被截留,从而在过滤介质上形成滤饼层。此后,滤液变澄清,过滤即有效地进行。可见,在表面过滤中,滤饼层是有效过滤层,而不是过滤介质本身。在实际操作中,一般将滤饼层形成前得到的混浊初滤液重新过滤。表面过滤适用于处理固体含量较高,固相体积分数一般在 1% 以上的混浊液。

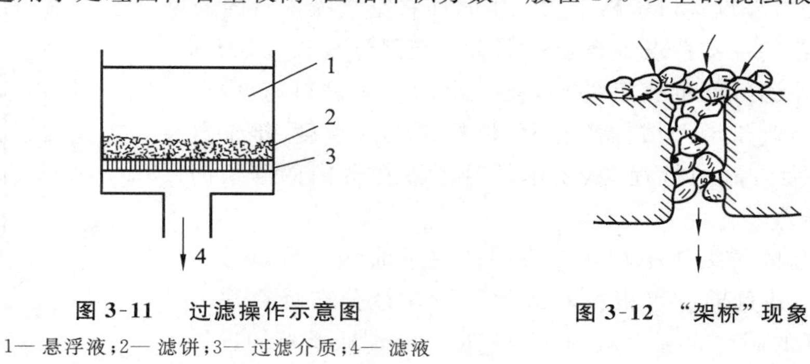

图 3-11　过滤操作示意图

1— 悬浮液;2— 滤饼;3— 过滤介质;4— 滤液

图 3-12　"架桥"现象

2) 深层过滤

对于颗粒较小且固体含量很低的悬浮液,可用较厚的粒状床层(固定床)作为过滤介质进行过滤。由于悬浮液中的颗粒尺寸小于过滤介质中的孔道直径,因此当颗粒随液体进入床层内细长而弯曲的孔道时,在静电及分子间引力的作用下,颗粒将被吸附于孔道壁面上,而在过滤介质床层之上并不形成滤饼层,此时充当有效过滤层的是过滤介质本身,这种过滤方式称为深层过滤。深层过滤适用于生产量大而悬浮颗粒粒径小或是黏软的絮状物,且固相体积分数甚微,一般在 0.1% 以下,如自来水的过滤净化、污水处理、混浊药液的澄清以及分子筛脱色等。

2. 常用过滤介质

过滤介质是滤饼的支承体,因此它应具有化学惰性、低吸附性,同时应具有足够的机械强度和尽可能小的流动阻力(孔隙率高)。此外,针对不同的物系和工艺条件,过滤介质还应具有相应的耐腐蚀性和耐热性。

工业上常用的过滤介质有以下几种。

(1) 纤维织物介质:又称滤布,为表面过滤采用的主要滤材,包括由棉、毛、丝、麻等天然纤维和各种合成纤维制成的织物，以及由玻璃丝、金属丝等织成的网。一般可截留粒径在 5 μm 以上的固体颗粒。

（2）粒状介质：用细砂、木炭、石棉、硅藻土等细小坚硬的颗粒状物质堆积成固定床层，用于深层过滤，如制剂用水的预过滤。

（3）多孔道固体介质：它是具有很多微细孔道的固体材料，如多孔陶瓷、多孔塑料及多孔金属制成的管或板。它适用于含黏软性絮状悬浮颗粒或腐蚀性混悬液的过滤，一般可截留粒径在 1 ～ 3 μm 的微细粒子。

（4）微孔滤膜：广泛使用的是由高分子材料制成的薄膜状多孔介质，适用于精滤，可截留粒径在 0.01 μm 以上的微粒，如滤除细菌和芽孢，尤其适用于滤除 0.02 ～ 10 μm 的混悬微粒。

过滤介质的选择应根据待处理流体的腐蚀性、温度与过滤质量要求，以及过滤介质的机械强度与价格等因素综合考虑。

3. 滤饼的压缩性

滤饼是由被截留下来的颗粒堆积而成的床层，随着操作过程的进行，滤饼的厚度与流动阻力均逐渐增加。若构成滤饼的颗粒是不易变形的坚硬固体（如碳酸钙、硅藻土等），则当滤饼两侧的压差增大时，颗粒的形状和颗粒间的空隙均不会发生明显变化，因而单位厚度的滤饼层所具有的流动阻力可视为恒定，这种滤饼称为不可压缩滤饼。若滤饼是由类似于氢氧化物的胶体物质所构成，则当滤饼两侧的压差增大时，颗粒被压缩变形，颗粒的形状和颗粒间的孔隙率会发生明显改变，因而单位厚度的滤饼层所具有的流动阻力随过滤压差的增加而增大，这种滤饼称为可压缩滤饼。

4. 助滤剂

对于可压缩滤饼，当过滤压差增大时由于颗粒被挤压变形，颗粒间的孔道将变窄，流动阻力将增大，不利于过滤过程的进行。为减小可压缩滤饼的流动阻力，可采用某种质地坚硬而能形成疏松饼层的另一种固体颗粒作为助滤剂来改变滤饼结构，以提高滤饼的刚性和空隙率。常用的助滤剂有硅藻土、珍珠岩、石棉、活性炭和纤维粉等。

助滤剂的使用方法有两种：一种是把助滤剂按一定比例直接混入待过滤的混悬液中（使用量一般不超过固体颗粒质量的 0.5%），过滤时助滤剂在滤饼中形成支撑骨架，可大大减小滤饼的可压缩程度，减小可压缩滤饼的过滤阻力；另一种是把助滤剂单独配成混悬液先行过滤，在过滤介质表面形成助滤剂预涂层，然后过滤滤浆。由于此预涂层能承受一定压力且不变形，因此既可防止过滤介质因堵塞而增加阻力，又可延长过滤介质的使用寿命。但因为助滤剂混在滤饼中不易分离，所以一般只有以回收清净液体为目的的过滤，助滤剂才可被使用。

3.4.2　过滤基本方程

滤饼是由被截留于过滤介质之上的颗粒堆积而成的固定床层，内部的孔道细小曲折，且互相交联，形成不规则的网状结构，如图 3-13(a) 所示。为使问题简化，常将细小弯曲孔道看成一组平行非圆形直管，如图 3-13(b) 所示。这样，滤液通过滤饼层的流动即与流体在管内的流动相似。

在过滤过程中，由于滤饼孔道较小，滤液通过滤饼和滤布的流速较低，因而滤液的流动一般为层流。类似于第 1 章的哈根-泊肃叶公式，滤液通过滤饼床层的平均流速 u_{m1} 与压差 Δp_c 的关系为

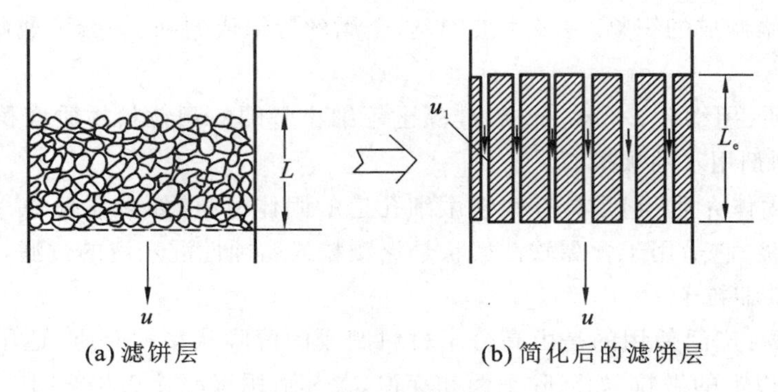

(a) 滤饼层　　(b) 简化后的滤饼层

图 3-13　过滤过程的简化

$$u_{m1} = \frac{d_e^2 \Delta p_c}{k\mu L} \tag{3-29}$$

式中，u_{m1} 为滤液在床层孔道中的平均流速，m/s；d_e 为滤饼内非圆形流道的当量直径，m；Δp_c 为滤饼两侧的压差，Pa；k 为比例因数，$k = 32$；μ 为滤液黏度，Pa·s；L 为滤饼厚度，m。

空隙率 ε 是指滤饼中空隙体积与滤饼体积之比，单位为 m^3/m^3，其大小等于滤饼层截面积的滤液平均流速 u_m 与 u_{m1} 之比，即

$$\varepsilon = \frac{\text{空隙体积}}{\text{滤饼体积}} = \frac{u_m}{u_{m1}}$$

则

$$u_m = \varepsilon u_{m1} = \frac{\varepsilon d_e^2 \Delta p_c}{k\mu L} \tag{3-30}$$

定义参数 r 和 R 分别为

$$\frac{1}{r} = \frac{\varepsilon d_e^2}{k}, \quad R = rL$$

式中，r 为滤饼的比阻，即单位厚度滤饼所具有的阻力，其数值反映了颗粒形状、大小及床层空隙率对滤液流动的影响，m^{-2}；R 为滤饼的阻力，m^{-1}。

将 r 与 R 的定义式代入式(3-30) 可得

$$u_m = \frac{\Delta p_c}{r\mu L} = \frac{\Delta p_c}{\mu R} \tag{3-31}$$

式(3-31) 揭示了滤液穿过滤饼时的流速。滤液经过滤饼后即进入过滤介质，故整个过滤过程需将滤液穿过滤饼与过滤介质联合起来考虑。若过滤介质上、下游两侧的压差为 Δp_m，过滤介质的阻力为 R_m，仿照式(3-31)，滤液通过全部滤层的速度为

$$u = \frac{dV}{A\,dt} = \frac{\Delta p_c + \Delta p_m}{\mu(R + R_m)} = \frac{\Delta p}{\mu(R + R_m)} \tag{3-32}$$

式中，$\frac{dV}{A\,dt}$ 为任一瞬时平均过滤速度，m/s；Δp 为通过滤饼和过滤介质的总压差，$\Delta p = \Delta p_c + \Delta p_m$，Pa；$V$ 为滤液量，m^3；A 为过滤面积，m^2；t 为过滤时间，s。

假设以一层厚度为 L_e 的滤饼替代过滤介质，过滤过程仍能完全按照原速率进行，这层假设的滤饼就应具有与滤饼相同的比阻，即 $rL_e = R_m$，则式(3-32) 可写成

$$u = \frac{dV}{A\,dt} = \frac{\Delta p}{\mu r(L + L_e)} \tag{3-33}$$

式中，L_e 为过滤介质的当量滤饼厚度，m。

设每获得 1 m^3 滤液所形成的滤饼体积为 v，则任一瞬间的滤饼厚度 L 与当时已经获得的

滤液体积 V 之间的关系为

$$L = \frac{\upsilon}{A}V \tag{3-34}$$

式中，υ 为滤饼体积与相应的滤液体积之比，m^3/m^3。

相应地，可得到介质层的当量厚度 L_e，即

$$L_e = \frac{\upsilon}{A}V_e \tag{3-34a}$$

式中，V_e 为过滤介质的当量滤液体积，表示为获得与过滤介质阻力相当的滤饼厚度所得的滤液量，是虚拟量，其值与过滤介质、滤饼及滤浆的性质有关，必须由实验确定。

将式(3-34) 和式(3-34a) 代入式(3-33) 得

$$\frac{dV}{A\,dt} = \frac{\Delta p}{\mu r \upsilon \dfrac{V+V_e}{A}}$$

整理得

$$\frac{dV}{dt} = \frac{A^2 \Delta p}{\mu r \upsilon (V+V_e)} \tag{3-35}$$

式(3-35) 为不可压缩滤饼的过滤基本方程，它表示过滤过程中任一瞬间的过滤速率与各影响因素之间的关系。

对于可压缩滤饼，情况则比较复杂。一般情况下，可压缩滤饼的比阻与过滤压差之间的关系可表示为

$$r = r' (\Delta p)^s \tag{3-36}$$

式中，r' 为单位压差下滤饼的比阻，m^{-2}；s 为滤饼的压缩性指数，无量纲。

在一定压差范围内，式(3-36) 对大多数可压缩滤饼都适用。对于不同的物料，压缩性指数 s 的取值不同，一般在 $0 \sim 1$，可从有关资料中查取。对于不可压缩滤饼，$s = 0$，即 $r' = r$。

将式(3-36) 代入式(3-35) 得

$$\frac{dV}{dt} = \frac{A^2 \Delta p^{1-s}}{\mu r' \upsilon (V+V_e)} \tag{3-37}$$

式(3-37) 称为过滤基本方程，表示过滤过程中任一瞬间的过滤速率与各有关因素的关系，是进行过滤计算的理论基础及强化操作的基本依据，对压缩滤饼与不可压缩滤饼都适用。

3.4.3　恒压过滤方程

过滤有两种典型的操作方式，即恒压过滤和恒速过滤，其中以恒压过滤最为常见。所谓恒压过滤，是指过滤压差保持恒定的过滤操作。恒压过滤时由于滤饼不断加厚，对滤液的流动阻力逐渐增加，因此过滤速率是逐渐变小的。

对于确定的混悬液，μ、r'、s、υ 均可视为常数，而恒压过滤中 Δp 也为常数，则可令

$$\frac{K}{2} = \frac{\Delta p^{1-s}}{\mu r' \upsilon} \tag{3-38}$$

则式(3-37) 可简化为

$$\frac{dV}{dt} = \frac{KA^2}{2(V+V_e)} \tag{3-39}$$

式中，K 为由物料特性及过滤压差所决定的常数，称为过滤常数，m^2/s。

对式(3-39) 两边积分，若过滤是在过滤介质上没有滤饼的条件下开始的，则

$$\int_0^V (V+V_e)\mathrm{d}V = \int_0^t \frac{KA^2}{2}\mathrm{d}t$$

整理得

$$V^2 + 2VV_e = KA^2 t \tag{3-40}$$

若对式(3-39)进行积分时,将变量 V 与 t 分别变为$(V+V_e)$与$(t+t_e)$,则得

$$\int_0^V (V+V_e)\mathrm{d}(V+V_e) = \int_0^t \frac{KA^2}{2}\mathrm{d}(t+t_e)$$

整理得

$$(V+V_e)^2 = KA^2(t+t_e) \tag{3-41}$$

式中,t_e 为与 V_e 对应的过滤介质的当量时间,其值大小与滤饼的性质有关,s。

当过滤介质阻力可以忽略时,$V_e=0$,$t_e=0$,则式(3-41)可简化为

$$V^2 = KA^2 t \tag{3-42}$$

令 $q=\dfrac{V}{A}$,$q_e=\dfrac{V_e}{A}$,则式(3-40)、式(3-41)、式(3-42)可分别改写成

$$q^2 + 2qq_e = Kt \tag{3-40a}$$

$$(q+q_e)^2 = K(t+t_e) \tag{3-41a}$$

$$q^2 = Kt \tag{3-42a}$$

式中,q 为单位面积的累计滤液量,m^3/m^2;q_e 为过滤介质的当量单位面积累计滤液量,m^3/m^2。

式(3-40)、式(3-40a)、式(3-41)和式(3-41a)均称为恒压过滤方程,表示在恒压条件下过滤时,滤液量与过滤时间的关系。利用恒压过滤方程可计算要获得一定体积滤液所需要的过滤时间,或一定过滤时间可获得的滤液量。

t_e、q_e 是反映过滤介质阻力大小的常数,均称为介质常数,并将 K、t_e、q_e 三者总称为过滤常数。对于一定的滤浆与过滤设备,K、t_e、q_e 均为定值。将式(3-41a)与式(3-40a)相减,可得过滤常数之间的关系式,即

$$q_e^2 = Kt_e \tag{3-43}$$

【例 3-4】 在恒定压差 9.81×10^3 Pa 下过滤某水悬浮液,已知水的黏度为 1.0×10^{-3} Pa·s,过滤介质阻力可忽略,滤饼为不可压缩滤饼,比阻为 1.33×10^{10} m^{-2},若每立方米滤液可获得滤饼 0.333 m^3,试求:(1) 每平方米过滤面积上获得 1.5 m^3 滤液所需的过滤时间;(2) 若将该时间延长一倍,可再获得多少滤液?

解 由题意可算出过滤常数 K:

$$K=\frac{2\Delta p}{\mu r v}=\frac{2\times9.81\times10^3}{1.0\times10^{-3}\times1.33\times10^{10}\times0.333}\ \mathrm{m^2/s}=4.43\times10^{-3}\ \mathrm{m^2/s}$$

由于过滤介质阻力可忽略,则由式(3-42a)可得

$$t=\frac{q^2}{K}=\frac{1.5^2}{4.43\times10^{-3}}\ \mathrm{s}=508\ \mathrm{s}$$

(2) 因为 $t'=2t=2\times509$ s $=1018$ s,再由式(3-42a)可得

$$q'=\sqrt{Kt}=\sqrt{4.43\times10^{-3}\times1018}\ \mathrm{m^3/m^2}=2.12\ \mathrm{m^3/m^2}$$

若将过滤时间延长一倍,则可再获得的滤液量为

$$q'-q=(2.12-1.5)\ \mathrm{m^3/m^2}=0.62\ \mathrm{m^3/m^2}$$

【例 3-5】 用一台小型板框压滤机对某混悬液进行过滤实验。板框压滤机的过滤面积为 0.1 m^2,在 6.3×10^4 Pa 的表压下进行过滤时获得如下数据:

过滤时间 /s	30	300
滤液体积 /m^3	2.17×10^{-3}	9.60×10^{-3}

试求解过滤方程。

解 本题可视为恒压过滤过程,若确定了恒压过滤方程中的 K、t_e、q_e 三个过滤常数,即可确定过滤方程。由题目中所给条件,有

$t_1 = 30$ s 时，　$q_1 = \frac{V_1}{A} = \frac{2.17 \times 10^{-3}}{0.1}$ $m^3/m^2 = 0.022$ m^3/m^2

$t_2 = 300$ s 时，　$q_2 = \frac{V_2}{A} = \frac{9.60 \times 10^{-3}}{0.1}$ $m^3/m^2 = 0.096$ m^3/m^2

代入恒压过滤方程式(3-40a)可得

$$0.022^2 + 2 \times 0.022 q_e = 30K$$
$$0.096^2 + 2 \times 0.096 q_e = 300K$$

联立上两式解得

$$q_e = 0.018 \text{ m}^3/\text{m}^2$$
$$K = 4.25 \times 10^{-5} \text{ m}^2/\text{s}$$

将 K、q_e 的值代入式(3-43)得

$$t_e = \frac{q_e^2}{K} = \frac{0.018^2}{4.25 \times 10^{-5}} \text{ s} = 7.6 \text{ s}$$

把解得的恒压过滤常数 K、t_e、q_e 代入恒压过滤方程式(3-41a)，得到该物料在本题设备条件下的过滤方程为

$$(q + 0.018)^2 = 4.25 \times 10^{-5}(t + 7.6)$$

3.4.4 过滤常数的测定

由不同物料形成的混悬液，其过滤常数差别很大，即使是同一种物料，由于固相比不同，储存的时间、温度不同，物料因发生聚结、絮凝等，其过滤常数也不尽相同，故需对过滤常数进行测定。

恒压过滤常数 K、t_e、q_e 可通过恒压过滤实验来测定。将式(3-41a)两边微分得

$$2(q + q_e)\mathrm{d}q = K\mathrm{d}t$$

等式左右两边同除以 $K\mathrm{d}q$ 并整理得

$$\frac{\mathrm{d}t}{\mathrm{d}q} = \frac{2}{K}q + \frac{2}{K}q_e \tag{3-44}$$

式(3-44)表明恒压过滤时，$\frac{\mathrm{d}t}{\mathrm{d}q}$ 与 q 呈线性关系，且该直线的斜率为 $\frac{2}{K}$，截距为 $\frac{2}{K}q_e$。由此直线的斜率与截距可得恒压过滤常数 K、q_e，代入式(3-43)得到另一过滤常数 t_e。

由于在实验条件下只能测得一系列时间间隔 Δt 内的滤液量 ΔV，而不能得到 $\frac{\mathrm{d}t}{\mathrm{d}q}$，故将式(3-44)用增量比 $\frac{\Delta t}{\Delta q}$ 代替式中 $\frac{\mathrm{d}t}{\mathrm{d}q}$ 的形式写出

$$\frac{\Delta t}{\Delta q} = \frac{2}{K}q + \frac{2}{K}q_e \tag{3-45}$$

在实际操作的过滤压力和设备条件下，用待测定滤浆进行过滤，测出一系列时刻 t 内的累计滤液量 V，在平面直角坐标系中以 $\frac{\Delta t}{\Delta q}$ 为纵坐标，q 为横坐标进行标绘，可得一条直线，根据该直线的斜率和截距即可求得 K、q_e，并由 $t_e = \frac{q_e^2}{K}$ 计算出 t_e。

【例 3-6】 在某恒定压差下，对某种滤液进行过滤实验，测得滤液量与过滤时间之间的关系如表 3-1 所示，试确定该悬浮液在实验条件下的过滤常数，并写出恒压过滤方程。

表 3-1　滤液量与过滤时间之间的关系

单位面积滤液量 $q/(m^3/m^2)$	0	0.1	0.2	0.3	0.4
过滤时间 t/s	0	38.2	114.4	228.0	379.4

解　根据表 3-1 中所列数据整理各阶段 $\frac{\Delta t}{\Delta q}$ 与相应的 q 值，结果列于表 3-2 中。

表 3-2　例 3-6 附表

序号	1	2	3	4
$q/(\mathrm{m^3/m^2})$	0.1	0.2	0.3	0.4
$\Delta q/(\mathrm{m^3/m^2})$	0.1	0.1	0.1	0.1
t/s	38.2	114.4	228.0	379.4
$\Delta t/\mathrm{s}$	38.2	76.2	113.6	151.4
$\frac{\Delta t}{\Delta q}/(\mathrm{s/m})$	382	762	1136	1514

根据表 3-2 中的数据，在直角坐标系中以 $\Delta t/\Delta q$ 为纵坐标，q 为横坐标，标绘出一条直线，如图 3-14 所示，量得此直线的斜率和截距分别为

$$\frac{2}{K}=3740$$

$$\frac{2}{K}q_e=200$$

联立上两式解得

$$K=5.34\times10^{-4}\ \mathrm{m^2/s}$$

$$q_e=0.0535\ \mathrm{m^3/m^2}$$

代入式(3-43)可得

$$t_e=\frac{q_e^2}{K}=\frac{0.0535^2}{5.34\times10^{-4}}\ \mathrm{s}=5.36\ \mathrm{s}$$

则在此实验条件下，恒压过滤方程为

$$(q+0.0535)^2=5.34\times10^{-4}(t+5.36)$$

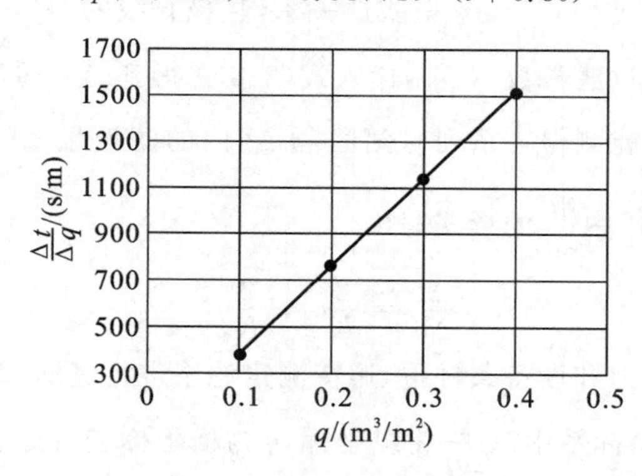

图 3-14　例 3-6 附图

3.4.5　过滤设备

过滤悬浮液的设备统称为过滤机，按照操作方式不同可分为间歇式和连续式，按照产生压差的方式可分为压滤式、吸滤式、离心式三种。以下介绍工业上常用的集中过滤设备。

1. 板框压滤机

板框压滤机是历史最久，目前仍最普遍使用的一种过滤机，它是由若干块带凹凸纹路的滤板与中空滤框交替排列而成的，滤板与滤框靠支耳架在机架的一对横梁上，用一端的压紧装置压紧组装而成，其结构如图 3-15 所示。

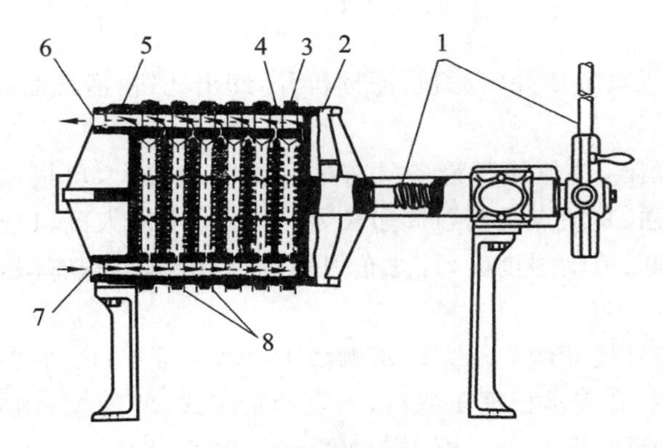

图 3-15　板框压滤机

1— 压紧装置；2— 可动头；3— 滤框；4— 滤板；
5— 固定头；6— 滤液出口；7— 滤浆进口；8— 滤布

滤板和滤框是板框压滤机的主要工作部件，其结构如图 3-16 所示。滤板和滤框一般制成正方形，其四角均开有圆孔，装合、压紧后即构成滤浆、滤液和洗涤液流动的通道。滤框的两侧覆以圆角开孔的滤布，空框与滤布围成了能容纳滤浆及滤饼的空间；滤板中心呈纵横贯通的空心网状，起支撑滤布和提供滤液流出通路的作用。滤板又分为洗涤板与过滤板两种，洗涤板左上角的圆孔内还开有与板面两侧相通的侧孔道，洗水可由此进入滤框内。为了便于区别，常在滤板、滤框外侧铸有小钮或其他标志。通常，过滤板为一钮，滤框为二钮，洗涤板为三钮。装合时即按钮数以 1—2—3—2—1—2… 的顺序排列滤板与滤框。可用手动、电动或液压传动等方式驱动压紧装置。

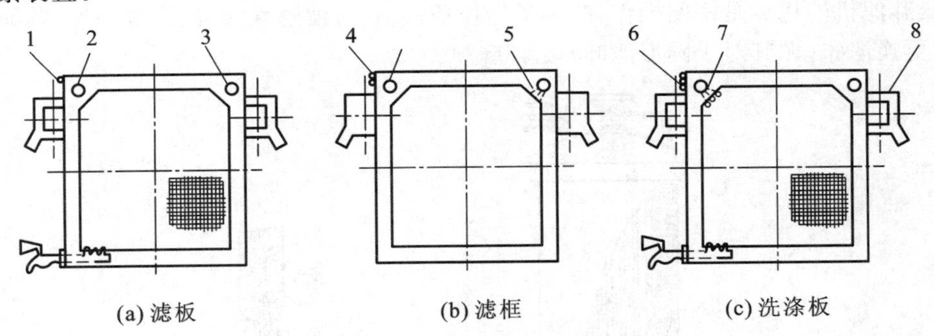

图 3-16　滤板和滤框结构

1— 一钮；2— 洗水通路；3— 滤浆通路；4— 二钮；5— 滤浆进口；6— 三钮；7— 洗水进口；8— 支耳

板框压滤机为间歇操作设备，每个操作周期由装合、过滤、洗涤、卸渣、整理五个阶段组成。当板框装合完毕，即开始过滤，过滤时，悬浮液在指定的压力下经滤浆通道由滤框角端的暗孔进入滤框内，在滤布两侧的压差作用下，滤液分别穿过两侧滤布，再经相邻滤板流至滤液出口排走，而滤饼则被截留在滤框内，待滤饼充满滤框后，停止过滤。滤液的排出方式有明流与暗流之分。若滤液经由每块滤板底部侧管直接排出，称为明流；若滤液不宜暴露于空气中，则需将各滤板流出的滤液汇集于总管后送走，称为暗流。

若滤饼需要洗涤，可将洗水压入洗水通道，经洗涤板角端的暗孔进入板面与滤布之间。此时，应关闭洗涤板下部的滤液出口，洗水便在压差推动下穿过一层滤布及整个厚度的滤饼，然后横穿另一层滤布，最后由过滤板下部的滤液出口排出，这种操作方式称为横穿洗涤法，其作用在于提高洗涤效果。

洗涤结束后,旋开压紧装置并将滤板、滤框拉开,卸出滤饼,清洗滤布,重新装合,进入下一个操作循环。

板框压滤机结构紧凑,单位体积设备具有的过滤面积较大,可根据物料性质选用不同滤材,因而对物料适应性强。其缺点是密封周边长,操作压力不能太高,以免引起漏液;操作方式为间歇操作,生产效率低、劳动强度大,且滤布损耗较快;滤框容积有限,不适合过滤固相体积分数大的混悬液。

我国板框压滤机型号尺寸的表示方法示例如下:BAS(或Y)10/402-25表示手动(或液压)压紧式板框压滤机。其中B表示板框压滤机,A表示暗流式(若为M,则表示明流式),S表示手动,Y表示液压,最大过滤面积10 m^2,框边长402 mm,框厚度25 mm。由此型号尺寸可知:该机每框容积为 $402^2 \times 25$ mm^3,滤框总数为 $10/(0.402^2 \times 2) = 31$ 块,滤板总数为 $31 + 1 = 32$ 块(两端的可动头与固定头均看做滤板)。

2. 叶滤机

图3-17所示的加压叶滤机是由许多不同宽度的长方形滤叶装合而成的。滤叶由金属多孔板或金属网制造,其内部具有一定空间,外部覆盖滤布。过滤时滤叶安装在能承受内压的密闭机壳内,然后用泵将滤浆压入机壳。在压差的推动下,滤液穿过滤布进入叶内,汇集至总管后排出机外,而颗粒则被截留于滤布外侧形成滤饼。

若滤饼需要洗涤,则可在过滤完毕后向机壳内通入洗水,洗水的路径与滤液完全相同,这种洗涤方法称为置换洗涤法。洗涤结束后,打开机壳上盖并将滤叶拔出,卸出滤饼,清洗滤布,重新组装,进入下一个操作循环。

加压叶滤机的优点是密闭操作,改善了操作条件,且过滤速度大,洗涤效果好。其缺点是造价较高,更换滤布(尤其对于圆形滤叶)比较麻烦。

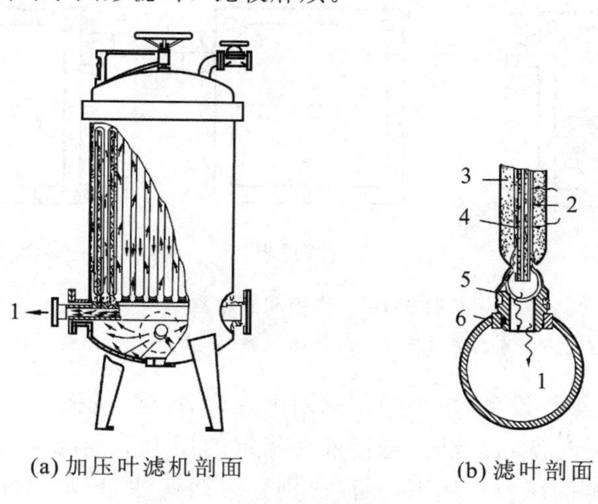

(a) 加压叶滤机剖面　　(b) 滤叶剖面

图3-17　加压叶滤机

1—滤液;2—滤浆;3—滤饼;4—滤布;5—拔出装置;6—橡胶圈

3. 转筒真空过滤机

转筒真空过滤机为连续式真空过滤设备,其主体是一个能连续转动的水平圆筒,称为转鼓,如图3-18(a)所示。转鼓表面为金属网,其上覆以滤布构成过滤面,在转鼓旋转过程中,过滤面可依次浸入滤浆中。转鼓内用纵向隔板分隔成18个独立的扇形小室,每个小室均通过一根管子与转鼓侧面中心部位圆盘的一个端孔相通，该圆盘是转鼓的一部分，随转鼓转动，称为转动盘，其结构如图3-18(b)所示。转动盘与另一个静止的圆盘相配合，该盘上开有三个圆弧形凹槽和通道，分别与滤液排出管(真空管)、洗水排出管(真空管)及空气吸入管(压缩空气管)相通。因该盘静止不动，故称为固定盘，其结构如图3-18(c)所示。习惯上，将转动盘与固定盘的这种配合称为分配头。

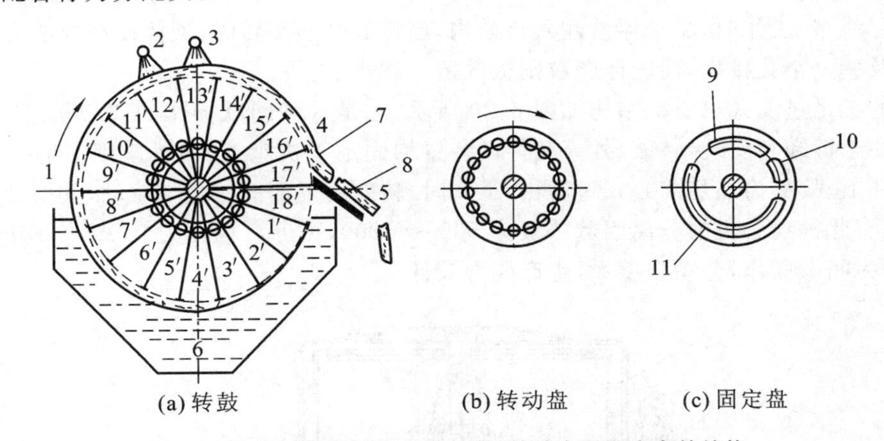

图3-18　转筒真空过滤机的转鼓、转动盘及固定盘的结构

1— 转筒；2,3— 洗水；4— 吹松区；5— 卸渣；6— 滤浆槽；7— 滤饼；8— 刮刀；9— 吸走洗水的真空凹槽；10— 通入压缩空气的凹槽；11— 吸走滤液的真空凹槽

工作时，转鼓的下部浸入滤浆槽中，转动盘随转鼓一起旋转，在分配头的作用下，每个扇形小室依次与滤液排出管、洗水排出管及空气吹入管相通，如图3-19所示。因而在转鼓旋转一周的过程中，各小室的过滤面可依次进行过滤、洗涤、吸干、吹松、卸渣等操作。过滤时，在同一时间内，转筒的不同位置将处于不同操作过程，在图3-18中，扇形小室1′～7′所处的位置称为过滤区，8′～10′为吸干区，11′为不工作区，12′～13′为洗涤区，14′为吸干区，15′为不工作区，16′～17′为吹松区及卸料区，18′为不工作区。只要转筒连续转动，过滤过程即可连续进行。

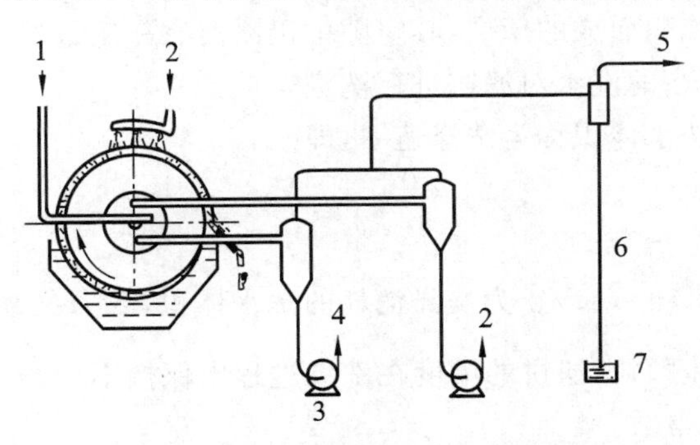

图3-19　转筒真空过滤机装置示意图

1— 压缩空气；2— 洗水；3— 泵；4— 滤液；5— 去真空泵；6— 气压腿；7— 溢流

国产转筒真空过滤机的总过滤面积为5～40 m^2，转筒浸没部分一般占总过滤面积的30%～40%，转速一般控制在0.1～3 r/min，滤饼厚度一般保持在10～40 mm，其液体含量一般大于10%，常可达30%左右。

转筒真空过滤机能连续自动操作，特别适用于处理量较大而固相体积分数较高的滤浆。用于含黏软性可压缩滤饼的滤浆的过滤时，需采用预涂助滤剂的方法，并调整刮刀切削深度，使助滤剂层在较长的操作时间内发挥作用。转筒真空过滤机不适用于过滤温度较高的滤浆,因本机过滤推动力是由真空泵抽滤在过滤介质两侧产生的静压差,过滤时,扇形滤液室内为负压,在负压下高温滤液会大量蒸发而失去真空度,使过滤失去推动力。

4. 三足过滤式离心机

三足过滤式离心机的壳体内有一个可高速旋转的转鼓,鼓壁上开有许多小孔,其内侧衬有一层或多层滤布。工作时,将悬浮液注入转鼓内,当转鼓高速旋转时,液体便在离心力的作用下穿过滤布及壁上小孔排出,而固体颗粒则被截留于滤布上。

常用的三足过滤式离心机结构如图 3-20 所示,它是一种间歇操作的离心机。为减轻转鼓的摆动及便于拆卸和安装,转鼓、外壳和传动装置均固定于机座上,而机座则借助于拉杆悬挂于三个支柱上,故称为三足离心式过滤机。工作时,转鼓由下部的三角带驱动,其摆动由拉杆上的弹簧承受。此种离心机的分离因数一般为 500 ～ 1000,可分离粒径为 0.05 ～ 5 mm 的悬浮液。缺点是为间歇操作,劳动强度大,生产能力较低。

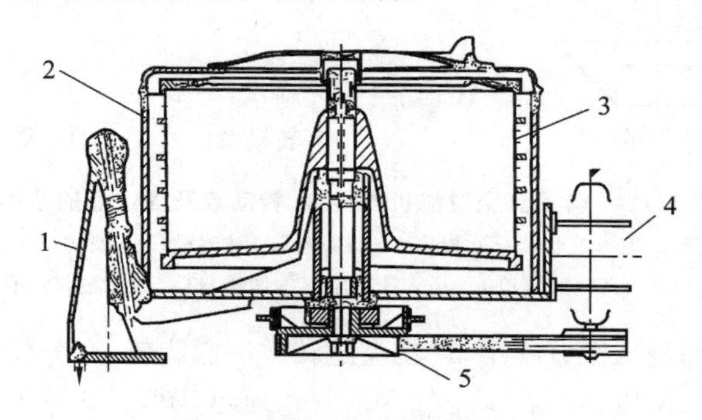

图 3-20　三足过滤式离心机

1— 支柱;2— 外壳;3— 转鼓;4— 电动机;5— 皮带轮

3.4.6　滤饼的洗涤

滤饼是由固体颗粒堆积而成的床层,其空隙中仍滞留有一定量的滤液,为回收这些滤液或净化滤饼颗粒,需采用适当的洗水对滤饼进行洗涤。

单位时间内消耗的洗水体积称为洗涤速率,即

$$\left(\frac{\mathrm{d}V}{\mathrm{d}t}\right)_{\mathrm{W}}=\frac{V_{\mathrm{W}}}{t_{\mathrm{W}}} \tag{3-46}$$

式中,$\left(\frac{\mathrm{d}V}{\mathrm{d}t}\right)_{\mathrm{W}}$ 为洗涤速率,$\mathrm{m^3/s}$;V_{W} 为洗涤消耗的洗水体积,$\mathrm{m^3}$;t_{W} 为洗涤时间,s。

由于洗水中不含固体颗粒,滤饼的厚度在洗涤过程中保持不变,若在恒定的压差推动下进行洗涤,洗涤速率基本为常数。

若过滤过程采用恒压过滤,且洗涤推动力与过滤终了时的推动力相同,洗水的黏度与滤液相近,则洗涤速率可参照式(3-37) 的过滤速度基本方程来计算,即

$$\left(\frac{\mathrm{d}V}{\mathrm{d}t}\right)_{\mathrm{W}}=\frac{A_{\mathrm{W}}^{2}\Delta p_{\mathrm{W}}^{1-s}}{\mu_{\mathrm{W}}r'\upsilon(V_{\mathrm{E}}+V_{\mathrm{e}})} \tag{3-47}$$

式中,Δp_{W} 为洗涤总压差,Pa;A_{W} 为洗涤面积,$\mathrm{m^2}$;μ_{W} 为洗水黏度,Pa · s;V_{E} 为过滤终了时的累计滤液量,$\mathrm{m^3}$。

对于叶滤机,由于采用置换洗涤法,洗水的流径与过滤终了时的滤液基本相同,且洗涤面

积与过滤面积也相同，所以洗涤速率近似等于过滤终了时的过滤速率，参照式(3-39)，近似有

$$\left(\frac{\mathrm{d}V}{\mathrm{d}t}\right)_{\mathrm{W}} = \left(\frac{\mathrm{d}V}{\mathrm{d}t}\right)_{\mathrm{E}} = \frac{A^2K}{2(V_{\mathrm{E}}+V_{\mathrm{e}})} \tag{3-48}$$

式中，$\left(\frac{\mathrm{d}V}{\mathrm{d}t}\right)_{\mathrm{E}}$ 为过滤终了时的过滤速率，$\mathrm{m^3/s}$。

而板框压滤机采用横穿洗涤法，洗水横穿洗涤板两侧，继而穿过相邻两块框内滤饼，因此，洗涤经过的滤饼厚度是过滤时的两倍，而洗水的流通面积仅为过滤面积的 1/2，若洗水性质与滤液性质相似，在同样压差下，其洗涤速率为过滤终了时速率的 1/4，即

$$\left(\frac{\mathrm{d}V}{\mathrm{d}t}\right)_{\mathrm{W}} = \frac{1}{4}\left(\frac{\mathrm{d}V}{\mathrm{d}t}\right)_{\mathrm{E}} = \frac{A^2K}{8(V_{\mathrm{E}}+V_{\mathrm{e}})} \tag{3-49}$$

由式(3-46)可知，若已知洗水用量及洗涤速率，则洗涤时间可用下式计算：

$$t_{\mathrm{W}} = \frac{V_{\mathrm{W}}}{\left(\frac{\mathrm{d}V}{\mathrm{d}t}\right)_{\mathrm{W}}} \tag{3-50}$$

当洗水黏度、洗涤压差与滤液黏度、过滤压差有明显差异时，所需的洗涤时间可按下式进行校正：

$$t'_{\mathrm{W}} = t_{\mathrm{W}}\frac{\mu_{\mathrm{W}}}{\mu}\frac{\Delta p}{\Delta p_{\mathrm{W}}} \tag{3-51}$$

式中，t_{W} 为未经校正的洗涤时间，s；t'_{W} 为实际所需的洗涤时间，s。

3.4.7　过滤机的生产能力

过滤机的生产能力一般可用单位时间内所获得的滤液体积来表示，少数情况下，也可采用滤饼量来表示。

1. 间歇过滤机的生产能力

间歇过滤机的一个操作周期所需要的时间为 T，单位为 s。它包括过滤时间 t，滤饼洗涤时间 t_{W} 及卸渣、清理、装合等辅助操作时间 t_{D}，即

$$T = t + t_{\mathrm{W}} + t_{\mathrm{D}}$$

则生产能力可按下式计算：

$$Q = \frac{3600V}{T} = \frac{3600V}{t+t_{\mathrm{W}}+t_{\mathrm{D}}} \tag{3-52}$$

式中，Q 为生产能力，$\mathrm{m^3/h}$；T 为一个操作周期，s；V 为一个操作周期内获得的滤液体积，$\mathrm{m^3}$；t、t_{W} 分别为一个操作循环内的过滤时间和洗涤时间，s；t_{D} 为一个操作周期内的辅助操作时间，s。

【例 3-7】　拟用一台板框压滤机在恒定压差 $\Delta p = 3\times10^5$ Pa 下过滤某碳酸钙悬浮液，测得一定条件下悬浮液的过滤常数 $K = 4.73\times10^{-5}\ \mathrm{m^2/s}$，$q_{\mathrm{e}} = 0.0268\ \mathrm{m^3/m^2}$。滤框的容渣体积为 450 mm×450 mm×25 mm，有 40 个滤框。待滤框充满后在同样压差下用清水洗涤滤饼，洗涤水量为滤液体积的 1/40。若每立方米滤液可形成 0.025 $\mathrm{m^3}$ 的滤饼，试求在此操作条件下压滤机的生产能力(辅助时间为 60 min)。

解　(1) 计算过滤时间，即滤框中充满滤饼所需的时间。

由题意写出恒压过滤方程，即

$$q^2 + 0.0536q = 4.73\times10^{-5}t$$

框内滤饼总体积为　$40\times0.450^2\times0.025\ \mathrm{m^3} = 0.203\ \mathrm{m^3}$

由每立方米滤液可形成 0.025 $\mathrm{m^3}$ 的滤饼，则可得滤液量为

$$V = \frac{0.203}{0.025}\ \mathrm{m^3} = 81\ \mathrm{m^3}$$

因框两侧均有滤布,故过滤面积

$$A = 40 \times 0.450^2 \times 2\ \mathrm{m}^2 = 16.2\ \mathrm{m}^2$$

则单位面积的累计滤液量

$$q = \frac{V}{A} = \frac{8.1}{16.2}\ \mathrm{m^3/m^2} = 0.5\ \mathrm{m^3/m^2}$$

代入恒压过滤方程,得到过滤时间

$$t = \frac{q^2 + 0.0536q}{4.73 \times 10^{-5}} = \frac{0.5^2 + 0.0536 \times 0.5}{4.73 \times 10^{-5}}\ \mathrm{s} = 5852\ \mathrm{s}$$

(2) 计算洗涤时间 t_{W}。

由于所用过滤机为板框压滤机,洗涤速率可用式(3-49)来计算,即

$$\left(\frac{\mathrm{d}V}{\mathrm{d}t}\right)_{\mathrm{W}} = \frac{A^2K}{8(V_{\mathrm{E}} + V_{\mathrm{e}})} = \frac{AK}{8(q_{\mathrm{E}} + q_{\mathrm{e}})} = \frac{8.1 \times 4.73 \times 10^{-5}}{8 \times (0.5 + 0.0268)}\ \mathrm{m^3/s} = 9.09 \times 10^{-5}\ \mathrm{m^3/s}$$

由题意知,洗涤液量

$$V_{\mathrm{W}} = 8.1 \times \frac{1}{40}\ \mathrm{m}^3 = 0.2025\ \mathrm{m}^3$$

则洗涤时间

$$t_{\mathrm{W}} = \frac{V_{\mathrm{W}}}{\left(\frac{\mathrm{d}V}{\mathrm{d}t}\right)_{\mathrm{W}}} = \frac{0.2025}{9.09 \times 10^{-5}}\ \mathrm{s} = 2228\ \mathrm{s}$$

(3) 过滤机生产能力。

$$Q = \frac{3600V}{T} = \frac{3600V}{t + t_{\mathrm{W}} + t_{\mathrm{D}}} = \frac{3600 \times 8.1}{5852 + 2228 + 60 \times 60}\ \mathrm{m^3/h} = 2.50\ \mathrm{m^3/h}$$

思　考　题

3-1　影响重力沉降速度的因素有哪些?

3-2　降尘室的设计或操作需要考虑哪些因素?设计多层降尘室的理论根据是什么?

3-3　离心沉降速度与重力沉降速度有何异同?

3-4　旋风分离器的基本结构和操作原理是什么?

3-5　过滤基本方程对过滤操作有何指导意义?请举例说明。

3-6　用板框压滤机恒压过滤某混悬液,为何在过滤之初得到的滤液为混浊液体?该如何处理?

习　　题

3-1　直径为 55 μm、密度为 2650 kg/m³ 的固体颗粒在 25℃ 的清水和空气中自由沉降,试计算其沉降速度。已知 25 ℃ 下空气的密度为 1.185 kg/m³,黏度为 1.84×10^{-5} Pa·s;水的密度为 996.9 kg/m³,黏度为 0.8973×10^{-3} Pa·s。　【答案:3.03×10^{-3} m/s,0.2373 m/s】

3-2　现将密度为1080 kg/m³、直径 d 为 0.16 mm的钢球置于密度为 980 kg/m³ 的某液体中,盛放液体的玻璃管的内径 D 为 20 mm。测得小球的沉降速度为 1.70 mm/s,试计算此时液体的黏度。当 $d/D < 0.1$ 时,器壁对沉降速度的影响可用下式校正:

$$u_{\mathrm{t}}' = \frac{u_{\mathrm{t}}}{1 + 2.104 \times \dfrac{d}{D}}$$

式中,u_{t} 为自由沉降时的沉降速度;u_{t}' 为干扰沉降时的沉降速度。　【答案:0.0567 Pa·s】

3-3　在底面积为 40 m² 的降尘室中回收气流中的固体颗粒,气体流量为 3600 m³/h,固体密度为 2650 kg/m³,气流为 40 ℃ 的空气,试求:(1) 理论上能够被完全除去的最小颗粒直径;(2) 粒径为 10 μm 的颗

粒的回收率。已知 40 ℃ 下空气的密度为 1.128 kg/m³，黏度为 1.91×10^{-5} Pa·s。

【答案：(1) 18.2 μm；(2) 30.19%】

3-4　拟采用降尘室回收常压炉气中所含的球形固体颗粒。降尘室底面积为 14 m²，宽和高均为 2 m。操作条件下气体的密度为 0.75 kg/m³，黏度为 2.6×10^{-5} Pa·s，固体颗粒的密度为 3000 kg/m³，要求生产能力为 2 m³/s，若已知设备在现有条件下的临界粒径为 47.7 μm，试求：如欲使临界粒径减小为 9 μm，在原降尘室内需设置几层隔板？隔板间距多少为宜？　【答案：需 27 层，板间距为 0.071 m】

3-5　拟采用标准型旋风分离器除去炉气中的球形固体颗粒。已知操作条件下气体的密度为 0.75 kg/m³，黏度为 2.6×10^{-5} Pa·s，固体颗粒的密度为 3000 kg/m³，旋风分离器的直径 D 为 0.4 m，适宜的进口气速为 20 m/s，要求设备生产能力为 2 m³/s，试计算：(1) 需要几个旋风分离器并联操作；(2) 临界粒径与分割粒径；(3) 压降。　【答案：(1) 5 个；(2) 临界粒径 4.98 μm，分割粒径 3.55 μm；(3) 压降 1200 Pa】

3-6　在过滤面积 10 m² 的板框压滤机中以恒压差过滤某种悬浮液。已测得两组数据：

过滤时间 t/min	10	20
所得滤液量 V/m³	1.35	2.00

(1) 写出此实验条件下恒压过滤基本方程；(2) 过滤 30 min 共得滤液量为多少？

【答案：(1)$V^2+0.508V=4.179\times10^{-3}t$；(2)2.501 m³】

3-7　现有一台具有 10 m² 过滤面积的过滤机，用来过滤某固体粉末的水悬浮液。已知实验在 20 ℃ 下进行，此时水的黏度为 0.001 Pa·s，单位体积滤液所形成的滤饼体积 $\upsilon=20$ m³/m³，已通过小型实验测得滤饼的比阻系数 $r'=1.1\times10^{9}$ m⁻¹，压缩指数 $s=0.3$，过滤介质阻力可忽略。过滤可视为 40 min 的恒压过滤，要求得到总滤液量为 8 m³，则操作压差应为多少？　【答案：1.085×10^{5} Pa】

3-8　有一台板框压滤机，在表压 1.5 atm 下以恒压操作方式过滤某一种悬浮液。2 h 后得到滤液 10 m³，过滤介质阻力可忽略不计。试计算：(1) 若其他情况不变，而过滤面积加倍，可得滤液多少？(2) 若表压加倍，而滤饼是可压缩的，其压缩性指数 $s=0.25$，可得滤液多少？(3) 若其他情况不变，但将操作时间缩短一半，所得滤液为多少？　【答案：(1) 80 m³；(2) 52 m³；(3) 28.3 m³】

3-9　板框压滤机的过滤终了速率为 4 m³/h，过滤完毕用横穿洗涤法洗涤滤饼 30 min。若洗水黏度、洗涤压差和过滤终了时均相同，试求洗水的用量。　【答案：0.5 m³】

3-10　用板框压滤机恒压过滤某碳酸钙水悬浮液，滤框的容渣体积为 810 mm×810 mm×50 mm，有 16 个滤框。已测得过滤常数 $K=2\times10^{-5}$ m²/s，$q_e=0.01$ m³/m²；滤饼体积与滤液体积之比为 0.12。试求：(1) 滤饼充满滤框所需的过滤时间；(2) 过滤完毕后用 1/10 滤液体积的清水洗涤滤饼所需的洗涤时间(设洗涤的压差和洗水黏度与过滤终了时相同)；(3) 若每批操作的辅助时间为 25 min，则生产能力是多少？

【答案：(1) 2380 s；(2) 1823 s；(3) 2.763 m³/h】

3-11　现用一台转筒真空过滤机于 460 mmHg 真空度下过滤某种悬浮液。已知此机转鼓直径为 1.75 m，长度为 0.98 m，浸没度为 120°，过滤常数 $K=5.15\times10^{-6}$ m²/s，且每获得 1 m³ 滤液可得 0.66 m³ 的滤饼，若过滤介质阻力可忽略不计，滤饼为不可压缩滤饼，转鼓转速为 1 r/min，试求：(1) 过滤机的生产能力；(2) 转筒旋转一周表面积累的滤饼的厚度。　【答案：(1) 3.28 m³/h；(2) 6.69 mm】

本章主要符号说明

符号	意义	单位	符号	意义	单位
英文					
A	过滤面积	m²	R_m	过滤介质阻力	m⁻¹
B	旋风分离器的进口宽度	m	r	滤饼的比阻	m⁻²
C	气体含尘浓度	g/m³	r'	单位压差下滤饼的比阻	m⁻²

符号	意义	单位	符号	意义	单位
D	设备直径	m	s	滤饼的压缩性指数	
d	颗粒直径	m	t	过滤时间	s
d_c	临界粒径	m	t_D	辅助操作时间	s
F	作用力	N	t_W	洗涤时间	s
g	重力加速度	m/s^2	T	操作周期	s
H	降尘室高度	m	u	流速或过滤速度	m/s
h	旋风分离器的进口高度	m	u_i	旋风分离器的进口气速	m/s
K	过滤常数	m^2/s	u_T	切向速度	m/s
K_c	分离因数		u_t	重力沉降速度	m/s
L	滤饼厚度	m	u_r	离心沉降速度	m/s
L_e	过滤介质的当量滤饼厚度	m	V	滤液量	m^3
n	转速	r/min	V_e	过滤介质的当量滤液量	m^3
N_e	旋风分离器内外旋气流的有效旋转圈数		q_e	过滤介质的当量单位面积累计滤液量	m^3/m^2
R	滤饼阻力	m^{-1}	q	单位面积的累计滤液量	m^3/m^2
Δp	通过滤饼和过滤介质的总压差	Pa	Re_t	颗粒相对于流体运动时的雷诺数	
Δp_c	滤饼两侧的压差	Pa	Q	过滤机生产能力	m^3/h
Δp_f	旋风分离器的压降	Pa	Δp_w	洗涤总压差	Pa

希文

符号	意义	单位	符号	意义	单位
υ	滤饼体积与相应的滤液体积之比	m^3/m^3	ρ	密度	kg/m^3
ζ	沉降阻力系数		ϕ_s	颗粒的球形度	
μ	黏度	Pa • s	η	效率	

第4章　传　　热

学习要求

通过本章学习，掌握傅里叶定律及其应用、平壁及圆筒壁一维稳态热传导计算、对流传热过程的影响因素、传热计算及强化传热的途径等，熟悉换热器的结构特点及选型。

具体学习要求：掌握热传导、对流和辐射三种传热方式的异同点；掌握一维定态傅里叶定律及其应用、平壁及圆筒壁一维稳态热传导计算及分析；掌握对流传热过程的影响因素及对流传热系数的分析方法；掌握传热速率方程与热负荷计算、平均温度差计算、总传热系数计算、污垢热阻及壁温计算、传热面积计算，以及强化传热的途径；熟悉热辐射基本概念及两灰体间辐射传热计算；熟悉列管式换热器结构特点及选型计算；了解各种常用换热器的结构特点及应用。

4.1　概　　述

4.1.1　传热过程在化工生产中的应用

根据热力学第二定律，凡是有温度差存在，热量必然从高温处传递到低温处。热量传递是指在物体内部或物系之间，当有温度差存在时，热量从高温处向低温处传递的过程，简称为传热。温度差是热量传递的原因，或者说是推动力。传热不仅是自然界普遍存在的一种能量传递现象，而且在能源、宇航、化工、动力、冶金、机械、建筑、农业、环境保护等工业生产以及日常生活中都具有重要地位。

化学工业与传热的关系尤为密切。在化工生产过程中，存在着大量的与传热相关的过程。例如：几乎所有的化学反应过程都需要控制在一定的温度下进行；为了达到和保持化学反应的最佳温度，需向反应器输入或移出热量；对诸如蒸馏、蒸发、干燥和结晶等物理单元操作，都有一定的温度要求，所以也需要有一定热量的输入或输出。此外，高温或低温下操作的设备和管路，若要管路中输送的流体保持一定的温度并尽量减少热量传递量，则需要保温。因此，传热是化工生产中最常见的单元操作。

总体来说，化工生产对传热过程的要求主要有以下两种情况。

(1) 强化传热过程　使传热设备中冷热物料以较高传热速率进行热量传递的过程。

(2) 削弱传热过程　对高温设备及管路的保温、低温设备及管路的保冷等，则需要减弱热量的传递，即降低传热速率。

本章学习传热的主要目的是学会分析影响传热速率的因素，掌握控制热量传递速率的一般规律，以便能根据生产的要求来强化或削弱热量的传递，正确选择适宜的传热设备和保温（隔热）方法。

4.1.2　加热介质与冷却介质

在化工生产中,物料在换热器内被加热或冷却时,通常需要用另一种流体供给或带走热量,此种流体称为载热体,其中起加热作用的载热体称为加热介质(或加热剂);起冷却(或冷凝)作用的载热体称为冷却介质(或冷却剂)。

在一定的传热系统中,待加热或冷却物料的初始及终了温度通常由工艺条件决定,因此需要提供或带走的热量是一定的。传递热量的多少决定了传热过程的操作费用。但应指出,单位热量的价格因载热体而异。例如,当加热时,温度要求越高,价格越高;当冷却时,温度要求越低,价格越高。因此为了提高传热过程的经济效益,必须选择适当温度的载热体。载热体的选择原则有以下几点:① 温度需满足工艺要求;② 温度易于调节;③ 不易燃,不易爆,不分解,无毒;④ 不易结垢,腐蚀性小;⑤ 传热性能好;⑥ 价廉易得。

工业上常用的载热体列于表 4-1 中。

表 4-1　工业上常用的载热体

载热体		使用温度范围	说明
加热剂	热水	40 ～ 100 ℃	利用水蒸气冷凝水或废热水的余热
	饱和水蒸气	100 ～ 180 ℃	180 ℃ 水蒸气压力为 1.0 MPa(压力再高就不经济了),温度易调节,冷凝相变热大,对流传热系数大
	矿物油	＜ 250 ℃	价廉易得,黏度大,对流传热系数小,高于 250 ℃ 时易分解,易燃
	联苯混合物,如道生油含联苯 26.5%、二苯醚 73.5%	液体 15 ～ 255 ℃ 蒸气 255 ～ 380 ℃	使用温度范围宽,用蒸汽加热时温度易调节,黏度比矿物油小
	熔盐:$NaNO_3$　7%,$NaNO_2$　40%,　KNO_3　53%	142 ～ 530 ℃	温度高,加热均匀,比热容小
	烟道气	500 ～ 1000 ℃	温度高,比热容小,对流传热系数小
冷却剂	冷水(河水、井水、水厂给水,循环水)	15 ～ 35 ℃	来源广,价格便宜,冷却效果好,调节方便,水温受季节和气候影响,冷却水出口温度不宜高于 50 ℃,以免结垢
	空气	＜ 35 ℃	缺乏水资源地区可用空气,对流传热系数小,温度受季节、气候影响
	冷冻盐水(氯化钙溶液)	－15 ～ 0 ℃	用于低温冷却,成本高

4.1.3　传热过程的基本方式

根据传热机理的不同,传热过程有三种基本方式:热传导、热对流和热辐射。传热可依靠其中一种或几种方式同时进行。

1. 热传导

在相互接触的物体之间或同一物体内部存在温度差时,若物体各部分之间不发生相对位移,仅借分子、原子和自由电子等微观粒子的热运动而引起的热量传递称为热传导(导热)。温度不同,这些微观粒子的热运动激烈程度就不同。

热传导在固体、液体和气体中均可进行，但它的微观机理各不相同。固体中的热传导属于典型的导热方式。在金属中，热传导主要是依靠其自由电子的迁移实现的；在非金属固体中，导热是通过分子振动而将能量的一部分传给相邻分子的；气体中的导热是气体分子作不规则热运动相互碰撞的结果。液体的导热机理比较复杂，至今没有定论。一种观点认为接近气体导热机理，另一种观点认为与非导电固体的导热机理相似。

2. 热对流

热对流（对流传热）是指不同温度的流体因搅拌、流动引起的流体质点位移导致的传热过程。流体内存在温度差的各部分质点通过相对位移而混合，这种质点的混合过程导致热量交换，同时也存在着动量交换。流体的流动对对流传热起到至关重要的作用。

依据引起质点发生相对位移的原因不同，热对流又可分为自然对流和强制对流。自然对流是由于流体内部各处温度不同而产生密度差异，轻者上浮，重者下沉，引起流体内部质点的相对运动。例如，暖气片表面附近受热空气向上流动就属于自然对流。强制对流则是指在某种外力（如风机、泵、搅拌或其他压差等作用）的强制作用下引起质点的相对运动。在同一种流体中，有可能同时发生自然对流和强制对流。

对流传热仅发生在流体中，而且由于流体中的分子同时进行着不规则的热运动，因而热对流必然伴随着热传导现象，只是通常对流传热占主导地位。

3. 热辐射

热辐射是因热的原因物体发射辐射能的过程。热辐射是一种以电磁波形式在空间传递热能的方式。典型的热辐射例子有太阳光照等。

事实上，在绝对温度以上，自然界中的物体都能向空间辐射能量，同时又不断地吸收其他物体辐射的能量，因而热辐射现象是普遍存在的。当某物体向外界辐射的能量与其从外界吸收的辐射能不相等时，该物体就与外界发生热量传递，这种方式称为辐射传热。由于高温物体发射的能量比吸收的多，而低温物体则相反，从而使净热量从高温物体传向低温物体，直至达到动态平衡。

热辐射与热传导、热对流两种传热方式存在本质上的不同，主要体现在三个方面。

(1) 热辐射是一种以电磁波形式传递热量的现象，可以在真空中传递，不需任何介质，而后两者需要冷、热物体的直接接触来传递热量，或者说需要有介质的存在才能实现。

(2) 热辐射不仅存在能量的转移，而且伴有能量形式的转化。即发射时从热能转化为辐射能，被吸收时又从辐射能转化为热能。而后两种传热方式不存在这样的能量转化过程。

(3) 物体向外界辐射能量的大小与物体的温度有关，只有在物体温度较高时，辐射才成为传热的主要方式。

在实际传热过程中，三种传热方式往往不是单独出现的，而是两种或三种传热方式的组合。

4.1.4 传热过程的基本概念

1. 稳态传热与非稳态传热

稳态传热是指传热系统中各点的温度仅随位置变化而不随时间变化，即传热系统中不积累能量。生产上连续传热操作属于稳态传热，稳态传热的传热速率（单位时间内通过传热面传递的热量）为常数。非稳态传热是指传热系统中各点的温度既随位置变化又随时间而变化，即传热系统中存在能量积累。生产中的间歇传热操作属于非稳态传热,此时传热速率不是常数。

本章中如无特别说明,讨论的内容都属于稳态传热。

2. 传热的推动力

传热过程实质上是由于物体内部或物体与环境之间存在以温度为表征的能量分布不平衡而发生的能量迁移过程,直至趋向于能量平衡,即温度相等为止。因此通俗地说,物体内或其与环境之间只要有温度差存在就有热的传递,也就是说,温度差是实现传热的前提或者说是推动力。温度差越大,传热推动力越大。

3. 温度场

1)温度场的概念

由于热传导方式引起的热传导速率(简称为导热速率)取决于物体内部温度的分布情况。将物体或系统内各点温度分布的总和称为温度场。温度场描述任一物体或系统内各点的温度分布和时间的关系,其数学表达式为

$$t=f(x,y,z,\theta) \tag{4-1}$$

式中,t 为体系内某时刻某点的温度,℃ 或 K;x,y,z 为物体内任一点的空间坐标;θ 为时间,s。

2)温度场的分类

(1)根据温度场与时间的变化关系,可将温度场分为稳态温度场和非稳态温度场。

① 稳态温度场:稳态传热时,温度场内各点温度只随位置变化,不随时间变化,温度分布函数为

$$t=f(x,y,z) \tag{4-2}$$

② 非稳态温度场:温度场内各点温度既随位置变化,又随时间变化,也称瞬间温度场,温度分布函数为式(4-1)。

(2)根据温度场与空间坐标的变化关系,可将温度场分为三维温度场、二维温度场和一维温度场。

若物体内的温度不仅是稳态,而且仅沿着一个坐标方向变化,则此温度场为一维稳态温度场,数学表达式为

$$t=f(x) \tag{4-3}$$

本章主要学习一维稳态温度场。

3)等温面与等温线的概念

上述对温度场的描述是以点为单位描述温度分布的集合,如果把场中温度相同的点连起来,则形成等温面或等温线,以此为单位来描述温度场,更有利于准确把握场内的温度分布特点。

等温面是指三维温度场中某一瞬间相同温度各点组成的面,可以是平面或者曲面。

对温度场取二维横截面(即平面截面),则各等温面与此截面相交后,在截面内得到一系列曲线,每条线即为一条等温线。把等温面转化为同一平面内的等温线,能够更直观地反映场内温度分布。

等温面与等温线具有以下特点。

(1)温度不同的等温面(或等温线)之间彼此不能相交。

(2)同一个等温面(或等温线)内的点对应的温度都是相同的,等温面(或等温线)内点之间不发生传热,传热只发生在不同的等温面(或等温线)之间。

(3)在连续的温度场中,等温面(或等温线)不会中断,它们可以形成完全封闭的曲面(曲

线)，或者终止于系统的边界上。

(4) 若每个等温面(或等温线)间的温度间隔相等，等温面(或等温线)的疏密程度可直观反映出不同区域热流密度的相对大小。等温线越疏，则该区域热流密度越小；反之，越大。

本章就是利用等温面或等温线描述温度场中温度分布的。

4. 传热速率

在化工生产中除了计算传热量，还要考虑传热快慢的问题。因此，研究传热过程的重要问题之一是确定传热速率。传热速率是指单位时间内通过一定传热面积传递的热量，也称热流量，它用于表征换热器的生产能力，用 Q 表示，单位为 J/s 或 W。本章主要讨论影响传热速率的主要因素，进而控制传热过程。

5. 传热面积

稳态传热过程可看成等温面之间的传递，即由温度较高的等温面向温度较低的等温面传递。等温面的面积一般称为传热面积，用 A 表示，单位为 m^2。在同一传热系统内，温度差相同时，传热面积越大，传热速率也就越大。

6. 热通量

热通量又称热流密度，用 q 表示，是指单位时间内通过单位传热面积所传递的热量。在一定的传热速率下，q 越小，所需的传热面积越大。因此，热通量是反映传热强度的指标，又称热流强度，单位为 $J/(s \cdot m^2)$ 或 W/m^2。热通量与传热速率的关系为

$$q = \frac{dQ}{dA} \tag{4-4}$$

4.1.5　冷、热流体热量传递方式及换热设备

工业生产中，两种流体之间的传热过程是在一定的设备内完成的。热流体与冷流体之间进行传热操作的基本设备称为换热器，又称热交换器。传热过程中冷、热流体热交换可分为三种方式，即直接接触式换热、蓄热式换热和间壁式换热。各种热交换方式所用换热器的结构也各不相同。

1. 直接接触式换热

在这类换热器中，冷、热流体在传热设备中通过直接混合接触的方式进行热量交换，又称为混合式传热。其特点是传热效率高、设备结构简单。所采用的设备称为混合式换热器。需要说明的是，仅对于工艺上允许两种流体相互混合的情况，才能采用这种换热方式。常用于热气体的水冷或工业循环水的空冷。

图4-1所示为干式逆流高位冷凝器，它是混合式换热器的一种。被冷凝的蒸气与冷却水在器内逆流流动，上升蒸气与自上部喷淋下来的冷却水相接触而冷凝，冷凝液与冷却水沿气压管向下流动。由于冷凝器通常与真空蒸发器相连，器内压力为 10 ～ 20 kPa，因此气压管必须有足够的高度，一般为 10 ～ 11 m。

2. 蓄热式换热

蓄热式换热器又称蓄热器。首先使热流体流过蓄热器，将其中的固体填充物(如耐火砖等)加热，然后停供热流体，改为通入冷流体，用固体填充物所积蓄的热量加热冷流体。其特点是冷、热流体间的热交换是通过蓄热体的周期性加热和冷却来实现的。

图4-2所示为蓄热式换热器。这类换热器结构较简单，可耐高温，常用于气体的余热或冷量的利用。缺点是设备的体积较大，而且两种流体交替通过蓄热器难免会有一定程度的混合。

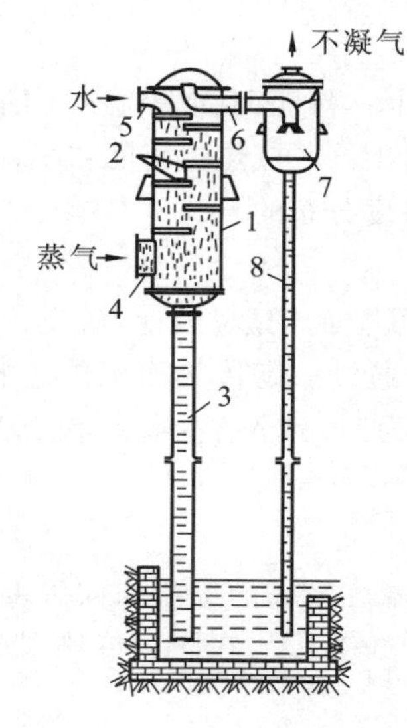

图 4-1　干式逆流高位冷凝器

1— 外壳;2— 淋水板;3、8— 气压管;
4— 蒸气进口;5— 进水口;6— 不凝气出口;7— 分离罐

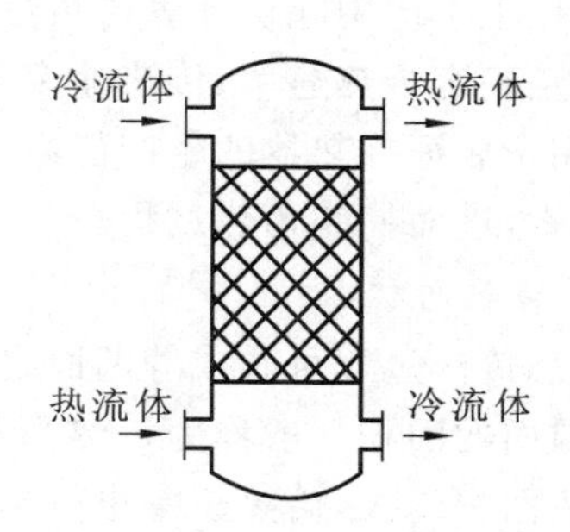

图 4-2　蓄热式换热器

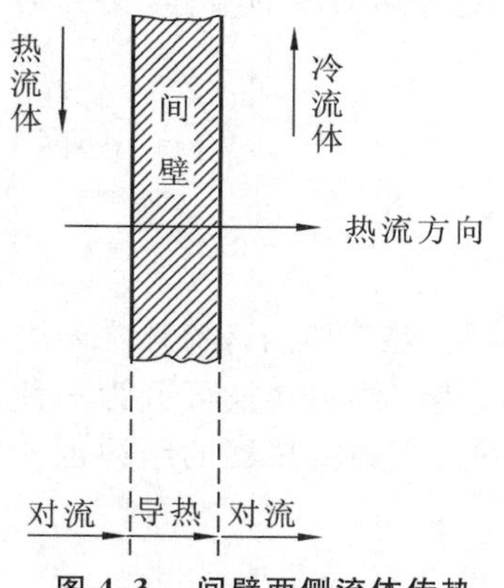

图 4-3　间壁两侧流体传热示意图

3. 间壁式换热

间壁式换热是工业生产中普遍采用的一种传热方式,在大多数情况下,参与传热的冷、热流体是不允许直接接触的。在换热器内,冷、热流体用固体壁隔离开,热流体将热量传递给固体壁面,通过固体壁将热量传递给冷流体。图 4-3 为间壁传热过程示意图。冷、热流体通过间壁传热过程包括以下三个步骤:

(1) 热流体以对流的方式将热量传递至间壁的一侧;

(2) 热量从间壁的一侧以热传导的方式传递至间壁的另一侧;

(3) 冷流体侧的壁面将热量以对流的方式传递至冷流体。

通常,将流体与固体壁面之间的传热称为对流传热,将冷、热流体通过间壁传递热量的过程称为传热过程。

4.1.6　典型的间壁式换热器

在化工生产上应用最多的是间壁式换热器。在此简单介绍两种典型的间壁式换热器。

1. 套管式换热器

图 4-4 是简单的套管换热器示意图。它是由直径不同的两根管子同心套在一起组成的。冷、热流体分别流经内管和环隙而进行热交换。

2. 列管式换热器

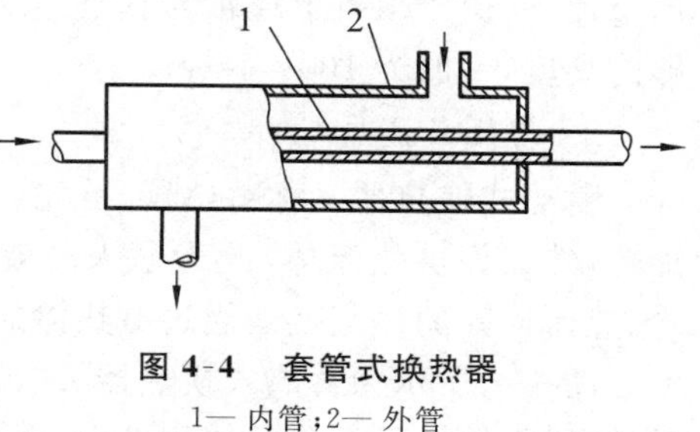

图 4-4　套管式换热器

1— 内管;2— 外管

如图 4-5 所示,列管式换热器内部是由多根金属圆管组成的传热管束 2,管束两端固定在管板 6 上,有外壳 1 包围在外部,壳体多为圆筒形。进行换热时,一种流体在各圆管内流动,称为管内流体;另一流体在外壳与各圆管之间的间隙围成的空间内流动,称为壳程流体。为了提高壳程流体的换热能力,通常在管壳上安装若干挡板。挡板迫使流体按规定路程多次横向通过管束，能够与各圆管壁充分地接触换热，另外当流体绕挡板流动时，有扰动作用，增强流体湍流程度，也促进了换热。

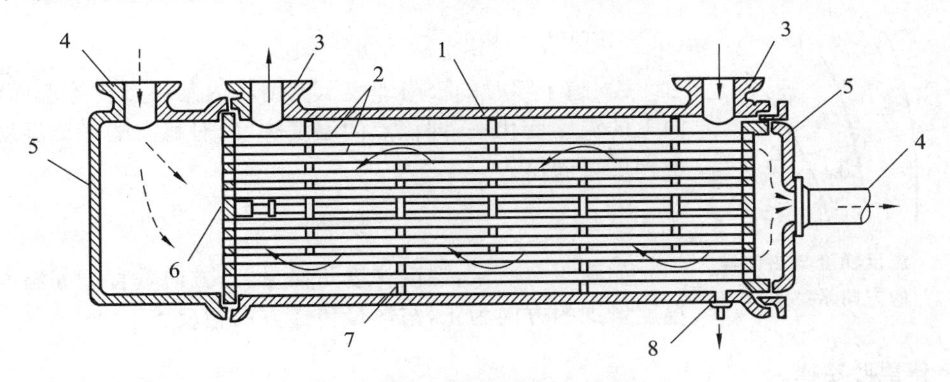

图 4-5　单管程列管式换热器

1— 外壳；2— 管束；3、4— 接管；5— 封头；6— 管板；7— 挡板；8— 泄水管

在图 4-5 中，管内流体自左侧封头 5 上的接管 4 进入换热器内，经封头与管板 6 间的空间（分配室）分配至各管内，流过管束 2 后，由另一端的接管流出。壳程流体由壳体右侧的接管 3 进入，在壳与管束间沿挡板作折流流动，从另一端的壳体接管流出。通常，把管内流体从管束一端流动到另一端走过的路程称为管程；壳程流体从壳体一端流动到另一端走过的路程称为壳程。管内流体从管束一端到另一端流过一次的列管式换热器，称为单管程列管式换热器。

在图 4-6 中，用一块隔板将分配室等分成两部分，管内流体只能先经一半管束，待流到另一端分配室折回再流经另一半管束，然后从接管流出换热器。由于管程流体在管束内流经两次，称为双管程列管式换热器。若流体在管束内来回流过多次，则称为多管程换热器（例如四管程、六管程换热器）。

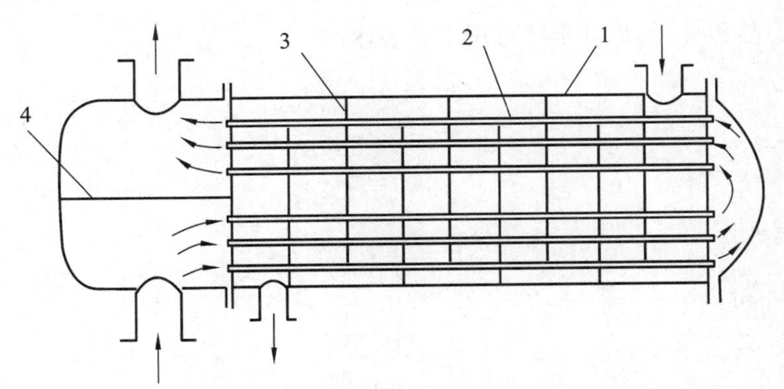

图 4-6　双管程列管式换热器

1— 壳体；2— 管束；3— 挡板；4— 隔板

4.2　热　传　导

4.2.1　温度梯度

在前面介绍等温面概念时已提到，温度差相同的等温面在不同区域分布的疏密程度可能不同，另外自同一等温面上某一点出发，沿不同方向的温度变化率也不同，以该点等温面法向

方向的温度变化率最大。结合这两点,把两等温面的温度差 Δt 与其间的法向距离 Δn 之比称为温度梯度(temperature gradient),常用 $\mathrm{grad}t$ 表示,即

$$\mathrm{grad}t = \lim_{\Delta n \to 0} \frac{\Delta t}{\Delta n} = \frac{\partial t}{\partial n} \tag{4-5}$$

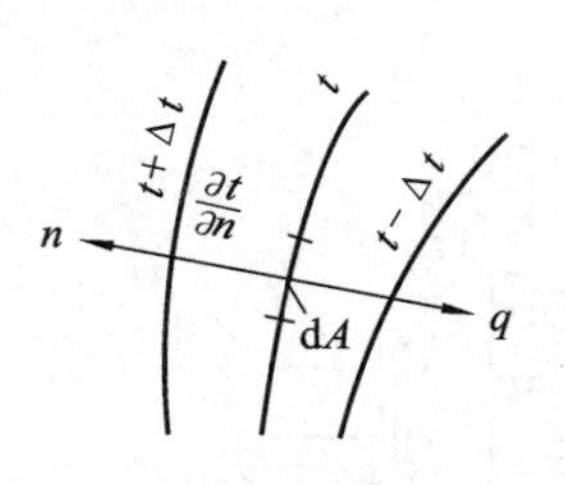

图 4-7 温度梯度与热传导的方向示意图

Δn 趋于零时的极限即表示温度场内某一点在等温面法线方向上的温度变化率,即该点的温度梯度。对稳态的一维温度场,温度梯度可表示为

$$\mathrm{grad}t = \frac{\mathrm{d}t}{\mathrm{d}x} \tag{4-5a}$$

如图 4-7 所示,温度梯度是向量,其方向垂直于等温面,并以温度增加的方向为正,与热量传递方向相反。

4.2.2 傅里叶定律

傅里叶定律是热传导的基本定律,表示通过等温面的热传导速率与温度梯度及传热面积成正比,即

$$\mathrm{d}Q = -\lambda \mathrm{d}A \frac{\partial t}{\partial n} \tag{4-6}$$

式中,Q 为热传导速率,W 或 J/s;A 为导热面积,$\mathrm{m^2}$;λ 为导热系数(热导率),W/(m·℃) 或 W/(m·K)。

式(4-6) 表明,通过等温面的热传导速率与温度梯度和传热面积(等温面面积) 成正比,式中的负号表示传热方向总是与温度梯度的方向相反,导热系数 λ 是物质的物理性质之一。

用热通量来表示:

$$q = \frac{\mathrm{d}Q}{\mathrm{d}A} = -\lambda \frac{\partial t}{\partial n} \tag{4-6a}$$

对一维稳态热传导,傅里叶定律可用下式表达:

$$Q = -\lambda A \frac{\mathrm{d}t}{\mathrm{d}x} \tag{4-6b}$$

$$q = -\lambda \frac{\mathrm{d}t}{\mathrm{d}x} \tag{4-6c}$$

4.2.3 导热系数

由式(4-6b) 可得

$$\lambda = -\frac{Q}{A \dfrac{\mathrm{d}t}{\mathrm{d}x}} \tag{4-7}$$

式(4-7) 即为导热系数的定义式,表示导热系数在数值上等于单位温度梯度单位导热面积下的热传导速率。导热系数代表了物质导热能力,作为物质的物理性质,其值越大,物质的导热性能越好。其值大小与物质的组成、结构、密度、温度及压力等因素有关。除了压力极高或极低,一般情况下,压力对导热系数的影响可忽略。

各种物质的导热系数可由实验测定,工程上常见物质的导热系数可由手册查取。一般来说,金属的导热系数最大,液体的次之,而气体的最小。下面分别叙述固体、液体和气体的导热系数。

1. 固体的导热系数

在各种固体材料中,金属的导热性能一般好于非金属。纯金属的导热系数一般随温度的升

高而减小。但金属的导热系数大都随其纯度的降低而降低，因此，合金的导热系数一般要比纯金属的小。非金属建筑材料和绝热材料的导热系数与温度、组成及密度有关。

对大多数均质固体材料，其导热系数在一定范围内（温度变化不太大）与温度近似呈线性关系，可用下式表示：

$$\lambda = \lambda_0(1 + at) \tag{4-8}$$

式中，λ 为固体在温度为 t 时的导热系数，W/(m·℃) 或 W/(m·K)；λ_0 为固体在 0 ℃ 时的导热系数，W/(m·℃) 或 W/(m·K)；a 为温度系数，对大多数金属材料为负值($a < 0$)，对大多数非金属材料为正值($a > 0$)，K^{-1}。

在工程计算中，常遇到固体壁面两侧温度不同的情况，此时在选用导热系数时，常取固体两侧面温度下导热系数的算术平均值，或取两侧面温度的算术平均值下的导热系数。在以后的热传导计算中，一般采用平均导热系数。

2. 液体的导热系数

液体分为金属液体和非金属液体两类。金属液体导热系数较大，非金属液体的导热系数较小。在非金属液体中，水的导热系数最大。除水和甘油等少量液体物质外，绝大多数液体的导热系数随温度的升高而略有减小。一般来说，纯液体的导热系数大于溶液的导热系数，如图 4-8 所示。

3. 气体的导热系数

气体的导热系数随着温度升高而增大。在通常压力范围内，压力对导热系数的影响可忽略不计。只有当压力过高或过低（高于 2×10^5 kPa 或低于 3 kPa）时，导热系数才随压力升高而增大。

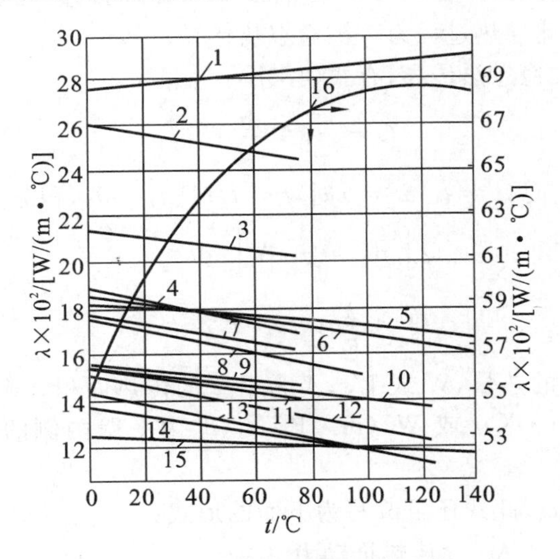

图 4-8　各种液体的导热系数

1— 无水甘油；2— 蚁酸；3— 甲醇；4— 乙醇；
5— 蓖麻油；6— 苯胺；7— 乙酸；8— 丙酮；
9— 丁醇；10— 硝基苯；11— 异丙苯；12— 苯；
13— 甲苯；14— 二甲苯；15— 凡士林；16— 水(用右纵坐标)

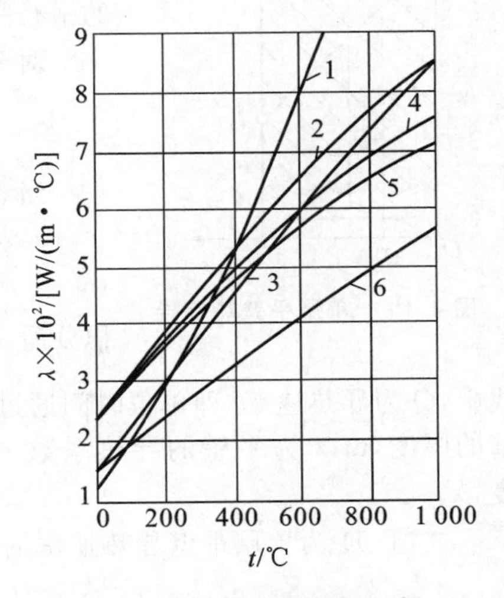

图 4-9　各种气体的导热系数

1— 水蒸气；2— 氧气；3— 二氧化碳；
4— 空气；5— 氮气；6— 氩气

由于气体的导热系数很小，不利于导热，因此可用来保温或隔热。固体绝热材料的导热系数之所以小，是因为它的结构呈纤维状或多孔状，空隙率很大，其孔隙中含有大量空气。如软木、玻璃棉等就是因其细小的孔隙中有气体存在，所以其导热系数很小。几种常见气体的导热系数值如图 4-9 所示。各类物质导热系数大致范围见表 4-2。

表 4-2　各类物质导热系数大致范围

物质种类	λ 值范围 /[W/(m·℃)]	常温下常用物质的 λ 值 /[W/(m·℃)]
纯金属	20 ~ 400	银 427,铜 380,铝 230,铁 70
合金	10 ~ 130	黄铜 110,碳钢 45,灰铸铁 40,不锈钢 17
建筑材料	0.2 ~ 2.0	普通砖 0.7,耐火砖 1.0,混凝土 1.3
液体	0.1 ~ 0.7	水 0.6,甘油 0.28,乙醇 0.18,60% 甘油 0.38,60% 乙醇 0.3
绝热材料	0.02 ~ 0.2	保温砖 0.15,石棉粉 0.13,矿渣棉 0.06,玻璃棉 0.04,膨胀珍珠岩 0.04
气体	0.01 ~ 0.6	氢气 0.6,空气 0.025,二氧化碳 0.015,乙醇 0.015

4.2.4　平壁与圆筒壁的热传导

根据壁面形状,热传导可分为平壁热传导和非平壁热传导两种。由于在化工生产上,传热操作大多在圆管组成的换热器中进行,传热面为圆管壁面,一般称为圆筒壁热传导,是非平壁热传导中典型的实例。本节着重介绍平壁与圆筒壁的热传导。

1. 单层平壁的稳态热传导

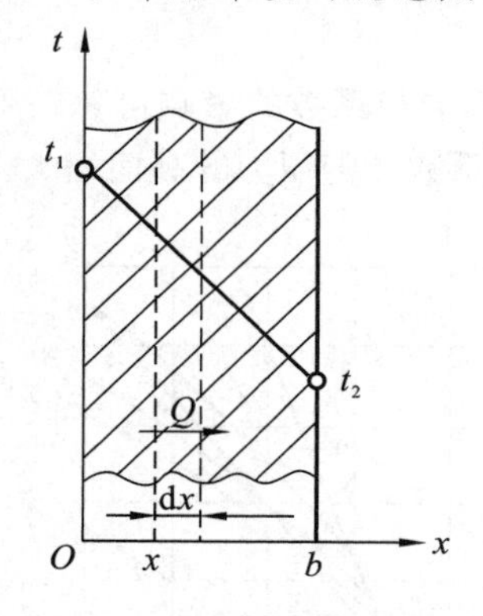

图 4-10　单层平壁热传导

如图 4-10 所示的平壁,壁厚为 b,传热面积为 A,假设平壁材料均匀,导热系数 λ 不随温度变化而变化(或取平均导热系数),平壁的温度只沿垂直于壁面的 x 轴变化,故等温面皆为垂直于 x 轴的平行平面,此导热过程为一维稳态热传导。

对于一维稳态热传导,有式(4-6b):

$$Q = -\lambda A \frac{\mathrm{d}t}{\mathrm{d}x}$$

当 $x=0$ 时,$t=t_1$;$x=b$ 时,$t=t_2$;且 $t_1>t_2$,积分上式,有

$$Q\int_0^b \mathrm{d}x = -\lambda A \int_{t_1}^{t_2} \mathrm{d}t$$

积分后,得

$$Q = \frac{\lambda}{b} A (t_1 - t_2) \tag{4-9}$$

式中,Q 为导热速率,即单位时间通过平壁的热量,W 或 J/s;A 为平壁的传热面积,m^2;b 为平壁的厚度,m;λ 为平壁的导热系数,W/(m·℃) 或 W/(m·K);t_1、t_2 为平壁两侧的壁面温度,℃。

式(4-9) 为单层平壁导热速率的计算式。此式还可改写为下面的形式:

$$Q = \frac{t_1 - t_2}{\dfrac{b}{\lambda A}} = \frac{\Delta t}{R} = \frac{\text{传热推动力}}{\text{热阻}} \tag{4-9a}$$

式(4-9a) 中,$\Delta t = t_1 - t_2$ 为导热推动力,而 $R = \dfrac{b}{\lambda A}$ 则称为导热热阻。

式(4-9) 也可用热通量表示:

$$q = \frac{Q}{A} = \frac{\lambda}{b}(t_1 - t_2) = \frac{t_1 - t_2}{\dfrac{b}{\lambda}} \tag{4-9b}$$

此时,热阻 $R' = \dfrac{b}{\lambda}$,单位为 $\mathrm{m}^2\cdot$℃/W。

若将积分式 $Q\int_0^b \mathrm{d}x = -\lambda A\int_{t_1}^{t_2}\mathrm{d}t$ 的上限从 $x=b, t=t_2$ 改为某一点 $x=x, t=t$，然后积分得

$$Q=\frac{\lambda}{x}A(t_1-t) \tag{4-10}$$

则平壁内任意位置的温度可表示为

$$t=t_1-\frac{Qx}{\lambda A} \tag{4-10a}$$

由式(4-10a)可知，当 λ 视为常数时，平壁内沿 x 轴的温度变化呈线性关系。

【例 4-1】 现有厚度为 240 mm 的砖壁，内壁温度为 300 ℃，外壁温度为 50 ℃。试求通过砖壁壁面的热通量。已知该温度范围内砖壁的平均导热系数 $\lambda=0.60\ \mathrm{W/(m\cdot ℃)}$。

解　由式(4-9b)，有

$$q=\frac{Q}{A}=\frac{\lambda}{b}(t_1-t_2)=\frac{0.60}{0.24}\times(300-50)\ \mathrm{W/m^2}=625\ \mathrm{W/m^2}$$

即通过砖壁面的热通量为 $625\ \mathrm{W/m^2}$。

2. 多层平壁的稳态热传导

若平壁由多层不同厚度、不同导热系数的材料组成，各层接触良好，且相互接触的表面上温度为定值，各等温面皆为垂直于 x 轴的平行平面，如图 4-11 所示(以三层平壁为例)。假设各层的厚度分别为 b_1、b_2 和 b_3，导热系数分别为 λ_1、λ_2 和 λ_3(皆视为常数)，平壁面积为 A。

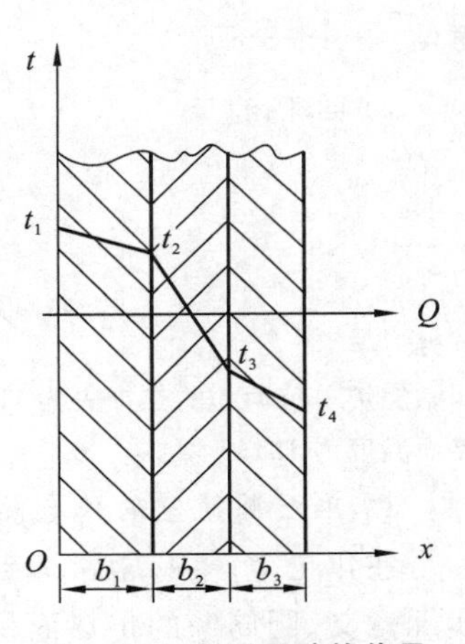

图 4-11　多层平壁热传导

在稳态热传导过程中，各层的导热速率必相等，即

$$Q_1=Q_2=Q_3=Q$$

由(4-9a)可知

$$Q=\frac{t_1-t_2}{\dfrac{b_1}{\lambda_1 A}}=\frac{t_2-t_3}{\dfrac{b_2}{\lambda_2 A}}=\frac{t_3-t_4}{\dfrac{b_3}{\lambda_3 A}} \tag{4-11}$$

根据等比定律可得

$$Q=\frac{t_1-t_2+t_2-t_3+t_3-t_4}{\dfrac{b_1}{\lambda_1 A}+\dfrac{b_2}{\lambda_2 A}+\dfrac{b_3}{\lambda_3 A}}=\frac{t_1-t_4}{\dfrac{b_1}{\lambda_1 A}+\dfrac{b_2}{\lambda_2 A}+\dfrac{b_3}{\lambda_3 A}} \tag{4-12}$$

对于多层平壁热传导来说，稳态热传导的总推动力和总热阻具有叠加性。总推动力等于各层推动力(温度差)之和，也等于最内层传热面与最外层传热面的温度差；总热阻等于各层热阻之和，相当于各层热阻的串联。当总温差一定时，导热速率的大小取决于总热阻的大小。

由此可以推广至 n 层平壁导热速率的计算，即

$$Q=\frac{t_1-t_{n+1}}{\sum\limits_{i=1}^{n}\dfrac{b_i}{\lambda_i A}}=\frac{t_1-t_{n+1}}{\sum\limits_{i=1}^{n}R_i} \tag{4-13}$$

【例 4-2】 有一燃烧炉，炉壁由三种材料组成，如图 4-12 所示。最内层为耐火砖，中间为保温砖，最外层为建筑砖。已知：

耐火砖　$b_1=150\ \mathrm{mm}$，$\lambda_1=1.05\ \mathrm{W/(m\cdot ℃)}$

保温砖　$b_2=290\ \mathrm{mm}$，$\lambda_2=0.15\ \mathrm{W/(m\cdot ℃)}$

建筑砖　$b_3=228\ \mathrm{mm}$，$\lambda_3=0.81\ \mathrm{W/(m\cdot ℃)}$

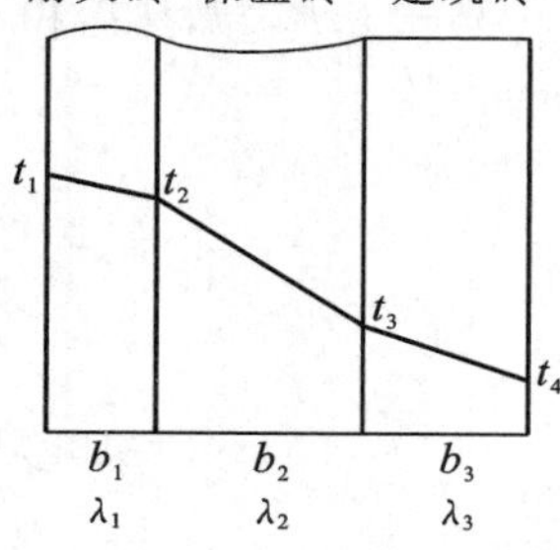

图 4-12　例 4-2 附图

今测得炉内壁和外壁表面温度分别为 1016 ℃ 和 34 ℃。

试计算：(1) 单位面积的热损失；(2) 耐火砖和保温砖之间界面的温度；(3) 保温砖与建筑砖之间界面的温度。

解　(1) 由式(4-12)得

$$q=\frac{Q}{A}=\frac{t_1-t_4}{\frac{b_1}{\lambda_1}+\frac{b_2}{\lambda_2}+\frac{b_3}{\lambda_3}}=\frac{1016-34}{\frac{0.150}{1.05}+\frac{0.290}{0.15}+\frac{0.228}{0.81}}\ \mathrm{W/m^2}$$

$$=416.5\ \mathrm{W/m^2}$$

(2) 根据热量守恒

$$q=\frac{t_1-t_2}{\frac{b_1}{\lambda_1}}$$

代入已知数据，得

$$416.5=\frac{1016-t_2}{\frac{0.15}{1.05}}$$

解得

$$t_2=956.2\ ℃$$

(3) 同理有

$$q=\frac{t_3-t_4}{\frac{b_3}{\lambda_3}}$$

$$416.5=\frac{t_3-34}{\frac{0.228}{0.81}}$$

解得

$$t_3=151.8\ ℃$$

即燃烧炉单位面积的热损失为 416.5 $\mathrm{W/m^2}$，耐火砖和保温砖之间界面温度为 956.2 ℃，保温砖与建筑砖之间界面温度为 151.8 ℃。

3. 单层圆筒壁的稳态热传导

在化工生产中，常常遇到圆筒形的容器、设备和管路，因此，研究圆筒壁的热传导具有工程实际意义。圆筒壁的传热面积不是常数，随半径而变，同时温度也随半径而变。图 4-13 所示为单层圆筒壁的热传导。设管长为 l，圆筒的内、外半径分别为 r_1、r_2，内、外表面分别维持恒定的温度 t_1、t_2，且 $t_1>t_2$。假设壁内传热过程是一维稳态热传导，壁内任意一个圆筒壁面都是等温面。导热系数 λ 为常数。若采用式(4-9a) 计算圆筒壁热传导速率，即

$$Q=\frac{t_1-t_2}{\frac{b}{\lambda A}}=\frac{\text{温度差}}{\text{热阻}}$$

在此式中，温度差、壁厚、导热系数的意义与平壁热传导相同，不再分析。但圆筒壁的传热面积 A 不是常数，随半径而变。那么计算传热速率时传热面积 A 该如何处理呢？

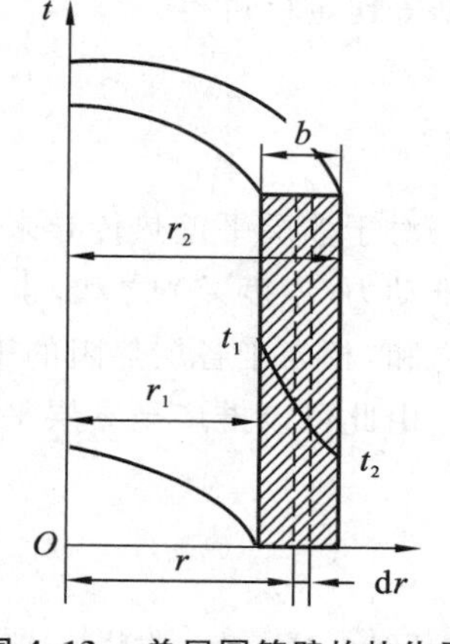

图 4-13　单层圆筒壁的热传导

通常采用取平均传热面积的方法来解决这一问题，用平均面积 A_m 替代式(4-9a) 中的 A，然后用平均半径 r_m 来计算 A_m，根据圆柱表面积计算式，$A_m=2\pi r_m l$，由此得

$$Q=\frac{t_1-t_2}{\frac{b}{A_m\lambda}}=\frac{t_1-t_2}{\frac{b}{2\pi r_m l\lambda}}=\frac{t_1-t_2}{\frac{r_1-r_2}{2\pi r_m l\lambda}}\tag{4-14}$$

因此，设 $R=\dfrac{b}{\lambda A_m}$，即圆筒壁导热的热阻，表达式形式与平壁的相同，但其中 A_m 要另外进行计算。

下面利用微分法推导 r_m 的计算式。

在半径 r 处取厚度为 dr 的薄层，其两侧面温度差为 dt，若圆筒的长度为 l，则半径为 r 处的传热面积 $A=2\pi rl$。

根据傅里叶定律，通过此环形薄层导热速率为

$$Q=-\lambda A\frac{dt}{dr}=-\lambda\times 2\pi rl\frac{dt}{dr}$$

设导热系数 λ 为常数，根据边界条件（$r=r_1$ 时，$t=t_1$；$r=r_2$ 时，$t=t_2$），对上式积分，有

$$\int_{r_1}^{r_2}\frac{1}{r}Q dr=-\int_{t_1}^{t_2}\lambda\times 2\pi l dt$$

得

$$Q=\frac{2\pi\lambda l(t_1-t_2)}{\ln\dfrac{r_2}{r_1}}=\frac{t_1-t_2}{\dfrac{1}{2\pi l\lambda}\ln\dfrac{r_2}{r_1}} \tag{4-15}$$

式中，Q 为导热速率，即单位时间通过圆筒壁的热量，W 或 J/s；λ 为圆筒壁的导热系数，W/(m·℃) 或 W/(m·K)；t_1、t_2 为圆筒壁两侧的温度，℃；r_1、r_2 为圆筒壁内、外半径，m。

将式(4-15) 分子和分母同时乘以 (r_2-r_1)，得

$$Q=\frac{(t_1-t_2)(r_2-r_1)}{\dfrac{1}{2\pi l\lambda}(r_2-r_1)\ln\dfrac{r_2}{r_1}}=\frac{t_1-t_2}{\dfrac{r_2-r_1}{2\pi l\lambda\dfrac{r_2-r_1}{\ln\dfrac{r_2}{r_1}}}} \tag{4-15a}$$

此式与式(4-14) 对比，可得

$$r_m=\frac{r_2-r_1}{\ln\dfrac{r_2}{r_1}} \tag{4-16}$$

式(4-16) 即为对数平均半径的计算式。当 $\dfrac{r_2}{r_1}<2$ 时，可用算术平均值 $r_m=\dfrac{r_1+r_2}{2}$ 代替对数平均值作近似计算。

归纳起来，单层圆筒壁传热速率的计算包括三个基本公式：

$$Q=\frac{t_1-t_2}{\dfrac{b}{A_m\lambda}}$$

$$A_m=2\pi r_m l$$

$$r_m=\frac{r_2-r_1}{\ln\dfrac{r_2}{r_1}}$$

若将式 $Q=-\lambda\times 2\pi rl\dfrac{dt}{dr}$ 的积分上限由 $r=r_2$，$t=t_2$ 改为 $r=r$，$t=t$，则积分得

$$Q=-\frac{2\pi\lambda l(t-t_1)}{\ln\dfrac{r}{r_1}}$$

因此圆筒壁内任意位置的温度分布为

$$t=t_1-\frac{Q}{2\pi\lambda l}\ln\frac{r}{r_1} \tag{4-17}$$

由式(4-17)可知,圆筒壁内的温度分布为对数曲线,其温度梯度随 r 增大而减小。

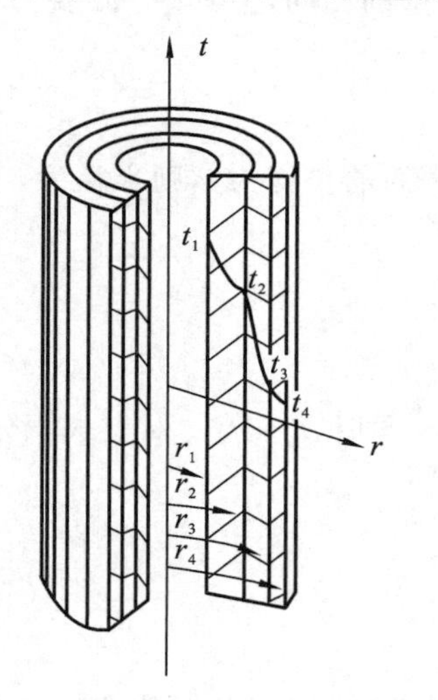

图 4-14　多层圆筒壁的热传导

需要指出的是,在平壁的热传导中,通过各等温面的 Q 和 q 均相等;而在圆筒壁的热传导中,由于等温面面积与半径有关,各等温面的面积不等,因此在圆筒的不同半径 r 处通过等温面的传热速率 Q 是相等的,而热通量 $q = Q/(2\pi rl)$ 不等。

4. 多层圆筒壁的稳态热传导

层与层之间接触良好的多层圆筒壁稳态热传导,与多层平壁稳态热传导类似,也是串联热传导的过程。

如图 4-14 所示(以三层圆筒壁为例),设各层壁厚分别为 $b_1 = r_2 - r_1, b_2 = r_3 - r_2, b_3 = r_4 - r_3$,各层材料的导热系数 λ_1、λ_2、λ_3 视为常数。对于稳态热传导,经过各层圆筒壁的传热速率必相等,故

$$Q = \frac{t_1 - t_2}{\dfrac{b_1}{\lambda_1 A_{m1}}} = \frac{t_2 - t_3}{\dfrac{b_2}{\lambda_1 A_{m2}}} = \frac{t_3 - t_4}{\dfrac{b_3}{\lambda_1 A_{m3}}} \tag{4-18}$$

根据等比定律,整理上式得

$$Q = \frac{t_1 - t_4}{\dfrac{b_1}{\lambda_1 A_{m1}} + \dfrac{b_2}{\lambda_2 A_{m2}} + \dfrac{b_3}{\lambda_3 A_{m3}}} = \frac{t_1 - t_4}{\dfrac{b_1}{2\pi l \lambda_1 r_{m1}} + \dfrac{b_2}{2\pi l \lambda_2 r_{m2}} + \dfrac{b_3}{2\pi l \lambda_3 r_{m3}}} = \frac{t_1 - t_4}{R_1 + R_2 + R_3} \tag{4-19}$$

$$r_{m1} = \frac{r_2 - r_1}{\ln \dfrac{r_2}{r_1}}, \quad r_{m2} = \frac{r_3 - r_2}{\ln \dfrac{r_3}{r_2}}, \quad r_{m3} = \frac{r_4 - r_3}{\ln \dfrac{r_4}{r_3}}$$

推广至 n 层圆筒壁,有

$$Q = \frac{t_1 - t_{n+1}}{\sum\limits_{i=1}^{n} \dfrac{b_i}{\lambda_i A_{mi}}} = \frac{t_1 - t_{n+1}}{\dfrac{1}{2\pi l}\sum\limits_{i=1}^{n} \dfrac{b_i}{\lambda_i r_{mi}}} \tag{4-20}$$

多层圆筒壁热传导的总推动力等于总温度差,总热阻等于各层热阻之和,这一点与多层平壁热传导是相同的,但计算各层热阻时,首先要分别计算出各层的对数平均传热面积。

【例 4-3】　在 ϕ60 mm×3.5 mm 的钢管外包有两层绝热材料,里层为 40 mm 的氧化镁粉,其平均导热系数 $\lambda_2 = 0.07$ W/(m·℃),外层为 20 mm 的石棉层,其平均导热系数 $\lambda_3 = 0.15$ W/(m·℃)。现用热电偶测得管内壁温度为500 ℃,保温层最外层表面温度为80 ℃,钢管的导热系数 $\lambda_1 = 45$ W/(m·℃)。试求每米管长的热损失及两层保温层界面的温度。

解　如图 4-15 所示,取圆管的横断面,图中标出了钢管及绝热材料的各项参数。

$r_1 = 0.0265$ m,　$r_2 = 0.03$ m,　$r_3 = 0.07$ m,　$r_4 = 0.09$ m

$b_1 = 0.0035$ m,　$b_2 = 0.04$ m,　$b_3 = 0.02$ m

$\lambda_1 = 45$ W/(m·℃),　$\lambda_2 = 0.07$ W/(m·℃)

$\lambda_3 = 0.15$ W/(m·℃)

$t_1 = 500$ ℃,　$t_4 = 80$ ℃

$$r_{m1} = \frac{r_2 - r_1}{\ln \dfrac{r_2}{r_1}} = \frac{0.03 - 0.0265}{\ln \dfrac{0.03}{0.0265}}\ \text{m} = 0.0282\ \text{m}$$

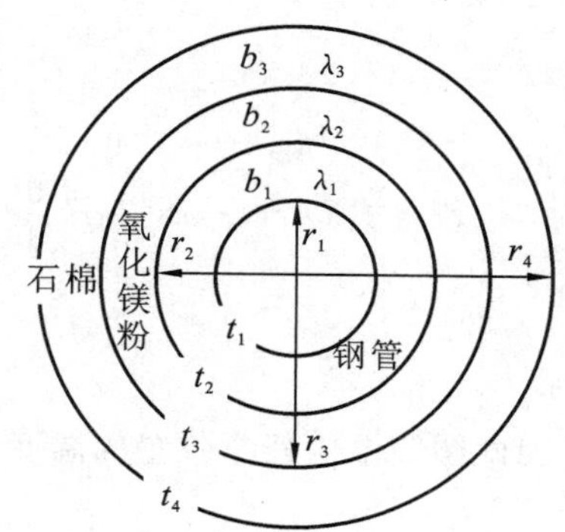

图 4-15　例 4-3 附图

$$r_{m2}=\frac{r_3-r_2}{\ln\frac{r_3}{r_2}}=\frac{0.07-0.03}{\ln\frac{0.07}{0.03}}\ \text{m}=0.0472\ \text{m}$$

$$r_{m3}=\frac{r_4-r_3}{\ln\frac{r_4}{r_3}}=\frac{0.09-0.07}{\ln\frac{0.09}{0.07}}\ \text{m}=0.0796\ \text{m}$$

$$Q=\frac{t_1-t_4}{\frac{b_1}{2\pi l\lambda_1 r_{m1}}+\frac{b_2}{2\pi l\lambda_2 r_{m2}}+\frac{b_3}{2\pi l\lambda_3 r_{m3}}}$$

$$=\frac{500-80}{\frac{0.0035}{2\pi l\times 45\times 0.0282}+\frac{0.04}{2\pi l\times 0.07\times 0.0472}+\frac{0.02}{2\pi l\times 0.15\times 0.0796}}$$

解得

$$Q/l=191.4\ \text{W/m}$$

因

$$\frac{Q}{l}=\frac{t_3-t_4}{\frac{b_3}{2\pi r_{m3}\lambda_3}}=\frac{t_3-80}{\frac{0.02}{2\pi\times 0.0796\times 0.15}}=191.4\ \text{W/m}$$

解得

$$t_3=131.0\ ℃$$

即每米管子热损失为 191.4 W/m，两保温层界面温度为 131.0 ℃。

4.3　对流传热

前已述及，间壁传热是热、冷流体通过管壁进行传热的过程，包括热、冷流体与管壁的对流传热，以及管壁的热传导。对流传热是指流动着的流体与固体壁面之间的热量传递过程。

4.3.1　对流传热过程分析

对流传热主要是依靠流体中质点发生相对位移而引起的热量传递。对流传热仅发生在流体中，因而与流体的流动状况密切相关。

管内或管外流体作层流流动时，各层流体平行流动，因此在垂直于流体流动方向上没有质点的宏观运动，或者说质点没有径向运动，质点不能在层与层之间传递热量，那么层流流体如何进行传热呢？流体内部分子运动是永远存在的，依靠分子的热运动可以实现传热过程，这类似于热传导的机理，因而层流流动时，流体层之间的传热主要以热传导的方式进行（也有较弱的自然对流）；当流体作湍流流动时，主体区域内质点作无规则运动，频繁地相互碰撞和混合，动量和热量都迅速交换，热阻极小，使主体区域内质点的温度趋于一致，这属于对流传热方式。但不管湍流主体的湍动程度多大，紧靠壁面处仍会存在层流内层。在此层内垂直于流体流动方向上的热量传递仍是以热传导方式进行，由于流体导热系数较小，热阻急剧增加，温度差也随之急剧增大。在层流内层与湍流主体之间有过渡区，过渡区内的热量传递是热传导与热对流共同作用的结果，存在一定的热阻和温度差。图 4-16 描述的就是湍流状态下流体的间壁传热过程，图中虚线部分即为层流内层。

从上述分析可以看出，流体与管壁之间的传热不是单一的对流传热方式，而是热对流和热传导的联合作用过程。

在传热学上把流体与固体壁面之间的传热过程称为对流给热过程或对流换热过程，在化工上也称为对流传热过程。但要注意区分“对流传热方式”与“对流传热过程”的意义。这是两个不同的概念，前者是基本传热方式之一，后者则是热传导和热对流两种基本方式的联合作用。

对流传热过程的热阻主要集中在层流内层中，因此减薄层流内层是强化对流传热的重要途径之一。

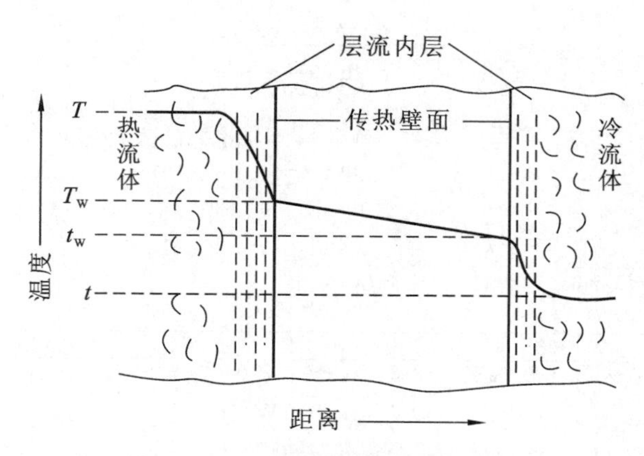

图 4-16　对流传热温度分布情况

4.3.2　对流传热速率方程

对流传热与流体的流动情况及流体的性质有关,影响因素较多。目前,为简化计算,假设流体与固体壁面之间的传热热阻(包括过渡区和层流内层内的热阻)全部集中在靠近壁面处的一层厚度为 δ_t 的有效膜内,即在有效膜之外无热阻存在,该膜内以传导方式传热,并集中了全部传热温度差。这一模型称为对流传热的膜理论模型。当流体的湍动程度增大时,有效膜厚度 δ_t 会变薄,则对流传热速率增大。

根据膜理论模型,可以写出在热流体一侧通过有效膜的传热速率方程

$$Q = \frac{\lambda}{\delta_t}A(T - T_w) \tag{4-21}$$

由于有效膜厚度 δ_t 难以确定,因此在处理上,用 α 代替上式中的 λ/d_t,得

$$Q = \alpha A \Delta t \tag{4-22}$$

式中,Q 为对流传热速率,W 或 J/s;α 为平均对流传热系数,W/(m^2 · ℃);A 为对流传热面积,m^2;Δt 为对流传热温差,即流体与壁面(或反之)之间温度差的平均值,℃。

换热器传热面积有不同表示方法,可以是管内侧或管外侧表面积。例如,若热流体走管内,冷流体走管外,则对流传热速率方程可分别表示为

$$Q = \alpha_2 A_2 (T - T_w) \tag{4-22a}$$

及

$$Q = \alpha_1 A_1 (t_w - t) \tag{4-22b}$$

式中,α_2、α_1 分别为换热器管内侧和管外侧流体的对流传热系数,W/(m^2 · ℃);A_2、A_1 分别为换热器管内侧和管外侧流体的表面积,m^2;t、T 分别为冷、热流体的温度,℃;t_w、T_w 分别为冷、热流体侧的壁面温度,℃。

式(4-22)称为牛顿冷却定律,是描述流体与管壁之间传热过程的方程。它还可表示为 $Q = \frac{\Delta t}{1/(\alpha A)} = \frac{推动力}{热阻}$,其传热推动力是由流体与管壁之间形成的温度差,$1/(\alpha A)$ 称为对流传热热阻,α 值越大,表明热阻越小,因而传热速率越大。

牛顿冷却定律并非理论推导出的结果,而只是一种简化处理方法。它假设通过单位面积的传热量与温度差 Δt 及 α 成正比,把对流传热这个非常复杂的物理过程处理成简单的数学表达式,实际上是把诸多影响过程的因素都归结到对流传热系数 α 中,所以如何确定在各种条件下的对流传热系数,成为研究对流传热的核心问题。

4.3.3　影响对流传热系数的因素

对流传热是流体与传热面之间的传热过程，影响对流传热系数的因素也必然来自流体和传热面这两个方面。

1. 流体的影响

(1) 流体的物性　包括流体的密度ρ、黏度μ、导热系数λ、比热容c_p及体积膨胀系数β(单位℃$^{-1}$)等。

(2) 流体流动状态　流体层流流动时，主要依靠热传导的方式传热。因为流体的导热系数比金属的导热系数小得多，所以热阻大。当流体作湍动流动时，湍动程度越大，层流内层越薄，对流传热系数α就越大。除了提高雷诺数外，改变传热壁面的状况(如安装挡板)、选择合适的列管排列方式等也可在低雷诺数下获得较高的湍动程度。

(3) 引起流动的原因　液体流动有自然对流和强制对流两种。前者是由于流体内部存在温度差而引起密度差异，从而造成流体内部质点的上升和下降，一般质点流速较小，α也较小；后者是在外力(输送机械)作用下引起的流体运动，一般流速较大，故α较大。

(4) 流体的相态变化　与化工生产相关的流体的相态变化主要有蒸气冷凝和液体汽化。发生相变的流体吸收或放出的热量称为潜热，相变流体温度不变；相对地，没发生相变的流体吸收或放出的热量称为显热，表现为温度升高或降低。

发生相变时，由于汽化或冷凝产生的潜热远大于因温度变化而产生的显热，一般情况下，有相变时对流传热系数较大。

2. 传热面的影响

传热面的形状(如圆管、套管环隙、翅片管、平板等不同的壁面形状)、流道尺寸(管径和管长的大小)、相对位置(传热面是垂直放置还是水平放置、管子的排列方式)等都直接影响对流传热系数。通常一种类型的传热面有一个对传热过程影响较大的尺寸，称为特征尺寸，在具体应用中应注意。

由以上分析可知，影响对流传热系数的因素很多，因此对流传热系数的确定是一个极为复杂的问题。各种情况下的对流传热系数尚不能完全通过理论推导得出计算式，通常需通过实验测定。为减少实验工作量及使获得的实验结果便于推广，可采用量纲分析法进行实验和处理结果。

3. 量纲分析在对流传热中的应用

根据理论分析及有关实验研究可知，影响对流传热系数α的因素有流速u、传热设备的特征尺寸l、流体的密度ρ、黏度μ、比热容c_p、导热系数λ以及单位质量流体受到的浮力$\beta g\Delta t$等物理量。它们可表示为

$$\alpha = f(u, l, \mu, \lambda, c_p, \rho, \beta g\Delta t) \tag{4-23}$$

由上式可知，影响该过程的物理量有8个，而它们涉及的基本量纲只有4个，分别为长度L、温度T、质量M、时间θ。根据π定理，利用量纲分析法获得的特征数关联式中，无量纲特征数的数目应为$8-4=4$，这4个无量纲特征数的关系为

$$\frac{\alpha l}{\lambda} = C\left(\frac{lu\rho}{\mu}\right)^a \left(\frac{c_p\mu}{\lambda}\right)^k \left(\frac{\beta g\Delta t l^3\rho^2}{\mu^2}\right)^g \tag{4-24}$$

将式(4-24)中的各特征数用相应符号表示，可写成

$$Nu = C Re^a Pr^k Gr^g \tag{4-25}$$

式(4-25)为无相变条件下对流传热系数的特征数关联式的一般形式，式中各特征数的名称、符号及意义见表4-3。

表 4-3 特征数名称、符号和意义

特征数名称	符号	意义
努塞尔数(Nusselt)	$Nu=\frac{\alpha l}{\lambda}$	包含对流传热系数的特征数
雷诺数(Reynolds)	$Re=\frac{l u\rho}{\mu}$	流体流动状态和湍动程度对对流传热的影响
普兰特数(Prandtl)	$Pr=\frac{c_p\mu}{\lambda}$	流体物性对对流传热的影响
格拉晓夫数(Grashof)	$Gr=\frac{\beta g\Delta t\, l^3\rho^2}{\mu^2}$	自然对流对对流传热的影响

对于不同情况下的对流传热,式(4-25)中的系数 C、a、k、g 由实验测定。特征数关联式是经验公式,在使用这些经验公式计算对流传热系数 α 时,应注意以下几点。

(1) 适用范围　关联式中各特征数的数值应在实验所进行的数值范围内,使用时不能超出适用范围,否则将增加计算值与真实值之间的误差。

(2) 定性温度　对流传热中,流体的温度沿流动方向逐渐变化。确定特征数中流体的物性参数如 μ、λ、c_p、ρ 及 β 等数值所依据的温度称为定性温度。不同关联式定性温度的规定不同,有用流体进、出口温度的算术平均值 $t_m=(t_2+t_1)/2$,也有用壁面温度 t_w 或膜温(流体和壁面的平均温度)。所以在使用这些经验关联式时,必须按公式的规定选用定性温度。

(3) 特征尺寸　参与对流传热过程的传热面几何尺寸一般不止一个。而关联式中所用特征尺寸 l 一般是选用对于流体的流动和传热有决定性影响的尺寸。如流体在管内作强制对流传热时,特征尺寸为圆管的管径 d;对于非圆形管路,通常取当量直径 d_e。

(4) 计量单位　特征数是无量纲的数群,每个特征数所涉及的物理量必须采用统一的单位制。

4.3.4 对流传热系数的经验关联式

对流传热系数的经验关联式比较多,每个经验关联式都有一定的适用范围。如按对流传热影响因素分类,得到图 4-17 所示各因素之间的关系图。下面具体介绍几种不同使用条件下的对流传热系数关联式。

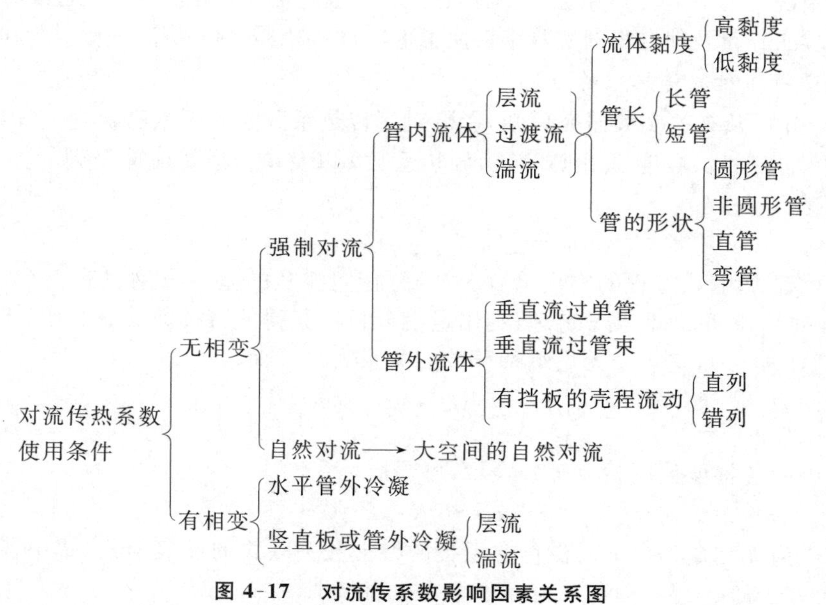

图 4-17 对流传系数影响因素关系图

1. 无相变时对流传热系数的经验关联式

1) 流体在管内强制对流传热

(1) 流体在圆形直管内作强制湍流时的对流传热系数。

对于强制湍流，可忽略自然对流对对流传热系数的影响，即不考虑式(4-25) 中的 Gr。

① 对于低黏度流体，可采用下列关联式：

$$Nu = 0.023\, Re^{0.8}\, Pr^{k} \tag{4-26}$$

或

$$\alpha = 0.023\, \frac{\lambda}{d} \left(\frac{du\rho}{\mu}\right)^{0.8} \left(\frac{c_p \mu}{\lambda}\right)^{k} \tag{4-26a}$$

式(4-26) 与式(4-26a) 的应用条件如下：$Re > 10^4$，$0.7 < Pr < 160$，管长与管径之比 $l/d > 60$，流体黏度 $\mu < 2\ \text{mPa} \cdot \text{s}$。应用上面两个关联式时应注意以下几点。

a. 定性温度：取流体进、出口温度的算术平均值 t_m。

b. 特征尺寸：Nu、Re 数中特征尺寸 l 取管内径 d，即 $Nu = \frac{\alpha d}{\lambda}$，$Re = \frac{du\rho}{\mu}$。

c. k 值的选取：流体被加热时，$k = 0.4$；流体被冷却时，$k = 0.3$。

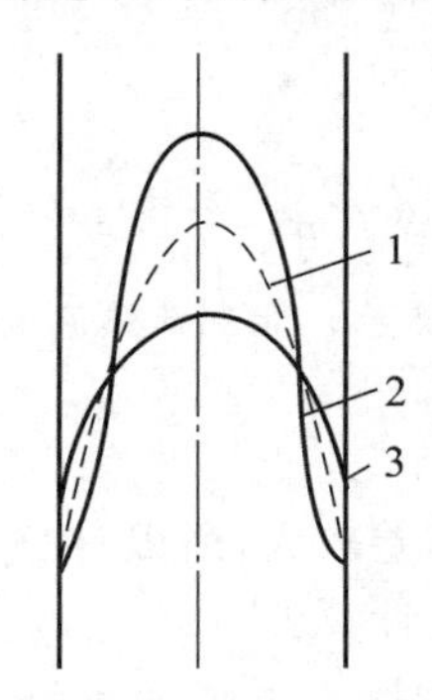

图 4-18　热流方向对层流速度分布的影响

1— 等温流体；2— 液体被冷却；3— 液体被加热

当管内流体被加热或冷却时，管截面上的温度不均匀，而流体的黏度随温度而变，因此截面上的速度分布也随之发生变化。流体被加热或冷却时的热流方向(即热量传递方向) 不同，就会产生不同的黏度变化和速率分布规律。图 4-18 表示热流方向对层流速度分布的影响(图中等温流动为层流时的速度分布，对湍流的影响相似)。

k 取不同值的主要原因正是考虑热流方向不同时温度对近壁层流内层中流体黏度和导热系数的影响。

当管内液体被加热时，靠近管壁处层流内层的温度高于流体主体温度，因为液体黏度随温度升高而降低，所以邻近壁面处液体的黏度比主体低。与没有传热的等温流动(如流体输送操作) 相比，壁面处的流速增大，层流内层减薄，虽然大多数液体的导热系数随温度升高也有所减小，但不显著，总的结果使对流传热系数增大。液体被冷却时情况却相反，即壁面附近液体流速降低，层流内层增厚，致使对流传热系数减小。液体被加热时的对流传热系数必大于被冷却时的对流传热系数。大多数液体的 $Pr > 1$，即 $Pr^{0.4} > Pr^{0.3}$。因此，液体被加热时，k 取 0.4；冷却时，k 取 0.3。

对于气体，其黏度随温度升高而增大，因此热流方向对速度分布及对流传热系数的影响与液体相反。气体被加热时层流内层增厚，气体的导热系数随温度升高也略有升高，总的结果使对流传热系数减小。气体被加热时的对流传热系数必小于被冷却时的对流传热系数。由于大多数气体的 $Pr < 1$，即 $Pr^{0.4} < Pr^{0.3}$，故同液体一样，气体被加热时 k 取 0.4，冷却时 k 取 0.3。

【例 4-4】　常压下，空气在 $\phi 60\ \text{mm} \times 3.5\ \text{mm}$ 的钢管中流动，管长为 4 m，流速为 15 m/s，温度由 150 ℃ 升至 250 ℃。试求：(1) 管壁对空气的对流传热系数；(2) 若空气的流量提高 1 倍，对流传热系数有何变化？(3) 若其他条件不 变，管径缩小一半，对流传热系数又有何变化？

解　(1) 定性温度 $t = \frac{150 + 250}{2}$ ℃ = 200 ℃，查附录 C，200 ℃ 时空气的物性参数，知

$\lambda = 0.0393\ \text{W/(m} \cdot ℃)$，　$\mu = 2.6 \times 10^{-5}\ \text{Pa} \cdot \text{s}$，　$\rho = 0.746\ \text{kg/m}^3$，　$c_p = 1.026 \times 10^3\ \text{J/(kg} \cdot ℃)$

特征尺寸
$$d = (0.06 - 2 \times 0.0035)\ \text{m} = 0.053\ \text{m}$$
$$l/d = 4/0.053 = 75.5 > 50$$
$$Re = \frac{du\rho}{\mu} = \frac{0.053 \times 15 \times 0.746}{2.6 \times 10^{-5}} = 2.28 \times 10^4 > 10^4 \quad (\text{湍流})$$
$$Pr = \frac{c_p\mu}{\lambda} = \frac{2.6 \times 10^{-5} \times 1.026 \times 10^3}{0.0393} = 0.68$$

因此,可采用式(4-26a)计算空气的对流传热系数 α,本题中空气被加热,$k = 0.4$,故

$$\alpha = 0.023\frac{\lambda}{d}\left(\frac{du\rho}{\mu}\right)^{0.8}\left(\frac{c_p\mu}{\lambda}\right)^{0.4} = 0.023 \times \frac{0.0393}{0.053} \times (2.28 \times 10^4)^{0.8} \times 0.68^{0.4}\ \text{W/(m}^2 \cdot ℃)$$
$$= 44.8\ \text{W/(m}^2 \cdot ℃)$$

(2)若忽略定性温度的变化,当空气的流量增加一倍时,管内空气的流速为原来的2倍。

由于 $\alpha \propto Re^{0.8} \propto u^{0.8}$

因此
$$\alpha_1 = \alpha\left(\frac{u_1}{u}\right)^{0.8} = 44.8 \times 2^{0.8}\ \text{W/(m}^2 \cdot ℃) = 78.0\ \text{W/(m}^2 \cdot ℃)$$

(3)若其他条件均不变,管径缩小一半,则

$$\alpha \propto \frac{Re^{0.8}}{d} \propto \frac{(du)^{0.8}}{d} \propto \frac{\left(\dfrac{dV_s}{0.785d^2}\right)^{0.8}}{d} \propto \frac{1}{d^{1.8}}$$

所以管径缩小一半,则

$$\alpha_2 = \alpha\left(\frac{d}{d_2}\right)^{1.8} = 44.8 \times 2^{1.8}\ \text{W/(m}^2 \cdot ℃) = 156.0\ \text{W/(m}^2 \cdot ℃)$$

由上可知,当管径不变时,对流传热系数与管内空气流速的0.8次方成正比,但当流体流量一定时,对流传热系数与管内径的1.8次方成反比。

② 高黏度液体的对流传热系数。

对高黏度液体,因近管壁处液体的黏度与管中心处的黏度相差较大,所以计算高黏度液体的对流传热系数时要考虑壁面温度对黏度的影响。一般采用下式计算:

$$\alpha = 0.027\frac{\lambda}{d}\left(\frac{du\rho}{\mu}\right)^{0.8}\left(\frac{c_p\mu}{\lambda}\right)^{0.33}\left(\frac{\mu}{\mu_w}\right)^{0.14} \tag{4-27}$$

此式的应用范围是:$Re > 10^4$,$0.7 < Pr < 16700$,长径比 $l/d > 60$,定性温度与特征尺寸的规定与式(4-26a)相同,μ_w 取壁温下的黏度。但在实际中,由于壁温难以测得,工程可用如下方法进行近似处理:

对于液体,被加热时 $\left(\dfrac{\mu}{\mu_w}\right)^{0.14} = 1.05$,被冷却时 $\left(\dfrac{\mu}{\mu_w}\right)^{0.14} = 0.95$。

③ 流体在短管中的对流传热系数。

当 $l/d < 60$ 时为短管,由于管入口处扰动较大,存在管入口效应,热阻减小,使 α 增大,可将式(4-26a)所计算的 α 乘以校正系数 f 加以校正。

$$f = 1 + \left(\frac{d}{l}\right)^{0.7} > 1 \tag{4-28}$$

④ 流体在过渡区时的对流传热系数。

当雷诺数 Re 在 $2300 \sim 10000$ 时,流体流动处于过渡区,因流体流动时的湍动程度减少,层流内层变厚,α 减小。可先按湍流计算 α,然后乘以校正系数 f'。

$$f' = 1.0 - \frac{6 \times 10^5}{Re^{1.8}} < 1 \tag{4-29}$$

【例4-5】 有一套管式换热器,内管尺寸为 $\phi25\ \text{mm} \times 2.5\ \text{mm}$,外管尺寸为 $\phi38\ \text{mm} \times 2.5\ \text{mm}$,冷却水在管内以0.3 m/s的流速流动。已知冷却水的进口温度为20 ℃,出口温度为40 ℃,试求管壁对水的对流传热系数。

解 定性温度 $t = \frac{20+40}{2}$ ℃ = 30 ℃，查附录 B 知 30 ℃ 时水的物性参数：

$\lambda = 0.617\ \text{W/(m·℃)}$， $\mu = 80.12\times10^{-5}\ \text{Pa·s}$， $\rho = 995.7\ \text{kg/m}^3$， $c_p = 4.174\times10^3\ \text{kJ/(kg·℃)}$

$$Re = \frac{du\rho}{\mu} = \frac{0.02\times0.3\times995.7}{80.12\times10^{-5}} = 7456.6 < 10^4 \text{（过渡流）}$$

$$Pr = \frac{c_p\mu}{\lambda} = \frac{4.174\times10^3\times80.12\times10^{-5}}{0.617} = 5.42$$

流体被加热时，$k = 0.4$，先计算湍流时的 $\alpha_{湍}$。

$$\alpha_{湍} = 0.023\times\frac{\lambda}{d}\left(\frac{du\rho}{\mu}\right)^{0.8}\left(\frac{c_p\mu}{\lambda}\right)^{0.4} = 0.023\times\frac{0.617}{0.02}\times7456.6^{0.8}\times5.42^{0.4}\ \text{W/(m}^2\text{·℃)}$$
$$= 1748.3\ \text{W/(m}^2\text{·℃)}$$

由于本题的流体流动处于过渡区，则校正系数

$$f' = 1.0 - \frac{6\times10^5}{Re^{1.8}} = 1.0 - \frac{6\times10^5}{7456.6^{1.8}} = 0.9358$$

所以 $$\alpha_{过} = f'\alpha_{湍} = 0.9358\times1748.3\ \text{W/(m}^2\text{·℃)} = 1636.0\ \text{W/(m}^2\text{·℃)}$$

即管壁对水的对流传热系数为 1636.0 W/(m²·℃)。

（2）流体在圆形直管内作强制层流时的对流传热系数。

管内强制层流时的传热过程由于下列因素而趋于复杂。

① 流体物性（特别是黏度）受到管内不均匀温度分布的影响，引起近壁流体层内速度分布的变化，使速度分布显著偏离等温流动时的抛物线，如图 4-18 所示。

② 对高度湍流而言，流体因受热产生的自然对流的影响无足轻重，但对层流而言，自然对流造成了径向流动，强化了传热过程。

③ 层流流动时达到稳态速度分布的进口段距离一般较长（约 100d），在使用的管长范围内，加热管的相对长度 l/d 将对全管平均的对流传热系数有明显影响。因此，强制层流时的对流传热系数关联式的误差要比湍流时的大。

当管径较小、流体与管壁之间的温度差较小且流体黏度较大时，即当 $Gr < 2.5\times10^4$ 时，可忽略自然对流的影响，此时对流传热系数可采用下式计算：

$$Nu = 1.86\left(RePr\frac{d}{l}\right)^{1/3}\left(\frac{\mu}{\mu_w}\right)^{0.14} \tag{4-30}$$

此式适用范围为 $Re < 2300$，$RePr\frac{d}{l} > 10$，$l/d > 60$，$0.6 < Pr < 6700$；定性温度取流体进、出口温度的算术平均值；特征尺寸取管内径，μ_w 按壁温确定，工程上可用下面方法近似处理：

对于液体，加热时 $\left(\frac{\mu}{\mu_w}\right)^{0.14} = 1.05$，冷却时 $\left(\frac{\mu}{\mu_w}\right)^{0.14} = 0.95$；

对于气体，$\left(\frac{\mu}{\mu_w}\right)^{0.14} \approx 1.0$。

当 $Gr > 2.5\times10^4$ 时，若忽略自然对流的影响就会造成很大的误差，此时由式（4-30）计算 α 值，应乘以校正系数 $f = 0.8(1+0.015Gr^{1/3})$ 加以校正。

必须指出，由于强制层流时对流传热系数很小，故在换热器设计中应尽量避免在强制层流条件下进行传热。

（3）流体在弯管中的对流传热系数。

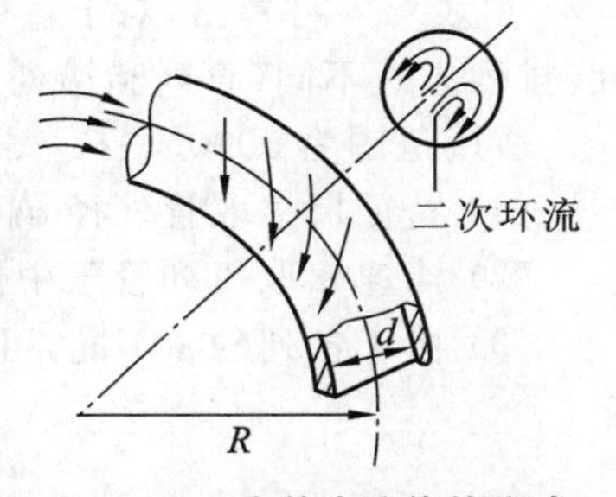

图 4-19 弯管内流体的流动

如图 4-19 所示，流体在弯管内流动时，由于转弯处受离心力的作用，存在二次环流，湍动加剧，α 增大。弯管中的对流传热系数可以先按直管计算，然后乘以校正系数 f''。

$$f'' = \left(1 + 1.77\,\frac{d}{R}\right) \tag{4-31}$$

式中,d 为管内径,m;R 为弯管的曲率半径,m。

2) 流体在管外的强制对流

流体在管外垂直流动,可分为垂直流过单管和管束两种情况。工业中所用的换热器大多为流体垂直流过管束,其流动的特性及传热过程均较单管复杂得多。在此仅介绍垂直流过管束时的对流传热系数的计算。

流体垂直流过管束时,管束的排列情况可以有直列和错列两种。管束的排列方式不同,对 α 的影响也不同,如图 4-20 所示。当流体流过第一列管束时,无论是直列还是错列,其换热情况和单管时相仿,但后面各列管子的情况则不同。后排管子的前半部处于前一排管子的旋涡之中,因此第二列管子的 α 值大于第一列;又由于错列时流体在管束间通过,受到阻拦扰动的情况更为显著,因而在同样的 Re 下,错列的平均对流传热系数要比直列时大。随着 Re 的增加,流体本身的扰动逐渐加强,而流体通过管束的扰动已逐渐退居次要地位,错列和直列时的 α 差别减小。当 Re 很高时,直列的对流传热系数有可能超过错列。

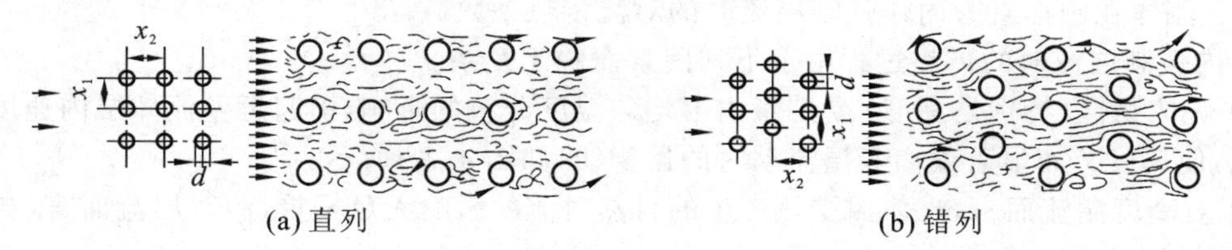

图 4-20 管束的排列

流体在管外垂直流过管束时的对流传热系数用下式计算:

$$Nu = C\varepsilon\, Re^{n}\, Pr^{0.4} \tag{4-32}$$

式中,C、ε、n 取决于排列方式和列数,数值由实验测定,具体取值见表 4-4。

表 4-4 流体垂直于管束时的 C、ε 和 n 值

列数	直列		错列		C
	n	ε	n	ε	
1	0.6	0.171	0.6	0.171	$\frac{x_1}{d}=1.2\sim 3$ 时,$C=1+0.1\frac{x_1}{d}$;$\frac{x_1}{d}>3$ 时,$C=1.3$
2	0.65	0.157	0.6	0.228	
3	0.65	0.157	0.6	0.290	
3 以上	0.65	0.157	0.6	0.290	

由表 4-4 可看出,对于直列的前两列和错列的前三列而言,各列的 ε、n 不同,因此 α 也不同。排列方式不同(直列和错列)时,对于相同的列,ε、n 不同,α 也不同。

适用范围为 $5000 < Re < 70000$,$x_1/d = 1.2 \sim 5$,$x_2/d = 1.2 \sim 5$。

(1) 特征尺寸取管外径 d_0,定性温度取流体进、出口温度的平均值;

(2) 流速 u 取每列管子中最窄流道处的流速,即最大流速;

(3) 由于各列的 α 不同,可按下式计算整个传热面积对流传热系数的平均值:

$$\alpha_{m} = \frac{\alpha_1 A_1 + \alpha_2 A_2 + \cdots}{A_1 + A_2 + \cdots} = \frac{\sum \alpha_i A_i}{\sum A_i} \tag{4-33}$$

式中,α_i 为各列的对流传热系数,W/(m^2 · ℃);A_i 为各列传热管的外表面积,m^2。

3）大空间的自然对流传热

所谓大空间自然对流传热，是指冷表面或热表面（传热面）放置在大空间内，并且四周没有其他阻碍自然对流的物体，如沉浸式换热器的传热过程、换热设备或管路的热表面向周围大气的散热等。

通过实验，对于大空间自然对流，Nu 与 $GrPr$ 的关系如图4-21所示。图中曲线可近似划分为三条线段，每一条线段均可用下式表示：

$$Nu = C(GrPr)^n \tag{4-34}$$

或写为

$$\alpha = C\frac{\lambda}{l}\left(\frac{c_p\mu}{\lambda}\frac{\beta g\Delta t l^3\rho^2}{\mu^2}\right)^n \tag{4-34a}$$

式(4-34)中的 C、n 也可由图4-21中曲线分段求取，具体数值列在表4-5中。

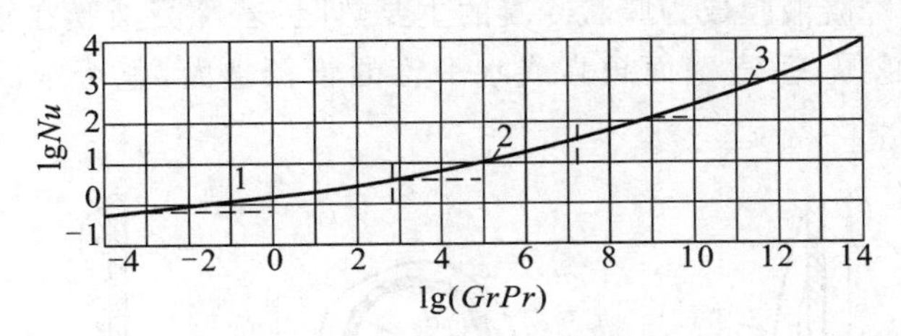

图4-21　自然对流的传热系数

表4-5　式(4-34)中的系数 C 和 n

段数	$GrPr$	C	n
1	$1\times10^{-3}\sim5\times10^{2}$	1.18	1/8
2	$5\times10^{2}\sim2\times10^{7}$	0.54	1/4
3	$2\times10^{7}\sim1\times10^{13}$	0.135	1/3

使用式(4-34)或式(4-34a)时应注意以下几点：

(1) 水平管特征尺寸取外径 d_0，垂直管（或板）取管长（或板高）H；

(2) 定性温度取膜温 $(t_m+t_w)/2$；

(3) Gr 数中 $\Delta t=|t_w-t|$，t_w 为壁温，t 为流体平均温度；

(4) Gr 数中 β 为体积膨胀系数，对理想气体，$\beta=1/T$。

【例4-6】 外径为0.3 m的水平圆管，表面温度为250 ℃，置于室内，室内空气温度为15 ℃，试计算每米管长的自然对流传热损失。

解　定性温度 $t_m=\frac{t_w+t}{2}=\frac{250+15}{2}$ ℃ $=132.5$ ℃，查附录C，132.5 ℃时空气的物性参数：

$$\lambda=0.034\ \mathrm{W/(m\cdot ℃)},\quad 运动黏度\ \nu=26.26\ \mathrm{m^2/s},\quad Pr=0.685$$

$$\beta=\frac{1}{T}=\frac{1}{132.5+273.2}\ \mathrm{K^{-1}}=2.46\times10^{-3}\ \mathrm{K^{-1}}$$

则

$$GrPr=\frac{g\beta(t_w-t)d^3}{\nu^2}Pr=\frac{9.81\times2.46\times10^{-3}\times(250-15)\times0.3^3}{(26.26\times10^{-6})^2}\times0.685$$

$$=1.52\times10^8$$

查表4-5得 $C=0.135$，$n=1/3$，于是

$$Nu=0.135\times(GrPr)^{1/3}=0.135\times(1.52\times10^8)^{1/3}=72.05$$

$$\alpha=Nu\frac{\lambda}{d_0}=72.05\times\frac{0.034}{0.3}\ \mathrm{W/(m^2\cdot ℃)}=8.17\ \mathrm{W/(m^2\cdot ℃)}$$

所以每米管长的热损失为

$$\frac{Q}{l}=\pi d\alpha(t_w-t)=8.17\times3.14\times0.3\times(250-15)\ \text{W/m}=1808.6\ \text{W/m}$$

2. 流体有相变时的对流传热系数

1) 蒸气冷凝时的对流传热系数

(1) 蒸气冷凝方式。

当饱和蒸气与低于其饱和温度的冷壁面接触时，将释放潜热冷凝为液体。蒸气冷凝成液体时，可有两种完全不同的冷凝方式：膜状冷凝和滴状冷凝。

① 膜状冷凝：冷凝液能很好地润湿壁面，形成一层完整的液膜，液膜布满壁面，这种冷凝称为膜状冷凝，如图 4-22(a) 所示。当壁面形成液膜后，蒸气冷凝释放的热量只能通过液膜传给冷壁面，因此，这层冷凝液膜成为膜状冷凝的主要热阻。若冷凝液膜在重力作用下连续向下流动，则越往下液膜越厚，垂直壁面越高或水平管的管径越大，整个壁面的对流传热系数就越小。

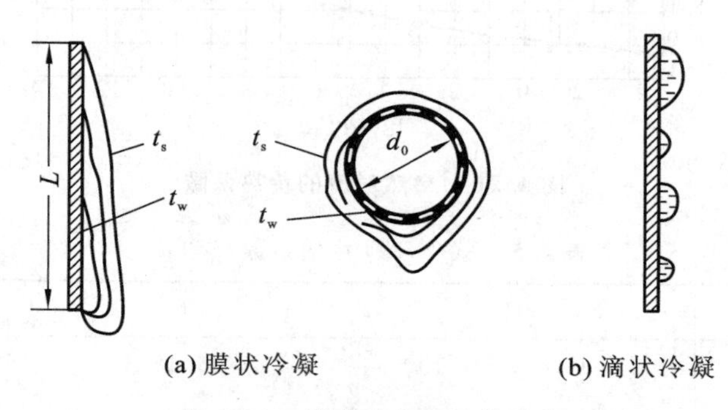

图 4-22 膜状冷凝和滴状冷凝

② 滴状冷凝：若冷凝液不能很好地润湿壁面，仅在其上凝结成小液滴，此后长大或合并成较大的液滴而脱落，此种冷凝称为滴状冷凝，如图 4-22(b) 所示。滴状冷凝时，由于大部分壁面直接暴露在蒸气中，没有液膜阻碍传热，因而滴状冷凝的传热系数比膜状冷凝高 5 ～ 10 倍。

冷凝液润湿壁面的能力取决于其表面张力和对壁面附着力的大小。若附着力大于表面张力，则会形成膜状冷凝；反之，则形成滴状冷凝。迄今为止，尽管人们采用多种措施，但仍难实现持久性的滴状冷凝，工业上遇到的大多是膜状冷凝，所以工业冷凝器的设计皆按膜状冷凝来处理。下面仅介绍纯饱和蒸气膜状冷凝时的对流传热系数的计算。

(2) 蒸气在水平管束外冷凝。

蒸气在水平管束外冷凝时的对流传热系数按下式计算：

$$\alpha=0.725\times\left(\frac{r\rho^2 g\lambda^3}{n^{2/3}\mu d_0\Delta t}\right)^{1/4}\tag{4-35}$$

式中，n 为水平管束在垂直列上的管子数量，若为单根管，则 $n=1$；r 为汽化潜热，kJ/kg；ρ 为冷凝液的密度，kg/m^3；λ 为冷凝液的导热系数，W/(m · ℃)；μ 为冷凝液的黏度，Pa · s。

传热推动力 $\Delta t=t_s-t_w$，特征尺寸为管外径 d_0，定性温度为膜温 $t=\frac{t_s+t_w}{2}$。用膜温查冷凝液的物性参数 ρ、λ 和 μ，汽化潜热 r 取饱和温度 t_s 下的值。

(3) 在垂直板上或垂直管外的冷凝。

当蒸气在垂直管外或垂直板上冷凝时，最初冷凝液沿壁面以层流形式向下流动，同时由于蒸气不断在液膜表面冷凝，新的冷凝液不断加入，形成一个流量逐渐增加的液膜流，液膜厚度随之加大，局部对流传热系数减小；当板或管足够高时，其下部可能发展为湍流流动，局部的对流传热系数反而增加，如图4-23所示。此时仍采用雷诺数来判断流型，当 $Re < 1800$ 时，膜内液体为层流；当 $Re > 1800$ 时，膜内液体为湍流。此时的雷诺数定义为

$$Re = \frac{d_e \rho u}{\mu} = \frac{\frac{4A}{b}\frac{w_s}{A}}{\mu} = \frac{4M}{\mu} \tag{4-36}$$

式中，d_e 为当量直径，m；A 为冷凝液流过的截面积，m^2；b 为润湿周边，m；w_s 为冷凝液的质量流量，kg/s；M 为冷凝负荷，单位长度润湿周边上冷凝液的质量流量，kg/(s·m)。其中，$M = w_s/b$，$\rho u = w_s/A$。

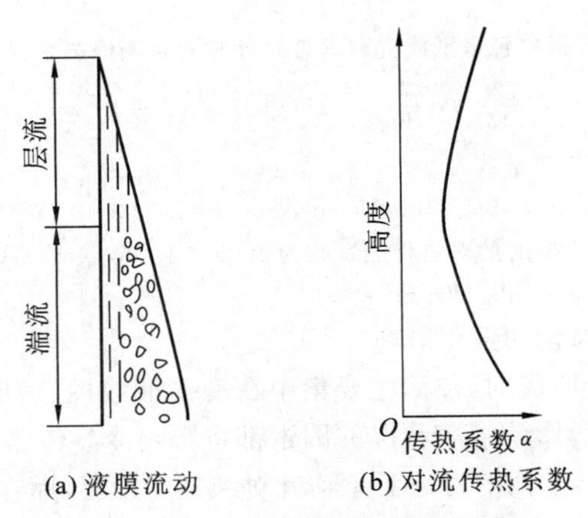

图4-23　蒸气在垂直管壁上的冷凝

注意：此处的雷诺数 Re 是指板或管最低处的值(此时 Re 为最大)。

① 层流时 α 的计算式。

$$\alpha = 1.13 \times \left(\frac{r\rho^2 g\lambda^3}{\mu l \Delta t}\right)^{1/4} \tag{4-37}$$

适用范围为 $Re < 1800$；定性温度为膜温，查取 ρ、λ、μ；汽化潜热 r 取饱和温度 t_w 下的值；特征尺寸 l 为管高或板高 H。

② 湍流时 α 的计算式。

$$\alpha = 0.0077 \times \left(\frac{\rho^2 g\lambda^3}{\mu^2}\right)^{1/3} Re^{0.4} \tag{4-38}$$

适用范围为 $Re > 1800$；定性温度为膜温，特征尺寸 l 为管高或板高 H。

由于冷凝液的液膜流动有层流与湍流两种形式，因此，在计算 α 时应先假设液膜的流型，求出 α 值后，再计算雷诺数，然后校核其是否在所假设的流型范围内。

【例4-7】 101.3 kPa的水蒸气在单根管外冷凝，管内通空气作为冷却剂。管外径为100 mm，管长为1.5 m，管外壁温度为98 ℃。试计算下面两种情况下水蒸气冷凝时的对流传热系数：(1) 管子垂直放置；(2) 管子水平放置。

解　冷凝液定性温度为膜温度 $t = \frac{100+98}{2}$ ℃ $= 99$ ℃，查99 ℃时水的物性参数：

$$\lambda = 0.6825\ \text{W/(m·℃)},\quad \mu = 28.7\times10^{-5}\ \text{Pa·s},\quad \rho = 959.1\ \text{kg/m}^3$$

101.3 kPa的水蒸气：$t_s = 100$ ℃，$r = 2258$ kJ/kg。

(1) 管子垂直放置。

假设液膜中的液体作层流流动，由式(4-37)计算平均对流传热系数，即

$$\alpha = 1.13\times\left(\frac{r\rho^2 g\lambda^3}{\mu l\Delta t}\right)^{1/4} = 1.13\times\left(\frac{2258\times10^3\times959.1^2\times9.81\times0.6825^3}{28.7\times10^{-5}\times1.5\times(100-98)}\right)^{1/4}\ \mathrm{W/(m^2\cdot ℃)}$$
$$= 1.05\times10^4\ \mathrm{W/(m^2\cdot ℃)}$$

验证 Re：

$$Re = \frac{\frac{4A}{b}\frac{w_s}{A}}{\mu} = \frac{w_s r}{br\mu} = \frac{4Q}{\pi d_0 r\mu}$$

蒸气冷凝放出的热量

$$Q = w_s r = \alpha A\Delta t = \alpha\pi d_0 l\Delta t = 1.05\times10^4\times\pi\times0.1\times1.5\times(100-98)\mathrm{W} = 9891\ \mathrm{W}$$

因而

$$Re = \frac{4\times9891}{\pi\times0.1\times2258\times10^3\times28.7\times10^{-5}} = 194 < 1800$$

所以假设层流是正确的。

(2) 管子水平放置。

由式(4-35)和式(4-37)可得单管水平放置和垂直放置时的对流传热系数 α' 和 α 的比值为

$$\frac{\alpha'}{\alpha} = \frac{0.725}{1.13}\times\left(\frac{l}{d_0}\right)^{1/4} = 0.642\times\left(\frac{1.5}{0.1}\right)^{1/4} = 1.263$$

所以单根管水平放置时的对流传热系数为

$$\alpha' = 1.263\times1.05\times10^4\ \mathrm{W/(m^2\cdot ℃)} = 1.33\times10^4\ \mathrm{W/(m^2\cdot ℃)}$$

即管子垂直放置情况下水蒸气冷凝时的对流传热系数为 $1.05\times10^4\ \mathrm{W/(m^2\cdot ℃)}$，管子水平放置情况下水蒸气冷凝时的对流传热系数为 $1.33\times10^4\ \mathrm{W/(m^2\cdot ℃)}$。

(4) 冷凝传热的影响因素和强化措施。

前已述及，纯饱和蒸气冷凝时，热阻主要集中在冷凝液膜内，液膜的厚度及其流动状况是影响冷凝传热的关键，因此，影响液膜状况的因素都将影响冷凝传热，现分述如下。

① 不凝性气体的影响：上面的讨论对象均针对纯蒸气冷凝，而在工业冷凝器中，由于蒸气中常含有微量的不凝性气体(如空气等)，因此，当蒸气冷凝时，不凝性气体会在液膜表面浓集形成气膜。这相当于额外附加了一层热阻，而且由于气体的导热系数 λ 小，故使蒸气冷凝的对流传热系数大大下降。实验证明：当蒸气中含不凝性气体量达1%时，α 下降60%左右。因此，在冷凝器的设计中，应在蒸气冷凝侧的高处安装气体排放口，定期排放不凝性气体，减少不凝性气体对 α 的不良影响。

② 冷凝液膜两侧温度差的影响：当液膜作层流流动时，若 $\Delta t = t_s - t_w$ 增大，则蒸气冷凝速率加大，液膜厚度增加，使冷凝传热系数 α 降低。

③ 流体物性的影响：由膜状冷凝的传热系数计算式可知，若冷凝液密度 ρ 增大或黏度 μ 减小，则液膜厚度 d 减小，导致冷凝传热系数 α 增大。冷凝液导热系数增大，也会增大冷凝传热系数 α。冷凝潜热 r 较大的蒸气在同样的热负荷 Q 下冷凝液量小，则液膜厚度较小，因而冷凝传热系数 α 大。在所有的物质中，水蒸气的冷凝传热系数最大，一般可达 $10^4\ \mathrm{W/(m^2\cdot ℃)}$ 左右，而某些有机物蒸气的冷凝传热系数可低至 $10^3\ \mathrm{W/(m^2\cdot ℃)}$ 以下。

④ 蒸气流速与流向的影响：前面介绍的公式只适用于蒸气静止或流速不大的情况。蒸气流速较小时，可不考虑其对 α 的影响。当蒸气流速较大($u > 10$ m/s)时，蒸气与液膜之间的摩擦力会对 α 产生不容忽视的影响。蒸气与液膜流向相同时，会加速液膜流动，使液膜变薄，α 增大；蒸气与液膜流向相反时，会阻碍液膜流动，使液膜变厚，α 减小；但当流速达到一定程度时，液膜会被蒸气吹散，使 α 急剧增大。一般在设计冷凝器时，蒸气入口在其上部，此时蒸气与液膜流向相同，有利于 α 的提高。

⑤ 过热蒸气的影响：温度高于操作压力下饱和温度的蒸气称为过热蒸气。过热蒸气与比其饱和温度高的壁面接触($t_w > t_s$)时，壁面无冷凝现象，此时为无相变的对流传热过程。过热

蒸气与比其饱和温度低的壁面接触($t_w < t_s$)时,该过程由两个串联的传热过程组成:冷却和冷凝。整个过程是过热蒸气首先在气相下冷却到饱和温度,然后在液膜表面继续冷凝,冷凝的推动力仍为 $\Delta t = t_s - t_w$。

一般过热蒸气的冷凝过程可按饱和蒸气冷凝来处理,所以前面的公式仍适用。但此时应将公式中饱和蒸气的潜热 r 改为 $r' = c_p(t_v - t_s) + r$,c_p 和 t_v 分别为过热蒸气的比热容和温度。工业中过热蒸气显热增加较小,可用饱和蒸气近似计算。

⑥ 冷凝面的形状及布置方式的影响:减小液膜厚度最直接的方法是从冷凝壁面的形状和布置方式入手。例如,在垂直壁面上开纵向沟槽,以减小壁面上的液膜厚度。还可在壁面上安装金属丝或翅片,使冷凝液在表面张力的作用下,流向金属丝或翅片附近集中,从而使壁面上的液膜变薄,使冷凝传热系数增大,强化传热过程。

对水平布置的管束,冷凝液从上部各排管子流向下部各排管子,使下部各排管子的液膜变厚,α 减小。因此,沿垂直方向上管排数目越多,α 减小越多。为此,应减少垂直方向上管排数目,或将管束由直列改为错列,或通过安装能去除冷凝液的挡板等方式,来增大对流传热系数,强化传热。

2) 液体沸腾时的对流传热系数

液体被加热时,其内部伴有由液相变为气相并产生气泡的过程,称为沸腾。因液体沸腾时有流体流动,所以沸腾传热过程属于对流传热。液体沸腾有两种情况。一种是流体在管内流动过程中受热沸腾,称为管内沸腾,此时流体流速对沸腾过程有影响,而且加热面上气泡不能自由上浮,被迫随流体一起流动,出现了复杂的气液两相的流动形态,如蒸发器中管内料液的沸腾等。另一种是将加热面浸入液体中,液体被壁面加热而引起的无强制对流的沸腾现象,称为大容器沸腾或池内沸腾。管内沸腾的传热机理比大容器沸腾更为复杂。本节仅讨论大容器沸腾的传热过程。

(1) 大容器沸腾现象。

液体沸腾的主要特征是在浸入液体内部的加热壁面上不断有气泡生成、长大、脱离并上升到液体表面。理论上液体沸腾时气-液两相处于平衡状态,即液体的沸腾温度等于该液体所处压力下相对应的饱和温度 t_s。但实验测定表明,由于表面张力的作用,气泡内的蒸气压力大于液体的压力。而气泡生成和长大都需要从周围液体中吸收热量,要求压力较低的液相温度高于气相的温度,故液体必须处于过热状态,即液体的主体温度 t_1 必须高于液体的饱和温度 t_s。温度差 $t_1 - t_s$ 称为过热度,用 Δt 表示。在液相中紧贴加热面的液体温度等于加热面的温度 t_w,这时的过热度最大,$\Delta t = t_w - t_s$。液体的过热度是小气泡生成的必要条件。

实验观察表明,即使液体存在过热度,纯净的液体在绝对光滑的加热面上也不可能产生气泡,而只能在加热表面的若干粗糙不平的点上产生,这种点称为汽化核心。影响汽化核心的因素较多,如表面粗糙程度、氧化情况、材料的性质及其不均匀性等。在沸腾过程中,小气泡首先在汽化核心处生成并长大,并在浮力作用下脱离壁面。随着气泡不断地形成并上升,气泡让出的空间被周围的液体所置换,冲刷壁面,引起贴壁液体层的剧烈扰动,从而使液体沸腾时的对流传热系数比无相变时大得多。在一定的范围内,过热度越大,生成气泡数量越多,液体沸腾越剧烈,对流传热系数就越大。

(2) 沸腾曲线。

大容器沸腾过程随着温度差 Δt(壁面温度 t_w 与操作压力下液体的饱和温度 t_s 之差) 的不同,会出现不同类型的沸腾状态,如图 4-24 所示。以常压水在大容器内沸腾为例,讨论温度差

Δt 对对流传热系数 α 的影响。

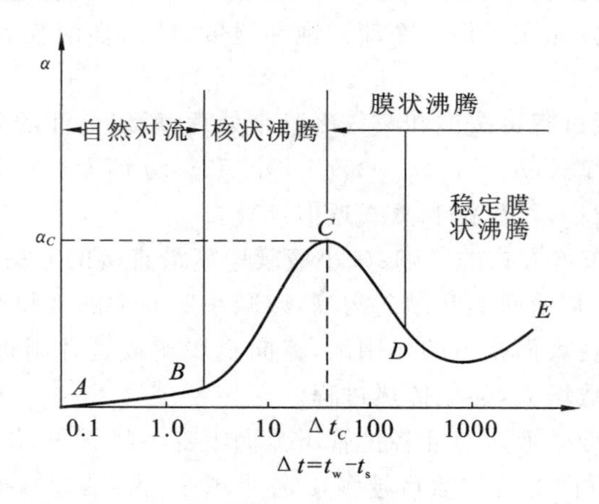

图 4-24 沸腾时 α 和 Δt 的对数关系

① AB 段,Δt 很小($\Delta t < 5$ ℃)时,紧贴加热表面的液体过热度很小,不足以产生气泡,汽化仅发生在液体表面,严格地说还不是沸腾,而是表面汽化。加热面附近受到气泡的扰动不大,α 较小,且随 Δt 升高而缓慢增加,加热面与液体之间的热量传递主要以自然对流为主,通常将此区称为自然对流区。

② BC 段,25 ℃ $> \Delta t >$ 5 ℃ 时,随着 Δt 的增加,气泡数增多,气泡长大速度增快,对液体扰动增强,对流传热系数增加。此区称为核状沸腾区。

③ CD 段,250 ℃ $> \Delta t >$ 25 ℃,随着过热度 Δt 不断增大,加热面上的汽化核心大大增加,以致气泡产生的速度大于脱离壁面的速度,气泡相连形成气膜,将加热面与液体隔开,由于气体的导热系数 λ 较小,α 急剧下降,此阶段称为不稳定膜状沸腾。

④ DE 段,$\Delta t >$ 250 ℃ 时,气膜稳定,由于加热面 t_w 高,热辐射影响增大,对流传热系数增大,此时为稳定膜状沸腾。

从核状沸腾转变为膜状沸腾的转折点 C 称为临界点,临界点所对应的温度差、沸腾传热系数和热通量分别称为临界温度差 Δt_C、临界沸腾传热系数 α_C 和临界热通量 q_C。常压下,水在大容器内沸腾时,临界温度差 Δt_C 为 25 ℃,临界热通量 q_C 为 1.25×10^6 W/m²。

其他液体在不同压力下的不沸腾曲线与水有类似的形式,只是临界点的数值不同。

工业上的沸腾装置一般应维持在核状沸腾区工作,此阶段下沸腾传热系数较大,t_w 小。另外,应注意温度差 Δt 不大于 Δt_C,否则一旦变为膜状沸腾,将导致传热过程恶化,不仅 α 急剧下降,还会因管壁温度过高造成传热管烧毁的严重事故。

(3) 沸腾对流传热系数的计算。

沸腾传热过程极其复杂,各种经验公式很多,但都不够完善,至今尚无可靠的一般关联式。下面仅介绍水沸腾时 α 的经验计算式。

在双对数坐标上,核状沸腾阶段的对流传热系数 α 与温度差 Δt 呈线性关系,故可用下述关系式表示:

$$\alpha = C\Delta t^m \tag{4-39}$$

式中,C 与 m 由实验测定。对于不同的液体,C 与 m 值不同。

若考虑压力的影响,式(4-39)可写为

$$\alpha = C\Delta t^m p^n \tag{4-40}$$

对于水，在 $1\times10^{5}\sim4\times10^{6}$ Pa 压力(绝压)范围内，有下列经验式：

$$\alpha=0.123\Delta t^{2.33}p^{0.5} \tag{4-41}$$

$$\Delta t=t_{w}-t_{s} \tag{4-42}$$

式中，p 为沸腾绝对压力，Pa；t_{w} 为加热壁面温度，℃；t_{s} 为沸腾液体的饱和温度，℃。

(4) 影响沸腾传热的因素和强化措施。

① 流体物性：在液体沸腾过程中，气泡离开壁面的速率越大，新气泡生成的频率就越高，α 就越大。而气泡离开壁面的快慢与液体对金属表面的润湿能力及液体表面张力的大小有关。表面张力 σ 小、润湿能力大的液体有利于气泡形成和脱离壁面，对传热有利。同时，流体的 μ、λ、ρ 等对 α 也有影响，一般来说，α 随 λ 和 ρ 的增加而增大，随 μ 的增加而减小。

② 温度差 Δt：由沸腾曲线可知，温度差 Δt 是影响和控制沸腾传热过程的重要因素，应尽量控制在核状沸腾阶段进行操作。

③ 操作压力：提高操作压力 p，相当于提高液体的饱和温度 t_{s}，使液体的 μ 和 σ 降低，有利于气泡的形成和脱离壁面，强化了沸腾传热，在相同温度差下，α 增大。

④ 加热面的状况：加热面越粗糙，提供的汽化核心越多，越利于传热。新的、洁净的、粗糙的加热面 α 大；当壁面被油脂沾污后，α 下降。此外，加热面的布置情况对沸腾传热也有明显的影响。例如在水平管束外沸腾时，其上升气泡会覆盖上方管的一部分加热面，导致平均对流传热系数下降。

除了上述因素之外，设备结构、加热面的形状和材料的性质以及液体的深度都会影响沸腾传热。

4.4　传热过程计算

传热操作是根据生产上传热任务的要求利用换热器进行的操作。生产中大量存在的间壁传热过程是由间壁内部的热传导过程和间壁两侧流体和固体壁面间的对流传热过程组合而成的。在讨论了热传导和对流传热的基础上，下面讨论换热器间壁传热全过程的计算，以解决间壁换热器的设计和校核问题。

4.4.1　热量衡算

热量衡算的依据是热量守恒定律，应用于流体传热可表述为：热、冷两种流体进行热量交换时，若忽略热损失，则热流体放出的热量 Q_{1} 必等于冷流体吸收的热量 Q_{2}，即 $Q_{1}=Q_{2}$，此即为热量衡算式。

如图 4-25 所示的换热过程，冷、热流体的进、出口温度分别为 t_{1}、t_{2} 和 T_{1}、T_{2}。设换热器绝热良好，热损失可忽略。换热器热负荷的计算分以下两种情况。

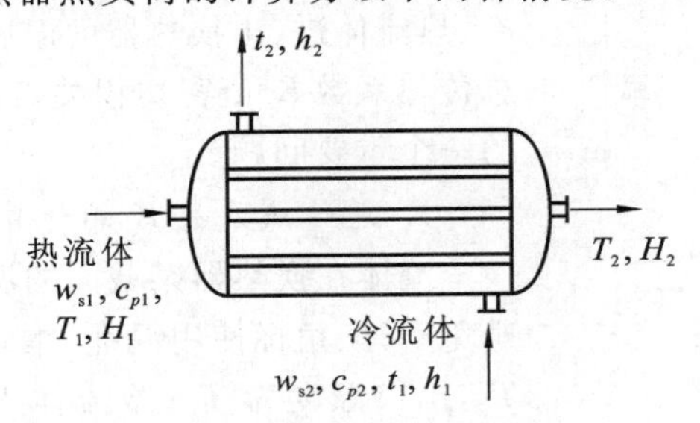

图 4-25　换热器的热量衡算

1. 无相变时的热量衡算

当两种流体均无相变时,热量衡算式可写成如下形式:

$$Q = m_1 c_{p1}(T_1 - T_2) = m_2 c_{p2}(t_2 - t_1) \tag{4-43}$$

式中,Q 为换热器的热负荷,kJ;m_1、m_2 为一定时间内,热、冷流体从换热器入口到出口流过的质量,kg;c_{p1}、c_{p2} 为热、冷流体的平均比热容,kJ/(kg·℃);T_1、T_2 为热流体在换热器中的入口温度和出口温度,℃;t_1、t_2 为冷流体在换热器中的入口温度和出口温度,℃。

此式得到 Q 的单位为 kJ,只反映了传热量的多少,未反映出传热的快慢。工业生产中用传热速率表示传热量,单位为 kJ/s,所以需要在热量衡算方程中引入时间量纲,与流体质量结合起来,就演变成质量流量 w_s,单位为 kg/s,由此上述热量衡算式就改写为适用于化工传热计算的形式:

$$Q = w_{s1} c_{p1}(T_1 - T_2) = w_{s2} c_{p2}(t_2 - t_1) \tag{4-44}$$

式中,Q 为传热速率,kJ/s 或 kW;w_{s1}、w_{s2} 为热、冷流体的质量流量,kg/s。

2. 有相变时的热量衡算

若换热器中一侧有相变,如热流体为饱和蒸气(饱和蒸气指处于饱和温度下,或者说处于冷凝温度下的蒸气,例如常压下 100 ℃ 的水蒸气即为饱和水蒸气)冷凝,而冷流体无相变,则式(4-44)可表示为

$$Q = w_{s1}(H_1 - H_2) = w_{s1} r = w_{s2} c_{p2}(t_2 - t_1) \tag{4-45}$$

式中,H_1、H_2 为热流体入口和出口的焓,kJ/kg;r 为饱和蒸气的冷凝潜热,kJ/kg。水的潜热值可在本书附录中查到。

若热流体为饱和蒸气,要求其冷凝并冷却到低于饱和温度的 T_2,则

$$Q = w_{s1}[r + c_{p1}(T_s - T_2)] = w_{s2} c_{p2}(t_2 - t_1) \tag{4-46}$$

式中,T_s 为蒸气饱和温度,℃。

需要指出的是,热负荷由生产任务决定,与换热器的种类、型式无关,而传热速率是换热器在一定操作条件下的换热能力,是换热器自身的特性,二者不要混淆。对于一个能满足工艺要求的换热器,其传热速率值必须等于或略大于热负荷值。在设计换热器时,应假定传热速率和热负荷在数值上相等,这样可通过热负荷确定换热器的传热速率,再依据传热速率计算换热器所需的传热面积。因此,传热过程计算的基础是传热速率方程和热量衡算式。

4.4.2 总传热系数

由传热基本方程 $Q = KA\Delta t = \dfrac{\Delta t}{1/(KA)}$ 可知,$1/(KA)$ 为总热阻,它等于传热过程中各步热阻的总和。K 值是衡量换热器性能的重要参数。而在传热的基本方程中,传热量 Q 由生产任务规定,温度差与冷、热流体进、出换热器的温度有关,因而传热面积 A 与总传热系数 K 值密切相关,合理确定 K 值是换热计算中的一个重要问题。

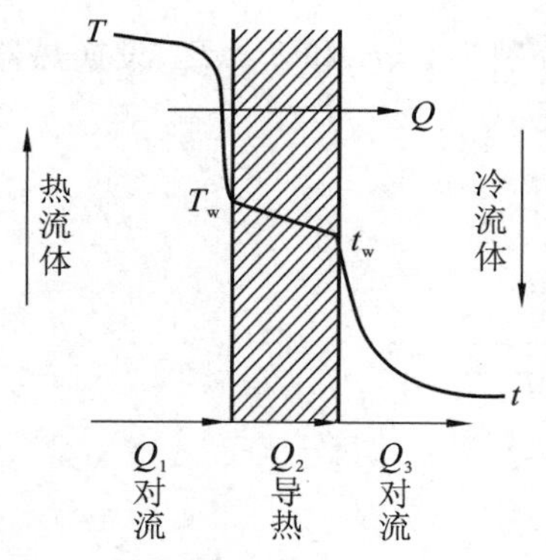

图 4-26　间壁两侧流体的热量传递

1. 总传热系数 K 的计算

流体在换热器某截面的温度分布如图 4-26 所示。为避免字母、角标使用混乱,本章规定:热流体入口温度为 T_1,出口温度为 T_2;冷流体入口温度为 t_1,出口温度为 t_2;下标“1”表示管外的参数,如 α_1、d_1、λ_1 等,下标“2”表

示管内的参数，如 α_2、d_2、λ_2 等。

在前面已经分析过，总传热过程是由热流体与管壁的对流传热、管壁内的热传导、管壁与冷流体的对流传热三个步骤串联组成的，各步传热速率相等，即 $Q=Q_1=Q_2=Q_3$。据此可把三个步骤的传热速率计算式联立成等式，有

$$Q=\frac{T-T_w}{\dfrac{1}{\alpha_1 A_1}}=\frac{T_w-t_w}{\dfrac{b}{\lambda A_m}}=\frac{t_w-t}{\dfrac{1}{\alpha_2 A_2}} \tag{4-47}$$

式中，T、t 分别为热、冷流体的温度，℃；T_w、t_w 分别为热流体侧、冷流体侧的壁面温度，℃；A_1、A_2、A_m 分别为管壁外表面积、管壁内表面积、管壁对数平均面积，m^2；α_1、α_2 分别为管外、管内流体与管壁的对流传热系数，$W/(m^2\cdot ℃)$；b 为管壁的厚度，m。

根据等比定律，得

$$Q=\frac{T-T_w+T_w-t_w+t_w-t}{\dfrac{1}{\alpha_1 A_1}+\dfrac{b}{\lambda A_m}+\dfrac{1}{\alpha_2 A_2}}=\frac{T-t}{\dfrac{1}{\alpha_1 A_1}+\dfrac{b}{\lambda A_m}+\dfrac{1}{\alpha_2 A_2}} \tag{4-48}$$

依据总传热方程

$$Q=\frac{T-t}{1/(KA)}$$

二者对比，可得

$$\frac{1}{KA}=\frac{1}{\alpha_1 A_1}+\frac{b}{\lambda A_m}+\frac{1}{\alpha_2 A_2} \tag{4-49}$$

式中，A 为总传热面积，它是由换热器的壁面提供的。管壁的 A_1、A_m、A_2 都可作为传热面积使用，但对于换热器生产厂家来说需要统一标准，因此在换热器系列化标准中，常规定换热管外表面积为传热面积，即 $A=A_1$。

$$\frac{1}{KA_1}=\frac{1}{\alpha_1 A_1}+\frac{b}{\lambda A_m}+\frac{1}{\alpha_2 A_2} \tag{4-49a}$$

等式两边同时乘以 A_1，有

$$\frac{1}{K}=\frac{1}{\alpha_1}+\frac{bA_1}{\lambda A_m}+\frac{A_1}{\alpha_2 A_2} \tag{4-50}$$

或

$$\frac{1}{K}=\frac{1}{\alpha_1}+\frac{bd_1}{\lambda d_m}+\frac{d_1}{\alpha_2 d_2} \tag{4-50a}$$

式(4-50)或(4-50a)即为总传热系数 K 的计算式。

2. 污垢热阻

换热器使用一段时间后，传热速率 Q 会下降，这是由于传热表面有污垢生成。虽然此层污垢不厚，但由于其导热系数小，热阻大，在计算 K 值时不可忽略。污垢热阻相当于在管壁外侧和内侧又另外串联两个热阻，分别设为 R_{s1} 和 R_{s2}。通常根据经验直接估计污垢热阻值，将其计入总热阻中，即

$$\frac{1}{K}=\frac{1}{\alpha_1}+R_{s1}+\frac{bA_1}{\lambda A_m}+R_{s2}\frac{A_1}{A_2}+\frac{A_1}{\alpha_2 A_2} \tag{4-51}$$

或

$$\frac{1}{K_1}=\frac{1}{\alpha_1}+R_{s1}+\frac{bd_1}{\lambda d_m}+R_{s2}\frac{d_1}{d_2}+\frac{d_1}{\alpha_2 d_2} \tag{4-51a}$$

式中，R_{s1}、R_{s2} 分别为管壁外、内侧表面上的污垢热阻，$(m^2\cdot ℃)/W$。

对于易结垢的流体，为消除污垢热阻的影响，应根据工作状况定期清洗换热器，表4-6列出了工业上常见流体污垢热阻的大致范围，以供参考。

表 4-6 常见流体的污垢热阻

流体		污垢热阻 R_s/[(m²·℃)/kW]	流体		污垢热阻 R_s/[(m²·℃)/kW]
水(u = 1 m/s, t < 50 ℃)	蒸馏水	0.09	水蒸气	优质 —— 不含油	0.052
	海水	0.09		劣质 —— 不含油	0.09
	清洁的河水	0.21		往复机排出	0.176
	未处理的凉水塔用水	0.58	液体	处理过的盐水	0.264
	已处理的凉水塔用水	0.26		有机物	0.176
	已处理的锅炉用水	0.26		燃料油	1.056
	硬水、井水	0.58		焦油	1.76
气体	空气	0.26 ～ 0.53			
	溶剂蒸气	0.14			

3. 几点说明

(1) 当传热面为平壁或薄壁圆筒时,$A_1 \approx A_2 \approx A_m$,式(4-51)可简化为

$$\frac{1}{K}=\frac{1}{\alpha_1}+R_{s1}+\frac{b}{\lambda}+R_{s2}+\frac{1}{\alpha_2} \tag{4-52}$$

(2) 当传热壁很薄、壁阻很小、其热阻可忽略且流体清洁、污垢热阻也可忽略时,式(4-52)简化为

$$\frac{1}{K}\approx\frac{1}{\alpha_1}+\frac{1}{\alpha_2} \tag{4-52a}$$

(3) 当 $\alpha_1 \ll \alpha_2$,且壁阻、垢阻均可忽略不计,管壁较薄时,有

$$\frac{1}{K}\approx\frac{1}{\alpha_1} \tag{4-52b}$$

同理,当 $\alpha_1 \gg \alpha_2$,且壁阻、垢阻均可忽略不计时,有

$$\frac{1}{K}\approx\frac{1}{\alpha_2} \tag{4-52c}$$

(4) 传热过程的总热阻是各串联热阻之和,所以原则上减少任何环节的热阻都可提高传热系数。但若各个环节的热阻数量级相差较大,则总热阻由其中数量级最大的热阻(称为控制热阻)决定。因此欲强化传热,提高 K 值,必须设法减小控制热阻值,即提高对流传热系数较小一侧的 α 值。

(5) K 值除用上述方法计算外,还可选用生产实际的经验数据或由现场直接测定。

【例 4-8】 某列管式换热器由 ϕ25 mm×2.5 mm的钢管组成。热空气流经管程,冷却水在壳程与空气呈逆流流动。已知管外侧水的 α_1 为 1000 W/(m²·℃),管内侧空气的 α_2 为 50 W/(m²·℃),钢的导热系数 λ 为 45 W/(m·℃),设水侧的污垢热阻为 $R_{s1}=0.2\times10^{-3}$ (m²·℃)/W,空气侧的污垢热阻 $R_{s2}=0.5\times10^{-3}$ (m²·℃)/W。试求:(1) 基于管外表面积的总传热系数 K;(2) 若其他条件都不变,不计壁阻和垢阻,空气的对流传热系数增加 1 倍,总传热系数增加多少?(3) 若冷却水的对流传热系数增加 1 倍,总传热系数增加多少?

解 由式(4-51a)可知

$$\frac{1}{K_1}=\frac{1}{\alpha_1}+R_{s1}+\frac{bd_1}{\lambda d_m}+R_{s2}\frac{d_1}{d_2}+\frac{d_1}{\alpha_2 d_2}$$

$$=\left(\frac{1}{1000}+0.2\times10^{-3}+\frac{0.0025\times0.025}{45\times0.0225}+0.5\times10^{-3}\times\frac{0.025}{0.02}+\frac{0.025}{50\times0.02}\right)(\text{m}^2\cdot℃)/\text{W}$$

$$=0.0269\ (\text{m}^2\cdot℃)/\text{W}$$

所以
$$K_1 = 37.2\ \text{W/(m}^2\cdot℃)$$

空气侧热阻
$$R_2 = \frac{d_2}{\alpha_2 d_1} = \frac{0.025}{50\times 0.02}(\text{m}^2\cdot℃)/\text{W} = 0.025\ (\text{m}^2\cdot℃)/\text{W}$$

可见，空气侧热阻最大，占总热阻的$\frac{0.025}{0.0269}\times 100\% = 92.9\%$。因此，传热系数 K 值接近于空气侧的对流传热系数，即 α 较小的一个。

（2）不计壁阻和垢阻，空气侧对流传热系数增加 1 倍，$\alpha_2' = 100\ \text{W/(m}^2\cdot℃)$，则总传热系数 K_1 的倒数

$$\frac{1}{K_1} \approx \frac{1}{\alpha_1} + \frac{d_1}{\alpha_2 d_2} = \left(\frac{1}{1000} + \frac{0.025}{100\times 0.02}\right)(\text{m}^2\cdot℃)/\text{W} = 0.0135\ (\text{m}^2\cdot℃)/\text{W}$$

得
$$K_1 = 74.1\ \text{W/(m}^2\cdot℃)$$

（3）冷却水侧对流传热系数增加 1 倍，$\alpha_1' = 2000\ \text{W/(m}^2\cdot℃)$，则总传热系数 K_1' 的倒数

$$\frac{1}{K_1'} \approx \frac{1}{\alpha_1'} + \frac{d_1}{\alpha_2 d_2} = \left(\frac{1}{2000} + \frac{0.025}{50\times 0.02}\right)(\text{m}^2\cdot℃)/\text{W} = 0.0255\ (\text{m}^2\cdot℃)/\text{W}$$

得
$$K_1' = 39.2\ \text{W/(m}^2\cdot℃)$$

结果表明：① 空气侧对流传热系数 α 值远小于冷却水侧的值，所以空气侧的热阻远大于水侧的热阻，空气侧热阻为控制热阻，因此减小空气侧热阻对提高总传热系数 K 值非常有效；② 总传热系数 K 总小于两侧流体对流传热系数，其值总是接近较小对流传热系数 α 值。

4. 总传热系数 K 值的大致范围

在设计换热器时，往往可将工艺条件相仿、结构类似的设备上所获得的较为成熟的生产数据作为初步估算的参考依据。表 4-7 列出了工业生产上列管式换热器总传热系数 K 值的大致范围。

表 4-7　列管式换热器 K 值的大致范围

热流体	冷流体	传热系数 K/[W/(m²·℃)]
水	水	850 ~ 1700
轻油	水	340 ~ 910
重油	水	60 ~ 280
气体	水	17 ~ 280
水蒸气冷凝	水	1420 ~ 4250
水蒸气冷凝	气体	30 ~ 300
低沸点烃类蒸气冷凝（常压）	水	455 ~ 1140
高沸点烃类蒸气冷凝（减压）	水	60 ~ 170
水蒸气冷凝	水沸腾	2000 ~ 4250
水蒸气冷凝	轻油沸腾	455 ~ 1020
水蒸气冷凝	重油沸腾	140 ~ 425

当总传热系数缺乏可靠的经验数据时，也常在现场测定生产中工艺条件相近、结构类似的换热器的 K 值作为设计参数。若传热面积已知，可通过测定不同生产条件下两侧流体的进、出口温度和其他有关数据，再根据总传热速率方程计算出 K 值。

4.4.3　平均温度差的计算

总传热过程的推动力是热、冷流体之间的温度差，但是如果流体在流动过程中进行传热，

温度沿流动方向变化，那么两种流体在径向上的温差也随之发生变化。因此用 $\Delta t = T - t$ 表示总传热温度差比较笼统。在实际计算时采用平均温度差 Δt_m 替代 Δt。总传热方程改写为

$$Q = KA\Delta t_m \tag{4-53}$$

传热平均温度差 Δt_m 与流体流动方向和温度变化情况有关。Δt_m 可分为恒温度差传热和变温度差传热两种情况进行计算。

1. 恒温度差传热

恒温度差传热是间壁两侧流体均发生相变，且温度不变，则冷、热流体温度差处处相等，不随传热面位置而变。例如，间壁的一侧为液体沸腾，沸腾温度恒定为 t，而间壁的另一侧为饱和蒸气冷凝，冷凝温度恒定为 T，此时传热面两侧的温度差保持不变，称为恒温度差传热。平均温度差可按下式计算：

$$\Delta t_m = T - t \tag{4-54}$$

式中，T、t 分别为热流体的冷凝温度、冷流体的汽化温度，℃。总传热方程可写为

$$Q = KA\Delta t_m = KA(T - t)$$

2. 变温度差传热

变温度差传热是指冷、热流体温度随传热面位置而变。即间壁传热过程中，单侧或两侧流体的温度沿流动方向而变化，此时两种流体的温差是沿换热面位置而变化，该过程可分为单侧变温和双侧变温两种情况。

1）单侧变温

如用饱和蒸气冷凝放出潜热加热冷流体，蒸气温度 T 不变，而冷流体的温度则从 t_1 上升到 t_2，如图 4-27(a) 所示。或者热流体温度从 T_1 降至 T_2，放出显热去加热另一较低温度下沸腾的液体，后者温度始终保持在沸点 t，如图 4-27(b) 所示。

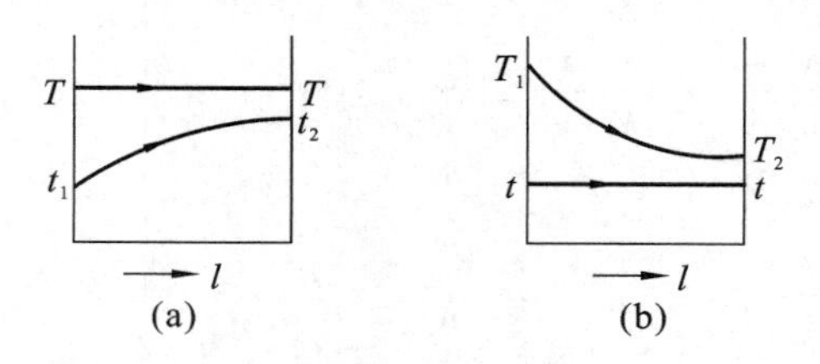

图 4-27　一侧流体变温时的温度差变化

2）双侧变温

间壁两侧流体皆发生温度变化，这时平均温度差 Δt_m 与换热器内冷、热流体流动方向有关，下面介绍工业上常见的几种流体流动方式。

(1) 并流　如图 4-28(a) 所示，参与换热的两种流体在传热面两侧作同向流动。

(2) 逆流　如图 4-28(b) 所示，参与换热的两种流体在传热面两侧作反向流动。

(3) 错流　如图 4-28(c) 所示，冷、热流体在传热面两侧垂直流动。

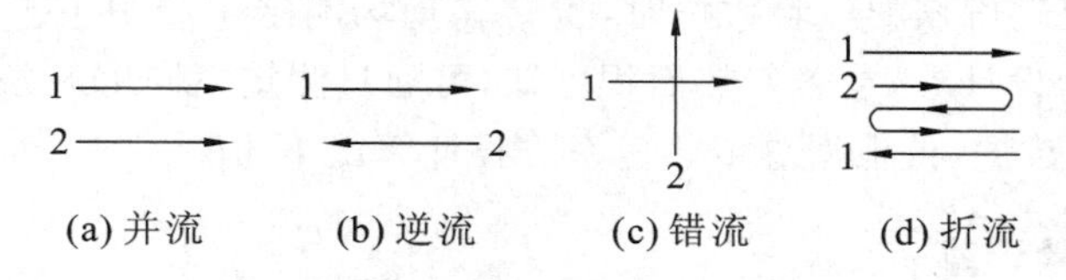

图 4-28　换热器中流体流向示意图

(4) 折流　如图4-28(d)所示，参与换热的冷、热流体，如一侧流体沿一个方向流动，另一侧流体反复改变流向；或两流体均作反复改变方向的流动。

3) 逆流的平均温度差

在变温传热时，不同传热面的温度差($T-t$)是不同的，因此在计算传热速率时需用积分的方法求出整个传热面上的平均温度差Δt_m。下面以逆流操作(两侧流体无相变)为例，推导Δt_m的计算式。

如图4-29所示的一套管式换热器，热流体的质量流量为w_{s1}，比热容为c_{p1}，进、出口温度为T_1、T_2；冷流体的质量流量为w_{s2}，比热容为c_{p2}，进、出口温度为t_1、t_2。假定条件如下。

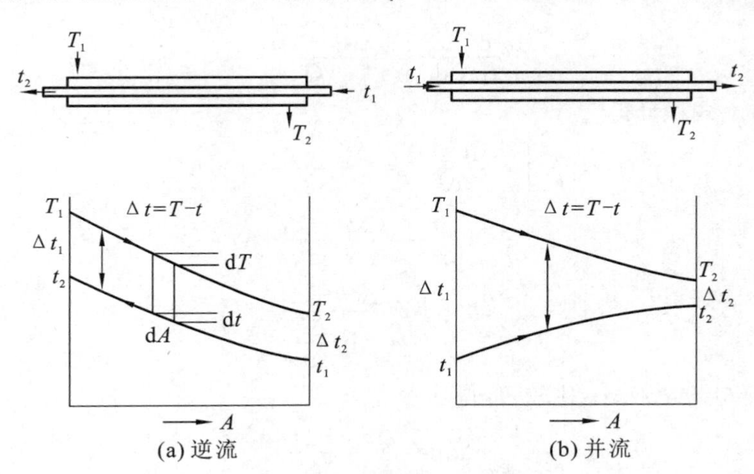

图4-29　两侧流体均变温时的温度差变

(1) 稳定操作，w_{s1}、w_{s2}为定值。

(2) c_{p1}、c_{p2}及总传热系数K沿传热面为定值。

(3) 忽略换热器的热损失。

现取换热器中一微元段为研究对象，其传热面积为$\mathrm{d}A$，热流体若在$\mathrm{d}A$内因放出热量温度下降$\mathrm{d}T$，冷流体因吸收热量温度升高$\mathrm{d}t$，传热量为$\mathrm{d}Q$，则$\mathrm{d}A$段内热量衡算的微分式为

$$\mathrm{d}Q = w_{s1}c_{p1}\mathrm{d}T = w_{s2}c_{p2}\mathrm{d}t \tag{4-55}$$

由式(4-55)可得
$$\frac{\mathrm{d}Q}{\mathrm{d}T} = w_{s1}c_{p1} = 常数$$

表示Q与热流体的温度呈线性关系；同理可得

$$\frac{\mathrm{d}Q}{\mathrm{d}t} = w_{s2}c_{p2} = 常数$$

表示Q与冷流体的温度呈线性关系。因此

$$\frac{\mathrm{d}(T-t)}{\mathrm{d}Q} = \frac{\mathrm{d}T}{\mathrm{d}Q} - \frac{\mathrm{d}t}{\mathrm{d}Q} = \frac{1}{w_{s1}c_{p1}} - \frac{1}{w_{s2}c_{p2}} = 常数$$

这说明Q与$\Delta t = T-t$也呈线性关系，且直线的斜率可表示为

$$\frac{\mathrm{d}(\Delta t)}{\mathrm{d}Q} = \frac{\Delta t_1 - \Delta t_2}{Q} \tag{4-56}$$

式(4-56)中，$\Delta t = T-t$，$\Delta t_1 = T_1 - t_2$，$\Delta t_2 = T_2 - t_1$，如图4-30所示。

$\mathrm{d}A$段传热速率方程的微分式　　$\mathrm{d}Q = K\Delta t\mathrm{d}A$

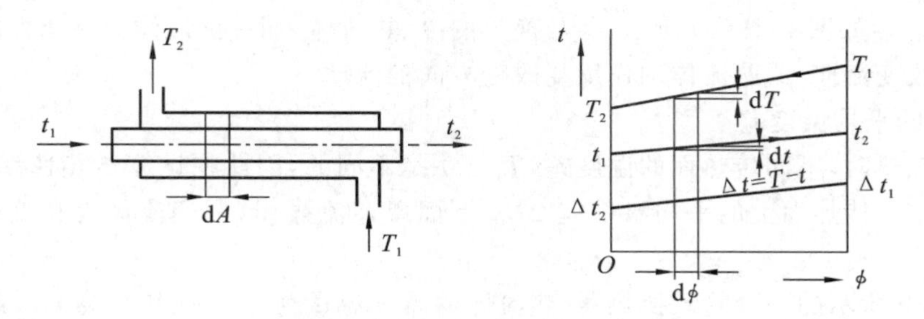

图 4-30　逆流时平均温度差的示意图

代入式(4-56)得

$$\frac{\mathrm{d}(\Delta t)}{K\Delta t\mathrm{d}A}=\frac{\Delta t_1-\Delta t_2}{Q}$$

设 K 为常数，将上式积分得

$$\frac{1}{K}\int_{\Delta t_2}^{\Delta t_1}\frac{\mathrm{d}(\Delta t)}{\Delta t}=\frac{\Delta t_1-\Delta t_2}{Q}\int_0^A\mathrm{d}A$$

即

$$\frac{1}{K}\ln\frac{\Delta t_1}{\Delta t_2}=\frac{\Delta t_1-\Delta t_2}{Q}A$$

移项得

$$Q=KA\,\frac{\Delta t_1-\Delta t_2}{\ln\dfrac{\Delta t_1}{\Delta t_2}}\tag{4-57}$$

与传热基本方程 $Q=KA\Delta t_{\mathrm{m}}$ 比较，可得

$$\Delta t_{\mathrm{m}}=\frac{\Delta t_1-\Delta t_2}{\ln\dfrac{\Delta t_1}{\Delta t_2}}\tag{4-58}$$

式(4-58)中，Δt_{m} 为换热器两端两种流体温度差 Δt_1 和 Δt_2 的对数平均值，称为对数平均温度差。

关于式(4-58)说明如下。

(1) 式(4-58)虽然由流体双侧变温且在逆流操作条件下推导而得，但它同样适用于单侧变温及双侧变温并流时的平均温度差计算。对单侧变温，不论并流或逆流，两种情况的对数平均温度差相等；当两侧流体都变温，且冷、热流体进、出口温度都相同时，并流与逆流的温度差却不同。

(2) 习惯上将较大温度差记为 Δt_1，较小温度差记为 Δt_2。

(3) $\Delta t_1/\Delta t_2<2$ 时，可用算术平均值 $\Delta t_{\mathrm{m}}=(\Delta t_1+\Delta t_2)/2$ 代替对数平均温度差，其相对误差小于 4%。

(4) 当 $\Delta t_1=\Delta t_2$ 时，$\Delta t_{\mathrm{m}}=\Delta t_1=\Delta t_2$。

【例 4-9】 用某反应物料通过列管式换热器加热原油，原油进口温度为 100 ℃，出口温度为 150 ℃，反应物料进口温度为 250 ℃，出口温度为 180 ℃。(1) 求并流与逆流时的平均温度差；(2) 若原油流量为 2400 kg/h，比热容为 2 kJ/(kg · ℃)，总传热系数为 150 W/(m² · ℃)，求并流和逆流时所需传热面积。

解　(1) 并流和逆流时的温度变化分析如图 4-31 所示。

① 并流时的平均温度差计算。

$$\Delta t_1=T_1-t_1=(250-100)\ ℃=150\ ℃$$

$$\Delta t_2=T_2-t_2=(180-150)\ ℃=30\ ℃$$

则

$$\Delta t_{\mathrm{m并}}=\frac{\Delta t_1-\Delta t_2}{\ln\dfrac{\Delta t_1}{\Delta t_2}}=\frac{150-30}{\ln\dfrac{150}{30}}\ ℃=74.6\ ℃$$

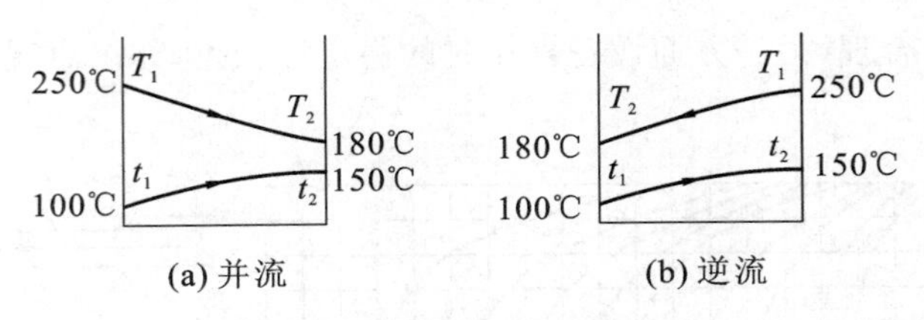

图 4-31　例 4-9 附图

② 逆流时的平均温度差计算。

$$\Delta t_1 = T_1 - t_2 = (250 - 150)℃ = 100\ ℃$$

$$\Delta t_2 = T_2 - t_1 = (180 - 100)℃ = 80\ ℃$$

$$\frac{\Delta t_1}{\Delta t_2} = \frac{100}{80} = 1.25 < 2$$

则
$$\Delta t_{m逆} = \frac{\Delta t_1 + \Delta t_2}{2} = \frac{100 + 80}{2}\ ℃ = 90\ ℃$$

(2) 热负荷的计算。

$$Q = w_{s2} c_{p2}(t_2 - t_1) = \frac{2400}{3600} \times 2 \times 10^3 \times (150 - 100)\mathrm{W} = 6.67 \times 10^4\ \mathrm{W}$$

注意:传热基本方程中 Q 的单位为 W 或者 J/s。

已知 $K = 150\ \mathrm{W/(m^2 \cdot ℃)}$,则传热面积

逆流
$$A_{逆} = \frac{Q}{K\Delta t_{m逆}} = \frac{6.67 \times 10^4}{150 \times 90}\ \mathrm{m^2} = 4.94\ \mathrm{m^2}$$

并流
$$A_{并} = \frac{Q}{K\Delta t_{m并}} = \frac{6.67 \times 10^4}{150 \times 74.6}\ \mathrm{m^2} = 5.96\ \mathrm{m^2}$$

逆流与并流相比,传热面积减少了$\frac{5.96 - 4.94}{5.96} \times 100\% = 17.1\%$。

由上例可知,在两流体相同的进、出口温度条件下,平均温度差 $\Delta t_{m逆} > \Delta t_{m并}$,所以在换热器的热流量 Q 及总传热系数 K 相同的条件下,逆流操作可节省传热面积。逆流操作的另一个优点是可以节约加热剂或者冷却剂的用量。因为并流时,t_2 总是小于 T_2,而逆流时 t_2 可以大于 T_2,所以逆流冷却时冷却剂的温升 $t_2 - t_1$ 可比并流操作时大些,在相同热流量的情况下,冷却剂用量就可以少些。同理,逆流加热时,加热剂本身温降 $T_1 - T_2$ 比并流操作时大些,即加热剂的用量可以减少些。

4) 错流和折流的平均温度差

在大多数列管式换热器中,两流体并非只作简单的逆流或并流,而是作比较复杂的多程流动,或相互垂直的交叉流动,即错流和折流。对于错流或折流时的平均温度差,其计算较为复杂。为便于计算,通常采用的方法是,先按逆流计算对数平均温度差 $\Delta t_{m逆}$,然后乘以温度差校正系数 φ,即

$$\Delta t_m = \varphi\, \Delta t_{m逆} \tag{4-59}$$

校正系数 φ 是辅助量 R 与 P 的函数,即

$$\varphi = \varphi(P,R)$$

式中
$$P = \frac{t_2 - t_1}{T_1 - t_1} = \frac{冷流体温升}{两流体最初温度差} \tag{4-60}$$

$$R = \frac{T_1 - T_2}{t_2 - t_1} = \frac{热流体温降}{冷流体温升} \tag{4-61}$$

根据 R 与 P 的数值,可由图 4-32 查得 φ 值。根据图 4-32,平均温度差校正系数 $\varphi < 1$,这是由于在列管换热器内增设了折流挡板及采用多管程,使参与换热的冷、热流体在换热器内呈折流或错流,导致实际平均传热温度差恒小于纯逆流时的平均传热温度差。但 φ 值不宜小于 0.8,

否则一方面经济上不合理,另一方面设备操作时的稳定性较差,如果出现此情况应改变流动型式,以提高 φ 值。

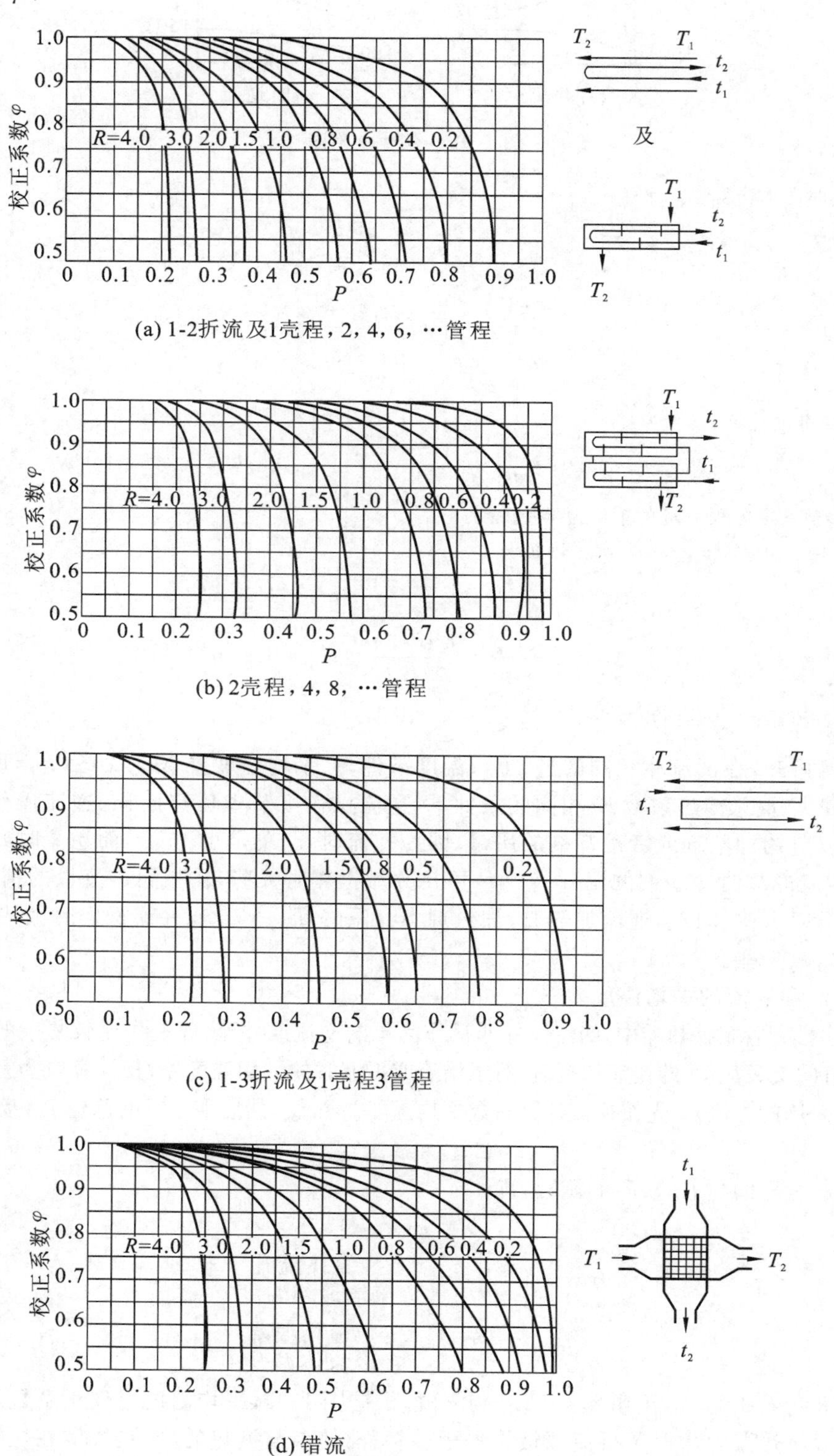

图 4-32　对数平均温度差校正系数 φ

【例 4-10】 在单壳程、双管程的列管式换热器中，冷、热流体进行热交换。两流体的进口温度、出口温度与例 4-9 的相同，试求此时的对数平均温度差。

解 先按逆流时计算，由例 4-9 知逆流时平均温度差为 90 ℃。

折流时的对数平均温度差为

$$\Delta t_m = \varphi \Delta t_{m逆}$$

其中

$$\varphi = \varphi(R,P)$$

$$R = \frac{T_1 - T_2}{t_2 - t_1} = \frac{250-180}{150-100} = 1.4$$

$$P = \frac{t_2 - t_1}{T_1 - t_1} = \frac{150-100}{250-100} = 0.333$$

由图 4-32(a) 查得 $\varphi = 0.91$，故 $\Delta t_m = 0.91 \times 90\ ℃ = 81.9\ ℃$。

由此可见，折流时的 Δt_m 恒小于逆流。

4.4.4 传热面积的计算

由传热基本方程 $Q = KA\Delta t_m$ 可知，当传热速率（或热负荷）Q、传热平均温度差 Δt_m 及总传热系数 K 确定后，即可得出传热面积 A，即

$$A = \frac{Q}{K\Delta t_m} \tag{4-62}$$

因计算热负荷时未考虑热损失，所以应将上式计算出的传热面积再增加 10% ～ 20%，作为设计或选用换热器的依据。

【例 4-11】 某列管式换热器由多根 $\phi 25\ \text{mm} \times 2.5\ \text{mm}$ 的钢管所组成。某液体走管内，由 20 ℃ 加热到 55 ℃，其流量为 15 t/h，流速为 0.5 m/s，比热容为 1.76 kJ/(kg · ℃)，密度为 858 kg/m³。加热剂为 130 ℃ 的饱和水蒸气，在管外冷凝。已知基于外表面积的总传热系数 K 为 774 W/(m² · ℃)。求：(1) 此换热器所需管数 n；(2) 单管长度 L。

解 (1) 由流量方程式求所需管数 n。

$$w_s = nu \cdot \frac{\pi}{4} d^2 \rho$$

$$n = \frac{w_s}{\frac{\pi}{4} d^2 u\rho} = \frac{\frac{15\times 10^3}{3600}}{\frac{\pi}{4}\times 0.02^2 \times 0.5 \times 858} = 31$$

(2) 求单管长度 L。

① 先求 Q。

$$Q = w_{s2} c_{p2}(t_2 - t_1) = \frac{15\times 10^3}{3600} \times 1.76\times 10^3 \times (55-20)\ \text{W} = 2.57\times 10^5\ \text{W}$$

② 求 Δt_m。

$$\Delta t_m = \frac{\Delta t_1 - \Delta t_2}{\ln\frac{\Delta t_1}{\Delta t_2}} = \frac{(130-20)-(130-55)}{\ln\frac{130-20}{130-55}}\ ℃ = 91\ ℃$$

③ 求 A。

$$A = \frac{Q}{K\Delta t_m} = \frac{2.57\times 10^5}{774\times 91}\ \text{m}^2 = 3.65\ \text{m}^2$$

④ 求 L。

$$L = \frac{A}{n\pi d_1} = \frac{3.65}{31\times 3.14\times 0.025}\ \text{m} = 1.5\ \text{m}$$

4.4.5 壁温的计算

在计算热损失和某些对流传热系数(如自然对流、强制层流、冷凝、沸腾等)时,都需要知道壁温。对于稳态传热,有

$$Q = KA\Delta t_m = \frac{T - T_w}{\frac{1}{\alpha_1 A_1}} = \frac{T_w - t_w}{\frac{b}{\lambda A_m}} = \frac{t_w - t}{\frac{1}{\alpha_2 A_2}}$$

利用上式计算壁温,得

$$T_w = T - \frac{Q}{\alpha_1 A_1} \tag{4-63}$$

$$t_w = T_w - \frac{bQ}{\lambda A_m} \tag{4-64}$$

或

$$t_w = t + \frac{Q}{\alpha_2 A_2} \tag{4-65}$$

在一般管壁较薄的情况下,因壁阻很小,可认为管壁两侧的温度基本相等,即 $t_w \approx T_w$。若管内、外流体的平均温度分别为 T 和 t,管壁温度为 T_w,则壁温可用下式计算:

$$\frac{T - T_w}{T_w - t} = \frac{\frac{1}{\alpha_1 A_1}}{\frac{1}{\alpha_2 A_2}} \tag{4-66}$$

式(4-66) 表明:传热面两侧的温度差之比等于两侧热阻之比,哪侧热阻大,哪侧温度差也大。如 $\alpha_1 \gg \alpha_2$,则$(T - T_w) \ll (T_w - t)$,T_w 接近于 T,即壁温总是接近于对流传热系数较大、热阻较小一侧流体的温度。若管壁较薄,$A_1 \approx A_2$,式(4-66) 又可简化为

$$\frac{T - T_w}{T_w - t} = \frac{\frac{1}{\alpha_1}}{\frac{1}{\alpha_2}} \tag{4-66a}$$

【例 4-12】 在某废热锅炉中,管外高温气体进、出口平均温度为 300 ℃,$\alpha_1 = 120\ \mathrm{W/(m^2 \cdot ℃)}$;管内水在 101.3 kPa(绝压) 下沸腾,$\alpha_2 = 10000\ \mathrm{W/(m^2 \cdot ℃)}$。试求以下两种情况下的总传热系数和壁温:(1) 管壁清洁无垢;(2) 内侧有污垢存在,$R_{s2} = 0.005\ \mathrm{(m^2 \cdot ℃)/W}$。(薄壁圆管,可近似用平壁公式计算,不计壁阻)

解 (1) 管壁清洁无垢,薄壁,不计壁阻时,总传热系数 K 可采用式(4-52a) 计算,即

$$\frac{1}{K} \approx \frac{1}{\alpha_1} + \frac{1}{\alpha_2} = \left(\frac{1}{120} + \frac{1}{10000}\right)\mathrm{(m^2 \cdot ℃)/W}$$

解得

$$K = 118.6\ \mathrm{W/(m^2 \cdot ℃)}$$

在 101.3 kPa 绝压下,水的饱和温度为 100 ℃。

由式(4-66a)

$$\frac{T - T_w}{T_w - t} = \frac{\frac{1}{\alpha_1}}{\frac{1}{\alpha_2}}$$

代入数据,有

$$\frac{300 - T_w}{T_w - 100} = \frac{\frac{1}{120}}{\frac{1}{10000}}$$

解得

$$T_w = 102.4\ ℃$$

计算表明,传热系数 K 值接近于较小的 α 值,而壁温接近于 α 大的一侧的流体温度。

(2) 内侧有污垢存在时，总传热系数 K 的倒数

$$\frac{1}{K} \approx \frac{1}{\alpha_1} + \frac{1}{\alpha_2} + R_{s2} = \left(\frac{1}{120} + \frac{1}{10000} + 0.005\right)(\mathrm{m^2 \cdot ℃})/\mathrm{W} = 0.01343\ (\mathrm{m^2 \cdot ℃})/\mathrm{W}$$

解得

$$K = 74.46\ \mathrm{W/(m^2 \cdot ℃)}$$

设内侧对流传热与污垢的总热阻为 R，则

$$R = \left(\frac{1}{10000} + 0.005\right)(\mathrm{m^2 \cdot ℃})/\mathrm{W} = 0.0051\ (\mathrm{m^2 \cdot ℃})/\mathrm{W}$$

$$\frac{300 - T_w}{T_w - 100} = \frac{\frac{1}{120}}{0.0051}$$

则

$$T_w = 175.9\ ℃$$

结果表明，管内侧存在污垢热阻时，将使总传热系数急剧下降，壁温大为升高。因此，必须定期清除水垢，以免壁温过高而导致烧毁甚至引起爆炸事故。

4.5　热　辐　射

4.5.1　热辐射的基本概念

物体以电磁波形式传递能量的过程称为辐射，被传递的能量称为辐射能。物体可由不同的原因产生电磁波，其中因热的原因引起的辐射，称为热辐射。在热辐射过程中，物体的热能转变为辐射能，只要物体的温度不变，则发射的辐射能也不变。

热辐射的电磁波波长范围很广，但能被物体吸收并转变为热能的波长范围为 0.4 ～ 20 μm，即可见光与红外光线，统称为热辐射线。

热辐射线可以在真空中传播，不需要任何物质作媒介。热辐射线服从反射和折射定律，能在均一介质中作直线传播，在真空和大多数气体中可以完全透过，但不能透过工业上常见的大多数固体和液体。

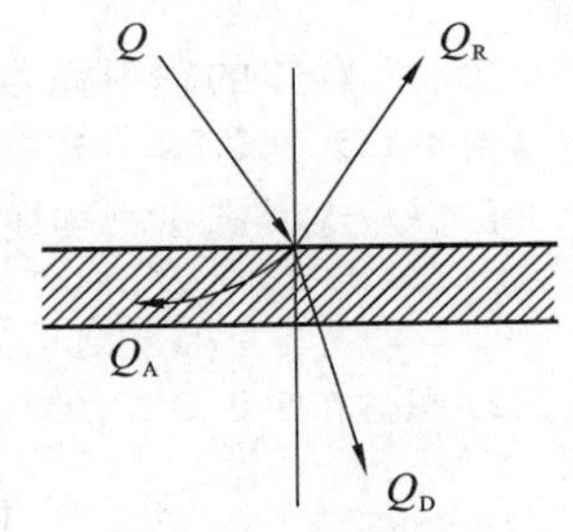

图 4-33　辐射能的吸收、反射和透过

如图 4-33 所示，假设外界投射到物体表面上的总辐射能为 Q，其中一部分进入表面后被物体吸收，以 Q_A 表示；一部分被物体反射，以 Q_R 表示；其余部分穿透物体，以 Q_D 表示。按能量守恒定律，有

$$Q = Q_A + Q_R + Q_D \tag{4-67}$$

或

$$\frac{Q_A}{Q} + \frac{Q_R}{Q} + \frac{Q_D}{Q} = 1 \tag{4-67a}$$

式中，$\frac{Q_A}{Q}$ 为吸收率，用 A 表示；$\frac{Q_R}{Q}$ 为反射率，用 R 表示；$\frac{Q_D}{Q}$ 为透过率，用 D 表示。

式(4-67a) 也可写成

$$A + R + D = 1 \tag{4-67b}$$

物体的吸收率 A、反射率 R、透过率 D 的大小取决于物体的性质、温度、表面状况和热辐射线的波长等。一般来说，表面粗糙的物体吸收率大，热辐射线不能透过固体和液体，而气体对热辐射线几乎无反射能力，即 $R = 0$。

物体的吸收率 A 表示物体吸收辐射能的本领，当 $A = 1$，即 $D = R = 0$ 时，这种物体称为

绝对黑体或黑体。黑体能将到达其表面的热辐射线全部吸收。但黑体只是一种理想化物体,实际物体只能或多或少地接近黑体,如没有光泽的黑漆表面,其吸收率 $A = 0.96 \sim 0.98$。

物体的反射率 R 表示物体反射辐射能的本领,当 $R = 1$,即 $A = D = 0$ 时,这种物体称为绝对白体或镜体。白体能将到达其表面的热辐射线全部反射,也是一种理想物体,实际物体只能或多或少地接近白体,如表面磨光的铜,其反射率 $R = 0.97$。引入黑体和白体的概念是为了作为实际物体的比较标准,以简化辐射传热计算。

物体的透过率 D 表示物体透过热辐射线的本领,当 $D = 1$,即 $A = R = 0$ 时,这种物体称为透热体。透热体能将到达其表面的热辐射线透过全部。一般来说,单原子和由对称双原子构成的气体,如 He、O_2、N_2 和 H_2 等可视为透热体。

4.5.2　物体的辐射能力与斯蒂芬-玻耳兹曼定律

物体在一定温度下,单位表面积、单位时间内所发射的全部辐射能(波长从 0 到 ∞),称为该物体在该温度下的辐射能力,以 E 表示,单位为 W/m^2。

1. 黑体的辐射能力与斯蒂芬-玻耳兹曼定律

斯蒂芬-玻耳兹曼(Szefan-Boltzmann) 定律:理论上已证明,黑体的辐射能力与其表面的热力学温度 T 的四次方成正比,即

$$E_0 = \sigma_0 T^4 \tag{4-68}$$

式中,E_0 为黑体的辐射能力,W/m^2;σ_0 为黑体的辐射常数,$\sigma_0 = 5.669 \times 10^{-8}\ W/(m^2 \cdot K^4)$;$T$ 为黑体表面的热力学温度,K。

为了使用方便,通常将上式表示为

$$E_0 = C_0 \left(\frac{T}{100}\right)^4 \tag{4-69}$$

式中,C_0 为黑体的辐射系数,$C_0 = 5.669\ W/(m^2 \cdot K^4)$。

【例 4-13】　试计算并比较黑体表面温度分别为 30 ℃ 及 800 ℃ 时的辐射能力

解　(1) 黑体在 30 ℃ 时的辐射能力

$$E_{01} = C_0 \left(\frac{T_1}{100}\right)^4 = 5.669 \times \left(\frac{273+30}{100}\right)^4\ W/m^2 = 478\ W/m^2$$

(2) 黑体在 800 ℃ 时的辐射能力

$$E_{02} = C_0 \left(\frac{T_2}{100}\right)^4 = 5.669 \times \left(\frac{273+800}{100}\right)^4\ W/m^2 = 75146\ W/m^2$$

$$\frac{E_{02}}{E_{01}} = \frac{75146}{478} = 157.2$$

显然热辐射与对流和传导遵循完全不同的规律。由上题可见,黑体温度变化到 $\frac{800+273}{30+273} = 3.54$ 倍,而辐射能力增加到 157.2 倍,说明物体在低温时辐射影响较小,可以忽略,而高温时则辐射成为主要的传热方式。

2. 实际物体的辐射能力

黑体是一种理想化的物体,在工程上最重要的是确定实际物体的辐射能力。在同一温度下,实际物体的辐射能力 E 恒小于同温度下黑体的辐射能力 E_0。不同物体的辐射能力也有较大的差别。通常用黑体的辐射能力 E_0 作为基准,引入物体的黑度 ε 的概念。实际物体的辐射能力与黑体的辐射能力之比称为物体的黑度,用 ε 表示,即

$$\varepsilon = \frac{E}{E_0} \tag{4-70}$$

黑度表示实际物体接近黑体的程度，其值恒小于1。由式(4-70)和式(4-69)得

$$E = \varepsilon E_0 = \varepsilon C_0 \left(\frac{T}{100}\right)^4 \tag{4-71}$$

影响物体黑度 ε 的因素有物体的种类、表面温度、表面状况(如粗糙度、表面氧化程度等)、辐射波长等。黑度是物体的一种性质，只与物体本身的情况有关，与外界因素无关，其值可用实验测定。

表4-8列出某些工业材料的黑度 ε 的值。从表中可看出，不同材料的黑度 ε 值差异较大。表面氧化材料的 ε 值比表面磨光材料的 ε 值大，说明其辐射能力也大。

表4-8　常用工业材料的黑度 ε 的值

材料	温度/℃	黑度 ε	材料	温度/℃	黑度 ε
红砖	20	0.93	铜(氧化的)	200～600	0.57～0.87
耐火砖		0.8～0.9	铜(磨光的)		0.03
钢板(氧化的)	200～600	0.8	铝(氧化的)	200～600	0.11～0.19
钢板(磨光的)	940～1100	0.55～0.61	铝(磨光的)	225～575	0.039～0.057
铸铁(氧化的)	200～600	0.64～0.78			

为了简化辐射传热计算，引入灰体的概念。所谓灰体，就是对各种波长的辐射能具有相同吸收率的理想物体。实验证明，多数工程材料，对于波长在0.76～20 μm范围内的辐射能(此波长范围内的辐射能在工业上应用最多)，其吸收率随波长的变化不大，故把这些物体视为灰体。

灰体的辐射能力 E 同样可用斯蒂芬-玻耳兹曼定律来表示，即

$$E = C\left(\frac{T}{100}\right)^4 \tag{4-72}$$

式中，C 为灰体的辐射系数，不同的物体辐射系数不相同，其值与物质的性质、温度、表面状况有关，其值总小于同温度下的 C_0，在0～5.669范围内变化。

4.5.3　克希霍夫定律

灰体在一定温度下的辐射能力与吸收率的比值，恒等于同温度下黑体的辐射能力，即

$$E_0 = E/A \tag{4-73}$$

比较式(4-70)和式(4-73)，可得

$$\varepsilon = A \tag{4-74}$$

此式也称为克希霍夫(Kirchhoff)定律。由此定律可推知，物体的辐射能力越大，其吸收能力也越大。显然，知道了灰体的黑度，便可求得该灰体的辐射能力。

4.5.4　两固体间的相互辐射

工业上通常遇到两固体间的相互辐射传热，一般可视为两灰体间的热辐射。在两灰体间，当通过热辐射进行传热时，从一个物体发射出来的能量只能部分到达另一物体，而且这部分能量还要反射出一部分，即不能被另一物体全部吸收。同理，从另一物体反射回来的能量也只有一部分回到原物体，而反射回的这部分能量又被部分地反射和部分地吸收，这种过程被反复进行，直到继续被吸收和反射的能量变得微不足道，如图4-34所示。

两固体间的辐射传热总的结果是热量从高温物体传向低温物体，其传热速率与两固体的

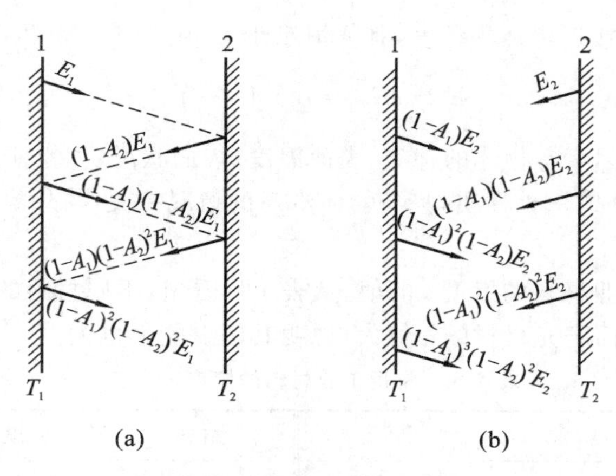

图 4-34　两平行灰体间的相互辐射

吸收率、反射率、形状及大小有关，还和两固体间的距离与相对位置有关。一般可用下式表示：

$$Q_{1-2}=C_{1-2}\varphi_{1-2}A\left[\left(\frac{T_1}{100}\right)^4-\left(\frac{T_2}{100}\right)^4\right] \tag{4-75}$$

式中，Q_{1-2} 为高温物体 1 向低温物体 2 辐射传热的速率，W；C_{1-2} 为总辐射系数，$W/(m^2 \cdot K^4)$；φ_{1-2} 为几何因子或角系数(物体 1 发射的能量被物体 2 拦截的分数)；A 为辐射面积，m^2；T_1 为高温物体的表面温度，K；T_2 为低温物体的表面温度，K。

其中总辐射系数 C_{1-2} 和角系数 φ_{1-2} 的数值与物体黑度、形状、大小、距离及相对位置有关。工业上常遇到的固体之间的辐射有以下几种情况。

(1) 两平行平面之间的辐射，一般又可分为极大的两平行平面间的辐射和面积有限的两面积相等平行平面间的辐射两种情况。

(2) 一物体被另一物体包围时的辐射，一般可分为很大物体 2 包住物体 1 和物体 2 恰好包住物体 1 两种情况。

在上述较简单的情况下，辐射面积 A 的确定及总辐射系数 C_{1-2} 和角系数 φ_{1-2} 的求取可参见图 4-35 和表 4-9。其中

$$\frac{l}{b}=\frac{\text{边长(长方形用短边)}}{\text{辐射面间的距离}}$$

或

$$\frac{d}{b}=\frac{\text{直径}}{\text{辐射面间的距离}}$$

对较为复杂的情况，可直接采用实验方法测定。关于这部分内容可查阅有关资料。

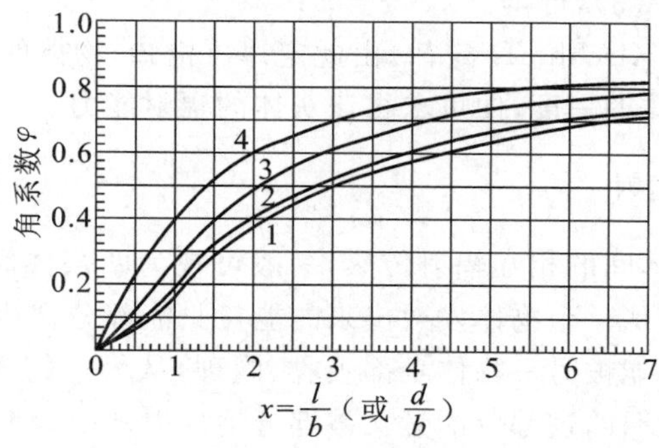

图 4-35　平行平面间辐射传热的角系数 φ

1— 圆盘形；2— 正方形；3— 长方形(边长之比为 2：1)；4— 长方形(狭长)

表 4-9 角系数与总辐射系数的计算式

序号	辐射情况	面积 A/m^2	角系数 φ	总辐射系数 C_{1-2}/[W/(m²·K⁴)]
1	极大的两平行平面	A_1 或 A_2	1	$\dfrac{C_0}{\frac{1}{\varepsilon_1}+\frac{1}{\varepsilon_2}-1}$
2	面积有限的两面积相等平行平面	A_1	$<1$①	$\varepsilon_1\varepsilon_2 C_0$
3	很大的物体 2 包住物体 1	A_1	1	$\varepsilon_1 C_0$
4	物体 2 恰好包住物体 1，$A_1\approx A_2$	A_1	1	$\dfrac{C_0}{\frac{1}{\varepsilon_1}+\frac{1}{\varepsilon_2}-1}$
5	在 3、4 两种情况之间	A_1	1	$\dfrac{C_0}{\frac{1}{\varepsilon_1}+\frac{A_1}{A_2}\left(\frac{1}{\varepsilon_2}-1\right)}$

注：① 此时 φ 值由图查得。

【例 4-14】 室内有一高为 0.5 m、宽为 0.5 m 的铸铁炉门，表面温度为 627 ℃，室温为 27 ℃。(1) 试求炉门辐射散热的速率；(2) 若炉门前很小距离处平行放置一块同样大小的已氧化的铝质隔热板，则增加隔热板后，辐射散热减少多少？

解 取铸铁的黑度 $\varepsilon_1=0.78$，铝的黑度 $\varepsilon_2=0.15$。

(1) 由于炉门(用 1 表示)被四壁(用 2 表示)包围，由表 4-9 知

$$\varphi=1,\quad C_{1-2}=\varepsilon_1 C_0=0.78C_0,\quad A=A_1=0.5\times0.5\ \text{m}^2=0.25\ \text{m}^2$$

$$\begin{aligned}Q_{1-2}&=C_{1-2}\varphi_{1-2}A\left[\left(\frac{T_1}{100}\right)^4-\left(\frac{T_2}{100}\right)^4\right]\\&=0.78\times5.669\times1\times0.25\times\left[\left(\frac{627+273}{100}\right)^4-\left(\frac{27+273}{100}\right)^4\right]\text{W}\\&=7.16\times10^3\ \text{W}\end{aligned}$$

(2) 因炉门与隔热板(用 3 表示)相距很近，二者间的辐射可视为两无限大平行板间的热辐射。该铝板温度为 T_3，由表 4-9 可知

$$C_{1-3}=\frac{C_0}{\frac{1}{\varepsilon_1}+\frac{1}{\varepsilon_3}-1},\quad \varphi=1,\quad A=A_1=0.25\ \text{m}^2$$

所以 $$Q_{1-3}=C_{1-3}\varphi_{1-3}A\left[\left(\frac{T_1}{100}\right)^4-\left(\frac{T_3}{100}\right)^4\right]=\frac{5.669}{\frac{1}{0.78}+\frac{1}{0.15}-1}\times1\times0.25\times\left[\left(\frac{900}{100}\right)^4-\left(\frac{T_3}{100}\right)^4\right]\qquad(a)$$

因为隔热板被四周墙壁包围，所以

$$Q_{3-2}=C_{3-2}\varphi_{3-2}A\left[\left(\frac{T_3}{100}\right)^4-\left(\frac{T_2}{100}\right)^4\right]=0.15\times5.669\times1\times0.25\times\left[\left(\frac{T_3}{100}\right)^4-\left(\frac{300}{100}\right)^4\right]\qquad(b)$$

在稳态传热条件下，$Q_{1-3}=Q_{3-2}$，联立式(a)和式(b)得

$$T_3=755\ \text{K}=482\ ℃$$

$$Q_{1-3}=Q_{3-2}=0.15\times5.669\times1\times0.25\times\left[\left(\frac{755}{100}\right)^4-\left(\frac{300}{100}\right)^4\right]\ \text{W}=673.5\ \text{W}$$

$$\frac{Q_{1-2}-Q_{1-3}}{Q_{1-2}}\times100\%=\frac{7.16\times10^3-673.5}{7.16\times10^3}\times100\%=90.6\%$$

此结果表明，增加隔热板后散热量减少了 90.6%，所以设置隔热板是减少炉门热损失的有效途径。

4.5.5 影响辐射传热的主要因素

1. 温度的影响

由式(4-75)可知,辐射热流量正比于温度的四次方之差,因此,同样的温度差在高温时的热流量将远大于低温时的热流量。

2. 几何位置的影响

角系数对两物体间的辐射传热有重要影响,而角系数取决于两辐射表面的方位和距离。

3. 表面黑度的影响

当物体的相对位置一定时,系统黑度只和表面黑度有关,因此,通过改变表面黑度的方法可以强化或减弱辐射传热。

4. 辐射表面之间介质的影响

上述讨论时,都假定两表面间的介质为透明体,实际上某些气体也具有发射和吸收辐射能的能力。因此,这些气体的存在对物体的辐射传热必定有影响。

4.5.6 辐射、对流联合传热

化工生产设备或管路的外壁温度常高于周围环境的温度,此时,热量将以自然对流和辐射两种形式同时自壁面向周围环境传递,而引起热损失。其值为

$$Q = Q_C + Q_R \tag{4-76}$$

其中以对流方式损失的热量

$$Q_C = \alpha_C A_w (t_w - t) \tag{4-77}$$

以辐射方式损失的热量

$$Q_R = C_{1-2}\varphi A_w\left[\left(\frac{T_w}{100}\right)^4 - \left(\frac{T}{100}\right)^4\right] \tag{4-78}$$

令 $\varphi = 1$,将上式写为对流传热的形式

$$Q_R = C_{1-2}A_w\left[\left(\frac{T_w}{100}\right)^4 - \left(\frac{T}{100}\right)^4\right]\frac{t_w - t}{t_w - t} = \alpha_R A_w (t_w - t) \tag{4-79}$$

其中

$$\alpha_R = \frac{C_{1-2}\left[\left(\frac{T_w}{100}\right)^4 - \left(\frac{T}{100}\right)^4\right]}{t_w - t} \tag{4-80}$$

式中,α_C 为空气的对流传热系数,$W/(m^2 \cdot K)$ 或 $W/(m^2 \cdot ℃)$;α_R 为辐射传热系数,$W/(m^2 \cdot K)$ 或 $W/(m^2 \cdot ℃)$;T_w 为设备或管路外壁的温度,K;t_w 为设备或管路外壁温度,℃;T 为周围环境温度,K;t 为周围环境温度,℃;A_w 为设备或管路的外壁面积,即散热的表面积,m^2。

将式(4-77)与式(4-79)代入式(4-76)得设备或管路的总热损失

$$Q = Q_C + Q_R = (\alpha_C + \alpha_R)A_w(t_w - t) = \alpha_T A_w (t_w - t) \tag{4-81}$$

式中,α_T 为对流-辐射联合传热系数,$W/(m^2 \cdot K)$ 或 $W/(m^2 \cdot ℃)$,$\alpha_T = \alpha_C + \alpha_R$。

对于有保温层的设备、管路等外壁对周围环境散热的联合传热系数 α_T,可用下列近似公式估算。

(1) 空气自然对流。

平壁保温层外

$$\alpha_T = 9.8 + 0.07(t_w - t) \tag{4-82}$$

管路及圆筒壁保温层外　　$\alpha_T = 9.4 + 0.052(t_w - t)$　　(4-83)

(2) 空气沿粗糙壁面强制对流。

空气流速 $u \leqslant 5$ m/s 时　　$\alpha_T = 6.2 + 4.2u$　　(4-84)

空气流速 $u > 5$ m/s 时　　$\alpha_T = 7.8u^{0.78}$　　(4-85)

【例4-15】 现有ϕ108 mm×4 mm、长为4 m的垂直蒸气管路，未加保温层，外壁温度为120 ℃，若周围空气温度为20 ℃，试计算单位管长的热损失。

解　因为空气为自然对流，由式(4-83)计算对流-辐射联合传热系数。

$$\alpha_T = 9.4 + 0.052(t_w - t) = [9.4 + 0.052 \times (120 - 20)]\ \text{W/(m}^2\cdot\text{℃)} = 14.6\ \text{W/(m}^2\cdot\text{℃)}$$

则单位管长的热损失为

$$\frac{Q}{l} = \alpha_T \pi d(t_w - t) = 14.6 \times 3.14 \times 0.1 \times (120 - 20)\ \text{W/m} = 458.4\ \text{W/m}$$

4.6　换　热　器

在多数情况下，化工工艺上不允许冷、热流体直接接触，故工业上遇到的直接接触式传热和蓄热式传热并不很多，应用最多的是间壁式换热器。

4.6.1　夹套式换热器

如图4-36所示，夹套式换热器结构简单，主要用于釜式设备的加热或冷却。在夹套和容器壁之间形成的环室作为流体的通道。当用水蒸气加热时，水蒸气从上部进入环室，冷凝水从下部排出。冷却时，则冷却水由下部进入，上部排出。由于环室内部清洗困难，故一般选用不易结垢的水蒸气、冷却水、导热油等作为载热体。

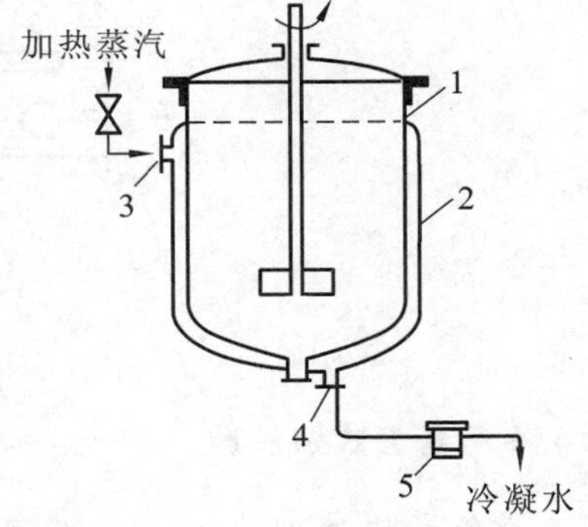

图4-36　夹套式换热器

1—釜；2—夹套；3—蒸汽进口；4—冷凝水出口；5—疏水器

因夹套式换热器的传热面积受到一定限制，传热系数也不高，因此当需要及时移走较大热量时，可在釜内加设蛇管(或列管)，管内通入冷却介质，及时移走热量以控制釜内温度。当环室内通冷却水时，为提高其对流传热系数，可在夹套内加设挡板，这样既可使冷却水流向一定，又可提高流速，从而提高总传热系数。

4.6.2　沉浸式蛇管换热器

如图4-37所示，沉浸式蛇管换热器是将金属管子绕成各种与容器相适应的形状，沉浸在容器中的流体内。冷、热流体通过管壁进行换热。优点是结构简单，制造方便，管内能承受高压并可选择不同的材料以利于防腐，管外便于清洗。缺点是传热面积不大，蛇管外容器中的流动情况较差，对流传热系数小。沉浸式蛇管换热器适用于反应器内的传热、高压下的传热以及强腐蚀性介质的传热。为了强化传热，容器内可加搅拌装置。

4.6.3　喷淋式蛇管换热器

如图4-38所示，喷淋式蛇管换热器是将换热蛇管成排固定在钢架上，冷却水由上方向下方喷淋，流到底部的冷却水可收集回收再利用。热流体由下部管子流入，与冷却水逆流换热。与

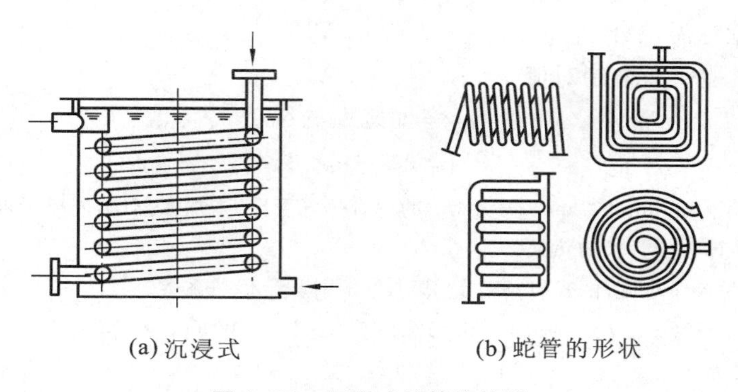

图 4-37　沉浸式蛇管换热器

沉浸式相比，喷淋式传热效果较好，结构简单，且便于检修、清洗，特别适合于高压流体的冷却；缺点是占地面积大，冷却水喷淋不均匀。它仅限于安装在室外。

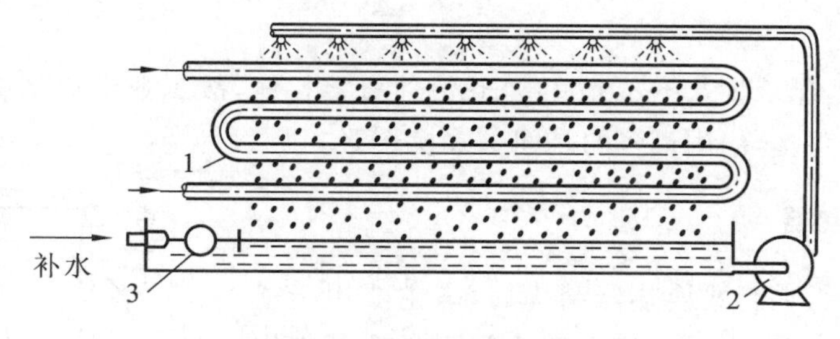

图 4-38　喷淋式蛇管换热器

1— 蛇管；2— 循环泵；3— 控制阀

4.6.4　套管式换热器

套管式换热器是由两种不同直径的直管制成的同心套管，并根据换热要求，将几段套管用 U 形肘管连接而成，如图 4-39 所示。每一段套管称为一程，程数可根据换热要求而增减，每程的有效长度为 4 ～ 6 m。其优点是结构简单、加工方便、能耐高压，传热面积可根据需要而增减；适当选择内、外管直径使流体具有较大的流速，以提高传热系数并能保持完全逆流，使对数平均温度差最大。其缺点是结构不紧凑，金属消耗量大，接头多而易漏，单位换热器长度具有的传热面积较小。它适用于流量不大，所需传热面积不大及高温、高压流体的换热。

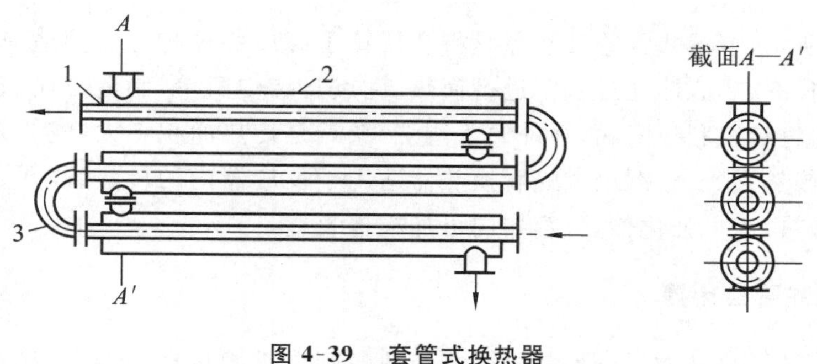

图 4-39　套管式换热器

1— 内管；2— 外管；3—U 形肘管

4.6.5　列管式换热器

列管式换热器又称管壳式换热器，是最典型的间壁式换热器，在工业生产中占据主导地位。其优点是单位设备体积所能提供的传热面积较大、传热效果好、结构坚固、可选用的结构材料范围广、操作弹性大，尤其在高温、高压和大型装置中普遍采用。

1. 列管式换热器的结构

列管式换热器主要由壳体、管束、管板、折流挡板和封头等组成。管束的壁面即为传热面。管束两端固定在管板上，管板外是封头，供管程流体的进入和流出，保证各管中的流体流动情况基本一致，如图 4-40 所示。

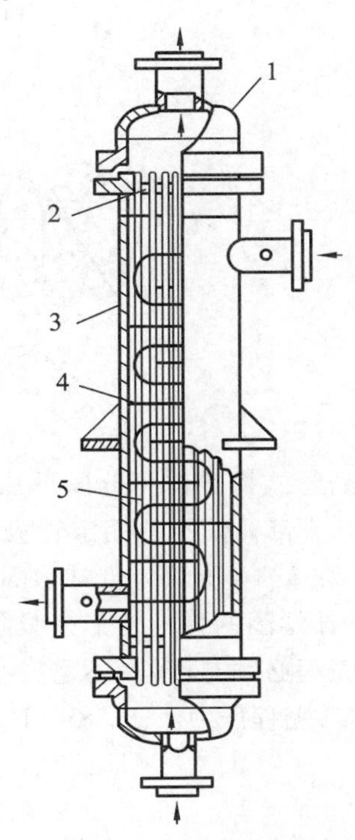

图 4-40　列管式换热器

1— 封头；2— 管板；3— 壳体；4— 折流挡板；5— 管束

管程流体每通过一次管束称为一个管程。当换热器所需传热面积较大时，需要的管子数目较多。为提高管程的流体流速，可采用多管程，即在两端封头内安装隔板，使管子分成若干组，流体依次通过每组管子，往返多次。管程数增多有利于提高对流传热系数，但流体的机械能损失也增大，而且传热温度差减小，故程数不宜过多，以 2 程、4 程、6 程较为常见。图 4-41 为单壳程、双管程固定管板式换热器。

同理，流体每通过一次壳体称为一个壳程。通常在壳程内安装一定数目的与管束相互垂直的折流挡板。折流挡板不仅可防止流体短路，增加流体流速，还迫使流体按规定路径多次错流通过管束，使湍动程度大为增加，从而提高壳程的对流传热系数。常用的折流挡板有圆缺形和圆盘形两种，前者更为常用，如图 4-42 所示。流体通过折流挡板的流动方式如图 4-43 所示。

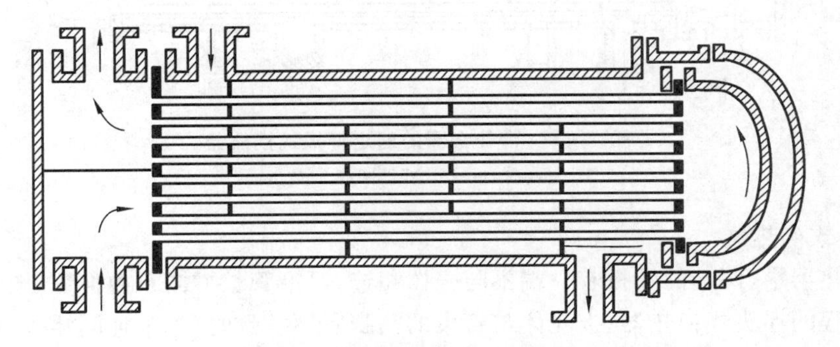

图 4-41　单壳程、双管程的固定管板式换热器

2. 列管式换热器的热补偿

换热器因管束内外冷、热流体温度不同，壳体和管束受热不同，其膨胀程度也不同，当二者温度差较大(50 ℃ 以上)时，其产生的热应力会使管子扭弯，从管板上脱落，以致毁坏换热器。因此必须从结构上采取消除或减少热应力的措施，称为热补偿。根据所采取的热补偿形式不

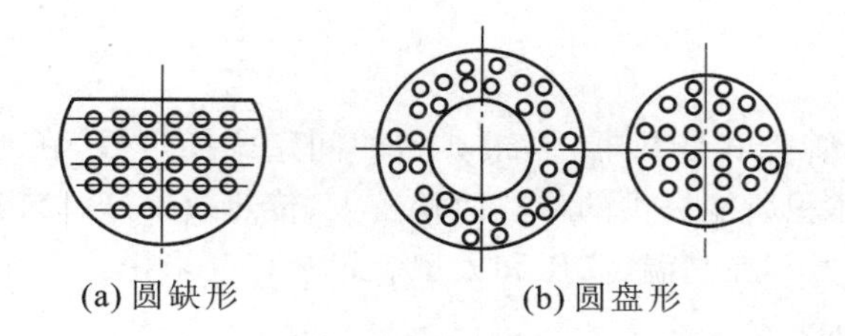

图 4-42　折流挡板的形式

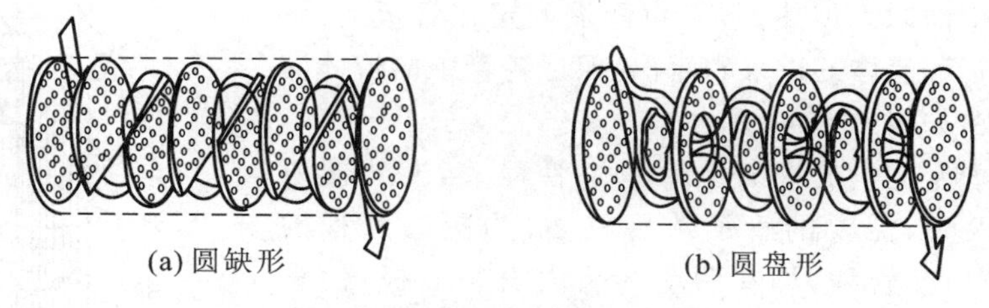

图 4-43　流体通过折流挡板的流动方式

同,列管式换热器可分以下几种型式。

1) 带补偿圈的固定管板式换热器

图 4-44 所示为带补偿圈的固定管板式换热器,其中 2 为补偿圈,也称膨胀节。此类换热器依靠补偿圈的弹性变形来吸收部分热应力。其特点是结构简单,成本低,但壳程检修和清洗困难。壳程必须是清洁、不易产生垢层和腐蚀性小的介质。它适用于壳体与传热管壁温度差小于 70 ℃、壳程压力小于 588 kPa 的场合。

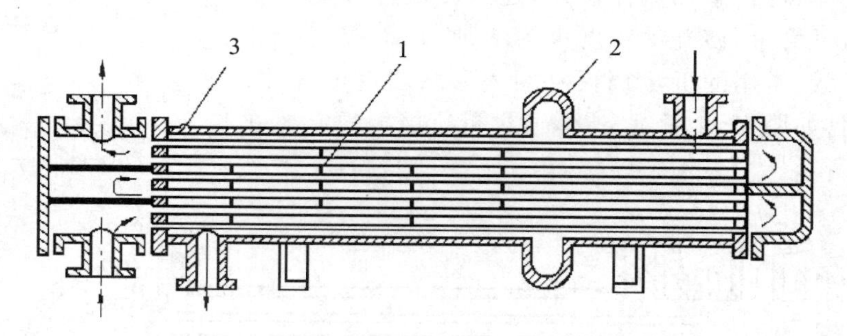

图 4-44　带补偿圈的固定管板式换热器

1— 折流挡板;2— 补偿圈;3— 放气阀

2) 浮头式换热器

这种换热器中,两端的管板有一端不与壳体相连,可沿管长方向自由伸缩,图 4-45 所示为双壳程四管程的浮头式换热器。当壳体与管束的热膨胀不一致时,管束连同浮头可在壳体内轴向自由伸缩,这种结构可完全消除热应力。清洗和检修时整个管束可从壳体中抽出。尽管其结构复杂,造价较高,但应用十分广泛。

3) U 形管式换热器

图 4-46 所示为双壳程双管程 U 形管式换热器,其特点是把每根管子都弯成 U 形,两端固定在同一管板上,每根管子可自由伸缩,解决了热补偿问题。这种换热器结构较简单,但管程不易清洗,因此,必须使用洁净流体。它常用于高温、高压气体的换热。

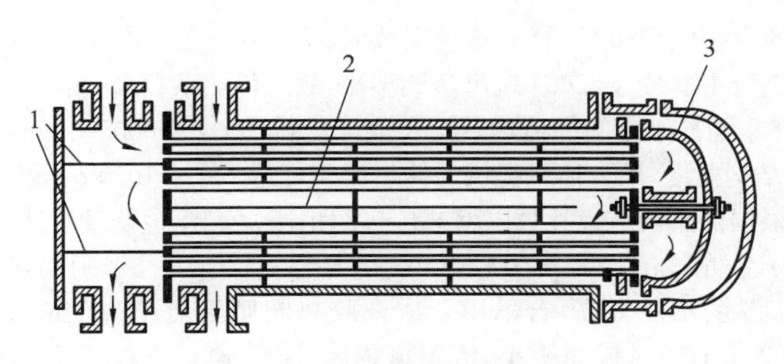

图 4-45　浮头式换热器

1— 管程隔板；2— 壳程隔板；3— 浮头

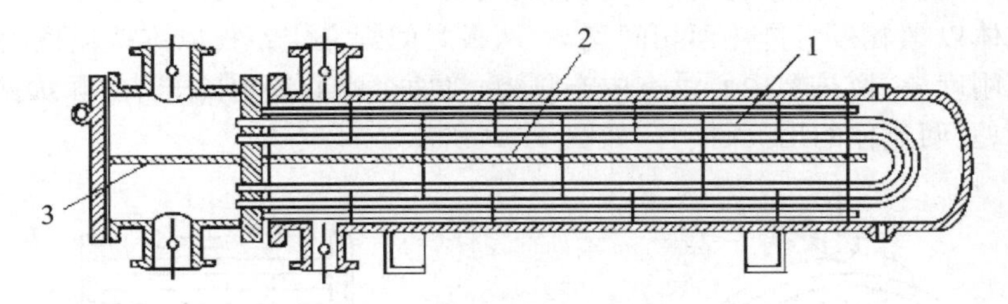

图 4-46　U 形管式换热器

1—U 形管束；2— 壳程隔板；3— 管程隔板

4.6.6　新型高效换热器

在传统的间壁式换热器中，除夹套式外，其他都为管式换热器。管式换热器的共同缺点是结构不紧凑、单位设备体积所提供的传热面积小、总传热系数不大、金属消耗量大等。随着工业发展，陆续出现了不少新型高效换热器，并逐渐趋于完善。这些换热器基本上可分为两类：一类是在有限的体积内增加传热面积（各种板状换热器）；另一类是在管式换热器的基础上，通过增加间壁两侧流体的湍动程度以提高对流传热系数。

1. 板式换热器

1）平板式换热器

平板式换热器在20世纪20年代开始出现，20世纪50年代逐渐用于化工及相近工业部门，现已发展成为一种传热效果较好、结构紧凑的化工换热设备。它由一组平行排列的长方形薄金属板构成，并用夹紧装置组装在支架上。两相邻板的边缘用垫片（橡胶或压缩石棉等）密封，板片四角有圆孔，在换热板叠合后形成流体通道。冷、热流体在板片的两侧流过，通过板片换热。传热板可被压制成多种形状的波纹，这样既可增加刚性，不易受压变形，同时也提高流体的湍动程度并增加传热面积，还易于液体的均匀分布，如图 4-47 所示。

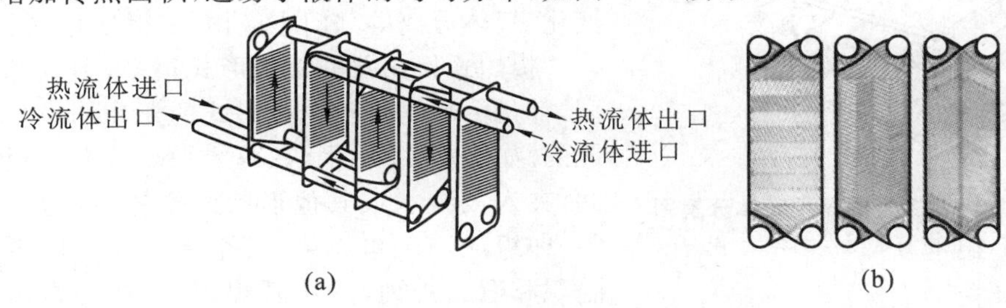

图 4-47　平板式换热器

平板式换热器的主要优点如下:① 总传热系数大,因为在平板式换热器中,板面被压制成波纹或沟槽,所以在低流速下(如 $Re=200$)就可达到湍流,故总传热系数大,而流体阻力增加不大,污垢热阻也较小,例如,热水与冷水之间的传热系数 K 值可达到 1500 ~ 5000 W/(m^2 · ℃),为列管式换热器的 1.5 ~ 2 倍;② 结构紧凑,单位体积提供的传热面积可达 250 ~ 1000 m^2,约为列管式换热器的 6 倍;③ 操作灵活,可根据需要调节板片数以增减传热面积;④ 安装、检修及清洗方便。

主要缺点如下:① 允许的操作压力较低,最高不超过 2 MPa,否则易渗漏;② 因受垫片耐热性能的限制,操作温度不能太高,若采用合成橡胶垫圈则不能超过 130 ℃,即使采用压缩石棉垫圈也应低于 250 ℃;③ 因板间距小,流道截面较小,流速也不能过大,因此处理量较小。

2) 螺旋板式换热器

螺旋板式换热器由两张平行的薄钢板卷制而成,在其内部构成一对互相隔开的螺旋形流道。冷、热两流体以螺旋板为传热面相间流动,两板之间焊有定距柱以维持流道间距,同时也可增加螺旋板的刚度。在换热器中心设有中心隔板,将两个螺旋通道隔开。在顶、底部分分别焊有盖板或封头,以及两流体的出、入接管,如图 4-48 所示。

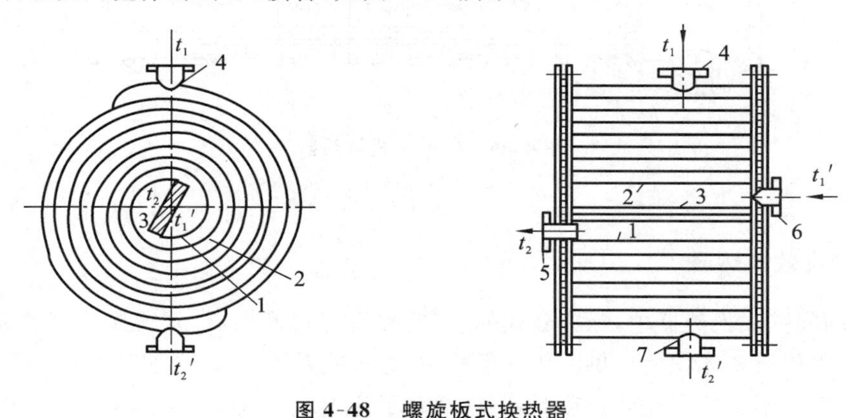

图 4-48 螺旋板式换热器

1、2— 金属板;3— 隔板;4、5— 冷流体连接管;6、7— 热流体连接管

螺旋板式换热器的优点如下:① 结构紧凑,单位体积的传热面约为列管式换热器的 3 倍;② 总传热系数大,水对水换热时 K 值可达 2000 ~ 3000 W/(m^2 · ℃);③ 冷、热流体间为纯逆流流动,传热平均推动力大,传热效率高;④ 不易堵塞,成本较低。主要缺点是操作压力、温度不能太高(目前操作压力不大于 2 MPa,温度不超过 400 ℃),而且螺旋板难以维修,流动阻力较大。目前国内已有系列标准的螺旋板换热器,采用的材料为碳钢和不锈钢。

3) 板翅式换热器

板翅式换热器是一种传热效果好、结构更为紧凑的板式换热器。过去受焊接技术的限制,制造成本较高,仅限于宇航、电子、原子能等少数部门作为散热冷却器使用。现已逐渐在石油化工、天然气液化、气体分离等部门中应用,获得良好效果。

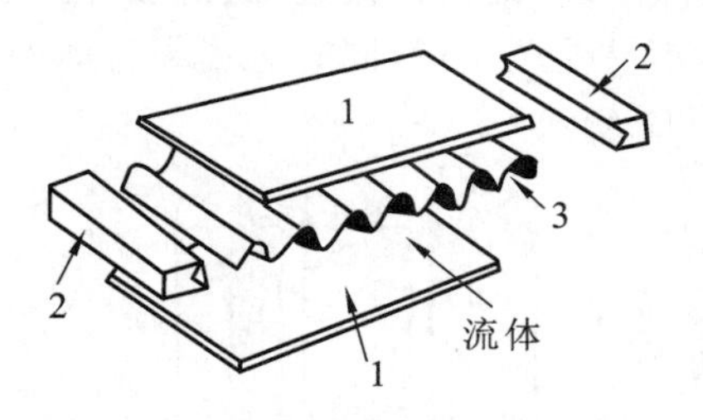

图 4-49 板翅式换热器单元体分解图

1— 平隔板;2— 侧封条;3— 翅片(二次表面)

板翅式换热器的结构形式很多,但其基本结构相同,都是由平隔板和各种形式的翅片构成板束组装而成的。如图 4-49 所示,在两块平行薄金属板(平隔板)间,夹入波纹状或其他形状的翅片,两边以侧封条密封,即组成一个单元体。各个单元体又以不同的方式叠积和适当排列,并用钎焊固定,成为常用的逆流或

错流板翅式换热器组装件，称为芯部或板束，再将带有进、出口的集流箱焊接到板束上，就成为板翅式换热器，如图4-50所示。我国目前最常用的翅片形式主要有光直形翅片、锯齿形翅片和多孔形翅片三种，如图4-51所示。

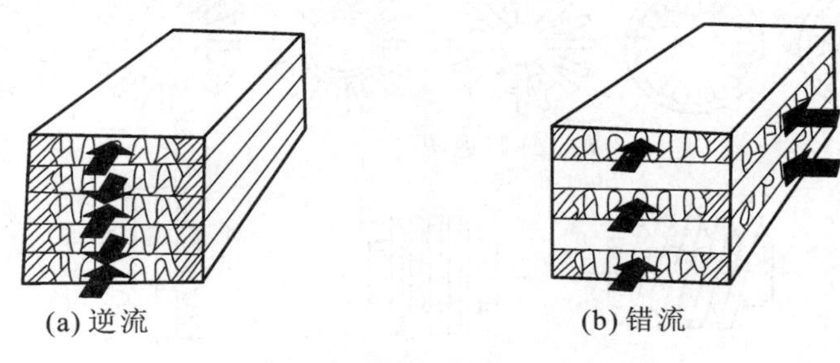

(a) 逆流　　(b) 错流

图4-50　板翅式换热器的板束

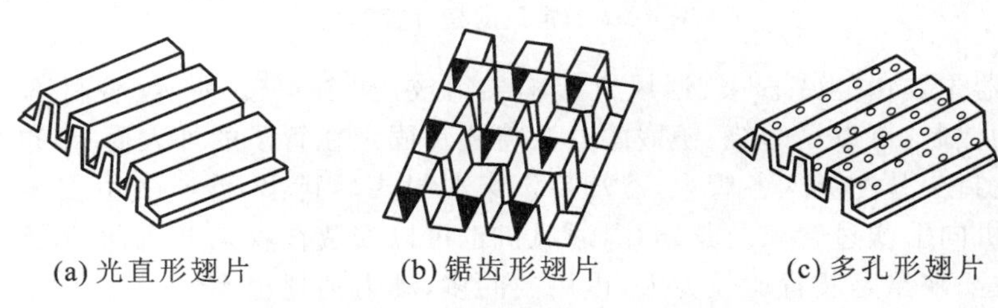

(a) 光直形翅片　　(b) 锯齿形翅片　　(c) 多孔形翅片

图4-51　板翅式换热器的翅片类型

板翅式换热器的优点如下。

(1) 结构高度紧凑。板翅式换热器一般用铝合金制成，铝的导热系数大，密度小，在同样传热面积情况下，板翅式换热器的质量仅为列管式换热器的十分之一左右。单位体积传热面积一般能达到2500 m^2/m^3，最高可达到4000 m^2/m^3 以上。

(2) 轻巧牢固，承受压力高。因波形翅片既是传热面，又起到两平隔板之间的支撑作用，因而板翅式换热器具有较高的强度，能承受的压力可达5 MPa。

(3) 总传热系数大，传热效果好。板翅式换热器由于使用各种形状的翅片，在不同程度上起着促进湍流和破坏层流内层的作用，隔板和翅片都是传热面，因此极大地提高了传热效果。

(4) 操作温度范围广，适应性强。铝合金材料的导热系数大，在0 ℃以下操作时，延展性和抗拉强度可比常温下提高20%～50%，因此操作温度范围较广，可在绝对零度至200 ℃范围内使用，适用于低温和超低温场合。

板翅式换热器的缺点如下：① 制造工艺复杂，内漏后难修复，流动阻力较大；② 流道很小，易堵塞，检修清洗困难，故要求换热介质清洁。

2. 管式换热器

1) 翅片管式换热器

在化工生产中常遇到一侧为气体或高黏度液体，另一侧为饱和蒸气或低黏度液体的传热过程。在这种情况下，由于气体或高黏度液体侧的对流传热系数很小，因而热阻成为整个传热过程的控制热阻。为了强化传热，必须减小这一侧的热阻。因此，可以在换热管对流传热系数小的一侧安装翅片，这样既增加了传热面积，又增强了翅片侧流体的湍动程度。

常用的翅片形式有横向和纵向两大类。它可用机械轧制、焊接或铸造而成，也可用厚壁管滚压而成(螺纹管)。翅片管较为重要的应用场合是空气冷却器。它是以空气为冷却剂在翅片管外流过，用以冷却或冷凝管内通过的流体。空气冷却器最初用于炼油厂。为了解决较为普遍存在的工业用水问题,目前以空气冷却器代替水冷器的趋势日益发展。翅片管换热器在各类化工生产中也已被广泛采用。翅片管的种类极为繁多,常见的翅片管如图 4-52 所示。

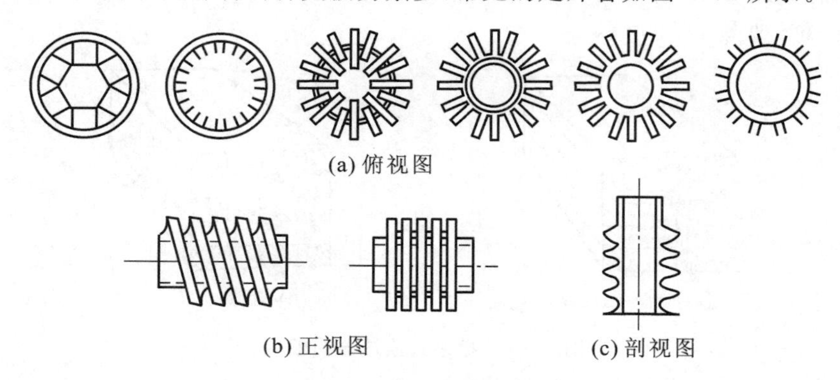

图 4-52　常见的翅片管形式

空气冷却器主要由翅片管束、通风机和构架组成,如图 4-53 所示。管材本身大多采用碳钢,但翅片多为铝制,可以用缠绕、镶嵌的办法将翅片固定在管子的外表面上,也可以用焊接固定。热流体通过封头分配流入各管束,冷却后汇集在封头后排出。冷空气由安装在管束排下面的轴流式通风机向上吹过管束及其翅片,通风机也可以安装在管束上面,而将冷空气由底部引入。空冷器的主要缺点是装置比较庞大,占用空间多,动力消耗也大。

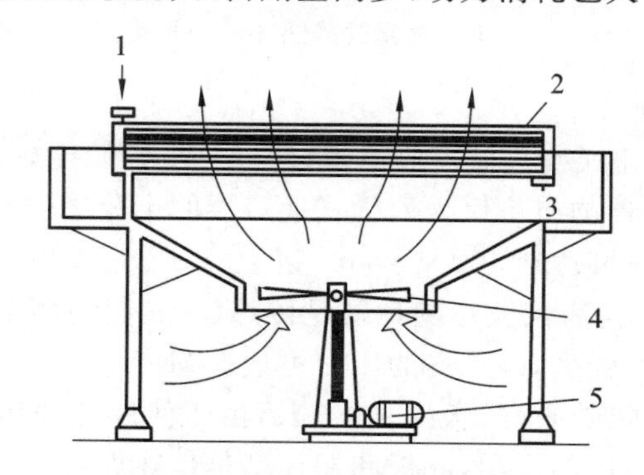

图 4-53　空气冷却器的结构简图

1— 流体入口;2— 翅片管束;3— 流体出口;4— 通风机;5— 电动装置

管外翅片的存在,既增强了管外流体的湍流程度,又极大地增加了管外表面的传热面积,使原来很差的空气侧传热情况大为改善,从而提高了换热器的传热效能。例如当空气流速为 1.5 ~ 4 m/s时,空气侧的对流传热系数 α(以光管外表面为基准)可达 550 ~ 1100 W/(m^2 · ℃)。如果以包括翅片在内的全部外表面积计算,则 α 为 35 ~ 70 W/(m^2 · ℃),与没有翅片的光管相比,空气侧的热阻显著减小。表 4-10 列出了一些空气冷却器传热系数的大致数值范围。

表 4-10　空气冷却器传热系数的大致数值范围

物料	传热系数 K/[W/(m^2 · ℃)]	物料	传热系数 K/[W/(m^2 · ℃)]
轻质油	300 ~ 400	烃类气体	180 ~ 520
重质油	60 ~ 180	低压水蒸气冷凝	750 ~ 800
空气或烟道气	60 ~ 180	氨冷凝	600 ~ 700
合成氨反应气体	460 ~ 520	有机蒸气冷凝	350 ~ 470

2) 热管式换热器

热管是一种新型传热元件,如图 4-54 所示。它是一根装有毛细吸液芯网的金属管,其内充以一定量的某种工作液体,然后封闭并抽除不凝性气体。当加热段(即为蒸发段) 受热时,工作液体遇热沸腾,产生的蒸气流至冷却段(即为冷凝段) 冷凝放热。冷凝液沿具有微孔结构的吸液芯网在毛细管力的作用下回流至加热段再次沸腾。如此反复循环,热量则由加热段传至冷却段。

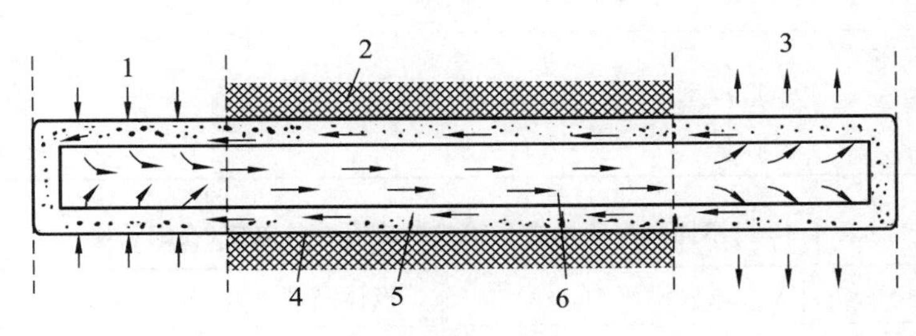

图 4-54　热管

1— 吸热蒸发端;2— 隔热网;3— 放热冷凝端;4— 导管;5— 芯网;6— 蒸气

在热管内部,热量的传递是通过沸腾和冷凝两过程实现的。由于沸腾和冷凝传热系数都很大,蒸气流动的能量损失很小,因此管壁温度相当均匀。故可利用热管的外表面作为冷、热流体换热的热源和冷源。如果在外表面加翅片强化,则对传热系数很小的气-气传热过程也很有效。

这种新型的换热器具有传热能力大、应用范围广、结构简单、工作可靠等一系列优点,受到各方面的重视。它特别适用于低温度差传热(如利用工业余热) 以及要求迅速散热的场合。

4.6.7　列管式换热器的设计和选用计算中的有关问题

1. 流体流动空间的选择原则

在列管式换热器中,流体走壳程还是走管程,可按传热效果好、结构简单、清洗方便等原则选择。

(1) 不洁净或易结垢的流体宜走易于清洗的一侧,如对于直管管束,宜走管程,因管内清洗方便,对于 U 形管管束,宜走壳层。

(2) 腐蚀性流体宜走管程,以免管束和壳体同时受到腐蚀。

(3) 压力高的流体宜走管程,这是因为管子耐压性能好。

(4) 需要提高流速以便增大对流传热系数的流体宜走管程,因管程流通截面积一般比壳程的小,且可做成多管程。

(5) 饱和蒸汽宜走壳程,饱和蒸汽比较清洁,而且冷凝液容易从壳程排出。

(6) 流量小而黏度大的流体一般以壳程为宜,因有折流挡板,在低 Re 数下($Re > 100$) 即可达到湍流。

(7) 需要被冷却的物料一般选壳程,便于散热,以减少冷却剂用量,但对于温度很高的流体,为提高其热能利用率宜选管程,以减少热损失。

(8) 两流体温度差较大时,对于固定管板式换热器,宜让对流传热系数大的流体走壳程,以减小管壁与壳体的温度差,减少热应力。

以上各点常常不能同时满足,应视工程实际情况抓住主要矛盾,作出合理的选择。

2. 流体流速的选择

流体在管程或壳程中的流速不仅直接影响对流传热系数,而且影响污垢热阻,从而影响总传热系数的大小,特别对于易沉淀的悬浮液,流速过低可能导致管路堵塞,但流速增大又将使流体阻力增大,因此选择适宜的流速是十分重要的。表4-11、表4-12分别列出了一些工业上常用的流速范围,以供参考。

表4-11　列管式换热器内常用的流速范围

流体种类	流速/(m/s)	
	管程	壳程
低黏度液体	0.5～0.3	0.2～1.5
易结垢液体	＞1	＞0.5
气体	5～30	9～15

表4-12　不同黏度液体在列管式换热器中的流速(在钢管中)

液体黏度/(mPa·s)	最大流速/(m/s)	液体黏度/(mPa·s)	最大流速/(m/s)
＞1500	0.6	53～100	1.5
500～1000	0.75	1～35	1.8
100～500	1.1	＜1	2.4

3. 流动方式的选择

一般情况下应尽量选择逆流。但在某些对流体出口温度有严格限制的特殊情况下,例如热敏性物料的加热过程,为避免物料出口温度过高而影响该产品质量,可采用并流操作。除逆流和并流之外,在列管式换热器中,冷、热流体还可以作各种多管程多壳程的复杂流动。当流量一定时,管程或壳程数越多,对流传热系数越大,对传热过程越有利。但是,采用多管程或多壳程必然导致流体流动的能量损失增大,即输送流体的动力费用增加。因此,在决定换热器的程数时,需权衡传热和流体输送两方面的因素。当采用多管程或多壳程时,列管式换热器内的流动形式复杂,对数平均温度差要加以修正。

4. 流体两端温度和温度差的确定

若换热器中冷、热流体的温度都由工艺条件决定,就不存在确定流体两端温度的问题。当需选定热源或冷源时,通常进口温度已知,如对冷却水和空气的进口温度一般可取一年中最高的日平均温度,而出口温度需要选择,应根据经济核算来确定。为了节约用水,可将水的出口温度提高,但传热面积会增大。一般换热器高温端温度差不应小于20 ℃,低温端温度差不应小于5 ℃,平均温度差不小于10 ℃。此外,冷却水出口温度不宜高于45 ℃,以避免大量结垢。一般来说,缺水地区可选用较大的温度差,水源丰富的地区可选用较小的温度差。

5. 换热管规格和排列方式的选择

对一定的换热器体积而言,传热管径越小,单位体积设备的传热面积越大。对清洁的流体管径可取小些,而对黏度较大或易结垢的流体,考虑管束的清洗方便或避免管子堵塞,管径可大些。目前我国试行的标准中,管子有ϕ19 mm×2 mm、ϕ25 mm×2 mm和ϕ25 mm×2.5 mm等规格。

管长的选用应考虑管材的合理使用及便于清洗。系列标准中推荐换热管的长度为1.5 m、2.0 m、3.0 m、6.0 m、9.0 m。其中3.0 m和6.0 m最为常用。此外,管长与外壳内径的比例应适当,一般为4～6。管板上管子的排列方式常用的有正三角形排列、正方形直列和错列排列等,如图4-55所示。正三角形排列较紧凑,对相同壳体直径的换热器,排列的管子较多,换热效果也较好，但管外清洗困难；正方形排列则管外清洗方便，适用于壳程流体易结垢的情况，但其对流传热系数小于正三角形排列。若将正方形排列的管束旋转 45° 安装，可适当增大壳程对流传热系数。

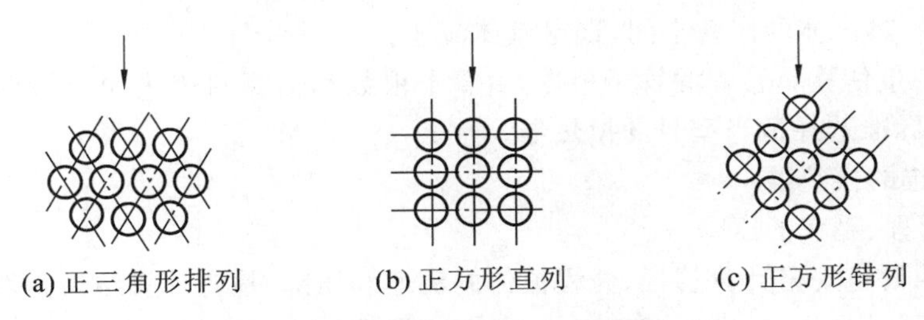

图 4-55　管子在管板上的排列

6. 折流挡板

换热器壳程上安装折流挡板的目的是增大壳程对流传热系数。为了取得良好的效果，折流挡板的形状和间距必须适当。常用的圆缺形挡板的弓形缺口大小对壳程流体的流动情况影响较大。由图 4-56 可以看出，弓形缺口太大或太小都会产生“死区”，既不利于传热，又往往增加流动阻力。一般切口高度与直径之比为 0.15 ～ 0.45，常见的是 0.20 和 0.25 两种。

图 4-56　挡板切口高度及板间距的影响

挡板的间距对壳程的流动也有重要的影响。间距太大，不能保证流体垂直流过管束，使壳程传热系数下降；间距太小，难于制造和检修，能量损失也大。一般取挡板间距为壳体内径的 0.2 ～ 1.0 倍。通常的挡板间距为 50 mm 的整数倍，但不小于 100 mm。

4.6.8　列管式换热器的选用步骤

根据生产要求的传热任务，选定适当的载热体及出口温度后，可计算出热负荷 Q 和逆流平均温度差 $\Delta t_{m逆}$。根据传热速率方程，并结合式(4-59)，有

$$Q = KA\Delta t_m = KA\varphi\Delta t_{m逆}$$

由上式可知，欲求取传热面积 A，还需知传热系数 K 和温度差校正系数 φ。而 K 和 φ 均与换热器的型式、结构和尺寸有关，故选用换热器必须进行试差计算。通常可按下列步骤进行。

1. 了解传热任务，确定工艺特点与基本数据

(1) 冷、热流体的流量，进、出口温度，操作压力等。

(2) 冷、热流体的工艺特点，如是否具有腐蚀性、有无悬浮物等。

(3) 冷、热流体的物性数据。

2. 选用步骤

1) 试算并初选换热器的型号、规格

(1) 根据工艺任务计算热负荷。

(2) 计算平均温度差，先按逆流计算。初步选定换热器的流动方式，计算校正系数 φ。若

$\varphi < 0.8$,应改变流动方式重新计算,并决定壳程数。

(3) 依据总传热系数的经验值范围,或按生产实际情况选取总传热系数 $K_{估}$。

(4) 由总传热速率方程 $Q = KA\Delta t_m$,初步估算传热面积 A。

(5) 确定冷、热流体的流动空间,选定流体流速。

由流速和流量估算单管程的管子根数,由管子根数和估算的传热面积估算管子长度及管程数,再由系列标准选择适当型号的换热器。

2) 校核初选的换热器

(1) 计算管程、壳程的压降。

根据初定的设备规格计算管程、壳程流体的流速和压降。检查计算结果是否合理或满足工艺要求。若压降不满足要求,则要调整流速,再确定管程数或折流板间距,或选择另一规格的设备,重新计算压降直至满足要求为止。计算压降的经验公式可参阅有关资料。

(2) 计算总传热系数,校核传热面积。

① 分别计算管程和壳程的对流传热系数,选定垢阻、热阻,求出总传热系数 $K_{计}$,并与估算的总传热系数 $K_{估}$ 进行比较。如果相差较多,应重新估算。

② 根据计算的总传热系数和平均温度差计算所需的传热面积,并与选定的换热器传热面积相比,应有 10% ~ 25% 的裕量。

从上述换热器选型计算步骤来看,该过程需要试差。在试差过程中,应根据实际可能改变选用条件,反复试算,使最后的选用方案技术上可行、经济上合理。

【例 4-16】 欲用某油品将 30000 kg/h 的柴油从 180 ℃ 冷却到 130 ℃,油品的进、出口温度分别为 60 ℃ 和 110 ℃。试选择合适型号的列管式换热器。假设管壁热阻和热损失可以忽略。定性温度下流体物性列于表 4-13 中。

表 4-13　例 4-16 附表一

项目	密度 /(kg/m³)	比热容 /[kJ/(kg·℃)]	黏度 /(Pa·s)	导热系数 /[kg/(m·℃)]
柴油	715	2.48	6.4×10^{-4}	0.133
油品	860	2.2	5.2×10^{-3}	0.119

解　(1) 试算和初选换热器的型号。

① 计算热负荷和油品流量。

热负荷　$Q = w_{s1} c_{p2} (T_1 - T_2) = \dfrac{30000 \times 2.48 \times 10^3 \times (180 - 130)}{3600}\ \text{W} = 1.033 \times 10^6\ \text{W}$

油品流量　$w_{s2} = \dfrac{Q}{c_{p1}(t_2 - t_1)} = \dfrac{1.033 \times 10^6}{2.2 \times 10^3 \times (110 - 60)}\ \text{kg/s} = 9.39\ \text{kg/s}$

② 计算两流体的平均温度差,先求逆流时平均温度差。

$$\Delta t_m = \frac{70 + 70}{2}\ ℃ = 70\ ℃ \qquad \begin{array}{l} 180 \longrightarrow 130 \\ 110 \longleftarrow 60 \\ \hline 70 \qquad\quad 70 \end{array}$$

而

$$P = \frac{t_2 - t_1}{T_1 - t_1} = \frac{110 - 60}{180 - 60} = 0.42$$

$$R = \frac{T_1 - T_2}{t_2 - t_1} = \frac{180 - 130}{110 - 60} = 1.0$$

假设换热器为单流程,2,4,6 管程,由图 4-32(a) 查得 $\varphi = 0.91$。所以

$$\Delta t_{m折} = \varphi \Delta t'_m = 0.91 \times 70\ ℃ = 63.7\ ℃$$

③ 初选换热器规格。

根据两流体的情况，假设 $K_估 = 240\ \text{W}/(\text{m}^2 \cdot ℃)$，则传热面积 $A_估$ 应为

$$A_估 = \frac{Q}{K_估\ \Delta t_m} = \frac{1.033 \times 10^6}{240 \times 63.7}\ \text{m}^2 = 67.6\ \text{m}^2$$

本题为两流体均不发生相变的传热过程。为减少热损失和充分利用柴油的热量，可采用油品走壳程，柴油走管程。两流体平均温度差 $\left(\frac{180+130}{2} - \frac{110+60}{2}\right)℃ = 70\ ℃ > 50\ ℃$，应考虑热补偿。为便于清洗壳程的污垢，宜采用浮头式换热器。

流速的选择：管内流体流速取 $u = 1\ \text{m/s}$。

管子采用普通无缝钢管 $\phi 25\ \text{mm} \times 2.5\ \text{mm}$，其内径为 $d_2 = 0.02\ \text{m}$，外径为 $d_1 = 0.025\ \text{m}$。

估算单程管子根数为

$$n' = \frac{w_{s1}}{3600 \times \rho_2 \times 0.785 \times d_2^2 \times u_2} = \frac{30000}{3600 \times 715 \times 0.785 \times 0.02^2 \times 1} = 37$$

根据 $A_估$，估算管子长度为

$$L' = \frac{A}{\pi d_1 n'} = \frac{67.6}{\pi \times 0.025 \times 37}\ \text{m} = 23.3\ \text{m}$$

若采用4管程，则每根管长 $l = 6.0\ \text{m}$。据此，由换热器系列标准，选定 BES600-2.5-90-6/25-6I 型换热器，有关参数列于表4-14。

表4-14　例4-16附表二

项目	数据	项目	数据
壳径 /mm	600	管长 /m	6
公称压力 /MPa	1.6	管子总数	158
管程数	6	管子排列方法	正方形斜转 45°
壳程数	1	管中心距 /mm	32
管子尺寸 /mm	$\phi 25 \times 2.5$	折流挡板间距 /mm	200
实际传热面积 /m^2	73.1	折流板型式	圆缺形

由于取折流挡板间距 $h = 200\ \text{mm}$，挡板数应为

$$N_B = \frac{l}{h} - 1 = \frac{6.0}{0.2} - 1 = 29$$

(2) 校核总传热系数 K。

① 管程对流传热系数 α_2。

管程流通面积

$$A_2 = \frac{\pi d_2^2}{4} \frac{n}{N_p} = \frac{\pi}{4} \times 0.02^2 \times \frac{158}{6}\ \text{m}^2 = 0.0083\ \text{m}^2$$

$$u_2 = \frac{w_{s1}}{\rho_2 A_2} = \frac{30000}{3600 \times 715 \times 0.0083}\ \text{m/s} = 1.4\ \text{m/s}$$

$$Re_2 = \frac{d_2 u_2 \rho_2}{\mu_2} = \frac{0.02 \times 1.4 \times 715}{0.64 \times 10^{-3}} = 3.13 \times 10^4 \quad (\text{湍流})$$

$$Pr_2 = \frac{c_{p2} \mu_2}{\lambda_2} = \frac{2.48 \times 10^3 \times 6.4 \times 10^{-4}}{0.133} = 11.9$$

$$\alpha_2 = 0.023 \times \frac{\lambda}{d_2} Re_2^{0.8} Pr_2^{0.3} = 0.023 \times \frac{0.133}{0.02} \times (3.13 \times 10^4)^{0.8} \times (11.9)^{0.3}\ \text{W}/(\text{m}^2 \cdot ℃)$$
$$= 1270\ \text{W}/(\text{m}^2 \cdot ℃)$$

② 壳程对流传热系数 α_1。

列管式换热器壳程内装有圆缺形折流挡板，此时壳层对流传热系数可近似用下式计算：

$$\alpha_1 = 0.36\frac{\lambda_1}{d_e}\left(\frac{d_e u_1 \rho_1}{\mu_1}\right)^{0.55}\left(\frac{c_{p1}\mu_1}{\lambda_1}\right)^{1/3}\left(\frac{\mu}{\mu_w}\right)^{0.14}$$

流体通过管间最大截面积为

$$S = hD\left(1-\frac{d_0}{t}\right) = 0.2\times 0.6\times\left(1-\frac{0.025}{0.032}\right)\ \mathrm{m^2} = 0.0263\ \mathrm{m^2}$$

油品的流速为

$$u_1 = \frac{w_{s2}}{\rho_1 S} = \frac{9.39}{860\times 0.0263}\ \mathrm{m/s} = 0.415\ \mathrm{m/s}$$

管子正方形排列的当量直径

$$d_e = \frac{4\times\left(t^2-\frac{\pi}{4}d_1^2\right)}{\pi d_1} = \frac{4\times\left(0.032^2-\frac{\pi}{4}\times 0.025^2\right)}{\pi\times 0.025}\ \mathrm{m} = 0.027\ \mathrm{m}$$

$$Re_1 = \frac{d_e u_1 \rho_1}{\mu_1} = \frac{0.027\times 0.415\times 860}{5.2\times 10^{-3}} = 1853$$

$$Pr_1 = \frac{c_{p1}\mu_1}{\lambda_1} = \frac{2.2\times 10^3\times 5.2\times 10^{-3}}{0.119} = 96.1$$

壳程中油品被加热,取$\left(\frac{\mu_1}{\mu_w}\right)^{0.14} = 1.05$,所以

$$\alpha_1 = 0.36\times\frac{0.119}{0.027}\times 1853^{0.55}\times 96.1^{1/3}\times 1.05\ \mathrm{W/(m^2\cdot ℃)} = 478.5\ \mathrm{W/(m^2\cdot ℃)}$$

③ 污垢热阻。

参考表4-6,管内、外侧污垢热阻分别取为

$$R_{s1} = 0.0002\ \mathrm{(m^2\cdot ℃)/W},\quad R_{s2} = 0.0002\ \mathrm{(m^2\cdot ℃)/W}$$

④ 总传热系数 K。

钢的导热系数 $\lambda = 45\ \mathrm{W/(m^2\cdot ℃)}$,则

$$\frac{1}{K_1} = \frac{1}{\alpha_1}+R_{s1}+\frac{bd_1}{\lambda d_m}+R_{s2}\frac{d_1}{d_2}+\frac{d_1}{\alpha_2 d_2}$$

$$= \left(\frac{1}{478.5}+0.0002+\frac{0.0025\times 0.025}{45\times 0.0225}+0.0002\times\frac{0.025}{0.02}+\frac{0.025}{1270\times 0.02}\right)\ \mathrm{(m^2\cdot ℃)/W}$$

$$= 0.0036\ \mathrm{(m^2\cdot ℃)/W}$$

$$K = 279\ \mathrm{W/(m^2\cdot ℃)}$$

⑤ 传热面积 A。

$$A = \frac{Q}{K\Delta t_{m折}} = \frac{1.033\times 10^6}{279\times 63.7}\ \mathrm{m^2} = 58.1\ \mathrm{m^2}$$

安全系数为

$$\frac{73.1-58.1}{58.1}\times 100\% = 25.8\%$$

故所选择的换热器是合适的。

4.6.9 换热器的传热强化途径

换热器的传热强化通常是指通过采取一定的措施来提高冷、流体之间的传热速率。从传热速率方程 $Q = KA\Delta t_m$ 可以看出,增大总传热系数 K、传热面积 A、传热平均温度差 Δt_m 中的任何一项,均可强化传热过程。现分析如下。

1. 增大传热平均温度差 Δt_m

通过提高加热剂入口温度(如用蒸汽加热,可提高蒸汽的压力来实现)或降低冷却剂入口温度均可增大 Δt_m。至于采用何种冷却或加热介质,可根据增大 Δt_m 的需要而定。但工艺流体的温度是由工艺条件决定的,一般不能随意变动。因此,当两侧流体为变温传热时,应尽可能保证

逆流或接近逆流操作。因为逆流操作不仅 Δt_m 较大，而且有效能损失也较小。螺旋板式换热器和套管式换热器可使两流体作严格的逆流流动。

需要指出的是，以增大传热平均温度差 Δt_m 来强化传热是有一定限度的。

2. 增大单位体积的传热面积

增大传热面积是强化传热的另一有效途径，通常从提高单位体积内提供的传热面积以及降低单位传热面所消耗的金属量等角度考虑。如采用翅板片管、波纹管、螺纹管来代替光管等，以达到换热设备高效、紧凑的目的。不应单纯理解为通过扩大设备的体积来增加传热面积，或增加换热器的台数来增加热流量。

3. 增大总传热系数 K

强化传热的最有效途径是增大总传热系数。从总传热系数关系式

$$\frac{1}{K}=\left(\frac{1}{\alpha_1}+R_{s1}\right)+\frac{b}{\lambda}\frac{d_1}{d_m}+\left(\frac{1}{\alpha_2}+R_{s2}\right)\frac{d_1}{d_2}$$

可以看出，增大两流体的对流传热系数 α_1 和 α_2、增大金属壁的导热系数 λ、减小金属壁厚和两侧垢阻都可增大总传热系数 K 值。根据对流传热的分析，对流传热热阻主要集中在靠近管壁的层流内层内，因此强化传热的措施应从以下几个方面考虑。

(1) 尽可能利用有相变的热载体，可得到较大的对流传热系数，如利用蒸气冷凝过程，并设法使冷凝液膜及时从壁面排除。

(2) 采用导热系数 λ 大的热载体，如液体金属 Na 等。

(3) 对金属制换热器而言，由于金属壁薄且导热系数大，一般热阻较小，只有当壁两侧的对流传热系数很大，污垢热阻很小时，金属壁的热阻才对传热过程有较明显的影响。

(4) 防止结垢和及时地清除垢层，以减少垢层阻力。这方面的研究与水处理剂的开发及换热表面的改性有关。

当金属壁很薄，其导热系数较大且壁面无垢阻时，减小两侧流体的对流热阻就成为强化传热的主要方面。当两侧流体的对流传热系数 α 相差较大时，增大较小的 α 值，对提高 K 值、强化传热最为有效。一般无相变流体的 α 值较小，故应充分考虑，其提高方法有以下几种。

(1) 增大流体流速。增大流速，增强流体的湍动程度以减小层流内层厚度，可增大对流传热系数，即减小对流传热的热阻。例如增加列管式换热器的管程数和在壳程中设置折流挡板，均可提高流体流速。但随着流速的提高，流体流动阻力增大很快，故提高流速是有局限性的。

(2) 管内加扰流元件。在管内装入扰流元件可以改变流动条件，使流体在流动过程中不断改变流动方向，提高湍动程度，如金属螺旋圈、麻花铁、静态混合器等，它们能增强壁面附近流体的扰动程度，减小层流内层厚度，增大 α 值。这种方法对强化气体、低 Re 数流体及高黏度流体的传热更有效，它们能降低流体由层流向湍流过渡的 Re 数，从而强化传热。

(3) 改变传热面形状和增加粗糙度。通过设计特殊的传热面，使流体在流动过程中不断改变流动方向，增强流体的扰动程度，产生旋涡，减小壁面层流内层的厚度，增大 α 值。例如把加热面加工成波纹状、螺旋槽状、纵槽状、翅片状等，或挤压成皱纹、小凸起，或烧结一层多孔金属层以增加粗糙度。改变传热面形状不仅增大 α 值，也扩展了传热面积，适用于无相变流体传热过程的强化。

4. 新型传热技术

通过研究各种传热过程的强化问题来设计新颖的高效换热器以及开发能显著改善传热性能的节能新技术，不仅是现代工业发展过程中必须解决的课题，同时也是开发新能源和开展节

能工作的紧迫任务。这方面的研究主要集中在以下几个方面。

(1) 热管技术开发:热管换热器由于高效、紧凑并且不需要辅助动力,因而运行成本低,具有较好的应用前景。

(2) 纳米流体研究:随着换热器表面强化技术的发展,低导热系数的换热介质已成为研究新一代高效换热器的主要障碍。目前要继续实现更高负荷的传热要求,必须从介质入手。

(3) 场协同效应研究:这是当前研究的热点,目的是研究各种场,如速度场、超重力场、电场等对传热的协同效应,在此基础上开发第三代传热技术。

(4) 利用模拟和可视化技术:换热过程与流体流动方式密切相关,在生产实践中往往根据生产要求和实践经验确定流体在换热器中的流动方式。考虑到流体介质、热负荷及设备规模等的差异,通常难以比较哪种流动方式更有利于换热,加上强化管技术中因流动状态及通道几何形状的改变,使强化传热的机理更难以全面、系统地阐述。但借助激光测速、全息摄影、红外摄像仪等"可视化技术"和CFD(Computational Fluid Dynamics)数值模拟软件等手段,就有可能对换热器的流场分布和温度场分布的情况进行比较深入的了解,以弄清强化传热的机理。

综上所述,强化传热的途径是多方面的,换热网络的优化也是当前研究的热点,但对某个实际的传热过程,应作具体分析,抓住影响传热的主要因素,并结合设备结构、动力消耗、检修操作等予以全面考虑,采取经济而合理的强化传热的方法。

思　考　题

4-1　传热过程有哪三种基本形式?它们之间主要的不同点是什么?

4-2　试说明导热系数、对流传热系数和总传热系数的物理意义、单位和彼此间的区别。

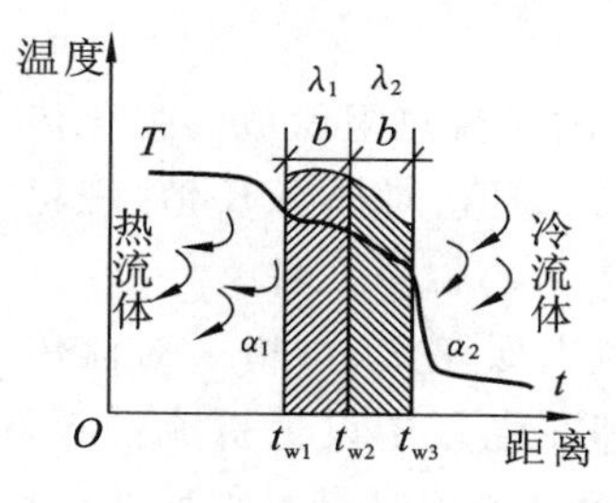

图 4-57　思考题 4-3 附图

4-3　图 4-57 所示为冷、热流体通过两层厚度相同的串联平壁进行传热时的温度分布曲线,问:(1) 两平壁的导热系数 λ_1 与 λ_2 哪个大?(2) 间壁两侧的对流传热系数 α_1 与 α_2 哪个大?(3) 若将间壁改为单层薄金属壁,平均壁温接近哪一侧流体的温度?

4-4　某流体在圆管内呈湍流流动时,忽略出口温度变化对物性的影响,其他条件不变,问:下列情况下管内对流传热系数如何变化?(1) 管径减小至原管径的 1/2;(2) 流速提高为原流速的 2 倍。

4-5　为什么滴状冷凝的对流传热系数要比膜状冷凝的对流传热系数大?

4-6　蒸气冷凝时为什么要定期排放不凝性气体?

4-7　何谓黑体、灰体、白体、透热体?

4-8　影响辐射传热的主要因素有哪些?

4-9　物体的吸收率与辐射能力之间存在什么关系?黑度与吸收率之间有何联系?

4-10　设备保温层外常包有一层薄金属皮,为减少热辐射损失,此层金属皮的黑度值是大一些好还是小一些好?其黑度值与材料的颜色、粗糙度的关系又是如何?

4-11　为什么在一般情况下,逆流总是优于并流?并流适用于哪些情况?

4-12　列管式换热器在什么情况下需考虑热补偿?热补偿的形式有哪些?

4-13　某间壁式换热器,其管程内空气被加热,壳程为饱和蒸汽,总传热系数 K 接近于哪一侧的对流传热系数?壁温接近于哪一侧流体的温度?

习　题

4-1　某冷藏室内层为 19 mm 厚的松木，中层为软木层，外层为 51 mm 厚的混凝土。内壁面温度为 -17.8 ℃，混凝土外壁面温度为 29.4 ℃。松木、软木和混凝土的平均导热系数分别为 0.151 W/(m · ℃)、0.0433 W/(m · ℃)、0.762 W/(m · ℃)。要求该冷藏室的热损失为 15 W/m^2，求所需软木的厚度及松木和软木接触面处的温度。　【答案：0.128 m，-15.9 ℃】

4-2　某平壁炉的炉壁内层为 460 mm 厚的耐火砖，外层为 230 mm 厚的绝缘砖。炉的内壁面温度为 1400 ℃，外壁面温度为 100 ℃。已知耐火砖和绝缘砖的导热系数与温度的关系分别为 $\lambda_1 = 0.9 + 0.0007T$ 和 $\lambda_2 = 0.3 + 0.0003T$。式中 T 可取相应层材料的平均温度，单位为 ℃。求导热的热通量及两砖接触面处的温度。

【答案：1688.5 W/m^2，949 ℃】

4-3　为减少热损失，在外径为 150 mm 的饱和蒸汽管道外加有保温层。已知保温材料的导热系数 $\lambda = 0.103 + 0.000198T$（式中 T 单位为 ℃），蒸汽管外壁温度为 180 ℃，要求保温层外壁温度不超过 50 ℃，每米管道由于热损失而造成蒸汽冷凝的量控制在 1×10^{-4} kg/(m · s) 以下，问：保温层厚度应为多少？（计算时可假定蒸汽在 180 ℃ 下冷凝）　【答案：0.05 m】

4-4　某蒸汽管外径为 25 mm，管外包有两层保温材料，层厚均为 25 mm。外层与内层保温材料的导热系数之比为 5，此时的热损失为 Q。今将内、外两层材料互换位置，且设管外壁与外层保温层外表面的温度均不变，则热损失为 Q'，求 $\frac{Q'}{Q}$，说明何种材料放在里层为好。　【答案：1.66，导热系数小的放在里层】

4-5　水以 1 m/s 的速度在长度为 3 m，ϕ25 mm × 2.5 mm 的管内，由 20 ℃ 加热到 40 ℃。试求水与管壁之间的对流传热系数。　【答案：4581.3 W/(m^2 · ℃)】

4-6　常压下，空气在 ϕ60 mm × 3.5 mm 的钢管中流动，管长为 4 m，流速为 15 m/s，温度由 150 ℃ 升至 250 ℃。试求管壁对空气的对流传热系数。　【答案：$\alpha = 44.8$ W/(m^2 · ℃)】

4-7　在套管式换热器中，用冷却水将流量为 1.25 kg/s 的苯由 350 K 冷却至 300 K，冷却水进口温度、出口温度分别为 290 K 和 320 K，苯的比热容为 1.86 kJ/(kg · ℃)。试求冷却水消耗量。（忽略热损失）

【答案：0.918 kg/s】

4-8　在列管式换热器中用冷水冷却油。水在 ϕ19 mm × 2 mm 的列管内流动。已知管内水侧对流传热系数为 3490 W/(m^2 · ℃)，管外油侧对流传热系数为 258 W/(m^2 · ℃)。换热器在使用一段时间后，管壁两侧均有污垢形成，水侧污垢热阻为 0.00026 (m^2 · ℃)/W，油侧污垢热阻为 0.000176 (m^2 · ℃)/W。管壁的导热系数为 45 W/(m · ℃)。求：(1) 产生污垢前基于管外表面积的总传热系数；(2) 产生污垢后热阻增加的百分数。

【答案：(1) $K = 233$ W/(m^2 · ℃)；(2) 11.68%】

4-9　某列管式换热器的管程走冷却水，有机蒸气在管外冷凝。在新使用时冷却水的进、出口温度分别为 20 ℃ 和 30 ℃。使用一段时间后，在冷却水进口温度与流量相同的条件下，冷却水出口温度降为 26 ℃。已知换热器的传热面积为 16.5 m^2，有机蒸气的冷凝温度为 80 ℃，冷却水流量为 2.5 kg/s，求污垢热阻。

【答案：6.32×10^{-3} (m^2 · ℃)/W】

4-10　每小时 8000 m^3（标准状况下）的空气在蒸气加热器中从 12 ℃ 被加热到 42 ℃，压力为 400 kPa 的饱和水蒸气在管外冷凝。若设备的热损失估计为热负荷的 5%，试求该换热器的热负荷和蒸气用量。

【答案：热负荷 91.2 kW，蒸气用量 0.0426 kg/s】

4-11　在内管为 ϕ180 mm × 10 mm 的套管式换热器中，管程中热水流量为 3000 kg/h，进、出口温度分别为 90 ℃ 和 60 ℃。壳程中冷却水的进口温度、出口温度分别为 20 ℃ 和 50 ℃，总传热系数为 $K = 2000$ W/(m^2 · ℃)。试求：(1) 冷却水用量；(2) 并流流动时的平均温度差及管子的长度；(3) 逆流流动时的平均温度差及管子的长度。（忽略热损失）　【答案：(1) 3009 kg/h；(2) 30.8 ℃，3.0 m；(3) 40 ℃，2.31 m】

4-12　在逆流套管式换热器中，用初温为 20 ℃ 的水将流量为 1.25 kg/s 的液体（比热容为 1.9 kJ/(kg · ℃)，密度为 850 kg/m^3）由 80 ℃ 冷却到 30 ℃。换热器的列管直径为 ϕ25 mm × 2.5 mm，水走管内。水侧和液体侧的对流传热系数分别为 850 W/(m^2 · ℃) 和 1700 W/(m^2 · ℃)，管壁导热系数 λ = 45 W/(m · ℃)，污垢热阻可忽略。若水的出口温度不能高于50 ℃，求水的流量和换热器的传热面积。　【答案：0.946 kg/s，13.8 m^2】

4-13　某溶液在单壳程双管程的列管式换热器中用热水加热，溶液走管程，其流量为 500 kg/h，比热容为 3.66 kJ/(kg · ℃)，从进口温度 16 ℃ 加热到出口温度 75 ℃。热水的流量为 1000 kg/h，进口温度为 95 ℃。换热器的总传热系数为 60 W/(m^2 · ℃)。求换热器的传热面积。　【答案：21.64 m^2】

4-14　某套管式换热器，内管为 ϕ89 mm × 3.5 mm 的钢管，苯在内管中流动，其流量为 2000 kg/h，从 80 ℃ 冷却至 50 ℃。冷却水在环隙中从 15 ℃ 升至 35 ℃。苯的对流传热系数为 230 W/(m^2 · ℃)，水侧的对流传热系数为 290 W/(m^2 · ℃)，忽略污垢热阻。苯的比热容为 1.86 kJ/(kg · ℃)，冷却水的比热容为 4.178 kJ/(kg · ℃)。试求：(1) 冷却水的消耗量；(2) 并流和逆流操作时所需的传热面积(以外表面积为基准)。

【答案：(1) 1335.6 kg/h；(2) 7.5 m^2，6.43 m^2】

4-15　某冷凝器的传热面积为 20 m^2，用来冷凝 100 ℃ 的饱和水蒸气。冷液进口温度为 40 ℃，流量为 0.917 kg/s，比热容为 4.00 kJ/(kg · ℃)。换热器的总传热系数为 125 W/(m^2 · ℃)。求水蒸气冷凝量。

【答案：0.0482 kg/s】

4-16　在单壳程双管程列管式换热器中，用 130 ℃ 的饱和水蒸气将 36000 kg/h 的乙醇水溶液从 25 ℃ 加热到 75 ℃。列管式换热器由 90 根 ϕ25 mm × 2.5 mm，长 3 m 的钢管管束组成。乙醇水溶液走管程，饱和水蒸气走壳程。已知钢的导热系数为 45 W/(m · ℃)，乙醇水溶液对流传热系数为 2 318.9 W/(m^2 · ℃)，比热容为 4.02 kJ/(kg · ℃)，水蒸气的冷凝对流传热系数为 10^4 W/(m^2 · ℃)，忽略垢层热阻及热损失。试问：此换热器能否完成任务？　【答案：能】

4-17　在内管为 ϕ180 mm × 2.5 mm 的套管式换热器中，用水冷却苯，冷却水在管中流动，入口温度为 290 K，对流传热系数为 850 W/(m^2 · ℃)。壳程中流量为 1.25 kg/s 的苯与冷却水逆流换热，苯的进口温度、出口温度分别为 350 K、300 K，苯的对流传热系数为 1700 W/(m^2 · ℃)。已知管壁的导热系数为 45 W/(m · ℃)，苯的比热容为 1.9 kJ/(kg · ℃)，密度为 880 kg/m^3。忽略污垢热阻。试求：在水温不超过 320 K 的最少冷却水用量下，所需总管长为多少(以外表面积计)？　【答案：176.2 m】

4-18　某单管程式换热器，其管径为 ϕ25 mm × 2.5 mm，管子根数为 37，管长 3 m。今拟采用此换热器冷凝并冷却 CS_2 饱和蒸气，自饱和温度 46 ℃ 冷却到 10 ℃。CS_2 在壳程冷凝，其流量为 300 kg/h，冷凝潜热为 351.6 kJ/kg，比热容为 1.005 kJ/(kg · ℃)。冷却水在管程流动，进口温度为 5 ℃，出口温度为 32 ℃，逆流流动。已知 CS_2 在冷凝和冷却时的传热系数分别为 K_1 = 291 W/(m^2 · ℃) 及 K_2 = 174 W/(m^2 · ℃)。问：此换热器是否适用(传热面积 A 及传热系数均以外表面积计)？　【答案：能】

4-19　某单壳程双管程列管式换热器，其壳程为 120 ℃ 饱和水蒸气冷凝，常压空气以 12 m/s 的流速在管程内流过。列管为 ϕ38 mm × 2.5 mm 钢管，管子总根数为 200。已知空气进口温度为 26 ℃，要求被加热到 86 ℃。又已知蒸气侧对流传热系数为 10^4 W/(m^2 · ℃)，壁阻及垢阻可忽略不计。试求：换热器列管每根管长为多少米？　【答案：0.994 m】

本章主要符号说明

符号	意义	单位	符号	意义	单位
英文					
A	传热面积	m^2	A	辐射吸收率	
A_m	对流平均面积	m^2	b	平壁或管壁厚度	m
C	发射或辐射系数	W/(m^2 · K^4)	c_p	流体的定压比热容	kJ/(kg · ℃) 或 kJ/(kg · K)
D	透过率		D	换热器壳径	m

符号	意义	单位	符号	意义	单位
d	管径	m	d_e	当量直径	m
E	辐射能力	W/m^2	E_0	黑体的辐射能力	
f	校正系数		Gr	格拉晓夫数	
h	挡板间距	m	K	总传热系数	W/(m^2 · ℃) 或 W/(m^2 · K)
l	管长	m	Nu	努塞尔数	
Pr	普兰特数		Q	传热速率	W 或 J/s
Q	热负荷	J	q	热通量	W/m^2
w_s	质量流量	kg/s	R	热阻	(m^2 · ℃)/W 或 (m^2 · K)/W
R	反射率		R_s	污垢热阻	(m^2 · ℃)/W 或 (m^2 · K)/W
Re	雷诺数		r	半径	m
r	汽化或冷凝潜热	kJ/kg	r_m	对数平均半径	m
T	绝对温度	K	T	热流体温度	℃ 或 K
t	冷流体温度	℃ 或 K	t	管间距	m
u	流速	m/s	x,y,z	空间坐标	
希文					
α	对流传热系数	W/(m^2 · ℃) 或 W/(m^2 · K)	β	体积膨胀系数	℃$^{-1}$ 或 K^{-1}
δ	边界层厚度	m	ε	黑度	
λ	导热系数	W/(m · ℃) 或 W/(m · K)	μ	黏度	Pa · s
ν	运动黏度	m^2/s	ρ	密度	kg/m^3
σ	表面张力	N/m	σ_0	黑体的辐射常数	W/(m^2 · K^4)
φ	角系数				
下标					
1	管外		2	管内	
e	当量		m	平均	
t	传热		w	壁面	

第5章　蒸　　发

学习要求

通过本章学习，掌握蒸发过程的特点及其计算，了解蒸发器的结构、性能及应用。

具体学习要求：掌握蒸发单元操作的基本概念、基本原理；以单效蒸发为重点，掌握蒸发操作的计算，包括溶液沸点升高、物料衡算、传热面积计算等；了解多效蒸发的流程及特点；了解蒸发设备的结构、工作原理、特点及适用的场合；能用工程观点分析和解决蒸发操作过程强化和优化问题。

蒸发是一种古老的操作，在《天工开物》中记载着用大锅熬卤制盐和榨汁制糖，这些都是蒸发的早期应用。在日常生活中，熬中药、煲猪骨汤，也属于蒸发操作。实验室中，为了使产品结晶析出，也常用到蒸发操作。在化工生产中，NaOH 溶液增浓、稀糖液的浓缩、由海水蒸发并冷凝制备淡水等都是采用蒸发操作来实现的。

蒸发是指将含有不挥发溶质的溶液加热至沸腾，使其中的挥发性溶剂部分汽化并被移出，从而将溶液浓缩的过程。简单地说，蒸发是一种浓缩溶液的单元操作。被蒸发的溶液是由不挥发的溶质与可挥发的溶剂组成的，所以蒸发也是不挥发溶质与挥发性溶剂相分离的过程。蒸发的方式有自然蒸发和沸腾蒸发。自然蒸发是溶液中的溶剂在低于沸点的温度下汽化，例如海盐的晒制。沸腾蒸发是使溶液中的溶剂在沸点时汽化，在溶液各个部分都同时发生汽化，效率较高，例如电解烧碱溶液的浓缩。

5.1　概　　述

蒸发操作不仅在日常生活中常见，而且广泛应用于化工、制药、食品、轻工等许多工业中。进行蒸发操作的设备称为蒸发器。工业蒸发操作的主要目的如下：

(1) 将稀溶液增浓直接制取液体产品，或者将浓缩的溶液再经进一步处理（如冷却结晶）制取固体产品，例如蔗糖水溶液的浓缩以及各种果汁、牛奶的浓缩等；

(2) 纯净溶剂的制取，此时蒸出的溶剂是产品，例如海水蒸发脱盐制取淡水；

(3) 同时制备浓溶液和回收溶剂，例如中药生产中酒精浸出液的蒸发。

被蒸发的溶液可以是水溶液，也可以是其他溶剂的溶液，工业上蒸发处理的大多为水溶液，采用的加热剂基本为水蒸气。本章主要介绍以水蒸气作为加热剂的水溶液蒸发过程。

1. *蒸发操作的特点*

蒸发操作过程的实质是热量传递，而溶剂的汽化量和汽化速率均受传热速率和传热量的控制。因传热对象的特殊性，蒸发操作与一般传热过程比较，又具有以下特点：

(1) 传热性质　　传热壁面一侧为加热蒸汽进行冷凝，另一侧为溶液沸腾，故蒸发过程属于壁面两侧流体均有相变化的恒温传热过程。

(2) 溶液沸点升高　由于溶液含有不挥发性溶质，因此，在相同温度下，溶液的蒸气压比纯溶剂的小，也就是说，在相同压力下，溶液的沸点比纯溶剂的高，溶液浓度越高，这种影响越显著，这在设计和操作蒸发器时是必须考虑的。例如，20% 的 NaOH 溶液，其沸点为 108.5 ℃，比水的沸点高出 8.5 ℃。

(3) 物料及工艺特性　在物料浓缩过程中，溶质或杂质常在加热表面沉积、析出结晶而形成垢层，影响传热；有些溶质是热敏性的，在高温下停留时间过长易变质；有些物料具有较大的腐蚀性或较高的黏度等。因此，在设计和选用蒸发器时，必须认真考虑这些特性。

(4) 能量回收利用　蒸发过程是大量溶剂汽化的过程，由于溶剂汽化潜热很大，必须提供大量的热能。通常将用于加热的水蒸气称为生蒸汽或一次蒸汽，而将从蒸发器中汽化生成的水蒸气称为二次蒸汽。如何充分利用二次蒸汽的热能，是蒸发操作中应予考虑的重要问题。

2. 蒸发操作的分类

1) 按操作压力分类

按蒸发操作压力的不同，可将蒸发过程分为常压、加压和减压(真空)蒸发。对于大多数无特殊要求的溶液，采用常压、加压或减压操作均可。但对于热敏性料液，例如抗生素溶液、果汁等的蒸发，为了保证产品质量，需要在减压条件下进行。

减压蒸发的优点如下：

(1) 溶液沸点降低，在加热蒸汽温度一定的条件下，蒸发器传热的平均温度差增大，使传热面积减小；

(2) 由于溶液沸点降低，可以利用低压蒸汽或废热蒸汽作为加热蒸汽；

(3) 溶液沸点低，可防止热敏性物料的变性或分解；

(4) 由于温度低，系统的热损失小。

但另一方面，由于沸点降低，溶液的黏度大，使蒸发的传热系数减小，同时，减压蒸发需减压装置，使系统的投资费用和操作费用提高。

2) 按蒸发器的效数分类

根据二次蒸汽是否用做另一蒸发器的加热蒸汽，可将蒸发过程分为单效蒸发和多效蒸发。前一效的二次蒸汽直接冷凝而不再利用，这种蒸发过程称为单效蒸发。将二次蒸汽引至下一蒸发器作为加热蒸汽，将多个蒸发器串联，使加热蒸汽多次利用的蒸发过程称为多效蒸发。

3) 按操作方式分类

按操作方式的不同，蒸发可分为间歇蒸发和连续蒸发两大类。间歇蒸发是指分批进料或出料的蒸发操作。间歇操作的特点如下：在整个过程中，蒸发器内溶液的浓度和沸点随时间改变，故间歇蒸发为非稳定操作。通常间歇蒸发适合于小规模、多品种的场合，而连续蒸发适合于大规模的生产过程。

5.2　单效蒸发

5.2.1　单效蒸发流程

典型的单效蒸发装置如图 5-1 所示。蒸发装置包括蒸发器和冷凝器。若为减压蒸发，在冷凝器后应接真空泵。蒸发器由加热室和分离室两部分组成,其中加热室为垂直排列的加热管束(应保证足够的传热面积和较大的传热系数),在管外用加热介质(通常为饱和水蒸气)加热管内的溶液,使之沸腾汽化。浓缩了的溶液(称为完成液)由蒸发器的底部排出。而溶液汽化产生的蒸汽经上部的分离室与溶液分离后由顶部引至冷凝器。在蒸发器顶部设有除沫器,以除去二次蒸汽中夹带的液滴。二次蒸汽经冷却水冷却后冷凝,冷凝水由冷凝器下部经水封排出,不凝性气体由冷凝器顶部排出。

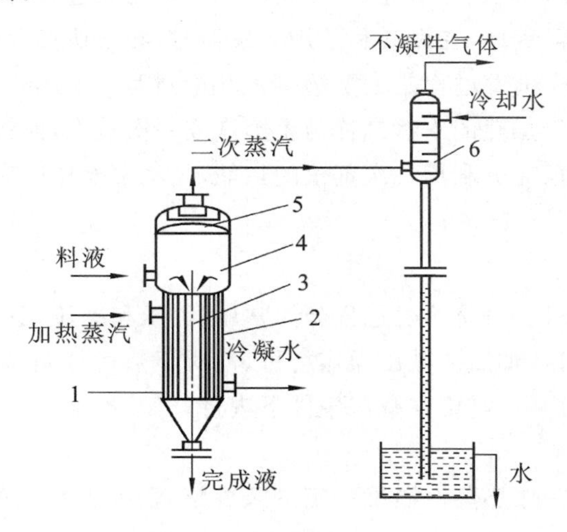

图 5-1　单效蒸发装置

1— 加热管;2— 加热室;3— 中央循环管;4— 蒸发室;5— 除沫器;6— 冷凝器

5.2.2　单效蒸发的计算

对于单效蒸发,在给定了生产任务和确定了操作条件以后,通常需要计算以下内容:① 水分的蒸发量;② 加热蒸汽的消耗量;③ 蒸发器的传热面积。

要解决以上问题,可应用物料衡算方程、热量衡算方程和传热速率方程来解决。

1. 水分的蒸发量

单位时间从溶液中蒸发出来的水量,称为水分的蒸发量,用 W 表示,单位为 kg/h 或 kg/s。蒸发量也代表蒸发器的生产能力。在蒸发操作中,水分蒸发量可通过物料衡算确定。现对图 5-2 所示的单效蒸发器作溶质的物料衡算。在稳态连续操作中,溶质在蒸发过程中质量恒定不变,即

$$Fx_0 = (F - W)x_1 \tag{5-1}$$

由此可求得水分蒸发量

$$W = F\left(1 - \frac{x_0}{x_1}\right) \tag{5-2}$$

完成液的浓度

$$x_1 = \frac{Fx_0}{F - W} \tag{5-3}$$

式中,F 为溶液的进料量,kg/s;W 为水分蒸发量,kg/s;x_0、x_1 分别为原料液和完成液中溶质的浓度(质量分数)。

2. 加热蒸汽消耗量

加热蒸汽消耗量通过热量衡算求得。通常,加热蒸汽为饱和蒸汽,且冷凝后在饱和温度下

排出，则加热蒸汽仅放出潜热用于蒸发。加热蒸汽放出的热量主要用于产生二次蒸汽、将溶液加热到沸点及向周围的热损失。

蒸发操作中，溶剂的部分汽化使得溶液浓缩，浓缩过程本身需要吸收一定的热量，称为浓缩热，故也消耗一部分加热蒸汽。但除了某些酸、碱水溶液的浓缩热较大外，多数物质水溶液的浓缩热并不大。

1）溶液浓缩热较大时

对图 5-2 所示的单效蒸发作热量衡算得

$$DH + Fh_0 = WH' + (F - W)h_1 + Dh_w + Q_L$$

$$D = \frac{WH' + (F - W)h_1 - Fh_0 + Q_L}{H - h_w} \tag{5-4}$$

式中，D 为加热蒸汽消耗量，kg/s；H、H' 分别为加热蒸汽和二次蒸汽的焓，kJ/kg；h_0、h_1、h_w 分别为原料、完成液和冷凝水的焓，kJ/kg；Q_L 为蒸发器的热损失，kJ/s。

若加热蒸汽为饱和蒸汽，且冷凝后在饱和温度下排出，有

$$H - h_w = r$$

则

$$D = \frac{WH' + (F - W)h_1 - Fh_0 + Q_L}{r} \tag{5-5}$$

式中，r 为加热蒸汽的汽化潜热，kJ/kg。溶液的焓 $h = f(x,t)$ 由焓浓图查得。图 5-3 为 NaOH 的焓浓图。

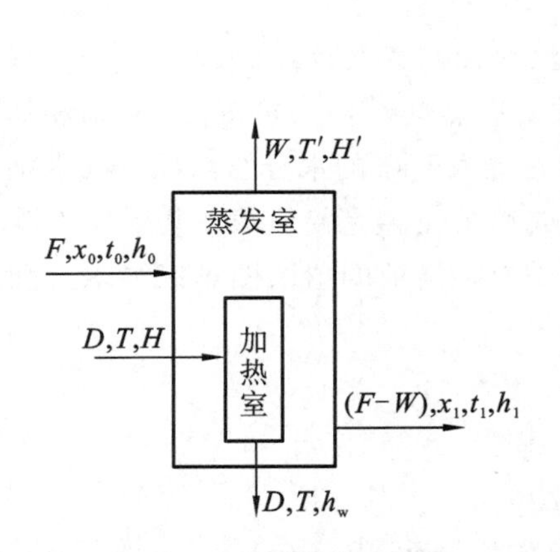

图 5-2　单效蒸发示意图

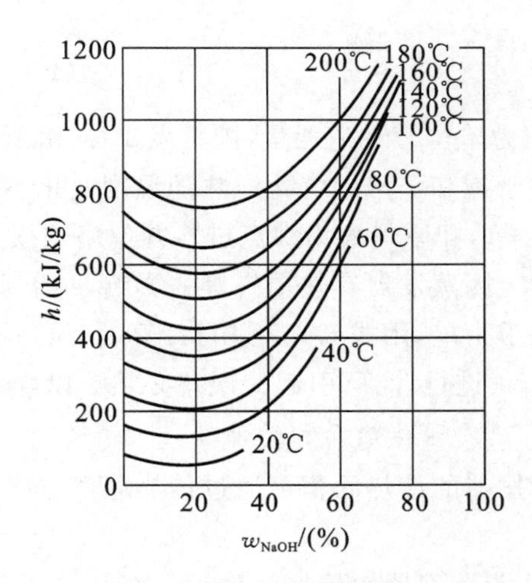

图 5-3　NaOH 的焓浓图

2）溶液浓缩热较小可忽略时

当浓缩热较小可忽略时，溶液的焓可由溶液的定压比热容近似计算。若以 0 ℃ 为基准温度，则式(5-5) 可改写为

$$D = \frac{WH' + (F - W)c_{p1}t_1 - Fc_{p0}t_0 + Q_L}{r} \tag{5-6}$$

式中，c_{p1}、c_{p0} 分别为完成液和原料液的定压比热容，kJ/(kg·℃)；t_1、t_0 分别为完成液和原料液的温度，℃。

溶液的定压比热容可从有关手册或资料中查得。当缺乏数据时，也可采用下列公式进行

估算:

$$c_{p0}=c_{pB}x_0+c_{pw}(1-x_0)=c_{pw}-(c_{pw}-c_{pB})x_0 \tag{5-7}$$

$$c_{p1}=c_{pB}x_1+c_{pw}(1-x_1)=c_{pw}-(c_{pw}-c_{pB})x_1 \tag{5-8}$$

式中,c_{pB}、c_{pw} 分别为溶质和溶剂的定压比热容,kJ/(kg·℃)。

当溶液浓度小于20%时,忽略 $c_{pB}x_0$ 和 $c_{pB}x_1$,联立式(5-7)和式(5-8)得

$$(c_{p0}-c_{pw})x_1=(c_{p1}-c_{pw})x_0 \tag{5-9}$$

将式(5-3)代入式(5-9)整理得

$$(F-W)c_{p1}=Fc_{p0}-Wc_{pw} \tag{5-10}$$

将式(5-10)代入式(5-6)并整理得

$$D=\frac{Fc_{p0}(t_1-t_0)+W(H'-c_{pw}t_1)+Q_L}{r} \tag{5-11}$$

又由于

$$H'-c_{pw}t_1\approx r' \tag{5-12}$$

式中,r' 为二次蒸汽的汽化潜热,kJ/kg,因此有

$$D=\frac{Wr'+Fc_{p0}(t_1-t_0)+Q_L}{r} \tag{5-13}$$

若原料液在沸点下进入蒸发器,即 $t_1=t_0$,再忽略热损失,即 $Q_L=0$,则式(5-13)可简化为

$$D=\frac{Wr'}{r} \tag{5-14}$$

令

$$e=\frac{D}{W}=\frac{r'}{r} \tag{5-14a}$$

式中,e 为单位蒸汽消耗量,即蒸发1 kg水所需蒸汽量,kg(蒸汽)/kg(水)。

由于饱和蒸汽的汽化潜热随温度变化不大,故二次蒸汽 r' 与加热蒸汽 r 近似相等,单效蒸发中 $e\approx1$,即原料液为沸点进料并忽略热损失时,每蒸发1 kg的水分约消耗1 kg的加热蒸汽。但实际上因蒸发器有热损失等的影响,e 约为1.1或稍高。e 值是衡量蒸发装置经济性的指标。

应予指出,用式(5-5)进行计算时,虽然精确,但有些溶液的焓浓图难以寻求,此时仍采用式(5-13)进行计算,引起的误差必须予以修正。

3. 蒸发器传热面积的计算

蒸发器的传热面积可通过传热速率方程求得,即

$$Q=KA\Delta t_m \tag{5-15}$$

式中,A 为蒸发器的传热面积,m²;K 为蒸发器的总传热系数,W/(m²·℃);Δt_m 为传热平均温度差,℃;Q 为蒸发器的热负荷,W或J/s。

式(5-15)中,要求 A,需先求出 Q、K 及 Δt_m,分别讨论如下。

(1) Q 可通过对加热室作热量衡算求得。若忽略热损失,Q 即为加热蒸汽冷凝放出的热量,即

$$Q=Dr \tag{5-16}$$

(2) 传热系数 K 可按蒸汽冷凝和液体沸腾对流传热考虑,求出间壁两侧的对流传热系数,并按经验估计垢层热阻,采用式(4-51a)进行计算。表5-1中列出了常用蒸发器总传热系数的大致范围,供设计计算时参考。

表 5-1　常用蒸发器总传热系数 K 的经验值

蒸发器型式	总传热系数 $K/[W/(m^2 \cdot ℃)]$	蒸发器型式	总传热系数 $K/[W/(m^2 \cdot ℃)]$
中央循环管式(标准式)	600 ～ 3000	升膜式	1200 ～ 6000
中央循环管式(强制循环)	1200 ～ 6000	降膜式	1200 ～ 3500
悬筐式	600 ～ 3000	刮膜式(黏度 1 mPa·s)	2000
外热式(自然循环)	1200 ～ 6000	刮膜式(黏度 100 ～ 10000 mPa·s)	200 ～ 1200
外热式(强制循环)	1200 ～ 7000		

(3) 传热平均温度差 Δt_m 的确定。在蒸发操作中，蒸发器加热室一侧是蒸汽冷凝，另一侧为液体沸腾，因此其传热平均温度差应为

$$\Delta t_m = T - t \tag{5-17}$$

式中，T 为加热蒸汽的温度，℃；t 为操作条件下溶液的沸点，℃。

在蒸发计算中，常用完成液的沸点 t_1 代替溶液的平均沸点，则传热面积

$$A = \frac{Dr}{K(T - t_1)} \tag{5-18}$$

溶液的沸点 t_1 不仅与蒸发器内液面压力有关，而且与溶液的浓度、液体深度等因素也有关，下一节将分别进行介绍。

【例 5-1】 用单效蒸发器将 1000 kg/h 的 KNO_3 水溶液从 10% 连续浓缩到 20%，蒸发操作的平均压力为 39.3 kPa，相应的溶液的沸点为 80 ℃。加热蒸汽绝压为 196 kPa，原料液的比热容为 3.77 kJ/(kg·℃)。蒸发器的热损失为 12000 W。试求：(1) 水分蒸发量；(2) 原料液温度分别为 30 ℃、80 ℃ 和 120 ℃ 时的加热蒸汽消耗量及单位蒸汽消耗量。

解　(1) 水分蒸发量。

由式(5-2)知

$$W = F\left(1 - \frac{x_0}{x_1}\right) = 1000 \times \left(1 - \frac{0.1}{0.2}\right)\ \text{kg/h} = 500\ \text{kg/h}$$

(2) 加热蒸汽消耗量。

由式(5-13)知

$$D = \frac{Wr' + Fc_{p0}(t_1 - t_0) + Q_L}{r}$$

由附录 E 查得压力为 39.3 kPa 和 196 kPa 时的饱和蒸汽的汽化潜热分别为 $r' = 2320$ kJ/kg 和 $r = 2204$ kJ/kg，则原料液温度为 30 ℃ 时的蒸汽消耗量为

$$D = \frac{500 \times 2320 + 1000 \times 3.77 \times (80 - 30) + \frac{12000}{1000} \times 3600}{2204}\ \text{kg/h} = 631.4\ \text{kg/h}$$

单位蒸汽消耗量为

$$\frac{D}{W} = \frac{631.4}{500}\ \text{kg(蒸汽)/kg(水)} = 1.26\ \text{kg(蒸汽)/kg(水)}$$

原料液温度为 80 ℃ 时的蒸汽消耗量为

$$D = \frac{500 \times 2320 + \frac{12000}{1000} \times 3600}{2204}\ \text{kg/h} = 545.9\ \text{kg/h}$$

单位蒸汽消耗量为

$$\frac{D}{W}=\frac{545.9}{500}\ \mathrm{kg(蒸汽)/kg(水)}=1.09\ \mathrm{kg(蒸汽)/kg(水)}$$

原料液温度为 120 ℃ 时的蒸汽消耗量为

$$D=\frac{500\times 2320+1000\times 3.77\times(80-120)+\frac{12000}{1000}\times 3600}{2204}\ \mathrm{kg/h}=477.5\ \mathrm{kg/h}$$

单位蒸汽消耗量为

$$\frac{D}{W}=\frac{477.5}{500}\ \mathrm{kg(蒸汽)/kg(水)}=0.95\ \mathrm{kg(蒸汽)/kg(水)}$$

由以上计算结果得知,原料液的温度越高,蒸发 1 kg 水所消耗的加热蒸汽量越少。

5.2.3　溶液的沸点和温度差损失

1. 溶液的沸点

若溶液中含有不挥发溶质,在相同的条件下溶液的蒸气压比纯水的蒸气压要低,因而相同压力下溶液的沸点总是比相同压力下纯水的沸点高,二者沸点之差称为溶液的沸点升高。例如,常压下 20%(质量分数)NaOH 水溶液的沸点为 108.5 ℃,而饱和水蒸气的温度为 100 ℃,溶液沸点升高为 8.5 ℃,而 48.3%NaOH 溶液的沸点为 140 ℃,溶液沸点升高为 40 ℃。一般情况下,有机物溶液的沸点升高值较小,而无机盐溶液的沸点升高值较大,且随着浓度的升高,沸点升高值也增大。蒸发过程中,由于溶液浓度不断提高,故沸点升高值将逐渐增大,至完成液时达到最大值。

各种溶液的沸点由实验确定,有些溶液的沸点也可由手册查取。

2. 温度差损失

沸点升高使蒸发操作的传热推动力降低,例如用 120 ℃ 的饱和水蒸气分别加热 20%(质量分数)NaOH 水溶液和纯水,并使之沸腾,有效温度差(传热推动力)分别为(120 − 108.5)℃ = 11.5 ℃ 和(120 − 100)℃ = 20 ℃。由此可知,有效温度差下降了 8.5 ℃,与溶液沸点升高值相等,故沸点升高也称为温度差损失。

温度差损失不只是因为溶液中含有不挥发溶质,而且与蒸发器内的操作压力、加热管内液柱静压力及管路阻力等因素有关。

1) 因溶液蒸气压下降而引起的温度差损失

溶液蒸气压比纯水的低,故在一定压力下,溶液的沸点比纯水高,其沸点升高值用 Δ' 表示。

对于非常压蒸发操作,溶液沸点需要估算。当缺乏实验数据时,可用下面两种方法进行估算。

(1) 用常压下的沸点升高值估算非常压下的沸点升高值 Δ',即

$$\Delta'=f\Delta'_{a} \tag{5-19}$$

式中,Δ'_{a}为常压下的溶液沸点升高值,℃;Δ' 为操作条件下的溶液沸点升高值,℃;f 为校正系数。

$$f=0.0162\times\frac{(T'+273)^{2}}{r'} \tag{5-20}$$

式中,T' 为操作压力下二次蒸汽的温度,℃;r' 为操作压力下二次蒸汽的汽化热,kJ/kg。

(2) 用杜林规则求得溶液沸点,然后计算非常压下的温度差损失 Δ'。

杜林规则描述了溶液的沸点和相同压力下标准溶液沸点之间的线性关系。图 5-4 所示为以纯水为标准溶液的 NaOH 水溶液杜林线。根据该规则,只要已知一定浓度的溶液在两个压力下的沸点,就可以确定直线,也可以利用杜林线求取不同浓度的溶液在任一压力下的沸点 t_{A}。

某溶液在两个不同压力下，两沸点之差（$t_A - t'_A$）与另一标准液体在相应压力下两沸点之差（$t_w - t'_w$）的比值为常数，即

$$\frac{t_A - t'_A}{t_w - t'_w} = k \tag{5-21}$$

$$t_A = k(t_w - t'_w) + t'_A \tag{5-22}$$

式中，t_A、t'_A分别为 p_1 和 p_2 压力下的无机物溶液的沸点，℃；t_w、t'_w分别为 p_1 和 p_2 压力下的标准溶液的沸点，℃；k 为杜林直线的斜率，无量纲。

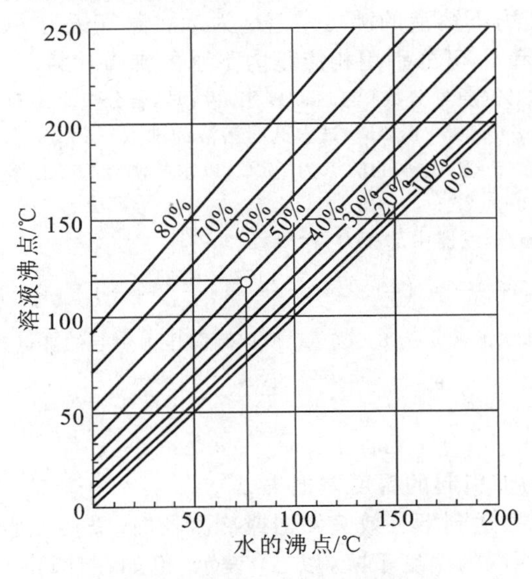

图 5-4　NaOH 水溶液杜林线

【例 5-2】　浓度为 18.32%（质量分数）的 NaOH 水溶液在压力为 29.4 kPa 时的沸点为 74.4 ℃，试用杜林规则求在 49 kPa 时该溶液的沸点 t_A。各种压力下水、NaOH 溶液的沸点如表 5-2 所示。

表 5-2　例 5-2 附表

压力 /kPa	NaOH 溶液的沸点 /℃	水的沸点 /℃
101.3	107	100
29.4	74.4	68.7
49	?	80.9

解　根据式(5-21) 计算 NaOH 水溶液在浓度为 18.32%（质量分数）时的 k 值，即

$$k = \frac{t''_A - t'_A}{t''_w - t'_w} = \frac{107 - 74.4}{100 - 68.7} = 1.041$$

又由$\frac{t_A - t''_A}{t_w - t''_w} = 1.041$，代入数据，得

$$\frac{t_A - 107}{80.9 - 100} = 1.041$$

解得

$$t_A = 87.1\ ℃$$

2）因加热管内液柱静压力而引起的温度差损失 Δ''

通常，蒸发器操作需维持一定液位，液面下的压力比液面上（分离室中）的压力高，故液面下的沸点比液面上的高，二者之差称为液柱静压力引起的温度差损失，以 Δ'' 表示。通常取液柱中点的压力计算溶液的沸点，然后求得温度差损失 Δ''。

根据流体静力学方程,液层中点的压力 p_m 为

$$p_m = p + \frac{\rho_m g L}{2} \tag{5-23}$$

式中,p 为溶液表面的压力,即二次蒸气的压力,Pa;ρ_m 为溶液的平均密度,kg/m^3;L 为液层高度,m。

由液柱静压力引起的沸点升高值 Δ'' 为

$$\Delta'' = t_m - t_b \tag{5-24}$$

式中,t_m 为液层中部 p_m 压力下溶液的沸点,℃;t_b 为二次蒸气压力 p(或分离室压力)下溶液的沸点,℃。近似计算时,t_m 和 t_b 可分别用相应压力下水的沸点代替。

【例 5-3】 蒸发浓度为50%(质量分数)的 NaOH 水溶液时,若分离室绝对压力为40 kPa,蒸发器内溶液高度为 $L = 2$ m,溶液密度为 $\rho = 1450$ kg/m^3,试求此时溶液的沸点。

解　查附录E得,压力为40 kPa时水的沸点为75 ℃,以水的沸点75 ℃、溶液浓度50%,查图5-4的杜林线,得溶液表面的沸点温度为117 ℃。

若考虑溶液高度 $L = 2$ m,蒸发器中部压力为

$$p_m = p + \frac{\rho_m g L}{2} = \left(40 \times 10^3 + \frac{1450 \times 9.81 \times 2}{2}\right) \text{Pa} = 54.22 \text{ kPa}$$

查得 $p_m = 54.22$ kPa 时,水的沸点为83.06 ℃。所以因静压力引起的沸点升高为

$$\Delta'' = (83.06 - 75)\ ℃ = 8.06\ ℃$$

此时溶液沸点为

$$t = (117 + 8.06)\ ℃ = 125.06\ ℃$$

3) 由于管路流动阻力而引起的温度差损失 Δ'''

蒸发过程的二次蒸汽被送到下一效蒸发器或冷凝器时,需要克服管路和管件等阻力,使蒸气压下降,从而引起二次蒸汽的温度下降,以 Δ''' 表示。例如在计算中,以冷凝器压力下的饱和温度为基准,则需要考虑二次蒸汽从分离室到冷凝器之间的压降所造成的温度差损失。显然,Δ''' 值与二次蒸汽的流动速度、管道尺寸以及除沫器的阻力有关。由于此值难于计算,一般取经验值为1 ℃,即 $\Delta''' = 1$ ℃。

若假设蒸汽在冷凝器压力下的饱和温度为 T_k,考虑了上述因素后,操作条件下溶液的沸点 t 可用下式求得:

$$t = T_k + \Delta' + \Delta'' + \Delta''' = T_k + \Delta \tag{5-25}$$

式中,T_k 为冷凝器操作压力下的饱和蒸汽温度,℃。

$$\Delta = \Delta' + \Delta'' + \Delta''' \tag{5-26}$$

式中,Δ 为总温度差损失,℃。

蒸发计算中,通常把 $T - T_k$ 称为理论温度差,即认为是蒸发器蒸发纯水或没有 Δ 时的温度差,而 $T - t$ 称为有效温度差。

在蒸发计算中,溶液的沸点是基本数据。溶液的温度差损失不仅是计算沸点所必需的,而且对选择加热蒸汽的压力也是很重要的。若温度差损失很大,溶液的沸点就很高,就必须相应提高加热蒸汽的压力,以保证具有一定的传热温度差。

5.3　多效蒸发

5.3.1　多效蒸发的原理

蒸发过程是一个能耗较大的单元操作,通常把能耗也作为评价其优劣的另一个重要评价

指标，或称为加热蒸汽的经济性。单效蒸发中，每蒸发 1 kg 水通常要消耗 1 kg 以上的加热蒸汽。工业生产中，当蒸发大量的水分时，为减少加热蒸汽的消耗量，多采用多效蒸发。

利用减压的方法使后一效的蒸发器操作压力和溶液的沸点均较前一效蒸发器的低。将前一效蒸发器引出的二次蒸汽作为后一效的加热蒸汽，即将几个蒸发器连接起来协同操作，按此原则实现二次蒸汽的再利用，从而提高加热蒸汽的经济性，此操作称为多效蒸发。每一个蒸发器称为一效。通入生蒸汽的蒸发器称为第一效，利用第一效的二次蒸汽作为加热蒸汽的蒸发器称为第二效，以此类推。多效蒸发节省蒸汽用量，所以当需要蒸发大量水分时，广泛采用多效蒸发。

5.3.2　多效蒸发的流程

在多效蒸发过程中，物料的增浓方向与二次蒸汽的流向是否相同，使流程具有不同的特点。常见的多效蒸发流程(以三效为例）按物料和蒸汽的流向可分为下列三种。

1. *并流法(又称顺流法)*

料液与蒸汽的流向相同，如图 5-5 所示。料液与蒸汽依次由第一效流至末效。这种流程的优点为料液可借相邻两效的压差自动流入后一效，不需用泵输送。同时，由于前一效的沸点比后一效的高，因此当物料进入后一效时，会产生自蒸发，从而减轻后一效的操作负荷。这种流程的操作比较简便，易于稳定。主要缺点是传热系数逐渐下降，这是因为后序各效的浓度会逐渐增高，而温度反而逐渐降低，导致溶液黏度逐渐增大。此法对黏度随浓度增加较快的料液不适用。

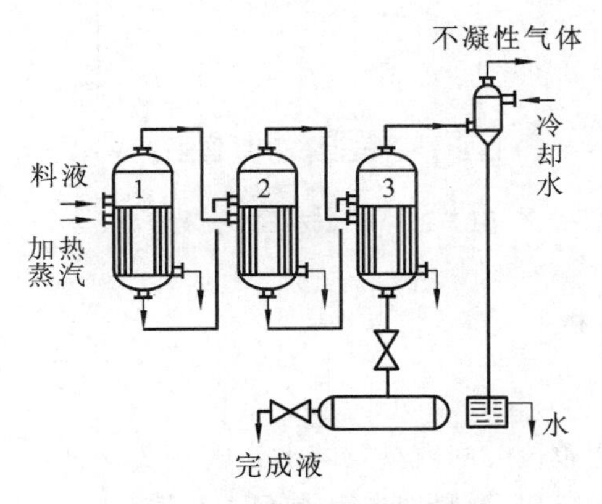

图 5-5　并流法三效蒸发流程

2. *逆流法*

料液从末效加入，用泵送入前一效；蒸汽从第一效加入，依次送至末效，如图 5-6 所示。在溶液流向上，各蒸发器中的压力和温度将依次升高，溶液不能在蒸发器之间自动流动，只能采用泵输送，且各效中必须对流入的溶液再次加热才能使其沸腾，一般不适合热敏性物料的蒸发。其优点是各效浓度和温度对溶液的黏度的影响大致相抵消，各效的传热条件大致相同，即传热系数大致相同。缺点是料液输送必须用泵，能量消耗较大；另外，进料也没有自蒸发。逆流流程比较适宜溶液黏度随温度和浓度变化较大的场合。

3. *平流法*

料液同时加入各效，完成液同时从各效引出；蒸汽从第一效依次至末效，如图 5-7 所示。其特点是蒸汽的走向与并流相同，但原料液和完成液则分别从各效加入和排出。这种流程适用于处理易结晶物料，例如食盐水溶液等的蒸发。

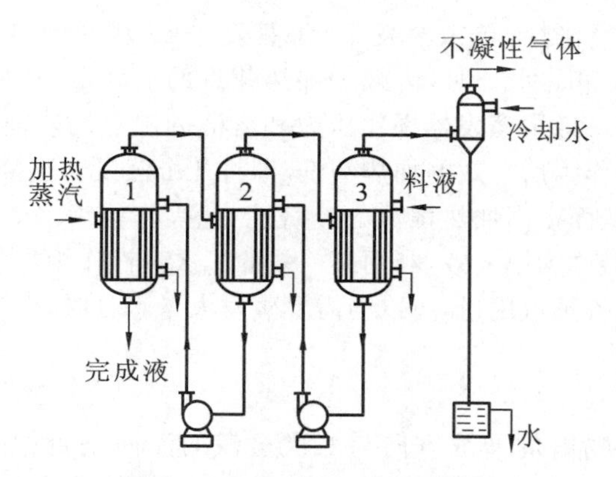

图 5-6　逆流法三效蒸发流程

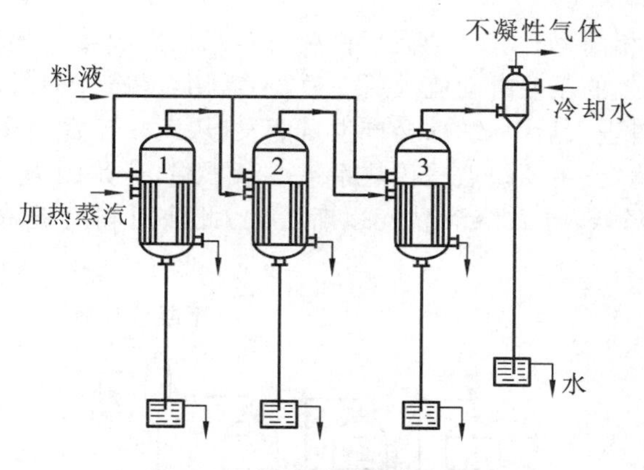

图 5-7　平流法三效蒸发流程

5.3.3　多效蒸发的综合分析

1. 蒸发器的生产能力

蒸发器的生产能力可用单位时间内蒸发的水分量 W 来表示。

若蒸发器的热损失可忽略,且原料液在沸点下进入蒸发器,则由蒸发器的热量衡算可知,通过传热面所传递的热量全部用于蒸发水分,这时蒸发器的生产能力和传热速率成正比。若原料液在低于沸点下进入蒸发器,则需要消耗部分热量将冷溶液加热至沸点,因而降低了蒸发器的生产能力。若原料液在高于其沸点下进入蒸发器,则由于部分原料液的自动蒸发,蒸发器的生产能力有所增加。

通常认为蒸发水分量与蒸发器的传热速率成正比。由传热速率方程可知:

单效　$$Q = KA\sum\Delta t$$

三效　$$Q_1 = K_1A_1\Delta t_1,\quad Q_2 = K_2A_2\Delta t_2,\quad Q_3 = K_3A_3\Delta t_3$$

若各效的总传热系数取平均值 K,且各效的传热面积相等,则三效的总传热速率为

$$Q = Q_1 + Q_2 + Q_3 \approx KA(\Delta t_1 + \Delta t_2 + \Delta t_3) = KA\sum\Delta t \tag{5-27}$$

当蒸发操作中没有温度差损失时,由式(5-27)可知,三效蒸发和单效蒸发的传热速率基本上相同,因此生产能力也大致相同。实际上,多效蒸发的温度差损失比单效蒸发要大些,因此

生产能力要小于单效蒸发的生产能力。

2. 蒸发器的生产强度

蒸发器的生产能力仅反映蒸发器生产量的大小，常采用蒸发强度作为衡量蒸发器性能的标准。

蒸发器的生产强度简称蒸发强度，是指单位时间单位传热面积上所蒸发的水量，即

$$U=\frac{W}{A} \tag{5-28}$$

式中，U 为蒸发强度，$kg/(m^2 \cdot h)$。

蒸发强度通常可用于评价蒸发器的优劣。对于一定的蒸发任务而言，蒸发强度越大，则所需的传热面积越小，即设备的投资就越低。

单效蒸发和多效蒸发虽然生产能力大致相同，但二者的生产强度是不同的，如三效蒸发时的生产强度约为单效蒸发的三分之一。可见，采用多效蒸发虽然可提高经济效益，但降低了生产强度，二者是相互矛盾的，多效蒸发的效数应权衡决定。

3. 多效蒸发效数的限制

1）溶液的温度差损失

单效和多效蒸发过程中均存在温度差损失。若单效和多效蒸发的操作条件相同，即二者加热蒸汽压力相同，则多效蒸发的温度差损失较单效大。图 5-8 所示为单效、双效和三效蒸发的有效温度差及温度差损失的变化情况。图形总高代表加热蒸汽温度与冷凝器中蒸汽温度之间的总温度差，即(130－50) ℃＝80 ℃，阴影部分代表由于各种原因引起的温度差损失，空白部分代表有效温度差(即传热推动力)。由图可见，多效蒸发中的温度差损失较单效大。不难理解，效数越多，温度差损失将越大。

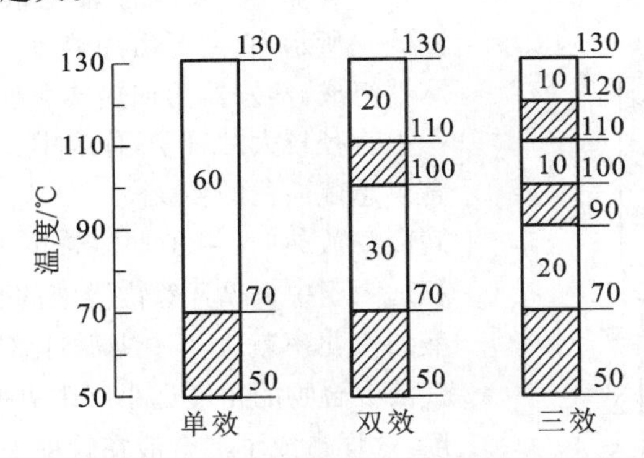

图 5-8　单效、双效和三效蒸发的有效温度差及温度差损失

2）多效蒸发效数的限制

表 5-3 列出了不同效数蒸发的单位蒸汽消耗量。由表 5-3 并综合前述情况可知，随着效数的增加，单位蒸汽消耗量会减少，即操作费用降低，但是有效温度差也会降低(即温度差损失增大)，使设备投资费用增大。因此必须合理选取蒸发效数，使操作费用和设备费用之和为最少。

表 5-3　不同效数蒸发的单位蒸汽消耗量

效数	单效	双效	三效	四效	五效
$(D/W)_{min}$ 的理论值	1	0.5	0.33	0.25	0.2
$(D/W)_{min}$ 的实测值	1.1	0.57	0.4	0.3	0.27

5.4　蒸发设备

蒸发从本质上来说是热量传递过程,蒸发设备与一般传热设备无本质区别。但是,蒸发设备跟一般换热设备相比,具有自身的特点。蒸发操作中,需要不断移除产生的二次蒸汽,并分离二次蒸汽夹带的液滴。所以蒸发器除了需要间壁传热的加热室外,还需要进行气液分离的分离室。尽管工业生产中蒸发器有多种结构形式,但主要均由加热室和分离室构成。此外,蒸发设备还包括使液体进一步分离的除沫器、除去二次蒸汽的冷凝器及减压蒸发时需要的真空泵等辅助设备。

5.4.1　蒸发器的类型

根据溶液在蒸发器中流动的情况,大致可将工业上常用的间接加热蒸发器分为循环型与单程型两类,其加热方式有直接热源加热和间接热源加热,工业上经常采用间接蒸汽加热。

1. 循环型蒸发器

循环型蒸发器的特点是溶液在蒸发器内作循环流动,器内的存液量通常较大,溶液的平均停留时间也较长。根据造成液体循环的原理的不同,又可将其分为自然循环和强制循环两种类型。前者是借助在加热室不同位置上溶液的受热程度不同,使溶液产生密度差而引起的自然循环;后者是依靠外加动力使溶液进行强制循环。目前常用的循环型蒸发器有以下几种。

1) 中央循环管式蒸发器(标准式)

中央循环管式蒸发器是最常见的蒸发器,其结构如图 5-9 所示,它主要由加热室、分离室、中央循环管和除沫器组成。蒸发器的加热器由垂直管束构成,管束中央有一根直径较大的管子,称为中央循环管,其截面积一般为管束总截面积的 40% ~ 100%。当加热蒸汽(介质) 在管间冷凝放热时,由于加热管束内单位体积溶液的受热面积远大于中央循环管内溶液的受热面积,因此,管束中溶液的汽化率就大于中央循环管的汽化率,所以管束中的气液混合物的密度远小于中央循环管内气液混合物的密度。这样造成了混合液在管束中向上,在中央循环管中向下的自然循环流动。混合液的循环速度与密度差和管长有关。密度差越大,加热管越长,循环速度越大。但这类蒸发器受总高限制,通常加热管长度为 1 ~ 2 m,直径为 25 ~75 mm,长径比为 20 ~ 40。

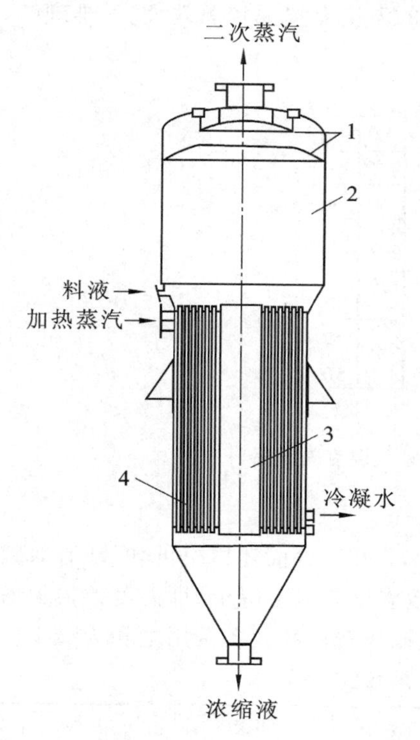

图 5-9　中央循环管式蒸发器

1— 除沫器;2— 分离室;3— 中央循环管;4— 加热室

此类蒸发器的主要优点是结构简单、紧凑,制造方便,操作可靠,投资费用少。缺点是此蒸发设备清理和检修麻烦,溶液循环速度较低,一般仅在 0.5 m/s 以下,传热系数小。中央循环管式蒸发器适用于黏度适中,结垢不严重,有少量结晶析出及腐蚀性不大的场合,在工业上的应用较为广泛。

2）悬筐式蒸发器

悬筐式蒸发器的结构如图5-10所示，它是由中央循环管式蒸发器改进得到的。溶液沿加热管中央上升，然后循着悬筐式加热室外壁与蒸发器内壁间的环隙向下流动而构成循环。溶液循环速度比标准式蒸发器大，可达1.5 m/s。其加热室像悬筐，悬挂在蒸发器壳体的下部，可由顶部取出。由于与蒸发器壳壁接触的是温度较低的溶液，故热损失也较小。这种设备优点在于可将加热室取出检修，热损失较标准式小，循环速度较标准式大。缺点是结构复杂。悬筐式蒸发器一般适用于易结垢和易结晶溶液的蒸发。

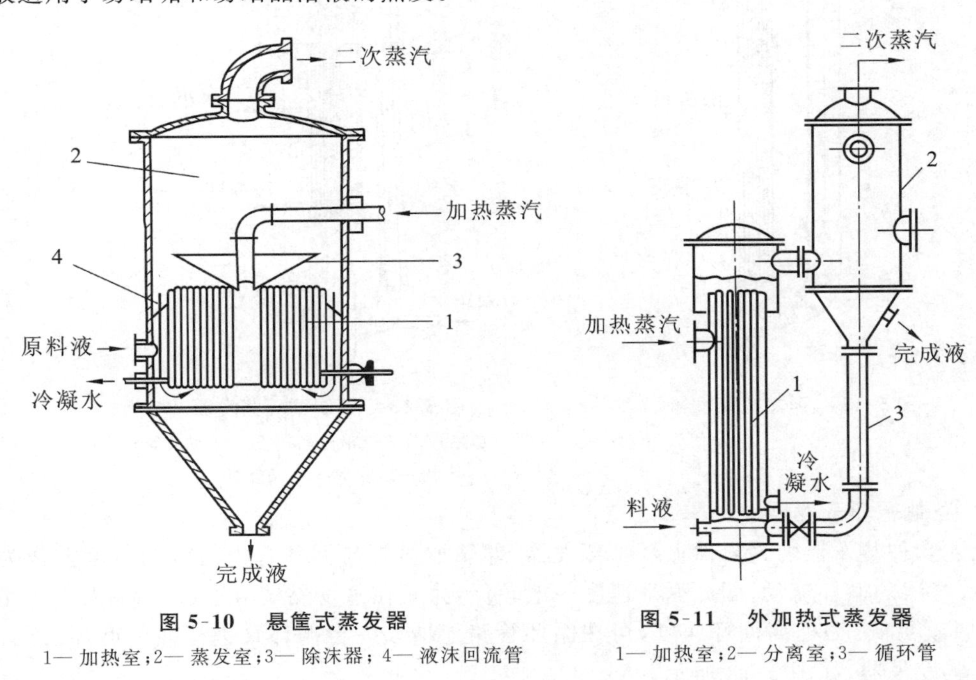

图5-10　悬筐式蒸发器

1—加热室；2—蒸发室；3—除沫器；4—液沫回流管

图5-11　外加热式蒸发器

1—加热室；2—分离室；3—循环管

3）外加热式蒸发器

外加热式蒸发器的结构如图5-11所示。其主要特点是把加热器与分离室分开安装，这样不仅易于清洗、更换，而且有利于降低蒸发器的总高度。这种蒸发器的加热管较长（管长与管径之比为50～100），且循环管又不被加热，故溶液的循环速度可达1.5 m/s，它既利于提高传热系数，也利于减轻结垢。外加热式蒸发器的生产强度较大，且适应性强，缺点是热损失大。

4）列文式蒸发器

列文式蒸发器的结构如图5-12所示。其结构特点是在加热室的上方增设一段2.7～5 m高的沸腾段，使加热室承受较大的液柱静压，故加热室内的溶液不沸腾。待溶液上升至沸腾段时，因静压的降低开始沸腾汽化。这样避免了溶质在加热室析出结晶，减少了加热室的结垢或堵塞现象。为了减小循环阻力和提高循环速度，要求循环管截面积大于加热管束总面积，该设备内的循环速度可达2 m/s左右。

这种设备的优点在于循环速度较大，结垢少，尤其适用于有晶体析出的溶液。但由于设备庞大，需要高大的厂房，因此使用受到了一定的限制。

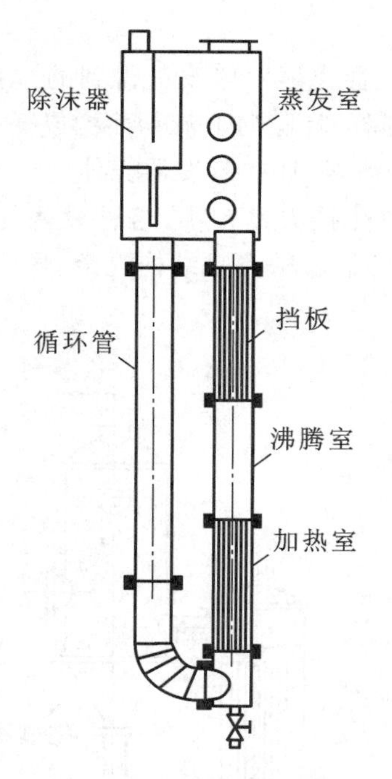

图 5-12　列文式蒸发器

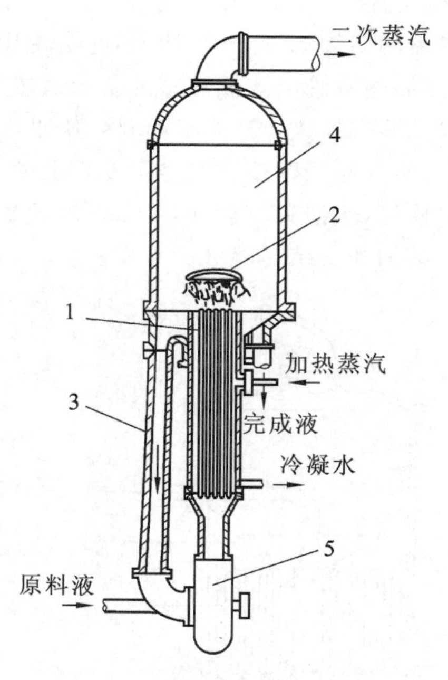

图 5-13　强制循环蒸发器

1— 加热管;2— 气液分离挡板;3— 循环管;
4— 蒸发室;5— 循环泵

5) 强制循环蒸发器

上述几种蒸发器均为自然循环型蒸发器,即靠加热管与循环管内溶液的密度差作为推动力,导致溶液的循环流动,因此循环速度一般较低,尤其在蒸发黏稠溶液(易结垢及有大量结晶析出)时就更低。为提高循环速度,可在循环管路上增设一台循环泵进行强制循环,这就是强制循环蒸发生器,如图 5-13 所示。

这种蒸发器的循环速度可达 1.5 ~ 5 m/s。其优点是,传热系数大,利于处理黏度较大、易结垢、易结晶的物料。但该蒸发器的动力消耗较大,每平方米传热面积消耗的功率为 0.4 ~ 0.8 kW。

2. 单程型(膜式) 蒸发器

循环型蒸发器有一个共同的缺点,即蒸发器内溶液的滞留量大,物料在高温下停留时间长,这对处理热敏性物料不利。在单程型蒸发器中,物料沿加热管壁呈膜状流动,一次通过加热器即达浓缩要求,其停留时间仅数秒或十几秒。另外,离开加热器的物料又得到及时冷却,因此特别适于处理热敏性物料。但由于溶液一次通过加热器就要达到浓缩要求,因此对设计和操作的要求较高。由于这类蒸发器的加热管上的物料呈膜状流动,故又称膜式蒸发器。根据物料在蒸发器内的流动方向和成膜原因不同,它可分为下列几种类型。

1) 升膜式蒸发器

升膜式蒸发器的结构如图 5-14 所示,它的加热室由一根或数根垂直长管组成。通常加热管径为 25 ~ 50 mm,管长与管径之比为 100 ~ 150。原料液预热后由蒸发器底部进入加热器管内,加热蒸汽在管外冷凝。当原料液受热后沸腾汽化,生成的二次蒸汽在管内高速上升,带动原料液沿管内壁呈膜状向上流动,并不断地蒸发汽化,加速流动,气液混合物进入分离器后分离,浓缩后的完成液由分离器底部放出。

这种蒸发器需要精心设计与操作,即加热管内的二次蒸汽应具有较高的流速,并能获得较高的传热系数,使原料液一次通过加热管即达到预定的浓缩要求。常压下,二次蒸汽在管上端出口处速度以保持 20 ～ 50 m/s 为宜,减压操作时,速度可达 100 ～ 160 m/s。

升膜式蒸发器适宜处理蒸发量较大、具有热敏性、黏度不大及易起沫的溶液,不适于黏度大、有晶体析出和易结垢的溶液。

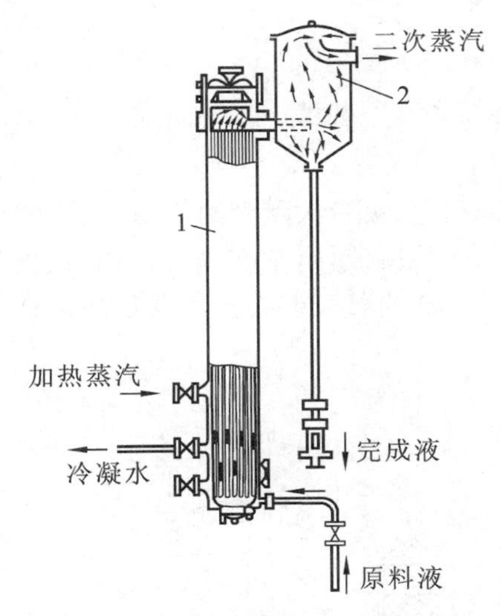

图 5-14　升膜式蒸发器

1— 加热室;2— 分离室

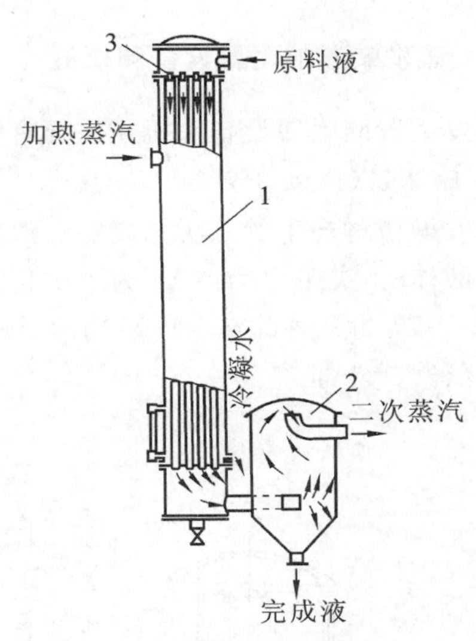

图 5-15　降膜式蒸发器

1— 加热室;2— 分离室;3— 液膜分布器

2) 降膜式蒸发器

降膜式蒸发器的结构如图 5-15 所示,原料液由加热室顶端加入,经液膜分布器分布后,液体在自身重力作用下沿管壁呈膜状向下流动。液膜在向下流动的过程中因受热而蒸发,产生的二次蒸汽随同液体一起由加热管底部排出并进入蒸发室,分别排出。与升膜式不同,降膜式的成膜关键在于液体流动的初始分布。设计和操作时尽量使原料液在加热管内壁形成均匀液膜,并且不能让二次蒸汽由管上端窜出。

降膜式蒸发器可用于蒸发黏度较大(0.05 ～ 0.45 Pa·s)、浓度较高的溶液,但不适于处理易结晶和易结垢的溶液,因为这种溶液形成均匀液膜较难,传热系数也不大。

实际生产中,为了降低液膜式蒸发器的高度,常将升膜式与降膜式蒸发器组合起来使用,即形成升-降膜式蒸发器。此种蒸发器的成膜和操作情况与上述两种类似。

3) 刮板式薄膜蒸发器

刮板式薄膜蒸发器的结构如图 5-16 所示,它是一种适应性很强的新型蒸发器,对黏度大、具有热敏性和易结晶、结垢的物料都适用。它主要由加热夹套和刮板组成,夹套内通加热蒸汽,刮板装在可旋转的轴上,刮板和加热夹套内壁保持很小的间隙,通常为 0.5 ～ 1.5 mm。原料液经预热后由蒸发器上部沿切线方向加入,在重力和旋转刮板的作用下,分布在内壁形成下

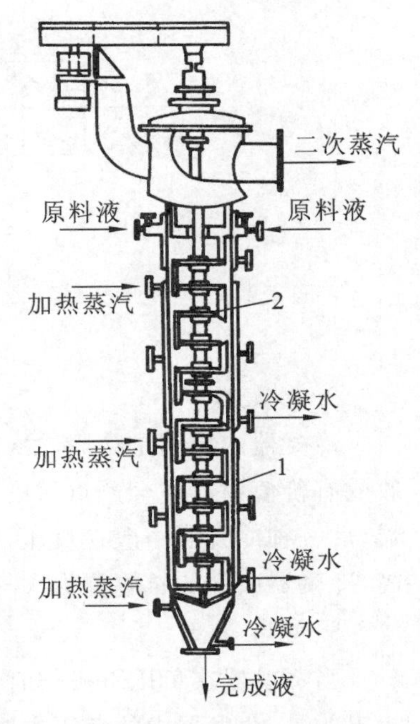

图 5-16　刮板式薄膜蒸发器

1— 夹套;2— 刮板

旋薄膜，并在下降过程中不断被蒸发浓缩，完成液由底部排出，二次蒸汽由顶部逸出。在某些场合下，这种蒸发器可将溶液蒸干，在底部直接得到固体产品。

这类蒸发器的缺点是结构复杂（制造、安装和维修工作量大），加热面积不大，且动力消耗大。

5.4.2　蒸发装置的附属设备和机械

蒸发装置的附属设备和机械主要有除沫器、冷凝器和真空装置。

1. 除沫器（汽液分离器）

蒸发操作时产生的二次蒸汽在分离室与液体分离后，仍夹带大量液滴，尤其是处理易产生泡沫的液体时，夹带更为严重。为了防止产品损失或污染冷凝液体，常在蒸发器内（或外）设除沫器。图 5-17 为几种除沫器的结构示意图。图中（a）～（d）直接安装在蒸发器顶部，（e）～（g）安装在蒸发器外部。

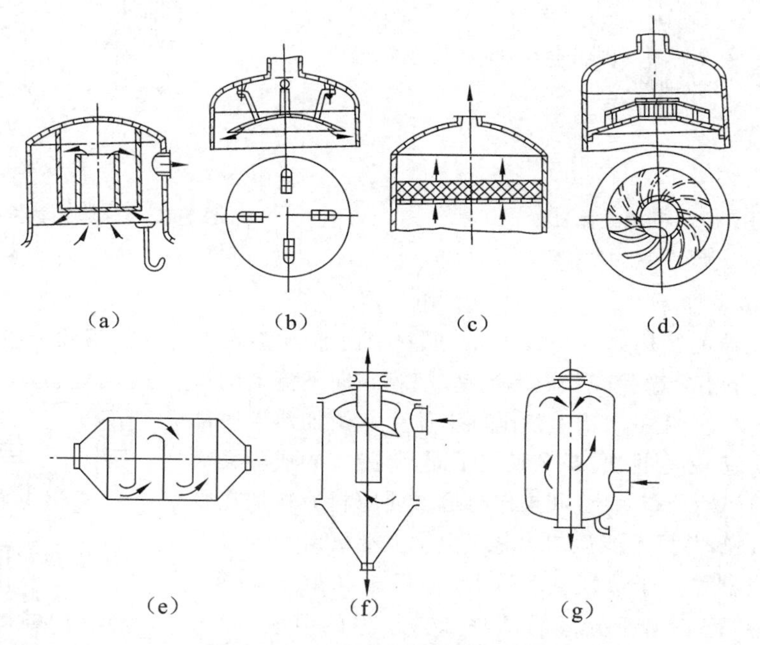

图 5-17　几种除沫器结构示意图

2. 冷凝器

冷凝器的作用是冷凝二次蒸汽。冷凝器有间壁式和直接接触式两种。倘若二次蒸汽为需回收的有价值物料或会严重污染水源，则应采用间壁式冷凝器，否则通常采用直接接触式冷凝器。后一种冷凝器一般在负压下操作，这时为将混合冷凝后的水排出，冷凝器必须设置得足够高，冷凝器底部的长管称为大气腿。

3. 真空装置

当蒸发器在负压下操作时，无论采用哪一种冷凝器，均需在冷凝器后安装真空装置。需要指出的是，蒸发器中的负压主要是由于二次蒸汽冷凝所致，而真空装置仅是抽吸蒸发系统泄漏的空气、物料及冷却水中溶解的不凝性气体和冷却水饱和温度下的水蒸气等，冷凝器后必须安真空装置才能维持蒸发操作的真空度。常用的真空装置有喷射泵、水环式真空泵、往复式或旋转式真空泵等。

5.4.3 蒸发器的选型

蒸发器的结构形式较多，选用和设计时，要在满足生产任务要求、保证产品质量的前提下，尽可能兼顾生产能力大、结构简单、维修方便及经济性好等因素。

表5-4列出了常见蒸发器的一些重要性能，可供选型时参考。

表5-4 常用蒸发器的性能

蒸发器型式	造价	总传热系数		溶液在管内流速/(m/s)	停留时间	完成液浓度能否恒定	浓缩比	处理量	对溶液性质的适应性					
		稀溶液	黏度大						稀溶液	黏度大	易生泡沫	易结垢	热敏性	有结晶析出
标准型	最低	良好	低	0.1～1.5	长	能	良好	一般	适	适	适	尚适	尚适	尚适
外热式（自然循环）	低	高	良好	0.4～1.5	较长	能	良好	较大	适	尚适	较好	尚适	尚适	尚适
列文式	高	高	良好	1.5～2.5	较长	能	良好	较大	适	尚适	较好	尚适	尚适	尚适
强制循环	高	高	高	2.0～3.5		能	较高	大	适	好	好	适	尚适	适
升膜式	低	高	良好	0.4～1.0	短	较难	高	大	适	尚适	好	尚适	良好	不适
降膜式	低	良好	高	0.4～1.0	短	尚能	高	大	较适	好	适	不适	良好	不适
刮板式	最高	高	良好		短	尚能	高	较小	较适	好	较好	不适	良好	不适

思 考 题

5-1 通过与一般的传热过程比较，简述蒸发操作的特点。

5-2 什么是温度差损失和溶液的沸点升高？简要分析产生的原因。

5-3 并流加料的多效蒸发装置中，一般各效的总传热系数逐效减小，而蒸发量逐效略有增加，试分析原因。

5-4 多效蒸发中为什么有最佳效数？

5-5 稀释热如何影响生蒸汽的用量？

习 题

5-1 某浓度的NaOH溶液在绝对压力为101.3 kPa和19.6 kPa时的沸点分别为107 ℃和67 ℃，试计算此溶液在绝对压力为49.5 kPa时的沸点和沸点升高值。 【答案：$t=88$ ℃，$\Delta'=7$ ℃】

5-2 已知某蒸发器中二次蒸汽的绝对压力为15 kPa，被蒸发溶液的平均密度为1230 kg/m^3，加热管内的液层深度为1.7 m，试计算因液柱静压力而引起的温度差损失。 【答案：$\Delta''=10$ ℃】

5-3 某常压蒸发器每小时处理2700 kg浓度为7%的水溶液，溶液的沸点为103 ℃，加料温度为15 ℃，定压比热容为3.9 kJ/(kg·℃)，加热蒸汽的表压为196 kPa，蒸发器的传热面积为50 m^2，传热系数为930 W/(m^2·℃)，忽略热损失。求溶液的最终浓度和加热蒸汽消耗量。 【答案：21.5%，2.32×10^3 kg/h】

5-4 在单效蒸发器中，每小时将30000 kg、20%（质量分数）的某种水溶液浓缩至30%，已知加热蒸汽为饱和水蒸气，绝对压力为196 kPa；蒸发器中的平均绝对压力为49 kPa，溶液沸点可以取86 ℃；原料液的温度为 70 ℃，定压比热容为 4.17 kJ/(kg·℃)，溶液的浓缩热可以忽略不计；蒸发器的热损失为传热量的 3%，总传热系数为 1.1 kW/(㎡·℃)。试计算水分蒸发量、加热蒸汽消耗量及蒸发器的传热面积。

【答案：$W=9990$ kg/h，$D=11641$ kg/h，$A=193.6$ m^2】

5-5　在传热面积为 85 m^2 的单效蒸发器中，每小时蒸发 1500 kg、15%（质量分数）的某种水溶液，已知加热蒸汽为饱和水蒸气，绝对压力为 200 kPa，在蒸发器的操作条件下，已经估计出传热的平均温度差约为 12 ℃，二次蒸汽的汽化潜热可以取 2258 kJ/kg，原料液的温度为 30 ℃，定压比热容为 3.7 kJ/(kg·℃)，溶液的浓缩热可以忽略不计，蒸发器的热损失为传热量的 3%，总传热系数为 900 kW/(m^2·℃)，试计算完成液的浓度（质量分数）。

【答案：$x=0.826$】

5-6　需要将 350 kg/h 的某溶液从 15% 蒸浓至 35%，现有一传热面积为 10 m^2 的小型蒸发器可供利用，冷凝器可维持 79 kPa 的真空度。估计操作条件下的温度差损失为 8 ℃，总传热系数可达 930 W/(m^2·℃)，若溶液在沸点下进料，则加热蒸汽压力至少应为多少才能满足需要？

【答案：143 kPa】

本章主要符号说明

符号	意义	单位
英文		
F	溶液的进料量	kg/h
W	水分蒸发量	kg/h
x_0、x_1	原料液和完成液中的浓度（溶质的质量分数）	
D	加热蒸汽消耗量	kg/s
H、H'	加热蒸汽和二次蒸汽的焓	kJ/kg
h_0、h_1、h_w	原料、完成液和冷凝水的焓	kJ/kg
t_0、t_1	原料温度和溶液的沸点	℃
Q_L	蒸发器的热损失	J/s
r、r'	加热蒸汽和二次蒸汽汽化潜热	kJ/kg
c_p、c_{pw}	溶液和纯水的比热容	kJ/(kg·℃)
c_{pB}	溶质的比热容	kJ/(kg·℃)
x	溶液中溶质的质量分数	
A	蒸发器的传热面积	m^2
K	蒸发器的总传热系数	W/(m^2·℃)
Δt_m	传热平均温度差	℃
Q	蒸发器的热负荷	W 或 kJ/kg
T	加热蒸汽的温度	℃
t	操作条件下溶液的沸点	℃
t_A、t'_A	在 p_1 和 p_2 压力下，无机物溶液的沸点	K
t_w、t'_w	在 p_1 和 p_2 压力下，标准溶液的沸点	K
k	杜林直线的斜率	

符号	意义	单位
L	液层高度	m
t_m	液层中部 p_m 压力下溶液的沸点	℃
t_b	p 压力(分离室压力)下溶液的沸点	℃
T_K	冷凝器操作压力下的饱和水蒸气温度	℃
U	蒸发强度	kg/(m^2 · h)
p	溶液表面的压力,即二次蒸汽的压力	Pa
希文		
ρ_m	溶液的平均密度	kg/m^3

第6章 蒸 馏

学习要求

通过本章学习，掌握蒸馏（精馏）原理、精馏过程的计算和优化、板式塔主体尺寸的计算和塔板流体水力学验算等知识。

具体学习要求：掌握蒸馏单元操作分离液体混合物的依据、蒸馏过程的分类和流程；掌握双组分物系的气液相平衡理论及平衡关系的表达形式；掌握精馏原理，并能运用该原理分析精馏过程；掌握精馏过程的物料衡算与操作线方程；掌握回流比、进料状态对精馏操作的影响；掌握精馏塔塔板数的计算方法；掌握精馏操作线问题的分析方法与计算；了解特殊精馏的特点与流程；了解板式塔主要工艺尺寸的计算、流体力学性能和负荷性能图等。

6.1 概 述

化工、生物、食品、制药等生产过程中，所处理的原料、中间产物、粗产品等几乎都是由若干组分所组成的液体混合物，而且其中大多是均相混合物。为满足生产需要，通常要把这些均相混合物分离成较纯净或几乎纯态的物质。

分离均相混合物的方法有多种，其中蒸馏是应用最广泛的一种分离方法。在一定压力下，由于液体混合物各组分的挥发性（沸点）不同，当加热液体混合物时，挥发性强（沸点低）的组分在气相中的浓度必然高于原来溶液的浓度，再将蒸气全部冷凝，这样就使混合溶液得到初步分离。例如，分离乙醇-水溶液，因乙醇的沸点低于水的沸点，因此，当加热时，乙醇在气相中的浓度高于原来混合液中乙醇的浓度，将蒸气全部冷凝，使乙醇和水得到初步的分离。这种通过加热混合溶液而形成气、液两相物系，并利用物系中各组分挥发性不同而实现分离目的的单元操作称为蒸馏。

1. 蒸馏分离的依据

蒸馏分离的依据就是液体混合物中各组分挥发性（沸点）的差异。在蒸馏操作中，将挥发性强（沸点低）的组分称为易挥发组分或轻组分，以 A 表示；挥发性弱（沸点高）的组分称为难挥发组分或重组分，以 B 表示。

将液体混合物加热至泡点以上，使之沸腾、部分汽化，必有 $y_A > x_A$；反之，将混合蒸气冷却到露点以下，使之部分冷凝，必有 $x_B > y_B$。上述两种情况所得到的气液相组成均满足

$$\frac{y_A}{y_B} > \frac{x_A}{x_B}$$

部分汽化及部分冷凝均可使混合物得到一定程度的分离，它们均是根据混合物中各组分挥发性的差异而达到分离目的的。如果将多次部分汽化和多次部分冷凝相结合，最终可得到较纯的轻、重组分，此操作称为精馏。

精馏通常在板式塔或填料塔中进行，本章以板式塔为例，讨论精馏过程及设备。

2. 蒸馏过程的分类

由于待分离的液体混合物中各组分挥发性、分离要求、操作条件（如温度、压力）等各不相同，故蒸馏操作分类方法各异，具体如下：

(1) 按蒸馏方式可分为简单蒸馏、平衡蒸馏、精馏和特殊蒸馏等；

(2) 按操作方式可分为间歇蒸馏和连续蒸馏；

(3) 按物系组分数可分为双组分蒸馏和多组分蒸馏；

(4) 按操作压力可分为常压蒸馏、加压蒸馏和减压蒸馏。

本章重点讨论双组分物系常压连续精馏的原理和计算方法。

6.2　双组分溶液的气液相平衡

蒸馏是气液两相的传质过程，传质过程的极限是气液两相达到平衡，传质的推动力是组分在两相中的浓度（或组成）与其平衡时的浓度（或组成）的差值。

6.2.1　理想溶液的气液相平衡

根据溶液中同分子间与异分子间作用力的差异，将溶液分为理想溶液和非理想溶液。严格地说，没有完全理想溶液。工程上把性质相似的组分或分子结构相似的组分所组成的溶液近似看成理想溶液。例如，苯-甲苯物系、甲醇-乙醇物系、0.2 MPa 以下的轻烃类同系物等都可视为理想溶液。

理想溶液的气液相平衡服从拉乌尔（Raoult）定律。拉乌尔定律指出，在一定温度下，气相中任一组分的平衡分压等于此组分为纯态时在该温度下的饱和蒸气压与其在溶液中的摩尔分数之积。因此，对双组分（A、B 组分）的理想溶液可以得出

$$p_A = p_A^\circ x_A \tag{6-1}$$

$$p_B = p_B^\circ x_B = p_B^\circ(1 - x_A) \tag{6-2}$$

式中，p_A、p_B 分别为溶液上方 A 和 B 两组分的平衡分压，Pa；p_A°、p_B° 分别为同温度下，纯组分 A 和 B 的饱和蒸气压，Pa；x_A、x_B 分别为混合液中组分 A 和 B 的摩尔分数。

理想气体遵循道尔顿分压定律，即混合气体的总压等于其各组分分压之和。对于双组分物系，则有

$$p = p_A + p_B \tag{6-3}$$

式中，p 为气相总压，Pa；p_A、p_B 分别为 A、B 组分在气相的分压，Pa。

完全理想物系是指液相为理想溶液、气相为理想气体的物系。对于双组分理想物系，在一定的温度和压力下达到气液相平衡时，液相符合拉乌尔定律，气相符合道尔顿分压定律，将式(6-1) 和式(6-2) 代入式(6-3) 可得到系统总压、纯组分饱和蒸气压和组成之间的关系，即

$$p = p_A + p_B = p_A^\circ x_A + p_B^\circ(1 - x_A)$$

从而

$$x_A = \frac{p - p_B^\circ}{p_A^\circ - p_B^\circ} \tag{6-4}$$

由于 p_A°、p_B° 是温度的函数，因此式(6-4) 描述了一定压力下，气液相平衡物系的温度与液相组成之间的关系，也称为泡点方程。所谓泡点，就是在一定压力下加热混合液体，当出现第一个气泡时的温度。

因气相为理想气体，根据道尔顿分压定律，有

$$y_A = \frac{p_A}{p} = \frac{p_A^\circ}{p} x_A \tag{6-5}$$

将式(6-4)代入式(6-5)得

$$y_A = \frac{p_A^\circ}{p} \frac{p - p_B^\circ}{p_A^\circ - p_B^\circ} \tag{6-6}$$

式(6-6)称为露点方程，该方程描述了一定压力下平衡物系的温度与气相组成之间的关系。所谓露点，是指在一定压力下降低气体混合物的温度，当出现第一个液滴时的温度。露点也是该组成的混合液体全部汽化时的温度。

式(6-4)和式(6-6)即为用饱和蒸气压表示的气液相平衡关系。对于双组分理想溶液，在总压一定的情况下，若已知某温度下的组分饱和蒸气压数据，就可求得平衡时的气液相组成。

纯组分的饱和蒸气压 p° 和温度 t 的关系可以用安托因(Antoine)公式表示，即

$$\lg p^\circ = A - \frac{B}{t + C} \tag{6-7}$$

式中，A、B、C 为组分的安托因常数，可由相关手册查得，其值因 p°、t 的单位而异。

【例 6-1】 常压下，苯(A)-甲苯(B)物系在 90 ℃ 时达到气液相平衡，试计算苯和甲苯在液相和气相中的平衡组成。已知常压下，90 ℃ 时，$p_A^\circ = 135.5$ kPa，$p_B^\circ = 54.0$ kPa。

解　由式(6-4)得

$$x_A = \frac{p - p_B^\circ}{p_A^\circ - p_B^\circ} = \frac{101.3 - 54.0}{135.5 - 54.0} = 0.5804$$

由式(6-5)得

$$y_A = \frac{p_A}{p} = \frac{p_A^\circ}{p} x_A = \frac{135.5}{101.3} \times 0.5804 = 0.7763$$

由于是双组分物系，因此甲苯的平衡组成为

$$x_B = 1 - x_A = 1 - 0.5804 = 0.4196$$

$$y_B = 1 - y_A = 1 - 0.7763 = 0.2237$$

6.2.2　*t-x-y* 图和 *x-y* 图

蒸馏操作通常在一定外压下进行，温度不同，气液相组成也不同，气液组成与温度的关系可用 t-x-y 图表示，即温度-组成图。t-x-y 图是分析蒸馏原理的理论基础。图 6-1 为在一定外压下双组分物系的 t-x-y 图。该图以温度 t 为纵坐标，液相组成 x 或气相组成 y 为横坐标(如不标明组分，则指易挥发组分的摩尔分数，本章同)。图中有两条曲线，分别为 t-x 线(饱和液体线或泡点线)和 t-y 线(饱和蒸气线或露点线)，这两条曲线将整个图形分成三个区域：t-y 线以上为气相区(过热蒸气区)；t-x 线以下为液相区；两线之间为气液共存区。t-y 线和 t-x 线相距越远，则表示越易于分离；t-y 线和 t-x 线相距越近，则越难分离；若 t-y 线和 t-x 线重合，则表示该溶液不能用一般蒸馏方法分离。气液相平衡数据可以通过实验测定，也可以用式(6-4)和式(6-5)计算而得。

由 t-x-y 图可知，在一定的外压下，泡点和露点随着两相中易挥发组分含量的增加而降低，且介于两纯液体沸点之间。在相同组成下，露点总是高于泡点。

在 t-x-y 图中，取不同温度对应的 x、y 数据，并以 x 为横坐标，y 为纵坐标，绘成的图称为 x-y 图，也称气液相平衡图，如图 6-2 所示，其中图中对角线为参考线($y = x$)。对于理想溶液，当达到气液平衡时，易挥发组分的气液相组成关系为 $y > x$，所以相平衡曲线总是在对角线的上方。

在 x-y 图中，平衡线与对角线偏离越远，则越易于分离；平衡线与对角线相距越近，则越难分离；若平衡线与对角线重合，则表示该溶液不能用一般蒸馏方法分离。

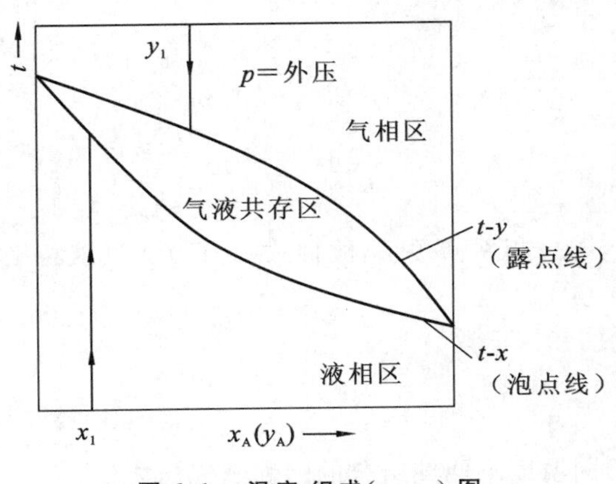

图 6-1　温度-组成（t-x-y）图

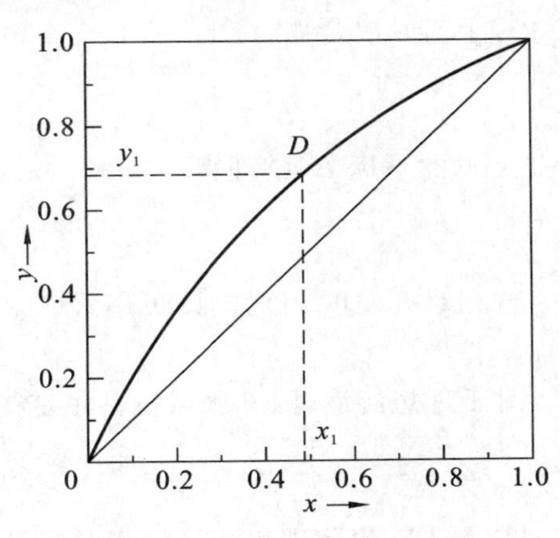

图 6-2　混合液体的 x-y 图

6.2.3　挥发度与相对挥发度

1. 挥发度

组分的挥发度是物质挥发性强弱的标志，纯组分的挥发度可用其饱和蒸气压表示。对于混合溶液，当达到气液相平衡时，气相中某组分的平衡分压（p）与其在液相中的摩尔分数（x）之比，即为该组分的挥发度，以符号 ν 表示。对于 A 和 B 组成的双组分溶液，有

$$\nu_A = \frac{p_A}{x_A} \tag{6-8a}$$

$$\nu_B = \frac{p_B}{x_B} \tag{6-8b}$$

式中，ν_A 和 ν_B 分别为组分 A、B 的挥发度；p_A 和 p_B 分别为组分 A、B 在气相中的平衡分压；x_A 和 x_B 分别为气液相平衡时，组分 A、B 在液相中的摩尔分数。

对于理想溶液，将式(6-1)、式(6-2) 代入式(6-8a) 和式(6-8b) 中，可得 $\nu_A = p_A^\circ$ 和 $\nu_B = p_B^\circ$，表明理想溶液各组分的挥发度在数值上等于其饱和蒸气压。

2. 相对挥发度

在蒸馏操作中，常用相对挥发度来衡量各组分挥发性的差异程度。通常将溶液中易挥发组分的挥发度与难挥发组分的挥发度之比，称为相对挥发度，以符号 α 表示，即

$$\alpha = \frac{\nu_A}{\nu_B} = \frac{p_A/x_A}{p_B/x_B} \tag{6-9}$$

设气相为理想气体混合物，则

$$\alpha = \frac{\nu_A}{\nu_B} = \frac{p_A/x_A}{p_B/x_B} = \frac{py_A/x_A}{py_B/x_B} = \frac{y_A/x_A}{y_B/x_B} \tag{6-10}$$

或写成

$$\frac{y_A}{y_B} = \alpha \frac{x_A}{x_B} \tag{6-11}$$

式(6-11) 表示气液相平衡时两组分在气、液两相中的组成关系。α 值大小可以用来判断混合液是否能用蒸馏的方法加以分离以及分离的难易程度。若 $\alpha > 1$，说明该溶液可以用蒸馏方

法来分离,且 α 越大,组分越易分离;若 $\alpha=1$,则说明混合物的气相组分与液相组分相同,则采用普通蒸馏方式将无法分离此混合物。

对于二元混合物,将 $x_B=1-x_A$ 和 $y_B=1-y_A$ 代入式(6-11),得

$$\frac{y_A}{1-y_A}=\alpha\frac{x_A}{1-x_A}$$

略去 x、y 的下标 A,整理得

$$y=\frac{\alpha x}{1+(\alpha-1)x} \tag{6-12}$$

若相对挥发度 α 已知,则可用式(6-12)求得 x、y 相平衡关系,故称式(6-12)为气液相平衡方程。

对于理想溶液,因其服从拉乌尔定律,由式(6-9)可得

$$\alpha=\frac{\nu_A}{\nu_B}=\frac{p_A^\circ}{p_B^\circ} \tag{6-13}$$

式(6-13)表示理想溶液的相对挥发度等于同温度下两纯组分的饱和蒸气压之比。

在精馏计算中,如果操作温度范围内物系的相对挥发度变化不大,可取其平均值,通常用算术平均值或几何平均值。

【例 6-2】 苯-甲苯物系的饱和蒸气压和温度的关系数据如表 6-1 所示。试求常压下气液相平衡方程。该溶液可视为理想溶液。

表 6-1 例 6-2 附表一

温度 /℃	80.1	85	90	95	100	105	110.6
p_A°/kPa	101.33	116.9	135.5	155.7	179.2	204.2	240.0
p_B°/kPa	40.0	46.0	54.0	63.3	74.3	86.0	101.33

解 因苯-甲苯混合液为理想溶液,故其相对挥发度可由式(6-13)计算。

以 100 ℃ 为例,有

$$\alpha=\frac{p_A^\circ}{p_B^\circ}=\frac{179.2}{74.3}=2.41$$

其他温度下的 α 值列于表 6-2 中。

表 6-2 例 6-2 附表二

温度 /℃	80.1	85	90	95	100	105	110.6
p_A°/kPa	101.33	116.9	135.5	155.7	179.2	204.2	240.0
p_B°/kPa	40.0	46.0	54.0	63.3	74.3	86.0	101.33
α		2.54	2.51	2.46	2.41	2.37	

通常,气液相平衡方程的相对挥发度是取温度范围内的平均相对挥发度,根据题意,去掉两端纯组分的 α,应取 85 ℃ 和 105 ℃ 下的 α 的平均值,即

$$\alpha_m=\frac{2.54+2.37}{2}=2.46$$

将 α_m 代入式(6-12)中,得

$$y=\frac{\alpha_m x}{1+(\alpha_m-1)x}=\frac{2.46x}{1+1.46x}$$

即苯-甲苯物系在常压下气液相平衡方程为 $y=\dfrac{2.46x}{1+1.46x}$。

6.2.4　非理想溶液的气液相平衡

在工业生产中遇到的物系多数为非理想物系。对于非理想物系，当达到气液相平衡时，并不遵循拉乌尔定律。因对拉乌尔定律产生的偏差有正有负，故将非理想溶液分为对拉乌尔定律具有正偏差的溶液和具有负偏差的溶液。

1. 具有正偏差的溶液

当在相同温度下溶液上方各组分的蒸气分压均大于采用拉乌尔定律的计算值，这种混合液是对拉乌尔定律具有正偏差的溶液。

以图 6-3 乙醇-水溶液的气液相平衡图为例。在总压 1 atm 下，乙醇的摩尔分数 $x_M = 0.894$ 时，所对应的温度为 78.15 ℃。因水的沸点为 100 ℃，乙醇的沸点为 78.3 ℃，都高于 78.15 ℃，并且在 M 点处 $y = x$，所以称 M 点的温度为最低恒沸点，该点组成的混合物称为最低恒沸物。

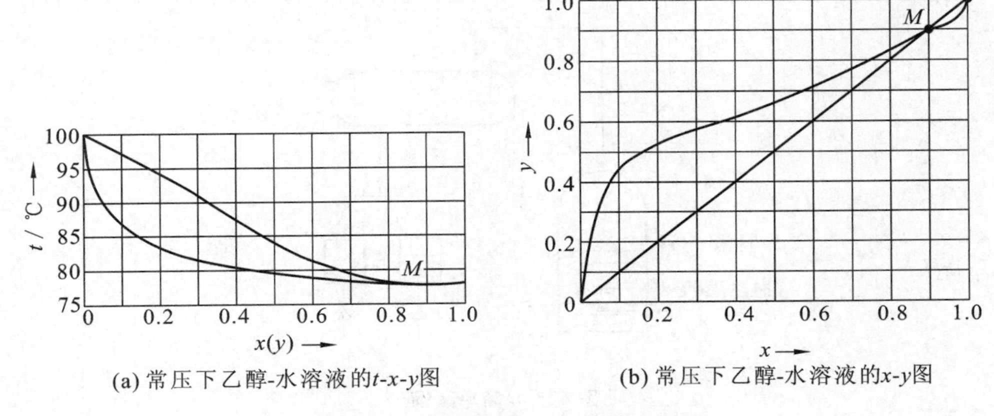

(a) 常压下乙醇-水溶液的 t-x-y 图　(b) 常压下乙醇-水溶液的 x-y 图

图 6-3　乙醇-水溶液的气液相平衡图

2. 具有负偏差的溶液

当各组分的蒸气分压小于拉乌尔定律的计算值时，这种混合液是对拉乌尔定律具有负偏差的溶液。

如图 6-4 所示的硝酸-水溶液，在总压 1 atm 下，恒沸组成 $x_M = 0.383$，所对应的温度为 121.9 ℃，比水的沸点(100 ℃)与纯硝酸的沸点(86 ℃)都高，所以 M 点称为最高恒沸点，此时的混合物系称为最高恒沸物。

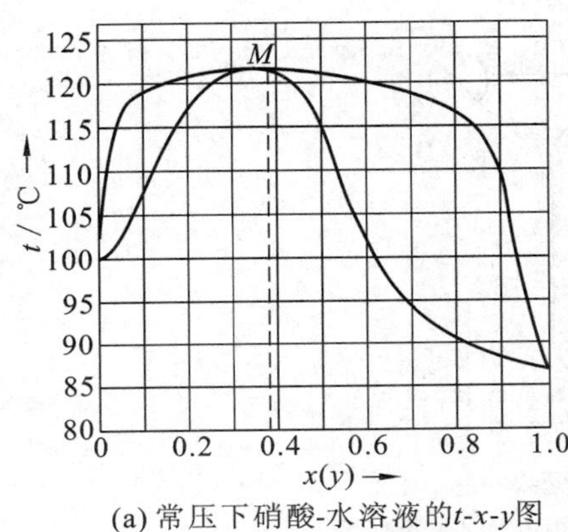

(a) 常压下硝酸-水溶液的 t-x-y 图

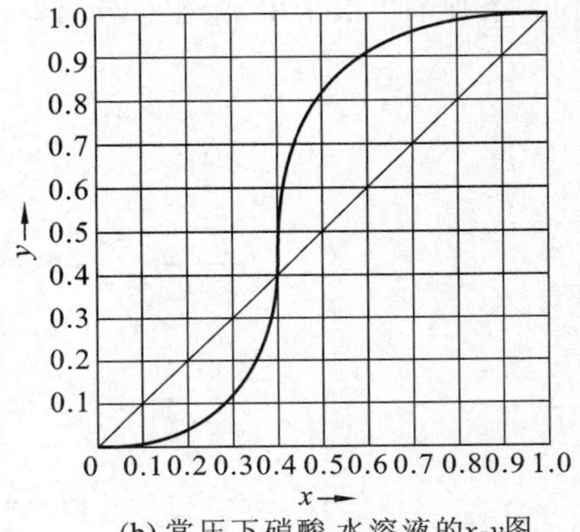

(b) 常压下硝酸-水溶液的 x-y 图

图 6-4　硝酸-水溶液的气液相平衡图

6.3 简单蒸馏和平衡蒸馏

6.3.1 简单蒸馏

简单蒸馏也称为微分蒸馏,其流程如图 6-5 所示。简单蒸馏将待分离混合液一次性加入蒸馏釜 1 中,在恒定的压力下将其加热至泡点,汽化产生的蒸气引入冷凝器 2 中,全部冷凝后进入回收罐 3 中。在简单蒸馏过程中,随着蒸气的不断引出,塔釜的易挥发组分浓度逐渐下降,与之相平衡的气相组成也随之降低。因馏出液的浓度不同,通常采用分批收集的方法,得到不同组成的馏出液。当釜液易挥发组分达到分离要求时,停止操作,排除釜液。在简单蒸馏过程中,随着釜液的易挥发组分不断减少,釜液温度也不断上升,因此,简单蒸馏是一个非稳态过程。

简单蒸馏适合于混合物的粗分离,特别适合于沸点相差较大而分离要求不高的场合。

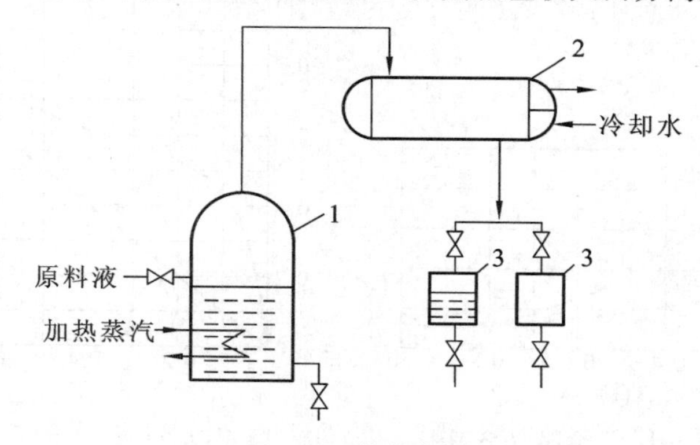

图 6-5 简单蒸馏

1— 蒸馏釜;2— 冷凝器;3— 回收罐

6.3.2 平衡蒸馏

平衡蒸馏又称闪蒸,是一个连续稳定操作过程。在一定的温度与压力下,蒸气与釜液处于平衡状态,即平衡蒸馏是在闪蒸器内通过一次部分汽化使混合液得到一定程度的分离。如图 6-6 所示,原料液先经过加热器 1 加热至温度高于分离器(闪蒸罐)3 压力下的泡点,再经减压阀 2 使其降压后进入分离器,此时混合液产生部分汽化,形成平衡的气液两相。气相经冷凝器 4 冷凝后作为塔顶馏出液采出,液相从分离器的底部采出。

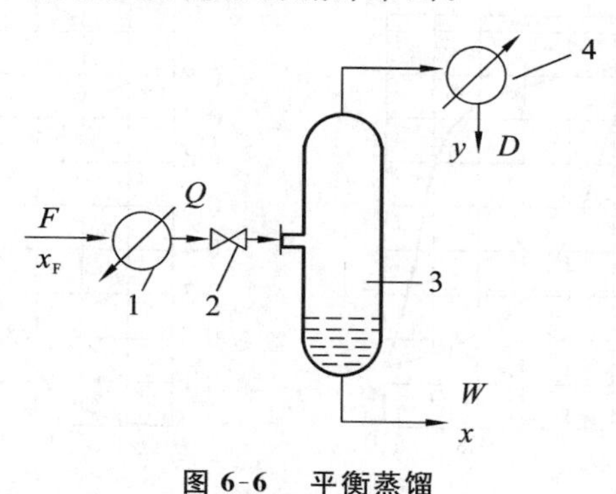

图 6-6 平衡蒸馏

1— 加热器;2— 减压阀;3— 闪蒸罐;4— 冷凝器

由于平衡蒸馏可以连续操作，且在分离器内通过一次部分汽化使原料液得到初步分离，因此适合于大批量生产且物料只需粗分离的场合。

6.4 精馏原理

前述的简单蒸馏和平衡蒸馏是单级分离过程，仅对混合液进行一次部分汽化，均不能得到高纯度的产品，若要对混合液进行较完全分离以获得几乎纯净的产品，必须采用多次部分汽化和部分冷凝相结合的精馏操作。精馏是利用混合液中各组分间挥发度的差异，通过多次部分汽化、部分冷凝，使混合液得到近乎完全分离的操作过程。

6.4.1 多次部分汽化和多次部分冷凝

精馏过程的原理可通过 t-x-y 图说明。图6-7为某理想物系的 t-x-y 图。在恒压条件下，加热组成为 x_F 的混合液至温度 t_1，使原料液部分汽化，生成平衡的气液两相，其气相组成为 y_1，液相组成为 x_1，显然 $y_1 > x_F > x_1$。将气液两相分开，再将组成为 y_1 的蒸气冷凝至温度 t_2，此时气相组成为 y_2，液相组成为 x_2，可见 $y_2 > y_1$。不断地将蒸气移出并进行部分冷凝，得到的气相易挥发组分浓度越来越高，$y_1 < y_2 < \cdots < y_n$。同理，将组成为 x_1 的液相多次地部分汽化，可使液相中易挥发组分的浓度越来越低，$x_1 > x_2' > \cdots > x_n'$。由此可见，通过多次部分汽化和多次部分冷凝，最终可以获得几乎纯态的易挥发组分和难挥发组分。图6-8为多次部分汽化和部分冷凝流程示意图。显然，若将此流程用于工业生产，则会带来许多实际困难，如流程过于复杂，设备费用极高；部分汽化需要加热剂，部分冷凝需要冷却剂，能量消耗大；纯产品的收率很低等。

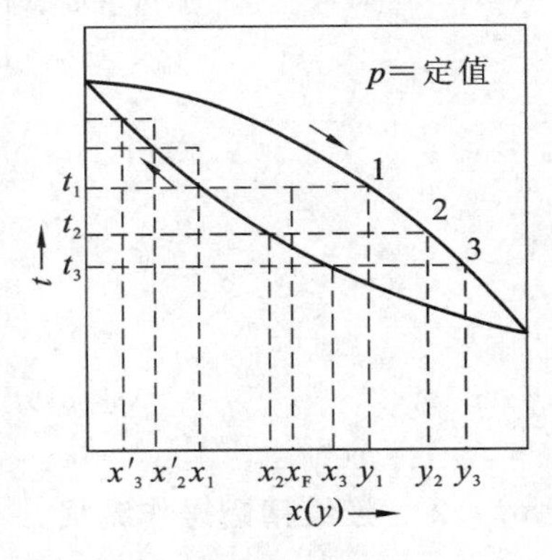

图6-7 理想物系的 t-x-y 图

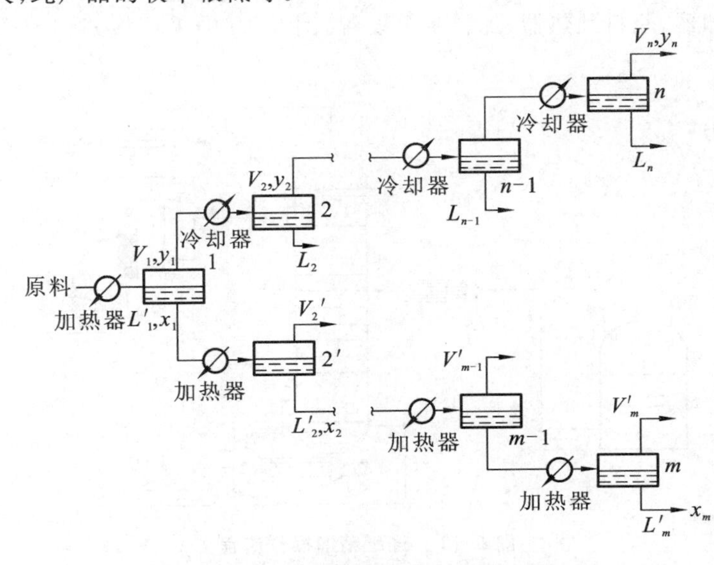

图6-8 多次部分汽化和多次部分冷凝流程

为了克服上述缺点，可以设法将中间产物引回前一级分离器。在最上一级设置部分冷凝器以提供回流液体，在最下一级设置部分蒸发器以提供上升蒸气，如图 6-9 所示。由于来自上一级的液体和来自下一级的蒸气温度不同，相互接触后，蒸气部分冷凝放出的热量用于加热液体，使之部分汽化。这样，流程中省去了中间加热器和中间冷却器。液体逐级下降，蒸气逐级上升，通过不断的传质和传热过程，最终得到较纯的产品。在实际工业装置中，精馏流程是通过板式塔或填料塔来实现的。

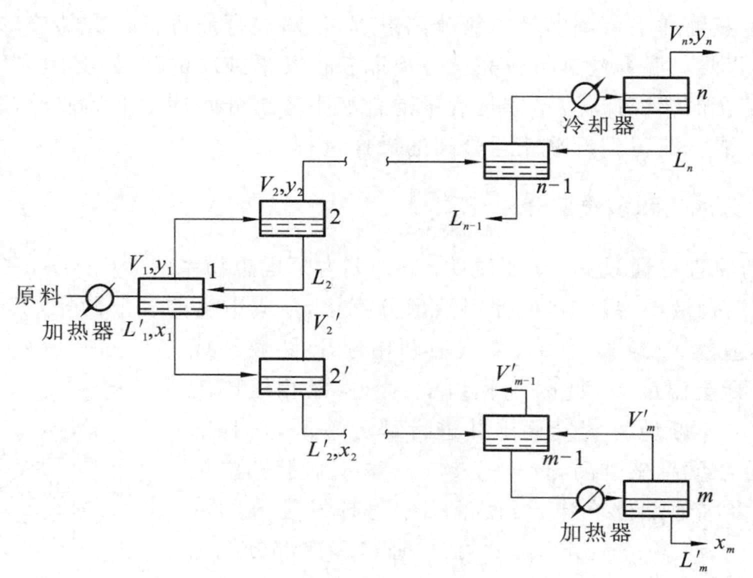

图 6-9　带回流的多次部分汽化和多次部分冷凝流程

6.4.2　连续精馏操作流程

工业生产中常采用图 6-10 所示的流程进行精馏操作。连续精馏装置主要包括精馏塔、再沸器、冷凝器、冷却器、原料预热器、加料泵等设备。图 6-10 中采用板式精馏塔，也可采用填料精馏塔。

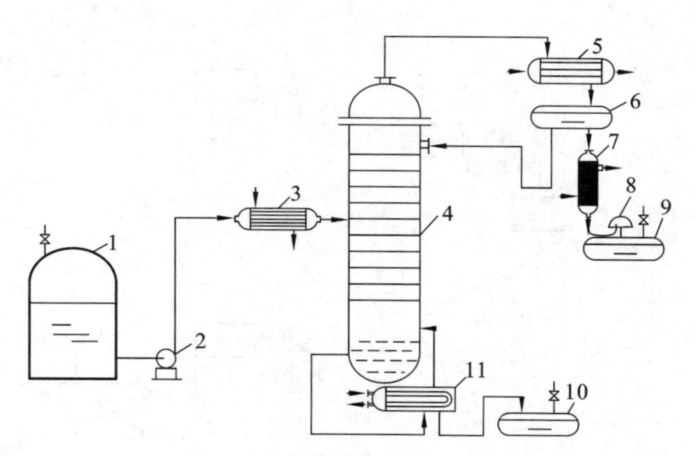

图 6-10　连续精馏操作流程

1— 原料液贮罐；2— 加料泵；3— 原料预热器；4— 精馏塔；5— 冷凝器；6— 冷凝液贮罐；7— 冷却器；8— 观测罩；9— 馏出液贮罐；10— 釜液贮罐；11— 再沸器

用加料泵 2 将原料液从贮罐 1 送至原料预热器 3，加热至规定温度后进入精馏塔 4 中部塔板上，该板称为加料板。加料板以上的塔段称为精馏段，加料板以下的塔段（包括加料板）称为提馏段。溶液在再沸器 11 中被加热后部分汽化，产生的蒸气自塔底逐板上升，与板上回流液体接触进行传质，从而使上升蒸气中易挥发组分的浓度逐级提高，最后由塔顶引出，进入冷凝器 5 被全部冷凝，冷凝液贮罐中的部分冷凝液作为塔顶回流液返回塔顶，其余冷凝液经冷却器 7 冷却后作为产品进入馏出液贮罐 9。精馏塔塔底排出的液体称为釜液或残液，有时也称为塔底产品。再沸器、冷凝器、冷却器、原料预热器均为间壁式换热器，通常以饱和蒸汽作为热源，水作为冷源。精馏操作过程是一个连续稳定的操作过程，因此，该装置适用于处理量大和产品分离要求高的场合。

6.4.3　塔板的作用和理论塔板的概念

塔板的作用是提供气液分离的场所，每一块塔板就是一个混合分离器，经过若干块塔板上的传质后（塔板数足够多），即可达到对溶液中各组分进行较完全分离的目的。

相邻塔板上的组成如图 6-11 所示。对于精馏塔，塔板越向上，轻组分含量越高，则塔板温度越低；相反，越向下，难挥发组分含量越高，则塔板温度越高，即 $t_{n-1} < t_n < t_{n+1}$。从 $n+1$ 板上升的气相，其组成为 y_{n+1}，难挥发组分含量高，温度较高；而从 $n-1$ 板下降的液相，其组成为 x_{n-1}，易挥发组分含量较高，温度较低。当二者在 n 板接触时，由于该气液两相不平衡，必然发生传热和传质现象，其结果使易挥发组分由液相转移到气相（$y_n > y_{n+1}$），同时，难挥发组分由气相转移到液相（$x_n < x_{n-1}$）。

若两相物流在 n 板上接触时间足够长，离开 n 板的气液两相可能在传热、传质方面分别接近平衡。由于气液两相在塔板上传质过程比较复杂，很难用简单的数学模型描述该过程，为此，在分析和计算中引入“理论塔板”这一概念。

理论塔板（简称理论板）是指离开该板的气液两相互成平衡的塔板。如图 6-12 所示，离开该板的气相组成 y_n 与液相组成 x_n 符合平衡关系，且温度相等。实际上，由于塔板上气液接触面积和接触时间是有限的，因此在任何塔板上的气液两相都难以达到平衡，即理论塔板是不存在的。理论塔板仅是衡量实际板分离效率的依据和标准，是一种理想板。在设计计算中，可先求出理论塔板，再用塔板效率予以校正，得到实际板数。

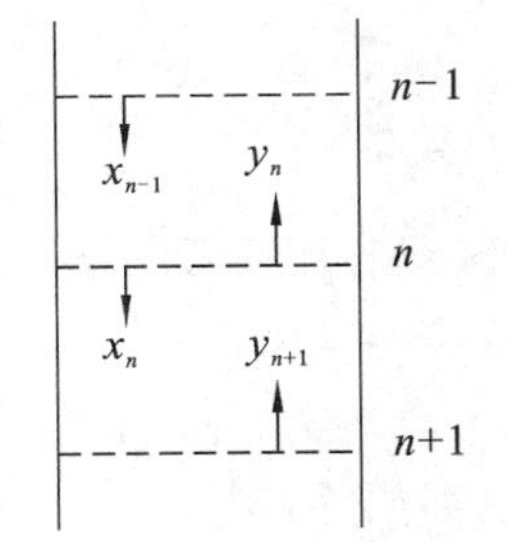

图 6-11　相邻塔板上的组成

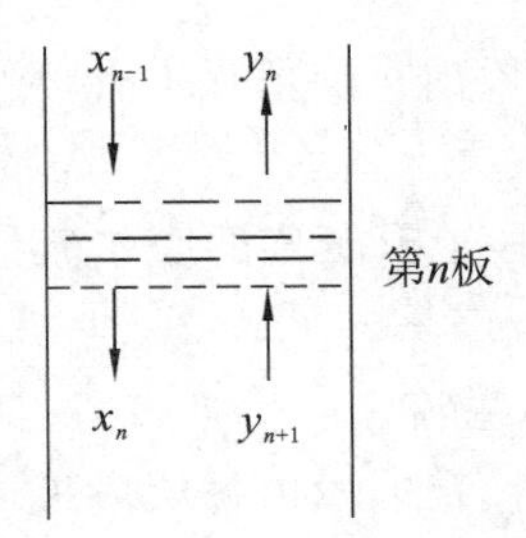

图 6-12　理论塔板假设

6.4.4　回流的作用和回流比

精馏过程需要气液两相逐板接触，并进行传质和传热，以达到分离的目的。因此，精馏塔的塔顶液体回流和塔釜产生上升蒸气是精馏过程连续稳定进行的两个必要条件。实现组分高纯度分离的关键技术是回流,这也是精馏与其他蒸馏过程的本质区别。

塔顶上升蒸气被冷凝器冷凝后的液体,一部分引回到塔内的第一块塔板,此液体称为回流液,另一部分作为产品采出。回流液流量与产品流量之比称为回流比,即

$$R = \frac{L}{D} \tag{6-14}$$

式中,R 为回流比;L 为塔顶回流液摩尔流量,kmol/h;D 为塔顶产品摩尔流量,kmol/h。

精馏塔的塔釜或再沸器中液体部分汽化,提供了逐板上升的蒸气,也可称为塔釜的气相回流。

6.5 双组分连续精馏塔的计算

双组分连续精馏的工艺计算主要包括以下内容:① 物料衡算;② 适宜操作条件的选择和确定;③ 确定精馏塔类型,计算完成一定分离要求所需的理论塔板数或填料层高度;④ 确定塔高和塔径以及塔的其他结构,对板式塔要进行塔板结构尺寸的计算及塔板流体力学验算,对填料塔要确定填料类型及尺寸,并计算填料塔的流体阻力;⑤ 计算冷凝器和再沸器的热负荷,并确定类型和尺寸等。其中内容 ④ 将在 6.6 节讨论。

6.5.1 恒摩尔流的假设

由于精馏过程是既涉及传热,又涉及传质的过程,相互影响的因素较多,为了简化精馏计算,引入恒摩尔流假设。假设满足以下三个条件,即

(1) 两组分的摩尔汽化潜热相等;

(2) 气液两相接触时,因两相温度不同而交换的显热可忽略不计;

(3) 塔设备保温良好,热损失可忽略不计。

在精馏塔塔板上气液两相接触时,若蒸气冷凝量与液体汽化量相等,则有下面恒摩尔流假设成立。

(1) 恒摩尔汽化。

精馏操作时,精馏段内每层塔板上升蒸气的摩尔流量都相等,即

$$V_1 = V_2 = \cdots = V_n = V \tag{6-15}$$

同理,提馏段内每层塔板上升蒸气的摩尔流量也相等,即

$$V'_1 = V'_2 = \cdots = V'_m = V' \tag{6-16}$$

式中,V 为精馏段上升蒸气的摩尔流量,kmol/h;V' 为提馏段上升蒸气的摩尔流量,kmol/h;式中下标表示塔板序号。

(2) 恒摩尔溢流。

精馏操作时,精馏段内每层塔板下降液体的摩尔流量都相等,即

$$L_1 = L_2 = \cdots = L_n = L \tag{6-17}$$

同理,提馏段内每层塔板下降液体的摩尔流量也相等,即

$$L'_1 = L'_2 = \cdots = L'_m = L' \tag{6-18}$$

式中,L 为精馏段下降液体的摩尔流量,kmol/h;L' 为提馏段下降液体的摩尔流量,kmol/h;式中下标表示塔板序号。

恒摩尔汽化与恒摩尔溢流总称为恒摩尔流假设。由于进料状态不同,精馏段上升蒸气摩尔

流量 V 和提馏段的上升蒸气摩尔流量 V' 不一定相等。同理，精馏段下降液体的摩尔流量 L 与提馏段下降液体的摩尔流量 L' 也不一定相等。

6.5.2　全塔物料衡算

通过全塔物料衡算，可以求出精馏产品的流量、组成和进料流量、组成之间的关系。连续精馏流程如图 6-13 所示。取图中虚线范围作全塔物料衡算，可得到进料流量及组成与塔顶产品流量及组成、塔釜流量及组成之间的关系。

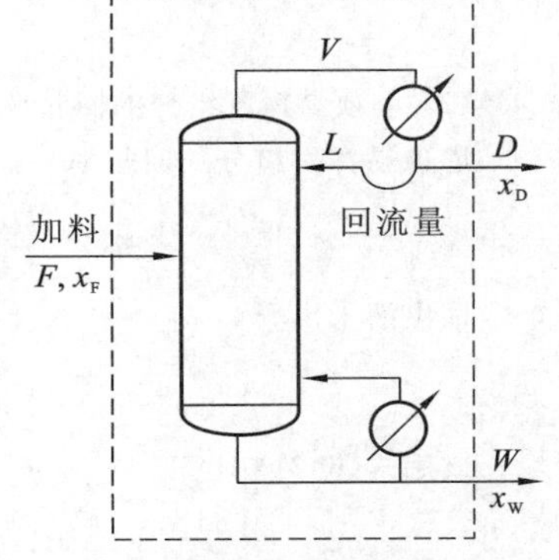

图 6-13　连续精馏流程简图

总物料衡算

$$F = D + W \tag{6-19}$$

易挥发组分的物料衡算

$$Fx_F = Dx_D + Wx_W \tag{6-20}$$

式中，F 为原料液流量，kmol/h；D 为塔顶产品（馏出液）量，kmol/h；W 为塔底产品（釜液）量，kmol/h；x_F、x_D、x_W 分别为原料液、馏出液、釜液中易挥发组分的摩尔分数。

由式(6-19) 和式(6-20) 可以导出下面的关系式：

$$\frac{F}{x_D - x_W} = \frac{W}{x_D - x_F} = \frac{D}{x_F - x_W} \tag{6-21}$$

由式(6-21) 可以推导出馏出液采出率(D/F) 和釜液采出率(W/F) 的计算公式，即

$$\frac{D}{F} = \frac{x_F - x_W}{x_D - x_W} \tag{6-21a}$$

$$\frac{W}{F} = \frac{x_D - x_F}{x_D - x_W} \tag{6-21b}$$

在精馏计算中，分离要求除可用塔顶和塔底的产品组成表示外，有时还用回收率表示。

塔顶易挥发组分的回收率

$$\eta_D = \frac{Dx_D}{Fx_F} \times 100\% \tag{6-22}$$

塔釜难挥发组分的回收率

$$\eta_W = \frac{W(1 - x_W)}{F(1 - x_F)} \times 100\% \tag{6-23}$$

【例 6-3】　将每小时 8640 kg 含苯 40%（摩尔分数，下同）和甲苯 60% 的混合溶液在常压连续精馏塔中分离。要求馏出液含苯 90%，釜液含苯不高于 2%，试求：(1) 馏出液和釜液的摩尔流量，kmol/h；(2) 塔顶易挥发组分的回收率和采出率。

解　苯的摩尔质量为 78 kg/kmol，甲苯的摩尔质量为 92 kg/kmol。

进料液的平均摩尔质量

$$M_F = M_A x_F + M_B(1 - x_F) = (78 \times 0.4 + 92 \times 0.6)\ \text{kg/kmol} = 86.4\ \text{kg/kmol}$$

进料液的摩尔流量

$$F = \frac{F'}{M_F} = \frac{8640}{86.4}\ \text{kmol/h} = 100\ \text{kmol/h}$$

(1) 馏出液和釜液流量。

物料衡算式

$$F = D + W$$

$$Fx_F = Dx_D + Wx_W$$

将已知条件代入，有

$$100 = D + W$$

$$100 \times 0.40 = D \times 0.90 + W \times 0.02$$

将上两式联立求得
$$D = 43.18\ \text{kmol/h}, \quad W = F - D = 56.82\ \text{kmol/h}$$

或用式(6-21)计算：

$$\frac{F}{x_D - x_W} = \frac{W}{x_D - x_F} = \frac{D}{x_F - x_W}$$

则
$$W = F\frac{x_D - x_F}{x_D - x_W} = 100 \times \frac{0.90 - 0.40}{0.90 - 0.02}\ \text{kmol/h} = 56.82\ \text{kmol/h}$$

$$D = F - W = 43.18\ \text{kmol/h}$$

(2) 塔顶易挥发组分的回收率和采出率。

塔顶易挥发组分的回收率

$$\eta_D = \frac{Dx_D}{Fx_F} \times 100\% = \frac{43.18 \times 0.90}{100 \times 0.40} \times 100\% = 97.16\%$$

馏出液采出率

$$\frac{D}{F} \times 100\% = \frac{43.18}{100} \times 100\% = 43.18\%$$

或用式(6-21)计算：

$$\frac{D}{F} = \frac{x_F - x_W}{x_D - x_W} = \frac{0.40 - 0.02}{0.90 - 0.02} = 43.18\%$$

6.5.3 操作线方程

1. 精馏段操作线方程

在图 6-14 虚线所划定的范围内作物料衡算。

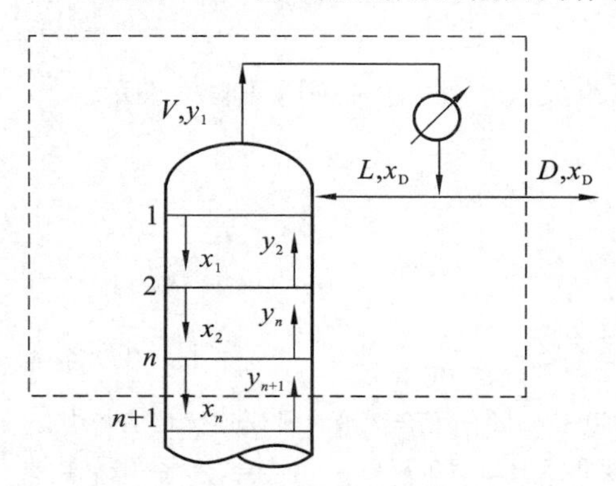

图 6-14　精馏段物料衡算

总物料衡算

$$V = L + D \tag{6-24}$$

易挥发组分的物料衡算

$$Vy_{n+1} = Lx_n + Dx_D \tag{6-25}$$

式中，V 为精馏段内每块塔板上升的蒸气摩尔流量，kmol/h；L 为精馏段内每块塔板下降的液体摩尔流量，kmol/h；y_{n+1} 为从精馏段第 $n+1$ 板上升蒸气中易挥发组分的摩尔分数；x_n 为从精馏段第 n 板下降液体中易挥发组分的摩尔分数。

由式(6-25)得

$$y_{n+1} = \frac{L}{V}x_n + \frac{D}{V}x_D \tag{6-26}$$

将式(6-24)代入式(6-26)得

$$y_{n+1} = \frac{L}{L+D}x_n + \frac{D}{L+D}x_D \tag{6-27}$$

将上式变换并将回流比 $R = L/D$ 代入，得

$$y_{n+1} = \frac{R}{R+1}x_n + \frac{1}{R+1}x_D \tag{6-28}$$

式(6-25)至式(6-28)均称为精馏段操作线方程。该方程表示精馏段在一定操作条件下，从任意板下降的液体组成 x_n 和与其相邻的下一层板上升的蒸气组成 y_{n+1} 之间的关系。

若精馏塔塔顶采用全凝器，则塔顶的蒸气全部在冷凝器中冷凝成饱和液体，饱和液体回流

也称为泡点回流。根据恒摩尔流假设，精馏段下降液体的流率 L 为定值，且稳定操作时的 D 及 x_D 也为定值，因此 R 也是常数，即 y_{n+1} 与 x_n 呈线性关系。此时，精馏段下降液体流量和上升蒸气流量分别为 $L=RD$ 和 $V=L+D=(R+1)D$。

2. 提馏段操作线方程

在图 6-15 虚线所示的范围内，作物料衡算。

总物料衡算

$$L'=V'+W \tag{6-29}$$

易挥发组分的物料衡算

$$L'x_m=V'y_{m+1}+Wx_W \tag{6-30}$$

式中，L' 为提馏段中每块塔板下降的液体流量，kmol/h；V' 为提馏段中每块塔板上升的蒸气流量，kmol/h；x_m 为提馏段第 m 块塔板下降液体中易挥发组分的摩尔分数；y_{m+1} 为提馏段第 $m+1$ 块塔板上升蒸气中易挥发组分的摩尔分数。

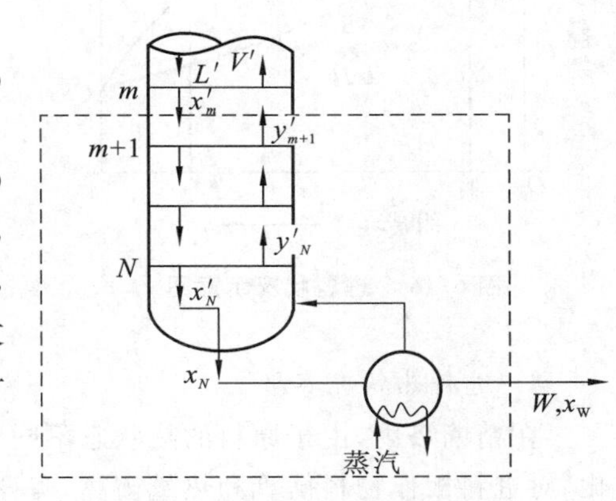

图 6-15　提馏段物料衡算

由式(6-29) 和式(6-30) 得

$$y_{m+1}=\frac{L'}{V'}x_m-\frac{W}{V'}x_W \tag{6-31}$$

$$y_{m+1}=\frac{L'}{L'-W}x_m-\frac{W}{L'-W}x_W \tag{6-32}$$

式(6-30) 至式(6-32) 均称为提馏段操作线方程。该方程表示在一定操作条件下，提馏段内自任意第 m 层板下降液体组成 x_m 和与其相邻的下一层 $m+1$ 板上升蒸气组成 y_{m+1} 之间的关系。根据恒摩尔流假定，提馏段的 L' 为定值，在稳定操作时，W 和 x_W 也为定值，则 y_{m+1} 与 x_m 呈线性关系。L' 和 V' 与进料状况有关。

【例 6-4】　常压连续精馏塔中分离苯和甲苯混合物，塔顶采用全凝器，泡点回流。进料量、进料组成和分离要求同例 6-3，若塔顶上升蒸气流量为 216 kmol/h，试求：(1) 回流比 R；(2) 精馏段操作线方程。

解　(1) 回流比。

对全凝器作物料衡算，有

$$V=D+L=D+RD=(R+1)D$$

将已知条件代入，有

$$216=43.18\times(R+1)$$

可得

$$R=4$$

(2) 精馏段操作线方程。

$$y_{n+1}=\frac{R}{R+1}x_n+\frac{1}{R+1}x_D=\frac{4}{4+1}x_n+\frac{0.90}{4+1}$$

可得精馏段操作线方程

$$y_{n+1}=0.8x_n+0.18$$

6.5.4　进料热状况参数及进料线方程

在实际生产中，引入塔内的原料有五种不同的状况(如图 6-16 所示)：① 低于泡点的过冷液体进料(H 点)；② 泡点进料(饱和液体进料)(B 点)；③ 气-液混合进料(G 点)；④ 露点进料(饱和蒸气进料)(D 点)；⑤ 高于露点的过热蒸气进料(I 点)。

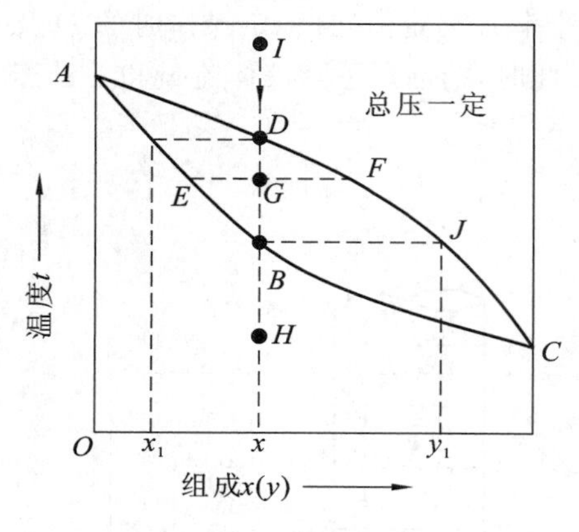

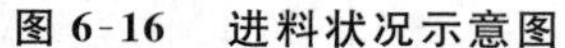
图 6-16　进料状况示意图

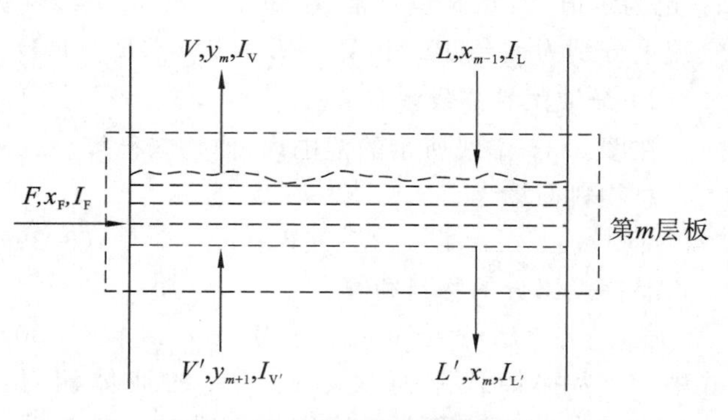

图 6-17　进料板物料衡算图

1. 进料热状况参数

在精馏塔内,由于原料的热状态不同,因此进料板上上升的蒸气量和下降的液体量发生变化。对进料板作物料衡算和热量衡算,衡算范围如图 6-17 所示。

物料衡算
$$F+L+V'=L'+V \tag{6-33}$$
$$L'-L=F+V'-V$$
$$\frac{L'-L}{F}=\frac{F+V'-V}{F}$$

令
$$q=\frac{L'-L}{F} \tag{6-34}$$

则
$$1-q=\frac{V-V'}{F} \tag{6-35}$$

热量衡算
$$FI_{\mathrm{F}}+LI_{\mathrm{L}}+V'I_{\mathrm{V'}}=VI_{\mathrm{V}}+L'I_{\mathrm{L'}} \tag{6-36}$$

式中,I_{F} 为原料的焓,kJ/kmol;I_{L}、$I_{\mathrm{L'}}$ 分别为进入和离开进料板的饱和液体的焓,kJ/kmol;I_{V}、$I_{\mathrm{V'}}$ 分别为进入和离开进料板饱和蒸气的焓,kJ/kmol。

根据恒摩尔流假设,$I_{\mathrm{L}}=I_{\mathrm{L'}}$,$I_{\mathrm{V}}=I_{\mathrm{V'}}$,则式(6-36)可改写为
$$FI_{\mathrm{F}}+LI_{\mathrm{L}}+V'I_{\mathrm{V}}=VI_{\mathrm{V}}+L'I_{\mathrm{L}} \tag{6-37}$$
$$I_{\mathrm{F}}=\frac{L'-L}{F}I_{\mathrm{L}}+\frac{V-V'}{F}I_{\mathrm{V}}$$

将式(6-34)和式(6-35)代入上式,得
$$I_{\mathrm{F}}=qI_{\mathrm{L}}+(1-q)I_{\mathrm{V}}$$
$$q=\frac{I_{\mathrm{V}}-I_{\mathrm{F}}}{I_{\mathrm{V}}-I_{\mathrm{L}}} \tag{6-38}$$

式中,$I_{\mathrm{V}}-I_{\mathrm{F}}$ 为每摩尔原料汽化为饱和蒸气所需要的热量,kJ/kmol;$I_{\mathrm{V}}-I_{\mathrm{L}}$ 为原料的摩尔汽化潜热,kJ/kmol;q 为精馏操作过程的进料热状况参数。

由于 $q=\frac{L'-L}{F}$,对于气液混合物进料,q 值也可以用进料中液相量占总进料量分率表示。由式(6-34)和式(6-35)可推出 q 值对精馏段和提馏段气液两相的流量的影响,即
$$L'=L+Fq \tag{6-39}$$
$$V=V'+F(1-q) \tag{6-40}$$

2. 五种进料热状况下的 q 值

进料热状况不同，q 值也不同。下面讨论五种进料热状况下的 q 值。

1）冷液进料

进料温度低于加料板上的泡点，则 $I_F < I_L$，由式(6-38) 可知，$q > 1$。原料液进入塔板后与蒸气接触，需要一定的热量使温度升至泡点，这样就使提馏段上升的部分蒸气被冷凝下来，如图 6-18(a) 所示。由式(6-39) 和式(6-40) 可知，$L' > L + F, V < V'$。

2）饱和液体进料

由于进料组成与加料板组成大致相等，因此处于泡点的原料液与加料板上液体的温度相近，则近似地有 $I_F = I_L$，由式(6-38) 可知，$q = 1$。原料进入加料板后，与精馏段回流液汇合进入提馏段，如图 6-18(b) 所示。由式(6-39) 和式(6-40) 可知，$L' = L + F, V = V'$。

3）气液混合物进料

进料为气、液混合物，且气、液处于平衡状态，则 $I_V > I_F > I_L$，由式(6-38) 可知，$0 < q < 1$。原料液进入加料板后，气相部分与提馏段上升的蒸气汇合进入精馏段，液相部分与精馏段回流汇合进入提馏段，如图 6-18(c) 所示。由式(6-39) 和式(6-40) 可知，$L' = L + Fq, V = V' + F(1-q)$。

4）饱和蒸气进料

进料为饱和蒸气，则 $I_F = I_V$，由式(6-38) 可知，$q = 0$。原料进入加料板后，与提馏段上升的蒸气汇合进入精馏段，如图 6-18(d) 所示。由式(6-39) 和式(6-40) 可知，$L' = L, V = V' + F$。

5）过热蒸气进料

进料温度高于加料板上的露点，则 $I_F > I_V$，由式(6-38) 可知，$q < 0$。原料进入加料板且与加料板上液体接触后，温度降至露点，放出的热量使加料板上液体部分汽化，如图 6-18(e) 所示。由式(6-39) 和式(6-40) 可知，$L' < L, V > V' + F$。

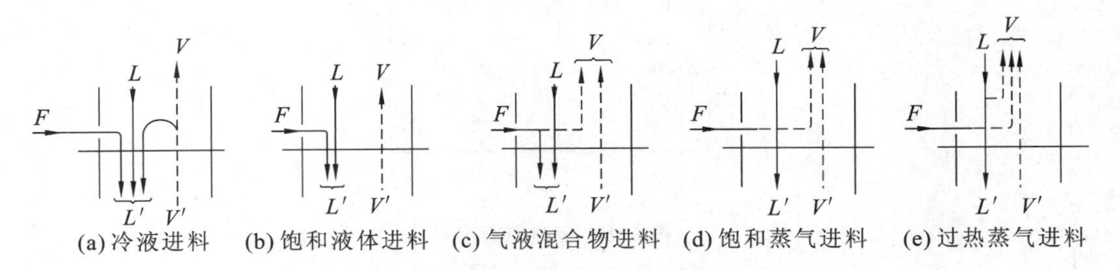

图 6-18　五种进料热状况下精、提馏段气液关系

3. 进料线方程（q 线方程）

进料线方程就是精馏段操作线与提馏段操作线交点轨迹的方程，因此可以由精馏段操作线方程(6-25) 与提馏段操作线方程(6-30) 联立求解得出。因两条操作线交点处变量相同，故省略变量下标，则

$$Vy = Lx + Dx_D$$

$$V'y = L'x - Wx_W$$

两式相减得

$$(V' - V)y = (L' - L)x - (Wx_W + Dx_D)$$

由于

$$V' - V = F(q-1), \quad L' - L = qF, \quad Fx_F = Dx_D + Wx_W$$

则有

$$F(q-1)y = Fqx - Fx_F$$

$$y = \frac{q}{q-1}x - \frac{x_F}{q-1} \tag{6-41}$$

式(6-41)称为 q 线方程或进料线方程。在进料热状况一定时,q 即为定值,x_F 已知,则式(6-41)为直线方程,q 线在 y-x 图上是过对角线上 $e(x_F,x_F)$ 点,以 $q/(q-1)$ 为斜率的直线。不同进料热状况,q 值不同,其对 q 线的影响也不同。

提馏段操作线方程也可改写为

$$y_{m+1}=\frac{Fq+L}{Fq+L-W}x_m-\frac{W}{Fq+L-W}x_W \tag{6-42}$$

4. 进料方式对进料方程的影响

五种进料方式对进料线方程的影响如表 6-3 和图 6-19 所示。

表 6-3 五种进料热状况对 q 值和 q 线的影响

进料热状况	进料焓	q 值	q 线的斜率 $q/(q-1)$	q 线在 x-y 图的位置
冷液	$I_F < I_L$	>1	$1\sim\infty$	↗
饱和液体	$I_F = I_L$	1	∞	↑
气液混合物	$I_V > I_F > I_L$	$0\sim1$	$-\infty\sim0$	↖
饱和蒸气	$I_F = I_V$	0	0	←
过热蒸气	$I_F > I_V$	<0	$0\sim1$	↙

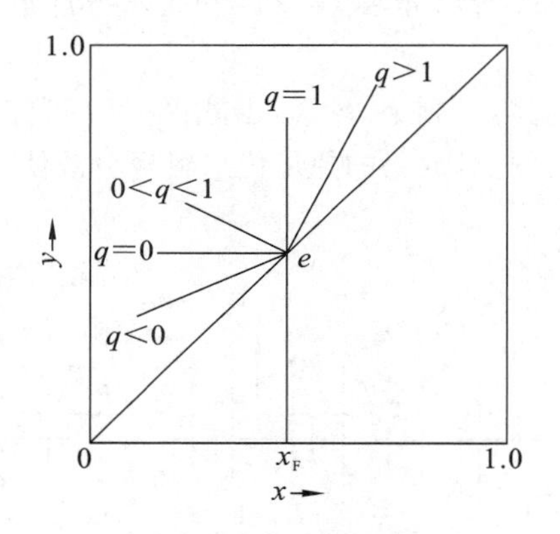

图 6-19 q 线示意图

【例 6-5】 常压下分离含苯 0.45(摩尔分数)的苯和甲苯混合物,其泡点为 94 ℃,此混合液精馏时加料温度为 54 ℃,求 q 值和 q 线方程。已知:混合液的平均摩尔比热容为 167.5 kJ/(kmol·K),平均汽化潜热为 30397.6 kJ/kmol。

解 根据题意可知,将 1 kmol 进料变为饱和蒸气所需的热量

$$I_V-I_F=c_p\Delta t+r=[167.5\times(94-54)+30397.6]\ \text{kJ}=37097.6\ \text{kJ}$$

原料液的千摩尔汽化潜热 $r=I_V-I_L=30397.6\ \text{kJ}$

由式(6-38)计算 q 值:

$$q=\frac{I_V-I_F}{I_V-I_L}=\frac{37097.6}{30397.6}=1.220$$

已知 $x_F=0.45$,则

$$y=\frac{q}{q-1}x-\frac{x_F}{q-1}=\frac{1.220}{1.220-1}x-\frac{0.45}{1.220-1}=5.545x-2.045$$

即 q 线方程为

$$y=5.545x-2.045$$

6.5.5　理论塔板数的确定

所谓求理论塔板数，就是利用平衡关系和操作关系计算达到指定分离要求所需的汽化-冷凝次数。求双组分连续精馏塔的理论塔板数，可采用逐板计算法、图解法和简捷法。

1. 逐板计算法

假设塔顶冷凝器为全凝器，泡点回流，塔釜为间接蒸汽加热，进料为泡点进料，如图6-20所示。

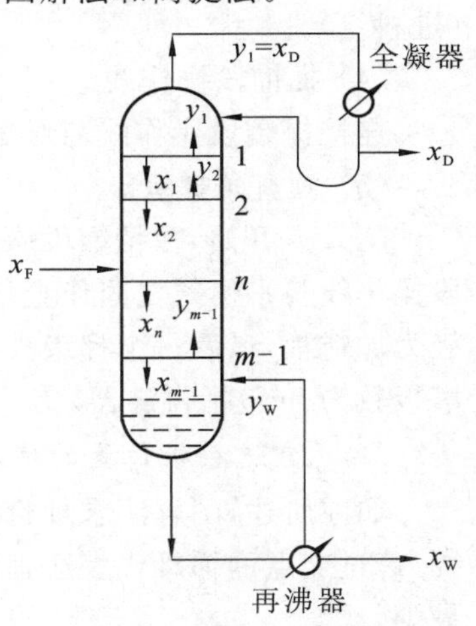

图6-20　逐板计算法示意图

因塔顶采用全凝器，即

$$y_1 = x_D$$

而离开第1块塔板的 x_1 与 y_1 满足平衡关系，因此 x_1 可由气液相平衡方程求得，即

$$x_1 = \frac{y_1}{\alpha - (\alpha - 1)y_1}$$

第2块塔板上升的蒸气组成 y_2 与第1块塔板下降的液体组成 x_1 满足精馏段操作线方程，即

$$y_2 = \frac{R}{R+1}x_1 + \frac{1}{R+1}x_D$$

同理，已知 y_2，由气液相平衡方程可求得 x_2。已知 x_2，可通过精馏段操作线方程求得 y_3，以此类推。当计算到 $x_n \leqslant x_q$（即精馏段与提馏段操作线的交点）后，改换提馏段操作线方程

$$y_{m+1} = \frac{Fq+L}{Fq+L-W}x_m - \frac{W}{Fq+L-W}x_W$$

用气液相平衡方程和提馏段操作线方程计算提馏段塔板组成，至 $x_m \leqslant x_W$ 为止。每利用一次平衡关系，即为一块理论塔板。

对于间接蒸汽加热的再沸器，认为离开它的气液两相达到平衡，故再沸器相当于一块理论塔板，所以提馏段所需的理论塔板数应减去1。同理，若塔顶采用分凝器，分凝器也相当于一块理论塔板。加料板位置为第 n 块塔板，精馏段塔板数为 $n-1$，提馏段塔板数为 $m-1$（不包括再沸器）。

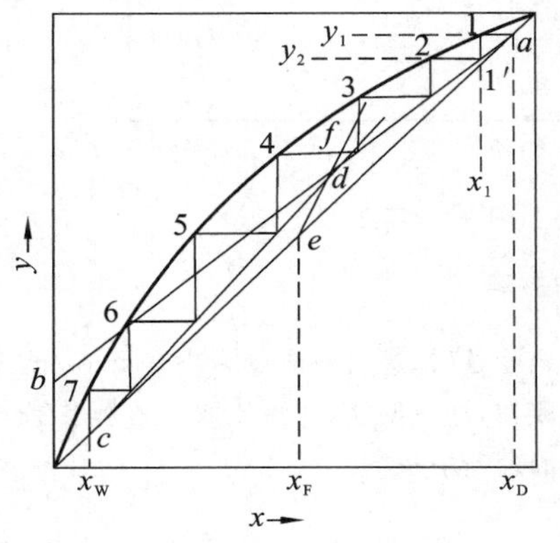

图6-21　图解法求理论

2. 图解法

通常采用直角梯级图解法，其实质仍是以平衡关系与操作线关系为依据，在 x-y 图上求得达到指定分离要求所需的理论塔板数及进料板位置。具体求解步骤如下。

(1) 作相平衡曲线和对角线。

在直角坐标系中绘出待分离的双组分物系 x-y 图，并作对角线，如图6-21所示。

(2) 作精馏段操作线。

$$y_{n+1} = \frac{R}{R+1}x_n + \frac{1}{R+1}x_D$$

连接精馏段操作线截距点 $b(0, x_D/(R+1))$ 和操作线与对角线的交点 $a(x_D, x_D)$ 所得的直线 ab 即为精馏段操作线。

(3) q 线。

$$y=\frac{q}{q-1}x-\frac{x_F}{q-1}$$

过 q 线与对角线交点 $e(x_F,x_F)$ 作斜率为 $q/(q-1)$ 的直线，且交 ab 于 d，直线 ed 即为 q 线(进料线)。

(4) 提馏段操作线。

连接提馏段操作线与对角线的交点 $c(x_w,x_w)$ 与 d 点，直线 cd 即为提馏段操作线。

(5) 画直角梯级。

从 a 点开始，在精馏段操作线与平衡线之间作直角梯级，当梯级跨过 d 点时，则改在提馏段操作线与平衡线之间作直角梯级，直至梯级的水平线达到或跨过 c 点为止。其中过 d 点的梯级为加料板，最后一个梯级为再沸器。如图 6-21 所示，加料板为第 4 块，精馏段塔板数为 3，总塔板数为 7(包括再沸器)。

3. 适宜进料板位置的确定

如前所述，图解法求理论塔板数过程中，当梯级跨过两操作线交点时，应更换提馏段操作线。跨过交点的梯级代表适宜的进料板位置，此时对于一定分离任务而言，所需的理论塔板数最少。

若梯级已经跨过两操作线交点，而仍不更换操作线，所需理论塔板数较多，如图 6-22(a)所示。若梯级没有跨过两操作线交点，就改换操作线，所需理论塔板数也要增加，如图 6-22(b) 所示。

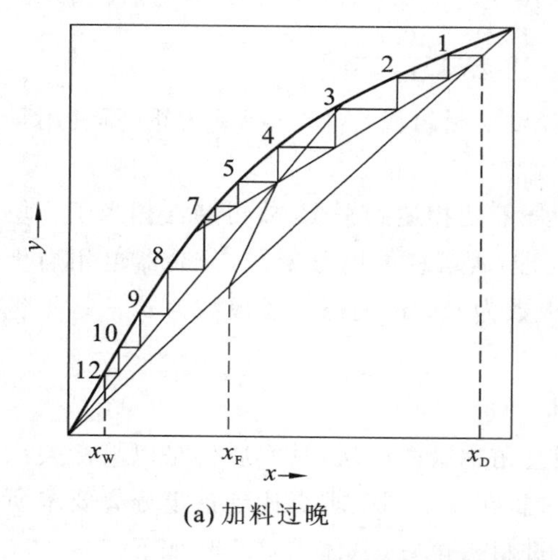

(a) 加料过晚

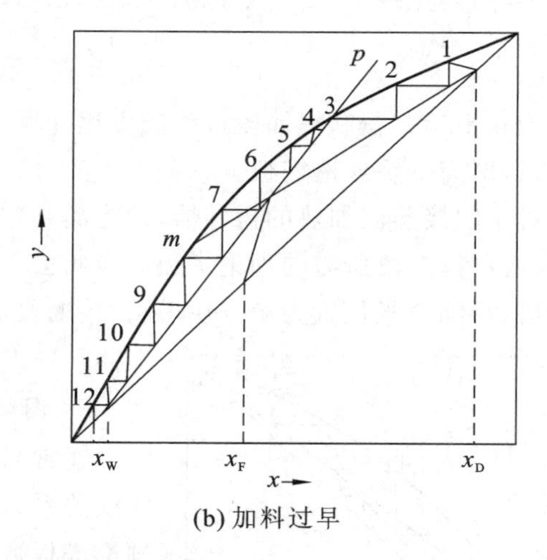

(b) 加料过早

图 6-22 进料过晚或过早对塔板数的影响

【例 6-6】 常压下分离含苯 0.40(摩尔分数，下同) 的苯和甲苯混合物，已知进料液流量为 100 kmol/h，泡点进料。塔顶馏出液流量为 40 kmol/h，苯含量不低于 0.90。塔顶为全凝器，泡点回流，回流比取 3。在操作条件下，物系的相对挥发度为 2.50。分别用逐板计算法和图解法计算所需的理论塔板数。

解 (1) 逐板计算法。

由物料衡算式计算塔底产品的流量和组成，即

$$W=F-D=(100-40)\ \text{kmol/h}=60\ \text{kmol/h}$$

$$x_W=\frac{Fx_F-Dx_D}{W}=\frac{100\times0.40-40\times0.90}{60}=0.067$$

已知回流比 $R=3$，精馏段操作线方程为

$$y_{n+1}=\frac{R}{R+1}x_n+\frac{1}{R+1}x_D=\frac{3}{3+1}x_n+\frac{0.90}{3+1}=0.75x_n+0.225 \tag{a}$$

已知泡点进料，$q=1$，$L=RD$，提馏段操作线方程为

$$y_{m+1}=\frac{Fq+L}{Fq+L-W}x_m-\frac{W}{Fq+L-W}x_W=\frac{Fq+RD}{Fq+RD-W}x_m-\frac{W}{Fq+RD-W}x_W$$

$$y_{m+1}=\frac{100\times1+3\times40}{100\times1+3\times40-60}x_m-\frac{60}{100\times1+3\times40-60}\times0.067=1.375x_m-0.0251 \tag{b}$$

已知相对挥发度 $\alpha=2.5$，则气液相平衡方程为

$$y=\frac{\alpha x}{1+(\alpha-1)x}=\frac{2.5x}{1+1.5x}$$

变换得

$$x=\frac{y}{2.5-1.5y} \tag{c}$$

利用操作线方程(a)、(b)和气液相平衡方程(c)，自上而下逐板计算所需理论塔板数。

因塔顶采用全凝器，则有 $y_1=x_D=0.90$，x_1 由气液相平衡方程(c)计算，即

$$x_1=\frac{y_1}{2.5-1.5y_1}=\frac{0.90}{2.5-1.5\times0.90}=0.783$$

y_2 由精馏段操作线方程(a)计算，即

$$y_2=0.75x_1+0.225=0.75\times0.783+0.225=0.812$$

以此类推，直到 $x_n\leqslant x_F$（泡点进料，$x_q=x_F$），改换提馏段操作线方程(b)，再与气液相平衡方程交替使用，直到 $x_m\leqslant x_W$ 为止，计算结果见表6-4。

表6-4　例6-6附表

板号	1	2	3	4	5	6	7	8
x	0.783	0.633	0.483	0.363 < 0.40	0.264	0.170	0.0953	0.0453 < 0.667
y	0.9	0.812	0.700	0.587	0.473	0.339	0.209	0.106

由此可见，理论塔板为8块（包括再沸器），其中精馏段有3块，第4块塔板为进料板。

(2) 图解法。

① 在直角坐标系中绘出 x-y 图，如图6-23所示。

② 根据精馏段操作线方程，找到 $a(0.9,0.9)$、$b(0,0.225)$，连接 ab 得到精馏段操作线。因泡点进料，$x_q=x_F$，过 $e(0.4,0.4)$ 作垂线，得到 q 线，并与 ab 交于 d。连接 $c(0.067,0.067)$ 与 d 点，得到提馏段操作线 cd。

③ 从 a 点开始在平衡线与对角线之间作直角梯级，当梯级跨过 d 点时，更换操作线，继续画梯级，直至梯级跨过 c 点为止。

由图可见，理论塔板为8块（包括再沸器），进料板为第4块塔板。与逐板计算结果一致。

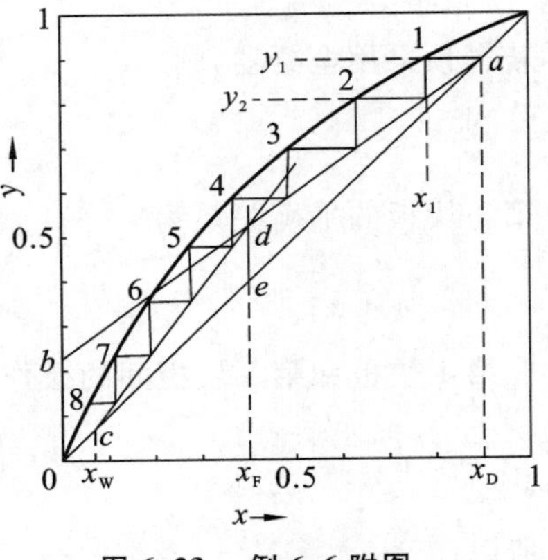

图6-23　例6-6附图

6.5.6　回流比的影响与理论塔板数简捷计算法

在精馏过程中，回流是精馏塔连续操作并实现分离的必要条件之一。回流比是精馏操作过程的最重要的参数之一，它直接影响塔顶分离效果、塔设备及附属设备的尺寸、再沸器和塔顶冷凝冷却器的操作费用等重要因素。回流比有两个极限：对于指定的分离要求，回流比不能小于某下限，否则理论塔板数将无限多，这个下限就是最小回流比；上限是全回流时的回流比。生

产中采用的回流比介于二者之间。

1. 全回流和最小理论塔板数

塔顶上升蒸气经冷凝器冷凝后，全部回流至塔内，这种方式称为全回流。全回流时塔顶产品量 $D=0$，塔底产品量 $W=0$，进料量 $F=0$，也就是说，既不向塔内进料，也不从塔内取出产品。全塔无精馏段与提馏段之分，故两条操作线应合二为一。

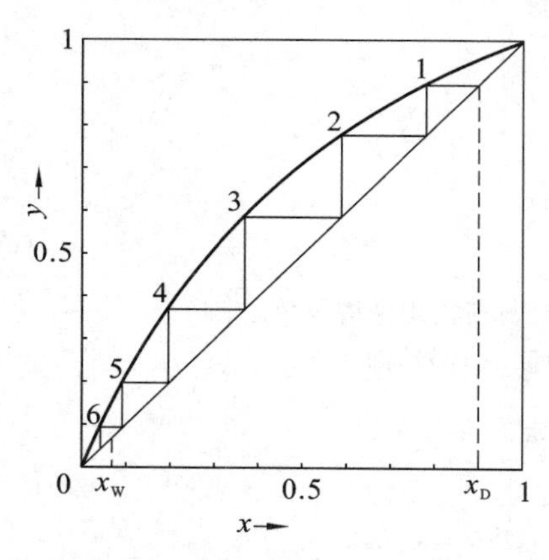

图 6-24　全回流时的理论塔板数

全回流时，回流比为

$$R=\frac{L}{D}=\infty$$

精馏段操作线截距为零，所以操作线与对角线重合，如图 6-24 所示。此时的操作线方程为

$$y_{n+1}=x_n$$

显然，全回流时操作线与平衡曲线距离最大，说明理论塔板上的分离程度最大，对完成同样的分离任务，所需理论塔板数最少，此时的理论塔板数用 $N_{\min}$ 表示。

$N_{\min}$ 可在 x-y 图上的平衡线与对角线间作直角梯级得到，也可以通过解析法求得，即利用芬斯克(Fenske)方程计算得到。芬斯克方程推导如下。

全回流时，由气液相平衡方程和操作线方程导出最少理论塔板数的计算公式。

对于二元理想溶液，气液相平衡方程

$$\left(\frac{y_A}{y_B}\right)_n=\alpha_n\left(\frac{x_A}{x_B}\right)_n$$

因全回流操作线为 $y_{n+1}=x_n$，则

$$\left(\frac{y_A}{y_B}\right)_{n+1}=\left(\frac{x_A}{x_B}\right)_n$$

若塔顶采用全凝器，则

$$\left(\frac{y_A}{y_B}\right)_1=\left(\frac{x_A}{x_B}\right)_D$$

第 1 块板的平衡关系为

$$\left(\frac{y_A}{y_B}\right)_1=\alpha_1\left(\frac{x_A}{x_B}\right)_1=\left(\frac{x_A}{x_B}\right)_D$$

在第 1 块板和第 2 块板间的操作关系为

$$\left(\frac{y_A}{y_B}\right)_2=\left(\frac{x_A}{x_B}\right)_1=\frac{1}{\alpha_1}\left(\frac{x_A}{x_B}\right)_D$$

所以

$$\left(\frac{x_A}{x_B}\right)_D=\alpha_1\left(\frac{y_A}{y_B}\right)_2$$

第 2 块板的平衡关系为

$$\left(\frac{y_A}{y_B}\right)_2=\alpha_2\left(\frac{x_A}{x_B}\right)_2$$

$$\left(\frac{y_A}{y_B}\right)_2=\frac{1}{\alpha_1}\left(\frac{x_A}{x_B}\right)_D=\alpha_2\left(\frac{x_A}{x_B}\right)_2$$

所以

$$\left(\frac{x_A}{x_B}\right)_D=\alpha_1\alpha_2\left(\frac{x_A}{x_B}\right)_2$$

若将再沸器视为第 $N+1$ 块理论塔板，重复上述的计算过程，直至再沸器为止，可得

$$\left(\frac{x_A}{x_B}\right)_D=\alpha_1\alpha_2\cdots\alpha_{N+1}\left(\frac{x_A}{x_B}\right)_W$$

若取相对挥发度的平均值 $\alpha_m=\sqrt[N+1]{\alpha_1\alpha_2\cdots\alpha_{N+1}}$，则上式可改写为

$$\left(\frac{x_A}{x_B}\right)_D=\alpha_m^{N+1}\left(\frac{x_A}{x_B}\right)_W$$

因是全回流，理论塔板数为最小值，所以用 N_{min} 代替 N，且对上式等号两边取对数，得

$$N_{min}+1=\frac{\lg\left[\left(\frac{x_A}{x_B}\right)_D\left(\frac{x_B}{x_A}\right)_W\right]}{\lg\alpha_m} \tag{6-43a}$$

对于双组分溶液，$x_B=1-x_A$，则

$$N_{min}+1=\frac{\lg\left[\left(\frac{x_A}{1-x_A}\right)_D\left(\frac{1-x_A}{x_A}\right)_W\right]}{\lg\alpha_m} \tag{6-43b}$$

略去下标 A，则

$$N_{min}+1=\frac{\lg\left(\frac{x_D}{1-x_D}\frac{1-x_W}{x_W}\right)}{\lg\alpha_m} \tag{6-43c}$$

式中，N_{min} 为全回流时所需理论塔板数（不包括再沸器）；α_m 为塔板平均相对挥发度，当 α 变化不大时，可取塔顶和塔底的几何平均值，即 $\alpha_m=\sqrt{\alpha_D\alpha_W}$ 或者 $\alpha_m=\sqrt[3]{\alpha_D\alpha_F\alpha_W}$。

式(6-43a)、式(6-43b) 和式(6-43c) 称为芬斯克方程。确定加料板位置和计算精馏段塔板数时，将以上三个公式中 x_W 换成 x_F，α_m 取塔顶和进料处的几何平均值 $\alpha_m=\sqrt{\alpha_D\alpha_F}$。

由于全回流时无产品，因此对于正常生产无实际意义。但在精馏操作开车阶段调试或实验研究时，多采用全回流操作，以便过程迅速稳定。

2. 最小回流比

在完成指定分离任务的精馏操作过程中，当回流比逐渐减小时，精馏段操作线的截距随之增大，两操作线位置将向平衡线靠近，理论塔板数也逐渐增多。当回流比进一步减小到两个操作线交点正好落在平衡线上，此时所需理论塔板数为无穷多，相对应的回流比为最小回流比 R_{min}，如图 6-25 所示。在最小回流比条件下操作时，在 d 点上、下塔板无增浓作用，所以此区称为恒浓区（或称挟紧区），d 点称为挟紧点。最小回流比是回流比的下限。

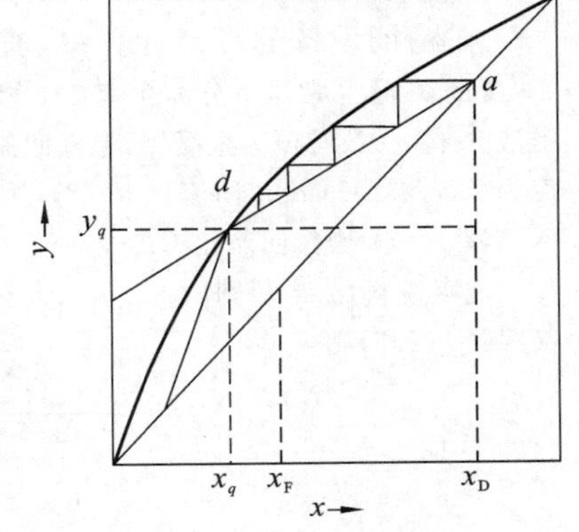

图 6-25 最小回流比的确定

最小回流比可用作图法或解析法求得。

1）作图法

根据平衡曲线形状不同，图解法也不同。对于理想溶液，平衡曲线如图 6-25 所示。由精馏段操作线的斜率可知

$$\frac{R_{min}}{R_{min}+1}=\frac{x_D-y_q}{x_D-x_q} \tag{6-44a}$$

整理上式得

$$R_{min}=\frac{x_D-y_q}{y_q-x_q} \tag{6-44b}$$

式中，x_q、y_q 分别为 q 线与平衡曲线交点的横坐标、纵坐标，可用图解法由图中读得，或由 q 线方

程与气液相平衡方程联立确定。

2)解析法

当进料热状态为泡点液体进料时，$x_q = x_F$，则有

$$R_{min} = \frac{1}{\alpha - 1}\left[\frac{x_D}{x_F} - \frac{\alpha(1 - x_D)}{1 - x_F}\right] \tag{6-45}$$

若为饱和蒸气进料，$y_q = x_F$，则有

$$R_{min} = \frac{1}{\alpha - 1}\left(\frac{\alpha x_D}{x_F} - \frac{1 - x_D}{1 - x_F}\right) - 1 \tag{6-46}$$

3. 适宜回流比的选择

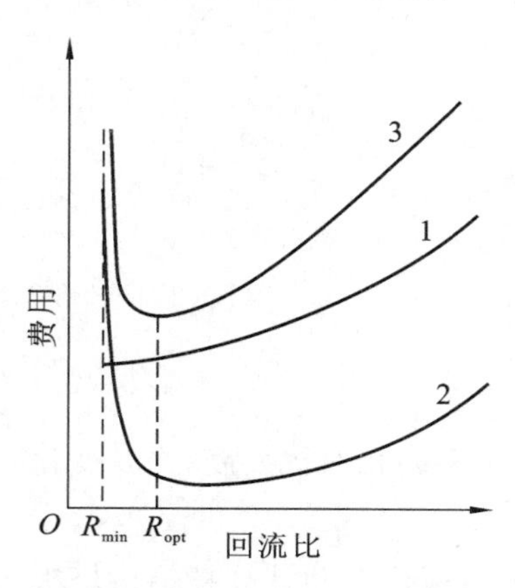

图 6-26　回流比的选择

全回流和最小回流比是两个极限值，都无法在正常工业中采用。对于精馏操作存在一个适宜回流比，它介于二者之间。在适宜回流比的选取过程中，既要满足分离要求，又要考虑经济核算。一般采用设备折旧费及操作费用之和为最小值时的回流比为适宜回流比。

精馏塔操作费用主要取决于再沸器中加热蒸汽消耗量及冷凝器所用冷却水的消耗量，而两个消耗量又取决于塔内上升蒸气的流量。

$$V = (R+1)D$$

$$V' = V + (q-1)F = (R+1)D + (q-1)F$$

故当 F、q、D 一定时，上升蒸气量与回流比成正比，即当回流比增大时，加热和冷却介质消耗量也随之增多，操作费用相应增加，如图 6-26 中的线 1 所示。

精馏过程的设备折旧费包括精馏塔、再沸器、冷凝器等设备费用乘以折旧率。当 $R = R_{min}$ 时，$N = \infty$，则设备费用也为无限大。当 R 略大于 R_{min} 时，设备费用急剧下降。当 R 继续增大时，V 和 V' 也随之增大，从而使塔径、塔板面积、再沸器及冷凝器等尺寸相应增大，设备费用反而上升，如图 6-26 中的线 2 所示。总费用为设备折旧费和操作费用之和，如图 6-26 中的线 3 所示。适宜回流比选取为线 3 最低点所对应的回流比，此时总费用最小。

在精馏设备的设计计算中，通常取 $R = (1.1 \sim 2)R_{min}$。

【例 6-7】 常压下分离含苯 0.40(摩尔分数，下同)的苯和甲苯混合物，泡点进料。塔顶馏出液含苯 0.90，釜液含苯 0.02。塔顶为全凝器，泡点回流，回流比为最小回流比的 1.5 倍。在操作条件下，全塔的平均相对挥发度为 2.5。求：(1) 操作回流比 R；(2) 自塔顶第 2 块理论塔板上升的气相组成；(3) 最少理论塔板数。

解　(1) 操作回流比 R。

泡点进料，$q = 1$，则　$x_q = x_F = 0.40$

又因 $\alpha = 2.5$，则

$$y_q = \frac{\alpha x_q}{1 + (\alpha - 1)x_q} = \frac{2.5x_q}{1 + 1.5x_q} = \frac{2.5 \times 0.40}{1 + 1.5 \times 0.40} = 0.625$$

$$R_{min} = \frac{x_D - y_q}{y_q - x_q} = \frac{0.90 - 0.625}{0.625 - 0.40} = 1.222$$

操作回流比　$R = 1.5R_{min} = 1.5 \times 1.222 = 1.833$

(2) 第 2 块理论塔板上升的气相组成 y_2。

精馏段操作线方程

$$y_{n+1} = \frac{R}{R+1}x_n + \frac{1}{R+1}x_D = \frac{1.833}{1.833+1}x_n + \frac{0.90}{1.833+1} = 0.6470x_n + 0.3177$$

已知塔顶为全凝器，有 $y_1 = x_D = 0.90$

x_1 用气液相平衡方程求出：

$$x_1 = \frac{y_1}{\alpha - (\alpha - 1)y_1} = \frac{0.90}{2.5 - 1.5 \times 0.90} = 0.7826$$

y_2 与 x_1 符合精馏段操作线方程，即

$$y_2 = 0.6470x_1 + 0.3177 = 0.6470 \times 0.7826 + 0.3177 = 0.8240$$

（3）最少理论塔板数 $N_{\min}$。

利用芬斯克方程计算最少理论塔板数，即

$$N_{\min} = \frac{\lg\left(\frac{x_D}{1-x_D}\frac{1-x_W}{x_W}\right)}{\lg\alpha_m} - 1 = \frac{\lg\left(\frac{0.90}{0.10}\frac{0.98}{0.02}\right)}{\lg 2.5} - 1 = 5.65（不包括再沸器）$$

4. 理论塔板数的简捷计算

精馏塔的理论塔板数除用前述的逐板计算法和图解法计算外，还可用简捷法计算。下面介绍一种采用经验关联图的简捷法，此法应用最为广泛。

图 6-27 即为最常用的吉利兰（Gilliland）关联图，它总结了八种不同物系，2 ～ 11 个组分；操作压力由真空到 40 atm；进料热状况由冷液体到过热蒸气；$R_{\min}$ 为 0.53 ～ 7.0；组分间相对挥发度为 1.26 ～ 4.05；理论塔板数为 2.4 ～ 43.1。此图涉及四个变量：$R_{\min}$、R、$N_{\min}$ 及 N。

吉利兰关联图为双对数坐标图，横坐标为 $(R-R_{\min})/(R+1)$，纵坐标为 $(N-N_{\min})/(N+2)$。其中 N、$N_{\min}$ 分别为不包括再沸器的理论塔板数及最少理论塔板数。

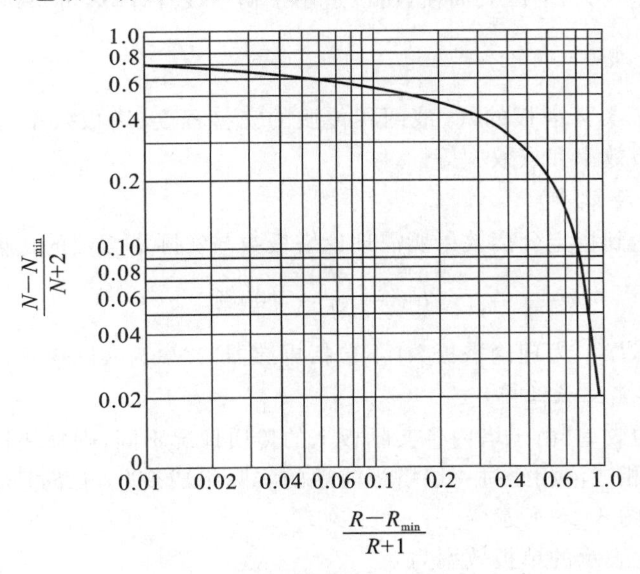

图 6-27　吉利兰关联图

简捷法求理论塔板数的步骤如下：

（1）应用式（6-44）至式（6-46）计算 $R_{\min}$，并选取 R；

（2）应用式（6-43a）至式（6-43c）计算出 $N_{\min}$；

（3）计算 $(R-R_{\min})/(R+1)$ 的值，在吉利兰关联图上找到相应点，由此点向上作垂线与曲线交于一点，此点的纵坐标即为 $(N-N_{\min})/(N+2)$ 的值。由此可求出理论塔板数 N（不包括再沸器）；

（4）确定进料板位置，方法同上，只是 $N_{\min}$ 的计算公式不同。见例 6-8。

【例 6-8】 利用例 6-7 的结果,用简捷法计算例 6-7 的全塔理论塔板数和进料位置。

解 (1) 全塔理论塔板数 N。

已知 $R_{\min}=1.222, R=1.833, N_{\min}=5.65$,有

$$\frac{R-R_{\min}}{R+1}=\frac{1.833-1.222}{1.833+1}=0.216$$

由吉利兰关联图查得

$$\frac{N-N_{\min}}{N+2}=0.43$$

解得

$$N=11.42$$

所以,全塔理论塔板数 $N=12$(不包括再沸器)。

(2) 进料板位置。

已知 $x_F=0.40$,利用芬斯克方程计算精馏段最少理论塔板数,即

$$N_{\min}=\frac{\lg\left(\frac{x_D}{1-x_D}\frac{1-x_F}{x_F}\right)}{\lg\alpha_m}-1=\frac{\lg\left(\frac{0.90}{0.10}\frac{0.60}{0.40}\right)}{\lg 2.5}-1=1.84$$

已由吉利兰关联图查得

$$\frac{N-N_{\min}}{N+2}=0.43$$

解得

$$N=4.73$$

所以,加料板位置为从塔顶向下的第 5 块塔板。

简捷法虽然误差较大,但因其简便,所以适用于初步设计计算,可快速地算出理论塔板数。

6.5.7 塔板效率

塔板效率反映了实际塔板的气、液两相传质的完善程度。塔板效率有几种不同的表达方式,即总板效率、单板效率和点效率等。

1. 总板效率(全塔效率)

总板效率是指达到指定分离效果所需理论塔板数与实际塔板数的比值,即

$$E_T=\frac{N_T}{N_p}\times 100\% \tag{6-47}$$

式中,E_T 为全塔效率;N_T 为理论塔板数(不包括再沸器);N_p 为实际塔板数。

2. 单板效率(莫弗里板效率)

全塔效率是平均效率。由于塔内各实际板上的传质情况不同,则每块板的传质效率也不相等。单板效率是指气相或液相经过一层塔板前后的实际组成变化与经过该层塔板前后的理论组成变化的比值,如图 6-28 所示。

按气相组成变化表示的单板效率为

$$E_{MV}=\frac{y_n-y_{n+1}}{y_n^*-y_{n+1}} \tag{6-48}$$

按液相组成变化表示的单板效率为

$$E_{ML}=\frac{x_{n-1}-x_n}{x_{n-1}-x_n^*} \tag{6-49}$$

式中,y_n、y_{n+1} 分别表示第 n 板和第 $n+1$ 板的气相组成;x_{n-1}、x_n 分别表示第 $n-1$ 板和第 n 板的液相组成;y_n^* 表示与 x_n 成平衡的气相组成;x_n^* 表示与 y_n 成平衡的液相组成。

3. 点效率

点效率是指塔板上各点的局部效率。以气相组成变化表示的点效率为

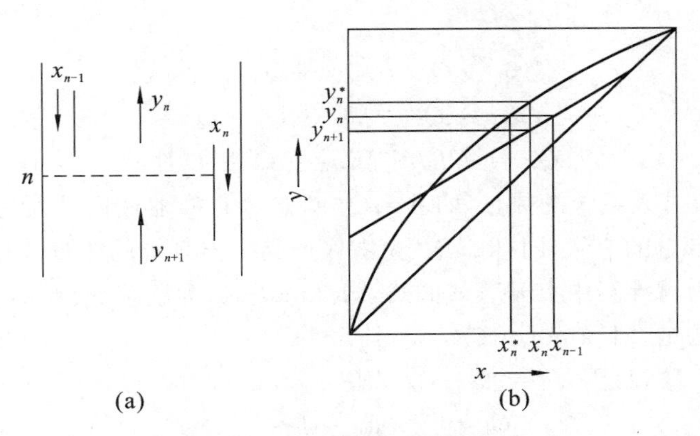

图 6-28　单板效率示意图

$$E_{OV} = \frac{y - y_{n+1}}{y^* - y_{n+1}} \tag{6-50}$$

式中，y 为与流经塔板某点的液相组成 x 相接触后离开的气相组成；y_{n+1} 为下层塔板进入该板某点的气相组成；y^*为与塔板某点液相组成 x 成平衡的气相组成。

点效率 E_{OV} 和单板效率 E_{MV} 只有在塔板上液体完全混合时才具有相同的数值。

6.5.8　精馏装置的热量衡算

图 6-29 为连续精馏塔热量衡算示意图，通过对冷凝器和再沸器的热量衡算，可以确定其热负荷及加热介质和冷却介质的消耗量，为设备选型提供依据。

1. 冷凝器的热量衡算

对图 6-29 所示的冷凝器（冷凝器为全凝器）作热量衡算，以单位时间为基准，以 0 ℃ 为热量计算基准，忽略热损失。热量衡算式

$$Q_V = Q_C + Q_D + Q_L$$

$$Q_C = Q_V - Q_D - Q_L$$

$$Q_C = VI_V - (LI_L + DI_L) \tag{6-51}$$

式中，Q_V 为塔顶蒸气带入的热量，kJ/h；Q_C 为冷却器带出的热量，kJ/h；Q_L 为回流液带出的热量，kJ/h；Q_D 为塔顶馏出液带出的热量，kJ/h；I_V 为塔顶上升蒸气的焓，kJ/kmol；I_L 为塔顶馏出液的焓，kJ/kmol。

由于 $V=(R+1)D$，$L=RD$，代入式(6-51)并整理得

$$Q_C = (R+1)D(I_V - I_L) \tag{6-52}$$

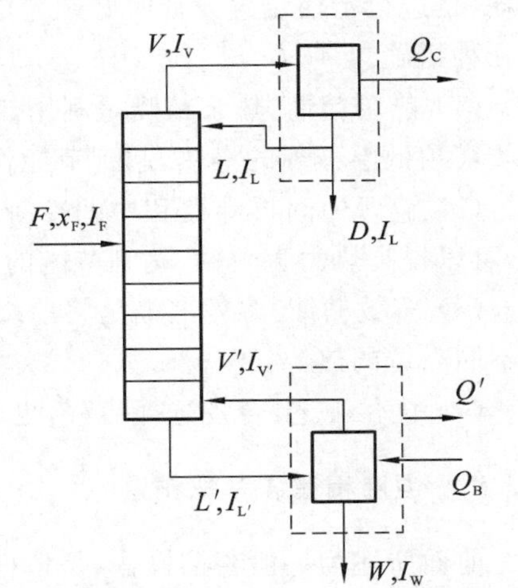

图 6-29　连续精馏塔热量衡算示意图

冷却剂的消耗量

$$W_C = \frac{Q_C}{c_p(t_2 - t_1)} \tag{6-53}$$

式中，W_C 为冷却剂的消耗量，kg/h；c_p 为冷却剂的平均摩尔比热容，kJ/(kmol · ℃)；t_1、t_2 分别为冷却剂的进、出口温度，℃。

2. 再沸器的热量衡算

对图 6-29 所示的再沸器作热量衡算，以单位时间为基准，以 0 ℃ 为热量计算基准。热量衡

算式

$$Q_B + Q_{L'} = Q_{V'} + Q_W + Q'$$

$$Q_B = Q_{V'} + Q_W + Q' - Q_{L'}$$

$$Q_B = V'I_{V'} + WI_W + Q' - L'I_{L'} \tag{6-54}$$

式中,Q_B 为加热蒸汽带入系统的热量,kJ/kg;$Q_{L'}$ 为进入再沸器液体带入的热量,kJ/kg;$Q_{V'}$ 为再沸器中上升蒸气带走的热量,kJ/kg;Q_W 为塔底产品带出系统的热量,kJ/kg;Q' 为再沸器的热损失,kJ/kg;$I_{V'}$ 为再沸器中上升蒸气的焓,kJ/kmol;I_W 为釜液的焓,kJ/kmol;$I_{L'}$ 为提馏段底层塔板下降液体的焓,kJ/kmol。

若近似取 $I_W = I_{L'}$,且因 $V' = L' - W$,则

$$Q_B = V'(I_{V'} - I_{L'}) + Q' \tag{6-55}$$

加热介质的消耗量

$$W_h = \frac{Q_B}{I_{B1} - I_{B2}} \tag{6-56}$$

式中,I_{B1}、I_{B2} 分别为加热介质进、出再沸器的焓,kJ/kg。

若用饱和蒸汽加热,且冷凝液在饱和温度下排出,则加热蒸汽消耗量

$$W_h = \frac{Q_B}{r} \tag{6-57}$$

式中,r 为水的汽化潜热,kJ/kg。

再沸器的热负荷也可以通过全塔的热量衡算求得。

3. 热能回收利用

在精馏操作中热能的消耗是相当大的,因此精馏生产中怎样提高能量的有效利用率,降低能耗,是进行精馏装置设计时必须考虑的问题。精馏操作的节能途径可以根据具体情况采用以下几种措施。

(1) 热泵精馏。热泵精馏是利用热泵来提高塔蒸气的品位使之能作为再沸器的热源,从而回收塔顶低温蒸气的潜热,起到节能作用。

(2) 设置中间再沸器和中间冷凝器。在提馏段设置中间再沸器和在精馏段设置中间冷凝器,可以提高热力学效率,达到节能的作用。

(3) 多效精馏。多效蒸馏是将前级塔顶蒸气直接作为后级塔釜的加热蒸气,这样可充分利用不同品位的热源。

(4) 优化工艺,合理选择流程,也可达到降低能耗的目的。

6.5.9　恒沸精馏和萃取精馏

前面所述为一般精馏操作,是依据物系中各组分间的挥发度不同而得以分离的。组分间挥发度差别越大,分离越容易。但当被分离的物系中各组分的相对挥发度接近 1 时,则根本不能用普通精馏方法加以分离。此时可采用恒沸精馏或萃取精馏的方法来分离。这两种特殊精馏的基本原理是在混合物系中加入第三组分,改变物系的非理想性,以提高各组分的相对挥发度差异,使之能用一般精馏方法实现分离。

1. 恒沸精馏

恒沸精馏的特点是在双组分混合液中加入第三组分(称为挟带剂),该组分能与原溶液中一个或多个组分形成新的最低恒沸物,且其沸点低于原物系中任一组分的沸点,从而使原物系能用普通精馏方法分离。例如制取纯乙醇时,工业上就采用恒沸精馏,其流程如图 6-30 所示。

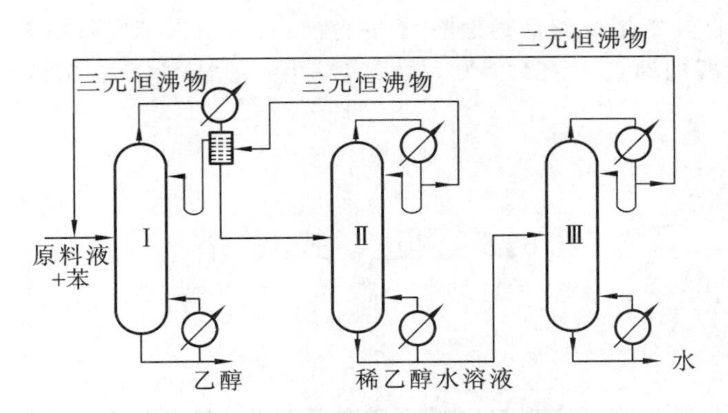

图 6-30　乙醇水溶液的恒沸精馏示意图

将原料液和苯引入恒沸精馏塔 Ⅰ 中，苯与乙醇、水形成三元恒沸物。由于常压下此三元恒沸物的恒沸点为64.85 ℃，低于乙醇的沸点，故从塔顶蒸出，塔底产品为近于纯态的乙醇。塔顶蒸气经冷凝器冷凝为液体后进入分层器分层。上层为轻相，全部回流塔 Ⅰ，下层重相则送到苯回收塔 Ⅱ 中。苯回收塔中也形成与恒沸精馏塔 Ⅰ 相同的最低恒沸物，冷凝后引入分层器，塔底出来的为稀乙醇水溶液，再送入乙醇回收塔 Ⅲ 中。乙醇回收塔 Ⅲ 的塔顶得到乙醇-水的恒沸物，送至塔 Ⅰ 作为原料液，塔底引出的几乎是纯水。在系统中，苯是循环使用的，但因有损耗，故每隔一段时间需补充一定量的苯。

2. 萃取精馏

萃取精馏是向原料液中加入萃取剂（又称溶剂），以改变原有组分间的相对挥发度而得以分离。与恒沸精馏不同的是，萃取剂不与原料液中任何组分形成恒沸物，且萃取剂与原溶液中任一组分相比，其沸点要高得多。萃取剂与原料液中某个组分有较强的吸引力，从而加大了原料中两组分的相对挥发度，使沸点相差很小的物系用一般精馏方法得以分离。例如，用糠醛作萃取剂分离苯-环己烷溶液，其流程如图6-31所示。

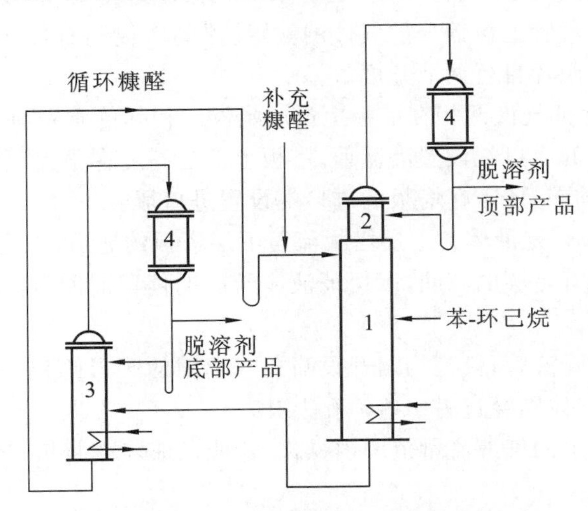

图 6-31　苯-环己烷溶液萃取精馏示意图

1—萃取精馏塔；2—萃取塔回收段；3—苯回收塔；4—冷凝器

原料液进入萃取精馏塔1中，萃取剂（糠醛）由塔1顶部加入。塔顶上升蒸气（环己烷）经冷凝后一部分回流，其余部分作为产品采出。应该注意，为了回收微量的糠醛和纯化环己烷，需要在塔1上部设置回收段2。塔底釜液为糠醛-苯混合液,将其引入苯回收塔3中。由于常压下苯的沸点为80.1 ℃,糠醛的沸点为161.7 ℃,故很容易用一般精馏分离,釜液为较纯的糠醛,可以循环使用。

6.6 板 式 塔

6.6.1 概述

在板式塔和填料塔中都可实现汽(或气) 液传质过程。本节主要讨论板式塔的类型、结构、流体力学状况及工艺设计。

板式塔是用于气液或液液系统的分级接触传质设备,广泛应用于精馏和吸收,有些类型(如筛板塔) 也用于萃取,还可作为反应器用于气液相反应过程。

塔板(也称塔盘) 是板式塔提供气液两相接触传质的部位,决定塔的操作性能。按照塔内气、液流动的方式,可将塔板分为错流塔板和逆流塔板两类。逆流塔板(也称穿流板、无溢流塔板等) 上气液呈严格的错流流动,但由于其操作范围小,分离效率低,因而工业上应用较少,故本节主要介绍错流塔板。错流塔板上气液呈错流流动,即液体横向流过塔板,而气体垂直穿过液层,但是对整个塔来说,两相基本上呈逆流流动。具有代表性的塔板有筛孔塔板(筛板)、泡罩塔板和浮阀塔板。

错流塔板的结构通常主要由以下三部分组成。

(1) 气体通道　为保证气液两相充分接触,塔板上均匀地开有一定数量的通道,供气体自下而上穿过板上的液层。气体通道的形式很多,它对塔板性能有决定性影响,也是区别塔板类型的主要标志。筛板的气体通道最简单,只是在塔板上均匀地开设许多小孔(通称筛孔),气体穿过筛孔上升并分散到液层中。泡罩塔板的气体通道最复杂,在塔板上开有若干较大的圆孔,孔上接有升气管,升气管上覆盖分散气体的泡罩。浮阀塔板则直接在圆孔上盖以可浮动的阀片,根据气体的流量,阀片自行调节开度。

(2) 溢流堰　为保证气液两相在塔板上形成足够的相际传质表面,塔板上须保持一定深度的液层,为此,在塔板的出口端设置溢流堰。塔板上液层高度在很大程度上由堰高决定。对于大型塔板,为保证液流均布,还需在塔板的进口端设置进口堰。

(3) 降液管　降液管是液体自上层塔板流至下层塔板的通道,也是气体与液体分离的部位。为此,降液管中必须有足够的空间,以保证液体所需的停留时间。降液管多为弓形,其下端与塔板应留有一定距离。

无溢流塔板上不设降液管,仅是均匀开设筛孔或缝隙的圆形筛板。操作时,板上液体随机地经某些筛孔流下,而气体则穿过另一些筛孔上升。

各种塔板只有在一定的气液流量范围内操作,才能保证气液两相有效接触,从而得到较好的传质效果。

工业生产对塔板的主要要求如下:① 通过能力要大,即单位塔截面能处理的气液流量大;② 塔板效率要高;③ 塔板压降要小;④ 操作弹性要大;⑤ 结构简单,易于制造。在这些要求中,对于要求产品纯度高的分离操作,首先应考虑高效率;对于处理量大的一般性分离(如原油蒸馏等),主要是考虑通过能力大。

为了满足上述要求，近 30 年来，在塔板结构方面进行了大量研究，开发了多种新型塔板，主要有舌形塔板、斜孔塔板、网孔塔板、林德筛板、多降液管塔板、旋流塔板、垂直塔板等。

6.6.2　常用错流塔板介绍

1. 泡罩塔板

泡罩塔是应用最早的气液传质设备之一，泡罩塔板结构如图 6-32 所示。每层塔板上开有若干个孔，孔上焊有短管作为上升气体的通道，称为升气管。升气管上覆以泡罩，泡罩下部周边开有许多齿缝。齿缝一般有矩形、三角形及梯形三种，常见的是矩形。泡罩在塔板上作等边三角形排列。常用的圆形泡罩的主要结构参数已系列化。

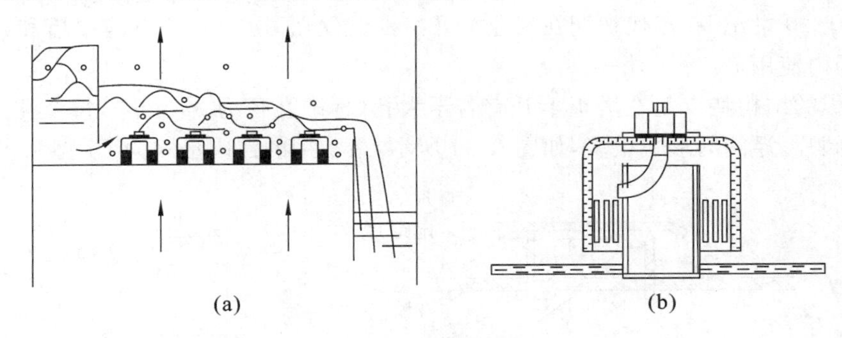

图 6-32　泡罩塔板

泡罩塔的优点如下：因升气管高出液面，不易发生漏液现象，可在气、液负荷变化较大的范围内正常操作，并维持一定的板效率；塔板不易堵塞，适于处理各种物料。其缺点如下：塔板结构复杂，金属耗量大，造价高；塔板压降大，限制了气速的提高，致使生产能力及板效率均较低。近年来，泡罩塔板已逐渐被筛板、浮阀塔板所取代。在设计中除特殊需要（如分离黏度大、易结焦的物系）外一般不宜选用。

2. 筛板

筛板结构如图 6-33 所示。塔板上开有许多均匀分布的筛孔，孔径一般为 3 ～ 8 mm，筛孔在塔板上作正三角形排列。塔板上设置溢流堰，使板上能维持一定厚度的液层。操作时，气流通过筛孔上升，在板上液层中鼓泡而出，气液间密切接触而进行传质。

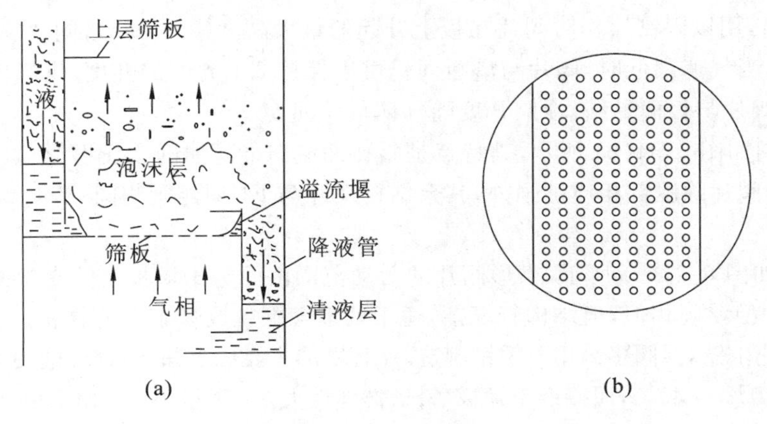

图 6-33　筛板

筛板塔也是传质过程常用的塔设备，它的主要优点如下：结构比浮阀塔更简单，易于加工，造价约为泡罩塔的 60%，为浮阀塔的 80% 左右；处理能力大，可比同塔径的泡罩塔增加 10% ～ 15%；塔板效率高，比泡罩塔高 15% 左右；压降较小，每板压降比泡罩塔约小 30%。其缺点如下：塔板安装的水平度要求较高，否则气液接触不匀；操作弹性较小(2 ～ 3)；小孔筛板容易堵塞。

应予指出，尽管筛板传质效率高，但若设计和操作不当，易产生漏液，使得操作弹性减小，传质效率下降。近年来，由于设计和控制水平不断提高，可使筛板的操作非常精确，弥补了上述缺点，故筛板塔的应用日趋广泛。

3. 浮阀塔板

浮阀塔于 20 世纪 50 年代初期在工业上开始推广使用，由于它兼有泡罩塔和筛板塔的优点，已成为国内使用最广泛的塔型。

浮阀塔板的结构特点是在塔板上开有若干大孔(标准孔径为 39 mm)，每个孔上装有一个可以浮动的阀片。浮阀的形式很多，如图 6-34 所示，最常用的浮阀形式为 F1 型和 V-4 型。

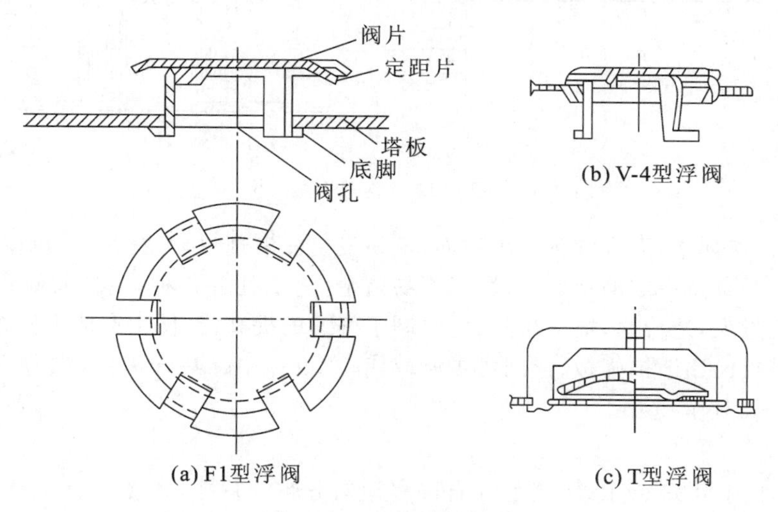

图 6-34　几种浮阀形式

F1 型(国外称为 V-1 型)浮阀如图 6-34(a) 所示。阀片本身有三条“腿”，插入阀孔后将各腿底脚扳转 90°角，用以限制操作时阀片在板上升起的最大高度(8.5 mm)；阀片底部有三块略向下弯的定距片。当气速很低时，阀片与塔板间仍可以保持 2.5 mm 的开度，供气体均匀地流过，可防止停工后阀片与板面黏结。浮阀开度随气体负荷而变。

V-4 型浮阀如图 6-34(b) 所示，其特点是阀孔冲成向下弯曲的文丘里形，以减小气体通过塔板时的压降。阀片除腿部相应加强外，其余结构尺寸与 F1 型浮阀相同。V-4 型浮阀适用于减压系统。

T 型浮阀如图 6-34(c) 所示，拱形阀片的活动范围由固定于塔板上的支架来限制。T 型浮阀的性能与 F1 型浮阀相似，但结构较复杂，适于处理含颗粒或易聚合的物料。

为避免阀片生锈，浮阀多采用不锈钢制造。浮阀塔的主要优点如下：处理能力大，可比同塔径的泡罩塔增加 20% ～ 40%，而接近于筛板塔；操作弹性大，一般为 5 ～ 9，比筛板、泡罩、舌形塔板的操作弹性要大得多；塔板效率高，比泡罩塔高 15% 左右；压降小，在常压塔中每块板的压降一般为 400 ～ 660 Pa；液面梯度小；结构简单，安装容易，制造费用为泡罩塔板的 60% ～ 80%，为筛板塔的120%～130%。浮阀塔的缺点是不宜处理易结焦或黏度大的系统。

由于浮阀固有的优点，且加工方便，故有关浮阀塔板的研究开发远较其他形式的塔板广泛，是目前新型塔板研究开发的主要方向。

6.6.3　塔板的操作状态

塔板有各种不同的操作状态，不同操作状态对气液传质效果有决定性的影响。此处主要以筛板为例进行说明。

1. 气液接触状态

气相经过筛孔时的速度（简称孔速）不同，可使气液两相在塔板上的接触状态不同。当孔速很低时，气相穿过孔口以鼓泡形式通过液层，板上气液两相呈鼓泡接触状态（见图6-35(a)）。两相接触的传质面积为气泡表面。由于气泡数量不多，气泡表面的湍动程度不强，鼓泡接触状态的传质阻力较大。

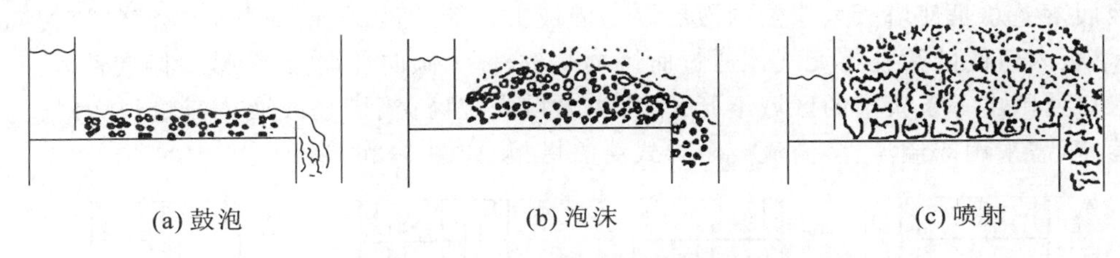

图6-35　塔板上气液接触状态

气相负荷较大，孔速增加时，气泡数量急剧增加，气泡表面连成一片并不断发生合并与破裂，板上液体大部分以高度活动的泡沫形式存在于气泡之中，仅在靠近塔板表面处才有少量清液。这种操作状态称为泡沫接触状态（见图6-35(b)）。这时液体仍为连续相，而气相仍为分散相。这种高度湍动的泡沫层为两相传质创造了良好的流体力学条件。

当气相负荷更高，孔速继续增加时，气相从筛孔喷射穿过液层，将板上液体破碎成许多大小不等的液滴抛到塔板上方空间，液滴落到板上后又汇集成很薄的液层并再次被破碎成液滴抛出。气液两相的这种接触状态称为喷射接触状态（见图6-35(c)）。此时，变成液体在连续气相中分散。喷射接触为两相传质创造了良好的流体力学条件。

工业上实际使用的筛板，其两相接触一般为泡沫接触状态或者喷射接触状态，很少采用鼓泡接触状态。

2. 板式塔的不正常操作现象

板式塔内气液传质时，若塔板设计不良或操作不当，塔内主要会产生下面非正常现象。

1）雾沫夹带

上升气流穿过塔板液层时，把板上液体带入上层塔板的现象称为雾沫夹带。这是一种与液体主流流动方向相反的液体流动，属于液相返混，是对传质有害的因素。

导致雾沫夹带产生的主要因素是空塔气速和塔板间距。空塔气速增高和塔板间距减小，都会使雾沫夹带量增大。

为保证板式塔维持一定的传质效果，雾沫夹带量应限制在一定范围之内，规定每千克上升气体夹带到上层塔板的液体量不超过0.1 kg。

2）液泛（淹塔）

相邻两板间液体相连，塔压上升，这种现象称为液泛，或称淹塔。液泛使全塔正常操作被破坏，塔板完全失去作用。

液泛产生的主要原因是气液两相中有一相流量过大。液体流量一定，当气体流量增大时，雾沫夹带量不断增大，导致板上液层高度增加，最终使液体充满全塔，引起夹带液泛。气体流量一定，当液体流量过大时，降液管内液面升高，最终使全塔充满液体，引起溢流液泛。

为保证液体能由上层塔板稳定地流入下层塔板，降液管内必须维持一定高度的液柱。

3）漏液

气相通过筛孔的气速较小时，板上部分液体就会从孔口直接落下，这种现象称为漏液。上层塔板上的液体未与气相进行传质就落到浓度较低的下层塔板上，降低了传质效果。严重的漏液将使塔板上不能积液而无法操作。故正常操作时漏液量一般不允许超过某规定值。

产生漏液现象的原因主要是气速太小和板上液面落差所引起的气流分布不均。

液面落差是指当液体横向流过塔板时，为克服板面的摩擦阻力和板上局部阻力而形成的液层高度差。

液面落差总是使塔板入口侧的液层厚于塔板出口侧的液层。液面落差会使气流偏向出口侧，而塔板入口侧的筛孔将无气体通过而持续漏液，称为倾向性漏液。为减少倾向性漏液，常在塔板入口处留出一条狭窄的区域不开孔，称为入口安定区。当塔径或液体流量很大时，为减少液面落差，需采用双溢流、多溢流或阶梯式溢流塔板，如图 6-36 所示。

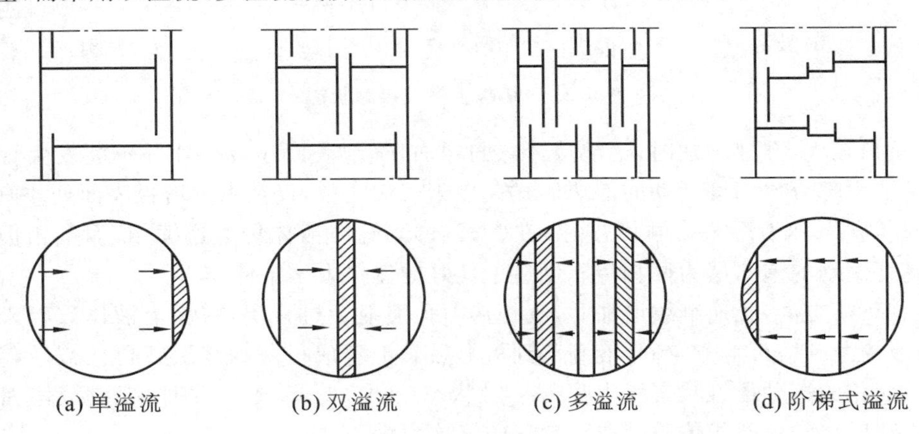

图 6-36　溢流塔板类型

3. 负荷性能图

影响板式塔操作状况和分离效果的主要因素为物料性质、塔板结构以及气液负荷。对一定的塔板结构，处理指定的物系时，其操作状况只随气液负荷改变。要维持塔板正常操作，必须将塔内的气液负荷限制在一定范围内波动。通常在直角坐标系中，以气相负荷 V_s 对液相负荷 L_s 标绘各种极端条件下的 V_s-L_s 关系曲线，从而得到塔板的适宜气液流量范围图，该图称为塔板的负荷性能图，如图 6-37 所示。

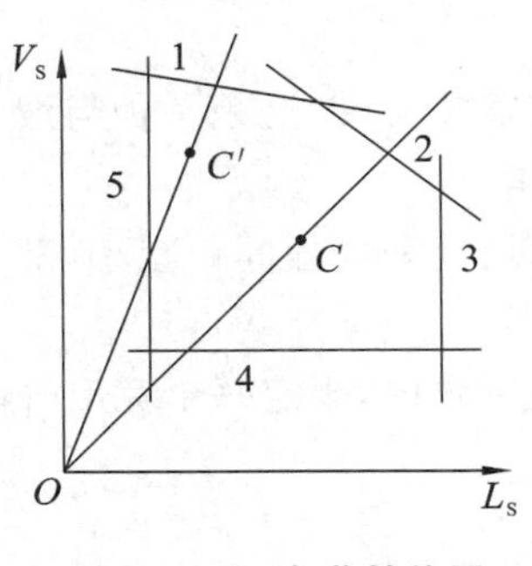

图 6-37　负荷性能图

（1）雾沫夹带线（气相负荷上限线）　图 6-37 中线 1 为雾沫夹带线。当气相负荷超过此线时，雾沫夹带量将过大，使板效率严重下降，塔板适宜操作区应该在雾沫夹带线以下。

（2）液泛线　图 6-37 中线 2 为液泛线。塔板的适宜操作区应在此线以下，否则将会发生液泛现象，使塔不能正常操作。

(3) 液相负荷上限线　　图6-37中线3为液相负荷上限线，该线又称为降液管超负荷线。液体流量超过此线，表明液体流量过大，液体在降液管内停留时间过短，进入降液管中的气泡来不及与液相分离而被带入下层塔板，造成气相返混，降低塔板效率。

(4) 漏液线(气相负荷下限线)　图6-37中线4为漏液线，该线即为气相负荷下限线。当气相负荷低于此线时，将发生严重的漏液现象，气液不能充分接触，使板效率下降。

(5) 液相负荷下限线　　图6-37中线5为液相负荷下限线。当液相负荷低于此线时，塔板上液流不能均匀分布，导致板效率下降。

以上五条线所包围的区域即为塔的适宜操作范围。

操作时的气相流量V_s与液相流量L_s在负荷性能图上的坐标点称为操作点。若V_s/L_s为定值，则每层塔板上的操作点是沿通过原点、斜率为V_s/L_s的直线而变化，该直线称为操作线。

操作线与负荷性能图上曲线的两个交点分别表示塔的上、下操作极限，两极限的气体流量之比称为塔板的操作弹性。同一层塔板，若操作的液气比不同，控制负荷上下限的因素也不同。如在OC'线的液气比下操作，控制因素为雾沫夹带和液相负荷；在OC线的液气比下操作，控制因素为液泛和漏液。操作点位于操作区内的适中位置，可得到稳定良好的操作效果，故图中操作点C优于操作点C'。

【例6-9】　浮阀塔的负荷性能图(精馏段)如图6-38所示。OP为操作线，P为操作点。试指出：(1) 操作点的气液体积流量；(2) 在指定回流比下，塔的操作上下限各由什么因素控制?(3) 操作弹性为多少?

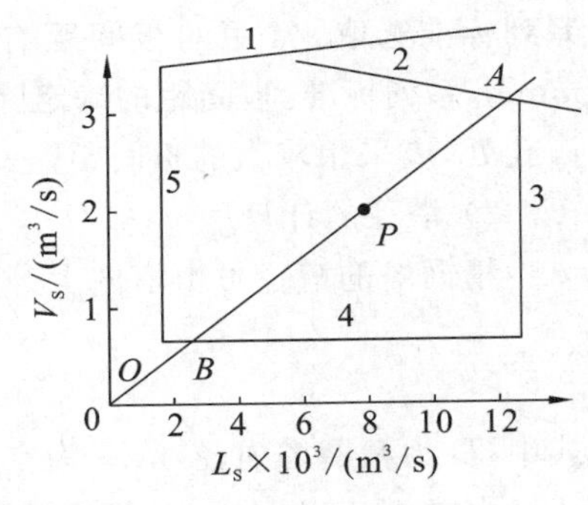

图6-38　例6-9附图

解　(1) 操作点的气液体积流量。

由图6-38读得，操作点P的气相流量为2.1 m^3/s，液相流量为7.5×10^{-3} m^3/s。

(2) 上下限控制因素。

操作线与曲线2、4相交，说明气相负荷上限由液泛控制，$V_{max}=3.2$ m^3/s，气相负荷下限由漏液控制，$V_{min}=0.6$ m^3/s。

(3) 操作弹性。

操作弹性 $=V_{max}/V_{min}=3.2/0.6=5.3$

6.6.4　浮阀精馏塔的工艺设计

塔板的类型很多，但工艺设计的原则和步骤大致相同。一般来说，板式塔的工艺设计步骤大致如下：

(1) 确定塔径、塔高等工艺尺寸；

(2) 设计塔板，包括溢流装置的设计、塔板的布置、升气道(泡罩、筛孔或浮阀等)的设计及排列；

(3) 流体力学验算；

(4) 绘制塔板的负荷性能图；

(5) 根据负荷性能图，对设计进行分析，若设计不够理想，可对某些参数进行调整，重复上述设计过程，直到满意为止。

下面以浮阀精馏塔为例，结合设计步骤来介绍板式塔的工艺设计方法。

1. 板式塔的塔体工艺尺寸计算

板式塔的塔体工艺尺寸包括塔体的有效高度和塔径。

1) 塔高的计算

对于板式塔,将相邻两层实际板之间的距离称为板间距。板式塔的有效高度可以通过实际塔板数和板间距计算出来,即

$$Z=(N_p-1)H_T \tag{6-58}$$

式中,Z 为板式塔的有效高度,m;N_p 为实际塔板数,可以通过式(6-47)求得;H_T 为板间距,m。

由上式计算出来的塔高为塔板部分的高度,不包括塔釜和塔顶空间等高度。

板间距 H_T 的选取与塔高、塔径、物系性质、分离效率、操作弹性以及塔的安装、检修等因素有关。设计时通常根据塔径的大小,由表 6-5 列出的板间距的经验数值选取。

表 6-5　板间距与塔径的关系

塔径 D/m	0.3～0.5	0.5～0.8	0.8～1.6	1.6～2.0	2.0～2.4	>2.4
板间距 H_T/mm	200～300	300～350	350～450	450～600	500～800	>600

选取板间距时,还要考虑实际情况。例如塔板层数很多时,宜选用较小的板间距,适当加大塔径以降低塔的高度;塔内各段负荷差别较大时,也可采用不同的板间距以保持塔径的一致;对易发泡的物系,板间距应取大些,以保证塔的分离效果;对生产负荷波动较大的场合,也需加大板间距以提高操作弹性。在设计中,有时需反复调整,选定适宜的板间距。板间距的数值应按系列标准选取,常用的板间距有 300 mm、350 mm、400 mm、450 mm、500 mm、600 mm、800 mm 等系列标准。板间距的确定除考虑上述因素外,还应考虑安装、检修的需要。例如在塔体的人孔处,应采用较大的板间距,一般不低于 600 mm。

2) 塔径的计算

精馏塔的塔径可由塔内上升蒸气的体积流量及通过塔截面的空塔气速求得,即

$$D=\sqrt{\frac{4V_s}{\pi u}} \tag{6-59}$$

式中,D 为精馏塔内径,m;u 为空塔气速,m/s;V_s 为塔内上升蒸气的体积流量,m^3/s。

由式(6-59)可知,计算塔径的关键是计算空塔气速 u。

先求得最大空塔气速 u_{max},然后根据设计经验,乘以一定的安全系数,即

$$u=(0.6\sim0.8)u_{max} \tag{6-60}$$

安全系数的选取与分离物系的发泡程度密切相关。对不易发泡的物系,可取较高的安全系数;对易发泡的物系,应取较低的安全系数。

最大空塔气速 u_{max} 可依据悬浮液滴沉降原理导出,其结果为

$$u_{max}=C\sqrt{\frac{\rho_L-\rho_V}{\rho_V}} \tag{6-61}$$

式中,ρ_L 为液相密度,kg/m^3;ρ_V 为气相密度,kg/m^3;C 为负荷因子,m/s。

负荷因子 C 值与气液负荷、物性及塔板结构有关,一般由实验确定。史密斯(Smith)等人汇集了若干泡罩、筛板和浮阀塔的数据,整理成负荷因子与诸影响因素间的关系曲线,如图 6-39 所示。

图 6-39 中,V_s、L_s 分别为塔内气、液两相的体积流量(m^3/h),ρ_V、ρ_L 分别为塔内气、液两相的密度(kg/m^3),H_T 为板间距(m),h_L 为塔上液层高度(m)。图中横坐标 $\frac{L_s}{V_s}\left(\frac{\rho_L}{\rho_V}\right)^{0.5}$ 为无量纲量,称为液气动能参数,它反映液、气两相的负荷与密度对负荷因子的影响;纵坐标 C_{20} 为物系

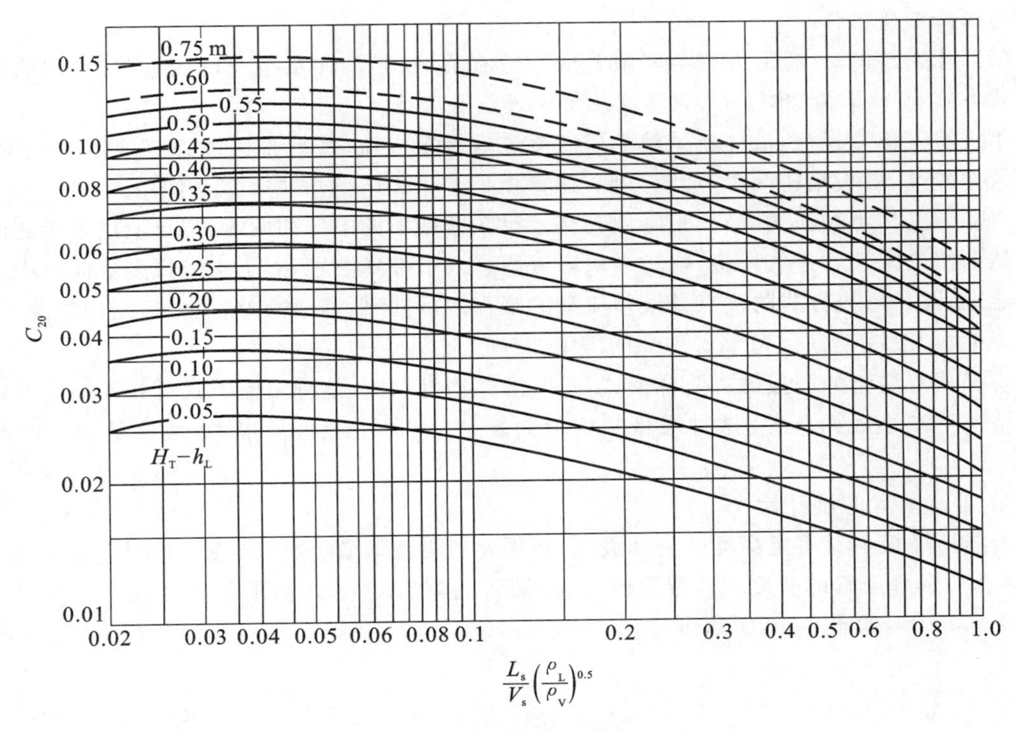

图 6-39 史密斯关联图

表面张力为 20 mN/m 时的负荷系数；参数 H_T-h_L 反映液滴沉降空间高度对负荷因子的影响。

设计中，板上液层高度 h_L 由设计者选定。对常压塔，一般取 0.05～0.08 m；对减压塔，一般取 0.025～0.03 m。

图 6-39 是按液体表面张力为 20 mN/m 的物系绘制的，当所处理的物系表面张力为其他值时，应按下式进行校正：

$$C = C_{20}\left(\frac{\sigma}{20}\right)^{0.2} \tag{6-62}$$

式中，C 为操作物系的负荷因子，m/s；σ 为操作物系的液体表面张力，mN/m。

由式(6-59)计算出塔径 D 后，还应按塔径系列标准进行圆整。常用的标准塔径为 400 mm、500 mm、600 mm、700 mm、800 mm、1000 mm、1200 mm、1400 mm、1600 mm、2000 mm、2200 mm 等。

以上算出的塔径只是初估值，还要根据流体力学原则进行验算。另外，对于精馏过程，精馏段和提馏段的气、液相负荷及物性数据是不同的，故设计中两段的塔径应分别计算。若二者相差不大，应取较大者作为塔径；若二者相差较大，应采用变径塔。

2. 板式塔的塔板工艺尺寸计算

板式塔的溢流装置包括溢流堰、降液管和受液盘等几部分，其结构和尺寸对塔的性能有着重要的影响。

1）降液管的类型与溢流方式

（1）降液管的类型　降液管是塔板间流体流动的通道，也是使溢流液中所夹带气体得以分离的场所。降液管有圆形与弓形两类。圆形降液管一般只用于小直径塔，对于直径较大的塔，常用弓形降液管。

(2) 溢流方式　溢流方式与降液管的布置有关,还与液体负荷及塔径有关。常用的降液管布置方式有U形流、单溢流、双溢流及阶梯式双溢流等。

单溢流又称直径流。液体自受液盘横向流过塔板至溢流堰。此种溢流方式液体流径较长,塔板效率较高,塔板结构简单,加工方便,在直径小于2.2 m的塔中被广泛使用。

双溢流又称半径流。其结构是降液管交替设在塔截面的中部和两侧,来自上层塔板的液体分别从两侧的降液管进入塔板,横过半块塔板而进入中部降液管,到下层塔板则液体由中央向两侧流动。此种溢流方式的优点是液体流动的路程短,可降低液面落差,但塔板结构复杂,板面利用率低,一般用于直径大于2.2 m的塔中。

阶梯式双溢流的塔板做成阶梯形式,每一阶梯均有溢流。此种溢流方式可在不缩短液体流径的情况下减小液面落差。这种塔板结构最为复杂,只适用于塔径很大、液流量很大的特殊场合。

2) 溢流装置的设计计算

为维持塔板上有一定高度的流动液层,必须设置溢流装置。溢流装置的设计包括堰长l_w、堰高h_w,弓形降液管的宽度W_d、截面积A_f,降液管底隙高度h_0,进口堰的高度h_w'与降液管间的水平距离h_1等,如图6-40所示。

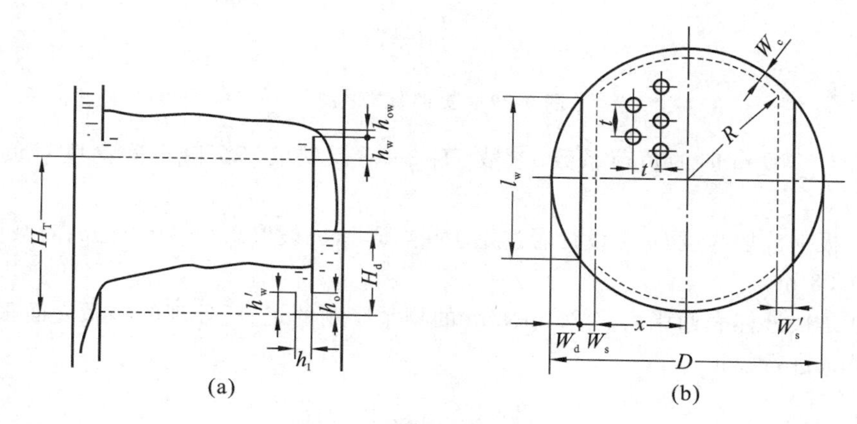

图6-40　浮阀塔板结构参数

(1) 溢流堰(出口堰)。

将降液管的上端高出塔板板面,即形成溢流堰。溢流堰板的形状有平直形与齿形两种,设计中一般采用平直形溢流堰板。

① 堰长:弓形降液管的弦长称为堰长,以l_w表示。l_w一般根据经验确定,对于常用的弓形降液管:

单溢流　　$l_w=(0.6\sim0.8)D$

双溢流　　$l_w=(0.5\sim0.6)D$

式中,D为塔内径,m。

② 堰高:降液管端面高出塔板板面的距离,称为堰高,以h_w表示。堰高与板上清液层高度及堰上液层高度的关系为

$$h_L=h_w+h_{ow} \tag{6-63}$$

式中,h_L为板上清液层高度,m;h_{ow}为堰上液层高度,m。

设计时，一般应保持塔板上清液层高度在 50～100 mm，于是，堰高 h_w 可由板上清液层高度及堰上液层高度而定。设计时应使堰上液层高度大于6 mm，若小于此值须采用齿形堰；堰上液层高度太大，会增大塔板压降及液沫夹带量。一般设计时 h_{ow} 不宜大于 60 mm，超过此值时可改用双溢流形式。

对于平直堰，堰上液层高度 h_{ow} 可用弗兰西斯(Francis) 公式计算，即

$$h_{ow}=\frac{2.84}{1000}E\left(\frac{L_h}{l_w}\right)^{2/3} \tag{6-64}$$

式中，L_h 为塔内液体流量，m^3/h；E 为液流收缩系数，由图 6-41 查得。

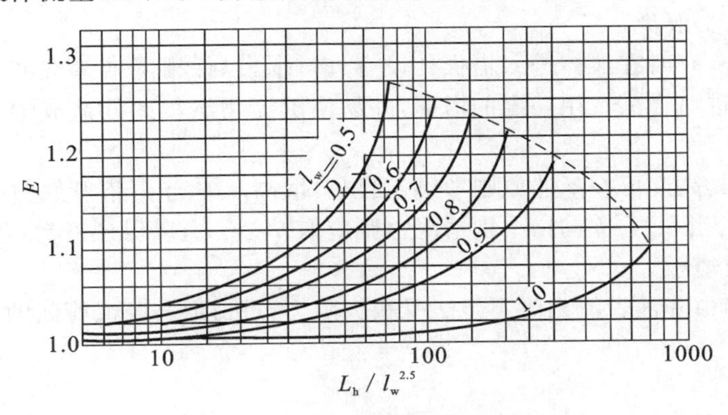

图 6-41　液流收缩系数计算图

根据设计经验，取 $E=1$ 时所引起的误差能满足工程设计要求。

求出 h_{ow} 后，即可按下式范围确定 h_w：

$$0.1\ m-h_{ow}\geqslant h_w\geqslant 0.05\ m-h_{ow} \tag{6-65}$$

在工业塔中，堰高 h_w 一般为 0.04 ～ 0.05 m；减压塔为 0.015 ～ 0.025 m；加压塔为 0.04 ～ 0.08 m，一般不宜超过 0.1 m。

(2) 弓形降液管的宽度和截面积。

弓形降液管的宽度 W_d 及截面积 A_f 可根据堰长与塔径之比 l_w/D 查图 6-42 计算。图中，A_f/A_T 为降液管截面积与塔截面积之比，W_d/D 为降液管宽度与塔径之比。

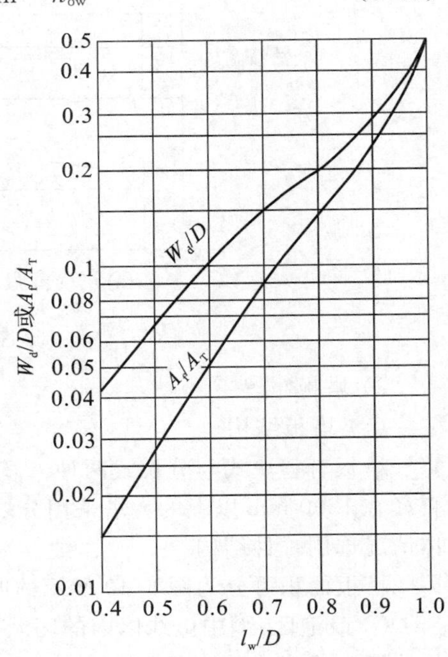

图 6-42　弓形降液管的宽度和面积

为了保证液体在降液管内有足够的停留时间，使液体中夹带的气泡得以分离，通常规定液体在降液管内的停留时间不应小于 5 s。对于高压下操作的塔及易起泡的系统，停留时间应更长些。当降液管截面积 A_f 确定后，应按下式验算降液管内液体的停留时间 θ：

$$\theta=\frac{3600A_fH_T}{L_h} \tag{6-66}$$

(3) 降液管底隙高度。

降液管底隙高度是指降液管下端与塔板间的距离，以 h_0 表示。h_0 应低于出口堰高度 h_w，这样才能保证降液管底端有良好的液封，一般采用

$$h_0 = h_w - 0.006 \text{ m} \tag{6-67}$$

h_0 也可按下式计算:

$$h_0 = \frac{L_h}{3600 l_w u_0'} \tag{6-68}$$

式中,u_0'为液体通过底隙时的流速,m/s。

根据经验,一般取 $u_0' = 0.07 \sim 0.25$ m/s。

降液管底隙高度一般不宜小于 25 mm,否则易于堵塞,或因安装偏差而使液流不畅,造成液泛。设计时对小塔 h_0 可取 25 ～ 30 mm,对大塔 h_0 取 40 mm 左右,最大可达 150 mm。

(4) 进口堰及受液盘。

在较大的塔中,有时在液体进入塔板处设有进口堰,以保证降液管的液封,并使液体在塔板上分布均匀。但进口堰需占用一定的塔面,并易使沉淀物淤积此处造成阻塞,故多数不采用进口堰。

若设进口堰,其高度可按下述原则考虑。当出口堰高 h_w 大于降液管底隙高度 h_0 时(一般情况),则取 $h_w' = h_w$。当 $h_w < h_0$ 时(个别情况),则应取 $h_w' > h_0$,以保证液封,避免气体走短路经降液管而升至上层塔板。

为了保证液体由降液管流出时不至于受很大阻力,进口堰与降液管间的水平距离 h_1 不小于 h_0,即

$$h_1 \geqslant h_0 \tag{6-69}$$

受液盘有平受液盘和凹形受液盘两种形式,如图 6-43 所示。凹形受液盘既可在低液量时形成良好的液封,又有改变液体流向的缓冲作用,并便于液体从侧线抽出。对于 ϕ800 mm 以上的塔,多采用凹形受液盘。凹形受液盘不适于易聚合及有悬浮固体的情况,因易造成死角而堵塞。

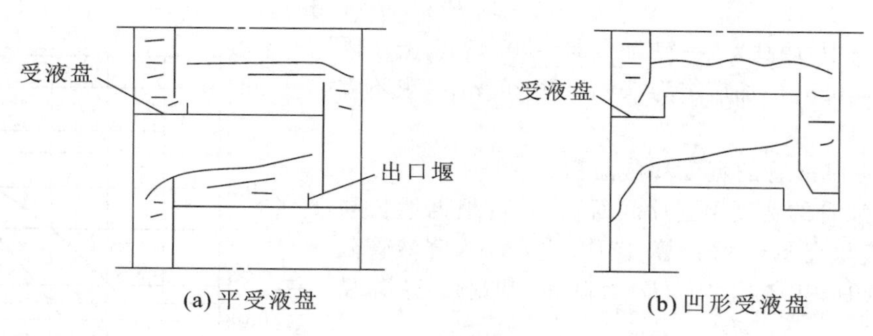

图 6-43　受液盘示意图

3) 塔板布置

(1) 塔板结构。

塔板有整块式与分块式两种。一般情况下,直径在 800 mm 以内的小塔采用整块式塔板;直径在 1200 mm 以上的大塔采用分块式塔板;直径在 800～1200 mm 时,可根据制造与安装具体情况选用一种结构。

塔板面积可分为图 6-40 所示的四个区域。

① 鼓泡区:图中虚线以内的区域为鼓泡区。塔板上气液接触构件(浮阀)设置在此区域内,故此区为气液传质的有效区域。

② 溢流区:降液管及受液盘所占的区域称为溢流区。

③ 破沫区:鼓泡区与溢流区之间的区域称为破沫区,也称安定区。此区域内不装浮阀,在

液体进入降液管之前，设置安定区，以免液体大量夹带泡沫进入降液管。安定区宽度 W_s 可按下述范围选取，即

当 $D < 1.5$ m 时，$W_s = 60 \sim 75$ mm；

当 $D > 1.5$ m 时，$W_s = 80 \sim 110$ mm；

直径小于 1 m 的塔，W_s 可适当减小。

④ 无效区：也称边缘区，靠近塔壁的部分需要留出一圈边缘区域，以供支撑塔板的边梁之用。宽度 W_c 按具体需要而定，小塔为 30～50 mm，大塔可达 50～75 mm。为防止液体流经无效区时产生短路现象，可在塔板上沿塔壁设置挡板。

为便于设计和加工，塔板的结构参数已逐渐系列标准化。设计时应参考塔板结构参数的系列化标准。

(2) 浮阀的数目与排列。

当浮阀塔塔板上所有浮阀处于刚刚全开时，操作性能为最好，塔板的压降比较小，操作弹性较大。浮阀的开度与阀孔处气相的动压有关。综合实验结果得知，可采用由气体速度与密度组成的动能因数 F 作为衡量气体流动时动压的指标。气体通过阀孔时的动能因数 F_0 为

$$F_0 = u_0 \sqrt{\rho_V} \tag{6-70}$$

式中，F_0 为气体通过阀孔时的动能因数，$kg^{1/2}/(s \cdot m^{1/2})$；$u_0$ 为气体通过阀孔时的速度，m/s；ρ_V 为气体密度，kg/m^3。

对 F1 型浮阀（重阀）而言，当板上所有浮阀刚刚全开时，F_0 的数值一般在 $9 \sim 12$ 范围内。根据选定的 F_0 计算阀孔气速，即

$$u_0 = \frac{F_0}{\sqrt{\rho_V}} \tag{6-71}$$

由阀孔气速 u_0 计算每层板上的阀孔数 N，即

$$N = \frac{V_s}{\frac{\pi}{4} d_0^2 u_0} \tag{6-72}$$

式中，V_s 为气体的流量，m^3/s；d_0 为阀孔直径，$d_0 = 0.039$ m。

浮阀在塔板鼓泡区内的排列有正三角形与等腰三角形两种方式。按照阀孔中心连线与液流方向的关系又有顺排和叉排之分，如图 6-44 所示。对整块式塔板，多采用正三角形叉排，孔心距 t 为 $75 \sim 125$ mm；对于分块式塔板，多采用等腰三角形叉排，此时常把同一横排的阀孔中心距 t 定为 75 mm，而相邻两排的中心距 t' 可取 65 mm、80 mm、100 mm 等几种尺寸。

同一排的阀孔中心距应大致符合以下关系：

等边三角形排列
$$t = d_0 \sqrt{\frac{0.907 A_a}{A_0}} \tag{6-73}$$

等腰三角形排列
$$t = \frac{A_a}{N t'} \tag{6-74}$$

式中，d_0 为阀孔直径，m；A_0 为阀孔总面积，$A_0 = \frac{V_s}{u_0}$，m^2；A_a 为鼓泡区面积，m^2；t 为同一排的阀孔中心距，m；t' 为相邻两排阀孔中心线的距离，m；N 为阀孔总数。

对单溢流塔板，鼓泡区面积 A_a 可按下式计算：

$$A_a = 2\left(x\sqrt{R^2 - x^2} + \frac{\pi}{180^\circ} R^2 \arcsin \frac{x}{R}\right) \tag{6-75}$$

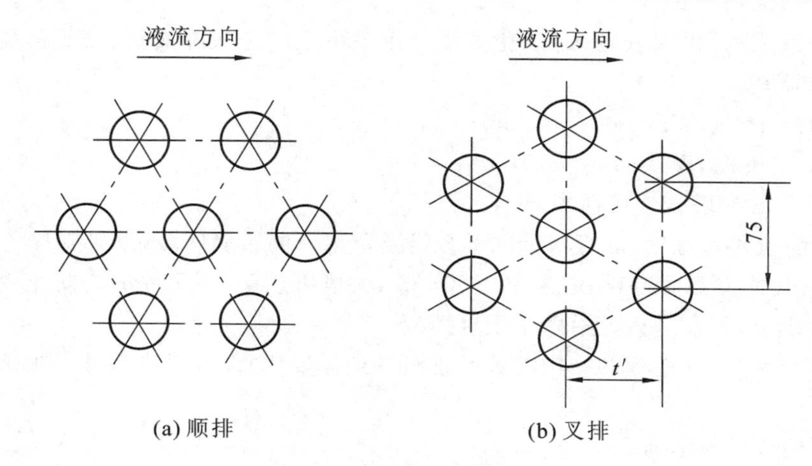

(a) 顺排 (b) 叉排

图 6-44 浮阀的排列方式

式中,$x=\dfrac{D}{2}-(W_d+W_s)$,m;$R=\dfrac{D}{2}-W_c$,m;$\arcsin\dfrac{x}{R}$ 是以角度数表示的反正弦三角函数值。

根据孔距 t 可以确切排出鼓泡区内的阀孔总数。若此数与前面算得的浮阀数相近,则按此阀孔数目重算阀孔气速,并核算阀孔动能因数 F_0 是否仍在 9～12 范围内。若超出这个范围,需要调整孔距,重新排出阀孔数,直至满足要求。

单层塔板上的阀孔总面积与塔截面积之比称为开孔率。开孔率也是空塔气速与阀孔气速之比。塔板的工艺尺寸计算完毕,应核算塔板开孔率。对常压塔或减压塔,开孔率在 10%～14%;对加压塔,开孔率常小于 10%。

3. 浮阀塔板的流体力学验算

塔板流体力学验算的目的在于检验初步设计是否合理。若验算中发现有不理想的地方,需对有关工艺尺寸进行调整,直到满足要求为止。流体力学验算的内容包括塔板的压降、液泛、雾沫夹带、漏液等。

1) 气体通过浮阀塔板的压降

通常把气体通过单层浮阀塔板的压降折合成塔内液体的液柱高度,即

$$h_p=h_c+h_l+h_\sigma \tag{6-76}$$

其中 $$h_p=\frac{\Delta p_p}{\rho_L g},\quad h_c=\frac{\Delta p_c}{\rho_L g},\quad h_l=\frac{\Delta p_l}{\rho_L g},\quad h_\sigma=\frac{\Delta p_\sigma}{\rho_L g}$$

式中,Δp_p、h_p 分别为气体通过一层浮阀塔板的压降(Pa)及相当于液柱的高度(m);Δp_c、h_c 分别为气体克服干板阻力所产生的压降(Pa)及相当于液柱的高度(m);Δp_l、h_l 分别为气体克服板上充气液层的静压力所产生的压降(Pa)及相当于液柱的高度(m);Δp_σ、h_σ 分别为气体克服液体表面张力所产生的压降(Pa)及相当于液柱的高度(m)。

(1) 干板阻力。

气体通过浮阀塔板的干板阻力在浮阀全部开启前后有着不同的规律。板上所有浮阀刚好全部开启时,气体通过阀孔的速度称为临界空速,以 u_{oc} 表示。

对 F1 型重阀,可用以下经验公式求取 h_c 值:

阀全开前($u_0<u_{oc}$)

$$h_c=19.9\times\frac{u_0^{0.175}}{\rho_L} \tag{6-77}$$

阀全开后($u_0 \geqslant u_{oc}$)

$$h_c = 5.34 \times \frac{\rho_V u_0^2}{2\rho_L g} \tag{6-78}$$

联立上面两式，得

$$u_{oc} = \sqrt[1.825]{73.1/\rho_V} \tag{6-79}$$

式中，u_0 为阀孔气速，m/s；ρ_L、ρ_V 分别为液体、气体的密度，kg/m^3。然后将算出的 u_{oc} 与由式(6-71) 算出的 u_0 相比较，便可选定式(6-77) 及式(6-78) 中的一个来计算干板压降 h_c。

(2) 板上充气液层阻力。

一般用下面的经验公式计算 h_l 值：

$$h_l = \varepsilon_0 h_L \tag{6-80}$$

式中，ε_0 为反映板上液层充气程度的因数，称为充气因数，无量纲。液相为水时，$\varepsilon_0 = 0.5$；液相为油时，$\varepsilon_0 = 0.2 \sim 0.35$；液相为碳氢化合物时，$\varepsilon_0 = 0.4 \sim 0.5$。

(3) 液体表面张力所造成的阻力

$$h_\sigma = \frac{2\sigma}{h\rho_L g} \tag{6-81}$$

式中，σ 为液体的表面张力，N/m；h 为浮阀的开度，m。

浮阀塔的 h_σ 值通常很小，计算时可以忽略。

2) 液泛

为使液体能由上层塔板稳定地流入下层塔板，降液管内必须维持一定高度的液柱。降液管内的清液层高度 H_d 用来克服相邻两层塔板间的压降、板上液层阻力和液体流过降液管的阻力。因此，H_d 用下式表示：

$$H_d = h_p + h_l + h_d \tag{6-82}$$

式中，h_p 为上升气体通过单层塔板压降所相当的液柱高度，m；h_l 为板上液层高度，m；h_d 为与液体流过降液管的压降相当的液柱高度，m。

式(6-82) 等号右端各项中，h_p 可由式(6-76) 计算，h_l 为已知数。流体流过降液管的压降主要是由降液管底隙处的局部阻力造成的，h_d 可按下面的经验公式计算：

塔板上不设进口堰时

$$h_d = 0.153\left(\frac{L_s}{l_w h_0}\right)^2 = 0.153\,(u_0')^2 \tag{6-83}$$

塔板上设有进口堰时

$$h_d = 0.2\left(\frac{L_s}{l_w h_0}\right)^2 = 0.2\,(u_0')^2 \tag{6-84}$$

式中，L_s 为液体流量，m^3/s；L_w 为堰长，m；h_0 为降液管底隙高度，m；u_0' 为液体通过降液管底隙时的流速，m/s。

实际降液管中液体和泡沫的总高度大于按式(6-82) 算出的降液管中当量清液层高度 H_d。为了防止液泛，应保证降液管中泡沫液体总高度不超过上层塔板的出口堰，因此

$$H_d \leqslant \phi(H_T + h_w) \tag{6-85}$$

式中，ϕ 为考虑到降液管内充气及操作安全两种因素的校正系数，对于一般的物系，取 0.3～0.4，对于不易发泡的物系，取 0.6～0.7。

3) 雾沫夹带

通常用操作时的空塔气速与发生液泛时的空塔气速的比值作为估算雾沫夹带量的指标，此比值称为泛点百分数，或称泛点率。为了保证雾沫夹带量达到规定的指标，即 $e_V <$ 0.1 kg(液)/kg(气)，不同塔的泛点率如下：大塔，泛点率 $<$ 80%；直径 0.9 m 以下的塔，泛点率 $<$ 70%；减压塔，泛点率 $<$ 75%。

泛点率可按下面的经验公式计算：

$$泛点率 = \frac{V_s\sqrt{\dfrac{\rho_V}{\rho_L - \rho_V}} + 1.36L_sZ_L}{KC_FA_b} \times 100\% \tag{6-86}$$

或

$$泛点率 = \frac{V_s\sqrt{\dfrac{\rho_V}{\rho_L - \rho_V}}}{0.78KC_FA_T} \times 100\% \tag{6-87}$$

式中，Z_L 为板上液体流经长度，m，对单溢流塔板，$Z_L = D - 2W_d$，其中 D 为塔径，W_d 为弓形降液管宽度；A_b 为板上液流面积，m^2，对单溢流塔板，$A_b = A_T - 2A_f$，其中 A_T 为塔截面积，A_f 为弓形降液管截面积；C_F 为泛点负荷系数，可根据气相密度 ρ_V 及板间距 H_T 由图 6-45 中查得；K 为物性系数，其值见表 6-6。

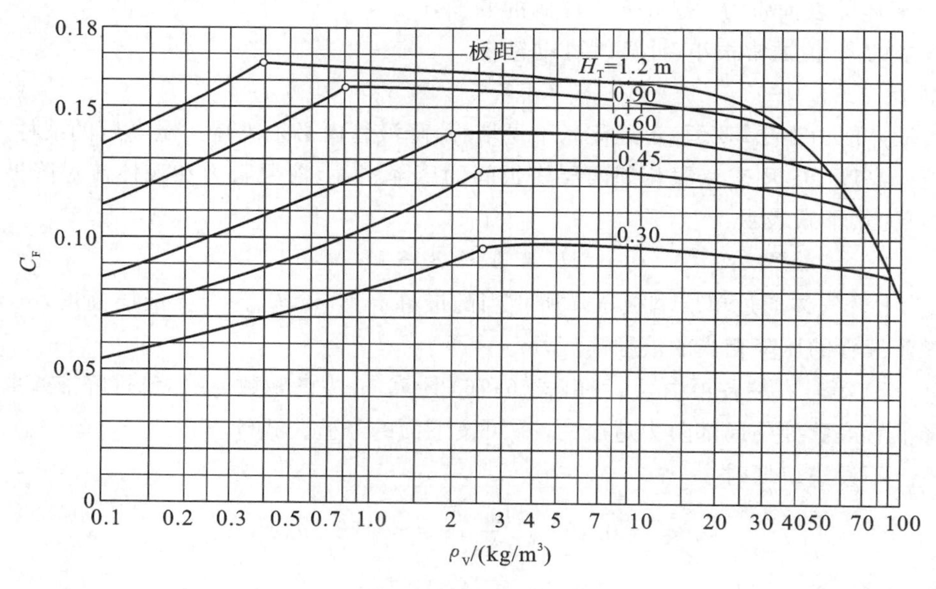

图 6-45　泛点负荷系数

表 6-6　物性系数 K

系统	物性系数 K	系统	物性系数 K
无泡沫，正常系统	1.0	多泡沫系统(如胺及乙二胺吸收塔)	0.73
氟化物(如 BF_3、氟利昂)	0.9	严重发泡系统(如甲乙酮装置)	0.6
中等发泡系统(如油吸收塔、胺及乙二醇再生塔)	0.85	形成稳定泡沫的系统(如碱再生塔)	0.3

一般按式(6-86)及式(6-87)分别计算泛点率，取其中大者为计算的依据。若上两式之

一算得的泛点率不在规定的范围以内，则应适当调整有关参数，如板间距、塔径等，并重新计算。

4）漏液

在正常操作下，溢流塔板上的液体是通过降液管逐板流动的，仅有少量的液体可能从塔板开孔中漏下。当上升气体流速过小，气体的动能不足以阻止液体经孔道下流时，便出现了漏液现象。此外，板面上液面落差所引起的气流分布不匀，也是造成漏液现象的原因。为保证正常操作，漏液量应不大于液体流量的 10%。对于浮阀塔板，取阀孔动能因数 $F_0 = 5 \sim 6$ 作为控制漏液量的操作下限，此时，漏液量接近 10%。漏液量达到 10% 时的气速为漏液气速，也是塔操作的下限气速。

5）液面落差

液面落差一般控制在小于干板压降值的一半。如果液面落差过大，将引起气流的不均匀分布，从而造成漏液，塔板效率严重降低。液面落差与塔板结构、塔径及液体流量有关，当塔径和液体流量过大时，液面落差也增大。对于直径大的塔板，采用双溢流、阶梯流等溢流形式以降低液面落差。

流体力学验算结束后，还应绘出负荷性能图，计算塔板操作弹性。

思　考　题

6-1　全回流的特点是什么？有何意义？何为最小回流比？怎样计算最小回流比？如何确定适宜回流比？

6-2　如何理解理论塔板的概念和恒摩尔流假设？

6-3　塔板负荷性能图由哪几条线组成？负荷性能图的意义是什么？

6-4　评价塔板性能的主要指标有哪些？

习　　题

6-1　苯和甲苯的饱和蒸气压数据如表 6-7 所示。根据表中数据作 101.33 kPa 下苯和甲苯溶液的 t-x-y 图及 x-y 图。设此溶液服从拉乌尔定律。

表 6-7　习题 6-1 附表

温度 /℃	苯的饱和蒸气压 p_A°/kPa	甲苯的饱和蒸气压 p_B°/kPa	温度 /℃	苯的饱和蒸气压 p_A°/kPa	甲苯的饱和蒸气压 p_B°/kPa
80.2	101.33	39.99	100	179.19	74.53
84.1	113.59	44.4	104	199.32	83.33
88.0	127.59	50.6	108	211.19	93.93
92.0	143.72	57.6	110.4	233.05	101.33
96.0	160.52	65.66			

6-2　已知某精馏塔塔顶蒸气的温度为 80 ℃，经全凝器冷凝后的馏出液中苯的组成为 0.90（易挥发组分的摩尔分数），试求该塔塔顶的操作压力。溶液中纯组分的饱和蒸气压可用安托尼公式计算，即

$$\lg p^\circ = A - \frac{B}{t + C} \quad (p^\circ, \mathrm{mmHg}; t, ℃)$$

式中苯和甲苯的常数见表 6-8。

表 6-8　习题 6-2 附表

组分	A	B	C
苯	6.898	1206.35	220.24
甲苯	6.953	1343.94	219.58

【答案：$p = 87.41$ kPa】

6-3　苯和甲苯在 92 ℃ 时的饱和蒸气压分别为 143.73 kN/m^2 和 57.6 kN/m^2。求：苯的摩尔分数为 0.4、甲苯的摩尔分数为 0.6 的混合液在 92 ℃ 时各组分的平衡分压、系统压力及平衡蒸气组成。此溶液可视为理想溶液。

【答案：$p_A = 57.49$ kPa，$p = 92.052$ kPa，$y_A = 0.625$】

6-4　由正庚烷和正辛烷组成的溶液在常压连续精馏塔中进行分离。混合液的质量流量为 5000 kg/h，其中正庚烷的含量为 30%(摩尔分数，下同)，塔顶正庚烷的回收率为 88%，釜液中正庚烷含量不高于 5%。试求馏出液的摩尔流量及摩尔分数。

【答案：$D = 12.75$ kmol/h，$x_D = 0.943$】

6-5　用连续精馏塔每小时处理 100 kmol 含苯 40%(摩尔分数，下同) 和甲苯 60% 的混合物，要求馏出液中含苯 90%，残液中含苯 1%，求：(1) 馏出液和残液的流率(以 kmol/h 计)；(2) 饱和液体进料时，若塔釜的汽化量为 132 kmol/h，写出精馏段操作线方程。

【答案：(1) $D = 43.8$ kmol/h，$W = 56.2$ kmol/h；(2) $y = 0.667x + 0.3$】

6-6　欲将 65000 kg/h 含苯 45%、甲苯 55%(质量分数，下同) 的混合液在连续精馏塔内加以分离，已知馏出液和釜液中的质量要求分别为含苯 95% 和 2%，求馏出液和釜液的摩尔流量以及苯的回收率。

【答案：$D = 382.4$ kmol/h，$W = 381.2$ kmol/h，$\eta = 97.6\%$】

6-7　将含易挥发组分 0.24(摩尔分数，下同) 的某液体混合物送入连续精馏塔中。要求馏出液中易挥发组分含量为 0.95，釜液中易挥发组分含量为 0.03。送至冷凝器的蒸气摩尔流量为 850 kmol/h，流入精馏塔的回流液为 670 kmol/h。试求：(1) 每小时能获得多少千摩尔的馏出液？多少千摩尔的釜液？(2) 回流比 R 为多少？

【答案：(1) $D = 180$ kmol/h，$W = 609$ kmol/h；(2) $R = 3.72$】

6-8　氯仿($CHCl_3$)和四氯化碳(CCl_4)的混合物在连续精馏塔中分离。塔顶采用全凝器。馏出液中氯仿的浓度为 0.95(摩尔分数)，馏出液流量为 50 kmol/h，平均相对挥发度 $\alpha = 1.6$，回流比 $R = 2$。氯仿与四氯化碳混合液可视为理想溶液。求：(1) 塔顶第 2 块塔板上升的气相组成；(2) 精馏段各板上升蒸气量 V 及下降液体量 L(以 kmol/h 表示)。

【答案：(1) $y_2 = 0.93$；(2) $V = 150$ kmol/h，$L = 100$ kmol/h】

6-9　某连续精馏塔为泡点进料。已知操作线方程如下：

精馏段　　$y = 0.8x + 0.172$

提馏段　　$y = 1.3x - 0.018$

试求原料液、馏出液、釜液的组成及回流比。

【答案：$R = 4$，$x_D = 0.86$，$x_W = 0.06$，$x_F = 0.38$】

6-10　对习题 6-6 中的苯-甲苯溶液进行分离。已知泡点回流，回流比取 3。试求：(1) 精馏段的气液相流量和精馏段操作线方程；(2) 泡点进料时提馏段的气液相流量和提馏段操作线方程。

【答案：(1) $V = 1529.6$ kmol/h，$L = 1147.2$ kmol/h，$y = 0.75x + 0.2393$；(2) $L' = 1910.8$ kmol/h，$V' = 1529.6$ kmol/h，$y = 1.249x - 0.00586$】

6-11　用精馏塔分离二元理想混合物，塔顶为全凝器冷凝，泡点下回流，原料液中含轻组分 0.5(摩尔分数，下同)，操作回流比取最小回流比的 1.4 倍，所得塔顶产品组成为 0.95，釜液组成为 0.05。原料液的处理量为 100 kmol/h，原料液的平均相对挥发度为 3，若进料时蒸气量占一半，试求：(1) 提馏段上升蒸气量；(2) 自塔顶第 2 块塔板上升的蒸气组成。

【答案：(1) $V' = 86.1$ kmol/h；(2) $y_2 = 0.88$】

6-12　在连续精馏塔中将甲醇 0.30(摩尔分数，下同) 的水溶液进行分离，以便得到含甲醇 0.95 的馏出液及 0.03 的釜液。操作压力为常压，回流比为 1.0，进料为泡点液体，试求：(1) 理论塔板数及加料板位置；(2) 若原料为 40 ℃ 的液体，其他条件相同，求所需理论塔板数及加料板位置。常压下甲醇和水的平衡数据如表 6-9 所示。

表 6-9 习题 6-12 附表

温度 /℃	液相中甲醇摩尔分数	气相中甲醇摩尔分数	温度 /℃	液相中甲醇摩尔分数	气相中甲醇摩尔分数
100	0	0	75.3	0.400	0.729
96.4	0.020	0.134	73.1	0.500	0.779
93.5	0.040	0.234	71.2	0.600	0.825
91.2	0.060	0.304	69.3	0.700	0.870
89.3	0.080	0.365	67.6	0.800	0.915
87.7	0.100	0.418	66.0	0.900	0.958
84.4	0.150	0.517	65.0	0.950	0.979
81.7	0.200	0.579	64.5	0.100	1.000
78.0	0.300	0.665			

6-13 习题 6-4 中，若进料为泡点液体，回流比为 3.5，求理论塔板数及加料板位置。常压下正庚烷、正辛烷的平衡数据如表 6-10 所示。

表 6-10 习题 6-13 附表

温度 /℃	液相中正庚烷摩尔分数	气相中正庚烷摩尔分数
98.4	1.000	1.000
105	0.656	0.810
110	0.487	0.673
115	0.311	0.491
120	0.157	0.280
125.6	0	0

6-14 用常压连续精馏塔分离含苯 0.4 的苯-甲苯混合液。要求馏出液中含苯 0.97，釜液中含苯0.02(以上均为质量分数)，操作回流比为 2，饱和液体进料，平均相对挥发度为 2.5，用简捷法计算所需理论塔板数。

【答案：$N = 14$(不包括塔釜)】

6-15 在连续精馏塔中分离二元理想混合液。原料液为饱和液体，其组成为 0.5，要求塔顶馏出液组成不小于 0.95，釜残液组成不大于 0.05(以上均为易挥发组分的摩尔分数)。塔顶蒸气先进入分凝器，所得冷凝液全部作为塔顶回流，而未凝的蒸气进入全凝器，全部冷凝后作为塔顶产品。全塔平均相对挥发度为 2.5，操作回流比 $R = 1.5R_{\min}$。当馏出液流量为 100 kmol/h 时，试求：(1) 塔顶第 1 块理论塔板上升的蒸气组成；(2) 提馏段上升的气体量。

【答案：(1) $y_1 = 0.909$；(2) $V' = 265$ kmol/h】

6-16 用连续精馏塔分离由组分 A、B 所组成的理想混合液。原料液中含 A0.44，馏出液中含 A0.957(以上均为摩尔分数)。已知溶液的平均相对挥发度为 2.5，最小回流比为 1.63，说明原料液的热状况，并求出 q 值。

【答案：$q = 0.675$】

6-17 在连续精馏塔中分离两组分理想溶液，原料液组成为 0.5(易挥发组分摩尔分数，下同)，泡点进料。塔顶采用分凝器和全凝器，分凝器向塔内提供泡点回流液，其组成为 0.88，从全凝器中出来的为塔顶产品，其组成为 0.95。要求易挥发组分的回收率为 96%，并测得离开塔顶第 1 块理论塔板的液相组成为 0.79，试求：(1) 操作回流比为最小回流比的倍数；(2) 若馏出液流量为 50 kmol/h，求所需的原料流量。

【答案：(1) $R/R_{\min} = 1.538$；(2) $F = 99$ kmol/h】

6-18 在连续精馏塔中分离苯-甲苯溶液，塔顶采用全凝器，泡点回流，塔釜采用间接蒸汽加热。含轻组分苯为 0.35 的原料液以饱和蒸气状态加入塔中部，流量为 100 kmol/h，塔顶产品流量为 40 kmol/h，组成为 0.8，系统的相对挥发度为 2.5。当回流比 4 时，试求：(1) 塔底第 1 块塔板的液相组成；(2) 若塔顶第 1 块塔板下降的液相组成为 0.7,该板的气相莫弗里板效率。 【答案:(1) $x = 0.128$;(2) $E_{MV} = 0.6$】

6-19 在连续精馏塔中分离苯-甲苯混合液。在全回流条件下,测得相邻塔板上液体组成分别为 0.28、0.41 和 0.57,试求三层塔板中下面两层的单板效率。

在操作条件下,苯-甲苯的平衡数据如下:

x	0.26	0.38	0.51
y	0.45	0.60	0.72

【答案:$E_{MV}(n) = 0.74$,$E_{MV}(n+1) = 0.64$】

6-20 在具有 30 块实际塔板的常压连续精馏塔中回收丙酮含量为 0.75(摩尔分数,下同)的废丙酮溶液。塔顶采用全凝器,泡点回流,塔底再沸器间接加热,物系的平均相对挥发度为 2.0。现场测得一组数据如下:馏出液丙酮含量 0.96,釜液丙酮含量 0.04;精馏段气相负荷 60 kmol/h,液相负荷 40 kmol/h;提馏段气相负荷 60 kmol/h,液相负荷 66 kmol/h。试求:(1) 丙酮的回收率;(2) 进料的热状况;(3) 精馏塔的总板效率。 【答案:(1) $\eta_D = 98.46\%$;(2) 泡点进料;(3) $E_T = 45.5\%$】

6-21 拟设计板式精馏塔用来提纯甲醇溶液。泡点进料,塔顶和塔釜温度分别为 65.4 ℃ 和 102 ℃,塔顶和塔釜压力分别为 104 kPa 和 114 kPa,板间距为 0.5 m,气相负荷为 80 kmol/h,空塔气速为 0.82 m/s,理论塔板数为 10,全塔效率为 50%。试求精馏塔的有效高度和塔径。 【答案:$Z = 9.5$ m,$D = 1.0$ m】

6-22 在常压连续精馏塔中分离苯-氯苯混合液。进料量为 100 kmol/h,苯含量为 0.46(摩尔分数,下同),泡点进料。釜液苯含量为 0.045。塔顶采用全凝器,泡点回流,且塔顶温度为 80.5 ℃,冷却水通过全凝器的温升为 12 ℃。塔底采用间接蒸汽加热,蒸汽压力为 500 kPa。精馏段操作线方程为 $y = 0.72x + 0.275$。试求冷凝器中冷却水用量和再沸器中加热蒸汽用量。已知:苯和氯苯的汽化潜热分别为 393.9 kJ/kg 和 325 kJ/kg;水的比热容可取 4.2 kJ/(kg·℃),500 kPa 水的汽化潜热为 2113 kJ/kg。

【答案:$W_c = 9.68 \times 10^4$ kg/h,$W_h = 2\,706$ kg/h】

本章主要符号说明

符号	意义	单位	符号	意义	单位
A_a	塔板鼓泡区面积	m²	A_b	板上液流面积	m²
A_b	降液管截面积	m²	A_0	阀孔总面积	m²
A_T	塔截面积	m²	A_f	降液管截面积	m²
C	负荷系数		a	质量分数	
c	比热容	kJ/(kmol·℃)	C_F	泛点负荷系数	
D	塔内径	m	D	塔顶产品流量	kmol/h
E_M	单板效率	%	E	液流收缩系数	
E_T	总板效率(全塔效率)	%	E_0	点效率	%
I	物质的焓	kJ/kg	e_V	雾沫夹带量	kg(液)/kg(气)
m	提馏段理论塔板数		L	塔内下降的液体流量	kmol/h
n	精馏段理论塔板数		M	摩尔质量	kg/kmol
p	组分分压	Pa 或 kPa	N	理论塔板数	
q	进料状况参数		p	总压或外压	Pa 或 kPa
r	汽化潜热	kJ/kg	Q	热负荷或传热速率	kJ/s 或 kW
t	温度	℃	R	回流比	

符号	意义	单位	符号	意义	单位
u	气体空塔速度	m/s	T	热力学温度	K
W	塔底产品(釜液)流量	kmol/h	V	塔内上升蒸气的流量	kmol/h
y	气相易挥发组分的摩尔分数		x	液相易挥发组分的摩尔分数	
希腊字母					
α	相对挥发度		ρ	密度	kg/m^3
ν	组分挥发度	Pa	ρ_L	液相密度	kg/m^3
μ	相数		ρ_V	气相密度	kg/m^3
μ	黏度	Pa·s			
下标					
A	易挥发组分		B	难挥发组分	
B	再沸器		C	冷却或冷凝	
D	馏出液		F	原料液	
L	液相		m	平均	
m	提馏段塔板		min	最小或最少	
n	精馏段塔板		o	标准状况	
p	实际的		q	进料状况	
T	理论的		V	气相	
W	釜液				
上标					
°	纯态		*	平衡状态	
′	提馏段				

第7章　吸　　收

学习要求

通过本章学习，了解吸收操作在生产上的应用与地位，掌握吸收操作的基本原理及相关概念、低浓度气体吸收过程的计算方法；了解吸收操作基本设备（本章主要介绍填料吸收塔）的结构、工作原理及性能评价。

具体学习要求：熟练掌握气体吸收过程的平衡关系和速率关系；掌握亨利定律和菲克定律及其应用；掌握低浓度气体吸收过程的计算；了解解吸过程；了解填料的类型，填料塔的结构、流体力学特性与操作特性。

7.1　概　　述

吸收是工业生产中分离气体混合物的常用方法之一。气体混合物与适当的液体接触后，由于混合气中各组分在该液体中的溶解度不同，气体中易溶组分溶解于液体中，而其他组分仍留在气体中，从而实现气体混合物的分离。

用于吸收气体组分的液体称为吸收剂或溶剂；混合气体中，被溶解的组分称为吸收质或溶质；不被溶解的组分称为惰性气体或载体；所得溶液称为吸收液，其成分含溶剂与溶质；排放的气体称为吸收尾气或净化气，在吸收剂挥发度很小的情况下，尾气主要含惰性气体和少量的溶质。吸收过程中，溶质溶解到吸收剂中，物质从一相（气相）转移到另一相（液相）。这种物质在相间的转移过程称为质量传递过程，简称传质。因此，吸收属于传质单元操作过程。

7.1.1　吸收在工业生产中的应用

吸收操作主要应用于工业生产中气体混合物的分离，其具体应用大致分为以下几种。

（1）净化生产过程中的原料气。如用水或乙醇胺除去合成氨原料气中的 CO_2，用碳酸钾除去合成氨原料气中的 H_2S 等。

（2）回收混合气中的有用组分。如用洗油回收焦炉气中的芳烃（如苯、甲苯、二甲苯等），用硫酸回收焦炉气中的氨。

（3）制备某种气体的溶液。如制酸工业中，用水吸收混合气中 HCl、NO_x（氮氧化物）、SO_3 等，制取盐酸、硝酸、硫酸。

（4）工业废气的治理。如除去工业尾气中 H_2S、SO_2、NO_x（主要是 NO 及 NO_2）等，以免污染大气。随着地球环境问题的日益突出，目前对工业尾气治理的要求已越来越高。

在实际生产过程中，以上目的往往兼而有之。

7.1.2　吸收的分类

工业吸收情况多种多样，从不同角度大致可以分为如下几类。

1. 物理吸收与化学吸收

吸收过程中，溶质与吸收剂不发生显著的化学反应，仅是气体溶质单纯地溶解于吸收剂中，称为物理吸收。

若溶质依靠化学反应被吸收剂吸收，则称为化学吸收。化学吸收由于消耗了液相中的溶质，因此吸收更加充分，加之化学反应对溶质的选择性高，因此在工业生产中化学吸收的应用较多。但化学反应使吸收剂的再生变得困难。

2. 单组分吸收与多组分吸收

混合气中只有一种组分溶解于吸收剂，称为单组分吸收。若有两种或两种以上的组分溶解于吸收剂，则称为多组分吸收。

3. 等温吸收与非等温吸收

气体溶解于吸收剂时，放出溶解热，若发生化学反应，还会放出反应热，因此，吸收过程存在温度的变化。温度变化明显的吸收过程称为非等温吸收。被吸收组分在气相中浓度很低而吸收剂用量相对较大时，吸收过程的温度变化可以忽略，该吸收过程称为等温吸收。

4. 低浓度气体吸收与高浓度气体吸收

在吸收过程中，发生传质的量较小时，对气相与液相的流量影响均不大，此类型的吸收称为低浓度气体吸收；反之，称为高浓度气体吸收。

本章重点讨论单组分低浓度等温物理吸收过程。

7.1.3 吸收设备与流程

吸收通常在塔设备中进行，塔设备可分为逐级接触式和连续接触式两类，如图 7-1 所示。逐级接触式以板式塔为代表，塔中安装带筛孔的塔板，气液两相在塔板上逐级接触传质，已在第 6 章中介绍。连续接触式以填料塔为代表，塔内装有填料，气液两相在填料中连续接触，发生传质过程。本章主要介绍填料塔。

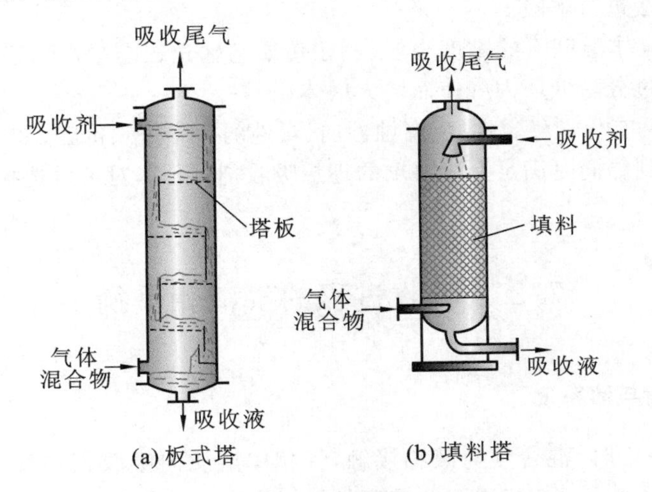

图 7-1 吸收塔

工业生产中，为满足不同要求，吸收流程往往多种多样，从塔内气液两相的流向上可分为逆流吸收与并流吸收，从塔的数目上可分为单塔吸收与多塔吸收，此外，还有用于特定条件下的部分溶剂循环吸收等。图 7-2 所示为多塔吸收流程。

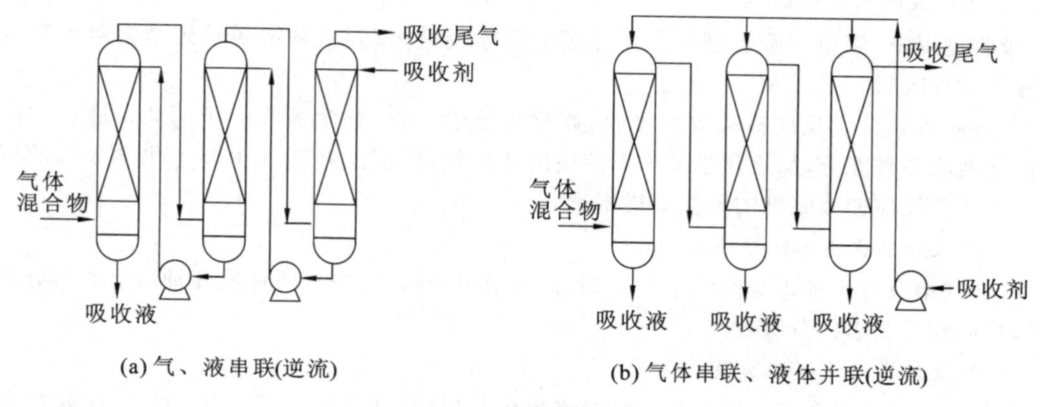

图 7-2 多塔吸收流程

7.1.4 吸收剂

选择合适的吸收剂是保证吸收过程既高效又经济的重要因素。通常对吸收剂的性能有如下要求。

(1) 吸收剂对溶质的溶解度大。吸收剂对溶质的溶解度越大,则吸收推动力越大,吸收速度越快,吸收剂的消耗量越少。

(2) 吸收剂对目标溶质有好的选择性。即吸收剂只对溶质有很强的吸收能力,对混合气中其他组分不吸收或吸收甚微。

(3) 吸收剂挥发度小。操作温度下吸收剂的挥发度小,可以减少吸收过程中吸收剂的损失,同时可避免向混合气中引入新杂质。

(4) 若吸收液不是产品,则吸收剂应易于解吸而再生,循环使用。通常可采用升温、减压、通入惰性气体等方法进行解吸。

(5) 吸收剂在操作温度下的黏度小,以利于传质与输送;比热容小,以降低再生时的耗热量;发泡性低,以免过分降低塔内气速而增大塔体积。

(6) 吸收剂应具有化学稳定性好、腐蚀性弱、毒性弱、不易燃、价廉、来源广泛等特点。

实际上很难找到能同时满足上述要求的理想吸收剂,因此,对可供选择的吸收剂应作综合考虑,合理选取。

7.2 吸收过程的气液相平衡

7.2.1 气液相平衡与溶解度

当温度、压力一定时,混合气与液相接触,气相中溶质向吸收剂传质。开始时,由于吸收剂内溶质含量低或不含溶质,溶质溶解速度较快;随着吸收剂中溶质含量的增加,溶质挥发速度逐渐增加;最后,溶解速度与挥发速度相等,气液两相达到平衡。此时,吸收剂中溶质的浓度将保持不变,该浓度称为溶质在液相中的平衡溶解度,简称为溶解度,气相中溶质的分压称为平衡分压。溶解度是一定温度、压力下气体溶质在吸收剂中的饱和浓度,因此它是吸收的极限。

对于单组分物理吸收体系，气液相平衡时，液相组成（即平衡溶解度）的影响因素可用相律进行分析。组分数 $c=3$（溶质、惰性气体、溶剂），相数 $\phi=2$（气、液），根据相律，自由度数 F 应为

$$F=c-\phi+2=3-2+2=3$$

即温度 t、总压 p 和气、液相组成四个变量中，有三个是自变量，另一个是它们的函数。故溶解度可表示为温度 t、总压 p 和气相组成（常用分压 p_A 表示）的函数，即

$$c_A^*=f(t,p,p_A) \tag{7-1}$$

1. 温度与分压对溶解度的影响

图7-3所示为总压一定时不同温度下 SO_2 在水中的溶解度曲线。纵坐标为溶解度，单位为 g/100 g(H_2O)。横坐标为气相中 SO_2 的平衡分压，单位为 kPa。可以看出，对于同一溶质，相同气相分压下，溶解度随温度升高而下降；相同温度下，溶解度随分压升高而增大。因此，加压与降温有利于吸收操作；反之，减压与升温则有利于解吸操作。

2. 总压对溶解度的影响

对于接近理想气体的低浓度低压混合气体，总压增大，惰性气体分压与溶质气体分压均相应增大，但由于惰性气体在组成上占绝对优势，而溶质气体浓度很低，总压的增加主要取决于惰性气体分压的增加，溶质气体分压的增加可以忽略。因此，溶质在吸收剂中的溶解度增加可以忽略。即在这种情况下，可以认为总压对溶解度没有影响。

对于浓度较高的混合气体，总压增大，惰性气体分压与溶质气体分压均相应增大，则溶质在吸收剂中的溶解度会增大。图7-4所示为20 ℃、不同总压下 SO_2 在水中的溶解度曲线，可以看出，当总压增大，而气相中 SO_2 的摩尔分数(y)不变时，SO_2 的分压增大，相应的液相中 SO_2 的摩尔分数(x)增大，即溶解度增大。

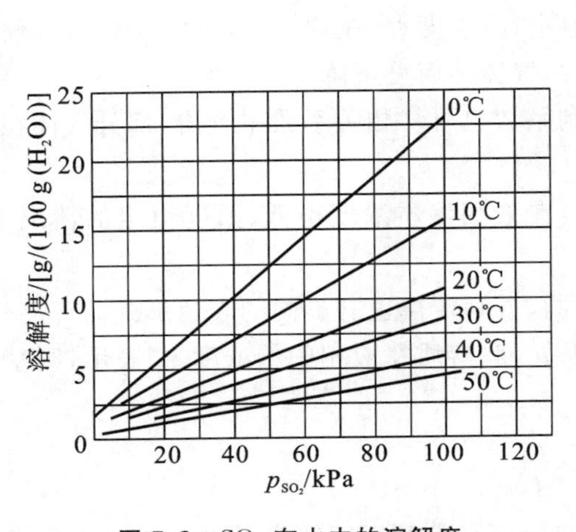

图7-3　SO_2 在水中的溶解度

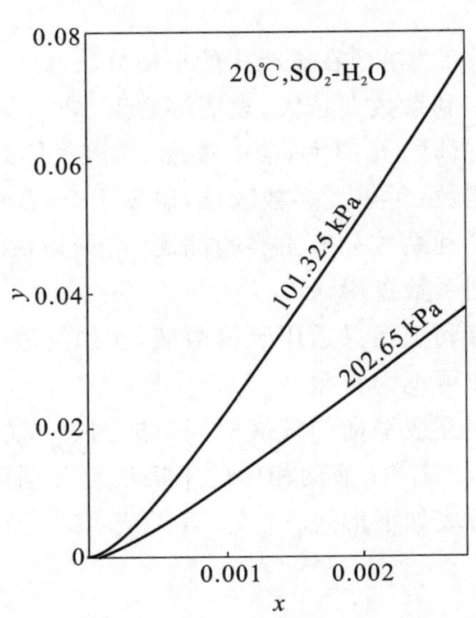

图7-4　SO_2 气液相平衡曲线

3. 不同气体在同一吸收剂中的溶解度

在相同的温度与分压下，不同气体的气液相平衡可以有很大的差异。溶解度很小的气体（如 O_2、CO_2）称为难溶气体，溶解度很大的气体（如 NH_3）称为易溶气体，而介于其间的（如

SO_2)称为溶解度适中的气体。图 7-5 所示为几种气体在水中的溶解度曲线。

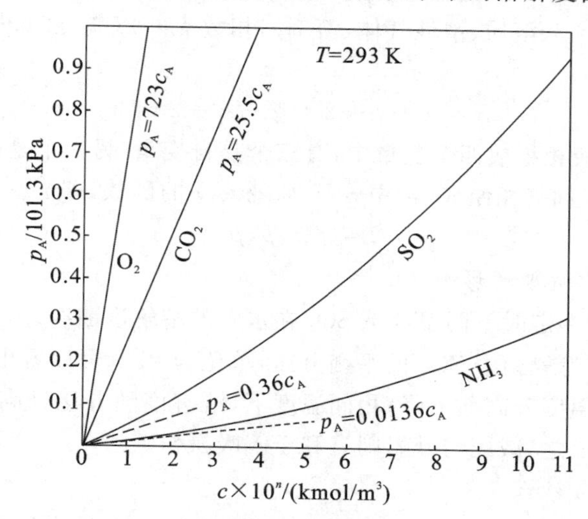

图 7-5　几种气体在水中的溶解度曲线

图 7-5 横坐标中,n 值分别为 3(O_2)、2(CO_2)、1(SO_2)、0(NH_3)。p_A 为气体分压。

7.2.2　亨利定律

对于稀溶液或难溶气体,在温度一定且总压不大(一般不超过 500 kPa) 的情况下,达到平衡时,溶质在气相中的分压与该溶质在液相中的浓度成正比。这一关系称为亨利(Henry) 定律,其比例系数为亨利系数,数学表达式为

$$p_A^* = Ex_A \tag{7-2}$$

式中,p_A^*为溶质在气相中的平衡分压,kPa;x_A 为溶质在液相中的摩尔分数;E 为亨利系数,kPa。

亨利系数 E 越大,表明溶解度越小,其值随物系的特性和体系的温度而异。在同一溶剂中,难溶气体的 E 值大,溶解度小;易溶气体的 E 值小,溶解度大。在物系一定时,亨利系数仅是温度的函数。对于大多数物系,温度上升,E 值增大,气体溶解度下降。

亨利系数一般由实验测定。常见物系的亨利系数也可从相关手册中查得,部分气体在水中的亨利系数见附录 I。

亨利定律只适用于稀溶液(理想溶液除外),在液相溶质浓度很低、温度恒定的情况下,亨利系数可视为常数。

因互成平衡的气液两相组成的表示方法不同,亨利定律也有不同的表达形式。

(1) 若气、液两相中的平衡浓度分别用分压 p_A^*和溶质在液相中的浓度 c_A 表示,则亨利定律可写成如下形式:

$$p_A^* = \frac{c_A}{H} \tag{7-3}$$

式中,p_A^*为溶质在气相中的平衡分压,kPa;c_A 为溶质在液相中的浓度,kmol/m³;H 为溶解度系数,kmol/(m³ · kPa)。

溶解度系数 H 值越大,表明在相同分压下的溶解度越大,气体越易溶。在稀溶液范围内,H 是温度的函数,当温度上升时,H 减小。

溶液总物质的量浓度 c 与溶液密度 ρ 的关系为

$$c = \frac{\rho}{M} \tag{7-4}$$

式中，ρ 为溶液的密度，kg/m^3；M 为溶液的平均摩尔质量，kg/kmol。

溶质在液相中的物质的量浓度 c_A 与溶质在液相中的摩尔分数 x_A 的关系为

$$c_A = cx_A \tag{7-5}$$

将式(7-4)和式(7-5)代入式(7-3)得

$$p_A^* = \frac{\rho}{HM}x_A \tag{7-6}$$

对于稀溶液，式(7-6))可近似为

$$p_A^* \approx \frac{\rho_s}{HM_s}x_A \tag{7-7}$$

式中，ρ_s 为溶剂的密度，kg/m^3；M_s 为溶剂的摩尔质量，kg/kmol。

比较式(7-2)和式(7-7)得

$$E \approx \frac{\rho_s}{HM_s} \tag{7-8}$$

式(7-8)为亨利系数与溶解度系数的关系式。

(2) 若溶质在气相和液相中的浓度分别用摩尔分数 y_A^*、x_A 表示，则亨利定律可写成

$$y_A^* = mx_A \tag{7-9}$$

式中，y_A^*为与液相平衡的气相中溶质的摩尔分数；x_A 为溶质在液相中的摩尔分数；m 为相平衡常数，无量纲。

当系统总压 p 不太大时，气体可以视为理想气体，根据道尔顿分压定律 $p_A = py_A$ 可得

$$y_A^* = \frac{p_A}{p}$$

将式(7-2)代入上式可得

$$y_A^* = \frac{p_A}{p} = \frac{E}{p}x_A$$

则

$$m = \frac{E}{p} \tag{7-10}$$

式中，p 为系统总压，kPa。

式(7-10)为相平衡常数 m 与亨利系数 E 的关系式。可见，随着总压的增大，相平衡常数 m 减小；随着温度的下降，E 值下降，相平衡常数 m 下降。当温度和压力一定时，m 值越大，该气体的溶解度越小。

吸收传质过程中，气相溶质不断溶解于吸收剂，使得气相总量不断减小，而液相总量不断增加，但惰性组分的流量与液相中溶剂的流量保持不变，因此，为计算方便，引出液相、气相摩尔比(物质的量比)的定义：

液相摩尔比

$$X_A = \frac{\text{液相中溶质的物质的量(kmol)}}{\text{液相中纯溶剂的物质的量(kmol)}} \tag{7-11}$$

气相摩尔比

$$Y_A = \frac{\text{气相中溶质的物质的量(kmol)}}{\text{气相中惰性组分的物质的量(kmol)}} \tag{7-12}$$

根据定义，摩尔分数与摩尔比的关系为

$$X_A = \frac{x_A}{1 - x_A}, \quad Y_A = \frac{y_A}{1 - y_A} \tag{7-13}$$

由上两式可得

$$x_A = \frac{X_A}{1+X_A}, \quad y_A = \frac{Y_A}{1+Y_A} \tag{7-14}$$

将式(7-14)代入式(7-9)得

$$Y_A^* = \frac{mX_A}{1+(1-m)X_A} \tag{7-15}$$

对于稀溶液,X_A 很小时,式(7-15)中分母约等于1,则可简化为

$$Y_A^* = mX_A \tag{7-16}$$

或

$$X_A^* = \frac{Y_A}{m} \tag{7-16a}$$

式(7-16)是亨利定律的又一种表达形式。它表明当稀溶液气液相平衡时,气液相摩尔比之间的关系近似为线性关系。当浓度超出亨利定律所适用的范围时,平衡关系可用曲线表示,也可将平衡关系整理为适用于一定范围的经验式,进行计算。

【例7-1】 实验测得在总压为101.3 kPa,温度为15 ℃时,100 g水中含SO_2 1.5 g,液面上SO_2的分压为12.3 kPa,若此溶液可视为稀溶液,试求此条件下的溶解度系数、亨利系数和相平衡常数。

解 $M_{SO_2} = 64$ g/mol,$M_{H_2O} = 18$ g/mol,根据已知条件,则液相中SO_2的摩尔分数

$$x_A = \frac{n_A}{n_A + n_B} = \frac{\frac{1.5}{64}}{\frac{1.5}{64} + \frac{100}{18}} = 4.2 \times 10^{-3}$$

平衡时气相中SO_2的摩尔分数

$$y_A^* = \frac{p_A}{p} = \frac{12.3}{101.3} = 0.12$$

相平衡常数
$$m = \frac{y_A^*}{x_A} = \frac{0.12}{4.2 \times 10^{-3}} = 28.6$$

亨利系数
$$E = mp = 28.6 \times 101.3 \text{ kPa} = 2.9 \times 10^3 \text{ kPa}$$

溶解度系数
$$H = \frac{\rho_s}{EM_s} = \frac{1\,000}{2.9 \times 10^3 \times 18} \text{ kmol/(m}^3\cdot\text{kPa)} = 1.9 \times 10^{-2} \text{ kmol/(m}^3\cdot\text{kPa)}$$

7.2.3 气液相平衡在吸收过程中的作用

1. 用于判断气液相传质的方向及限度

如图7-6所示,吸收过程中,若气相与液相中溶质的摩尔分数分别为 y_A 与 x_A,依据相平衡

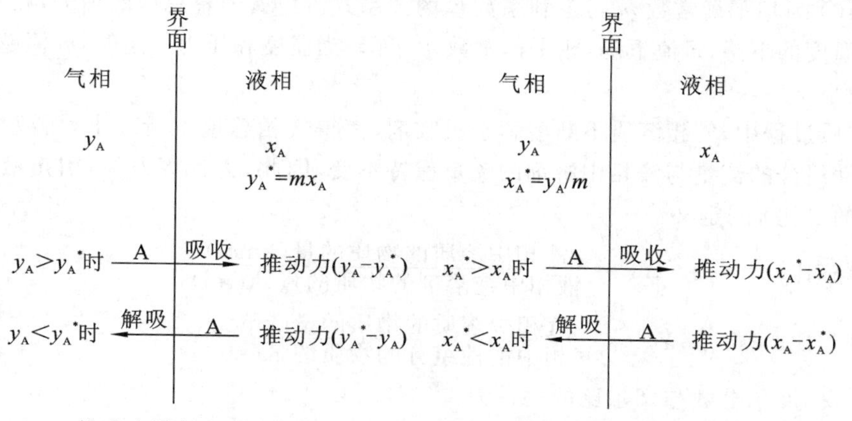

(a) 推动力用气相组成表示　　(b) 推动力用液相组成表示

图7-6 传质方向与推动力示意图

关系 $y_A^* = mx_A$，若 $y_A - y_A^* > 0$，由于存在浓度差，气相中溶质向液相扩散并溶于液相，发生吸收过程；随着吸收过程的进行，y_A 逐渐减小，当 $y_A - y_A^* = 0$ 时，吸收达到极限，即吸收与解吸达到平衡。若 $y_A - y_A^* < 0$，则液相中溶质向气相挥发，发生解吸过程，当 $y_A^* - y_A = 0$ 时，解吸达到极限，达到平衡状态。同理，相平衡关系也可写成 $x_A^* = y_A/m$，若 $x_A^* > x_A$，则发生吸收过程，若 $x_A > x_A^*$，则发生解吸过程。

2. 用于计算气液相传质的推动力

吸收过程推动力为气、液相组成与平衡浓度差值，即 $y_A - y_A^*$ 或 $x_A^* - x_A$；同理，解吸过程中，其推动力为 $y_A^* - y_A$ 或 $x_A - x_A^*$。如图 7-7 所示，溶质的传质方向及推动力也可在相平衡图上表示。从图 7-7 中可以看出，吸收过程的状态点 A 在平衡线上方，解析过程的状态点 A 在平衡线下方。

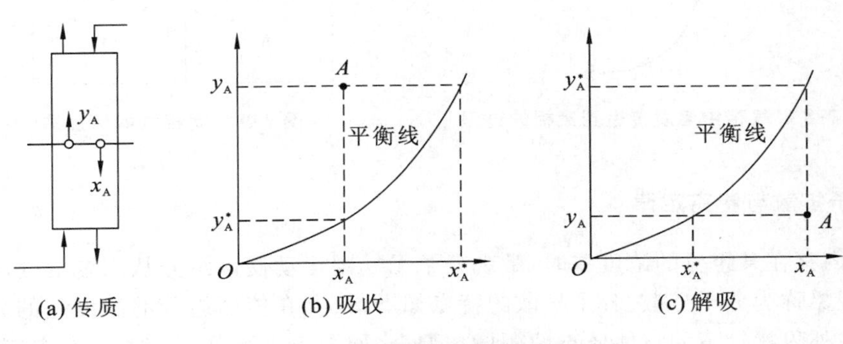

(a) 传质　　(b) 吸收　　(c) 解吸

图 7-7　传质方向与推动力

【例 7-2】 在温度为 25 ℃，总压为 101.325 kPa 条件下，含 CO_2 2.0%（体积分数）的混合气体与 CO_2 含量为 300 g/m³ 的水溶液接触。已知操作条件下，亨利系数 $E = 1.66 \times 10^5$ kPa，水密度为 997.8 kg/m³，试判断 CO_2 传递方向，并计算传质推动力。

解　相平衡常数

$$m = \frac{E}{p} = \frac{1.66 \times 10^5}{101.325} = 1638$$

用气相组成判断传质方向，因溶液很稀，所以水溶液密度近似等于水的密度，则

$$x_A = \frac{n_A}{n_A + n_B} = \frac{\frac{0.3}{44}}{\frac{0.3}{44} + \frac{997.8}{18}} = 0.0001$$

$$y_A^* = mx_A = 1638 \times 0.0001 = 0.1638$$

因为 $y_A = 0.02$，$y_A < y_A^*$，所以 CO_2 从液相向气相传递，为解吸过程。

用气相浓度表示的传质推动力 $y_A^* - y_A = 0.1638 - 0.02 = 0.1438$

若用液相判断传质方向，则

$$x_A^* = \frac{y_A}{m} = \frac{0.02}{1638} = 0.000\,01$$

因为 $x_A > x_A^*$，则 CO_2 从液相向气相传递，为解吸过程。

用液相浓度表示的传质推动力　　$x_A - x_A^* = 0.0001 - 0.000\,01 = 0.000\,09$

7.3　吸收过程的传质速率

吸收过程是气相中的溶质传递到液相的过程，可以分为 3 个步骤（见图 7-8）：① 溶质由气相主体向气液界面的对流传质；② 界面上溶质组分的溶解；③ 溶质由界面向液相主体的对流

传质。在 ①、③ 对流传质过程中,同时存在分子扩散和涡流扩散。因此,在讨论对流传质前,先介绍分子扩散与涡流扩散。

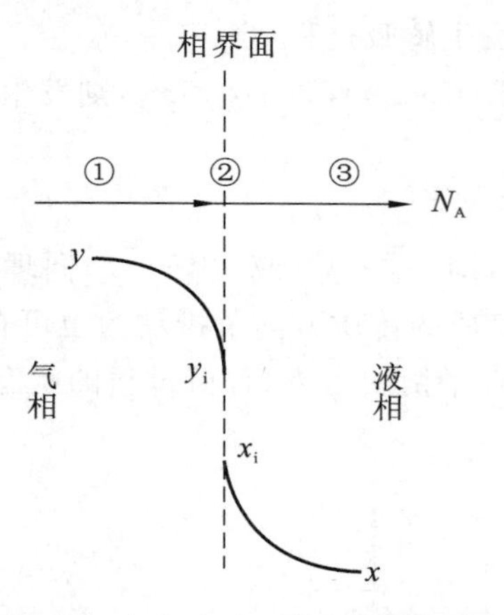

图 7-8 气相中溶质传递到液相的过程

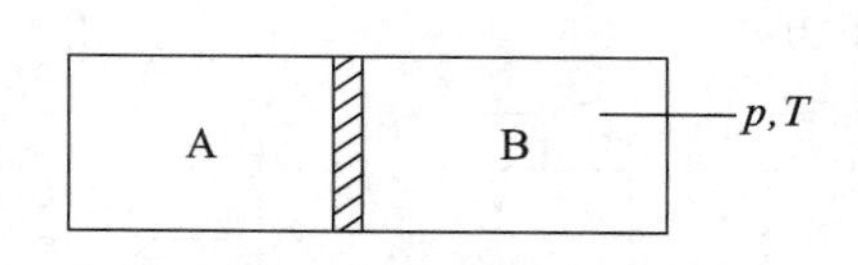

图 7-9 两相气体相互扩散

7.3.1 分子扩散与费克定律

当流体内存在某组分的浓度差时,微观分子无规则运动使该组分从高浓度处向低浓度处传递,这种现象称为分子扩散。分子扩散的特点如下:仅存在依靠组分的浓度差的分子无规则运动,不存在外界扰动下的流体质点的碰撞与混合。如图 7-9 所示,容器中左侧装有气体 A,右侧装有气体 B,两侧压力相同,温度恒定。当抽掉中间的隔板后,气体 A 借分子运动向浓度低的右侧扩散,同理,气体 B 向浓度低的左侧扩散,过程一直进行到整个容器里 A、B 组分浓度完全一致为止,此时,系统处于扩散的动态平衡中。

在温度、总压一定的条件下,若组分 A 只沿 z 方向进行一维稳定分子扩散,其扩散速率可表达为

$$J_A = -D_{AB}\frac{\mathrm{d}c_A}{\mathrm{d}z} \tag{7-17a}$$

式中,J_A 为 A 组分单位时间通过单位面积扩散的物质的量,称为扩散速率(又称扩散通量),kmol/(m^2·s);$\frac{\mathrm{d}c_A}{\mathrm{d}z}$ 为 A 组分在扩散方向上的浓度梯度,kmol/m^4;D_{AB} 为组分 A 在组分 B 中的扩散系数,称为分子扩散系数,简称扩散系数,m^2/s。式(7-17a) 称为费克(Fick) 定律,式中负号表示扩散沿着组分 A 浓度降低的方向,与浓度梯度方向相反。

对于二组分理想混合气体,有

$$c_A = \frac{p_A}{RT} \quad 和 \quad \frac{\mathrm{d}c_A}{\mathrm{d}z} = \frac{1}{RT}\frac{\mathrm{d}p_A}{\mathrm{d}z}$$

代入式(7-17a),可得费克定律的另一表示式:

$$J_A = -\frac{D_{AB}}{RT}\frac{\mathrm{d}p_A}{\mathrm{d}z} \tag{7-17b}$$

式中,$\frac{\mathrm{d}p_A}{\mathrm{d}z}$ 为组分 A 在 z 方向上的浓度梯度,kPa/m;R 为摩尔气体常数,8.314 J/(mol·K);T 为气体热力学温度,K。

下面分两种情况讨论分子扩散。

1. 等摩尔反向扩散

在二元混合物中，各处的总压恒定，即

$$p_{总} = p_A + p_B = 常数$$

两边对 z 求导

$$\frac{\mathrm{d}p_A}{\mathrm{d}z} + \frac{\mathrm{d}p_B}{\mathrm{d}z} = 0 \quad 或 \quad \frac{\mathrm{d}p_A}{\mathrm{d}z} = -\frac{\mathrm{d}p_B}{\mathrm{d}z} \tag{7-18}$$

因为混合气体总压相等，所以物质A、B两组分相互扩散的物质的量 n_A 与 n_B 必相等，故称为等摩尔反向扩散。此时，两组分的扩散速率相等，方向相反，即

$$J_A = -J_B \tag{7-19}$$

其中

$$J_A = -\frac{D_{AB}}{RT}\frac{\mathrm{d}p_A}{\mathrm{d}z} \tag{7-20}$$

$$J_B = -\frac{D_{BA}}{RT}\frac{\mathrm{d}p_B}{\mathrm{d}z} \tag{7-21}$$

式中，D_{BA} 为组分 B 在组分 A 中的扩散系数，m^2/s。

对比式(7-18)、式(7-19)、式(7-20) 和式(7-21)，可得

$$D_{AB} = D_{BA} \tag{7-22}$$

式(7-22)说明在二组分扩散系统中，组分A在组分B中的扩散系数与组分B在组分A中的扩散系数相等，所以扩散系数可略去下标而统一采用 D 表示。

若 z_1 截面处A组分的分压为 $p_{A,1}$，z_2 截面处A组分的分压为 $p_{A,2}$，对式(7-20)进行积分，组分 A 的等分子扩散速率为

$$J_A = -\frac{D}{RT}\frac{p_{A,2} - p_{A,1}}{z_2 - z_1} \tag{7-23a}$$

与传热速率相似，可将扩散速率 J_A 表示为传质推动力除以传质阻力的形式，即

$$J_A = \frac{D}{RT}\frac{p_{A,1} - p_{A,2}}{\Delta z} = \frac{p_{A,1} - p_{A,2}}{\dfrac{RT\Delta z}{D}} = \frac{推动力}{阻力} \tag{7-23b}$$

等摩尔反向扩散过程中，由于不存在外界扰动，分子扩散是唯一的传质途径，因此分子扩散速率等于传质速率，即

$$N_A = J_A = \frac{D}{RT\Delta z}(p_{A,1} - p_{A,2}) \tag{7-24}$$

式中，N_A 为组分 A 的传质速率，$kmol/(m^2 \cdot s)$。

2. 单向分子扩散

实际的吸收过程与前面讨论的等摩尔反向扩散过程并不完全相同。如图 7-10 所示，设 A、B 二组分混合气体中，A 为溶质，B 为惰性气体。在界面处，组分 A 溶解，进入液相，而惰性组分 B 不溶解。因此，吸收过程中气、液界面处发生的分子扩散是单向分子扩散。

由于组分 A 溶解进入液相，而惰性组分 B 不溶解，因此组分 B 在界面处浓度逐渐增大，当高于主体中组分 B 的浓度时，在浓度梯度的驱动下，组分 B 由界面开始向气相主体扩散，同时由于组分 A 溶于界面，均使界面处气体总压下降，气相主体与界面之间产生微小的压差。这一压差导致主体混合气向界面移动，称为主体移动，主体移动使组分 A 与组分 B 同时流向界面。

在稳定条件下，界面处组分B的浓度保持不变，故主体移动所携带的组分B的速率正好等于组分 B 的反向扩散速率，即

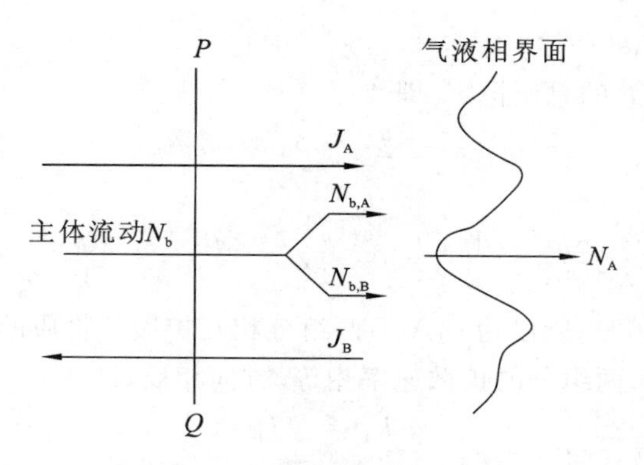

图 7-10　单向分子扩散与主体移动示意图

$$N_{b,B} = -J_B \tag{7-25}$$

气相主体移动中,组分 A 与组分 B 的传递速率之比等于它们的分压之比,即

$$\frac{N_{b,A}}{N_{b,B}} = \frac{p_A}{p_B} \tag{7-26}$$

式中,$N_{b,A}$、$N_{b,B}$ 分别为主体移动中组分 A、组分 B 的传递速率,kmol/(m² · s);p_A、p_B 分别为组分 A、组分 B 的分压力,kPa。

结合图 7-10 可知,组分 A 从气相主体至界面的传递速率为分子扩散与主体移动中组分 A 的扩散速率之和,即

$$N_A = J_A + N_{b,A} \tag{7-27}$$

将式(7-26) 代入(7-27),得

$$N_A = J_A + \frac{p_A}{p_B} N_{b,B} \tag{7-27a}$$

由式(7-25) 及 $J_A = -J_B$ 可知,$N_{b,B} = -J_B = J_A$,将其代入式(7-27a),得

$$N_A = \left(1 + \frac{p_A}{p_B}\right) J_A \tag{7-27b}$$

可见由于存在主体移动,溶质 A 的传质速率大于溶质 A 的分子扩散速率。

将式(7-20) 代入式(7-27b),得

$$N_A = -\frac{D}{RT}\left(1 + \frac{p_A}{p_B}\right)\frac{dp_A}{dz} = -\frac{D}{RT}\frac{p}{p - p_A}\frac{dp_A}{dz} \tag{7-28}$$

式中,总压 $p = p_A + p_B$。

若 z_1 截面处 A 组分的分压为 $p_{A,1}$,z_2 截面处 A 组分的分压为 $p_{A,2}$,对式(7-28) 分离变量积分,组分 A 的单向分子扩散速率为

$$N_A = \frac{Dp}{RT(z_2 - z_1)} \ln \frac{p - p_{A,2}}{p - p_{A,1}} = \frac{Dp}{RT\Delta z} \ln \frac{p_{B,2}}{p_{B,1}} \tag{7-29}$$

令对数平均值

$$p_{B,m} = \frac{p_{B,2} - p_{B,1}}{\ln \dfrac{p_{B,2}}{p_{B,1}}} = \frac{p_{A,1} - p_{A,2}}{\ln \dfrac{p - p_{A,2}}{p - p_{A,1}}}$$

式(7-29) 变为

$$N_A = \frac{D}{RT\Delta z} \frac{p}{p_{B,m}} (p_{A,1} - p_{A,2}) \tag{7-30}$$

式(7-29)与式(7-30)为气相中组分A单向分子扩散时的传质速率方程。与等摩尔反向扩散速率公式(7-24)比较,可见单向分子扩散的传质速率比等摩尔反向扩散时多了一个大于1的因子$\frac{p}{p_{B,m}}$,此因子称为漂流因子。漂流因子表示主体移动对增大溶质A传递速率的贡献,不过当混合物中溶质浓度很低时,漂流因子近似等于1,主体移动的作用可以忽略。

根据气体混合物浓度c与压力p的关系$c=p/RT$,将总浓度$c=p/RT$、分浓度$c_A=p_A/RT$与平均浓度$c_{B,m}=p_{B,m}/RT$代入式(7-30),则气相组分A的单向分子扩散传质速率方程也可表示为

$$N_A=\frac{D}{\Delta z}\frac{c}{c_{B,m}}(c_{A,1}-c_{A,2}) \tag{7-31}$$

该式也为组分A在液相中的单向分子扩散传质速率方程。

【例7-3】 用水吸收NH_3和N_2混合气体中的NH_3,已知温度为298 K,总压为101.3 kPa,NH_3分压为25 kPa,由于水中氨的浓度很低,其平衡分压近似为零。若NH_3在气相中的扩散阻力相当于3 mm厚的滞流气膜,扩散系数$D_{NH_3\text{-}N_2}$为$2.30\times10^{-5}\ m^2/s$。试求稳态扩散时NH_3的传质速率。

解 本例为组分$A(NH_3)$通过停滞组分$B(N_2)$的单向扩散传质过程。

设气相主体处,$z_1=0.003$ m,此时,气相主体$p_{A,1}=25$ kPa,在NH_3-水两相界面处,$z_2=0$。由题意可知:由于水中氨的浓度很低,其平衡分压近似为零,即

$$p_{A,2}=0$$

故

$$p_{B,1}=p_{总}-p_{A,1}=(101.3-25)\ kPa=76.3\ kPa$$

$$p_{B,2}=p_{总}-p_{A,2}=(101.3-0)\ kPa=101.3\ kpa$$

$$p_{B,m}=\frac{p_{B,2}-p_{B,1}}{\ln\frac{p_{B,2}}{p_{B,1}}}=\frac{101.3-76.3}{\ln\frac{101.3}{76.3}}\ kPa=88.2\ kPa$$

故NH_3的传质速率为

$$N_A=\frac{D}{RT\Delta z}\frac{p}{p_{B,m}}(p_{A,1}-p_{A,2})=\frac{2.30\times10^{-5}}{8.314\times298\times0.003}\times\frac{101.3}{88.2}\times(25-0)\ kmol/(m^2\cdot s)$$
$$=8.89\times10^{-5}\ kmol/(m^2\cdot s)$$

3. 分子扩散系数

分子扩散系数D是物质的物性常数之一,表示物质在介质中扩散的快慢程度,与系统温度、压力、物系种类、浓度有关。由于影响分子扩散系数的因素较为复杂,因此一般由实验确定。常见物质的扩散系数可在手册中查到。此外,也可借助一些半经验公式进行估算。表7-1与表7-2分别列出了某些条件下的分子扩散系数。

表7-1　101.325 kPa下气体或蒸气的扩散系数

物系	T/K	D/(cm^2/s)	物系	T/K	D/(cm^2/s)
空气-氢气	273	0.611	氢气-氨气	298	0.260
空气-氨气	273	0.198	氢气-氧气	273	0.697
空气-氨气	298	0.236	氧气-氨气	293	0.253
空气-水蒸气	273	0.220	氧气-苯	293	0.0939
空气-水蒸气	298	0.260	氧气-乙烯	293	0.182
空气-二氧化碳	273	0.136	氮气-乙烯	298	0.163

表 7-2　组分在水中的扩散系数(稀溶液,20 ℃)

物系 A-B	$D/(cm^2/s)$	物系 A-B	$D/(cm^2/s)$
氢气-水	5.13×10^{-5}	硫化氢-水	1.41×10^{-5}
氨气-水	1.76×10^{-5}	氯气-水	1.22×10^{-5}
氮气-水	1.64×10^{-5}	甲醇-水	1.28×10^{-5}
二氧化碳-水	1.77×10^{-5}	乙醇-水	1.00×10^{-5}
氧气-水	1.80×10^{-5}	乙酸-水	0.88×10^{-5}

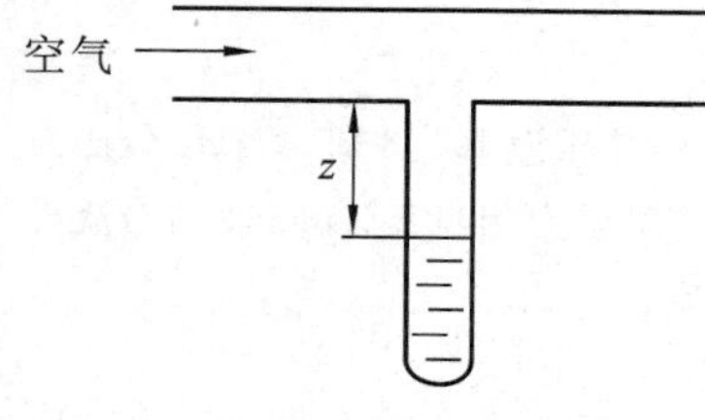

图 7-11　例 7-4 附图

【例 7-4】　测定 101.325 kPa、48 ℃ 时 CCl_4 蒸气在空气中的扩散系数。

如图 7-11 所示,在内径为 3 mm 的垂直玻璃管内装入约一半高度的液体 CCl_4,保持恒温 48 ℃。紧贴液面上方的 CCl_4 蒸气分压为该温度下 CCl_4 饱和蒸气压。上部水平管内有空气快速流过,带走所蒸发的 CCl_4 蒸气。垂直管管口处空气内的 CCl_4 蒸气的分压接近零。随着 CCl_4 的汽化和扩散,液面降低,扩散距离 z 逐渐增大。记录时间 τ 与 z 的关系,即可计算 CCl_4 蒸气在空气中的扩散系数。

在 101.325 kPa、48 ℃ 下两次实验结果如表 7-3 所示。

表 7-3　例 7-4 附表

实验编号	管上端到液面的距离 z/cm		蒸发的时间 τ/s
	开始	终了	
第一次	10	20	9.34×10^3
第二次	10	30	24.9×10^3

解　321 K、101.325 kPa 下,查得 CCl_4 的饱和蒸气压 $p_{A,1}=37.6$ kPa,液体密度 $\rho_L=1540\ kg/m^3$,CCl_4 的摩尔质量 $M=154$ g/mol。CCl_4 通过静止气体层的扩散为单向扩散,可用式(7-30)计算。

扩散速率
$$N_A=\frac{D}{RT\Delta z}\frac{p}{p_{B,m}}(p_{A,1}-p_{A,2})$$

根据题意:
$$p_{A,1}=p_A^{\circ},\quad p_{A,2}=0;\quad p_{B,1}=p-p_A^{\circ},\quad p_{B,2}=p$$
$$p_{B,m}=\frac{p_{B,2}-p_{B,1}}{\ln\frac{p_{B,2}}{p_{B,1}}}=\frac{p_A^{\circ}}{\ln\frac{p}{p-p_A^{\circ}}}$$

代入扩散速率公式,有
$$N_A=\frac{Dp}{RT\Delta z}\ln\frac{p}{p-p_A^{\circ}}\tag{a}$$

设垂直管截面积为 A,在 $d\tau$ 时间内汽化的 CCl_4 量 $\frac{\rho}{M}Adz$ 应等于 CCl_4 扩散出口管的量 $N_AAd\tau$,即
$$N_AAd\tau=\frac{\rho}{M}Adz$$

则
$$N_A=\frac{\rho}{M}\frac{dz}{d\tau}\tag{b}$$

由式(a) 与式(b),得
$$\frac{DpM}{RT\rho}\ln\frac{p}{p-p_A^{\circ}}d\tau=zdz$$

在时间$(0,\tau)$、距离(z_0,z)之间进行积分,有
$$\frac{DpM}{RT\rho}\ln\frac{p}{p-p_A^{\circ}}\int_0^{\tau}d\tau=\int_{z_0}^{z}zdz$$

$$\frac{DpM}{RT\rho}\ln\frac{p}{p-p_A^\circ}\tau=\frac{1}{2}(z^2-z_0^2)$$

则

$$D=\frac{RT\rho(z^2-z_0^2)}{2pM\tau\ln\dfrac{p}{p-p_A^\circ}}$$

因为 $T=321$ K，总压力 $p=101.325$ kPa，$\ln\dfrac{p}{p-p_A^\circ}=\ln\dfrac{101.325}{101.325-37.6}=0.464$，所以

$$D=\frac{8.314\times321\times1540}{2\times101\,325\times154\times0.464}\,\frac{(z^2-z_0^2)}{\tau}=0.284\times\frac{(z^2-z_0^2)}{\tau}$$

实验一　$$D=0.284\times\frac{0.2^2-0.1^2}{9340}\ \mathrm{m^2/s}=9.12\times10^{-7}\ \mathrm{m^2/s}$$

实验二　$$D=0.284\times\frac{0.3^2-0.1^2}{24\,900}\ \mathrm{m^2/s}=9.12\times10^{-7}\ \mathrm{m^2/s}$$

结果表明，在常压、48 ℃ 下，CCl_4 蒸汽在空气中的扩散系数为 $9.12\times10^{-7}\ \mathrm{m^2/s}$。

7.3.2　涡流扩散与对流传质

在实际生产中，流体常呈湍流流动，此时主要凭借流体质点的脉动与混合，将组分从高浓度处携带到低浓度处，实现组分的传递。这一现象称为涡流扩散。

涡流扩散由于存在质点脉动与混合，因此比分子扩散快得多。涡流或脉动现象很复杂，所以它所导致的物质扩散也比分子扩散复杂得多。为讨论分析方便，将借用费克定律的形式来表示涡流扩散速率，即

$$J_{A,E}=-D_E\frac{dc_A}{dz} \tag{7-32}$$

式中，D_E 为涡流扩散系数，$\mathrm{m^2/s}$。

涡流扩散系数 D_E 不是物质的属性，它与湍流程度有关。因此，它与分子扩散系数有本质区别。

湍流流体进行涡流扩散时，也存在分子扩散。在湍流区，涡流扩散远大于分子扩散；在层流底层区，涡流扩散不存在；在湍流区与层流底层区之间的过渡区中，涡流扩散与分子扩散都占一定的比例。因此，流体实际的扩散速率可表示为

$$J_{A,T}=-(D+D_E)\frac{dc_A}{dz} \tag{7-33}$$

由此可见，流动流体与相界面之间的传质是湍流主体的涡流扩散和界面附近分子扩散的总结果，这种传质称为对流传质。

由于涡流扩散系数 D_E 的影响因素非常复杂，不能从理论上用一个数学模型进行预测，因此不能对式(7-33) 直接积分，求出传质速率。对于这样一个复杂的问题，解决方法如下：参照对流传热的处理方法，将层流膜以外的涡流扩散折合为一定厚度 Δz_g 的分子扩散，这样可以认为由气相主体到界面的总扩散速率等于通过总厚度为 Δz_e 的分子扩散速率，如图 7-12 所示。将湍流时组分在横截面上的浓度分布曲线 ABC 近似用折线 AD 表示，折线的交点 D 到界面的距离即为 Δz_e，Δz_e 称为当量膜厚。显然，流体主体湍动越激烈，则当量膜厚越小。

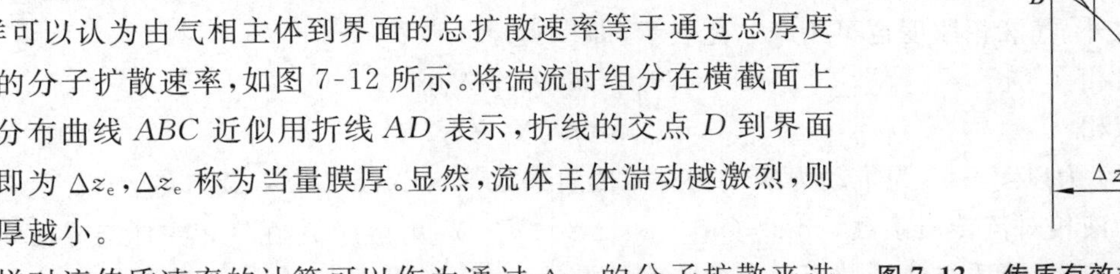

图 7-12　传质有效模型

这样对流传质速率的计算可以作为通过 Δz_e 的分子扩散来进

行。相应地,式(7-30)、式(7-31)可写成气相、液相对流传质速率,即

气相
$$N_A = \frac{D_g}{RT\Delta z_{e,g}} \frac{p}{p_{B,m}} (p_{A,g} - p_{A,i}) \tag{7-34}$$

液相
$$N_A = \frac{D_l}{\Delta z_{e,l}} \frac{c}{c_{B,m}} (c_{A,i} - c_{A,l}) \tag{7-35}$$

式中,$\Delta z_{e,g}$、$\Delta z_{e,l}$ 分别代表有效气膜厚度和有效液膜厚度,m;$p_{A,g}$、$p_{A,i}$ 分别代表气相主体和界面处组分 A 的分压,Pa;$c_{A,i}$、$c_{A,l}$ 分别代表界面和液相主体中组分 A 的浓度,mol/m^3。

认为相界面两侧分别存在一个层流气膜与液膜,溶质以定态分子扩散,先后通过这两层膜,全部传质阻力均集中在这两层滞流膜中,这一传质理论模型称为有效膜模型。有效膜模型认为两相界面是稳定的传质界面,这与实验结果的偏差较大,但由于该模型比较形象、简单,因此仍常用有效膜模型描述相间的对流传质过程。

显然,有效膜模型中的当量膜厚 Δz_e 不能由理论计算获得,也难以直接测定。为表达方便,将当量膜厚 Δz_e 与其他影响因素用对流传质系数表示,即

$$k_g = \frac{D_g}{RT\Delta z_{e,g}} \frac{p}{p_{B,m}} \tag{7-36}$$

$$k_l = \frac{D_l}{\Delta z_{e,l}} \frac{c}{c_{B,m}} \tag{7-37}$$

若忽略表示组分 A 的下标,则对流传质速率式(7-34)和式(7-35)可写成

气相
$$N_A = k_g(p_g - p_i) = \frac{p_g - p_i}{\frac{1}{k_g}} = \frac{\text{气膜推动力}}{\text{气膜阻力}} \tag{7-38}$$

液相
$$N_A = k_l(c_i - c_l) = \frac{c_i - c_l}{\frac{1}{k_l}} = \frac{\text{液膜推动力}}{\text{液膜阻力}} \tag{7-39}$$

式中,k_g 为气相对流传质系数,kmol/(m^2·s·Pa);k_l 为液相对流传质系数,m/s;$p_g - p_i$ 为溶质 A 在气相主体与界面间的分压差,kPa,表示溶质组分扩散通过有效气膜的推动力;$c_i - c_l$ 是溶质 A 在界面与液相主体间的浓度差,kmol/m^3,表示溶质组分扩散通过有效液膜的推动力。

根据气、液相浓度表示方法的不同,式(7-38)与式(7-39)也可表示为

气相
$$N_A = k_g(p_g - p_i) = k_g p\left(\frac{p_g}{p} - \frac{p_i}{p}\right) = k_y(y_g - y_i) \tag{7-40}$$

液相
$$N_A = k_l(c_i - c_l) = k_l c\left(\frac{c_i}{c} - \frac{c_l}{c}\right) = k_x(x_i - x_l) \tag{7-41}$$

式中,k_y 为以 $y_g - y_i$ 为推动力的气相对流传质系数,kmol/(m^2·s·Δy);k_x 为以 $x_i - x_l$ 为推动力的液相对流传质系数,kmol/(m^2·s·Δx);$y_g - y_i$ 为溶质 A 在气相主体与界面间的摩尔分数差,表示溶质组分扩散通过有效气膜的推动力;$x_i - x_l$ 是溶质 A 在界面与液相主体间的摩尔分数差,表示溶质组分扩散通过有效液膜的推动力。

此外,气液相浓度也可用摩尔比表示,即

气相
$$N_A = k_Y(Y - Y_i) \tag{7-42}$$

液相
$$N_A = k_X(X_i - X) \tag{7-43}$$

式中,k_Y 为以 $Y - Y_i$ 为推动力的气相对流传质系数,kmol/(m^2·s·ΔY);k_X 为以 $X_i - X$ 为推动力的液相对流传质系数,kmol/(m^2·s·ΔX);$Y - Y_i$ 为溶质 A 在气相主体与界面间的摩尔比的差,表示溶质组分扩散通过有效气膜的推动力;$X_i - X$ 是溶质 A 在界面与液相主体间的

摩尔比的差，表示溶质组分扩散通过有效液膜的推动力。

7.3.3　吸收速率方程

1. 吸收速率方程

吸收过程是溶质通过相界面由气相向液相进行的传质过程，称为相际传质。相际传质是比较复杂的过程，惠特曼(W. G. Whitman)于20世纪20年代提出了双膜理论，把复杂的对流传质过程描述为溶质以分子扩散形式通过两个串联的有效膜，如图7-13所示。双膜理论的基本假设有以下几点。

(1) 相互接触的气、液两相之间存在着稳定的相界面，界面两侧分别存在着很薄的气膜和液膜，膜内流体流动状态为层流。溶质以分子扩散方式通过气膜和液膜，由气相主体进入液相主体。

(2) 在相界面处，气液两相达到平衡，相界面处无传质阻力。

(3) 在气膜和液膜以外的气相主体和液相主体中，由于流体的充分湍动，物质浓度均匀，传质阻力可忽略。

由于气相主体、液相主体浓度有不同的表示方法，因此吸收速率方程也有不同的表达形式。下面以组分A的气相分压或液相浓度的表示法为例，介绍吸收速率方程。双膜理论如图7-13所示。

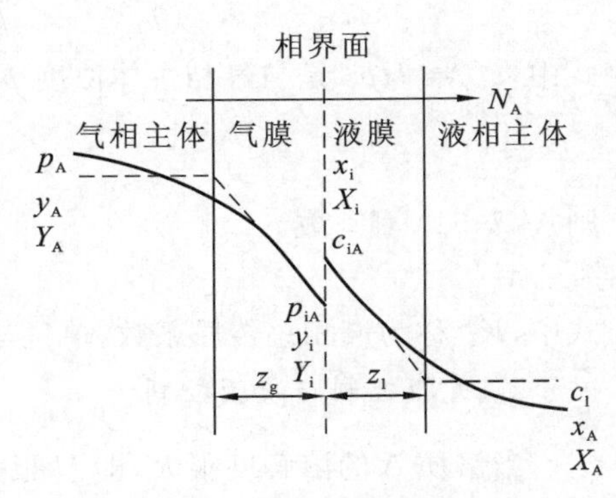

图7-13　双膜理论示意图

在稳定的传质过程中，溶质在气相中的传质速率与其在液相中的传质速率相等，均可用推动力除以阻力的形式表示，即

$$N_A = k_g(p_g - p_i) = \frac{p_g - p_i}{\frac{1}{k_g}} = \frac{\text{气膜传质推动力}}{\text{气膜传质阻力}} \tag{7-44}$$

$$N_A = k_l(c_i - c_l) = \frac{c_i - c_l}{\frac{1}{k_l}} = \frac{\text{液膜传质推动力}}{\text{液膜传质阻力}} \tag{7-45}$$

可以看出计算传质速率时，需要知道界面处组分A的气相分压或液相浓度，而界面分压与浓度是不易准确测定的，因此，希望避开界面分压或浓度，直接用易测定的气液相主体浓度计算吸收速率。

根据亨利定律，在稀溶液范围内气液相达到平衡时，界面处有 $c_i = Hp_i$，将式(7-45)右边液相传质速率计算式的分子、分母同乘 $1/H$，结合式(7-44)，并根据串联过程的加和性原则，消去 p_i，即

$$N_A = \frac{c_i - c_l}{\frac{1}{k_l}} = \frac{\frac{c_i}{H} - \frac{c_l}{H}}{\frac{1}{Hk_l}} = \frac{p_i - p_l^*}{\frac{1}{Hk_l}} \tag{7-46}$$

$$N_A = \frac{p_g - p_i}{\frac{1}{k_g}} = \frac{p_i - p_l^*}{\frac{1}{Hk_l}} = \frac{p_g - p_l^*}{\frac{1}{k_g} + \frac{1}{Hk_l}} = \frac{\text{总传质推动力}}{\text{气膜与液膜总阻力}} \tag{7-47}$$

式中，$p_l^* = \frac{c_l}{H}$ 是与液相主体浓度 c_l 成平衡的气相浓度。

令
$$\frac{1}{K_G}=\frac{1}{k_g}+\frac{1}{Hk_l} \tag{7-48}$$

式中,K_G 称为气相总传质系数,单位与 k_g 相同,为 $kmol/(m^2 \cdot s \cdot Pa)$。

因此,式(7-47)可写成

$$N_A=K_G(p_g-p_l^*) \tag{7-49}$$

同理,将式(7-44)左边气相传质速率计算式的分子、分母同乘 H,结合式(7-45),并根据串联过程的加和性原则,消去 c_i,即

$$N_A=\frac{p_g-p_i}{\frac{1}{k_g}}=\frac{Hp_g-Hp_i}{\frac{H}{k_g}}=\frac{c_g^*-c_i}{\frac{H}{k_g}} \tag{7-50}$$

$$N_A=\frac{c_i-c_l}{\frac{1}{k_l}}=\frac{c_g^*-c_i}{\frac{H}{k_g}}=\frac{c_g^*-c_l}{\frac{H}{k_g}+\frac{1}{k_l}}=\frac{\text{总传质推动力}}{\text{气膜与液膜总阻力}} \tag{7-51}$$

式中,$c_g^*=Hp_g$ 是与气相主体浓度 p_g 成平衡的液相浓度。

令
$$\frac{1}{K_L}=\frac{H}{k_g}+\frac{1}{k_l} \tag{7-52}$$

则式(7-51)可写成

$$N_A=K_L(c_g^*-c_l) \tag{7-53}$$

式中,K_L 称为液相总传质系数,单位与 k_l 相同,为 m/s。

2. 气膜控制与液膜控制

当溶质A的溶解度很大,即 H 很大时,由式(7-48)可知,液膜传质阻力$\frac{1}{Hk_l}$比气膜传质阻力$\frac{1}{k_g}$小很多,有

$$K_G\approx k_g$$

即传质阻力集中于气膜中,称为气膜阻力控制或气膜控制。例如,用水吸收氨的过程。

反之,当溶质A的溶解度很小,即 H 很小时,由式(7-52)可知,气膜传质阻力$\frac{H}{k_g}$比液膜传质阻力$\frac{1}{k_l}$小很多,有

$$K_L\approx k_l$$

即传质阻力集中于液膜中,称为液膜阻力控制或液膜控制。例如,用水吸收二氧化碳的过程。

气膜控制时,要降低气膜阻力,即提高总传质系数 K_G,需要加大气相湍动程度。同理,液膜控制时,要降低液膜阻力,即提高总传质系数 K_L,则需加大液相湍动程度。

对于溶解度适中的溶质,传质总阻力中液膜阻力与气膜阻力均不可忽视,因此要降低传质总阻力,提高总传质系数,必须同时增大气相和液相的湍动程度。

3. 吸收速率方程的各种表示形式

从上述可见,随着推动力表示方法的不同,总传质速率方程也可表示为不同的形式,现汇总如下:

气相 液相 两相间 两相间

$$N_A=k_g(p_A-p_i)=k_l(c_i-c_A)=K_G(p_A-p_A^*)=K_L(c_A^*-c_A)$$

$$N_A=k_y(y-y_i)=k_x(x_i-x)=K_y(y-y^*)=K_x(x^*-x)$$

$$N_A = k_Y(Y - Y_i) = k_X(X_i - X) = K_Y(Y - Y^*) = K_X(X^* - X)$$

传质系数之间的关系

$$k_y = pk_g, \quad k_x = ck_l, \quad K_y = pK_G, \quad K_x = cK_L$$

$$k_Y = \frac{k_y}{(1+Y)(1+Y_i)}, \quad k_X = \frac{k_x}{(1+X_i)(1+X)}$$

浓度低时　　$k_Y \approx k_y \approx pk_g, \quad k_X \approx k_x \approx ck_l$

$$K_Y = \frac{K_y}{(1+Y)(1+Y^*)}, \quad K_X = \frac{K_x}{(1+X^*)(1+X)}$$

浓度低时　　$K_Y \approx K_y \approx pK_G, \quad K_X \approx K_x \approx cK_L$

传质总阻力与分阻力的关系(气液相平衡关系服从亨利定律):

$$\begin{cases} \dfrac{1}{K_G} = \dfrac{1}{k_g} + \dfrac{1}{Hk_l} \\ \text{气膜控制 } K_G \approx k_g \end{cases} \qquad \begin{cases} \dfrac{1}{K_L} = \dfrac{H}{k_g} + \dfrac{1}{k_l} \\ \text{液膜控制 } K_L \approx k_l \end{cases} \qquad K_G \approx HK_L$$

$$\begin{cases} \dfrac{1}{K_y} = \dfrac{1}{k_y} + \dfrac{m}{k_x} \\ \text{气膜控制 } K_y \approx k_y \end{cases} \qquad \begin{cases} \dfrac{1}{K_x} = \dfrac{1}{mk_y} + \dfrac{1}{k_x} \\ \text{液膜控制 } K_x \approx k_x \end{cases} \qquad mK_y \approx K_x$$

$$\begin{cases} \dfrac{1}{K_Y} = \dfrac{1}{k_Y} + \dfrac{m}{k_X} \\ \text{气膜控制 } K_Y \approx k_Y \end{cases} \qquad \begin{cases} \dfrac{1}{K_X} = \dfrac{1}{mk_Y} + \dfrac{1}{k_X} \\ \text{液膜控制 } K_X \approx k_X \end{cases} \qquad mK_Y \approx K_X$$

式中,N_A 为吸收传质速率,kmol/(m^2 · s);k_G、k_y、k_Y 为气膜传质系数,单位分别为 kmol/(m^2 · s · Pa)、kmol/(m^2 · s · Δy)、kmol/(m^2 · s · ΔY);k_L、k_x、k_X 为液膜传质系数,单位分别为 m/s、kmol/(m^2 · s · Δx)、kmol/(m^2 · s · ΔX);K_G、K_y、K_Y 为气相总传质系数,单位分别与 k_G、k_y、k_Y 相同;K_L、K_x、K_X 为液相总传质系数,单位分别与 k_L、k_x、k_X 相同。

由于气、液相组成有多种表示方法,因此传质速率的表示方法也显得繁杂多样,但只要明确概念,了解推动力与传质阻力的相互对应关系,也是不难掌握的。

【例 7-5】 在总压 1200 kPa、温度 303 K 下,含 5.0%(摩尔分数)CO_2 的气体与 0.02%(摩尔分数)的 CO_2 水溶液接触,若已知气相传质系数 $k_y = 4.8 \times 10^{-4}$ kmol/(m^2 · s · Pa),液相传质系数 $k_x = 1.7 \times 10^{-4}$ m/s。(1) 传质方向为吸收还是解吸?(2) 试计算以摩尔分数表示的传质总推动力、总传质系数和传质速率。

解　判断是吸收过程还是解吸过程,需判断气相分压 p_A 与平衡分压 p^*_A 的大小,若 $p_A > p^*_A$,则为吸收过程,反之,为解吸过程。

(1) 由题意可知:气相分压 $p_A = py_A = 0.050p = 0.050 \times 1200$ kPa $= 60$ kPa

查附录 I 可得,CO_2 水溶液在 303 K 下,亨利系数 $E = 1.88 \times 10^5$ kPa。

由亨利定律 $p^*_A = Ex_A$ 可知

$$p^*_A = 1.88 \times 10^5 \times 0.02\% \text{ kPa} = 37.6 \text{ kPa}$$

因 $p_A > p^*_A$,故该过程为吸收过程。

(2) 由题意可知:$y_A = 0.050$

$$y^*_A = mx_A = \frac{E}{p}x_A = \frac{1.88 \times 10^5}{1200} \times 0.0002 = 0.031$$

故以摩尔分数表示的传质总推动力为

$$y_A - y^*_A = 0.050 - 0.031 = 0.019$$

以摩尔分数表示的总传质系数计算式为

$$\frac{1}{K_y}=\frac{1}{k_y}+\frac{m}{k_x}$$

其中 $k_y=4.8\times10^{-4}\ \text{kmol/(m}^2\cdot\text{s}\cdot\text{Pa)}$,$k_x=1.7\times10^{-4}\ \text{m/s}$,$m=\frac{E}{p}=\frac{1.88\times10^5}{1\ 200}=156.67$,代入上式,得

$$K_y=1.08\times10^{-6}\ \text{kmol/(m}^2\cdot\text{s}\cdot\Delta y)$$

由计算可知,$\frac{1}{k_y}\ll\frac{m}{k_x}$,故 CO_2 的吸收过程可近似为液膜控制过程。

传质速率 $$N_A=K_y(y_A-y_A^*)=2.052\times10^{-8}\ \text{kmol/(m}^2\cdot\text{s)}$$

7.4 吸收塔的计算

吸收操作多采用塔式设备,既可采用气液两相逐级接触的板式塔,也可采用气液两相连续接触的填料塔。在工业生产中,以采用填料塔为主,故本节以填料式吸收塔为对象介绍其计算方法。

吸收塔计算时需要使用气液相平衡关系(7.2 节已介绍)、操作线方程及传质速率方程(7.3 节已介绍)。下面介绍操作线方程。

7.4.1 物料衡算与操作线方程

吸收塔内气液两相逆流接触而发生传质,气液两相的浓度沿塔高不断变化。但无论如何变化,物质在气液两相间接触时,均遵循物质守恒定律,即气相中溶质的减少量应等于液相中溶质的增加量。

吸收过程中,气相中溶质组分不断溶解,使得气相流量不断减少;同理,溶质组分不断溶解使液相流量不断增加,但惰性气体流量 V 和吸收剂流量 L 为定值,不会随塔内传质过程而改变。因此在吸收塔的计算中,气液相组成采用溶质摩尔比(Y 和 X)的形式比较方便。

如图 7-14 所示,气液相逆流接触的塔内,任取一界面与塔顶之间作物料衡算,有

$$V(Y-Y_2)=L(X-X_2) \tag{7-54}$$

式中,V 为单位时间内进、出填料塔的惰性气体的摩尔流量,kmol/s;Y、Y_2 分别为任一截面及出塔时气相中溶质的摩尔比;L 为单位时间内进、出塔的吸收剂的摩尔流量,kmol/s;X、X_2 分别为任一截面及入塔时液相中溶质的摩尔比。

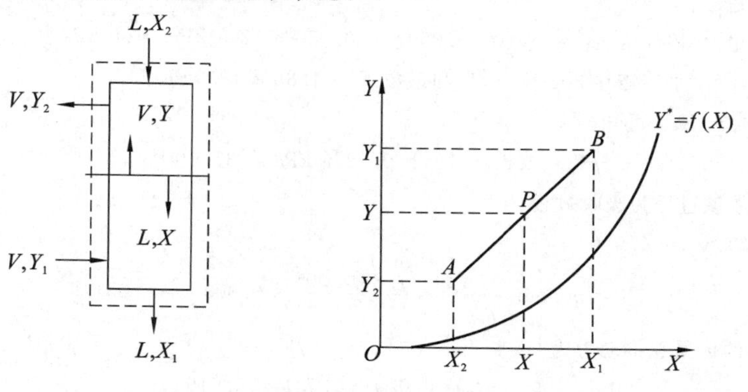

图 7-14 逆流吸收塔物料衡算与操作线示意图

整理式(7-54)得

$$Y=\frac{L}{V}X+\left(Y_2-\frac{L}{V}X_2\right) \tag{7-55}$$

若作全塔物料衡算，则有

$$V(Y_1-Y_2)=L(X_1-X_2) \tag{7-56}$$

或

$$\frac{L}{V}=\frac{Y_1-Y_2}{X_1-X_2} \tag{7-57}$$

式中，X_1 为液相出塔时溶质的摩尔比；Y_1 为气相入塔时溶质的摩尔比。

式(7-55)称为逆流吸收塔的操作线方程。稳定吸收条件下，V、L、Y_2、X_2 均为定值，故吸收操作线为直线，斜率为$\frac{L}{V}$，也称为吸收操作的液气比。吸收操作线描述了塔的任意截面上气液两相组成之间的关系。图 7-14 中在 Y-X 坐标图上，操作线两端点(X_1,Y_1)、(X_2,Y_2)对应于逆流吸收塔的塔底和塔顶，而操作线上任意一点 P 的坐标(X,Y)对应于逆流吸收塔内任意截面。

吸收时，气相实际浓度 Y 大于平衡浓度 Y^*，故吸收操作线总是在气液相平衡线的上方。操作线上任意一点 P 与平衡线的垂直距离$(Y-Y^*)$及水平距离(X^*-X)为塔内该截面的传质总推动力。显然，吸收塔内操作推动力的变化与操作线与平衡线有关。

7.4.2 吸收剂用量及最小液气比

当平衡线不变，且分离任务(V、Y_1、Y_2、X_2)也保持不变时，若改变吸收剂的用量，操作线与平衡线的距离将产生变化，并引起一系列技术和经济的优化问题。

增大吸收剂用量时，吸收操作的液气比$\frac{L}{V}$增大，操作线斜率增大，吸收操作线与平衡线的距离增大，使吸收平均推动力增大，吸收速率增大，完成一定吸收任务所需的塔高降低，设备费用减少；但吸收剂用量增大，输送费用增加，吸收剂的再生费用增加，使操作费用增加。

减小吸收剂用量时，吸收操作的液气比$\frac{L}{V}$减小，即操作线斜率减小，吸收操作线与平衡线的距离减小，使吸收平均推动力减小，吸收速率减小，完成一定吸收任务所需的塔高增加，设备费用增加；当吸收操作线与平衡线相交于 B^* 点时，塔底气液两相达到平衡，即推动力为零，若达到规定的分离要求，所需的塔高为无穷大，或者说，即使塔高无穷大也无法完成分离任务。此时的液气比称为最小液气比，用$\left(\frac{L}{V}\right)_{\min}$表示。对应的吸收剂用量为最小吸收剂用量，如图 7-15 所示。

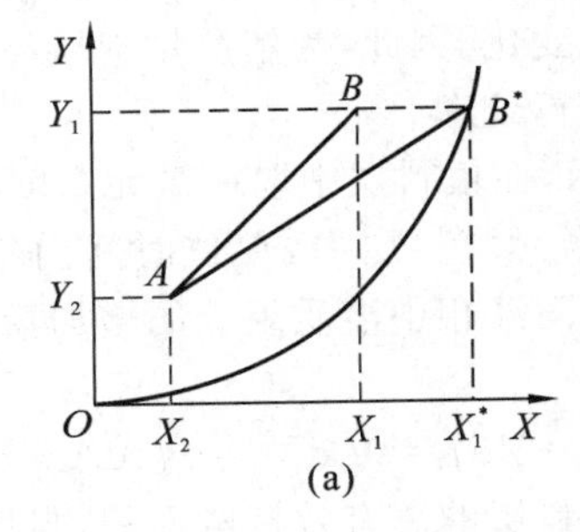

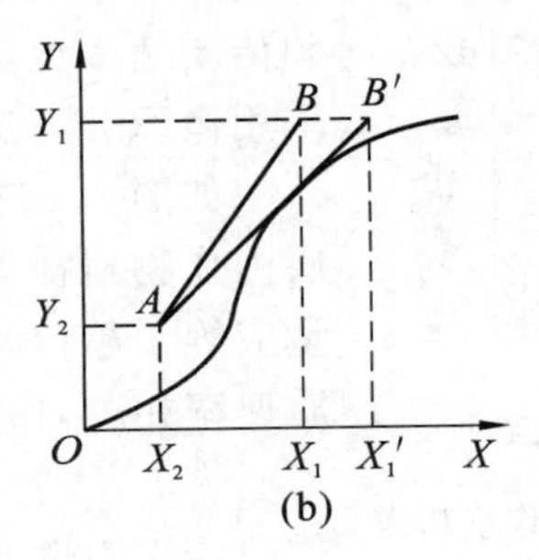

图 7-15 吸收塔最小液气比

最小液气比$\left(\frac{L}{V}\right)_{\min}$可用操作线方程与平衡线来确定,下面分别介绍最小液气比的计算方法。

(1) 若气液相平衡关系为如图7-15(a)所示的一般情况,则可从图上读出X_1^*,代入下式计算最小液气比:

$$\left(\frac{L}{V}\right)_{\min}=\frac{Y_1-Y_2}{X_1^*-X_2} \tag{7-58}$$

(2) 若气液相平衡关系符合亨利定律,则$X_1^*=Y_1/m$,代入式(7-58)计算,最小液气比为

$$\left(\frac{L}{V}\right)_{\min}=\frac{Y_1-Y_2}{Y_1/m-X_2} \tag{7-59}$$

$$L_{\min}=V\frac{Y_1-Y_2}{Y_1/m-X_2} \tag{7-59a}$$

(3) 若气液相平衡关系为如图7-15(b)所示的上凸曲线,应利用操作线与平衡线的切点来计算最小液气比。具体方法可采用图解法或相应的数学关系求解。

$$\left(\frac{L}{V}\right)_{\min}=\frac{Y_1-Y_2}{X_1'-X_2} \tag{7-58a}$$

由上述讨论可知,液气比过大或过小均是不适宜的,因此,适宜液气比的选择应该综合考虑技术上的可行性和经济上的合理性,一般取最小液气比的1.1～2.0倍,即

$$\frac{L}{V}=(1.1\sim2.0)\left(\frac{L}{V}\right)_{\min} \tag{7-60}$$

适宜吸收剂用量

$$L=(1.1\sim2.0)L_{\min} \tag{7-61}$$

生产中,为回收溶剂或除去气体中有害物质,常规定出塔时气相中溶质含量Y_2低于某值。被吸收的溶质的量与进塔气体中溶质的量的比,称为回收率(或吸收率),用η表示。

$$\eta=\frac{\text{被吸收的溶质的量}}{\text{进塔气体中溶质的量}}\times100\%=\frac{V(Y_1-Y_2)}{VY_1}\times100\%=\left(1-\frac{Y_2}{Y_1}\right)\times100\%$$

$$Y_2=Y_1(1-\eta) \tag{7-62}$$

7.4.3　填料层高度的计算

在填料吸收塔中,气液两相的传质过程是在填料层中进行的,因此,填料吸收塔的高度主要取决于填料层的高度。这里仅介绍低浓度气体稳态吸收过程所需填料层高度的计算,高浓度气体的吸收情况较复杂,此处不作讨论。

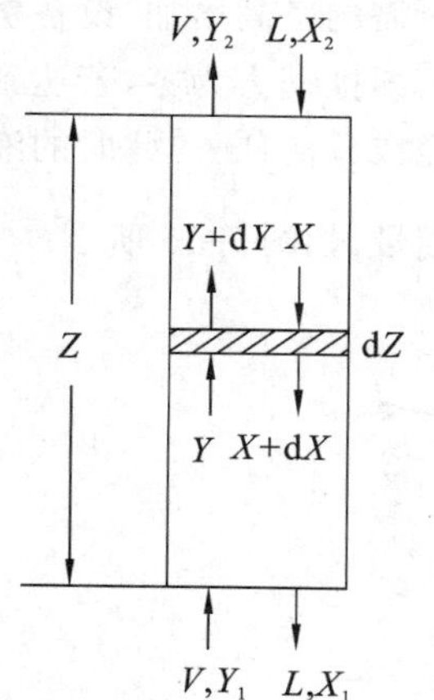

图7-16　逆流操作填料塔填料高度计算

填料吸收塔是连续接触式设备,随着吸收的进行,气液两相的组成沿填料层高度均不断变化,填料层各截面上的传质推动力和传质速率也随之变化。因此,为解决填料层高度的计算问题,需采用微积分方法进行处理。

如图7-16所示,在填料层中取一微元高度$\mathrm{d}Z$,在此微元填料层内作物料衡算。微元填料层内,单位时间内气相中溶质的减少量应等于单位时间内液相中溶质组分的增加量,同时与两相间传质速率相等,即

$$V\mathrm{d}Y=L\mathrm{d}X=N_A\mathrm{d}A \tag{7-63}$$

式中,$\mathrm{d}A$为微元填料层的总有效接触面积,与填料层高度的关系是$\mathrm{d}A=a\Omega\mathrm{d}Z$,$\mathrm{m^2}$;$\mathrm{d}X$、$\mathrm{d}Y$分别为溶质通过微元的液相和气相浓

度变化值；α 为 1 m^3 填料能提供的有效接触面积，m^2/m^3；Ω 为塔的截面积，m^2。

将 $N_A = K_Y(Y-Y^*) = K_X(X-X^*)$ 代入式(7-63)，可得

$$VdY = K_Y(Y-Y^*)\alpha\Omega dZ \tag{7-64}$$

$$LdX = K_X(X^*-X)\alpha\Omega dZ \tag{7-65}$$

对于稳定操作的吸收塔，V、L 和 Ω 均为定值，对于低浓度气体吸收，K_Y、K_X 近似为常数，对上两式分别沿塔高积分，得

$$Z = \int_0^Z dZ = \frac{V}{K_Y\alpha\Omega}\int_{Y_2}^{Y_1}\frac{dY}{Y-Y^*} \tag{7-66}$$

$$Z = \int_0^Z dZ = \frac{L}{K_X\alpha\Omega}\int_{X_2}^{X_1}\frac{dX}{X^*-X} \tag{7-67}$$

式(7-66)、式(7-67) 为低浓度气体稳态吸收所需填料层高度的计算式。式中 α 与操作条件、气液两相流量、系统的物性、流动的状态以及填料的几何特性和材质等因素有关，不易准确测定，因此常把传质系数(K_y、K_x、K_Y、K_X 等) 与 α 的乘积视为一个整体($K_y\alpha$、$K_x\alpha$、$K_Y\alpha$ 与 $K_X\alpha$ 等)，这个乘积称为体积传质系数，如称 $K_Y\alpha$ 为气相总体积吸收系数，单位均为 $kmol/(m^3 \cdot s)$。

令
$$N_{OG} = \int_{Y_2}^{Y_1}\frac{dY}{Y-Y^*} \tag{7-68}$$

$$H_{OG} = \frac{V}{K_Y\alpha\Omega} \tag{7-69}$$

则填料层高度为
$$Z = N_{OG}H_{OG} \tag{7-70}$$

式中，N_{OG} 称为气相总传质单元数，无量纲；H_{OG} 称为气相传质单元高度，m。

同理，令
$$N_{OL} = \int_{X_2}^{X_1}\frac{dX}{X^*-X} \tag{7-71}$$

$$H_{OL} = \frac{L}{K_X\alpha\Omega} \tag{7-72}$$

式中，N_{OL} 称为液相总传质单元数，无量纲；H_{OL} 称为液相传质单元高度，m。则填料层高度

$$Z = N_{OL}H_{OL} \tag{7-73}$$

填料层高度计算通式为

$$Z = \text{传质单元高度} \times \text{传质单元数} \tag{7-74}$$

由式(7-70) 或式(7-73) 看到，传质单元高度 H_{OG}(或 H_{OL}) 是总传质单元数 $N_{OG}=1$(或 $N_{OL}=1$) 时的填料层高度。因此，填料层高度就等于 N_{OG}(或 N_{OL}) 个单元高度 H_{OG}(或 H_{OL}) 的叠加。这类似于一幢楼房的高度等于楼层层数与每层楼的高度的乘积。

从式(7-69) 可知，H_{OG} 可以看做$\frac{V}{\Omega}$与$\frac{1}{K_Y\alpha}$的乘积，$\frac{V}{\Omega}$为单位塔截面积的惰性气体摩尔流量，$\frac{1}{K_Y\alpha}$反映传质阻力的大小、填料性能的优劣以及润湿情况的好坏。吸收过程的传质阻力越大，填料层有效比表面积越小，则每个传质单元所相当的填料层高度就越大。传质单元数代表所需填料层总高度 Z 相当于传质单元高度 H_{OG}(或 H_{OL}) 的倍数，它反映了吸收过程进行的难易程度。生产任务所要求的气体浓度变化越大，而吸收过程的平均推动力越小，则意味着吸收的难度越大，此时所需的传质单元数也就越大。

下面介绍传质单元数的三种常用计算方法。

1. *对数平均推动力法*

此法适用于低浓度吸收范围内，操作线、平衡线均为直线(服从亨利定律) 的情况，如图 7-17 所示。

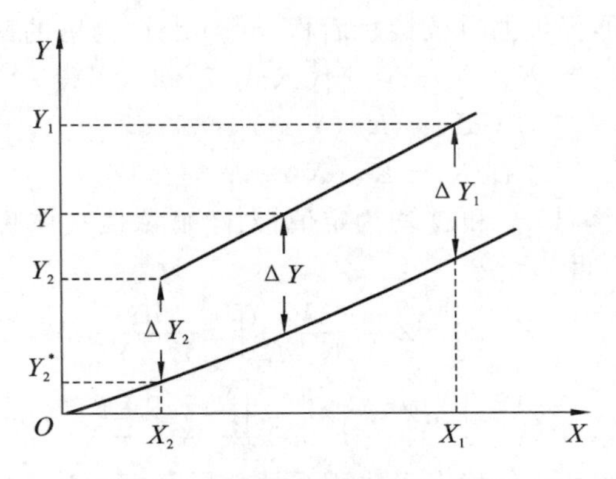

图 7-17　对数平均推动力法求 N_{OG}

两直线之间的距离 $\Delta Y = Y - Y^*$ 和 $\Delta X = X^* - X$ 分别与 Y 和 X 呈线性关系，这些直线的斜率可分别用直线的两端点坐标表示，即

$$\frac{\mathrm{d}\Delta Y}{\mathrm{d}Y} = \frac{(Y_1 - Y_1^*) - (Y_2 - Y_2^*)}{Y_1 - Y_2} = \frac{\Delta Y_1 - \Delta Y_2}{Y_1 - Y_2} \tag{7-75}$$

$$\frac{\mathrm{d}\Delta X}{\mathrm{d}X} = \frac{(X_1^* - X_1) - (X_2^* - X_2)}{X_1 - X_2} = \frac{\Delta X_1 - \Delta X_2}{X_1 - X_2} \tag{7-76}$$

将式(7-75)代入式(7-68)，得

$$N_{OG} = \int_{\Delta Y_2}^{\Delta Y_1} \frac{Y_1 - Y_2}{\Delta Y_1 - \Delta Y_2} \frac{\mathrm{d}\Delta Y}{\Delta Y} = \frac{Y_1 - Y_2}{\dfrac{\Delta Y_1 - \Delta Y_2}{\ln \dfrac{\Delta Y_1}{\Delta Y_2}}} = \frac{Y_1 - Y_2}{\Delta Y_m} \tag{7-77}$$

式中，$\Delta Y_m = \dfrac{\Delta Y_1 - \Delta Y_2}{\ln \dfrac{\Delta Y_1}{\Delta Y_2}}$ 是塔底气相推动力 $\Delta Y_1 = Y_1 - Y_1^*$ 与塔顶气相推动力 $\Delta Y_2 = Y_2 - Y_2^*$ 的对数平均值，称为气相对数平均推动力。

同理，将式(7-76)代入式(7-71)，得

$$N_{OL} = \int_{\Delta X_2}^{\Delta X_1} \frac{X_1 - X_2}{\Delta X_1 - \Delta X_2} \frac{\mathrm{d}\Delta X}{\Delta X} = \frac{X_1 - X_2}{\dfrac{\Delta X_1 - \Delta X_2}{\ln \dfrac{\Delta X_1}{\Delta X_2}}} = \frac{X_1 - X_2}{\Delta X_m} \tag{7-78}$$

式中，$\Delta X_m = \dfrac{\Delta X_1 - \Delta X_2}{\ln \dfrac{\Delta X_1}{\Delta X_2}}$ 是塔底液相推动力 $\Delta X_1 = X_1^* - X_1$ 与塔顶液相推动力 $\Delta X_2 = X_2^* - X_2$ 的对数平均值，称为液相对数平均推动力。

当 $\dfrac{\Delta Y_1}{\Delta Y_2} < 2$(或 $\dfrac{\Delta X_1}{\Delta X_2} < 2$)时，$\Delta Y_m$(或 ΔX_m)可用算术平均值代替对数平均值。

2. 脱吸因数法

由操作线方程式(7-54)得

$$X = \frac{V}{L}(Y - Y_2) + X_2 \tag{7-79}$$

将上式代入亨利定律，得

$$Y^* = mX = m\left[\frac{V}{L}(Y - Y_2) + X_2\right] = S(Y - Y_2) + mX_2 \tag{7-80}$$

式中，$S = m\dfrac{V}{L}$ 是平衡线斜率 m 与操作线斜率 $\dfrac{L}{V}$ 之比，称为脱吸因数，无量纲。

将式(7-80) 代入式(7-68)，得到

$$N_{OG} = \int_{Y_2}^{Y_1} \frac{dY}{Y - Y^*} = \int_{Y_2}^{Y_1} \frac{dY}{(1-S)Y + (SY_2 - mX_2)}$$

$$N_{OG} = \frac{1}{1-S}\ln\left[(1-S)\frac{Y_1 - mX_2}{Y_2 - mX_2} + S\right] \tag{7-81}$$

N_{OG} 的数值与 S、$\dfrac{Y_1 - mX_2}{Y_2 - mX_2}$ 有关，为计算方便，把 S 作为参数，$\dfrac{Y_1 - mX_2}{Y_2 - mX_2}$ 作为横坐标，N_{OG} 为纵坐标，在半对数坐标上作图，得到图 7-18。

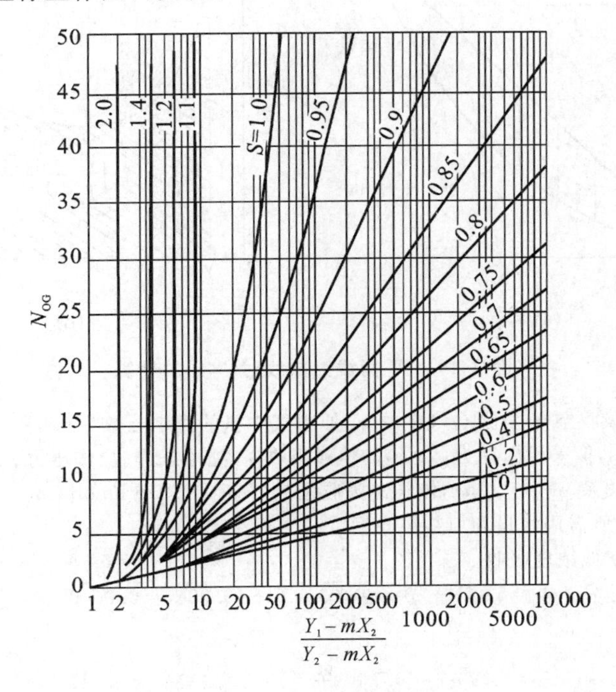

图 7-18　传质单元数曲线

同理，可导出液相总传质单元数 N_{OL} 的计算式如下：

$$N_{OL} = \frac{1}{1-A}\ln\left[(1-A)\frac{Y_1 - mX_2}{Y_1 - mX_1} + A\right] \tag{7-82}$$

式中，$A = \dfrac{1}{S} = \dfrac{L}{mV}$ 是操作线斜率 $\dfrac{L}{V}$ 与平衡线斜率 m 之比，称为吸收因数，无量纲。图 7-18 也适用于上式，只需将图中 S 换成 A，$\dfrac{Y_1 - mX_2}{Y_2 - mX_2}$ 换成 $\dfrac{Y_1 - mX_2}{Y_1 - mX_1}$，就可查图得到 N_{OL}。

应予指出，图 7-18 用于 N_{OG}(或 N_{OL}) 的计算及其他有关吸收过程的分析估算虽十分方便，但只有在 $\dfrac{Y_1 - mX_2}{Y_2 - mX_2}$(或 $\dfrac{Y_1 - mX_2}{Y_1 - mX_1}$) > 20 及 S(或 A) $\leqslant 0.75$ 的范围内使用该图时，读数才较准确，否则误差较大。

3. 图解积分法

当平衡线为曲线时,上述的对数平均推动力法和脱吸因数法都不适用,可以采用图解积分法进行近似计算。

如图 7-19(a) 所示,在 Y_2 和 Y_1 之间的操作线上选取若干点,每一点代表塔内某截面上气液两相的组成。分别从每一点作垂线,与平衡线相交,求出各点的传质推动力($Y-Y^*$)和 $1/(Y-Y^*)$。作 $1/(Y-Y^*)$ 对 Y 的曲线,积分式 $N_{OG}=\int_{Y_2}^{Y_1}\frac{dY}{Y-Y^*}$ 之值等于图 7-19(b) 中曲线下的阴影面积。

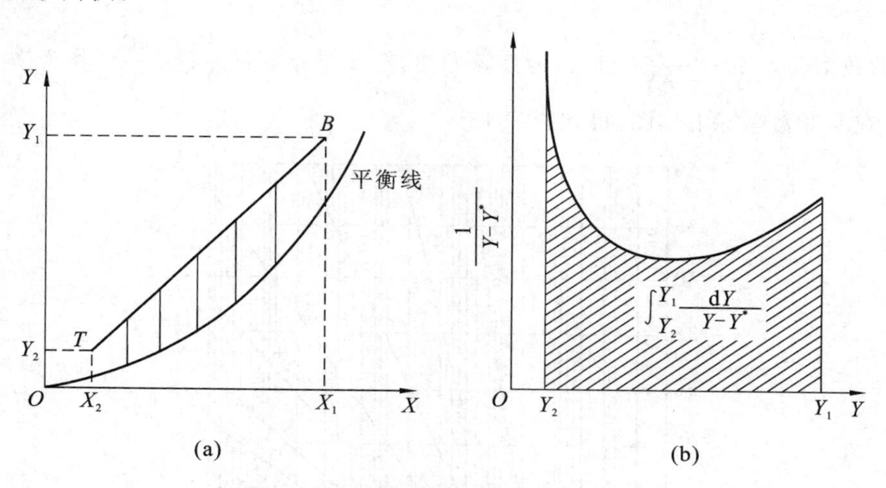

图 7-19　平衡线为曲线时 N_{OG} 的计算

【例 7-6】　用清水吸收空气-氨混合气中的氨,原料气中氨的摩尔分数为 0.03,氨的吸收率为 99%,空气入塔流量为 0.005 kmol/s,拟采用内径为 0.9 m 的填料吸收塔,逆流操作。操作压力 p 为 1.013×10^2 kPa,温度为 293 K。此条件下平衡关系 $y^*=1.75x$,体积总吸收系数 $K_{Y\alpha}=0.016$ kmol/(m³·s),若出塔水溶液中氨浓度为饱和浓度的 70%,求所需用水量和填料层高度。

解　$y_1=0.03$,属于低浓度吸收。

$$y_2=y_1(1-\eta)=0.03\times(1-0.99)=0.0003$$

饱和浓度为 x_1^*,则

$$x_1=0.7x_1^*=0.7\times\frac{y_1}{m}=0.7\times\frac{0.03}{1.75}=0.012$$

用清水作为吸收剂,故

$$x_2=0$$

若将摩尔分数换算为摩尔比,则

$$Y_1=\frac{y_1}{1-y_1}=\frac{0.03}{1-0.03}=0.031$$

$$Y_2=\frac{y_2}{1-y_2}=\frac{0.0003}{1-0.0003}=0.0003$$

$$X_1=\frac{x_1}{1-x_1}=\frac{0.012}{1-0.012}=0.012$$

$$X_2=0$$

由此可见,在低浓度吸收时,组分 A 的摩尔分数与其摩尔比近似相等,在计算时可以选择其一进行计算。同时将空气入塔流量看做惰性气体流量,即 $V=0.005$ kmol/s。

水的用量　$L=\frac{V(Y_1-Y_2)}{X_1-X_2}=\frac{0.005\times(0.031-0.0003)}{0.012-0}$ kmol/s $=1.3\times10^{-2}$ kmol/s

塔截面积　$\Omega=\frac{\pi}{4}D^2=\frac{\pi}{4}\times0.9^2\ \text{m}^2=0.66\ \text{m}^2$

（1）对数平均推动力法。

$$\Delta Y_1 = Y_1 - Y_1^* = Y_1 - mX_1 = 0.031 - 1.75 \times 0.012 = 0.01$$

$$\Delta Y_2 = Y_2 - Y_2^* = Y_2 - mX_2 = 0.0003 - 0 = 0.0003$$

$$\Delta Y_m = \frac{\Delta Y_1 - \Delta Y_2}{\ln \frac{\Delta Y_1}{\Delta Y_2}} = \frac{0.01 - 0.0003}{\ln \frac{0.01}{0.0003}} = 0.0028$$

填料层高度

$$Z = H_{OG} N_{OG} = \frac{V}{K_{Y}a\Omega} \frac{Y_1 - Y_2}{\Delta Y_m} = \frac{0.005}{0.016 \times 0.66} \times \frac{0.031 - 0.0003}{0.0028} \text{ m} = 5.15 \text{ m}$$

（2）脱吸因数法。

脱吸因数　$$S = \frac{mV}{L} = \frac{0.005 \times 1.75}{1.3 \times 10^{-2}} = 0.67$$

气相总传质单元数$N_{OG} = \frac{1}{1-0.67} \ln\left[(1-0.67) \times \frac{0.031-0}{0.0003-0} + 0.67\right] = 10.75$

气相总传质单元高度　$$H_{OG} = \frac{V}{K_{Y}a\Omega} = \frac{0.005}{0.016 \times 0.66} \text{ m} = 0.47 \text{ m}$$

填料层高度　$$Z = N_{OG} H_{OG} = 10.75 \times 0.47 \text{ m} = 5.05 \text{ m}$$

7.4.4　解吸塔的计算

解吸又称脱吸，其目的是分离吸收后的溶液，使溶剂再生，并得到回收后的溶质。解吸是吸收的逆过程，传质方向与吸收相反，是溶质由液相向气相传递的过程。因此，凡是不利于吸收的条件都将有利于解吸，如减小压力、提高温度、通入惰性组分气体（又称为气提）等。图7-20为逆流解吸塔及解吸操作线示意图。

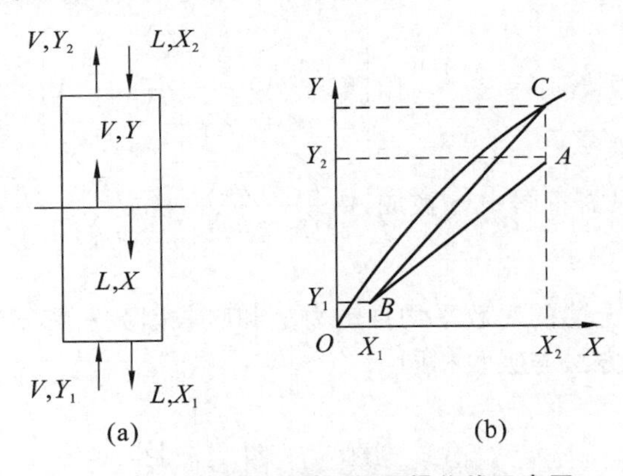

图7-20　逆流解吸塔及解吸操作线示意图

在解吸中，液相浓度X高于气相溶质的平衡浓度X^*，传质的推动力是$X - X^*$或$Y^* - Y$，解吸操作线在平衡线的下方，与吸收相反。因此，解吸操作的计算与吸收操作的计算在原则上并无不同，只是将前述中各个传质推动力的减数与被减数互换位置。

因此，解吸操作时，最小气液比的计算式为

$$\left(\frac{V}{L}\right)_{min} = \frac{X_2 - X_1}{Y_2^* - Y_1}$$

实际操作时，为使塔顶有一定的推动力，气液比应大于最小气液比。根据工程经验，通常取$\frac{V}{L} = (1.2 \sim 2.0)\left(\frac{V}{L}\right)_{min}$。

同理，解吸塔填料层高度的计算也基本与吸收塔相同。由于解吸过程计算以LdX表示较

为方便,故常用液相组成为推动力的计算式。填料层高度的计算式为

$$Z = N_{OL} H_{OL} \tag{7-83}$$

式中,Z 为解吸塔的填料层高度,m;H_{OL} 为液相传质单元高度,m;N_{OL} 为液相总传质单元数,无量纲。

液相传质单元高度的计算式为

$$H_{OL} = \frac{L}{K_{X\alpha}\Omega} \tag{7-84}$$

式中,$K_{X\alpha}$ 为液相总体积传质系数,kmol/(m³ · s)。

液相总传质单元数的计算式为

$$N_{OL} = \int_{X_1}^{X_2} \frac{dX}{X - X^*} \tag{7-85}$$

与吸收操作相同,N_{OL} 有三种计算方法。

1. 对数平均推动力法

此法适用于低浓度解吸范围内,操作线、平衡线均为直线(服从亨利定律)的情况,计算式为

$$N_{OL} = \frac{X_2 - X_1}{\Delta X_m} \tag{7-86}$$

$$\Delta X_m = \frac{(X_2 - X_2^*) - (X_1 - X_1^*)}{\ln \dfrac{X_2 - X_2^*}{X_1 - X_1^*}} \tag{7-87}$$

2. 吸收因数法

平衡线服从亨利定律时,可用吸收因数法计算液相总传质单元数 N_{OL},其计算式如下:

$$N_{OL} = \frac{1}{1-A}\ln\left[(1-A)\frac{X_2 - \dfrac{Y_1}{m}}{X_1 - \dfrac{Y_1}{m}} + A\right] \tag{7-88}$$

图 7-18 也适用于上式,只需将图中 S 换成 A,$\dfrac{Y_1 - mX_2}{Y_2 - mX_2}$ 换成$\dfrac{X_2 - Y_1}{X_1 - m}$,就可查图得到 N_{OL}。

3. 图解积分法

当平衡线为曲线时,上述的对数平均推动力法和吸收因数法都不适用,可以采用图解积分法进行近似计算。其计算方法与吸收相同。

7.5 填 料 塔

填料塔是化工分离过程的主要设备之一,具有生产能力大、分离效率高、压降小、操作弹性大、塔内持液量小等特点。本节主要介绍填料塔的结构、填料性能、气液两相在塔内的流动及塔径的计算等。

7.5.1 填料塔的结构

填料塔的结构如图 7-21 所示,它主要由圆筒形塔体及各种塔内件组成,包括填料、填料支撑板、填料限制装置(如填料压板)、气体分布器、液体分布器及液体再分布器、除沫器等。

吸收剂从塔顶经液体分布器均匀淋洒在填料上,混合气体从塔底引入,经气体分布器沿塔截面均匀分布并向塔顶流动,气液两相在填料表面接触,进行相间质量传递。填料层较高时可将填料分层,各层填料之间设置液体再分布器,以收集上层流下的液体再次均匀分

布。吸收剂经塔底部流出。传质后的气体经塔顶上部排出，离开填料层的气体可能夹带少量雾状液滴，因此有时需要在塔顶安装除沫器。

下面介绍几种主要的塔内组件。

1. 填料及性能

填料可分为两大类，即散装填料与规整填料。填料的形状很多，下面介绍几种生产中常用的填料。

1）散装填料

散装填料可以是乱堆的，也可以是整砌的。目前散装填料主要有环形填料、鞍形填料、环鞍形填料及球形填料，所用的材质有陶瓷、塑料、石墨、玻璃以及金属等。

（1）环形填料。

环形填料主要包括拉西环、鲍尔环与阶梯环。如图7-22所示。

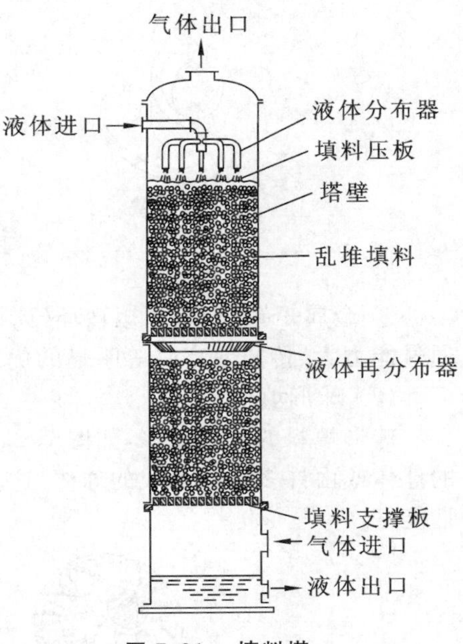

图7-21　填料塔

① 拉西环：拉西环是最早使用的圆环形填料，具有结构简单、加工方便、造价较低等优点。拉西环的缺点是填料层空隙率分布不均匀，液体沟流和壁流现象严重，且当拉西环横卧放置时，内表面不容易被液体润湿，气体也不能从环内通过，致使液体阻力大，气液接触面积小。因此，拉西环的应用日趋减少。

② 鲍尔环：鲍尔环是在拉西环基础上改进得到的另一种环状填料。其结构特点是在拉西环的圆环壁上开两层矩形孔，小孔的母材并不从环上剪下，而是向中心弯入。鲍尔环这种结构提高了环内空间及环内表面的利用程度，减小了流体阻力，增大了气液接触面积，是一种性能优良的填料，得到了广泛的应用。

③ 阶梯环：阶梯环是在鲍尔环基础上改进得到的一种环状填料。阶梯环与鲍尔环一样开有矩形孔，并弯曲为向内的舌片。阶梯环的一端制成锥形翻边。阶梯环较小的高径比与其锥形翻边结构，使填料之间呈点式接触，形成的填料层均匀，有利于液体的均匀分布，因此阶梯环填料具有更大的处理能力和更高的传质效率。

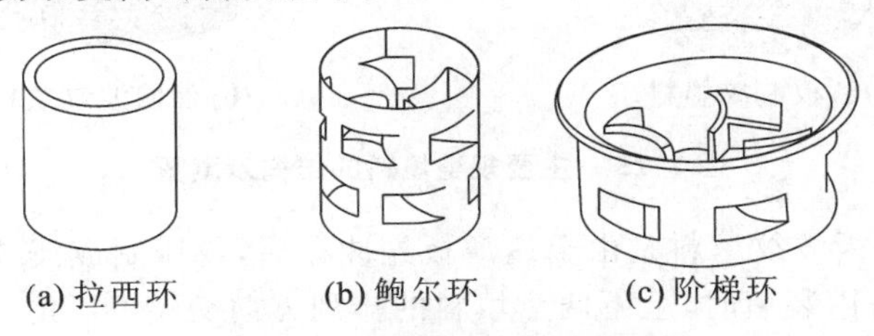

图7-22　环状填料结构示意图

（2）鞍形填料。

鞍形填料主要分为弧鞍、矩鞍和金属矩鞍环三类，如图7-23所示。

① 弧鞍：弧鞍填料形状如同马鞍，特点是表面全部敞开，结构对称，流体可以在填料两侧表面流动，表面利用率高，此外，其表面流道呈弧线形，故流体阻力小。但由于其结构对称，装填时填料表面易重合，减少了暴露的表面，破坏了填料层的均匀性，影响传质效率，故目前已很少使用。

② 矩鞍：矩鞍填料将弧鞍填料的弧形改为矩形，克服了弧鞍填料表面易重叠的缺点，形成的填料层空隙率均匀，从而具有较好的液体分布性能和传质性能。

(a) 弧鞍　　(b) 矩鞍　　(c) 金属矩鞍环

图 7-23　鞍形填料结构示意图

③ 金属矩鞍环:金属矩鞍环(英特克斯)兼具环形填料和鞍形填料的结构特点,具有气体通过能力大、传质效率高等明显的优点,是目前性能十分优良的散装填料,被广泛应用。

(3) 球形填料。

球形填料的种类较多,如图 7-24 所示,一般采用塑料材质制造。其结构是由许多板片构成的球体或由许多格栅构成的球体。这类填料具有结构对称性,因而其填料床均匀,气液相分布性能好。

(a) 多面球形　　(b) TRI填料

图 7-24　球形填料结构示意图

2) 规整填料

规整填料以整砌的方式装填在塔体中,主要包括板波纹填料、丝网波纹填料、格栅填料以及脉冲填料等,其中以板波纹填料、丝网波纹填料应用居多,如图 7-25 所示。

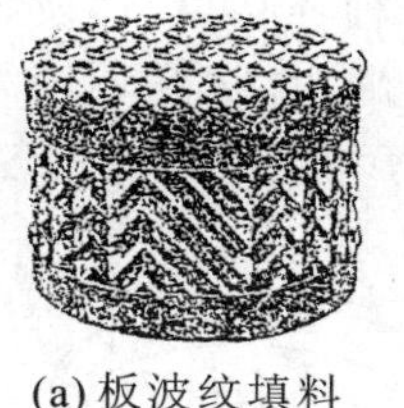

(a) 板波纹填料　　(b) 丝网波纹填料

图 7-25　主要规整填料的结构示意图

(1) 板波纹填料:板波纹填料是由金属薄板先冲孔后,再压制成波纹状板,平行叠合而成的圆盘单体。在填料塔内装填时,上下两盘填料的排列方向交错 90° 角。板波纹填料的气体通量大,流体流通阻力小,传质效率高,而且加工方便,是目前通用的高效规整填料之一。

(2) 丝网波纹填料:丝网波纹填料是以细密的丝网为材质制成的规整填料,具有密集的丝网结构,表面积大,而且丝网具有毛细作用,液体在丝网表面极易润湿伸展成膜,因此传质效率较高,但该填料材质较贵,因此常用于难分离的物系。

(3) 格栅填料:格栅填料由一些垂直、水平或倾斜的板条组成。其中格利希格栅填料是典型的格栅填料,这种填料形成的空隙率大,因而其气相通量大,流体流动阻力小,填料抗污染和抗堵塞能力强。但传质效率低,应用较少。

3) 填料性能

填料的结构与大小不同,性能也不同。表 7-4 列出了几种填料的性能数据。

表 7-4　部分填料的性能参数

填料名称	尺寸 /mm×mm×mm	材质及堆积方式	比表面积 $\alpha/(m^2/m^3)$	空隙率 $\varepsilon/(m^3/m^3)$	每立方米填料个数	堆积密度 $\rho_p/(kg/m^3)$	干填料因子 $(\alpha/\varepsilon^3)/m^{-1}$	填料因子 ϕ/m^{-1}	备　注
拉西环	10×10×1.5	瓷质乱堆	440	0.70	720×10^3	700	1280	1500	直径×高×厚
	10×10×0.5	钢质乱堆	500	0.88	800×10^3	960	740	1000	
	25×25×2.5	瓷质乱堆	190	0.78	49×10^3	505	400	450	
	25×25×0.8	钢质乱堆	220	0.92	55×10^3	640	290	260	
	50×50×4.5	瓷质乱堆	93	0.81	6×10^3	457	177	205	
	50×50×4.5	瓷质整砌	124	0.72	8.83×10^3	673	339		
	50×50×1	钢质乱堆	110	0.95	7×10^3	430	130	175	
	80×80×9.5	瓷质乱堆	76	0.68	1.91×10^3	714	243	280	
	76×76×1.5	钢质乱堆	68	0.95	1.87×10^3	400	80	105	
鲍尔环	25×25	瓷质乱堆	220	0.76	48×10^3	505		300	直径×高
	25×25×0.6	钢质乱堆	209	0.94	61.1×10^3	480		160	直径×高×厚
	25	塑料乱堆	209	0.90	51.1×10^3	72.6		170	直径
	50×50×4.5	瓷质乱堆	110	0.81	6×10^3	457		130	
	50×50×0.9	钢质乱堆	103	0.95	6.2×10^3	355		66	
阶梯环	25×12.5×1.4	塑料乱堆	223	0.90	81.5×10^3	97.8		172	直径×高×厚
	33.5×19×1.0	塑料乱堆	132.5	0.91	27.2×10^3	57.5		115	
弧鞍	8×8	镀锌铁	1030	0.936	2.12×10^3	490			40 目,丝径 0.23～0.25 mm
	10	丝网	1100	0.91	4.56×10^3	340			60 目,丝径 0.152 mm
矩鞍	25×3.3	瓷质	258	0.775	84.6×10^3	548		320	名义尺寸×厚
	50×7	瓷质	120	0.79	9.4×10^3	532		130	
金属矩鞍环	25	钢质	228	0.962		301.1			名义尺寸
	40	钢质	169	0.971		232.3			
	50	钢质	110	0.971	11.1×10^3	225	110	140	

下面对表 7-4 中几项性能参数进行说明。

(1) 比表面积 α：指单位体积填料层中所具有的填料表面积，单位为 m^2(填料表面积)/m^3(填料层体积)。填料比表面积越大，气液接触面积越大。由于装填的实际情况不同，在比表面积相同的情况下，实际的气液接触面积也可能相差较大。

(2) 空隙率 ε：指单位体积填料层中所具有的空隙体积，单位为 m^3(空隙体积)/m^3(填料层体积)。气液两相均在空隙中流动，空隙率大时流体阻力小，流通量大。

(3) 堆积密度 ρ_p：指单位体积填料层的质量，单位为 kg/m^3。

(4) 干填料因子 α/ε^3：比表面积 α 与空隙率 ε 所组成的复合量 α/ε^3 称为干填料因子，单位为 m^{-1}。

(5) 填料因子 ϕ：填料层中有气液两相流动时，部分空隙被液体占据，空隙率减小，比表面积也会发生变化，因此引入湿填料因子，简称填料因子，用来关联填料层内气液两相流动参数间的关系。填料因子由实验测定。

2. 液体分布器

液体分布器对塔的性能影响较大。若液体分布器设计不当，液体在填料表面不能分布均匀，甚至出现沟流现象，严重降低填料表面的有效利用率，使传质效率下降。液体分布器性能主要由分布器的布液点密度(单位面积上的布液点数)、布液点的布液均匀性、布液点上液相组成的均匀性决定。通常散堆填料布液点密度为 50 ～ 100 个 /m^2，板波纹填料布液点密度大于 100 个 /m^2。通常填料效率越高，所需布液点密度越大。常用的液体分布器有莲蓬式、多孔管式、齿槽式、筛孔盘式等，如图 7-26 所示。塔内可设置一个或多个液体分布器。

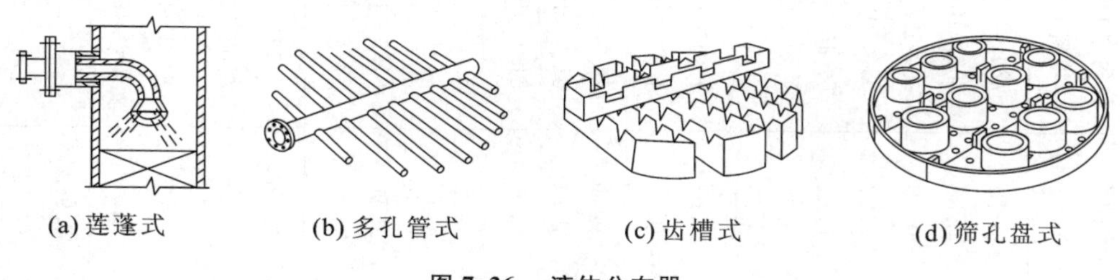

(a) 莲蓬式　(b) 多孔管式　(c) 齿槽式　(d) 筛孔盘式

图 7-26　液体分布器

3. 液体再分布器

液体再分布器的作用是将流道塔壁近旁的液体重新汇集并导向塔中央区域，当填料层较高需要多段设置时，各段填料层之间要设液体收集及再分布装置，当填料层间有侧线进料或出料时也需设液体再分布装置。对拉西环填料，可取塔径的 2.5～3 倍设置液体再分布装置，对鲍尔环和鞍形填料，可取塔径的 5～10 倍。但通常每段填料高度不超过 6 m。

常用的液体再分布装置有多孔盘式液体再分布器、截锥式液体再分布器等。

4. 除沫器

由于气体在塔顶离开填料层时，带有大量的液沫和雾滴，为回收这部分液体，常需在塔顶设置除沫器。常用的除沫器有折流板式除沫器、旋流板式除沫器以及丝网除沫器。

5. 填料支撑板

填料在塔内无论是乱堆或整砌，均放在支撑装置上，因此支撑装置需有足够的强度，此外还需考虑其对流体流动的影响，要保证有足够的开孔率(一般要大于填料的空隙率)，以防在填料支撑处发生液泛现象；填料支撑板在结构上应有利于气液相均匀分布，同时阻力一般应小于

20 Pa。常用的填料支撑板有栅板式、升气管式、驼峰式等，如图 7-27 所示。

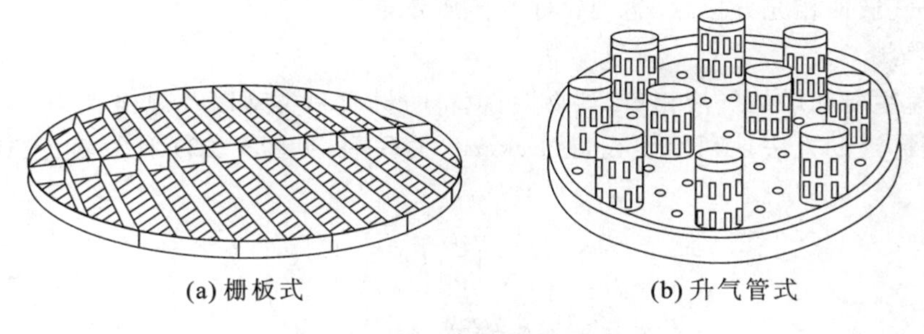

(a) 栅板式　　(b) 升气管式

图 7-27　填料支撑装置

6. 填料限制装置

为防止吸收操作过程中，由于操作不当而引起填料层松动，一般需安装填料限制装置。这类装置可分为两类：一类是放置于填料上，依靠重力将填料压紧的填料限制装置，称为填料压板；另一类是将填料限制装置固定于塔壁上，称为床层限定板。

7.5.2　填料塔的流体力学性能

填料塔的主要流体力学性能包括填料层的压降、液泛气速及塔内液体的持液量等。

1. 气体通过填料层的压降

气体通过填料层压降的大小决定塔操作的动力消耗。对于逆流操作的填料塔，气体通过填料层的压降与填料的类型、尺寸、物性，液体的喷淋密度以及空塔气速有关。一定喷淋密度下单位高度填料层的压降与空塔气速的关系如图 7-28 所示。图中 $L_4 > L_3 > L_2 > L_1$。

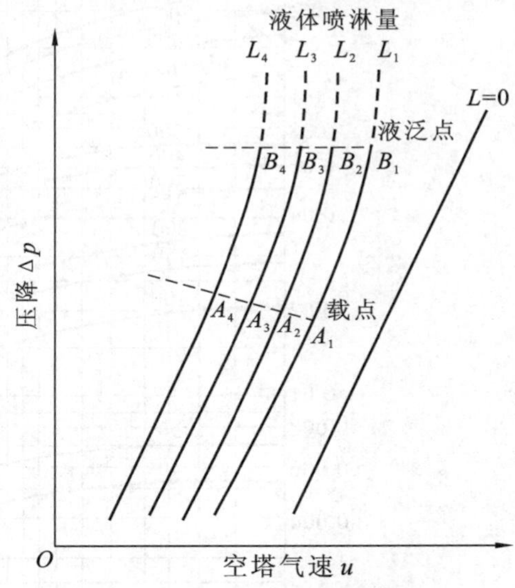

图 7-28　压降与空塔气速的关系

(1) 填料层为干填料时，$L=0$，气体通过干填料层的压降与空塔气速呈线性关系，此直线斜率为 1.8～2.0，此时气流在填料层中呈湍流状态。

(2) 当有一定的喷淋量时，由于此时填料表面被液体润湿，填料表面形成液膜，在相同的气速下，液体的流量越大，液膜越厚，压降也越大。气速较低时，填料表面的液膜受上升气流的影响较小，液膜厚度变化不大，填料层的持液量几乎不变，此时填料层中实际气速比干填料层时大。当气速增大至各曲线上 A 点对应的气速时，上升气流对液流的曳力明显增大，持液量显著增加，从而导致压降迅速增加，压降与空塔气速的关系曲线变陡，斜率大于 2。这一现象称为拦液（或载液）现象，A 点对应的气速称为拦液气速。自拦液点后，随着气速的增加，上升的气流持液量逐渐增加，至 B 点时，上升的气流足以阻止液体向下流动，使液体充满整个填料层空隙，液相由分散相变为连续相，而气体只能鼓泡上升，由连续相变为分散相，塔内压降急剧上升，这种现象称为液泛，B 点对应的气速称为液泛气速。液泛点之后，空塔气速稍有增加，液体将积聚在填料层内，不能向下流动，甚至从塔顶溢出，所以液泛点是填料塔操作的上限。通常情况下，填料塔应控制在载液区工作，即操作气速应控制在拦液气速与液泛气速之间,生产中一般取液泛气速的 0.5~0.8 倍作为适宜的操作气速,以保证气液两相充分接触,达到较好的传质效果。

2. 液泛气速

液泛气速主要和塔的气液相负荷、物性、填料的材质和类型以及规格有关,其计算方法较多。目前使用广泛的方法是利用埃克特(Eckert)关联图(见图 7-29)计算液泛气速与气体压降。图中

横坐标
$$\frac{w_L}{w_V}\left(\frac{\rho_V}{\rho_L}\right)^{0.5}$$

纵坐标
$$\frac{u^2\phi\varphi\rho_V}{g\rho_L}\mu_L^{0.2}$$

式中,w_V、w_L 分别为气液两相的质量流量,kg/s;ρ_V、ρ_L 分别为气体的密度、液体的密度,kg/m³;u 为液泛气速,m/s;ϕ 为填料因子;φ 为水的密度与液体密度之比;μ_L 为溶液的黏度,mPa·s。

埃克特关联图的使用方法如下:根据塔的气液相负荷和气液相密度计算横坐标 X,然后在图中相应的泛点线上确定与其对应的纵坐标参数 Y,从而求得操作条件下的泛点气速。

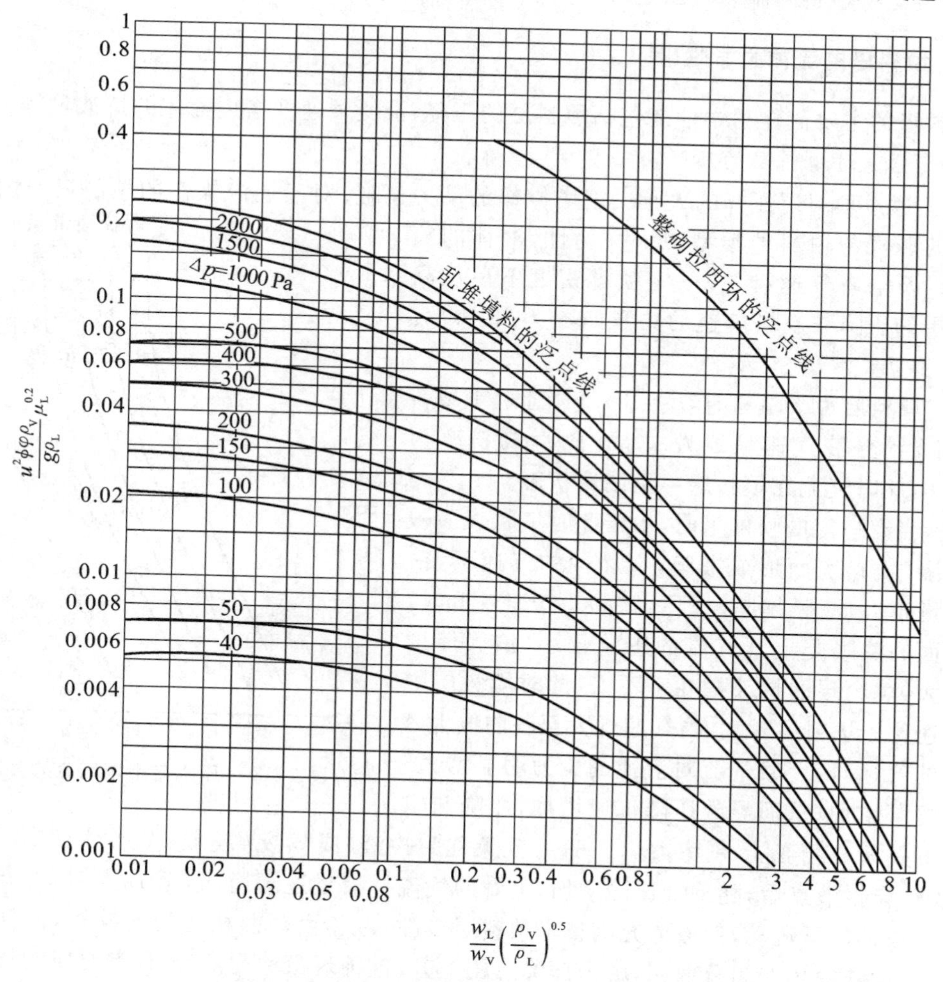

图 7-29　填料塔泛点气速及气体压降计算用关联图

7.5.3 塔径的计算

由气体的体积流量与空塔气速计算塔径的公式如下：

$$D=\sqrt{\frac{4V_s}{\pi u}}$$

式中，D 为塔径，m；V_s 为操作条件下混合气体流量，m^3/s；u 为混合气体的空塔气速，m/s。

空塔气速一般取泛点气速的50%～80%。

若空塔气速较小，则气体的压降小，动力消耗少，操作费用低，但塔径大，设备费用高。同时，气速太低不利于气液相充分接触，传质效率低。

若空塔气速较大，则塔径小，设备费用低，但气体的压降大，动力消耗多，操作费用高。

若空塔气速太高，接近泛点，则塔的操作不易稳定，难于控制。因此，空塔气速的选择要从经济上的合理性与技术上的可行性两方面综合考虑。

思　考　题

7-1　吸收操作在工业生产上的应用有哪些？吸收操作主要的设备有哪些类型？

7-2　选择吸收剂的主要依据是什么？什么是溶剂的选择性？

7-3　温度与压力是如何影响吸收过程的平衡关系的？

7-4　亨利定律适用于气液相平衡的哪种情况？其表达形式有哪些？

7-5　若溶质分压为 p 的气体混合物与溶质浓度为 c 的溶液接触，如何判断溶质是从气相向液相传递，还是从液相向气相传递？

7-6　两相间传质的双膜理论基本论点是什么？何谓液膜控制？何谓气膜控制？

7-7　传质单元高度与传质单元数有何物理意义？

7-8　吸收剂用量对实际生产有何影响？最小液气比如何计算？

7-9　有哪几种计算 N_{OG} 的方法？其适用条件分别为什么？

习　　题

7-1　常压下氨与空气的混合气体中，氨的体积分数为25%，计算其摩尔分数 y 和摩尔比 Y。

【答案：0.25，0.33 kmol(氨)/kmol(空气)】

7-2　2 gSO_2 溶于100 g水，该溶液的组成以物质的量浓度 c、摩尔分数 x 及摩尔比 X 表示时分别为多少？

【答案：0.3 kmol/m^3，0.005，0.005 kmol (SO_2)/kmol (H_2O)】

7-3　常压下，进塔混合气中溶质组分的体积分数为15%，问：若吸收率为93%，则出塔混合气的组成为多少？用溶质组分的摩尔分数 y 和摩尔比 Y 表示。【答案：0.01，0.01 mol (A)/mol (B)】

7-4　在101.325 kPa及20 ℃下，测得1000 g水中溶解20 g二氧化硫，此时溶液上方气相中二氧化硫的平衡分压为18 kPa，试求此时的亨利系数 E、溶解度系数 H 和相平衡常数 m。溶液相对密度近似取为1000。

【答案：3×10^6 Pa，0.000 02 kmol/(m^3·Pa)，29.6】

7-5　在总压为101.325 kPa及25 ℃下，某含氨为0.096(摩尔分数，下同)的混合空气与含氨为0.0024的水溶液接触，试判断氨的传质方向，已知操作条件下气液相平衡关系为 $Y^*=48.9X$。【答案：解吸过程】

7-6　某填料塔中用清水逆流吸收混于空气中的氨，空气中氨的体积分数为9.5%，操作条件为25 ℃，氨的分压为2.026 kPa，25 ℃时氨在水中的亨利系数为 2.77×10^3 Pa，吸收液中氨的组成为 $x_1=0.007$。试求塔底处吸收总推动力 Δy、Δx、Δp、Δc、ΔX 和 ΔY。

【答案:0.0941,0.724,2006.61 Pa,0.040 17 kmol/m^3,0.703 mol (NH_3)/mol (H_2O),0.1041 mol (氨)/mol(空气)】

7-7　在101.325 kPa及20 ℃下,用填料塔净化空气中的甲醇蒸气。甲醇在水中的亨利系数为27.8 kPa,测得塔内某截面处甲醇的气相分压为8.5 kPa,液相组成为2.92 kmol/m^3,液膜吸收系数 $k_L = 2.12 \times 10^{-5}$ m/s,气相总吸收系数 $K_G = 1.125 \times 10^{-5}$ kmol/(m^2·s·kPa)。求该截面处:(1) 膜吸收系数 k_G、k_y 和 k_x;(2) 总吸收系数 K_L、K_x、K_y、K_X 和 K_Y;(3) 吸收速率。【答案:(1)1.531×10^5 kmol/(m^2·s·kPa),1.55×10^7 kmol/(m^2·s),2.024×10^{-4} kmol/(m^2·s);(2)5.63×10^{-6} m/s,1.64×10^{-5} kmol/(m^2·s),1.96×10^{-3} kmol/(m^2·s),2.800×10^{-4} kmol/(m^2·s),1.02×10^{-3} kmol/(m^2·s);(3)1.09×10^{-6} kmol/(m^2·s)】

7-8　某路面积水深1.5 cm,水温20 ℃,水面上方有一层0.2 cm厚的静止空气层,水通过此空气层扩散进入大气。大气中的水汽分压为1.33 kPa。问:路面上的水分被吹干需多少时间?【答案:2.86 h】

7-9　某吸收塔进行操作的条件为塔底气相溶质的摩尔分数 $y = 0.045$,液相中溶质的摩尔分数 $x = 0.009$。两相的传质系数分别为 $k_x = 8.1 \times 10^{-4}$kmol/(s·m^2),$k_y = 4.1 \times 10^{-4}$kmol/(s·m^2)。操作压力为101.3 kPa,相平衡关系为 $y = 1.8x$。试求该处的传质速率 N_A,单位为kmol/(s·m^2)。

【答案:6.25×10^{-6}kmol/(s·m^2)】

7-10　已知某低组成气体溶质被吸收时,平衡关系服从亨利定律,气膜吸收系数为 3.15×10^{-7} kmol/(m^2·s·kPa),液膜吸收系数为 5.86×10^{-5} m/s,溶解度系数为1.45 kmol/(m^3·kPa)。试求气膜阻力、液膜阻力和气相总阻力,并分析该吸收过程的控制因素。

【答案:3.175×10^6(m^2·s·kPa)/kmol,1.18×10^4(m^2·s·kPa)/kmol,3.187×10^6(m^2·s·kPa)/kmol,气膜控制】

7-11　某混合气中含溶质组分为0.04(摩尔比),现用截面积为1 m^2 的填料吸收塔对溶质组分进行回收处理,要求吸收率为99%,操作条件下的平衡关系为 $y = 1.95x$,混合气的摩尔流速为0.02 kmol/(m^2·s),气体总吸收系数 $K_y\alpha = 0.05$ kmol/(s·m^3·Δy),已知入塔吸收剂中不含溶质组分,出塔溶液中含溶质组分为0.007,试计算传质单元数和所需的填料层高度。【答案:6.40,2.56 m】

7-12　在101.325 kPa及20 ℃下,用清水吸收混合气中的SO_2,已知混合气的摩尔流速为0.028 kmol/(m^2·s),SO_2 的含量为0.035(体积分数),气液相平衡关系服从亨利定律 $Y = 30.2X$,气相总体积吸收系数为1.88 kmol/(m^3·h·kPa),操作时吸收剂用量为最小用量的1.6倍,要求SO_2 的回收率为98.3%。试求:(1) 吸收剂的摩尔流速(单位:kmol/(m^2·s));(2) 填料层高度,设塔的截面积为1 m^2。

【答案:(1) 1.28 kmol/(m^2·s);(2) 4.34 m】

7-13　某工厂填料吸收塔的填料层高度为10 m,用清水洗去废气中的有害组分A,如入塔混合气中组分A的摩尔分数为0.02,出塔混合气中组分A的摩尔分数为0.003,出塔溶液中组分A的摩尔分数为0.0075,操作条件下的平衡关系为 $y^* = 1.6x$,问:气相总传质单元高度为多少?若将组分的出塔浓度降低至摩尔分数为0.002,则填料层高度应为多少?【答案:3 m,12.48 m】

7-14　在101.325 kPa、20 ℃下,用清水吸收混合气中的氨,已知混合气的入塔组成为0.050(氨的摩尔分数,下同),尾气的出塔组成为0.001。操作条件下的气液相平衡关系为 $p^* = 4.55 \times 10^4 x$ kPa,操作时吸收剂用量为最小用量的1.65倍。(1) 计算回收率和吸收液的组成;(2) 若保持气体进、出塔的组成不变,操作压力提高10倍,求吸收液组成。【答案:(1) 0.000 07;(2) 0.000 67】

7-15　用直径为1.1 m、填料层高度为9 m的吸收塔处理空气中的有害气体,采用清水为吸收剂。已知操作压力为130 kPa,温度为25 ℃。测得入塔和出塔混合气中溶质的含量分别为6.35%和0.056%(体积分数),出塔的液相组成为0.0166(摩尔分数),操作条件下的气液关系为 $Y = 3.2X$,气相总体积吸收系数为66.7 kmol/(m^3·h)。试计算:(1) 吸收剂用量相对于最小用量的倍数;(2) 该吸收塔的生产能力(单位:m^3(混合气)/年,每年按7200 h工作时间计)。

【答案:1.19,4.92×10^6 m^3(混合气)/年】

本章主要符号说明

符号	意义	单位
英文		
t	温度	℃
T	热力学温度	K
R	摩尔气体常数,8.314 J/(mol·K)	
p	气体压力	Pa
c	液相中溶质的浓度	kmol(溶质)/m^3(溶液)
y	气相中溶质的摩尔分数	
x	液相中溶质的摩尔分数	
Y	气相中溶质的摩尔比	
X	液相中溶质的摩尔比	
H	溶解度系数	kmol/(m^3·kPa)
E	亨利系数	kPa
m	相平衡常数	
M	溶液的平均摩尔质量	kg/kmol
M_s	溶剂的平均摩尔质量	kg/kmol
J	扩散速率	kmol/(m^2·s)
D	扩散系数	m^2/s
D	塔内径	m
N	传质速率	kmol/(m^2·s)
k_g	以 p_g-p_i 为推动力的气相对流传质系数	kmol/(m^2·s·Pa)
k_l	以 c_i-c_l 为推动力的液相对流传质系数	m/s
k_y	以 y_g-y_i 为推动力的气相对流传质系数	kmol/(m^2·s·Δy)
k_x	以 x_i-x_l 为推动力的液相对流传质系数	kmol/(m^2·s·Δx)
k_Y	以 $Y-Y_i$ 为推动力的气相对流传质系数	kmol/(m^2·s·ΔY)
k_X	以 X_i-X 为推动力的液相对流传质系数	kmol/(m^2·s·ΔX)
K_G	以 $p-p^*$ 为推动力的气相总传质系数	kmol/(m^2·s·Pa)
K_L	以 c^*-c 为推动力的液相总传质系数	m/s
K_y	以 $y-y^*$ 为推动力的气相对流传质系数	kmol/(m^2·s·Δy)
K_x	以 x^*-x 为推动力的液相对流传质系数	kmol/(m^2·s·Δx)
K_Y	以 $Y-Y^*$ 为推动力的气相对流传质系数	kmol/(m^2·s·ΔY)
K_X	以 X^*-X 为推动力的液相对流传质系数	kmol/(m^2·s·ΔX)

符号	意义	单位
u	体积流速	m/s
V	惰性气体的摩尔流量	kmol/s
L	纯吸收剂的摩尔流量	kmol/s
N_{OG}	气相总传质单元数	
H_{OG}	气相传质单元高度	m
N_{OL}	液相总传质单元数	
H_{OL}	液相传质单元高度	m
Z	填料层高度	m
Δz	扩散距离	m
ΔY_m	气相对数平均推动力	
ΔX_m	液相对数平均推动力	
S	脱吸因数	
A	吸收因数	
希文		
α	比表面积	m^2(填料表面积)/m^3(填料层体积)
α	1 m^3 填料能提供的有效接触面积	m^2/m^3(填料)
ε	空隙率	m^3(空隙体积)/m^3(填料层体积)
ϕ	填料因子	m^{-1}
η	回收率	
φ	水的密度与溶液密度之比	
μ	流体的黏度	Pa·s
Ω	塔的截面积	m^2
ρ	溶液的密度	kg/m^3
ρ_s	溶剂的密度	kg/m^3
下标		
1	浓端(逆流吸收塔底或解吸塔顶)	
2	稀端(逆流吸收塔顶或解吸塔底)	
A	溶质	
B	惰性气体	
i	界面	
s	溶剂	

第8章　干　　燥

学习要求

通过本章的学习，熟练掌握表述空气性质的参数及其计算方法，能够熟练应用物料衡算及热量衡算解决干燥过程中的计算问题；了解干燥器的类型及适用场合。

具体学习要求：掌握湿空气的性质，能正确应用空气的 H-I 图确定空气的状态点及性质参数；掌握干燥过程的物料衡算与热量衡算；掌握湿物料中水分的划分及干燥过程的平衡关系；了解干燥速率及干燥时间的计算；了解干燥器的类型及强化干燥操作的基本方法；了解干燥器的性能特点及选用原则。

8.1　概　　述

在化学、轻工、石油、食品等工业生产中，各种产品依据它在储存、运输、加工和应用诸方面的不同要求，常常需要从物料中除去超过规定的湿分，主要为水分，有时也有其他溶剂。这种过程简称为去湿。

去湿的方法很多，化学工业中常用以下三类。

(1) 机械除湿　通过沉降、过滤、压榨、抽吸和离心分离等方法除去湿分，当物料带水较多时，可先用上述机械分离方法除去大量的水。这些方法应用于溶剂不需要完全除尽的情况，能量消耗较少。

(2) 物理化学除湿(吸附除湿)　用某种平衡水汽分压很低的干燥剂与湿物料并存，使物料中的水分相继经气相而转入干燥剂内，如石灰、无水氯化钙、硅胶等。这种方法费用高，只能除去少量湿分，因此只适用于小批量固体物料的去湿，或用于除去气体中的水分，多用于实验室。

(3) 加热除湿(干燥)　利用热能使湿物料中的湿分汽化，并排出生成的蒸气，获得湿含量达到要求的产品。这种方法除湿完全，但能耗较大。简单地说，干燥就是利用热能除去固体物料中湿分的单元操作。由于是利用热能的操作，在工业生产中为了节约热能，降低生产成本，一般先尽量利用压榨、过滤或离心分离等机械方法除去湿物料中的大部分湿分，然后通过干燥方法继续除去机械法未能除去的湿分，以获得符合要求的产品。因此，干燥常常是产品包装或出厂前的最后一个操作过程。

干燥的目的不仅是使物料便于运输、加工处理、储藏和使用，更重要的是满足产品质量的要求。例如，聚氯乙烯的含水量须低于0.3%，否则在其制品中将有气泡生成；抗生素的含水量太高则会影响其使用期限等。

干燥过程的种类很多，有以下几种分类方法。

按操作的压力不同，干燥可分为常压干燥和真空干燥。真空干燥温度较低，适合于热敏性、易氧化或要求产品含水量极低的物料干燥。

按操作方式，干燥可分为连续干燥和间歇干燥。连续干燥的优点是生产能力大，热效率高，劳动条件比间歇式好，并且能得到比较均匀的产品。而间歇式的优点是基建费用较低，操作控制方便，能适应多品种物料，但干燥时间较长，生产能力较小。

按照热能传给湿物料的方式，干燥又可分为传导干燥、对流干燥、辐射干燥和介电加热干燥，以及由其中两种或多种方式组成的联合干燥。

(1) 传导干燥　又称为间接加热干燥。载热体通常为加热蒸汽，将热能以传导的方式通过金属壁传给湿物料，使湿物料中的湿分汽化，并由周围的气流带走。该种方式的特点是热能利用程度较高，但是，与金属壁面接触的物料在干燥时容易过热而变质。滚筒干燥器就是典型的传导干燥装置。

(2) 对流干燥　又称为直接加热干燥。载热体(干燥介质)将热能以对流的方式传给与其直接接触的湿物料，以供给湿物料中湿分汽化所需的热量，并将湿气带走。特点是干燥介质通常为热空气，热空气的温度很容易调节，而且热空气与湿物料的接触也可以比较充分，所以物料不易过热。但热空气离开干燥器时，将相当大的一部分热量带走，故热能利用程度比传导干燥差。

(3) 辐射干燥　能量以电磁波的形式由辐射器发射，入射至湿物料的表面被其吸收再转变为热能，将湿分加热汽化而达到干燥的目的。

(4) 介电加热干燥　将需要干燥的物料置于高频电场内，高频电场的交变作用将物料加热而达到干燥的目的。

在传导、对流和辐射加热方式的干燥过程中，由于热能都是从物料表面传至内部，因此物料表面温度高于内部温度，而水分则由内部扩散至表面。在干燥过程中，物料表面水分先汽化从而形成绝热层，增加内部水分扩散至表面的阻力，所以物料干燥时间较长。而介电加热干燥则相反，湿物料在高频电场内很快被均匀加热，由于水分的介电常数比固体物料的要大得多，在干燥过程中物料的内部水分比表面的多，因此物料内部吸收的电能或热能也较多，则物料内部温度比表面的高，从而干燥时间大大缩短，所得到的干燥产品均匀而洁净。但该方法费用较大，所以在工业上的推广受到一定限制，目前主要应用于轻工及食品工业。

在上述四种干燥过程中，目前在工业上应用最普遍的是对流干燥。通常使用的干燥介质是空气，被除去的湿分是水分。本章以对流干燥为主要讨论对象，且仅限于以热空气为干燥介质和除去的湿分为水的系统。

湿物料表面所产生的水蒸气压力必须大于干燥介质中水蒸气的分压，这是干燥过程进行的条件。二者压差的大小表示水分汽化的推动力，压差越大，干燥过程进行越快。如图 8-1 所示，在对流干燥过程中，干燥介质(热空气)将热能传至物料表面，再由表面传至物料的内部，这是一个传热过程；水分从物料内部以液态或气态扩散到物料表面，然后水蒸气通过物料表面的气膜而扩散至热空气的主体，这是一个传质过程。可见，物料的干燥过程属于传热和传质相结合的过程。干燥介质必须及时将产生的水蒸气带走，以保持一定的汽化推动力。如果压差等于零，表示空气中水蒸气分压与物料之间的水蒸气分压达到动态平衡，干燥过程就会停止。

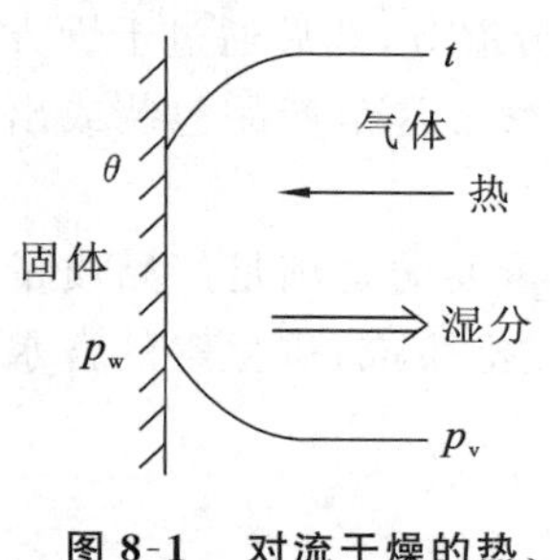

图 8-1　对流干燥的热、质传递过程

在计算干燥过程中所需的空气用量、消耗的热量以及干燥时间等时，都涉及干燥介质的性质。因此，必须先了解湿空气的性质。

8.2　湿空气的性质及湿度图

8.2.1　湿空气的性质

湿空气可视为绝干空气和水蒸气的混合物。在对流干燥过程中，最常用的干燥介质是湿空气，将湿空气预热后与湿物料进行热量与质量交换，湿空气既是载热体，也是载湿体。

作为干燥介质的湿空气是不饱和空气，即空气中的水蒸气的分压低于同温度下水的饱和蒸气压。由于干燥过程的压力较低，对于这种状态下的湿空气，通常可认为是理想气体。

随着干燥过程的进行，湿空气中的水蒸气含量在不断地变化，但绝干空气的质量保持不变，为了计算方便，湿空气的性质都是以 1 kg 绝干空气为基准。

1. 湿度 H

湿度又称为湿含量或绝对湿度，是指空气中水蒸气的含量，它以湿空气中所含水蒸气质量与绝干空气质量之比表示，即

$$H=\frac{\text{湿空气中水蒸气的质量}}{\text{湿空气中绝干空气的质量}} \tag{8-1}$$

式中，H 为湿空气的湿度，kg(水蒸气)/kg(绝干气)。因气体的质量等于气体的物质的量乘以摩尔质量，则有

$$H=\frac{M_{\mathrm{v}}n_{\mathrm{v}}}{M_{\mathrm{g}}n_{\mathrm{g}}}=\frac{18n_{\mathrm{v}}}{29n_{\mathrm{g}}} \tag{8-1a}$$

式中，n_{g} 为绝干空气的物质的量，kmol；n_{v} 为水蒸气的物质的量，kmol；下标 v 表示水蒸气，g 表示绝干空气。

根据分压定律，各组分的摩尔比等于分压比，所以

$$H=\frac{18}{29}\times\frac{p_{\mathrm{v}}}{p-p_{\mathrm{v}}}=0.622\times\frac{p_{\mathrm{v}}}{p-p_{\mathrm{v}}} \tag{8-2}$$

式中，p 为总压，Pa 或 kPa；p_{v} 为水蒸气的分压，Pa 或 kPa。

由式(8-2)可见，湿度与湿空气的总压及水蒸气分压有关，当总压一定时，则由水蒸气的分压决定。

若水蒸气分压为同温度下水的饱和蒸气压 p_{s}，表明湿空气呈饱和状态，此时湿空气的绝对湿度称为饱和湿度(H_{s})，即

$$H_{\mathrm{s}}=0.622\times\frac{p_{\mathrm{s}}}{p-p_{\mathrm{s}}} \tag{8-3}$$

由于水的饱和蒸气压仅与温度有关，所以湿空气的饱和湿度取决于它的总压和温度。

2. 绝对湿度百分数 ψ

在一定温度及总压下，湿空气的绝对湿度与饱和湿度之比的百分数称为绝对湿度百分数，以 ψ 表示，即

$$\psi=\frac{H}{H_{\mathrm{s}}}\times100\%=\frac{p_{\mathrm{v}}(p-p_{\mathrm{s}})}{p_{\mathrm{s}}(p-p_{\mathrm{v}})}\times100\% \tag{8-4}$$

3. 相对湿度百分数 φ

在一定的总压下，湿空气中水蒸气分压 p_{v} 与同温度下水的饱和蒸气压 p_{s} 之比的百分数，称为相对湿度百分数(简称相对湿度)，即

$$\varphi = \frac{p_v}{p_s} \times 100\% \tag{8-5}$$

相对湿度表示湿空气的不饱和程度。当相对湿度 $\varphi = 100\%$ 时，表示湿空气达到饱和，即为饱和空气，此时 $p_v = p_s$，即水蒸气的分压为同温度下水的饱和蒸气压，故不能作为干燥介质；若 $\varphi = 0$，表示空气中水蒸气分压为零，即为绝干空气。相对湿度 φ 越低，则距饱和程度越远，表示该湿空气的干燥能力越强。因此，可以说，湿度 H 只能表示水蒸气含量的绝对值，而相对湿度 φ 值能反映湿空气的干燥能力。

将式(8-5) 代入式(8-2)，得到相对湿度与绝对湿度的关系，即

$$H = 0.622 \times \frac{\varphi p_s}{p - \varphi p_s} \tag{8-6}$$

由式(8-6) 可见，当总压一定时，空气的湿度 H 随着空气的相对湿度及温度而变。

4. 湿空气的比容 v_H

在湿空气中，1 kg 绝干空气与其所带的 H (kg) 水蒸气所共同占有的总容积，称为湿空气的比容或湿容积，用符号 v_H 表示。

常压下，当温度为 t 时，湿空气的比容等于 1 kg 绝干空气的比容与 H (kg) 水蒸气的比容之和，即

$$v_H = v_g + Hv_v \tag{8-7}$$

式中，v_g 为 1 kg 绝干空气的体积，m^3/kg；v_v 为 1 kg 水蒸气的体积，m^3/kg。

1 kg 绝干空气的比容

$$v_g = \frac{22.4}{29} \times \frac{t+273}{273}\ m^3/kg = 0.772 \times \frac{t+273}{273}\ m^3/kg \tag{8-8}$$

1 kg 水蒸气的比容

$$v_v = \frac{22.4}{18} \times \frac{t+273}{273}\ m^3/kg = 1.224 \times \frac{t+273}{273}\ m^3/kg \tag{8-9}$$

式(8-7) 可写成

$$v_H = v_g + Hv_v = (0.772 + 1.224H) \times \frac{t+273}{273}\ m^3/kg \tag{8-10}$$

由此可见，常压下，湿空气的比容随湿空气的温度和湿度的增加而增大。

5. 湿空气的比热容 c_H

在常压下，将 1 kg 绝干空气与其所带的 H (kg) 水蒸气的温度升高 1 ℃ 所需的总热量，称为湿空气的比热容，用 c_H 表示，即

$$c_H = c_g + Hc_v = 1.01 + 1.88H \tag{8-11}$$

式中，c_H 为湿空气的比热容，kJ/(kg(绝干气)·℃)；c_g 为绝干空气的比热容，常压和 0 ～ 120 ℃ 条件下，取 1.01 kJ/(kg(绝干气)·℃)；c_v 为水蒸气的比热容，常压和 0 ～ 120 ℃ 条件下，取 1.88 kJ/(kg(水蒸气)·℃)；H 为空气的湿度，kg(水蒸气)/kg(绝干气)。

由式(8-11) 可见，湿空气的比热容 c_H 仅随空气的湿度而变。

6. 湿空气的焓 I_H

湿空气的焓为 1 kg 绝干空气与其所带的 H (kg) 水蒸气所具有的焓，用符号 I_H 表示，即

$$I_H = I_g + HI_v \tag{8-12}$$

式中，I_H 为湿空气的焓，kJ/kg(绝干气)；I_g 为绝干空气的焓，kJ/kg(绝干气)；I_v 为水蒸气的焓，kJ/kg(绝干气)。

焓是相对值，上述湿空气的焓是以绝干空气及液态水在 0 ℃ 时焓为零作基准的，因此，对于温度为 t 及湿度为 H 的湿空气，其焓包括由 0 ℃ 的水变为 0 ℃ 的水蒸气所需的潜热及湿空气由 0 ℃ 升温至 t 所需的显热之和，即

$$I_H = Hr_0 + c_g t + Hc_v t = Hr_0 + (c_g + Hc_v)t = Hr_0 + c_H t$$

将相应的数据代入得

$$I_H = 2492H + (1.01 + 1.88H)t \tag{8-13}$$

由式(8-13)可见，湿空气的温度 t 越高，湿度 H 越大，则焓 I_H 越大，即湿空气的焓 I_H 值随空气的温度 t 及湿度 H 而变。

【例 8-1】 常压下湿空气的温度为 80 ℃，相对湿度为 10%。试求该湿空气中水蒸气的分压、湿度、湿空气的比容、湿空气的比热容及湿空气的焓。

解　已知 $t = 80$ ℃，$\varphi = 10\%$，查附录 D 得 80 ℃ 下水的饱和蒸气压为 47.38 kPa。

水蒸气分压　$p_v = \varphi p_s = 0.1 \times 47.38\ \text{kPa} = 4.738\ \text{kPa}$

湿度　$H = 0.622 \times \dfrac{p_v}{p - p_v} = 0.622 \times \dfrac{4.738}{101.3 - 4.738}$ kg(水蒸气)/kg(绝干气)

$= 0.031$ kg(水蒸气)/kg(绝干气)

湿空气的比容　$v_H = (0.773 + 1.244H) \times \dfrac{273 + t}{273} = (0.773 + 1.244 \times 0.031) \times \dfrac{273 + 80}{273}$ m³/kg(绝干气)

$= 1.049$ m³/kg(绝干气)

湿空气的比热容　$c_H = 1.01 + 1.88H = (1.01 + 1.88 \times 0.031)$ kJ/(kg(绝干气)·℃)

$= 1.068$ kJ/(kg(绝干气)·℃)

湿空气的焓　$I_H = (1.01 + 1.88H)t + 2492H$

$= (1.068 \times 80 + 2492 \times 0.031)$ kJ/kg(绝干气) $= 162.70$ kJ/kg(绝干气)

7. 干球温度 t

温度计的水银球感温部分露在空气中，这种温度计称为干球温度计，所测得的温度为湿空气的干球温度(t)，简称为空气的温度，它是湿空气的真实温度。

8. 湿球温度 t_w

温度计的水银球感温部分用纱布包裹，纱布用水保持湿润，这种温度计称为湿球温度计。如图 8-2 所示，将其置于一定的温度和湿度的湿空气气流中，达到平衡或稳定时的温度称为空气的湿球温度，用符号 t_w 表示。不饱和空气的湿球温度 t_w 低于干球温度 t。

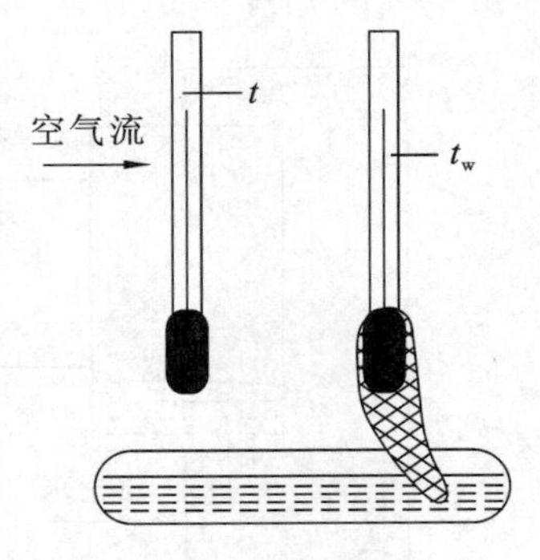

图 8-2　干、湿球温度计

用湿球温度计测定空气湿球温度的机理如下：将湿球温度计置于温度为 t、水蒸气分压为 p_v、湿度为 H 的大量不饱和空气中，该空气以高速(通常气速大于 5 m/s，以减少辐射和热传导的影响)通过湿球温度计的湿纱布表面。设开始时湿纱布水分的温度等于空气的温度，由于湿空气是不饱和的，湿纱布中的水分必然向空气中汽化或扩散。但是，空气和水分的温度没有差别，因此水分汽化所需的潜热不可能来自空气，只能取自水分本身，从而使水温下降。当水温低于空气的干球温度时，热量则由空气传向纱布中的水分，其传热速率随着二者温度差增大而增大，当由空气传入纱布的传热速率恰好等于从湿纱布表面汽化水分所需的传热速率时，二者达到平衡状态，此时湿纱布中的水温保持恒定，称此恒定或平衡的温度为该空气的湿球温度。因为湿空气的流量大，在流过湿纱布表面时可认为其温度和湿度均不改变。

应指出的是：湿球温度实际上是湿纱布中水分的温度，而并不代表空气的真实温度，由于

此温度由湿空气的温度、湿度所决定,因此称其为湿空气的湿球温度,它是表明湿空气状态或性质的一种参数。而对于饱和湿空气而言,其湿球温度与干球温度相等。

若湿空气的干球温度为 t,湿球温度为 t_w,则空气向纱布表面的传热速率为

$$Q = \alpha A(t - t_w) \tag{8-14}$$

式中,Q 为传热速率,W;A 为湿纱布与空气的接触面积,m^2;α 为空气向湿纱布的对流传热系数,W/(m^2 · ℃);t 为干球温度,℃;t_w 为湿球温度,℃。

同时,湿纱布中水分向空气中汽化。若空气的湿度为 H,而与湿纱布表面相邻的空气层被水蒸气所饱和,该层空气的温度为 t_w,相应的饱和湿度为 H_{s,t_w},则水蒸气向空气的传质速率为

$$N = k_H A(H_{s,t_w} - H) \tag{8-15}$$

式中,N 为水分汽化速率,kg/s;k_H 为以湿度差为推动力的传质系数,kg/(m^2 · s · ΔH);H_{s,t_w} 为湿球温度 t_w 下空气的饱和湿度,kg(水蒸气)/kg(绝干气);H 为空气湿度,kg(水蒸气)/kg(绝干气)。

水分汽化所需的热量为

$$Q = Nr_{t_w} = k_H A(H_{s,t_w} - H)r_{t_w} \tag{8-16}$$

式中,r_{t_w} 为 t_w 下水的汽化潜热,kJ/kg。

平衡时,单位时间自空气向湿纱布表面传递的热量与湿纱布水分汽化所需的热量相等,即

$$\alpha A(t - t_w) = k_H A(H_{s,t_w} - H)r_{t_w}$$

整理得

$$t_w = t - \frac{k_H r_{t_w}}{\alpha}(H_{s,t_w} - H) \tag{8-17}$$

式(8-17)中的 k_H 与 α 为通过同一气膜的传质系数与对流传热系数,对于空气-水系统,$\alpha/k_H \approx 1.09$。由式(8-17)可知,湿球温度是湿空气的温度和湿度的函数,即 $t_w = f(t,H)$,当湿空气的 t、H 一定时,t_w 必为定值。

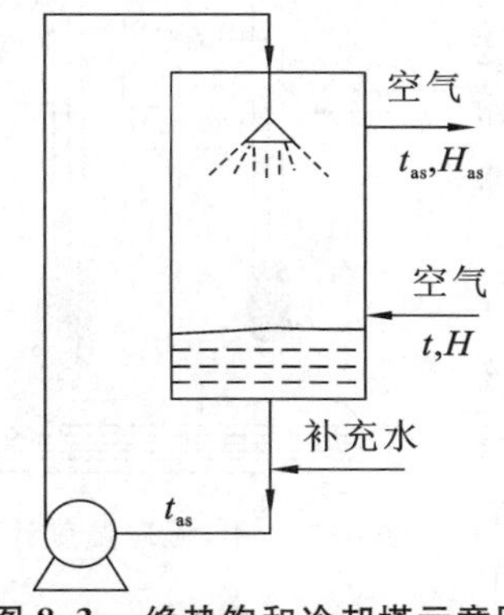

图 8-3 绝热饱和冷却塔示意图

9. 绝热饱和温度 t_{as}

图 8-3 所示为绝热饱和冷却塔。设温度为 t、湿度为 H 的不饱和空气在绝热饱和冷却塔中与大量水接触,水由塔底排出后经循环泵返回塔顶。若设备保温良好,则热量只在气液两相之间传递,塔与周围环境是绝热的。这时可认为水温完全均匀,所以水汽化时所需的潜热只能取自空气的显热,故空气的温度下降,而湿度增加,空气焓值却是不变的。若两相有足够长的时间接触,最终湿空气被水蒸气饱和,空气的温度不再下降,且等于循环水的温度,此过程为湿空气的绝热饱和冷却过程或等焓过程,此时的温度为绝热饱和温度,用 t_{as} 表示,对应的饱和湿度为 H_{as}。

对图 8-3 中绝热饱和冷却塔进行焓衡算,湿空气进入塔的焓为 I_1,离开塔的焓为 I_2,则有

$$I_1 = r_{as}H + (1.01 + 1.88H)t \tag{8-18}$$

$$I_2 = r_{as}H_{as} + (1.01 + 1.88H_{as})t_{as} \tag{8-19}$$

式中,I_1、I_2 分别为湿空气入塔、出塔的焓,kJ/kg(绝干气);r_{as} 为 t_{as} 下水的汽化潜热,kJ/kg;H 为湿空气入塔湿度,kg(水蒸气)/kg(绝干气);H_{as} 为 t_{as} 下的饱和湿度,kg(水蒸气)/kg(绝干气);t 为湿空气入塔温度,℃;t_{as} 为湿空气绝热饱和温度,℃。

由于湿度 H 及饱和湿度 H_{as} 和 I 相比都是一个很小的数值，因此湿空气比热容 c_H 和 c_{Has} 可以视为不随湿度而变，可以认为 $c_H \approx c_{Has}$。

$$c_H = 1.01 + 1.88H \approx 1.01 + 1.88H_{as} \tag{8-20}$$

因湿空气在绝热增湿过程中为等焓过程，即 $I_1 = I_2$，联立式(8-18)、式(8-19)和式(8-20)，有

$$t_{as} = t - \frac{r_{as}}{c_H}(H_{as} - H) \tag{8-21}$$

上式表明，绝热饱和温度是空气湿度 H 和干球温度 t 的函数。当 t、H 一定时，就可求出 t_{as}，它是空气在等焓情况下，绝热冷却增湿达到饱和时的温度。

实验测定表明，对于空气-水系统，当空气温度不太高、相对湿度不太低时，湿空气的 α/k_H 与 c_H 很接近，$\alpha/k_H \approx c_H$。比较 t_{as} 与 t_w 表达式，可得 $t_{as} \approx t_w$，可认为绝热饱和温度 t_{as} 和湿球温度 t_w 数值相等。

应指出的是：绝热饱和温度 t_{as} 与湿球温度 t_w 是两个完全不同的概念，但二者都是温度 t 和湿度 H 的函数。特别是对于空气-水系统，二者在数值上近似相等，这给干燥计算带来很大的方便。因湿球温度 t_w 是比较容易测定的，则可根据空气的干球温度 t 和绝热饱和温度 t_{as}（因 $t_{as} = t_w$），从空气的湿度图中查得空气的湿度 H。

10. 露点 t_d

不饱和的湿空气在湿度 H 不变的情况下冷却，当达到饱和状态时的温度，就是该湿空气的露点，用 t_d 表示。露点是湿空气的一个物理性质，当达到露点时，空气的湿度为饱和湿度 H_{s,t_d}，此时空气的相对湿度为 $\varphi = 100\%$。

由公式 $H_s = 0.622 \times \frac{p_s}{p - p_s}$ 得

$$H_{s,t_d} = 0.622 \times \frac{p_{s,t_d}}{p - p_{s,t_d}} \tag{8-22}$$

$$p_{s,t_d} = \frac{H_{s,t_d}\,p}{0.622 + H_{s,t_d}} \tag{8-23}$$

式中，p_{s,t_d} 为露点下水的饱和蒸气压，N/m^2；H_{s,t_d} 为露点下湿空气的饱和湿度，kg(水蒸气)/kg(绝干气)；p 为总压，kPa。

由于露点是将湿空气在湿度不变时冷却到饱和空气时的温度，因此只要知道空气的总压 p 和湿度 H，即可由式(8-23)求出露点下的饱和蒸气压 p_{s,t_d}，然后由饱和水蒸气表查出对应的温度，即为该湿空气的露点。

当空气从露点继续冷却时，其中部分水蒸气便会以水的形式凝结出来。

从上述分析可看出，表示湿空气性质的有四种温度：干球温度 t、湿球温度 t_w、绝热饱和温度 t_{as} 和露点 t_d。对于空气-水系统，四种温度的关系为

对于不饱和空气　　$t > t_w(或\ t_{as}) > t_d$

对于饱和空气　　$t = t_w(或\ t_{as}) = t_d$

【例 8-2】 已知湿空气的总压为 101.3 kPa，相对湿度为 50%，干球温度为 20 ℃。试求：(1) 湿度 H；(2) 水蒸气分压 p_v；(3) 露点 t_d；(4) 焓 I_H；(5) 如将 500 kg/h 绝干空气预热至 117 ℃，所需热量 Q；(6) 每小时送入预热器的湿空气体积 V。

解　$p = 101.3$ kPa，$\varphi = 50\%$，$t = 20$ ℃，由饱和水蒸气表(附录 D)查得，水在 20 ℃ 时的饱和蒸气压为 $p_s = 2.32$ kPa。

(1) 湿度 $H = 0.622 \times \dfrac{\varphi p_s}{p - \varphi p_s} = 0.622 \times \dfrac{0.50 \times 2.32}{101.3 - 0.50 \times 2.32}$ kg(水蒸气)/kg(绝干气)

$= 0.00721$ kg(水蒸气)/kg(绝干气)

(2) 水蒸气分压 $p_v = \varphi p_s = 0.50 \times 2.32\ \text{kPa} = 1.16\ \text{kPa}$

(3) 露点 t_d。由 $p_v = 1.16$ kPa 查饱和水蒸气表,得到对应的饱和温度 $t_d = 9$ ℃。

(4) 焓 $I_H = (1.01 + 1.88H)t + r_0 H$

$= [(1.01 + 1.88 \times 0.00721) \times 20 + 0.00721 \times 2492]$ kJ/kg(绝干气)

$= 38.4$ kJ/kg(绝干气)

(5) 热量 $Q = mc_H(t_2 - t_1) = 500 \times (1.01 + 1.88 \times 0.00721) \times (117 - 20)$ kJ/h

$= 49642\ \text{kJ/h} = 13.8\ \text{kW}$

(6) 湿空气体积 $V = mv_H = 500 \times (0.772 + 1.244H)(t + 273)/273$

$= 500 \times (0.772 + 1.244 \times 0.00721)(20 + 273)/273\ \text{m}^3/\text{h}$

$= 419\ \text{m}^3/\text{h}$

8.2.2 湿空气的湿度图及其应用

表示湿空气性质的各参项数(p、t、φ、H、I、t_w 等),只要规定其中两个互相独立的参数,湿空气状态即被确定。确定参数时可用前述的公式进行计算,但相对烦琐而且有时需要用试差法求解。工程上为了方便起见,将湿空气各参数描绘在湿度图上,只要知道湿空气任意两个独立参数,就可以从图上查出其他参数。

湿度图的形式有温度-湿度(t-H)图、湿度 - 焓(H-I)图等,本书采用湿焓图,即 H-I 图,如图 8-4 所示。

1. H-I 图的组成

图 8-4 是在总压 $p = 101.3$ kPa 下标绘的湿度图,图中任何一点都代表一定温度和湿度的湿空气。此图中关联了空气-水系统的水蒸气分压、湿度、相对湿度、温度及焓等各项参数。图上有五种线群,现分述如下。

1) 等湿度线(等 H 线)群

等湿度线是平行于纵轴的线,图 8-4 中 H 的读数范围为 $0 \sim 0.20$ kg(水蒸气)/kg(绝干气)。

2) 等焓线(等 I 线)群

等焓线是平行于斜轴的线,图 8-4 中 I 的读数范围为 $0 \sim 680$ kJ/kg(绝干气)。

3) 等干球温度线(等 t 线)群

将式(8-13) 改写成

$$I = (1.88t + 2492)H + 1.01t \tag{8-24}$$

在固定的总压下,任意规定温度 t 值,将式(8-13) 简化为 I 与 H 的关系式,计算出若干组 I 与 H 的对应关系,并标绘于 H-I 图中,此关系线即为等 t 线。取一系列的温度值,可得到等 t 线群。

式(8-24) 为线性方程,斜率为 $1.88t + 2492$,它是温度的函数,故等 t 线是不平行的,图 8-4 中 t 的读数范围为 $0 \sim 250$ ℃。

4) 等相对湿度线(等 φ 线)群

根据式(8-6) 可绘出等相对湿度线,即

$$H = 0.622 \times \frac{\varphi p_s}{p - \varphi p_s}$$

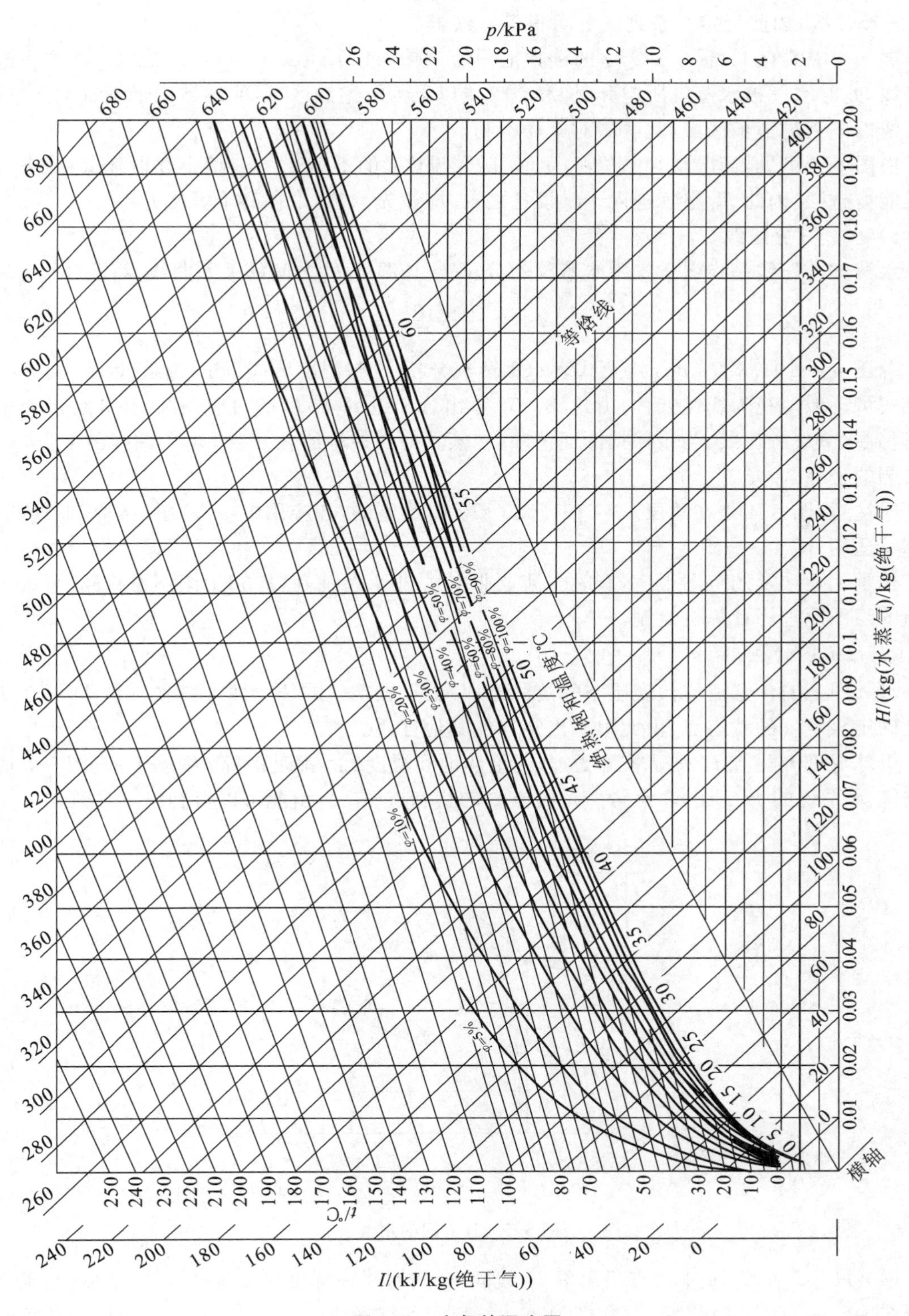

图 8-4　空气的湿度图

当总压 p 一定时，规定某 φ 值，则上式可简化为 H 与 p_s 的关系式，且 p_s 是温度的函数，若已知温度，按式(8-6) 可算出 H，在 H-I 图上确定一个点，将多个(t,H) 点连接起来，既构成该

φ 值的等 φ 线，如此规定一系列的 φ 可得等 φ 线群。

图 8-4 中共有 11 条等 φ 线，φ 的读数范围为 $5\% \sim 100\%$。$\varphi = 100\%$ 时的等 φ 线称为饱和空气线，此时空气被水蒸气所饱和。饱和空气线以上为不饱和区域，此区域对干燥有意义；饱和空气线以下为过饱和区域，此区域对干燥不利。

由图 8-4 可见，当湿空气的 H 一定时，随着温度 t 的不断升高，φ 值也逐渐降低，湿空气的干燥能力越强。因此，湿空气进入干燥设备之前，应该先预热，以提高干燥能力。

5）水蒸气分压线

水蒸气分压线是指湿空气中水蒸气的分压 p_v 与湿度 H 之间的关系曲线。将式(8-2) 改为

$$p_v = \frac{Hp}{0.622 + H} \tag{8-25}$$

总压 $p = 101.325$ kPa 时，上式表示水蒸气分压 p_v 与湿度 H 之间的关系。因 $H \ll 0.622$，故上式可近似地视为线性方程。由式(8-25) 算出若干组 p_v 与 H 的对应关系，并标绘于 H-I 图上，得到水蒸气分压线。为了保持图面清晰，水蒸气分压线标绘在 $\varphi = 100\%$ 曲线的下方，p_v 采用右侧的坐标。

应注意，图 8-4 是在总压 $p = 101.325$ kPa 时绘制的，在应用中，若总压 p 过高或过低，该图都不适用。

化学工业涉及的范围很广，有时会涉及非空气-非水系统，但其 H-I 图不易找到，可按上述介绍的绘图原理用计算机绘制。

2. H-I 图的应用

H-I 图上的任意点均代表湿空气的状态。只要根据空气的任意两个独立参数，即可在 H-I 图上确定该空气的状态点，由此可查出空气的其他性质。

干球温度 t、露点 t_d 和湿球温度 t_w(或绝热饱和温度 t_{as}) 都是由等 t 线确定的。图 8-5 所示为空气-水系统的 H-I 图，A 点为一个湿空气的状态点(t,φ)，由此可以得到以下参数。

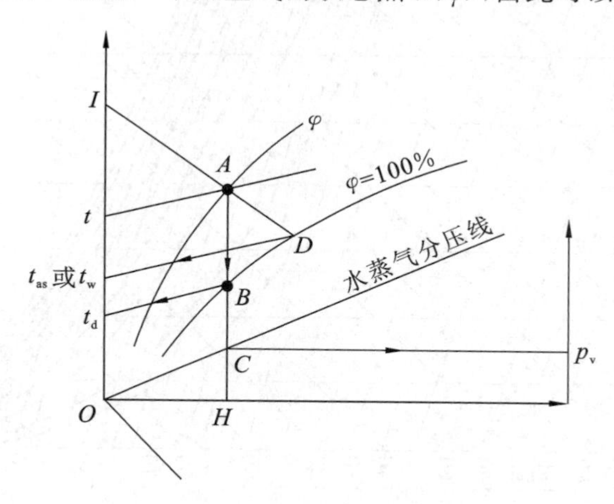

图 8-5　H-I 图的用法

(1) H、p_v 和 t_d：通过 A 点沿着等 H 线向下，与水平坐标轴交点读数即为 H 值；与水蒸气分压线交于一点 C，其纵坐标读数即为 p_v 值；与饱和空气线交于一点 B，由 B 点所在的等温线可读出 t_d 值。

(2) I 和 $t_w(t_{as})$：通过 A 点的等焓线与纵轴的交点可以读出 I 值；湿球温度 t_w 和绝热饱和温度 t_{as} 近似相等，过 A 点沿等 I 线与 $\varphi = 100\%$ 的饱和空气线交于一点 D，由 D 点所在的等 t

线可以读出 t_w 或 t_{as} 值。

若已知湿空气的一对独立参数，可以确定湿空气的状态点。例如，分别根据 t-t_w、t-t_d 及 t-φ 确定湿空气状态点 A 的方法示于图 8-6(a)、(b) 及(c) 中。

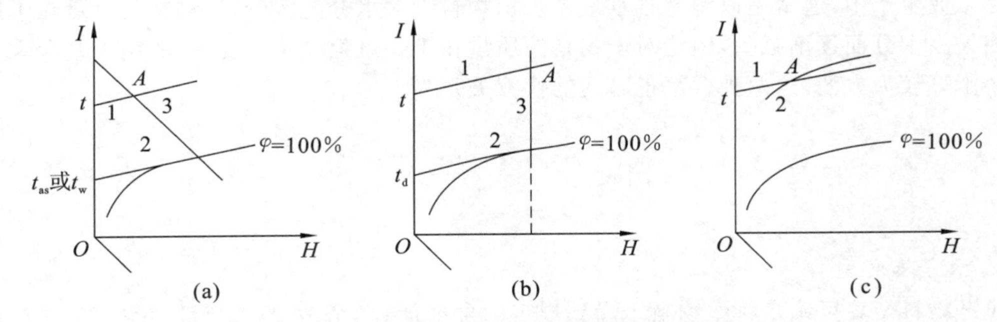

图 8-6　H-I 图中确定的湿空气状态点

【例 8-3】　在总压为 101.3 kPa 时，测得湿空气的干球温度为 60 ℃，湿球温度为 45 ℃。试在 H-I 图中查取湿度 H、焓 I 及露点 t_d。

解　如图 8-7 所示，作 $t_w = 45$ ℃ 的等温线与 $\varphi = 100\%$ 的饱和空气线交于一点 A，再过 A 点作等焓线与 $t = 60$ ℃ 的等温线交于一点 B，则 B 点为湿空气的状态点，由此可读出 H、t_d 及 I。

由 B 点沿着等 H 线向下，与辅助水平轴交点读数为 $H = 0.057$ kg(水蒸气)/kg(绝干气)；

由 B 点沿着等 H 线向下，与 $\varphi = 100\%$ 的饱和空气线交于一点 C，通过 C 点的等温线读出 $t_d = 43$ ℃；

通过 B 点沿着等焓线与纵轴相交，可读出 $I = 212$ kJ/kg(绝干气)。

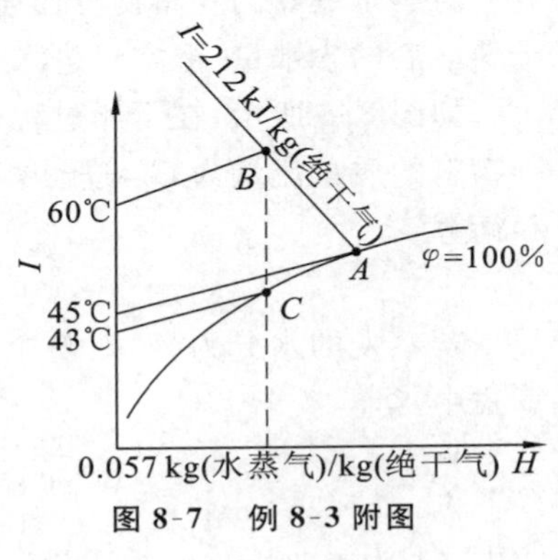

图 8-7　例 8-3 附图

8.3　干燥过程中的物料衡算

目前在工业上应用最普遍的干燥方式是对流干燥。对流干燥要利用热空气作为干燥介质，从固体物料中移除水分。为完成一定的干燥任务，需从物料中移除多少水分，相应地需消耗多少空气量和热量，这都需要通过物料衡算和热量衡算来解决。

8.3.1　物料衡算

物料衡算要解决的问题包括：① 将湿物料干燥到指定的含水量所需除去的水分质量；② 单位时间内空气的消耗量。在计算干燥器时，通常已知每小时(或每批) 被干燥物料的量、干燥前后的含水量，所以首先必须知道物料中水分含量的表示方法。

1. 物料含水量的表示方法

物料含水量通常有两种表示方法，即湿基含水量和干基含水量。

(1) 湿基含水量 w：以湿物料为计算基准时的物料中水分的质量分数(或质量百分数)，以 w 表示，即

$$w = \frac{\text{湿物料中水分的质量}}{\text{湿物料的总质量}} \times 100\% \tag{8-26}$$

(2) 干基含水量 X：不含水分的物料通常称为绝对干物料或干料。干基含水量是指以绝对干物料为基准时湿物料中的含水量，也就是湿物料中水分质量与绝对干物料的质量之比，以 X

表示,即

$$X = \frac{\text{湿物料中水分的质量}}{\text{湿物料中绝对干物料的质量}} \tag{8-27}$$

在工业生产中,通常是以湿基含水量来表示物料中含水分的多少。湿物料的质量在干燥过程中因失去水分而逐渐减少,但绝对干物料的质量在干燥过程中是不变的,故用干基含水量进行物料衡算较为方便。这两种含水量之间的换算关系为

$$X = \frac{w}{1-w} \tag{8-28}$$

$$w = \frac{X}{1+X} \tag{8-29}$$

2. 水分蒸发量 W

通过物料衡算可确定将湿物料干燥到规定的含水量时所除去的水分量和空气的消耗量。

对于干燥器的物料衡算而言,通常已知条件为单位时间(或每批量)物料的质量、物料在干燥前后的含水量、湿空气进入干燥器的状态(主要指温度、湿度等)。

如图 8-8 所示,在干燥过程中,在干燥介质的带动下,湿物料的质量是不断减少的。设绝对干物料的质量流量为 G_c,进、出干燥器的湿物料质量流量分别为 G_1 和 G_2。对绝对干物料作物料衡算,有

$$G_c = G_1(1-w_1) = G_2(1-w_2) \tag{8-30}$$

若蒸发的水分为 W,对整个干燥器作总物料衡算 $G_1 = G_2 + W$,将式(8-30)代入总物料衡算式中,得

$$W = G_1 - G_2 = G_1 \frac{w_1 - w_2}{1-w_2} = G_2 \frac{w_1 - w_2}{1-w_1} \tag{8-31}$$

式中,G_c 为绝对干物料的质量流量,kg/s;W 为单位时间内水分蒸发量,kg/s;G_1、G_2 分别为物料进、出干燥器的质量流量,kg/s;w_1、w_2 分别为物料进、出干燥器时的湿基含水量。

如果用干基含水量表示,则水分蒸发量可用下式计算:

$$W = G_c(X_1 - X_2) \tag{8-32}$$

式中,G_c 为绝对干物料的质量流量,kg/s;X_1、X_2 分别为物料进、出干燥器的干基含水量,kg/kg(干物料)。

图 8-8　干燥器的物料衡算

3. 空气消耗量 L

湿物料中水分减少量即等于空气中水蒸气的增加量,即

$$W = L(H_2 - H_1) = G_c(X_1 - X_2) \tag{8-33}$$

蒸发 W 的水蒸气需要消耗干空气量

$$L = \frac{W}{H_2 - H_1} = \frac{G_c(X_1 - X_2)}{H_2 - H_1} \quad (\text{kg(绝干气)/s}) \tag{8-34}$$

式中,L 为绝干空气的质量流量,kg(绝干气)/s;H_1、H_2 分别为湿空气进、出干燥器的湿度,

kg(水蒸气)/kg(绝干气)。

蒸发 1 kg/s 水分所消耗的绝干空气质量称为单位空气消耗量,用 l 表示,即

$$l=\frac{L}{W}=\frac{1}{H_2-H_1} \tag{8-35}$$

式中,l 为单位空气消耗量,kg(绝干气)/kg(水)。

用 H_0 表示预热前的湿度,而空气经预热前、后的湿度不变,故 $H_0=H_1$,则有

$$L=\frac{W}{H_2-H_0} \tag{8-36}$$

$$l=\frac{L}{W}=\frac{1}{H_2-H_0} \tag{8-36a}$$

可见,单位空气消耗量仅与最初和最终的湿度 H_0、H_2 有关,与路径无关。而 H_0 越大,单位空气消耗量 l 就越大。而 H_0 是由空气的初温 t_0 及相对湿度 φ_0 所决定的,所以在其他条件相同的情况下,l 将随 t_0 及相对湿度 φ_0 的增加而增大。对于同一干燥过程,夏季的空气消耗量比冬季的要大,故选择输送空气的鼓风机等装置,要按全年中最大的空气消耗量(最热月份的空气消耗量)而定。

若绝干空气的消耗量为 L,湿度为 H_0,则湿空气消耗量为

$$L'=L(1+H_0) \tag{8-37}$$

式中,L' 为湿空气消耗量,kg(湿空气)/s 或 kg(湿空气)/h。

干燥装置中鼓风机所需风量根据空气的体积流量 V 而定。湿空气的体积流量可由绝干空气的质量流量 L 与湿空气的比容 v_H 的乘积求得,即

$$V=Lv_H=L(0.772+1.244H)\frac{t+273}{273} \tag{8-38}$$

式中,V 为湿空气的消耗量,m^3/s 或 m^3/h;v_H 为湿空气的比容,m^3(湿空气)/kg(绝干气)。

【例 8-4】 今有一干燥器,处理湿物料量为 800 kg/h。要求物料干燥后含水量由 30% 减至 4%(均为湿基)。干燥介质为空气,初温为 15 ℃,相对湿度为 50%,经预热器加热至 120 ℃ 后进入干燥器。空气从干燥器排出时的温度为 45 ℃,相对湿度为 80%。试求:(1) 水分蒸发量 W;(2) 空气消耗量 L、单位空气消耗量 l;(3) 如鼓风机装在进口处,鼓风机的风量 V。

解 (1) 水分蒸发量 W。

已知 $G_1=800$ kg/h,$w_1=30\%$,$w_2=4\%$,代入式(8-31)得

$$W=G_1\frac{w_1-w_2}{1-w_2}=800\times\frac{0.3-0.04}{1-0.04}\ \text{kg/h}=216.7\ \text{kg/h}$$

(2) 空气消耗量 L、单位空气消耗量 l。

由 H-I 图查得,空气在 $t_0=15$ ℃,$\varphi_0=50\%$ 时的湿度为 $H_0=0.005$ kg(水蒸气)/kg(绝干气),在 $t_2=45$ ℃,$\varphi_2=80\%$ 时的湿度为 $H_2=0.052$ kg(水蒸气)/kg(绝干气),空气通过预热器湿度不变,即 $H_0=H_1$,则

$$L=\frac{W}{H_2-H_0}=\frac{216.7}{0.052-0.005}\ \text{kg(绝干气)/h}=4610\ \text{kg(绝干气)/h}$$

$$l=\frac{1}{H_2-H_0}=\frac{1}{0.052-0.005}\ \text{kg(绝干气)/kg(水)}=21.3\ \text{kg(绝干气)/kg(水)}$$

(3) 风量 V。

已知 $H=H_0=0.005$ kg(水蒸气)/kg(绝干气),$t=t_0=15$ ℃,则

$$V=L(0.772+1.244H)\frac{t+273}{273}=4610\times(0.772+1.244\times0.005)\times\frac{15+273}{273}\ \text{m}^3\text{/h}=3785\ \text{m}^3\text{/h}$$

8.3.2 热量衡算

对干燥器作热量衡算的目的,就是通过确定干燥操作的热量消耗,来确定干燥器及预热器

的尺寸等参数。

如图 8-9 所示的干燥过程，温度为 t_0 的空气经预热器加热到 t_1，在预热过程中空气的湿度不变($H_1 = H_0$)，其他参数都发生变化。热空气经过干燥器，湿度增加而温度下降为 t_2。物料进入及离开干燥器时的温度分别为 θ_1 及 θ_2。

热量衡算时以 0 ℃ 为基准。

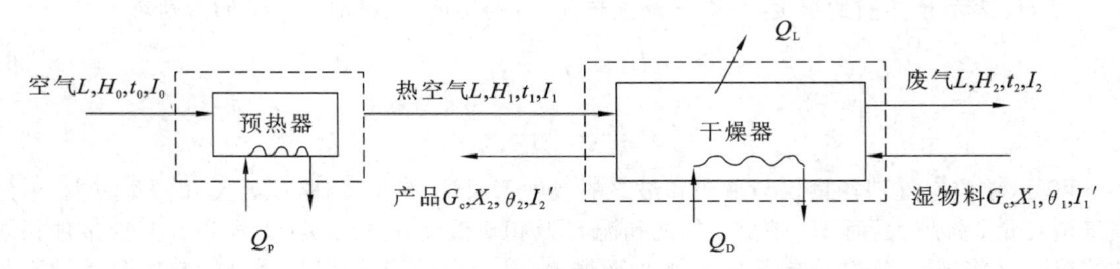

图 8-9　连续干燥过程的热量衡算示意图

1. 预热器的热量衡算

对图 8-9 中的预热器进行热量衡算。若忽略预热器的热损失，则预热器需要加入的热量 Q_p 为

$$Q_p = LI_1 - LI_0 \tag{8-39}$$

式中，Q_p 为预热器中加入的热量，kW；L 为绝干空气流量，kg(绝干气)/s；I_0、I_1 分别为进、出预热器的空气的焓，kJ/kg(绝干气)。

2. 干燥器的热量衡算

对图 8-9 中干燥器进行热量衡算。设干燥器的热损失为 Q_L，干燥器中补充的热量为 Q_D，则

$$LI_1 + G_c I_1' + Q_D = LI_2 + G_c I_2' + Q_L \tag{8-40}$$

式中，Q_D 为干燥器补充的热量，kW；Q_L 为干燥器的热损失，kW；G_c 为绝对干物料的流量，kg/s；I_1'、I_2'分别为湿物料进、出干燥器的焓，kJ/kg(干物料)；I_2 为废气的焓，kJ/kg(绝干气)。

由式(8-40) 可知

$$Q_D = L(I_2 - I_1) + G_c(I_2' - I_1') + Q_L \tag{8-41}$$

3. 干燥器系统总热量

$$Q = Q_D + Q_p$$

将式(8-39) 和式(8-41) 代入上式，整理得

$$Q = L(I_2 - I_0) + G_c(I_2' - I_1') + Q_L \tag{8-42}$$

式中，Q 为干燥系统的总热量，kW。

对式(8-42) 进行简化处理，假设：

(1) 进入和离开干燥系统的空气中水蒸气的焓相等，即 $I_{v0} = I_{v2}$；

(2) 湿物料进、出干燥器时的比热容取平均值 c_m。

根据焓的定义，以 0 ℃ 为基准，I_0 和 I_2 分别为

$$I_0 = I_{g0} + H_0 I_{v0} = c_g t_0 + H_0 I_{v0}$$

$$I_2 = I_{g2} + H_2 I_{v2} = c_g t_2 + H_2 I_{v2}$$

则

$$I_2 - I_0 = c_g(t_2 - t_0) + I_{v2}(H_2 - H_0) \tag{8-43}$$

又因 $I_{v2} = r_0 + c_v t_2$，则有

$$I_2 - I_0 = c_g(t_2 - t_0) + (r_0 + c_v t_2)(H_2 - H_0) = 1.01(t_2 - t_0) + (2492 + 1.88t_2)(H_2 - H_0) \tag{8-43a}$$

湿物料进、出干燥器的焓分别为

$$I'_1 = c_{M1}\theta_1$$

$$I'_2 = c_{M2}\theta_2$$

c_{M1} 和 c_{M2} 相差不大，取其平均值 c_m，则有

$$I'_2 - I'_1 = c_m(\theta_2 - \theta_1) \tag{8-44}$$

式中，c_m 为湿物料的平均比热容，kJ/(kg(干物料)·℃)；c_{M1}、c_{M2} 分别为物料进、出干燥器的比热容，kJ/(kg(干物料)·℃)。

湿物料的平均比热容 c_m 可由绝对干物料比热容 c_g 和纯水的比热容 c_w 求得，即

$$c_m = c_g + Xc_w \tag{8-45}$$

将式(8-43a)和式(8-44)代入式(8-42)中，整理得

$$Q = 1.01L(t_2 - t_0) + W(2492 + 1.88t_2) + G_c c_m(\theta_2 - \theta_1) + Q_L \tag{8-46}$$

分析上式可知，向干燥系统加入的总热量用于加热空气、蒸发水分、加热湿物料及热损失。

8.3.3　干燥器出口状态的确定

在干燥操作中，干燥器进口处空气的状态为 t_1、φ_1、H_1，湿度 $H_1 = H_0$，可以根据冷空气的干球温度，由湿度图查得。但是，空气通过干燥器时，温度 t、相对湿度 φ 和湿度 H 都发生变化。在上述干燥器的物料和热量衡算中，确定空气消耗量和热消耗量时，必须知道干燥器出口的空气状态。通常在操作中只测出空气温度 t_1 或者在设计时假定 t_1 或 φ_2，而不是同时假定两个参数。

假定为绝热干燥过程，即等焓干燥过程，干燥过程的热损失 $Q_L = 0$，不向干燥器补充 Q_D，物料进、出干燥器的焓相等，即 $I'_1 = I'_2$。在干燥过程中，空气沿着绝热冷却线增湿而冷却，空气所放出的显热全部用于蒸发湿物料中的水分，最后水蒸气将潜热带回空气中。也就是说，干燥过程是空气进行绝热冷却的过程，此过程又称理想干燥过程。如图 8-10 所示，如果假定干燥器出口空气温度为 t_2，则由 H-I 图上沿着通过 B 点的绝热冷却线与 t_2 线相交，所得交点 C 表示干燥器出口的空气状态，由 C 点就可查得所需的空气状态参数，如湿度 H_2 等。

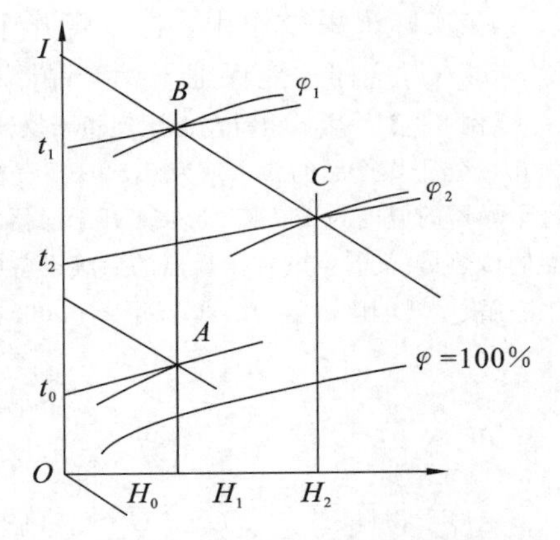

图 8-10　在 H-I 图中干燥器出口空气状态点的确定

实际上只有在绝热良好的干燥器中和在物料进出口温度相差不大的情况下，可近似地当做绝热干燥过程来处理。在大多数情况下，干燥过程都是在非绝热情况下进行的。这时，空气的状态不是沿着绝热冷却线变化。可假设出口温度 t_2，再求得 H_2。

8.3.4　干燥器的热效率和干燥系统的热效率

1. 干燥器的热效率

空气经过预热器时所获得的热量为

$$Q_0 = L(1.01 + 1.88H_0)(t_1 - t_0)$$

而空气通过干燥器时,温度由 t_1 降至 t_2,所放出的热量为

$$Q_e = L(1.01 + 1.88H_0)(t_1 - t_2)$$

空气在干燥器内的热效率 η_h 定义为,空气在干燥器内所放出的热量 Q_e 与空气在预热器所获得的热量 Q_0 之比,即

$$\eta_h = \frac{Q_e}{Q_0} \times 100\% = \frac{t_1 - t_2}{t_1 - t_0} \times 100\% \tag{8-47}$$

干燥器的热效率表示干燥器中热的利用程度,热效率越高,则热利用程度越高。提高热效率的方法,一是合理地利用废气的热量,二是使离开干燥器的空气温度降低和湿度增加,另外还要注意设备及管道的保温。利用废气热量可采用废气部分循环或用废气预热空气、物料等。在降低出口空气温度或提高其湿度时,要注意空气湿度增高会使湿物料表面与空气间的传质推动力下降,汽化速率也随之下降。

2. 干燥系统的热效率

蒸发湿物料水分是干燥的目的,所以干燥系统的热效率是蒸发水分所需要的热量与向干燥系统输入的总热量之比,即

$$\eta = \frac{\text{蒸发水分所需的热量}}{\text{向干燥系统输入的总热量}} \times 100\% \tag{8-48}$$

蒸发水分所需的热量为

$$Q_v = W(2492 + 1.88t_2) - 4.187\theta_1 W \tag{8-49}$$

若忽略湿物料中水分带入的焓,式(8-49)可写为

$$Q_v \approx W(2492 + 1.88t_2)$$

$$\eta = \frac{W(2492 + 1.88t_2)}{Q} \times 100\% \tag{8-50}$$

在实际干燥操作中,空气离开干燥器的温度需要比进入干燥器时的绝热饱和温度高 20～50 ℃,这样才能保证干燥产品不会返潮。对于吸水性物料的干燥,更应注意这一点。

【例 8-5】 某湿物料在常压理想干燥器中进行干燥,湿物料的质量流量为 1 kg/s,初始含水量(湿基,下同)为 3.5%,干燥产品的含水量为 0.5%。空气初始温度为 25 ℃、湿度为 0.005 kg(水蒸气)/kg(绝干气),经预热后进干燥器的温度为 160 ℃,如果离开干燥器的温度选定为 60 ℃ 或 40 ℃,试分别计算需要的空气消耗量及预热器的传热量。又若空气在干燥器的后续设备中温度下降了 10 ℃,试分析以上两种情况下物料是否返潮。

解　(1) 因 $w_1 = 0.035, w_2 = 0.005$,则

$$X_1 = \frac{w_1}{1 - w_1} = 0.036 \text{ kg/kg(干物料)}$$

$$X_2 = \frac{w_2}{1 - w_2} = 0.005 \text{ kg/kg(干物料)}$$

绝对干物料　$G_c = G_1(1 - w_1) = 1 \times (1 - 0.035) \text{ kg/s} = 0.965 \text{ kg/s}$

水分蒸发量　$W = G_c(X_1 - X_2) = 0.965 \times (0.036 - 0.005) \text{ kg/s} = 0.03 \text{ kg/s}$

预热是等湿升温过程,即 $H_1 = H_0 = 0.005$ kg(水蒸气)/kg(绝干气)。

当 $t_2 = 60$ ℃ 时,干燥为等焓过程,查图得 $H_2 = 0.0438$ kg(水蒸气)/kg(绝干气)。

空气消耗量　$L = \frac{W}{H_2 - H_1} = \frac{0.03}{0.0438 - 0.005}$ kg(绝干气)/s = 0.773 kg(绝干气)/s

预热器的传热量　$Q_0 = L(I_1 - I_0) = L(1.01 + 1.88H_0)(t_1 - t_0)$

$= 0.773 \times (1.01 + 1.88 \times 0.005) \times (160 - 25) \text{ kW} = 106.4 \text{ kW}$

当 $t_2 = 40$ ℃ 时,查图得 $H_2 = 0.0521$ kg(水蒸气)/kg(绝干气)。

空气消耗量　$L = \frac{W}{H_2 - H_1} = \frac{0.03}{0.0521 - 0.005}$ kg(绝干气)/s = 0.637 kg(绝干气)/s

预热器的传热量　$Q_0 = L(I_1 - I_0) = L(1.01 + 1.88H_0)(t_1 - t_0)$

$$= 0.637 \times (1.01 + 1.88 \times 0.005) \times (160 - 25)\ \text{kW} = 87.67\ \text{kW}$$

(2) $t'_2 = (60-10)$ ℃ $= 50$ ℃,$H_2 = 0.0452$ kg(水蒸气)/kg(绝干气)时,$t_d = 38$ ℃ < 50 ℃,所以不返潮。

$t'_2 = (40-10)$℃ $= 30$ ℃,$H_2 = 0.0532$ kg(水蒸气)/kg(绝干气)时,$t_d = 40$ ℃ > 30 ℃,所以返潮。

8.4　干燥速率和干燥时间

通过上述的物料衡算和热量衡算,可以得出完成一定生产任务所需的空气量和热量,但是干燥器的大小和生产周期则要通过干燥速率和干燥时间的计算来确定。干燥速率的大小和干燥时间的长短不但与空气的性质和操作条件有关,而且与物料中所含水分的性质有关。

8.4.1　物料中所含水分的性质

干燥过程是物料的湿分由物料内部迁移到外部,再由外部汽化进入空气主体的过程。干燥速率的大小取决于湿空气的性质和湿物料所含湿分的性质。湿空气的性质前面已经讨论过,现在讨论湿物料所含湿分的性质。

1. 水分与物料的结合方式

物料中所含的湿分可能是纯液体,也可能是水溶液,通常所指的都是水分,而且是指与物料没有化学结合的水分。根据水分与物料结合方式的不同,可将水分分为吸附水分、毛细管水分和溶胀水分。

(1) 吸附水分:指湿物料外表面上附着的水分,其性质与纯态水相同,此时,水分蒸气压等于同温度下纯水的饱和蒸气压 p_s。

(2) 毛细管水分:指多孔性物料的孔隙中所含的水分。它在干燥过程中借毛细管的吸引作用转移到物料表面。由于物料的毛细管孔道大小不一,孔道在物料表面上开口的大小也各不相同。物料的孔隙较大时,所含水分与吸附水分一样,其蒸气压等于同温度下纯水的饱和蒸气压,这类物料称为非吸水性物料;如果物料的孔隙相当小,则其所含水分的蒸气压低于同温度下水的饱和蒸气压,而且水的蒸气压随着干燥过程的进行而下降,这类物料称为吸水性物料。

(3) 溶胀水分:指渗透进入物料细胞壁内的水分,它成为物料组成的一部分。溶胀水分的存在使物料体积增大,其蒸气压低于同温度下纯水的蒸气压。

2. 平衡水分与自由水分

根据在一定的干燥条件下,物料中所含水分能否用干燥方法除去来划分,可将水分分为平衡水分与自由水分。

当一定温度 t、相对湿度 φ 和湿度 H 的未饱和的湿空气流过某湿物料表面时,由于湿物料表面水的蒸气压大于空气中水蒸气分压,则湿物料中的水分汽化进入空气中,直到物料表面水的蒸气压与空气中水蒸气分压相等为止,即物料中的水分与该空气中水蒸气达到平衡状态。此时物料所含的水分称为该空气条件(t、φ) 下物料的平衡水分,或称平衡含水量。平衡水分随物料的种类及空气的状态(t、φ) 不同而不同,对于同一物料,当空气温度一定时,改变 φ 值,平衡水分也将改变。

某些物料在 25 ℃ 下的平衡水分与空气相对湿度的关系如图 8-11 所示。由图可见,非吸水性物料(如瓷土 6) 的平衡水分几乎等于零;吸水性物料(如烟叶 7、皮革 5 及木材 10 等) 的平衡水分较高,而且随空气状况不同而有较大的变化。

由图 8-11 还可以看出,当空气的相对湿度为零时,任何物料的平衡水分都为零。因此,只有使物料与相对湿度为零的空气相接触,才有可能得到绝干的物料。反之,如果使物料与一定湿度的空气接触,物料中总有一部分水(即平衡水分)不能除去。因此,平衡水分是在一定的空气状态下湿物料被干燥的最大限度。

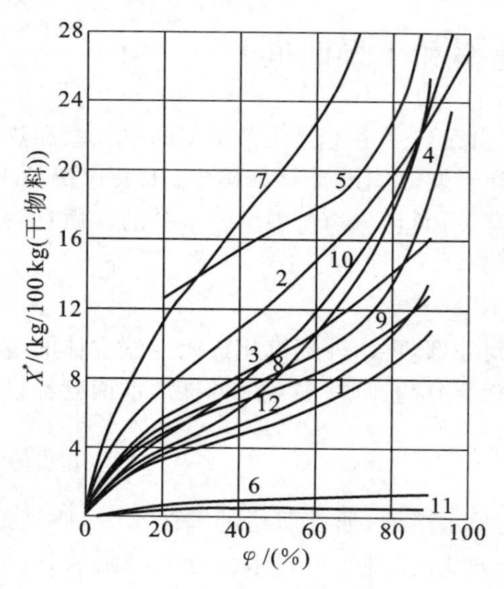

图 8-11　25 ℃ **时某些物料的平衡含水量** X^*

1— 新闻纸;2— 羊毛、毛织品;3— 硝化纤维;4— 天然丝;5— 皮革;6— 瓷土;7— 烟叶;8— 肥皂;9— 牛皮胶;10— 木材;11— 玻璃丝;12— 棉花

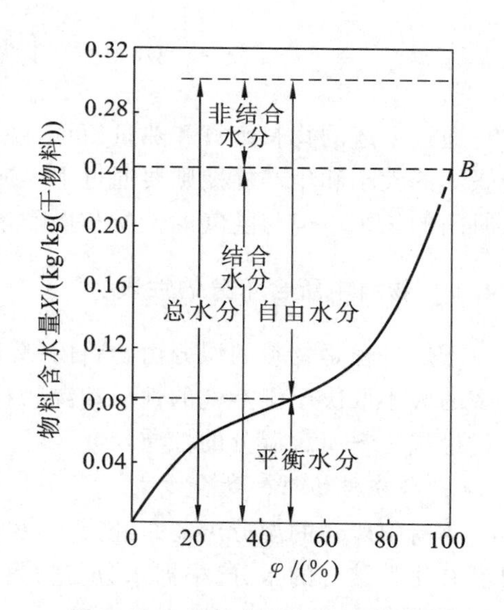

图 8-12　**物料中所含水分的性质**

在一定的空气状态下能用干燥的方法除去的水分,称为自由水分。自由水分等于物料总含水量与平衡含水量之差。在实际干燥操作中,干燥往往不会进行到干燥的最大限度,所以自由水分只被除去一部分。实际干燥产品中所含有的总水分是自由水分和平衡水分之和。

3. 结合水分与非结合水分

根据物料中水分被除去的难易程度(与物料的结合状况),可把物料中所含水分分为结合水分与非结合水分。

结合水分包括物料细胞壁内的水分、小毛细管中的水分等。这种水分是依靠化学力或物理化学力与物料相结合的,结合力强,其蒸气压低于同温度下纯水的饱和蒸气压,致使干燥过程的传质推动力降低,所以除去结合水分较困难。

非结合水分包括存在于物料表面上的吸附水分,以及较大孔隙中的毛细管水分。这些水分与物料是机械结合的,结合力较弱,其蒸气压与同温度下纯水的饱和蒸气压相同,因此在干燥过程中极易除去。

用实验方法直接测定某物料的结合水分与非结合水分较困难,但根据它们的特点,可利用平衡关系外推得到。在一定温度下,由实验测定的某物料(丝)的平衡曲线(见图 8-12 中实线部分),现将该平衡曲线延长(图中虚线部分)与 $\varphi = 100\%$ 的纵轴相交于一点 B,该点相应的含水量为 $X_B = 0.24$ kg/kg(干物料),此时物料表面水蒸气分压等于同温度下纯水的饱和蒸气压。低于 X_B 的水分为该物料的结合水分,因其蒸气压低于同温度下纯水的饱和蒸气压。高于 X_B 的水分为非结合水分,非结合水分的含量随物料的总含水量而异。例如,若物料(丝)的总含水量为0.3 kg/kg(干物料)，则非结合水分量为(0.3 − 0.24) kg/kg(干物料) = 0.06 kg/kg(干物料)。因此，在一定的温度下，物料中结合水分与非结合水分的划分，只取决于物料本身的特性，而与空气的状态无关。

从上面的分析可知，在一定的干燥条件下，物料中不能被除去的那部分水分称为平衡水分，而平衡水分必定是结合水分。

8.4.2　干燥速率及其影响因素

1. 干燥速率

干燥速率是指单位时间、单位干燥面积上汽化的水分质量，用微分式表示则为

$$U = \mathrm{d}W'/A\mathrm{d}\tau \tag{8-51}$$

式中，U 为干燥速率，$\mathrm{kg/(m^2 \cdot s)}$；$W'$ 为汽化水分量，kg；A 为干燥面积，$\mathrm{m^2}$；τ 为干燥所需时间，s。

因为

$$\mathrm{d}W' = -G'_c\mathrm{d}X \tag{8-52}$$

所以

$$U = \mathrm{d}W'/A\mathrm{d}\tau = -G'_c\mathrm{d}X/A\mathrm{d}\tau \tag{8-53}$$

式中，G'_c 为湿物料中绝对干物料的质量，kg；X 为湿物料中干基含水量，kg/kg(干物料)；负号表示物料含水量随着干燥时间的增加而减少。

2. 干燥速率曲线

干燥过程的计算内容包括确定干燥操作条件、干燥时间及干燥器尺寸，为此，要求出干燥过程的干燥速率。为了简化影响因素，测定干燥速率的实验是在恒定干燥条件下进行的。所谓恒定干燥条件，是指在整个干燥过程中干燥介质的温度、湿度、流速以及与物料的接触方式均保持不变。例如，用大量的空气干燥少量的湿物料时可以认为接近于恒定干燥情况。

图8-13所示为物料干燥速率 U 与物料含水量 X 的关系曲线，称为干燥速率曲线。由干燥速率曲线看出，干燥过程分为恒速干燥和降速干燥两个阶段。

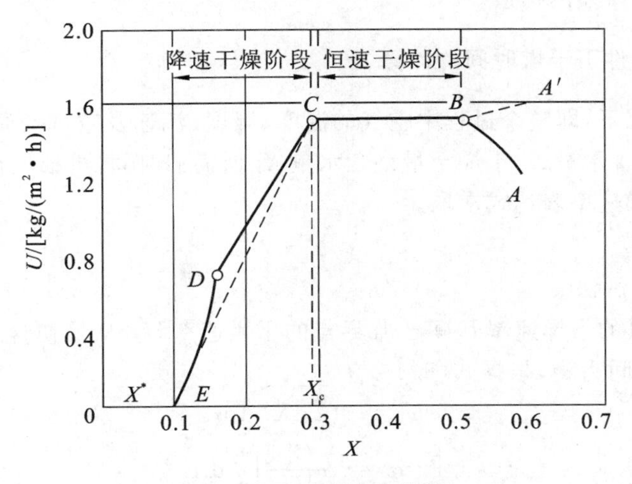

图8-13　干燥速率曲线

(1) 恒速干燥阶段称为干燥的第一阶段，如图中的 ABC 段，AB 段为物料的预热段，这段所需的时间极短，一般并入 BC 段考虑。这一阶段中，物料表面充满着非结合水分，其性质与纯水相同。在恒定干燥条件下，物料的干燥速率保持恒定，且为最大值，其值不随物料含水量而变。

在恒速干燥阶段中，由于物料内部水分扩散速率大于表面水分汽化速率，故属于表面汽化

控制阶段,除去的是物料中的非结合水分。空气传给物料的热量等于水分汽化所需的热量。物料表面始终被水所湿润,表面的温度始终保持为空气的湿球温度,这个阶段干燥速率的大小主要取决于空气的性质,而与湿物料的性质关系很小。

(2) 降速干燥阶段又称为干燥的第二阶段,如图中的 CDE 段。干燥速率曲线的转折点(C 点)称为临界点,该点的干燥速率 U_c 仍等于恒速阶段的干燥速率,该点对应的物料含水量称为临界含水量 X_c。当物料的含水量降到临界含水量以下时,物料的干燥速率就逐渐降低。

图中所示 CD 段为第一降速阶段,这是因为物料内部水分扩散到表面的速率已小于表面水分在湿球温度下的汽化速率,这时物料表面不能维持全面湿润而形成"干区",由于实际汽化面积减小,从而以物料全部外表面积计算的干燥速率下降。

图中 DE 段称为第二降速阶段,由于水分的汽化面随着干燥过程的进行逐渐向物料内部移动,从而使热、质传递途径加长,阻力增大,造成干燥速率下降。到达 E 点后,物料的含水量已降到平衡含水量 X^*(即平衡水分),再继续干燥也不可能降低物料的含水量。

降速干燥阶段的干燥速率主要取决于物料本身的结构、形状和大小等,而与空气的性质关系很小。这时空气传给湿物料的热量大于水分汽化所需的热量,所以物料表面的温度不断上升,最后接近于空气的温度。

综上所述,当物料含水量大于临界含水量 X_c 时,属于表面汽化控制阶段,也就是恒速干燥阶段;当物料含水量小于临界含水量 X_c 时,属于内部扩散控制阶段,即降速干燥阶段。而当达到平衡含水量 X^* 时,则干燥速率为零。实际上,在工业生产中,物料不会被干燥到平衡含水量,而是在临界含水量和平衡含水量之间,这需视产品要求和经济核算而定。

3. 影响干燥速率的因素

影响干燥速率的因素主要有三个方面,即湿物料、干燥介质和干燥设备。具体包括:① 物料的性质和形状;② 物料本身的温度;③ 物料含水量;④ 干燥介质的温度和湿度;⑤ 干燥介质的流速和流向;⑥ 干燥器的构造。

8.4.3 恒定干燥条件下干燥时间的计算

在恒定干燥情况下,即整个过程中空气的温度、湿度、流速及空气与物料接触方式均保持不变时,物料从最初含水量 X_1 干燥至最终含水量 X_2 所需的时间,可根据在相同情况下测定的干燥速率曲线和干燥速率表达式求取。

1. 恒速干燥阶段

(1) 干燥曲线求解法。

设恒速干燥阶段的干燥速率 U 等于临界点的干燥速率 U_c,从最初含水量 X_1 干燥至临界含水量 X_c 所需的时间为 τ_1,根据式(8-53)有

$$U = -G'_c \mathrm{d}X / A\mathrm{d}\tau$$

$$\int_0^{\tau_1} \mathrm{d}\tau = -\frac{G'_c}{AU_c}\int_{X_1}^{X_c} \mathrm{d}X \tag{8-54}$$

积分得

$$\tau_1 = \frac{G'_c}{AU_c}(X_1 - X_c) \tag{8-55}$$

式中,U、U_c 分别为干燥速率和临界点的干燥速率,kg/(m^2·s);X_1、X_c 分别为物料初始含水量和临界含水量,kg/kg(干物料);τ_1 为物料从 X_1 到 X_c 所用的时间,s;G'_c 为绝对干物料质量,kg;A 为干燥面积,m^2。

(2) 应用给热系数(或给质系数)进行求解。

在恒速干燥阶段,物料表面保持足够湿润,干燥速率由表面汽化速率控制。对于绝热汽化过程,物料表面的温度即为空气的湿球温度。在恒速干燥阶段,热量、质量的传递以及热空气的流动速率均保持恒定。

由于热量仅来自空气,根据给热速率方程

$$Q = \alpha A(t - t_w) \tag{8-56}$$

式中,Q为空气对物料的传热速率,W或kW;α为给热系数,W/(m^2·℃);A为气、固接触表面,m^2;t、t_w分别为恒定干燥条件下的气体干、湿球温度,℃。

水分表面的汽化速率为

$$G_w = k_H A(H_w - H) \tag{8-57}$$

汽化所需的热量为

$$Q = G_w r_w = k_H A(H_w - H) r_w \tag{8-58}$$

联立式(5-56)和式(8-58),则得

$$U_c = \frac{Q}{A r_w} = \frac{\alpha(t - t_w)}{r_w} = k_H(H_w - H) \tag{8-59}$$

式中,r_w为水的汽化潜热,kJ/kg;G_w为水分表面的汽化速率,kg/s;H、H_w分别为空气在t、t_w下的湿度,kg(水蒸气)/kg(绝干气);k_H为以湿度差为推动力的传质系数,kg/(m^2·s·ΔH)。

因而恒速阶段的干燥速度U_c可按$\alpha(t-t_w)/r_w$或$k_H(H_w-H)$计算,然而,经验证明温度较易准确测定,因而用传热方程$\alpha(t-t_w)/r_w$较为可靠。应当指出,以上的算法是基于恒定干燥条件下的绝热汽化过程。

计算U_c时须先求出给热系数α,最好由实验测定,无实验数据时,可按式(8-60)估算。当空气流动方向与物料表面平行,其质量流速G在0.7～8.3 kg/(m^2·s)、空气平均温度在45～150 ℃范围内(或温度不是很高,流速为0.6～8 kg/(m^2·s)),可采取

$$\alpha = 14.3G^{0.8} \tag{8-60}$$

当空气垂直于物料表面流动,其质量流速G在1.1～5.6 kg/(m^2·s)范围内(或温度不是很高时,流速为0.9～5 kg/(m^2·s)),可采取

$$\alpha = 24.2G^{0.37} \tag{8-61}$$

式中,G的单位为kg/(m^2·s),α的单位为W/(m^2·℃)。

因此,在绝热条件下,当空气平行流过物料表面时,U_c与$G^{0.8}$成正比;当空气垂直流过物料表面时,U_c与$G^{0.37}$成正比,这说明前者受空气速度的影响较大,但当辐射或传导的传热较重要时,空气速度的影响相对减弱。

结合式(8-55)便可进一步估算恒速阶段的干燥时间

$$\tau_1 = \frac{G'_c r_w}{A\alpha(t - t_w)}(X_1 - X_c) = \frac{G'_c(X_1 - X_c)}{A k_H(H_w - H)} \tag{8-62}$$

【例 8-6】 已知空气的干球温度为60 ℃,湿球温度为30 ℃,总压为101.3 kPa,试计算空气的H。

解 $t_w = 30$ ℃,可查附录B和附录D得$p_s = 4.247$ kPa,$r_w = 2423.7$ kJ/kg。

$$H_w = 0.622 \times \frac{p_s}{p - p_s} = 0.622 \times \frac{4.247}{101.3 - 4.247}\ \text{kg(水蒸气)/kg(绝干气)} = 0.0272\ \text{kg(水蒸气)/kg(绝干气)}$$

由$t_w = t - \frac{k_H r_w}{\alpha}(H_w - H)$及$\frac{\alpha}{k_H} \approx 1.09$得

$$H = H_w - \frac{\alpha}{k_H r_w}(t - t_w) = \left[0.0272 - \frac{1.09}{2423.7} \times (60 - 30)\right]\text{kg(水蒸气)/kg(绝干气)}$$

$= 0.0137$ kg(水蒸气)/kg(绝干气)

2. 降速干燥阶段

1) 应用图解积分法

若已得到给定条件下的干燥曲线,当物料含水率从临界水分 X_c 进一步下降时,干燥进入降速阶段。物料含水率由 X_c 下降到 X_2 所需时间 τ_2 可由式(8-53)积分得到,即

$$\tau_2 = -\frac{G'_c}{A}\int_{X_c}^{X_2}\frac{dX}{U} \tag{8-63}$$

只是在降速阶段,U 是变量,这时不论干燥曲线的形状如何,总可以采用图解积分法。将 $1/U$ 对各相应的 X 进行标绘,测定介于所得曲线与横轴两界限 $X_2 \sim X_c$ 之间的面积而得到积分值。

2) 降速阶段干燥时间的近似计算法

当缺乏实际数据时,常可采用简便的近似方法,即用连接临界点 C 与平衡含水率点 E 的直线来代替干燥速率曲线,也就是假定降速阶段的干燥速率与物料中的自由水分成正比,即

$$U = -\frac{G'_c dX}{A d\tau} = k_X(X - X^*) \tag{8-64}$$

式中,k_X 为以 ΔX 为推动力的系数,$kg/(m^2 \cdot s \cdot \Delta X)$,即直线 CE 的斜率,$k_X = \dfrac{U_c}{X_c - X^*}$。将 k_X 的表达式代入式(8-64)中得

$$U = U_c \frac{X - X^*}{X_c - X^*} \tag{8-65}$$

在降速阶段内,物料中的含水量从 X_c 变为 X_2,设所需的时间为 τ_2,对上式分离变量积分,可求得降速阶段的干燥时间为

$$\int_0^{\tau_2} \tau d\tau = -\frac{G'_c}{k_X A}\int_{X_c}^{X_2}\frac{dX}{X - X^*} \tag{8-66}$$

积分上式,得到降速干燥阶段所需的干燥时间

$$\tau_2 = \frac{G'_c}{A k_X}\ln\frac{X_c - X^*}{X_2 - X^*} \tag{8-67}$$

因此干燥的总时间,即物料在干燥器内停留的时间

$$\tau = \tau_1 + \tau_2 \tag{8-68}$$

对于间歇式干燥器,还应考虑装卸物料所需的时间 τ',则每批物料的干燥周期为

$$\tau = \tau_1 + \tau_2 + \tau' \tag{8-69}$$

【例 8-7】 用间歇干燥器将一批湿物料从含水量 $w_1 = 27\%$ 干燥到 $w_2 = 5\%$(均为湿基),湿物料的质量为 200 kg,干燥面积为 $0.025\ m^2$/kg(干物料),装卸时间 $\tau' = 1$ h,试确定每批物料的干燥周期。(从该物料的干燥速率曲线可知 $X_c = 0.2$ kg/kg(干物料),$X^* = 0.05$ kg/kg(干物料),$U_c = 1.5\ kg/(m^2 \cdot h)$)

解 绝对干物料量

$$G'_c = G'_1(1 - w_1) = 200 \times (1 - 0.27)\ kg = 146\ kg$$

干燥总面积

$$A = 146 \times 0.025\ m^2 = 3.65\ m^2$$

$$X_1 = \frac{w_1}{1 - w_1} = \frac{0.27}{1 - 0.27} = 0.37, \quad X_2 = \frac{w_2}{1 - w_2} = \frac{0.05}{1 - 0.05} = 0.053$$

计算恒速干燥阶段 τ_1,湿物料水分由 $X_1 = 0.37$ 降至 $X_c = 0.2$,由式(8-55)得

$$\tau_1 = \frac{G'_c}{U_c A}(X_1 - X_c) = \frac{146}{1.5 \times 3.65} \times (0.37 - 0.2)\ h = 4.53\ h$$

降速干燥阶段 τ_2,湿物料水分由 $X_c = 0.2$ 降至 $X^* = 0.05$,则

$$k_X = \frac{U_c}{X_c - X^*} = \frac{1.5}{0.2 - 0.05}\ \mathrm{kg/(m^2 \cdot h)} = 10\ \mathrm{kg/(m^2 \cdot h)}$$

由式(8-67)得　$$\tau_2 = \frac{G'_c}{Ak_X}\ln\frac{X_c - X^*}{X_2 - X^*} = \frac{146}{10 \times 3.65}\ln\frac{0.2 - 0.05}{0.053 - 0.05}\ \mathrm{h} = 15.7\ \mathrm{h}$$

每批物料的干燥周期

$$\tau = \tau_1 + \tau_2 + \tau' = (4.53 + 15.7 + 1)\ \mathrm{h} = 21.2\ \mathrm{h}$$

8.5　干　燥　器

干燥设备简称干燥器，少数情况下也称干燥机(如对有运动装置的干燥设备)。干燥器种类很多，以适应被处理物料在形态、物性上的多样性以及对干燥成品规格的不同要求。

形态：如块状、粒状、溶液、浆状及糊状等。

物性：如耐热性、含水量、分散性、黏性、吸水性、耐酸碱性、毒性、防爆性及湿度等，有些固体物料是多孔结构或无孔结构，它们的临界水分、平衡水分差别很大，水分在物料内部移动情况也不相同。

干燥成品规格要求：干燥程度的要求、生产能力的大小各不相同。

由于上述因素复杂，采用的干燥方法和干燥器的形式也是多种多样的。一般对于干燥器的基本要求有以下几点：

(1) 能保证干燥产品的工艺要求，如含水量、强度、形状等；

(2) 干燥速率大，干燥时间短，干燥系统的流体阻力要小，这样就可以减小设备尺寸，降低能耗，提高干燥设备的生产能力；

(3) 干燥系统的热效率高，以降低干燥操作的能耗；

(4) 操作控制方便，劳动条件好。

8.5.1　干燥器的主要形式

不同的干燥器特性形成了不同的干燥器类型。干燥器的分类方法很多，通常按照加热方式进行分类，如图 8-14 所示。

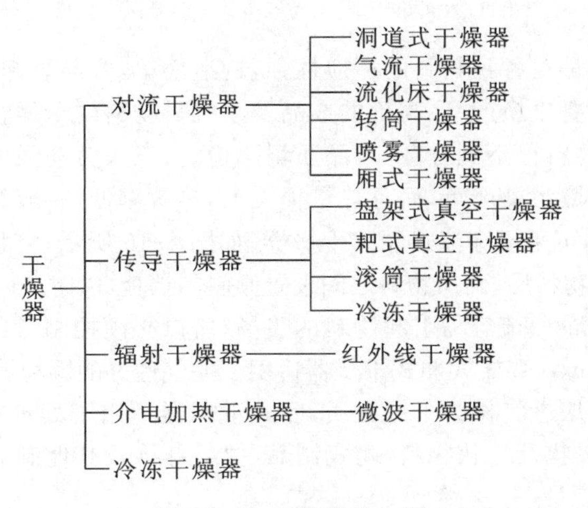

图 8-14　干燥器的分类

1. 厢式干燥器

厢式干燥器又称盘式干燥器，是一类典型的间歇式干燥设备，一般小型的称为烘箱，大型的称为烘房。厢式干燥器按气体流动的方式，又可分为并流式、穿流式和真空式。并流式厢式干燥器的基本结构如图 8-15 所示，其外形呈厢式，被干燥物料放在盘架 7 上的浅盘内，物料的堆积厚度为10 ～ 100 mm。风机 3 吸入的新鲜空气，经加热器 5 预热后沿挡板 6 均匀地水平掠过各浅盘内物料的表面，对物料进行干燥。部分废气经空气出口 2 排出，带走物料中的水蒸气，余下的循环使用，以提高热效率。废气循环量由吸入口或排出口的挡板进行调节。空气的流速根据物料的粒度而定，应以物料不被气流夹带出干燥器为原则，一般为 1 ～ 10 m/s。这种干燥器的浅盘也可放在能移动的小车盘架上，以方便物料的装卸，减轻劳动强度。若对干燥过程有特殊要求，如干燥热敏性物料、易燃易爆物料或物料的湿分需要回收等，厢式干燥器可在真空下操作，称为厢式真空干燥器。干燥厢是密封的，将浅盘架制成空心的，加热蒸汽从中通过，干燥时以传导方式加热物料，使盘中物料所含水分或溶剂汽化，汽化出的水蒸气或溶剂蒸气用真空泵抽出，以维持厢内的真空度。

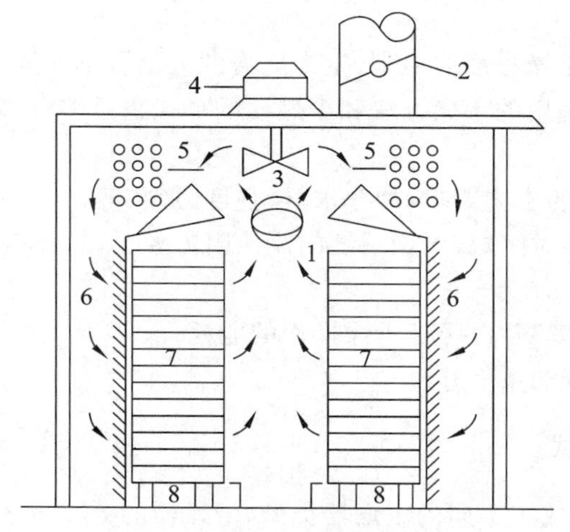

图 8-15　并流式厢式干燥器

1— 空气入口；2— 空气出口；3— 风机；4— 电动机；5— 加热器；6— 挡板；7— 盘架；8— 移动轮

厢式干燥器的优点是对各种物料的适应性强，构造简单，容易装卸，设备投资少，物料损失小，盘易清洗。对经常需要更换产品、高价的成品及小批量物料的干燥特别适宜。厢式干燥器的缺点是不能连续生产，物料得不到分散，产品质量不稳定；工人劳动强度大，装卸物料或翻动物料时，不仅粉尘飞扬，环境污染严重，而且热量损失大，热效率低，一般约为 40%。

对于颗粒状的物料，可采用穿流式厢式干燥器，如图 8-16 所示，将物料铺在多孔的浅盘(或网)上，气流垂直地穿过物料层。两层物料之间设置倾斜的挡板，以防从一层物料中吹出的湿空气再吹入另一层。热风形成的气流容易引起物料的飞扬，所以必须控制盘中的风速。空气通过小孔时的速度为 0.3 ～ 1.2 m/s。穿流式厢式干燥器适用于通气性好的颗粒状物料的干燥。

厢式干燥器还可用烟道气作为干燥介质，厢式干燥器适用于处理有爆炸性和易生碎末物料，胶黏性、可塑性、膏浆状及粒状物料，陶瓷制品，棉纱纤维及其他制品等。

2. 洞道式干燥器

洞道式干燥器如图 8-17 所示，它是连续或半连续式操作的干燥设备。洞道式干燥器的器身做成狭的洞道，内敷设铁轨。将被干燥的物料放置在小车内、浅盘中或悬架上，然后沿着干燥

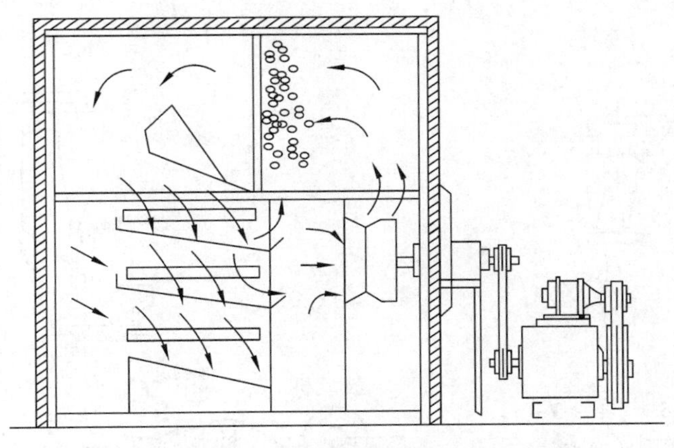

图 8-16　穿流式厢式干燥器

室中的通道向前移动，依次通过。在长方形干燥室或隧道中，装有传送带(可以做成多层的)，传送带大多为网状，气流与物料成错流，物料与热空气接触而进行干燥。

洞道干燥器的干燥介质为热空气、烟道气或废气等，气速一般应大于 2 m/s。洞道中也可采用中间加热或多次循环等操作。由于洞道干燥器的容积大，物料在干燥器内停留时间长，因此适用于处理量较大、干燥时间长的物料，如木材、陶瓷等。

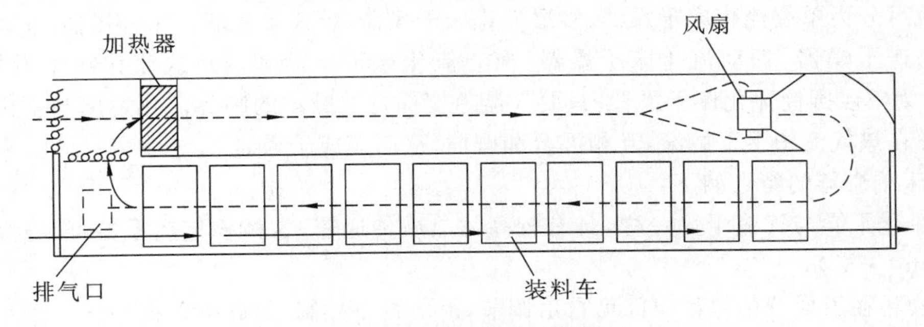

图 8-17　洞道式干燥器

3. 气流干燥器

把固体流态化中稀相输送技术应用在干燥操作中，称为气流干燥。气流干燥器是一种连续操作的干燥器。利用高速流动的热空气，使粉粒状物料悬浮在气流中，热气流与物料并流流过干燥管，进行传热和传质，使物料干燥，然后随气流进入旋风分离器分离。废气经过风机而排出。气流干燥器有直管型、脉冲管型、倒锥型、套管型、环型和旋风型等。

气流干燥操作的关键是连续而均匀地加料，并将物料分散于气流中。气流干燥器的优点如下：处理量大，干燥强度大，因气固接触面大，故传质速率高；干燥时间短，物料在干燥器内一般只停留 0.5 ～ 2 s，适用于热敏性、易氧化物料的干燥；设备结构简单，占地面积小；输送方便，操作稳定，成品质量均匀。其缺点如下：对所处理物料的粒度有一定的限制；由于干燥管内气速较高，对物料有破碎作用，使产品磨损较大；对除尘设备要求严，系统的流体阻力较大。图 8-18 所示为气流干燥器。

气流干燥器可以处理泥状、粉粒状或块状的湿物料，对于泥状物料需装设分散器，对于块状物料需要附设粉碎机。当要求干燥产物的含水量很低时，应改用其他低气速干燥器继续干燥。

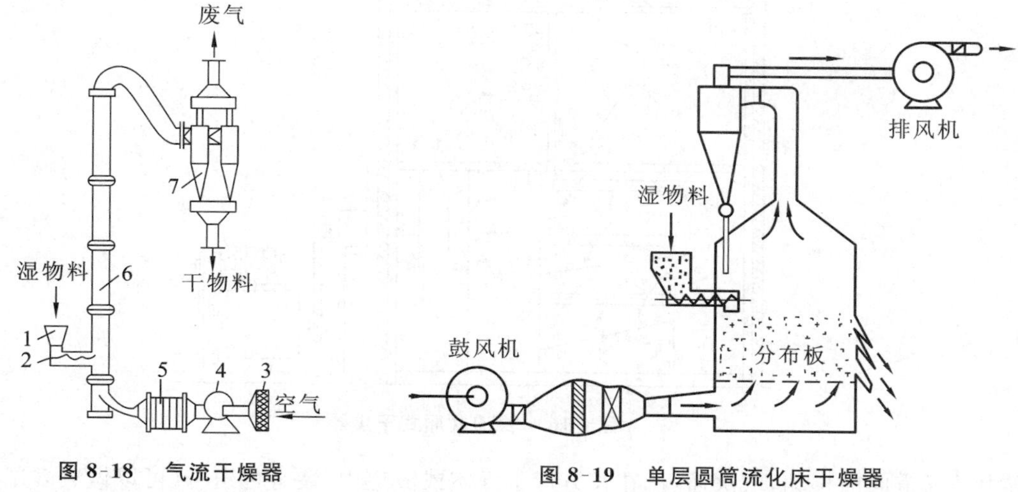

图 8-18　气流干燥器

1— 物料进口；2— 进料器；3— 滤尘网；4— 风机；
5— 加热器；6— 干燥管；7— 旋风分离器

图 8-19　单层圆筒流化床干燥器

4. 沸腾床干燥器

沸腾床干燥器又称流化床干燥器，是流态化技术在干燥操作中的应用。流化床干燥器种类很多，大致可分为单层流化床干燥器、多层流化床干燥器、卧式多室流化床干燥器、喷动床干燥器、旋转快速干燥器、振动流化床干燥器、离心流化床干燥器和内热式流化床干燥器等。图 8-19 所示为单层圆筒流化床干燥器。只要气流速度保持在颗粒的临界流化速度与带出速度之间，颗粒便在热气流中上下翻滚，互相混合和碰撞，从而完成干燥。

流化床干燥器的特点如下。

（1）流化干燥与气流干燥一样，具有较高的热质传递速率，体积传热系数可高达 2300 ～ 7000 W/(m^3 · ℃)。

（2）物料在干燥器中停留时间可自由调节，由出料口控制，因此可以得到含水量很低的产品。当物料干燥过程存在降速阶段时，采用流化床干燥较为有利。另外，当干燥大颗粒物料，不适于采用气流干燥器时，若采用流化床干燥器，则可通过调节风速来完成干燥操作。

（3）流化床干燥器结构简单，造价低，活动部件少，操作维修方便。与气流干燥器相比，流化床干燥器的流体阻力较小，对物料的磨损较轻，气固分离较易，热效率较高（对非结合水为 60％ ～ 80％，对结合水为 30％ ～ 50％）。

（4）流化床干燥器适用于处理粒径为 30 μm ～ 6 mm 的粉粒状物料，粒径过小时气体通过分布板后易产生局部沟流，且颗粒易被夹带；粒径过大则流化需要较高的气速，从而使流体阻力加大、磨损严重。流化床干燥器处理粉粒状物料时，要求物料中含水量为 2％ ～ 5％，对颗粒状物料则可低于 15％，否则物料的流动性较差。但若在湿物料中加入部分干料或在器内设置搅拌器，则有利于物料的流化并防止结块。

由于流化床中存在返混或短路，可能有一部分物料未经充分干燥就离开干燥器，而另一部分物料又会因停留时间过长而产生过度干燥现象，因此，单层流化床干燥器仅适用于易干燥、处理量较大而对干燥产品的要求又不太高的场合。有时流化床干燥器与气流干燥器串联使用，比单独使用一种效果要好。

5. 转筒干燥器

图 8-20(a) 所示为并流转筒干燥器，它的主要部分为一个倾斜的旋转圆筒。并流时，入口处湿物料与高温、低湿的热气体相遇，干燥速率最大，沿着物料的移动方向，热气体温度降低，湿度增大，干燥速率逐渐减小，出口处的干燥速率最小。因此，并流操作适用于含水量较高且允许快速干燥、不能耐高温、吸水性较弱的物料。

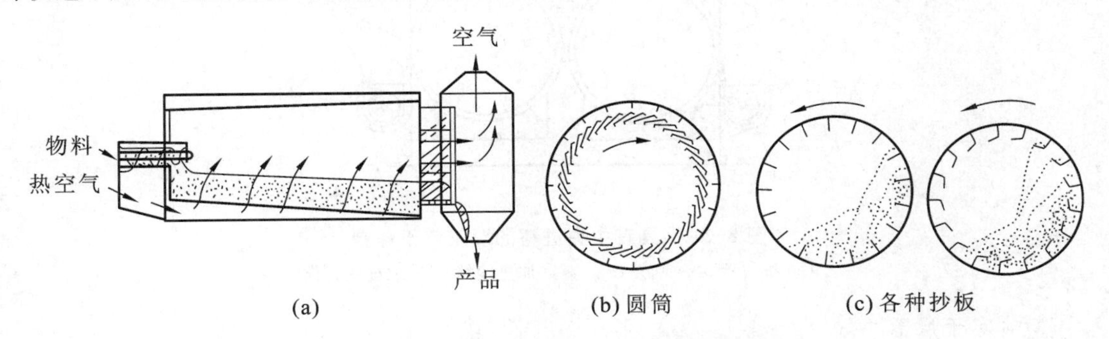

图 8-20　热空气直接加热的并流转筒干燥器

干燥器内空气与物料间的流向除并流外，还可采用逆流操作。物料从转筒较高的一端进入，与另一侧进入的热空气逆流接触，随着圆筒的旋转，物料在重力作用下流向较低的一端，完成干燥后排出。逆流时干燥器内各段干燥速率相差不大，它适用于不允许快速干燥而产品能耐高温的物料。

在圆筒内壁通常装有若干块抄板，它的作用是将物料抄起后再洒下，以增大干燥的表面积，使干燥速度加快，同时还能促进物料向前运行。抄板的形式很多，同一回转筒内可采用不同的抄板，如前半部分可采用结构较简单的抄板，而后半部分采用结构较复杂的抄板。常用的抄板有三种：直立、45° 和 90°。

为了减少粉尘的飞扬，气体在干燥器内的速度不宜过高。对粒径为 1 mm 左右的物料，气速为 0.3 ～ 1.0 m/s；对粒径为 5 mm 左右的物料，气速在 3 m/s 以下。有时为防止转筒中粉尘外流，可采用真空操作。转筒干燥器的体积传热系数较低，为 0.2 ～ 0.5 W/(m^3 · ℃)。对于能耐高温且不怕污染的物料，还可采用烟道气作为干燥介质。对于不能受污染或极易引起大量粉尘的物料，可采用间接加热的转筒干燥器。

转筒干燥器的特点如下：

(1) 机械化程度高，生产能力大，流体阻力小，容易控制，产品质量均匀；

(2) 对物料的适应性较强，适用于处理大量粒状、块状、片状物料的干燥；

(3) 设备笨重，金属材料耗量多；

(4) 结构复杂，占地面积大，传动部件需经常维修；

(5) 热效率低(30% ～ 50%)。

6. 滚筒干燥器

图 8-21 所示为双滚筒干燥器，两圆筒由传动装置带动。操作时，加热蒸汽由滚筒的空心轴通入筒内，通过间壁将粘在筒外的物料加热和烘干。干燥后的物料用刮刀刮下，滚筒转一周与物料接触的时间只有几秒至几十秒。滚筒干燥器属于传导干燥器，适用于干燥悬浮液、膏糊状物料，不适用于干燥含水量过低的热敏性物料。

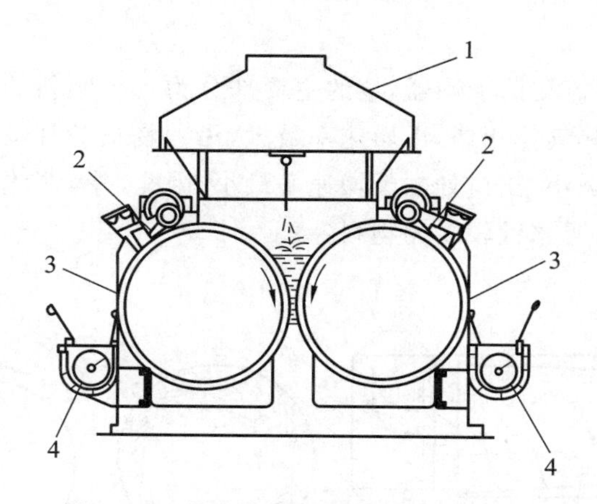

图 8-21　具有中央进料的双滚筒干燥器

1— 排气罩;2— 刮刀;3— 蒸汽加热滚筒;4— 螺旋输送器

7. 喷雾干燥器

喷雾干燥器是采用雾化器将稀料液分散成雾滴于热气流中,使水分迅速汽化而达到干燥的目的。热气流与物料可采用并流、逆流或混合流等接触方式。喷雾干燥的典型流程如图 8-22 所示,包括空气加热系统、原料液供给系统、干燥系统、气固分离系统以及控制系统。

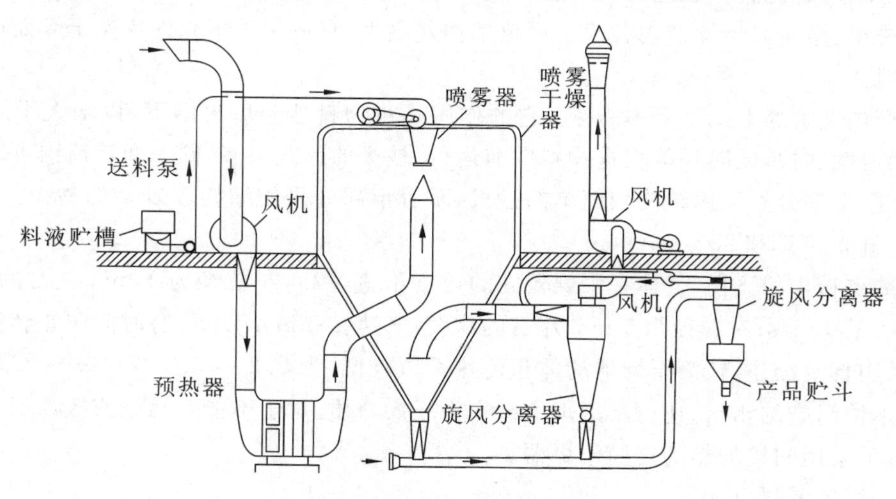

图 8-22　喷雾干燥的典型流程

喷雾干燥方法不需要将原料预先进行机械分离,且干燥时间很短(一般为 5 ～ 30 s),因此适宜于热敏性物料的干燥,如食品、药品、生物制品、染料、塑料及化肥等。根据对产品的要求,最终可获得 30 ～ 50 μm 微粒的干燥产品。

喷雾干燥的关键部分是将料液分散为雾滴的喷雾器。对喷雾器的一般要求如下:形成的雾粒均匀,结构简单,生产能力大,能量消耗低及操作容易等。常用的喷雾器有压力式喷雾器、气流式喷雾器、旋转式喷雾器。

喷雾室有塔式和箱式两种,以塔式应用最为广泛。

喷雾干燥的特点如下:

(1) 雾滴表面积大,干燥速率大、时间短,尤其适用于热敏性物料的干燥;

(2) 可连续操作,产品质量稳定;

(3) 容易实现自动化，减轻粉尘飞扬，劳动条件较好；

(4) 当空气温度低于 150 ℃ 时，物料体积传热系数低，所需干燥器的容积大；

(5) 产品耗热量大于动力消耗量，热效率不高；

(6) 对细粉粒产品需高效分离装置。

8.5.2　干燥器的选型

在选择干燥器时，首先应根据湿物料的形状、特性、处理量、处理方式及可选用的热源等选择出适宜的干燥器类型。通常，干燥器选型应考虑以下各项因素。

(1) 被干燥物料的性质，如热敏性、黏附性、颗粒的大小及形状、磨损性及腐蚀性、毒性、可燃性等。

(2) 对干燥产品的要求，如干燥产品的含水量、形状、粒度分布、粉碎程度等。在干燥食品时，产品的几何形状、粉碎程度均对成品的质量及价格有直接的影响。干燥脆性物料时，应特别注意成品的粉碎与粉化。

(3) 确定干燥时间时，应先通过实验作出干燥速率曲线，确定临界含水量 X_c 值。物料与介质接触状态、物料尺寸与几何形状对干燥速率曲线的影响很大。例如，物料粉碎后再进行干燥时，除了干燥面积增大外，一般临界含水量 X_c 值会降低，有利于干燥。

(4) 要考虑固体粉粒的回收及溶剂的回收问题。

(5) 对于干燥热源，应考虑其能量的综合利用。

(6) 干燥器的占地面积、排放物及噪声是否满足环保要求。

表 8-1 列出了主要干燥器的选择表，可供选型时参考。

表 8-1　主要干燥器的选择表

湿物料的状态	物料的实例	适用的干燥器
液体或泥浆状	洗涤剂、树脂溶液、盐溶液、牛奶等	大批量用喷雾干燥器，小批量用滚筒干燥器
泥糊状	染料、颜料、硅胶、淀粉、黏土、碳酸钙等的滤饼或沉淀物	大批量用气流干燥器、带式干燥器，小批量用真空转筒干燥器
粉粒状 (0.01 ～ 20 μm)	聚氯乙烯等合成树脂、合成肥料、磷肥、活性炭、石膏、钛铁矿、谷物	大批量用气流干燥器、转筒干燥器、流化床干燥器，小批量用转筒干燥器、厢式干燥器
块状 (20 ～ 100 μm)	煤、焦炭、矿石等	大批量用转筒干燥器，小批量用厢式干燥器
片状	烟叶、薯片	大批量用带式干燥器、转筒干燥器，小批量用穿流式厢式干燥器、辐射干燥器
短纤维	乙酸纤维、硝酸纤维	大批量用带式干燥器，小批量用穿流式厢式干燥器
一定大小的物料或制品	陶瓷器、胶合板、皮革等	大批量用隧道干燥器，小批量用穿流式厢式干燥器、高频干燥器

思　考　题

8-1　为什么说干燥过程既是传质过程，又是传热过程？

8-2　湿球温度和绝热饱和温度有何区别？对哪种物系二者相等？

8-3　通常湿空气的露点、湿球温度、绝热饱和温度和干球温度的大小关系怎样?在什么条件下三者相等?

8-4　湿空气的相对湿度大,其湿度也大。这种说法正确吗?为什么?

8-5　什么是平衡水分与自由水分,结合水分与非结合水分?

8-6　什么是临界含水量?它与哪些因素有关?

8-7　干燥分为几个阶段?各阶段有何特点?

习　题

8-1　已知湿空气的(干球)温度为 50 ℃,湿度为 0.02 kg(水蒸气)/kg(绝干气),试计算下列两种情况下的相对湿度及同温度下容纳水分的最大能力(即饱和湿度),并分析压力对干燥操作的影响。

(1) 总压为 101.3 kPa;(2) 总压为 26.7 kPa。

【答案:(1) 25.57%,0.086 kg(水蒸气)/kg(绝干气);(2) 6.74%,0.535 kg(水蒸气)/kg(绝干气)】

8-2　常压下湿空气的温度为 80 ℃,相对湿度为 10%。试求该湿空气中水蒸气的分压、湿度、湿比容、比热容及焓。

【答案:4.738 kPa,0.031 kg(水蒸气)/kg(绝干气),1.049 m^3/kg(绝干气),1.068 kJ/(kg · ℃),162.69 kJ/kg(绝干气)】

8-3　已知空气的干球温度为 60 ℃,湿球温度为 30 ℃,总压为 101.3 kPa,试计算空气的性质:(1) 湿度;(2) 相对湿度;(3) 焓;(4) 露点。

【答案:(1) 0.0137 kg(水蒸气)/kg(绝干气);(2) 10.96%;(3) 96.29 kJ/kg(绝干气);(4) 18.8 ℃】

8-4　在 *H-I* 图上确定表 8-2 中空格内的数值。

表 8-2　习题 8-4 附表

编号	干球温度 t/℃	湿球温度 t_w/℃	露点 t_d/℃	湿度 H/(kg(水蒸气)/kg(绝干气))	相对湿度 φ/(%)	焓 I/(kJ/kg(绝干气))	水蒸气分压 p_v/kPa
1			15	0.011	40	60	1.9
2		45	42.5	0.063	30	240	
3		35	30		23	140	4.5
4		37	35.5	0.042		60	6.2
5		25		0.015	30	80	2.2

【答案:(1) 30,20;(2) 70,9.5;(3) 60,0.03;(4) 50,50;(5) 40,20】

8-5　常压下将温度为 25 ℃、相对湿度为 50% 的新鲜空气与温度为 50 ℃、相对湿度为 80% 的废气混合,混合比为 2∶3(以绝干空气为基准),试计算混合后的湿度、焓及温度。

【答案:0.0443 kg(水蒸气)/kg(绝干气),154.7 kJ/kg(绝干气),40.5 ℃】

8-6　干球温度为 20 ℃、湿球温度为 16 ℃ 的空气,经过预热器将温度升高到 50 ℃ 后送至干燥器内。空气在干燥器内绝热冷却,离开干燥器时的相对湿度为 80%,总压为 101.3 kPa。

(1) 在 *H-I* 图中确定空气离开干燥器时的湿度;

(2) 求将 100 m^3 新鲜空气预热至 50 ℃ 所需的热量及在干燥器内绝热冷却增湿时所获得的水分量。

【答案:(1) 0.018 kg(水蒸气)/kg(绝干气);(2) 3661 kJ,0.95 kg】

8-7　湿空气在总压 101.3 kPa、温度 10 ℃ 下,湿度为 0.005 kg(水蒸气)/kg(绝干气)。试计算:(1) 相对湿度 φ_1;(2) 温度升高到 35 ℃ 时的相对湿度 φ_2;(3) 总压提高到 115 kPa,温度仍为 35 ℃ 时的相对湿度 φ_3;(4) 如总压提高到 1471 kPa,温度仍维持 35 ℃,每 100 m^3 原湿空气所冷凝出的水分量。

【答案:(1) 65.9%;(2) 14.4%;(3) 16.3%;(4) 0.322 kg】

8-8　图 8-23 所示为某物料在 25 ℃ 时的平衡曲线。如果将含水量为 0.35 kg/kg(干物料) 的此种物料与 $\varphi = 50\%$ 的湿空气接触,试确定该物料平衡水分和自由水分,结合水分和非结合水分的大小。

【答案:平衡水分0.095 kg/kg(干物料),自由水分 0.255 kg/kg(干物料),结合水分 0.185 kg/kg(干物料),非结合水分 0.165 kg/kg(干物料)】

8-9　在常压干燥器中,将某物料从湿基含水量 10% 干燥至 2%,湿物料处理量为 300 kg/h。干燥介质为温度 80 ℃、相对湿度 10% 的空气,其用量为 900 kg/h。试计算水分汽化量及空气离开干燥器时的湿度。

【答案:24.49 kg/h,0.059 kg(水蒸气)/kg(绝干气)】

8-10　在某干燥器中干燥砂糖晶体,处理量为 100 kg/h,要求将湿基含水量由 40% 减至 5%。干燥介质为干球温度 20 ℃、湿球温度 16 ℃ 的空气,经预热器加热至 80 ℃ 后送至干燥器内。空气在干燥器内为等焓变化过程,空气离开干燥器时温度为 30 ℃,总压为 101.3 kPa。试求:(1) 水分汽化量;(2) 干燥产品量;(3) 湿空气的消耗量;(4) 加热器向空气提供的热量。

【答案:(1) 36.84 kg/h;(2) 63.16 kg/h;(3) 1860 kg/h;(4) 31.58 kW】

8-11　在常压干燥器中,将某物料从湿基含水量 5% 干燥到 0.5%。干燥器的生产能力为 7200 kg(干物料)/h。已知物料进、出口温度分别为 25 ℃、65 ℃,平均比热容为 1.8 kJ/(kg · ℃)。干燥介质为温度 20 ℃、湿度0.007 kg(水蒸气)/kg(绝干气) 的空气,经预热器加热至120 ℃ 后送入干燥器,出干燥器的温度为 80 ℃。干燥器中不补充热量,且忽略热损失,试计算绝干空气的消耗量及空气离开干燥器时的湿度。

【答案:34 798 kg/h,0.016 85 kg(水蒸气)/kg(绝干气)】

8-12　用热空气干燥某种湿物料,新鲜空气的温度为 20 ℃,湿度为 0.006 kg(水蒸气)/kg(绝干气),为保证干燥产品质量,要求空气在干燥器内的温度不能高于 90 ℃,为此,空气在预热器内加热至 90 ℃ 后送入干燥器,当空气在干燥器内温度降至60 ℃ 时,再用中间加热器将空气加热至90 ℃,空气离开干燥器时温度降至 60 ℃,假设两段干燥过程均可视为等焓过程。(1) 在 H-I 图(图 8-24) 上定性表示出空气通过干燥器的整个过程;(2) 求汽化每千克水分所需的新鲜空气量。　【答案:(1) $H_{C_1} = H_{B_2} = 0.0178$ kg(水蒸气)/kg(绝干气),$H_C = 0.0298$ kg(水蒸气)/kg(绝干气);(2) 42.3 kg】

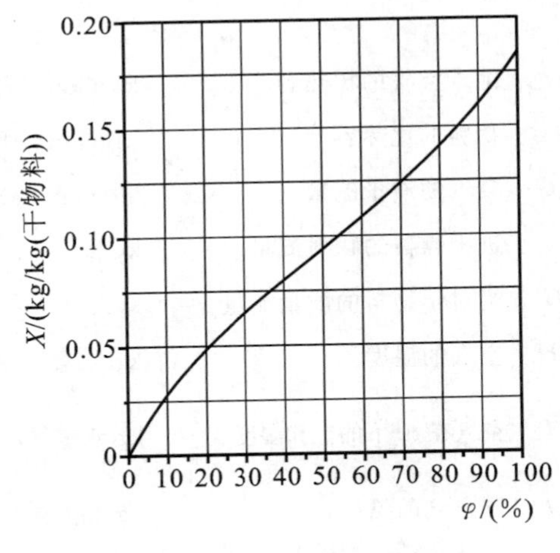

图 8-23　习题 8-8 附图

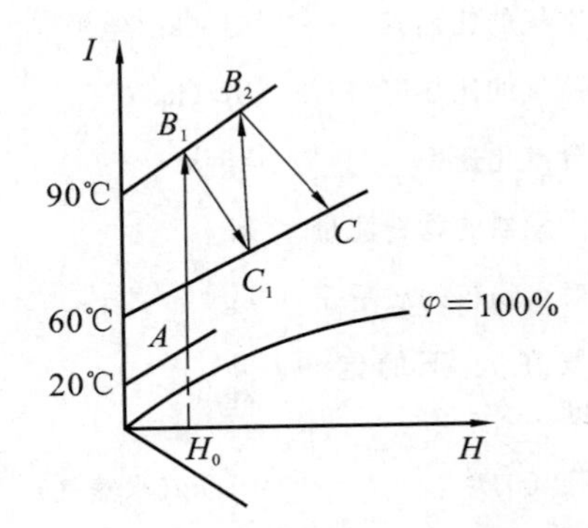

图 8-24　习题 8-12 附图

8-13　在常压连续逆流干燥器中,采用废气循环流程干燥某湿物料,如图 8-25 所示,由干燥器出来的部分废气与新鲜空气混合,进入预热器加热到一定的温度后再送入干燥器。已知新鲜空气的温度为 25 ℃、湿度为 0.005 kg(水蒸气)/kg(绝干气),废气的温度为 40 ℃、湿度为 0.034 kg(水蒸气)/kg(绝干气),循环比(循环废气中绝干空气质量与混合气中绝干空气质量之比) 为 0.8。湿物料的处理量为 1000 kg/h,湿基含水量由 50% 下降至 3%。假设预热器的热损失可忽略,干燥过程可视为等焓干燥过程。(1) 在 H-I 图上定性绘出空气的状态变化过程;(2) 求新鲜空气用量;(3) 求预热器中的加热量。【答案:(1) 略;(2) 16790 kg/h;(3) 416.7 kW】

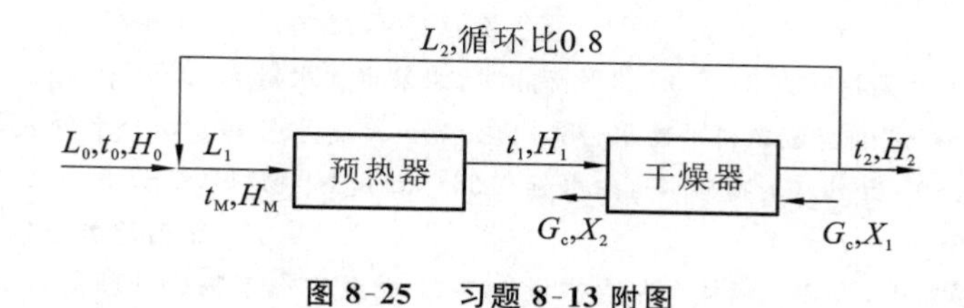

图 8-25 习题 8-13 附图

8-14 若空气用量相同,试比较下列三种空气作为干燥介质时,恒速阶段干燥速率的大小关系。

(1) $t=60$ ℃,$H=0.01$ kg(水蒸气)/kg(绝干气);(2) $t=70$ ℃,$H=0.036$ kg(水蒸气)/kg(绝干气);(3) $t=80$℃,$H=0.045$ kg(水蒸气)/kg(绝干气)。

【答案:恒速阶段干燥速率与其推动力成正比,(3) > (2) > (1)】

8-15 有一盘架式干燥器,器内有 50 只盘,每盘的深度为 0.02 m,盘为正方形,边长为 0.7 m,盘内装有某湿物料,含水量由 1 kg/kg(干物料) 干燥至 0.01 kg/kg(干物料)。空气在盘表面平行掠过,其温度为 77 ℃,相对湿度为 10%,流速为 2 m/s。物料的临界含水量与平衡含水量分别为 0.3 kg/kg(干物料) 和 0 kg/kg(干物料),干燥后的密度为 600 kg/m³。设降速阶段的干燥速率近似为直线,试计算干燥时间。【答案:14.16 h】

8-16 在恒定干燥条件下,将物料由干基含水量 0.33 kg/kg(干物料) 干燥到 0.09 kg/kg(干物料),需要 7 h,若继续干燥至 0.07 kg/kg(干物料),还需多少时间?

已知物料的临界含水量为 0.16 kg/kg(干物料),平衡含水量为 0.05 kg/kg(干物料)。设降速阶段的干燥速率与自由水分成正比。

【答案:1.9 h】

本章主要符号说明

符号	意义	单位	符号	意义	单位
英文					
A	传热面积	m²	c_g	绝干空气的比热容	kJ/(kg(绝干气)·℃)
c_H	湿空气的比热容	kJ/(kg(绝干气)·℃)	c_M	物料的比热容	kJ/(kg(干物料)·℃)
c_w	水蒸气的比热容	kJ/(kg·℃)	G	空气的质量流量	kg/(m²·s)
G_w	水分汽化速率	kg/s	G_1	进干燥器的物料流量	kg/s
G_2	出干燥器的物料流量	kg/s	G_c	绝对干物料的质量流量	kg/s
G'_c	绝对干物料的质量	kg	H	空气的湿度	kg(水蒸气)/kg(绝干气)
H_{as}	空气在 t_{as} 下的饱和湿度	kg/kg	H_w	空气在 t_w 下的饱和湿度	kg(水蒸气)/kg(绝干气)
i	水蒸气的焓	kJ/kg(水蒸气)	I	湿空气的焓	kg/kg(绝干气)
k_H	以湿度差为推动力的传质系数	kg/(m²·s·ΔH)	L	绝干空气流量	kg/s
l	单位空气用量	kg/kg(水)	M_a	绝干空气的摩尔质量	kg/mol
M_w	水蒸气的摩尔质量	kg/mol	p	系统的总压	kPa
p_w	空气中的水蒸气分压	kPa	p_s	饱和蒸气压	kPa
Q	传热速率	kW	Q	干燥所需的全部热量	kW

符号	意义	单位	符号	意义	单位
Q_D	干燥室内补充的热量	kW	Q_L	损失于周围的热量	kW
Q_p	预热器加入的热量	kW	r	水的汽化潜热	kJ/kg
r_0	水在 0 ℃ 的汽化潜热	kJ/kg	r_{as}	水在 t_{as} 下的汽化潜热	kJ/kg
r_w	水在 t_w 下的汽化潜热	kJ/kg	t	空气的温度(干球温度)	K 或 ℃
t_{as}	空气的绝热饱和温度	K 或 ℃	t_d	空气的露点	K 或 ℃
t_M	物料的温度	K 或 ℃	t_w	湿空气的温度	K 或 ℃
U	干燥速率	$kg/(m^2 \cdot s)$	V	湿空气的体积流量	m^3
v_a	干空气的比容	m^3/kg	v_H	湿空气的比容	m^3/kg
W	水分蒸发量	kg/s	W'	汽化水分量	kg
w	物料的湿基含水量	kg/kg(湿物料)	X	物料的干基含水量	kg/kg(干物料)
X_c	物料的临界含水量	kg/kg(干物料)	X^*	物料的平衡含水量	kg/kg(干物料)
希文					
α	给热系数	$W/(m^2 \cdot ℃)$	ρ_L	液体的密度	kg/m^3
ρ_V	气体的密度	kg/m^3	σ	表面张力	N/m
τ	干燥时间	s 或 h	φ	相对湿度	%

第9章　萃　　取

学习要求

通过本章的学习，掌握萃取的方法及工艺流程；熟悉萃取设备的结构、工作原理；掌握影响萃取操作的主要因素；能够运用三角形相图进行萃取过程的计算；能够选择合适的萃取剂进行萃取操作。

具体学习要求：掌握萃取操作的特点及影响萃取操作的主要因素；掌握萃取剂的选择原则；掌握三角形相图中相组成的表示方法及杠杆定律；掌握萃取原理，部分互溶物系的相平衡关系、分配系数及选择性系数；掌握萃取操作过程的计算；了解各种液-液萃取设备的简单结构、操作原理和特点。

9.1　概　　述

萃取是利用混合物中各组分在某溶剂中的溶解度差异来分离混合物的一种单元操作。用溶剂分离液体混合物的萃取操作称为液-液萃取（溶剂萃取），而用溶剂分离固体混合物的萃取操作称为固-液提取或浸取。此外，以超临界流体作为萃取剂的萃取操作称为超临界流体萃取。

萃取在制药、化工生产中有着广泛的应用。例如，中药有效成分的提取、沸点相近或相对挥发度相近的液体混合物的分离、恒沸混合物的分离、热敏性组分的分离等。

随着萃取应用领域的扩展，回流萃取、双溶剂萃取、反应萃取、超临界流体萃取及液膜分离技术相继问世，使得萃取成为分离液体混合物很有生命力的操作单元之一。

本章主要介绍液-液萃取。

9.1.1　液-液萃取操作原理

液-液萃取是向液体混合物中加入某种适当溶剂，利用组分溶解度的差异使溶质由原溶液转移到萃取剂的过程。在萃取过程中，所用的溶剂称为萃取剂，以S表示；混合液中欲分离的组分称为溶质，以A表示；混合液中的溶剂称为稀释剂（或称原溶剂），以B表示。萃取剂应对溶质具有较大的溶解能力，与稀释剂应不互溶或部分互溶。

图9-1是萃取操作的基本流程图。将一定的溶剂加到被分离的混合物中，采取措施（如搅拌）使原料液和萃取剂充分混合，由于存在溶解度差异，A、B、S在两液相间通过相界面扩散而重新分配，所以液-液萃取是液、液两相间的传质过程。混合液进入分层器，通过沉淀分层得到新的两液相，富含S的一相称为萃取相，以E表示，其中的组分用y表示；富含B的一相称为萃余相，以R表示，其中的组分用x表示。萃取相中A组分的浓度y_A与B组分的浓度y_B之比大于萃余相中A组分的浓度x_A与B组分的浓度x_B之比，即$y_A/y_B > x_A/x_B$。

萃取操作不能得到纯的A或B组分，萃取相和萃余相都是混合物，需要进一步处理才可得

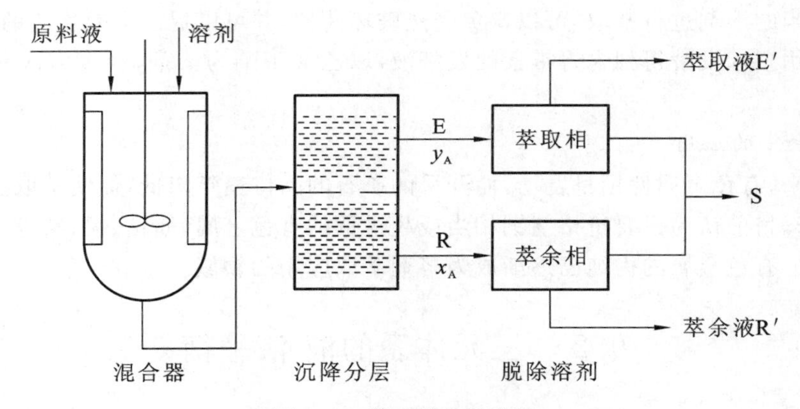

图 9-1　萃取操作示意图

到产品 A 或 B,同时使萃取剂 S 得以回收。通常需要用精馏等方法对萃取相进行分离,得到溶质产品 A 和萃取剂 S,S 供循环使用。萃余相通常含有少量 S,应用适当的分离方法回收其中的萃取剂,得到产品 B 或作为废液排掉。萃取相和萃余相脱除溶剂后分别称为萃取液和萃余液,用 E′ 和 R′ 表示。

用萃取法分离液体混合物时,混合液中的溶质既可以是挥发性物质,也可以是非挥发性物质(如无机盐类)。

当用于分离挥发性混合物时,与精馏比较,整个萃取过程比较复杂,例如萃取相中萃取剂的回收往往还要应用精馏操作。但萃取过程本身具有常温操作、无相变以及选择适当溶剂可以获得较高分离系数等优点,在很多的情况下,仍显示出技术、经济上的优势。一般来说,在以下几种情况下采取萃取过程较为有利:

(1) 溶液中各组分的沸点非常接近,或者说组分之间的相对挥发度接近 1;

(2) 混合液中的组成能形成恒沸物,用一般的精馏不能得到所需的纯度;

(3) 混合液主要回收的组分是热敏性物质,即受热易于分解、聚合或发生其他化学变化;

(4) 需分离的组分浓度很低且沸点比稀释剂高,若用精馏方法需蒸馏出大量稀释剂,耗能量很多。

当分离溶液中的非挥发性物质时,与吸附、离子交换等方法比较,萃取过程处理的是两流体,操作比较方便,常常是优先考虑的方法。

9.1.2　液-液萃取在工业上的应用

1. 液-液萃取在石油化工中的应用

一般石油化工萃取过程分为如下三个阶段。

(1) 混合过程:将一定量的溶剂加入原料液中,采取措施使之充分混合,以实现溶质由原料向溶剂的转移过程。

(2) 沉降分层:分离出萃取相 E 和萃余相 R。

(3) 脱除溶剂:获得萃取液 E′ 和萃余液 R′,回收的萃取剂循环使用。

随着石油工业的发展,液-液萃取已广泛应用于分离和提纯各种有机物质。例如,轻油裂解和重整产生的芳烃混合物的分离,用脂类溶剂萃取乙酸,用丙烷萃取润滑油中的石蜡等。

2. 在生物化工中和精细化工中的应用

在生化制药的过程中,通常生成很复杂的有机液体混合物,这些物质大多为热敏性混合物,若选择适当的溶剂进行萃取,可以避免受热破坏药性,并可以提高有效物质的收率。例如青霉素的生产,用玉米发酵得到含青霉素的发酵液,以乙酸丁酯为溶剂,经过多次萃取得到青霉素的浓溶液。

3. 在冶金中的应用

近 20 年来,有色金属使用量剧增,而开采的矿石的品位逐年降低,促使萃取法在这一领域迅速发展起来。目前认为只要价格与铜相当或超过铜的有色金属(如钴、镍、锆等),都应优先考虑溶剂萃取法。有色金属的提纯已逐渐成为溶剂萃取应用的领域。

9.2 三元体系的液-液平衡

萃取与吸收、蒸馏一样,其基础是相平衡关系。萃取过程至少涉及三个组分,即溶质 A、原溶剂(或稀释剂)B 和萃取剂 S。三元体系的相平衡关系通常用三角形坐标图来表示。

9.2.1 组成在三角形坐标图上的表示方法

三角形坐标图通常有等边三角形坐标图、等腰直角三角形坐标图和非等腰直角三角形坐标图,如图 9-2 所示,混合液的组成以在等腰直角三角形坐标图上表示最为方便和常用,因此萃取计算中常采用等腰直角三角形坐标图。在三角形坐标图中常用质量分数表示混合物的组成,有时采用体积分数或摩尔分数表示。而对于萃取过程而言,很少遇到恒摩尔流的简化情况,故在三角形坐标图中均采用质量百分数或质量分数。

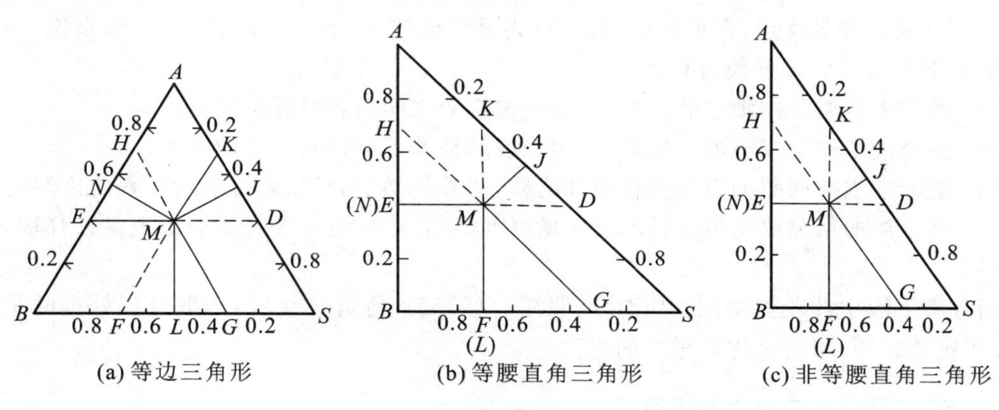

图 9-2　三角形坐标图

(1) 三角形的三个顶点分别表示纯物质。例如,图 9-2 中顶点 A 代表溶质 A 的组成(质量分数)为 100%,其他两组分的组成为零。同理,B 点和 S 点分别代表纯的稀释剂和萃取剂。

(2) 三角形每一条边上的任一点代表二元混合物,第三组分的组成为零。如图 9-2 中 AB 边上的 E 点代表 A、B 二元混合物,其中 A 的组成为 40%,B 的组成为 60%,S 的组成为零。

(3) 三角形坐标图内任一点代表一个三元混合物系。例如,图 9-2 中的 M 点即表示由 A、B、S 三个组分组成的混合物。其组成可按如下方法确定:过 M 点分别作三个边的平行线 ED、HG 与 KF,则线段 BE(或 SD)代表 A 的组成,线段 AK(或 BF)、AH(或 SG)则分别代表 S、B 的组成。由图可读出该三元混合物的组成为

$$x_A = \overline{BE} = 0.40,\quad x_B = \overline{AH} = 0.30,\quad x_S = \overline{AK} = 0.30$$

三者之和等于 1,即

$$x_A + x_B + x_S = 0.40 + 0.30 + 0.30 = 1.00$$

此外,也可过 M 点分别作三个边的垂直线 MN、ML 及 MJ,则垂直线段 ML、MJ 和 MN 分别代表 A、B、S 的组成。可知,M 点的组成为 40%A、30%B 和 30%S。在实际应用时,一般首先由两直角边的标度读得 A、S 的组成 x_A 及 x_S,再根据归一化条件求得 x_B。

9.2.2　液-液相平衡关系在三角形坐标图上的表示方法

根据萃取操作中各组分的互溶性,可分以下三种情况:① 溶质 A 可完全溶于稀释剂 B 和萃取剂 S 中,但 B 与 S 不互溶;② 溶质 A 可完全溶于组分 B 及 S 中,但 B 与 S 为一对部分互溶组分;③ 组分 A、B 可完全互溶,但 B、S 及 A、S 为两对部分互溶组分。

通常,将只有一对部分互溶组分的三元物系称为第 Ⅰ 类物系(① 和 ②),而将具有两对部分互溶组分的三元混合物系称为第 Ⅱ 类物系(③)。第 Ⅰ 类物系在萃取操作中较为常见,下面主要讨论第 Ⅰ 类物系的平衡关系。

1. 溶解度曲线和联结线

设溶质 A 可完全溶于 B 及 S,但 B 与 S 为部分互溶,其平衡相图如图 9-3 所示。此图是在一定温度下绘制的,图中曲线 $R_0R_1R_2R_iR_nKE_nE_iE_2E_1E_0$ 称为溶解度曲线,该曲线将三角形坐标图分为两个区域:曲线以内的区域为两相区,以外的区域为均相区。位于两相区内的混合物可分成两个互相平衡的液相,称为共轭相,联结两共轭相相点的直线称为联结线,如图 9-3 中的 R_iE_i 线($i = 0,1,2,\cdots,n$)。显然萃取操作只能在两相区内进行。

溶解度曲线可通过下述实验方法得到:在一定温度下,将组分 B 与组分 S 以适当比例相混合,使其总组成位于两相区,设为 M,则达平衡后必然得到两个互不相溶的液层,其相点为 R_0、E_0。在恒温下,向此二元混合液中加入适量的溶质 A 并充分混合,使之达到新的平衡,静置分层后得到一对共轭相,其相点为 R_1、E_1,然后继续加入溶质 A,重复上述操作,即可以得到 $n+1$ 对共轭相的相点 R_i、E_i($i = 0,1,2,\cdots,n$),当加入 A 的量使混合液恰好由两相变为一相时,其组成点用 K 表示,K 点称为临界混溶点或分层点。联结各共轭相的相点及 K 点的曲线即为实验温度下该三元物系的溶解度曲线。

若组分 B 与 S 完全不互溶,则点 R_0 与 E_0 分别与三角形的顶点 B 与 S 相重合。

一定温度下第 Ⅱ 类物系的溶解度曲线和联结线如图 9-4 所示。通常联结线的斜率随混合液的组成而变,但同一物系的联结线的倾斜方向一般是一致的,有少数物系,例如吡啶-氯苯-

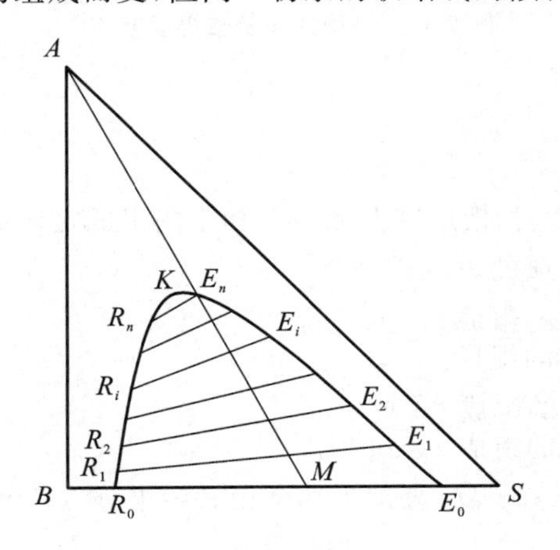

图 9-3　溶解度曲线

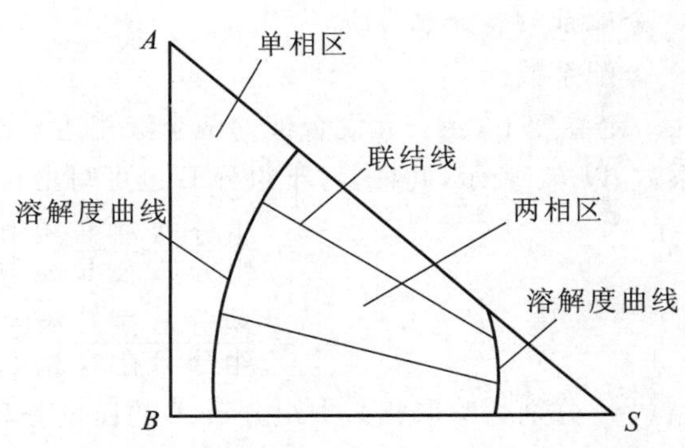

图 9-4　第 Ⅱ 类物系的溶解度曲线及联结线

水，当混合液组成变化时，其联结线的斜率会有较大的改变，如图 9-5 所示。

2. 辅助曲线和临界混溶点(又称褶点)

一定温度下，测定体系的溶解度曲线时，实验测出的联结线的条数(即共轭相的对数)总是有限的，使用时若要求与已知相成平衡的另一相的数据，常借助辅助曲线(也称共轭曲线)求得。

辅助曲线的作法如图 9-6 所示，通过已知点 R_1，R_2，… 分别作 BS 边的平行线，再通过相应联结线的另一端点 E_1，E_2，… 分别作 AB 边的平行线，各线分别相交于点 F，G，…，联结这些交点所得的平滑曲线即为辅助曲线。利用辅助曲线可求任何已知平衡液相的共轭相。如图 9-6 所示，设 R 为已知平衡液相，自点 R 作 BS 边的平行线交辅助曲线于点 J，自点 J 作 AB 边的平行线，交溶解度曲线于点 E，则点 E 即为 R 的共轭相点。

辅助曲线与溶解度曲线的交点 P 表示通过该点的联结线为无限短，相当于这个系统的临界状态，故称点 P 为临界混溶点。P 点将溶解度曲线分为两部分：靠近 B 一侧为萃余相部分，靠近 S 一侧为萃取相部分。由于联结线通常具有一定的斜率，因而临界混溶点一般不在溶解度曲线的顶点。临界混溶点由实验测得，只有当已知的联结线很短(即很接近临界混溶点)时，才可用外延辅助曲线的方法求出临界混溶点。

通常，在一定温度下，三元物系的溶解度曲线、联结线、辅助曲线及临界混溶点的数据都是由实验测得的，也可从手册或有关专著中查得。

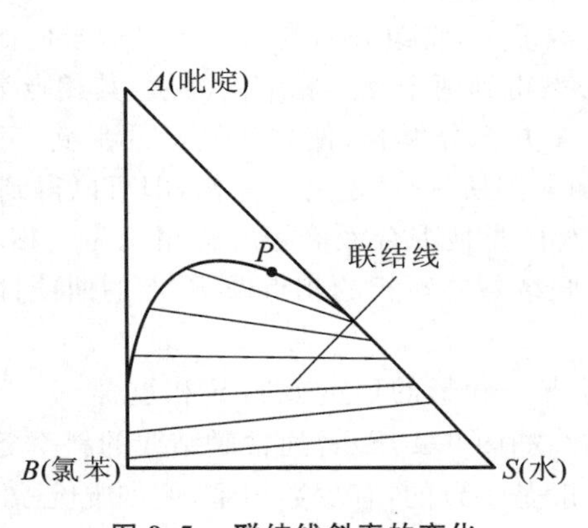

图 9-5　联结线斜率的变化

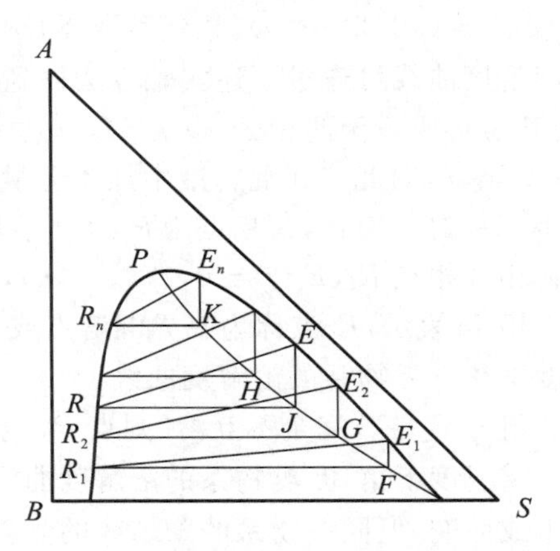

图 9-6　辅助曲线及临界混溶点

3. 分配系数和分配曲线

1) 分配系数

在一定温度下，当三元混合液的两个液相达平衡时，溶质在 E 相与 R 相中的组成之比称为分配系数，以 k_A 表示，同样，对于组分 B 也可写出相应的表达式，即

$$k_A = \frac{\text{组分 A 在 E 相中的组成}}{\text{组分 A 在 R 相中的组成}} = \frac{y_A}{x_A} \tag{9-1a}$$

$$k_B = \frac{\text{组分 B 在 E 相中的组成}}{\text{组分 B 在 R 相中的组成}} = \frac{y_B}{x_B} \tag{9-1b}$$

式中，y_A、y_B 分别为萃取相 E 中组分 A、B 的质量分数；x_A、x_B 分别为萃余相 R 中组分 A、B 的质量分数。

分配系数k_A表达了溶质在两个平衡液相中的分配关系。显然，k_A值越大，萃取分离的效果越好。k_A值与联结线的斜率有关。对同一物系，k_A值随温度和组成而变。如第Ⅰ类物系，一般k_A值随温度的升高或溶质组成的增大而降低。一定温度下，仅当溶质组成范围变化不大时，k_A值才可视为常数。对于萃取剂S与原溶剂B互不相溶的物系，溶质在两液相中的分配关系与吸收中的类似，即

$$Y = KX \tag{9-2}$$

式中，Y为萃取相E中溶质A的质量比组成；X为萃余相R中溶质A的质量比组成；K为相组成以质量比表示时的分配系数。

2）分配曲线

由相律可知，当温度、压力一定，三组分体系两液相成平衡时，自由度为1。故只要已知任一平衡液相中的任一组分的组成，则其他组分的组成及共轭相的组成就为确定值。换言之，当温度、压力一定时，溶质在两平衡液相间的平衡关系可表示为

$$y_A = f(x_A) \tag{9-3}$$

式(9-3)即分配曲线的数学表达式。

溶质A在三元物系互成平衡的两个液层中的组成，也可类似蒸馏和吸收一样，在y-x直角坐标图中用曲线表示。以萃余相R中溶质A的组成x_A为横坐标，以萃取相E中溶质A的组成y_A为纵坐标，互成平衡的E相和R相中组分A组成均标于y-x图上，得到曲线ONP，称为分配曲线，如图9-7所示。曲线上的P点即为临界混溶点。分配曲线表达了溶质A在互成平衡的E相与R相中的分配关系。若已知某液相组成，则可由分配曲线求出其共轭相的组成。若在分层区内y均大于x，即分配系数$k_A>1$，则分配曲线位于y-x直线的上方；反之，则位于y-x直线的下方。若随溶质A浓度的变化，联结线发生倾斜方向改变，则分配曲线将与对角线出现交点，这种物系称为等溶度体系。

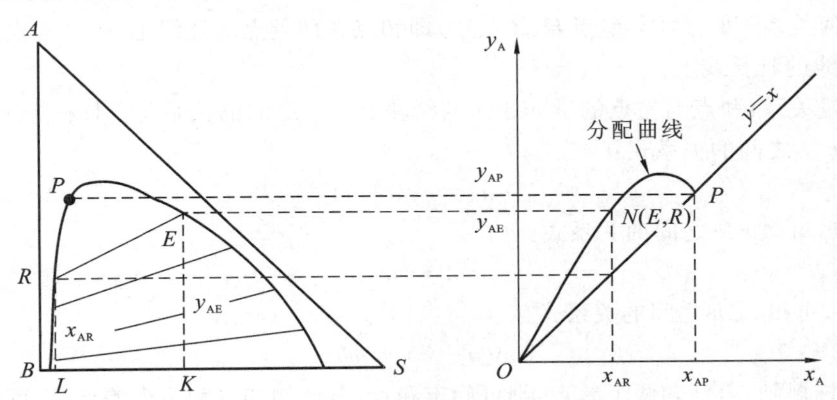

图9-7　有一对组分部分互溶时的分配曲线

用同样方法可作出有两对组分部分互溶时的分配曲线，如图9-8所示。

4. 杠杆规则

如图9-9(a)所示，将质量为r，组成为x_A、x_B、x_S的混合物系R与质量为e，组成为y_A、y_B、y_S的混合物系E相混合，得到一个质量为m，组成为z_A、z_B、z_S的新混合物系M，其在三角形坐标图中分别以点R、E和M表示。M点称为R点与E点的和点，R点与E点称为差点。

和点M与差点E、R之间的关系可用杠杆规则描述。

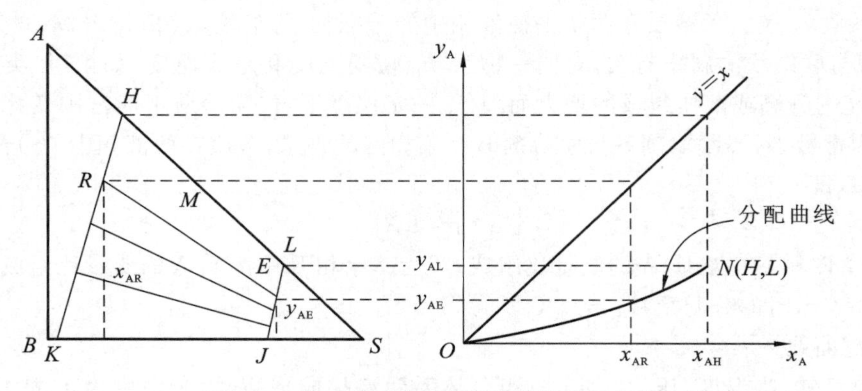

图 9-8　有两对组分部分互溶时的分配曲线

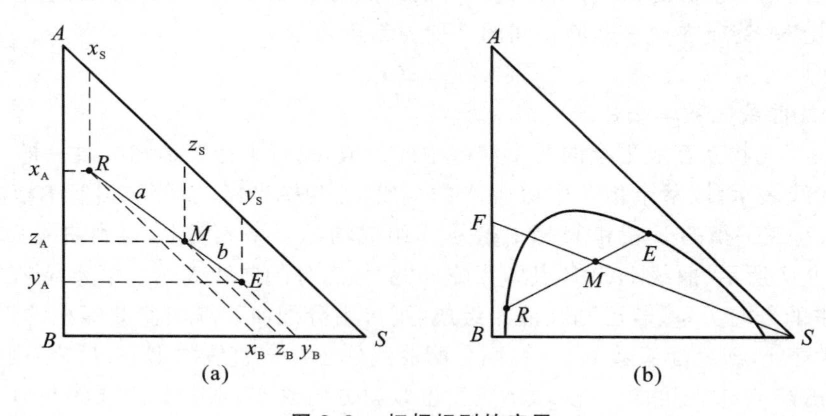

图 9-9　杠杆规则的应用

(1) 几何关系:和点 M 与差点 E、R 共线。即和点在两差点的连线上,一个差点在另一个差点与和点连线的延长线上。

(2) 数量关系:和点与差点的量 m、r、e 与线段长 a、b 之间的关系符合杠杆原理,即以 R 为支点,可得 m、e 之间的关系式:

$$ma = e(a + b) \tag{9-4}$$

以 M 为支点,可得 r、e 之间的关系式:

$$ra = eb \tag{9-5}$$

以 E 为支点,可得 r、m 之间的关系式:

$$r(a + b) = mb \tag{9-6}$$

根据杠杆规则,若已知两个差点,则可确定和点;若已知和点和一个差点,则可确定另一个差点。如图 9-9(b) 所示,若于 A、B 二元料液 F 中加入纯溶剂 S,则混合液总组成的坐标 M 点沿 SF 线而变,具体位置由杠杆规则确定,即

$$\frac{\overline{MF}}{\overline{MS}} = \frac{m_S}{m_F} \tag{9-7}$$

杠杆规则是物料衡算的图解表示方法,是以后讨论的萃取操作中物料衡算的基础。

5. 温度对相平衡的影响

在三角形相图上两相区面积的大小除了与物系性质有关,还与操作温度有关。通常物系的温度升高,溶质在溶剂中的溶解度增大;反之,则减小。因此,温度明显地影响溶解度曲线的形

状、联结线的斜率和两相区面积，从而也影响分配曲线的形状。图 9-10(a) 所示为温度对第 Ⅰ类物系溶解度曲线和联结线的影响。显然，温度升高，分层区面积减小，不利于萃取分离的进行。

对于某些物系，温度的改变不仅可引起分层区面积和联结线斜率的变化，甚至可导致物系类型的转变。如图 9-10(b) 所示，当温度为 T_1 时为第 Ⅱ 类物系，而当温度升至 T_2 时则变为第 Ⅰ 类物系。

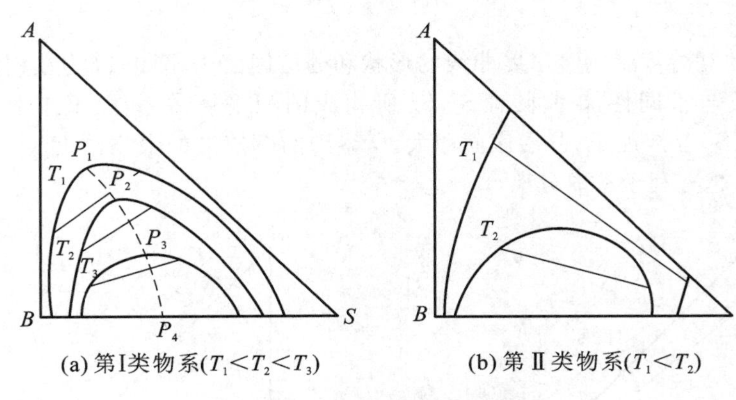

(a) 第Ⅰ类物系($T_1<T_2<T_3$)　　(b) 第Ⅱ类物系($T_1<T_2$)

图 9-10　温度对互溶度的影响

9.2.3　萃取剂的选择

萃取剂的选择是萃取操作分离效果和经济性的关键。萃取剂的主要性能如下。

1. 萃取剂的选择性及选择性系数

选择性是指萃取剂 S 对原料液中两组分溶解能力的差异。若 S 对溶质 A 的溶解能力比对稀释剂 B 的溶解能力大得多，即萃取相中 $y_A \gg y_B$，萃余相中 $x_B \gg x_A$，那么这种萃取剂的选择性就好。

萃取剂的选择性可用选择性系数表示，即

$$\beta = \frac{y_A}{y_B}\bigg/\frac{x_A}{x_B} = \frac{y_A}{x_A}\bigg/\frac{y_B}{x_B} \tag{9-8}$$

将式(9-1a) 和式(9-1b) 代入上式得

$$\beta = k_A \frac{x_B}{y_B} \tag{9-8a}$$

或

$$\beta = k_A / k_B \tag{9-8b}$$

式中，β 为选择性系数；y 为组分在萃取相 E 中的质量分数；x 为组分在萃余相 R 中的质量分数；k 为组分的分配系数；下标 A、B 分别表示组分 A 和组分 B。

由 β 的定义可知，选择性系数 β 为组分 A、B 的分配系数之比，其物理意义颇似蒸馏中的相对挥发度，所以溶质 A 在萃取液与萃余液中的组成关系也可用类似于蒸馏中的气-液平衡方程来表示。若 $\beta > 1$，说明组分 A 在萃取相中的含量比萃余相中的高，即组分 A、B 得到了一定程度的分离，显然 k_A 值越大，k_B 值越小，选择性系数 β 就越大，组分 A、B 的分离也就越容易，相应的萃取剂的选择性也就越高；若 $\beta = 1$，则由式(9-8) 可知，萃取相和萃余相在脱除溶剂 S 后将具有相同的组成，并且等于原料液的组成，说明 A、B 两组分不能用此萃取剂分离，换言之，所选择的萃取剂是不适宜的。萃取剂的选择性越高，则完成一定的分离任务所需的萃取剂用量也就越小,用于回收溶剂操作的能耗也就越低。当组分B、S完全不互溶时,选择性系数趋于无穷大,显然这是最理想的情况。

2. 萃取剂S与稀释剂B的互溶度

如前所述,萃取操作都是在两相区内进行的,达平衡后均分成两个平衡的E相和R相。若将E相脱除溶剂,则得到萃取液,根据杠杆规则,萃取液组成点必为SE延长线与AB边的交点,显然溶解度曲线的切线与AB边的交点即为萃取相脱除溶剂后可能得到的具有最高溶质组成的萃取液。

组分B与S的互溶度影响溶解度曲线的形状和分层区面积。图9-11为在相同温度下,同一种A、B二元料液与不同性能萃取剂S_1、S_2所构成的相平衡关系图。比较图9-11(a)和图9-11(b)可见,B、S_1互溶度小,分层区面积大,所得到的萃取液的最高浓度y'_{max}较高。所以说,B、S互溶度越小,越有利于萃取分离。

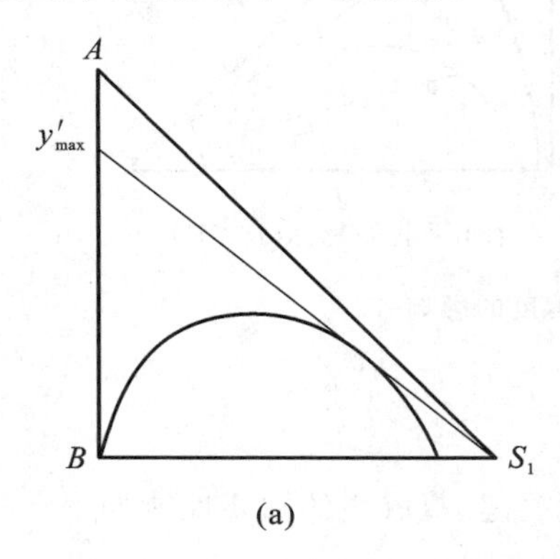

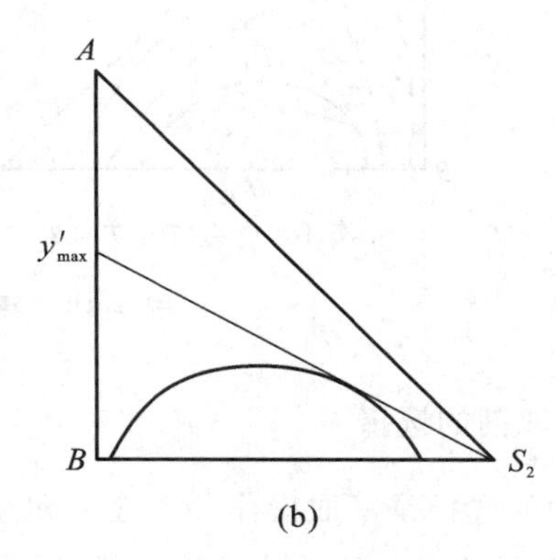

图9-11 互溶度对萃取操作的影响

3. 萃取剂回收的难易与经济性

萃取所得到的E相和R相仍是液体混合物,通常用蒸馏的方法进行分离。萃取剂回收的难易直接影响萃取操作的费用,在很大程度上决定萃取过程的经济性。因此,所有有利于精馏操作的因素都成为对溶剂S的要求。溶剂S与原料液组分的相对挥发度要大,不应形成恒沸物,并且最好是组成低的组分为易挥发组分。若被萃取的溶质不挥发或挥发度很低,则要求S的汽化热小,以节省能耗。

S的选择性高,可减少溶剂的循环量,降低E相溶剂回收费用;S在被分离混合物中的溶解度小,也可减少R相中S的回收费用。

4. 萃取剂的其他物性

(1) 要求萃取剂与被分离混合物有较大的密度差。较大的密度差可以加快两相的分层,提高设备的生产能力。

(2) 两液相间的界面张力要适中。萃取物系的界面张力较大时,分散相液滴易聚结,有利于分层,但界面张力过大,则液体不易分散,难以使两相充分混合,反而使萃取效果降低。界面张力过小,虽然液体容易分散,但易产生乳化现象,使两相较难分离。

(3) 溶剂应具有较低的黏度。溶剂的黏度低,有利于两相的混合与分层,也有利于流动与传质。对于黏度较大的萃取剂,往往加入其他溶剂以降低其黏度。

此外,萃取剂还应具有较好的化学稳定性和热稳定性,对设备的腐蚀性要小,来源充分,价格较低廉,不易燃易爆等。一般来说,很难找到满足上述所有要求的萃取剂,所以在选用萃取剂时要根据实际情况加以权衡，尽量满足萃取剂的主要要求。

【例 9-1】 一定温度下测得的 A、B、S 三元物系的平衡数据（质量分数）如表 9-1 所示。

(1) 绘出溶解度曲线和辅助曲线；(2) 查出临界混溶点的组成；(3) 求当萃余相中 $x_A = 20\%$ 时的分配系数 k_A 和选择性系数 β；(4) 在 1000 kg 含 30%A 的原料液中加入多少千克 S 才能使混合液开始分层？(5) 对于第(4) 项的原料液，欲得到含 36%A 的萃取相 E，试确定萃余相的组成及混合液的总组成。

表 9-1 例 9-1 附表

编号		1	2	3	4	5	6	7	8	9	10	11	12	13	14
E	y_A	0	7.9	15	21	26.2	30	33.8	36.5	39	42.5	44.5	45	43	41.6
相	y_S	90	82	74.2	67.5	61.1	55.8	50.3	45.7	41.4	33.9	27.5	21.7	16.5	15
R	x_A	0	2.5	5	7.5	10	12.5	15.0	17.5	20	25	30	35	40	41.6
相	x_S	5	5.05	5.1	5.2	5.4	5.6	5.9	6.2	6.6	7.5	8.9	10.5	13.5	15

解 (1) 溶解度曲线和辅助曲线。

由题给数据，在三角形坐标图中可绘出溶解度曲线 LPJ，由相应的联结线数据，可作出辅助曲线 JCP，如图 9-12 所示。

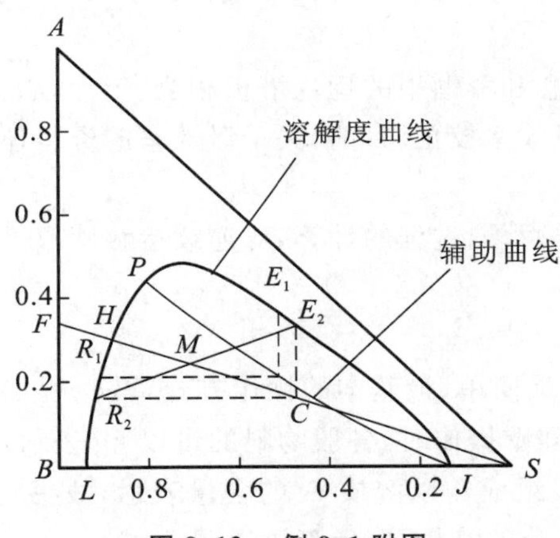

图 9-12 例 9-1 附图

(2) 临界混溶点的组成。

辅助曲线与溶解度曲线的交点 P 即为临界混溶点，由附图可读出该点处的组成为

$$x_A = 42.0\%, \quad x_B = 39.0\%, \quad x_S = 19.0\%$$

(3) 分配系数 k_A 和选择性系数 β。

根据萃余相中 $x_A = 20\%$，在图中定出 R_1 点，利用辅助曲线定出与之平衡的萃取相 E_1 点，由附图读出两相的组成为

E 相 $y_A = 38.0\%, \quad y_B = 18.0\%$

R 相 $x_A = 20.0\%, \quad x_B = 70.0\%$

由式(9-1a) 和式(9-1b) 计算分配系数，即

$$k_A = \frac{y_A}{x_A} = \frac{38.0}{20.0} = 1.90, \quad k_B = \frac{y_B}{x_B} = \frac{18.0}{70.0} = 0.257$$

由式(9-8b) 计算选择性系数，即

$$\beta = \frac{k_A}{k_B} = \frac{1.90}{0.257} = 7.39$$

(4) 使混合液开始分层的溶剂用量。

根据原料液的组成在 AB 边上确定点 F,连接点 F、S,当向原料液加入S时,混合液的组成点必位于直线 FS 上。当S的加入量恰好使混合液的组成落于溶解度曲线的 H 点时,混合液即开始分层。分层时溶剂的用量可由杠杆规则求得,即

$$\frac{m_S}{m_F}=\frac{\overline{HF}}{\overline{HS}}=\frac{8}{96}=0.0833$$

所以

$$m_S=0.0833m_F=0.0833\times 1000\ \text{kg}=83.3\ \text{kg}$$

(5) 两相的组成及混合液的总组成。

根据萃取相中 $y_A=36\%$,在图中定出 E_2 点,由辅助曲线定出与之成平衡的 R_2 点。由图读得

$$x_A=17.0\%,\quad x_B=77.0\%,\quad x_S=6.0\%$$

R_2E_2 线与 FS 线的交点 M 即为混合液的总组成点,由图读得

$$x_A=23.0\%,\quad x_B=50.0\%,\quad x_S=27.0\%$$

9.3 液-液萃取过程的计算

液-液萃取操作可在分级接触式或连续接触式设备中进行。在分级式接触萃取过程计算中,无论是单级还是多级萃取操作,均假设各级为理论级,即离开每级的萃取相和萃余相已达平衡。

萃取操作中的理论级概念和蒸馏中的理论塔板相当。一个实际萃取级的分离能力达不到一个理论级,二者的差异用级效率校正。目前,关于级效率的资料还不多,一般需结合具体的设备型式通过实验测定。

本节重点讨论分级式接触萃取过程的计算,对连续接触萃取过程仅作简要介绍。

9.3.1 单级萃取的计算

单级萃取是液-液萃取中最简单、最基本的操作方式,其流程如图 9-13(a) 所示。操作可以连续进行,也可以间歇进行。间歇操作时,各股物料的量以 kg 表示,连续操作时,用 kg/h 表示。为了简便起见,假定所有流股组成均以溶质 A 的含量表示,故书写两相的组成时均只标注相应流股的符号,而不再标注组分的符号,以后不再说明。

在单级萃取操作中,一般需要将组成为 x_F 的原料液F进行分离,规定萃余相组成为 x_R,要求计算溶剂用量、萃余相及萃取相的量以及萃取相组成。单级萃取操作计算主要有三角形坐标图解法和直角坐标图解法。

1. 三角形坐标图解法

三角形坐标图解法是萃取计算的通用方法,特别是对于稀释剂 B 与萃取剂 S 部分互溶的物系,其平衡关系一般很难用简单的函数关系式表达,故其萃取计算不宜采用解析法或数值法,目前主要采用基于杠杆规则的三角形坐标图解法,其计算步骤如下。

(1) 由已知的相平衡数据在等腰直角三角形坐标图中绘出溶解度曲线及辅助曲线,如图 9-13(b) 所示。

(2) 根据原料液的组成在三角形坐标的 AB 边上确定点 F,根据萃取剂的组成确定点 S(若为纯溶剂,则为顶点 S),连接点 F、S,则原料液与萃取剂的混合物系点 M 必落在 FS 连线上。

(3) 由已知的萃余相组成 x_R,在图上确定点 R,再由点 R 利用辅助曲线求出点 E,作 R 与 E

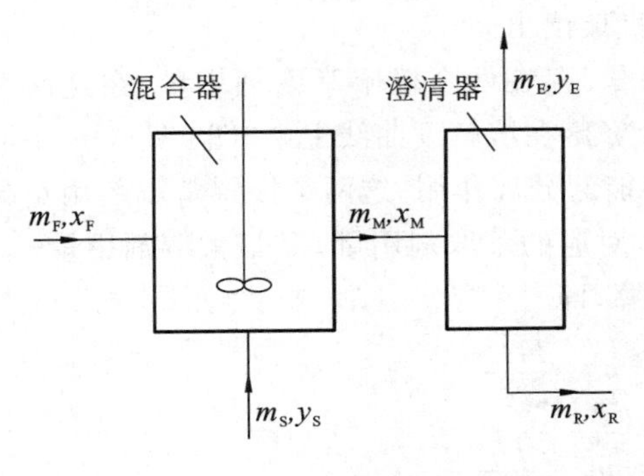

(a) 单级萃取流程

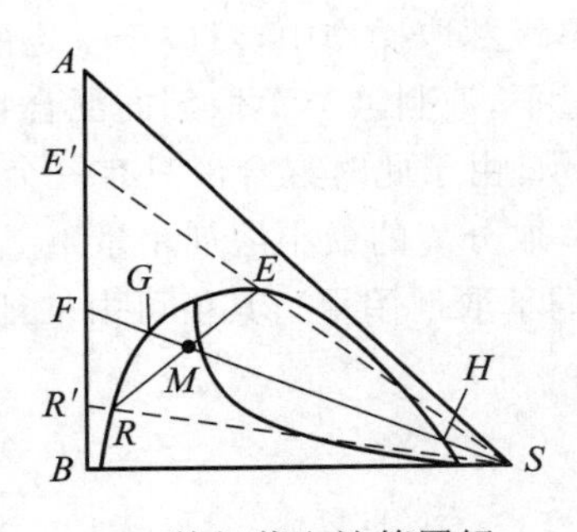

(b) 单级萃取计算图解

图 9-13　单级萃取流程及三角形坐标图解

的连线，显然，RE 线与 FS 线的交点即为混合液的组成点 M。

（4）由质量衡算和杠杆规则求出各流股的量，即

$$m_S = F\frac{\overline{MF}}{\overline{MS}} \tag{9-9}$$

$$m_M = m_F + m_S = m_E + m_R \tag{9-10}$$

$$m_E = m_M\frac{\overline{MR}}{\overline{ER}} \tag{9-11}$$

$$m_R = m_M - m_E \tag{9-12}$$

萃取相的组成可由三角形相图直接读出。

若从 E 相和 R 相中脱除全部溶剂，则得到萃取液 E′ 和萃余液 R′。因 E′ 和 R′ 中只含组分 A 和 B，所以它们的组成点必落于 AB 边上，且为 SE 和 SR 的延长线与 AB 的交点。可看出，E′ 中溶质 A 的含量比原料液 F 中的要高，而 R′ 中溶质 A 的含量比原料液 F 中的要低，即原料液的组分经过萃取并脱除溶剂后得到了一定程度的分离。E′ 和 R′ 的数量关系可由杠杆规则来确定，即

$$m_{E'} = m_F\frac{\overline{FR'}}{\overline{E'R'}} \tag{9-13}$$

$$m_{R'} = m_F - m_{E'} \tag{9-14}$$

以上诸式中各线段的长度可从三角形相图直接量出。

此外，上述各量也可由物料衡算求出，溶质 A 的质量衡算式为

$$m_F x_F + m_S y_S = m_E y_E + m_R x_R = m_M x_M \tag{9-15}$$

联立式(9-10)、式(9-15) 并整理得

$$m_E = \frac{m_M(x_M - x_R)}{y_E - x_R} \tag{9-16}$$

$$m_S = m_F\frac{x_F - x_M}{x_M - y_S} \tag{9-17}$$

$$m_R = m_M - m_E \tag{9-18}$$

同理，可得到 E′ 和 R′ 的量，即

$$m_{E'} = \frac{m_F(x_F - x_{R'})}{y_{E'} - x_{R'}} \tag{9-19}$$

$$m_{R'} = m_F - m_{E'} \tag{9-20}$$

上述诸式中各股物流的组成可由三角形相图直接读出。

在单级萃取操作中,对应于一定的原料液量,存在两个极限萃取剂用量,在这两个极限萃取剂用量下,原料液与萃取剂的混合物系点恰好落在溶解度曲线上,如图 9-13(b) 中的点 G 和点 H 所示,由于此时混合液只有一个相,故不能起分离作用。这两个极限萃取剂用量分别表示能进行萃取分离的最小溶剂用量 m_{Smin}(和点 G 对应的萃取剂用量)和最大溶剂用量 m_{Smax}(和点 H 对应的萃取剂用量),其值可由杠杆规则计算,即

$$m_{\mathrm{Smin}} = m_{\mathrm{F}} \frac{\overline{FG}}{\overline{GS}} \tag{9-21}$$

$$m_{\mathrm{Smax}} = m_{\mathrm{F}} \frac{\overline{FH}}{\overline{HS}} \tag{9-22}$$

显然,适宜的萃取剂用量应介于二者之间,即 $m_{\mathrm{Smin}} < m_{\mathrm{S}} < m_{\mathrm{Smax}}$。

2. *直角坐标图解法*

对于原溶剂 B 与萃取剂 S 不互溶的物系,在萃取过程中,仅有溶质 A 发生相际转移,原溶剂 B 及萃取剂 S 只分别出现在萃余相及萃取相中,故用质量比表示两相中的组成较为方便。此时溶质在两液相间的平衡关系可以用与吸收中的气液相平衡类似的方法表示,即 $Y = f(X)$。

若在操作范围内,以质量比表示相组成的分配系数 K 为常数,则平衡关系可表示为

$$Y = KX \tag{9-23}$$

溶质 A 的质量衡算式为

$$m_{\mathrm{B}}(X_{\mathrm{F}} - X_1) = m_{\mathrm{S}}(Y_1 - Y_{\mathrm{S}}) \tag{9-24}$$

式中,m_{B} 为原料液中原溶剂的量,kg 或 kg/h;m_{S} 为萃取剂的用量,kg 或 kg/h;X_{F}、X_1 为原料液和萃余相中组分 A 的质量比组成,kg(A)/kg(B);Y_{S}、Y_1 为萃取剂和萃取相中组分 A 的质量比组成,kg(A)/kg(S)。

联立求解式(9-23) 与式(9-24),即可求得 Y_1 与 m_{S}。

上述解法也可在直角坐标图上表示,式(9-24) 可改写为

$$\frac{Y_1 - Y_{\mathrm{S}}}{X_1 - X_{\mathrm{F}}} = -\frac{m_{\mathrm{B}}}{m_{\mathrm{S}}} \tag{9-24a}$$

式(9-24a) 即为该单级萃取的操作线方程。

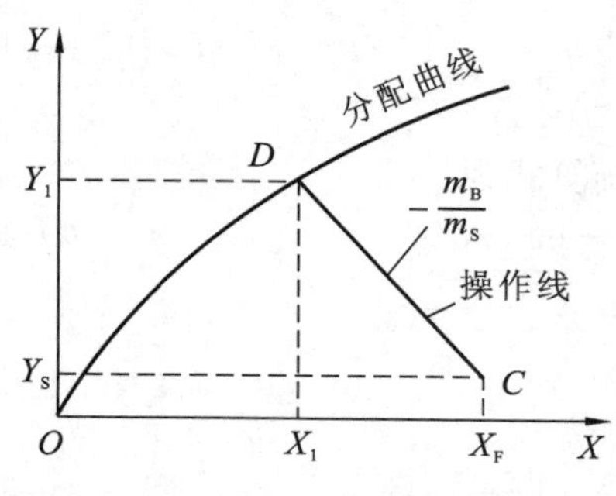

图 9-14 单级萃取直角坐标图解计算

如图 9-14 所示,由于该萃取过程中 m_{B}、m_{S} 均为常数,故操作线为过点(X_{F},Y_{S})、斜率为 $-m_{\mathrm{B}}/m_{\mathrm{S}}$ 的直线。当已知原料液处理量 m_{F}、组成 X_{F},萃取剂的组成 Y_{S} 和萃余相的组成 X_1 时,可由 X_1 在图中确定点(X_1,Y_1),连接点(X_1,Y_1) 和点(X_{F},Y_{S}) 得操作线,计算该操作线的斜率即可求得所需的溶剂用量 m_{S};当已知原料液处理量 m_{F}、组成 X_{F},萃取剂的用量 m_{S} 和组成 Y_{S} 时,则可在图中确定点(X_{F},Y_{S}),过该点作斜率为 $-m_{\mathrm{B}}/m_{\mathrm{S}}$ 的直线(操作线),它与分配曲线的交点坐标(X_1,Y_1) 即为萃取相和萃余相的组成。

应注意,在实际生产中,由于萃取剂都是循环使用的,故其中会含有少量的组分 A 与 B。同样,萃取液和萃余液中也会含有少量的 S。此时,图解计算的原则和方法仍然适用,但点 S 及 E'、R' 的位置均在三角形坐标图的均相区内。

【例 9-2】 在 25 ℃下，以水为萃取剂从乙酸(A)-氯仿(B)混合液中单级提取乙酸。已知原料液中乙酸的质量分数为 35 %、原料液流量为 2500 kg/h，水的流量为 2000 kg/h。操作温度下物系的平衡数据如表 9-2 所示。试求：(1) E 相和 R 相的组成及流量；(2) 萃取液和萃余液的组成和流量；(3) 操作条件下的选择性系数 β；(4) 若组分 B、S 可视为完全不互溶，且操作条件下以质量比表示的分配系数 $K=3.4$，要求原料液中的溶质 A 有 80% 进入萃取相，则每千克原溶剂 B 需要消耗多少千克的萃取剂 S？

表 9-2　例 9-2 附表(质量分数)

氯仿层(R 相)		水层(E 相)	
乙酸	水	乙酸	水
0	0.99	0	99.16
6.77	1.38	25.10	73.69
17.72	2.28	44.12	48.58
25.72	4.15	50.18	34.71
27.65	5.20	50.56	31.11
32.08	7.93	49.41	25.39
34.16	10.03	47.87	23.28
42.5	16.5	42.50	16.50

解　由题给平衡数据，在等腰直角三角形坐标图中绘出溶解度曲线和辅助曲线，如图 9-15 所示。

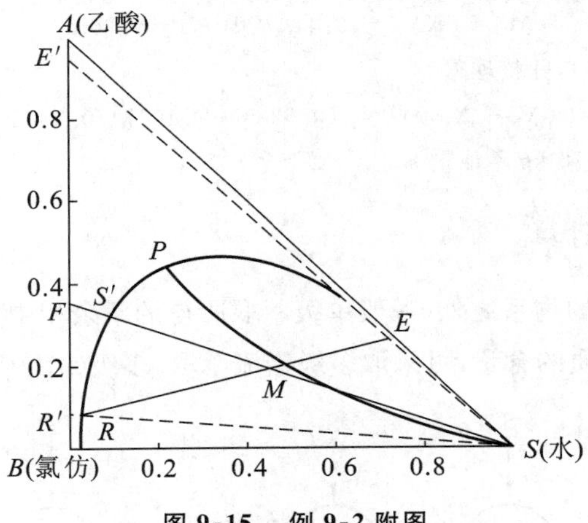

图 9-15　例 9-2 附图

(1) E 相和 R 相的组成及流量。

根据乙酸在原料液中的质量分数为 35%，在 AB 边上确定点 F，连接点 F、S，按 F、S 的流量依杠杆规则在 FS 线上确定和点 M。

因 E 相和 R 相的组成均未给出，故需借助辅助曲线用试差作图来确定过 M 点的联结线 ER。由图读得两相的组成为

E 相　　$y_A=27\%,\quad y_B=1.5\%,\quad y_S=71.5\%$

R 相　　$x_A=7.2\%,\quad x_B=91.4\%,\quad x_S=1.4\%$

由总质量衡算得

$$m_M=m_F+m_S=(2500+2000)\text{kg/h}=4500\text{ kg/h}$$

从图中测量出 $\overline{RM}$ 和 $\overline{RE}$ 的长度分别为 26 mm 和 42 mm，则由杠杆规则可求出 E 相和 R 相的量，即

$$m_{\mathrm{E}} = m_{\mathrm{M}} \frac{\overline{RM}}{\overline{RE}} = 4500 \times \frac{26}{42}\ \mathrm{kg/h} = 2786\ \mathrm{kg/h}$$

$$m_{\mathrm{R}} = m_{\mathrm{M}} - m_{\mathrm{E}} = (4500 - 2786)\ \mathrm{kg/h} = 1714\ \mathrm{kg/h}$$

(2) 萃取液和萃余液的组成和流量。

连接点 S、E 并延长 SE 与 AB 边交于 E'，由图读得 $y_{\mathrm{E'}} = 92\%$；连接点 S、R 并延长 SR 与 AB 边交于 R'，由图读得 $x_{\mathrm{R'}} = 7.3\%$。

萃取液 E′ 和萃余液 R′ 的量由式(9-19) 及式(9-20) 求得，即

$$m_{\mathrm{E'}} = \frac{m_{\mathrm{F}}(x_{\mathrm{F}} - x_{\mathrm{R'}})}{y_{\mathrm{E'}} - x_{\mathrm{R'}}} = 2500 \times \frac{35 - 7.3}{92 - 7.3}\ \mathrm{kg/h} = 818\ \mathrm{kg/h}$$

$$m_{\mathrm{R'}} = m_{\mathrm{F}} - m_{\mathrm{E'}} = (2500 - 818)\ \mathrm{kg/h} = 1682\ \mathrm{kg/h}$$

(3) 选择性系数 β。

由式(9-8) 可得

$$\beta = \frac{y_{\mathrm{A}}}{x_{\mathrm{A}}} \Big/ \frac{y_{\mathrm{B}}}{x_{\mathrm{B}}} = \frac{27}{7.2} \Big/ \frac{1.5}{91.4} = 228.5$$

由于该物系的氯仿(B)、水(S) 的互溶度很小，因此 β 值较高，得到的萃取液组成很高。

(4) 每千克 B 需要的 S 量。

由于组分 B、S 可视为完全不互溶，则用式(9-24a) 计算较为方便。

$$X_{\mathrm{F}} = \frac{x_{\mathrm{F}}}{1 - x_{\mathrm{F}}} = \frac{0.35}{0.65} = 0.5385$$

$$X_1 = (1 - \varphi_{\mathrm{A}})X_{\mathrm{F}} = (1 - 0.8) \times 0.5385 = 0.1077$$

$$Y_{\mathrm{S}} = 0$$

$$Y_1 = KX_1 = 3.4 \times 0.1077 = 0.3662$$

将有关参数代入式(9-24a)，并整理得

$$m_{\mathrm{S}}/m_{\mathrm{B}} = (X_{\mathrm{F}} - X_1)/Y_1 = (0.5385 - 0.1077)/0.3662 = 1.176$$

即每千克原溶剂 B 需消耗 1.176 kg 萃取剂 S。

9.3.2　多级错流萃取的计算

除了选择性系数极高的物系之外，一般单级萃取所得的萃余相中往往还含有较多的溶质。为了进一步降低萃余相中溶质的含量，可采取多级错流萃取，多级错流萃取流程如图 9-16 所示。

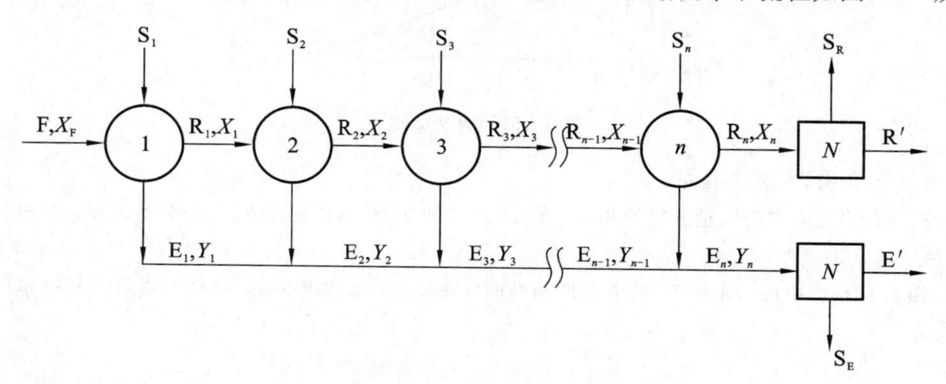

图 9-16　多级错流萃取示意图

在多级错流萃取操作中，每一级均加入新鲜萃取剂。原料液首先进入第一级，被萃取后，所得萃余相进入第二级作为第二级的原料液，并用新鲜萃取剂再次进行萃取，第二级萃取所得的

萃余相又进入第三级作为第三级的原料液，以此类推，如此萃余相经多次萃取，只要级数足够多，最终可得到溶质组成低于指定值的萃余相。

多级错流萃取的总溶剂用量为各级溶剂用量之和，原则上，各级溶剂用量可以相等，也可以不等。但实践证明，当各级溶剂用量相等时，达到一定的分离程度所需的总溶剂用量最少，故在多级错流萃取操作中，各级溶剂用量一般相等。

多级错流萃取计算中，通常已知 m_F、X_F 及各级溶剂的用量 m_{S_i}，规定最终萃余相组成 X_n，要求计算理论级数。

1. 三角形坐标图解法

对于原溶剂B与萃取剂S部分互溶的物系，通常采用三角形坐标图解法求解理论级数，其计算步骤如下。

(1) 由已知的平衡数据在等腰直角三角形坐标图中绘出溶解度曲线及辅助曲线，并在此相图上标出 F 点，如图 9-17 所示。

(2) 连接点 F、S 得 FS 线，根据 F、S 的量，依杠杆规则在 FS 线上确定混合物系点 M_1。利用辅助曲线通过试差作图求出过 M_1 的联结线 E_1R_1，相应的萃取相 E_1 和萃余相 R_1 即为第一个理论级分离的结果。

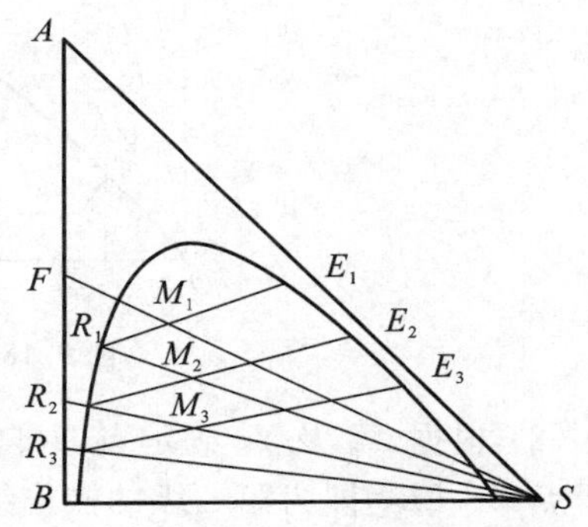

图 9-17　多级错流萃取三角形坐标图解

(3) 以 R_1 为原料液，加入新鲜萃取剂 S(此处假定 $m_{S_1}=m_{S_2}=m_{S_3}=m_S$ 且 $y_S=0$)，依杠杆规则找出二者混合点 M_2，按与(2) 类似的方法可以得到 E_2 和 R_2，此即第二个理论级分离的结果。

(4) 以此类推，直至某级萃余相中溶质的组成等于或小于规定的组成 x_R 为止，重复作出的联结线数目即为所需的理论级数。

上述图解法表明，多级错流萃取的三角形坐标图解法是单级萃取图解的多次重复，它是多级错流萃取计算的通用方法。

2. 直角坐标图解法

对于原溶剂B与萃取剂S不互溶的物系，也可采用直角坐标图解法求解理论级数。设每一级的溶剂加入量相等，由于原溶剂B与萃取剂S不互溶，则各级萃取相中萃取剂S的量和萃余相中原溶剂B的量均可视为常数，萃取相中只有A、S两组分，萃余相中只有B、A两组分。此时可仿照吸收中组成的表示法，即以质量比 Y 和 X 表示溶质在萃取相和萃余相中的组成。

对图 9-16 中的第一级作溶质 A 的质量衡算，得

$$m_B X_F + m_S Y_S = m_B X_1 + m_S Y_1 \tag{9-25}$$

整理得

$$Y_1 - Y_S = -\frac{m_B}{m_S}(X_1 - X_F) \tag{9-25a}$$

对第二级作溶质 A 的质量衡算，得

$$Y_2 - Y_S = -\frac{m_B}{m_S}(X_2 - X_1) \tag{9-26}$$

同理，对第 n 级作溶质 A 的质量衡算，得

$$Y_n - Y_S = -\frac{m_B}{m_S}(X_n - X_{n-1}) \tag{9-27}$$

式(9-27) 表示了 $Y_n - Y_S$ 和 $X_n - X_{n-1}$ 间的关系，称为操作线方程。在 X-Y 直角坐标图上为过点(X_{n-1}，Y_S)、斜率为 $-m_B/m_S$ 的直线。根据理论级的假设，离开任一萃取级的 Y_n 与 X_n 符合平衡关系，故点(X_n，Y_n) 必位于分配曲线上，换言之，点(X_n，Y_n) 为操作线与分配曲线的交

点。于是可在 X-Y 直角坐标图上图解理论级,如图 9-18 所示,其步骤如下。

(1) 在直角坐标图上作出系统的分配曲线。

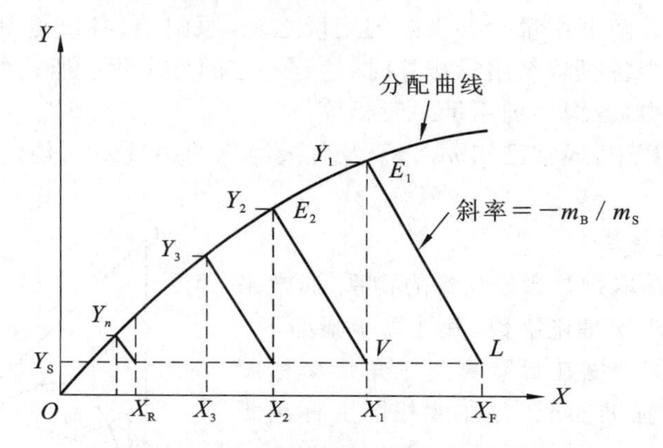

图 9-18　多级错流萃取直角坐标图解法

(2) 根据 X_F 及 Y_S 确定点 L,自点 L 出发,以 $-m_B/m_S$ 为斜率作直线(操作线),交分配曲线于点 E_1,LE_1 即为第一级的操作线,E_1 点的坐标 Y_1、X_1 即为离开第一级的萃取相与萃余相的组成。

(3) 过点 E_1 作 X 轴的垂线,交 $Y=Y_S$ 于点 V,则第二级操作线必通过点 V,因各级萃取剂用量相等,故各级操作线的斜率相同,即各级操作线互相平行,于是自点 V 作 LE_1 的平行线即为第二级操作线,其与分配曲线交点 E_2 的坐标 Y_2、X_2 即为离开第二级的萃取相与萃余相的组成。

以此类推,直至萃余相组成等于或低于指定值 X_R 为止。重复作出的操作线数目即为所需的理论级数。

若各级萃取剂用量不相等,则操作线不再相互平行,此时可仿照第一级的作法,过点 V 作斜率为 $-m_B/m_{S_2}$ 的直线与分配曲线相交,以此类推,即可求得所需的理论级数。若溶剂中不含溶质,则 L、V 等点均落在 X 轴上。

3. 解析法

对于原溶剂 B 与萃取剂 S 不互溶的物系,若在操作范围内,以质量比表示的分配系数 K 为常数,则平衡关系符合式(9-23):

$$Y=KX$$

即分配曲线为通过原点的直线。在此情况下,理论级数的计算除可采用前述的图解法外,还可采用解析法。

图 9-18 中第一级的相平衡关系为

$$Y_1=KX_1$$

将上式代入式(9-25a) 可得

$$X_1=\frac{X_F+\dfrac{m_S}{m_B}Y_S}{1+\dfrac{Km_S}{m_B}} \tag{9-28}$$

令 $Km_S/m_B=b$,则上式变为

$$X_1=\frac{X_F+\dfrac{m_S}{m_B}Y_S}{1+b} \tag{9-28a}$$

式中,b 为萃取因子,对应于吸收中的脱吸因子。

同理,将式(9-23)、式(9-28a) 代入式(9-26) 并整理得

$$X_2=\frac{X_F+\frac{m_S}{m_B}Y_S}{(1+b)^2}+\frac{\frac{m_S}{m_B}Y_S}{1+b} \tag{9-29}$$

以此类推,对第 n 级则有

$$X_n=\frac{X_F+\frac{m_S}{m_B}Y_S}{(1+b)^n}+\frac{\frac{m_S}{m_B}Y_S}{(1+b)^{n-1}}+\frac{\frac{m_S}{m_B}Y_S}{(1+b)^{n-2}}+\cdots+\frac{\frac{m_S}{m_B}Y_S}{1+b} \tag{9-30}$$

或

$$X_n=\left(X_F-\frac{Y_S}{K}\right)\left(\frac{1}{1+b}\right)^n+\frac{Y_S}{K} \tag{9-30a}$$

整理式(9-30a) 并取对数得

$$n=\frac{1}{\ln(1+b)}\ln\frac{X_F-\frac{Y_S}{K}}{X_n-\frac{Y_S}{K}} \tag{9-31}$$

上式也可表示成列线图的形式,如图 9-19 所示。

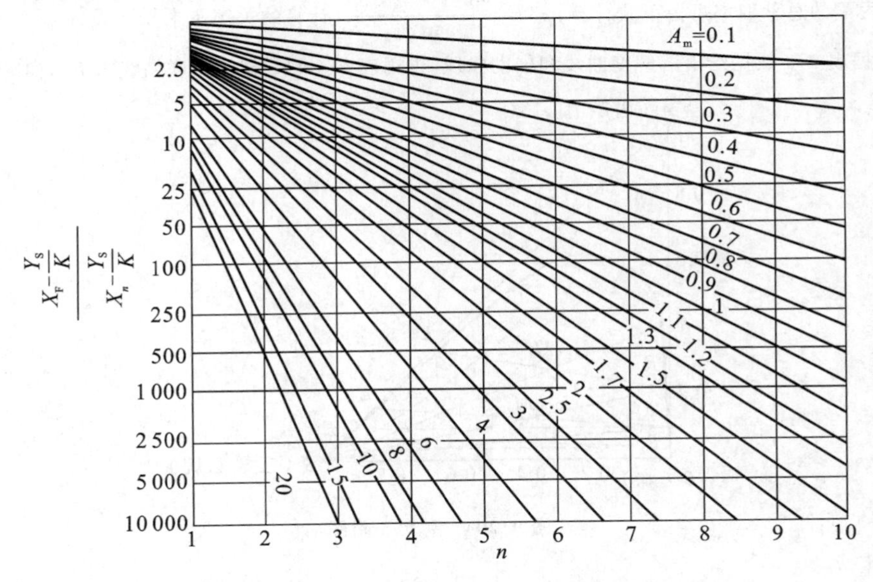

图 9-19　多级错流萃取级数 n 与 $\frac{X_F-\frac{Y_S}{K}}{X_n-\frac{Y_S}{K}}$ 关系图(A_m 为参数)

【例 9-3】 25 ℃ 下以三氯乙烷为萃取剂,采用三级错流萃取从丙酮水溶液中提取丙酮。已知原料液中丙酮质量分数为 40%、处理量为 800 kg/h,第一级溶剂用量与原料液流量之比为 0.5,各级溶剂用量相等。操作温度下物系的平衡数据如表 9-3 所示。试求丙酮的总萃取率。

表 9-3　溶解度数据(质量分数)

三氯乙烷(S)	水(B)	丙酮(A)	三氯乙烷(S)	水(B)	丙酮(A)
99.89	0.11	0	79.58	0.76	19.66
94.73	0.26	5.01	70.36	1.43	28.21
90.11	0.36	9.53	64.17	1.87	33.96

续表

三氯乙烷(S)	水(B)	丙酮(A)	三氯乙烷(S)	水(B)	丙酮(A)
38.31	6.84	54.85	15.89	26.28	58.33
31.67	9.78	58.55	9.63	35.38	54.99
24.04	15.37	60.59	4.35	48.47	47.18
60.06	2.11	37.83	2.18	55.97	41.85
54.88	2.98	42.14	1.02	71.80	27.18
48.78	4.01	47.21	0.44	99.56	0

表 9-4 联结线数据(质量分数)

水相中丙酮 x_A	5.96	10.0	14.0	19.1	21.0	27.0	35.0
三氯乙烷相中丙酮 y_A	8.75	15.0	21.0	27.7	32	40.5	48.0

解 丙酮的总萃取率可由下式计算:$\varphi_A = \dfrac{m_F x_F - m_{R_3} x_3}{m_F x_F}$。计算的关键是求 m_{R_3} 及 x_3。

首先根据表 9-3 数据绘出溶解度曲线和辅助曲线,再用表 9-4 的数据绘出联结线 R_nE_n,如图 9-20 所示。

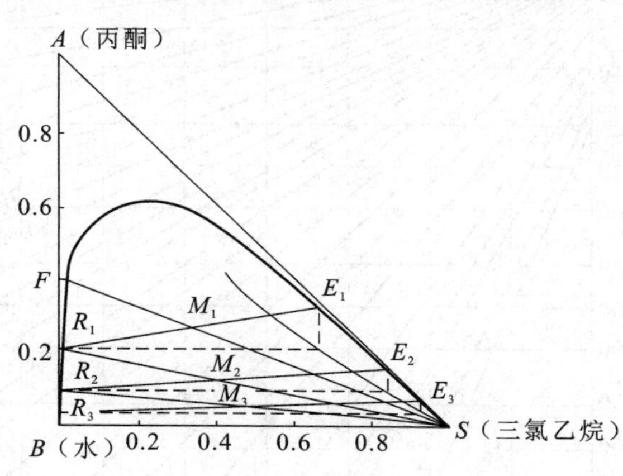

图 9-20 例 9-3 附图

$$m_S = 0.5m_F = 0.5 \times 800 \text{ kg/h} = 400 \text{ kg/h}$$

由第一级的总质量衡算得

$$m_{M_1} = m_F + m_S = (800 + 400) \text{ kg/h} = 1200 \text{ kg/h}$$

由 F 和 S 的量按杠杆规则确定第一级混合物系点 M_1,用试差法作过点 M_1 的联结线 E_1R_1(见图 9-20 和表 9-4)。根据杠杆规则得

$$m_{R_1} = m_{M_1} \frac{\overline{E_1M_1}}{\overline{E_1R_1}} = 1200 \times \frac{19.2}{39} \text{ kg/h} = 590.8 \text{ kg/h}$$

再用 500 kg/h 的溶剂对第一级的 R_1 进行萃取。重复上述步骤计算第二级的有关参数,即

$$m_{M_2} = m_{R_1} + m_S = (590.8 + 400) \text{ kg/h} = 990.8 \text{ kg/h}$$

$$m_{R_2} = m_{M_2} \frac{\overline{E_2M_2}}{\overline{E_2R_2}} = 990.8 \times \frac{25}{49} \text{ kg/h} = 505.5 \text{ kg/h}$$

同理,第三级的有关参数为

$$m_{M_3} = m_{R_2} + m_S = (505.5 + 400) \text{ kg/h} = 905.5 \text{ kg/h}$$

$$m_{R_3} = 905.5 \times \frac{28}{64}\ \mathrm{kg/h} = 396.2\ \mathrm{kg/h}$$

由图读得 $x_3 = 0.035$，于是丙酮的总萃取率为

$$\varphi_A = \frac{m_F x_F - m_{R_3} x_3}{m_F x_F} \times 100\% = \frac{800 \times 0.4 - 396.2 \times 0.035}{800 \times 0.4} \times 100\% = 95.7\%$$

9.3.3　多级逆流萃取的计算

在生产中，为了用较少的萃取剂达到较高的萃取率，常采用多级逆流萃取操作，其流程如图 9-21(a) 所示。原料液从第 1 级进入系统，依次经过各级萃取，成为各级的萃余相，其溶质组成逐级下降，最后从第 n 级流出；萃取剂则从第 n 级进入系统，依次通过各级与萃余相逆向接触，进行多次萃取，其溶质组成逐级提高，最后从第 1 级流出。最终的萃取相与萃余相可在溶剂回收装置中脱除萃取剂得到萃取液与萃余液，脱除的溶剂返回系统循环使用。

在多级逆流萃取操作中，原料液的流量 m_F 和组成 x_F，以及最终萃余相溶质组成 x_R 均由工艺条件规定，萃取剂用量 m_S 和组成 y_S 由经济权衡而选定，计算萃取所需的理论级和离开任一级各股物料的量和组成。

对于原溶剂 B 与萃取剂 S 部分互溶的物系，由于其平衡关系难以用解析式表达，通常应用逐级图解法求解理论级数 n，具体方法有三角形坐标图解法和直角坐标图解法两种。对于原溶剂 B 与萃取剂 S 不互溶的物系，当平衡关系为直线时，还可采用解析法求理论级数。

1. 三角形坐标图解法

三角形坐标图解法的步骤与原理如下。(参见图 9-21(b))

(1) 根据操作条件下的平衡数据，在三角形坐标图上绘出溶解度曲线和辅助曲线。

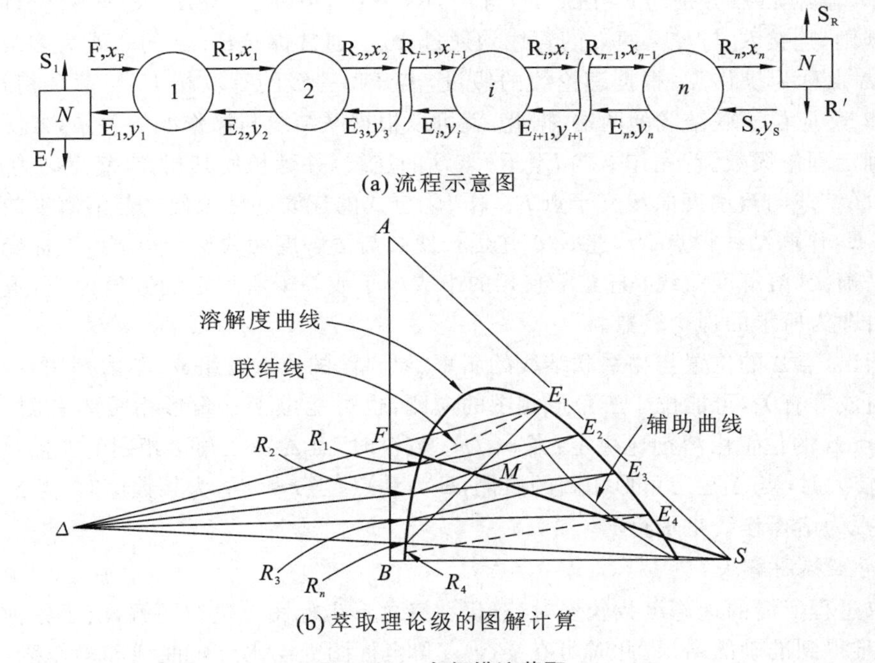

图 9-21　多级错流萃取

(2) 根据原料液和萃取剂的组成，在图上定出点 F、S(图中是采用纯溶剂)，再由溶剂比 m_S/m_F 依杠杆规则在 FS 连线上定出和点 M 的位置。要注意，在多级逆流萃取操作中，S 与 F 并

没有直接发生混合,此处的和点 M 并不代表任何萃取级的物系点。

(3) 由规定的最终萃余相组成在图上定出点 R_n,连接点 R_n、M,并延长 R_nM 与溶解度曲线交于点 E_1,此点即为最终萃取相组成点。在此也应注意,R_nE_1 也不是联结线。

根据杠杆规则,计算最终萃取相和萃余相的流量,即

$$m_{E_1}=m_M\frac{\overline{MR_n}}{\overline{R_nE_1}},\quad m_{R_n}=m_M-m_{E_1}$$

(4) 应用相平衡关系与物料衡算,用图解法求理论级数。

在图 9-21(b) 所示的第一级与第 n 级之间作总质量衡算,得

$$m_F+m_S=m_{R_n}+m_{E_1}$$

对第一级作总质量衡算,得

$$m_F+m_{E_2}=m_{E_1}+m_{R_1}\quad 或\quad m_F-m_{E_1}=m_{R_1}-m_{E_2}$$

对第二级作总质量衡算,得

$$m_{R_1}+m_{E_3}=m_{E_2}+m_{R_2}\quad 或\quad m_{R_1}-m_{E_2}=m_{R_2}-m_{E_3}$$

以此类推,对第 n 级作总质量衡算,得

$$m_{R_{n-1}}+m_S=m_{E_n}+m_{R_n}\quad 或\quad R_{n-1}-m_{E_n}=m_{R_n}-m_S$$

由以上各式可得

$$\begin{aligned}m_F-m_{E_1}&=m_{R_1}-m_{E_2}=m_{R_2}-m_{E_3}=\cdots=m_{R_i}-m_{E_{i+1}}=\cdots\\&=m_{R_{n-1}}-m_{E_n}=m_{R_n}-m_S=\Delta\end{aligned}\tag{9-32}$$

式(9-32) 表明离开每一级的萃余相流量 m_{R_i} 与进入该级的萃取相流量 $m_{E_{i+1}}$ 之差为常数,以 Δ 表示。Δ 为一虚拟量,可视为通过每一级的“净流量”,其组成也可在三角形相图上用某点(Δ 点)表示。显然,Δ 点分别为 F 与 E_1,R_1 与 E_2,R_2 与 E_3,…,R_{n-1} 与 E_n,R_n 与 S诸流股的差点,根据杠杆规则,连接 R_i 与 E_{i+1} 两点的直线均通过 Δ 点,通常称 $R_iE_{i+1}\Delta$ 的联线为多级逆流萃取的操作线,Δ 点称为操作点。根据理论级的假设,离开每一级的萃取相 E_i 与萃余相 R_i 互成平衡,故 E_i 和 R_i 应位于联结线的两端。据此,就可以根据联结线与操作线的关系,方便地进行逐级计算以确定理论级数。首先作 F 与 E_1、R_n 与 S 的连线,并延长使其相交,交点即为点 Δ,然后由点 E_1 作联结线与溶解度曲线交于点 R_1,作 R_1 与 Δ 的连线并延长使之与溶解度曲线交于点 E_2,再由点 E_2 作联结线得点 R_2,连 $R_2\Delta$ 并延长使之与溶解度曲线交于点 E_3,这样交替地应用操作线和平衡线(溶解度曲线) 直至萃余相的组成小于或等于所规定的数值为止,重复作出的联结线数目即为所求的理论级数。

应予指出,点 Δ 的位置与物系联结线的斜率、原料液的流量及组成、萃取剂用量及组成、最终萃余相组成等有关,可能位于三角形相图的左侧,也可能位于三角形相图的右侧。若其他条件一定,则点 Δ 的位置由溶剂比决定:当 m_S/m_F 较小时,点 Δ 在三角形相图的左侧,R 为和点;当 m_S/m_F 较大时,点 Δ 在三角形相图的右侧,E 为和点;当 m_S/m_F 为某数值时,点 Δ 在无穷远处,此时可视为诸操作线是平行的。

2. 直角坐标图解法

当萃取过程所需的理论级数较多时,若仍在三角形坐标图上进行图解,由于各种关系线挤在一起,很难得到准确的结果。此时可在 x-y 直角坐标图上绘出分配曲线和操作线,然后利用阶梯法求解理论级数。

(1) 根据已知的相平衡数据,分别在三角形坐标图和 x-y 直角坐标图上绘出分配曲线,如图 9-22 所示。

(2) 根据原料液组成 x_F、溶剂组成 y_S、规定的最终萃余相组成 x_n 及溶剂比 m_S/m_F，按前述方法在三角形坐标图上定出操作点 Δ。

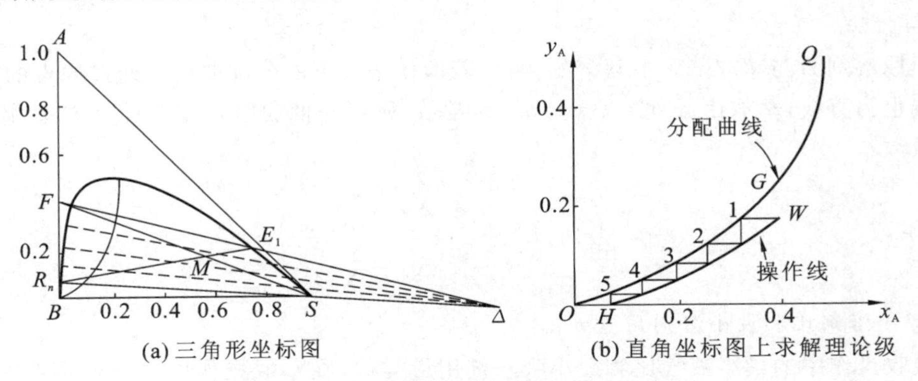

(a) 三角形坐标图　　(b) 直角坐标图上求解理论级

图 9-22　直角坐标图解法求多级逆流萃取理论级数

(3) 自操作点 Δ 分别引出若干条 ΔRE 操作线，分别与溶解度曲线交于点 R_{m-1} 和 E_m，其组成分别为 x_{m-1} 和 $y_m(m=2,3,\cdots,n)$，相应地可在直角坐标图上定出一个操作点，将若干个操作点相联结，即可得到操作线。

(4) 从点 (x_F, y_1) 出发，在平衡线（即分配曲线）与操作线之间画梯级，直至某一梯级所对应的萃余相组成等于或小于规定的萃余相组成为止，此时重复作出的梯级数即为所需的理论级数。

对于原溶剂 B 与萃取剂 S 不互溶的物系，除可采用上述的方法求解理论级数外，还可采用 X-Y 直角坐标图解法，如图 9-23(b) 所示。

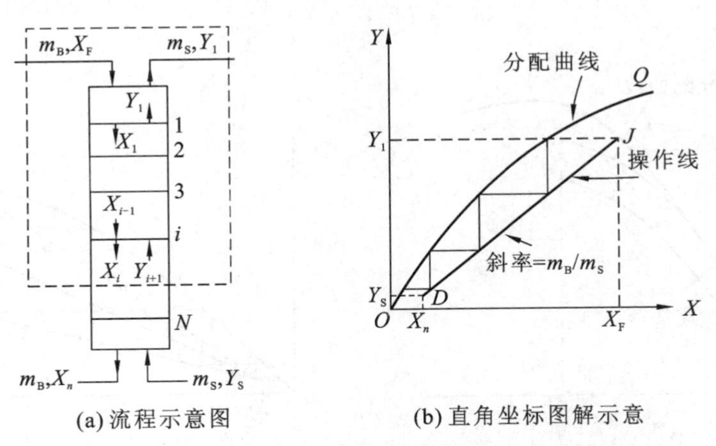

(a) 流程示意图　　(b) 直角坐标图解示意

图 9-23　B 与 S 完全不互溶时多级逆流萃取图解计算

首先由平衡数据在 X-Y 直角坐标图上绘出分配曲线，然后在图 9-23(a) 中的第一级至第 i 级之间进行质量衡算，得

$$m_B X_F + m_S Y_{i+1} = m_B X_i + m_S Y_1 \tag{9-33}$$

或

$$Y_{i+1} = \frac{m_B}{m_S} X_i + \left(Y_1 - \frac{m_B}{m_S} X_F\right) \tag{9-33a}$$

式中，X_i 为离开第 i 级萃余相中溶质的质量比组成，kg(A)/kg(B)；Y_{i+1} 为离开第 $i+1$ 级萃取相中溶质的质量比组成，kg(A)/kg(S)。

式(9-33a) 即为操作线方程,它在直角坐标图上为过点 $J(X_F, Y_1)$ 和点 $D(X_n, Y_S)$ 的直线,最后从 J 点开始,在分配曲线与操作线之间画梯级,梯级数即为所求的理论级数。

3. 解析法

对于原溶剂 B 与萃取剂 S 不互溶的物系,若操作条件下的分配曲线为通过原点的直线,由于操作线也为直线,萃取因子 $b = Km_S/m_B$ 为常数,则可仿照脱吸过程的计算方法,用下式计算理论级数:

$$n = \frac{1}{\ln b}\ln\left[\left(1-\frac{1}{b}\right)\frac{X_F - \frac{Y_S}{K}}{X_n - \frac{Y_S}{K}} + \frac{1}{b}\right] \tag{9-34}$$

4. 最小溶剂比和最小溶剂用量 m_{Smin}

与吸收操作中的最小液气比和最小吸收剂用量类似,在萃取操作中也有最小溶剂比和最小溶剂用量的概念。如图 9-24 所示,在萃取过程中,当溶剂比减小时,操作线逐渐向分配曲线(平衡线) 靠拢,达到同样分离要求所需的理论级数逐渐增加。当溶剂比减小至一定值时,操作线和分配曲线相切(或相交),此时类似于精馏中的夹紧区,所需的理论级数无限多,此溶剂比称为最小溶剂比,相应的萃取剂用量称为最小溶剂用量,记为 m_{Smin}。显然,m_{Smin} 为溶剂用量的最低极限值,实际用量必须大于此极限值。

溶剂用量的大小是影响设备费用和操作费用的主要因素。当分离任务一定时,若减少溶剂用量,则所需的理论级数增加,设备费用随之增加,而回收溶剂所消耗的能量减少;反之,若加大溶剂用量,则所需的理论级数可以减少,但回收溶剂所消耗的能量增加。适宜的溶剂用量应使设备费用与操作费用之和最小,一般取最小溶剂用量的 1.1~2.0 倍,即

$$m_S = (1.1\sim2.0)m_{Smin} \tag{9-35}$$

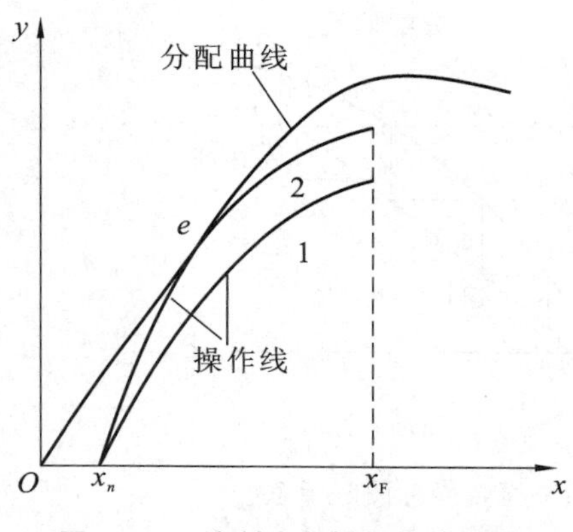

图 9-24 溶剂比与操作线的位置

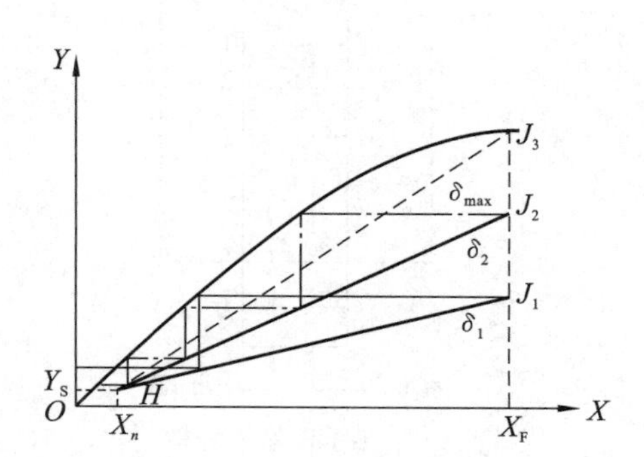

图 9-25 最小溶剂用量

对于组分 B 和 S 不互溶的物系,如图 9-25 所示,其操作线为过点 $H(X_n, Y_S)$ 且与直线 $X = X_F$ 相交的直线。若以 δ 代表操作线的斜率,即 $\delta = m_B/m_S$,则当 m_B 值一定时,δ 将随萃取剂用量 m_S 而变,显然 m_S 越小,δ 值越大,操作线也越靠近分配曲线,所需的理论级数也就越多;当操作线与分配曲线相交时,δ 值达到最大,即 δ_{max},对应的 m_S 即为最小值 m_{Smin},此时所需的理论级数为无穷大。m_{Smin} 值可按下式确定:

$$m_{Smin} = \frac{m_B}{\delta_{max}} \tag{9-36}$$

对于组分B和S部分互溶的物系，由三角形相图可看出，m_S/m_F 值越小，操作线和联结线的斜率越接近，所需的理论级数越多，当萃取剂的用量减小至 m_{Smin} 时，就会出现操作线与联结线重合的情况，此时所需的理论级数为无穷大。m_{Smin} 的值可由杠杆规则确定。

9.4　液-液萃取设备

萃取设备的作用是实现两液相之间的质量传递，实现组分分离。因此，萃取设备首先保证在液-液萃取过程中，萃取系统的两液相能充分、密切地接触，并伴有较高程度的湍动，以实现两相之间的质量传递；其次要保证萃取后的两相迅速分层，以实现组分分离。此外，萃取设备还应具备生产能力大、操作弹性好、结构简单和易于维修等特点。

根据两相接触方式的不同，萃取设备可分为逐级接触式和微分接触式两大类。在逐级接触式设备中，每一级均进行两相的混合与分离，故两液相的组成在级间发生阶跃式变化。而在微分接触式设备中，两相逆流连续接触传质，两液相的组成则发生连续变化。

根据外界是否输入机械能，萃取设备又可分为有外加能量和无外加能量两类。若两相密度差较大，萃取时，仅依靠液体进入设备时的压力差及密度差即可使液体有较好的分散和流动，此时不需外加能量即能达到较好的萃取效果；反之，若两相密度差较小，界面张力较大，液滴易聚合不易分散，此时常采用从外界输入能量的方法来改善两相的相对运动及分散状况，如搅拌、振动、离心等。

目前，工业上使用的萃取设备种类很多，在此仅介绍一些典型设备。

9.4.1　典型液-液萃取设备

1. 混合-澄清槽

混合-澄清槽是广泛用于工业生产的一种典型逐级接触式萃取设备，它可单级操作，也可多级组合操作。典型的单级混合-澄清槽如图9-26所示。在混合器中，原料液与萃取剂借助搅拌装置的作用使其中一相破碎成液滴而分散于另一相中，以加大相际接触面积并提高传质速率。两相分散体系在混合器内停留一定时间后，流入澄清器。在澄清器中，轻、重两相依靠密度差进行重力沉降（或升浮），并在界面张力的作用下凝聚分层，形成萃取相和萃余相。

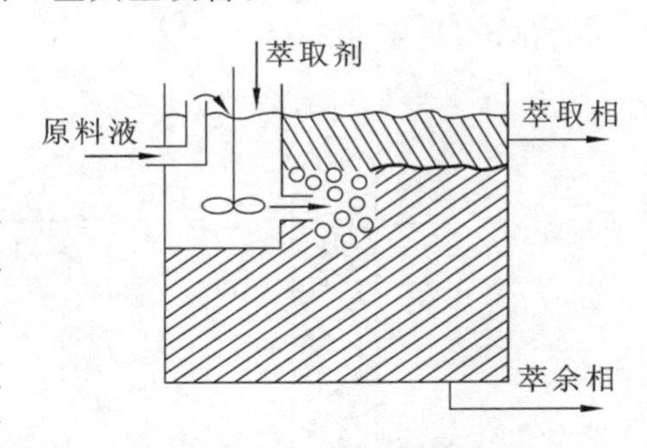

图9-26　混合器与澄清器组合装置

多级混合-澄清槽由多个单级萃取单元组合而成，图9-27为水平排列的三级逆流混合-澄清槽萃取装置示意图。

混合-澄清槽的优点是传质效率高（一般级效率为80%以上），操作方便，运行稳定可靠，结构简单，可处理含有悬浮固体的物料，因此应用比较广泛。其缺点是水平排列的设备占地面积大，每级内都设搅拌装置，液体在级间流动需要泵输送，消耗能量较多，设备费用及操作费用较高。

2. 萃取塔

通常将高径比较大的萃取装置统称为塔式萃取设备，简称萃取塔。为了获得满意的萃取效果，萃取塔应具有分散装置，以提供两相间良好的接触条件；同时，塔顶、塔底均应有足够的分离空间，以便两相分层。两相混合和分散所采用的措施不同，萃取塔的结构也多种多样。下面介

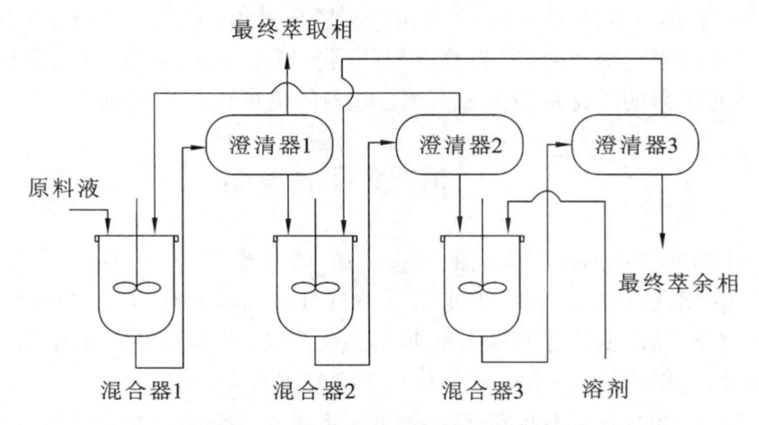

图 9-27　三级逆流混合-澄清槽萃取装置

绍几种工业上常用的萃取塔。

1）喷洒塔

喷洒塔又称喷淋塔，是最简单的萃取塔，如图 9-28 所示，轻、重两相分别从塔底和塔顶进入。若以重相为分散相，则重相经塔顶的分布装置分散为液滴后进入轻相，与其逆流接触传质，重相液滴降至塔底分离段处聚合形成重相液层排出；轻相上升至塔顶并与重相分离后排出(见图 9-28(a))。若以轻相为分散相，则轻相经塔底的分布装置分散为液滴后进入连续的重相，与重相进行逆流接触传质，轻相升至塔顶分离段处聚合形成轻液层排出；重相流至塔底与轻相分离后排出(见图 9-28(b))。

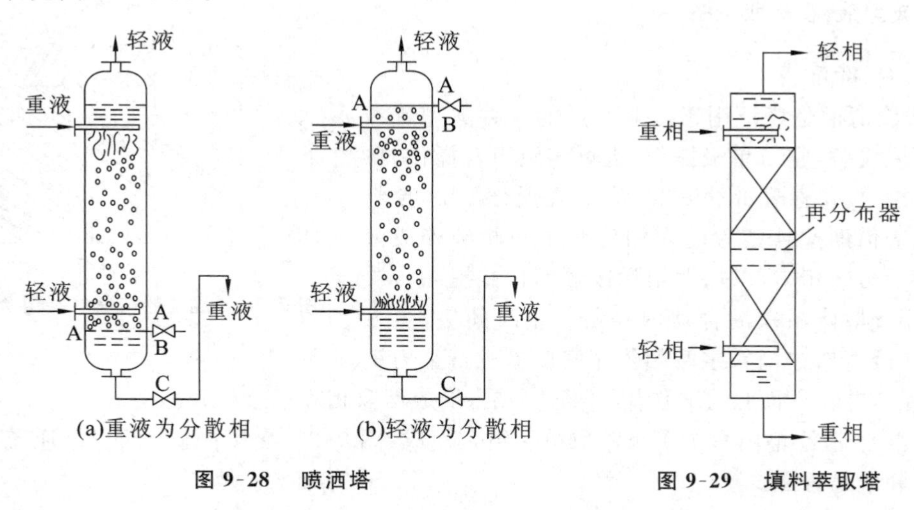

图 9-28　喷洒塔　　图 9-29　填料萃取塔

喷洒塔结构简单，塔体内除进出各流股物料的接管和分散装置外，无其他内部构件。缺点是轴向返混严重，传质效率较低，因而适用于仅需一两个理论级的场合，如水洗、中和或处理含有固体的物系。

2）填料萃取塔

填料萃取塔的结构与精馏和吸收填料塔基本相同，如图 9-29 所示。塔内装有适宜的填料，轻、重两相分别由塔底和塔顶进入，由塔顶和塔底排出。萃取时，连续相充满整个填料塔，分散相由分布器分散成液滴进入填料层中的连续相，在与连续相逆流接触中进行传质。

填料的作用是使液滴不断发生凝聚与再分散，以促进液滴的表面更新，填料也能起到减少轴向返混的作用。

填料萃取塔的优点是结构简单、操作方便、适合于处理腐蚀性料液；缺点是传质效率低，一般用于所需理论级数较少（如 3 个萃取理论级）的场合。

3）筛板萃取塔

筛板萃取塔如图 9-30 所示，塔内装有若干层筛板，筛板的孔径一般为 3～9 mm，孔距为孔径的 3～4 倍，板间距为 150～600 mm。

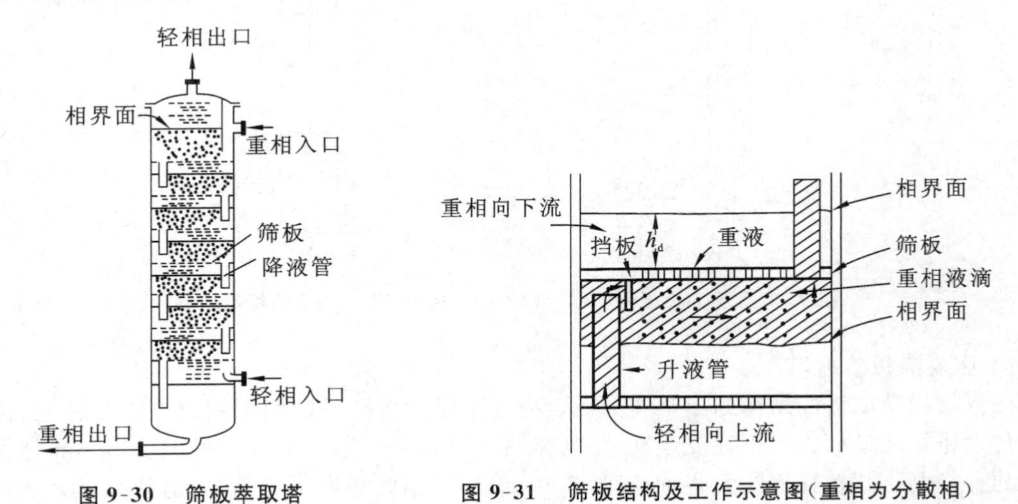

图 9-30　筛板萃取塔　　图 9-31　筛板结构及工作示意图（重相为分散相）

筛板萃取塔是逐级接触式萃取设备，两相依靠密度差，在重力的作用下，进行分散和逆向流动。若以轻相为分散相，则其通过塔板上的筛孔而被分散成细小的液滴，与塔板上的连续相充分接触进行传质。穿过连续相的轻相液滴逐渐凝聚，并聚集于上层筛板的下侧，待两相分层后，轻相借助压力差的推动，再经筛孔分散，液滴表面得到更新。如此分散、凝聚交替进行，到达塔顶进行澄清、分层、排出。而连续相则横向流过筛板，在筛板上与分散相液滴接触传质后，由降液管流至下一层塔板。若以重相为分散相，则重相穿过板上的筛孔，分散成液滴落入连续的轻相中进行传质，穿过轻液层的重相液滴逐渐凝聚，并聚集于下层筛板的上侧，轻相则连续地从筛板下侧横向流过，从升液管进入上层塔板，如图 9-31 所示。

4）脉冲筛板塔

脉冲筛板塔也称液体脉动筛板塔，是指在外力作用下，液体在塔内产生脉冲运动的筛板塔，其结构与气-液传质过程中无降液管的筛板塔类似，如图 9-32 所示。塔两端直径较大部分为上澄清段和下澄清段，中间为两相传质段，其中装有若干层具有小孔的筛板，板间距较小，一般为 50 mm。在塔的下澄清段装有脉冲管，萃取操作时，由脉冲发生器提供的脉冲使塔内液体作上下往复运动，迫使液体经过筛板上的小孔，使分散相破碎成较小的液滴分散在连续相中，并形成强烈的湍动，从而促进传质过程的进行。脉冲发生器的类型有多种，如活塞型、膜片型、风箱型等。

在脉冲萃取塔内，一般脉冲振幅为 9 ～ 50 mm，频率为 30 ～ 200 min^{-1}。实验研究和生产实践表明，萃取效率受脉冲频率影响较大，受振幅影响较小。一般认为频率较高、振幅较小时萃取效果较好。如脉冲过于激烈，将导致严重的轴向返回，传质效率反而下降。

脉冲萃取塔的优点是结构简单,传质效率高,但其生产能力一般有所下降,在化工生产中的应用受到一定限制。

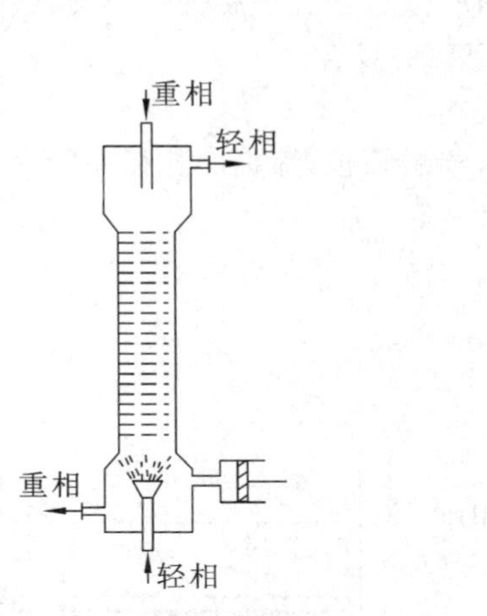

图 9-32　脉冲筛板塔

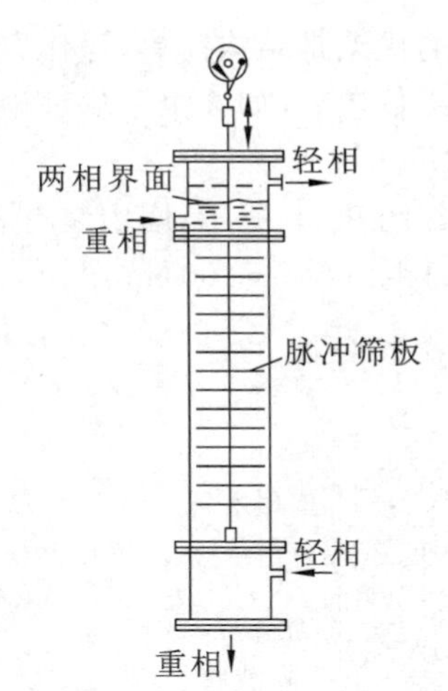

图 9-33　往复筛板萃取塔

5) 往复筛板萃取塔

往复筛板萃取塔的结构如图 9-33 所示,将若干层筛板按一定间距固定在中心轴上,由塔顶的传动机构驱动而作上下往复运动。往复振幅一般为 3 ~ 50 mm,频率可达 100 min^{-1}。往复筛板的孔径要比脉动筛板的大些,一般为 7 ~ 16 mm。当筛板向上运动时,迫使筛板上侧的液体经筛孔向下喷射;反之,又迫使筛板下侧的液体向上喷射。为防止液体沿筛板与塔壁间的缝隙走短路,每隔若干块筛板,在塔内壁应设置一块环形挡板。

往复筛板萃取塔的效率与塔板的往复频率密切相关。当振幅一定时,在不发生液泛的前提下,效率随频率的增大而提高。

往复筛板萃取塔可较大幅度地增加相际接触面积和提高液体的湍动程度,传质效率高,流体阻力小,操作方便,生产能力大,在石油化工、食品、制药和湿法冶金工业中应用日益广泛。

6) 转盘萃取塔

转盘萃取塔的基本结构如图 9-34 所示,在塔体内壁面上按一定间距装有若干个环形挡板,称为固定环,固定环将塔内分割成若干个小空间。两固定环之间均装有转盘。转盘固定在中心轴上,转轴由塔顶的电机驱动。转盘的直径小于固定环的内径,以便于装卸。

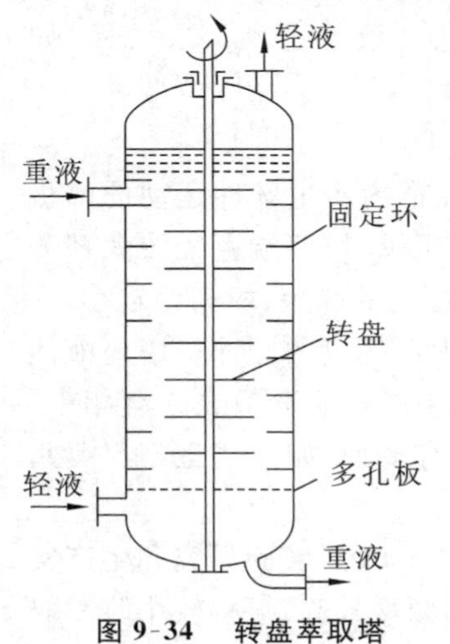

图 9-34　转盘萃取塔

萃取操作时,转盘随中心轴高速旋转,其在液体中产生的剪应力将分散相破裂成许多细小的液滴,在液相中产生强烈的涡旋运动,从而增大了相际接触面积和传质系数。同时固定环的存在在一定程度上抑制了轴向返混,因而转盘萃取塔的传质效率较高。

转盘萃取塔结构简单,传质效率高,生产能力大,因而在石油化工中应用比较广泛。

为进一步提高转盘塔的效率,近年来又开发了不对称转盘塔(偏心转盘萃取塔),其基本结构如图 9-35 所示。带有搅拌叶片的转轴安装在塔体的偏心位置,塔内不对称地设置垂直挡板,将其分成混合区和澄清区。混合区由水平挡板分割成许多小室，每个小室内的转盘起混合搅拌器的作用。澄清区又由环形水平挡板分割成许多小室。

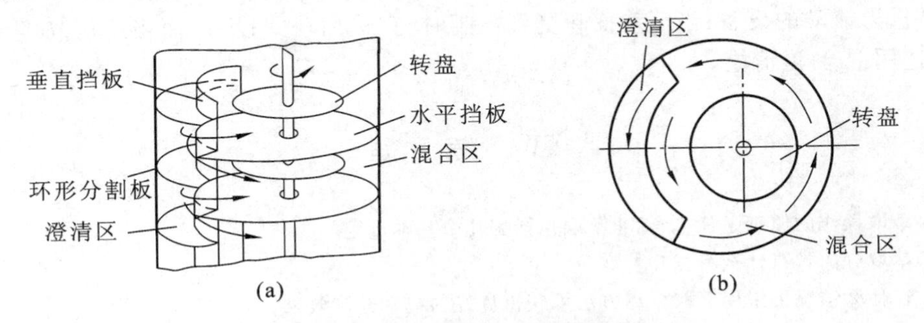

图 9-35　偏心转盘萃取塔内部结构

偏心转盘萃取塔既保持普通转盘萃取塔用转盘进行分散的特点，同时分开的澄清区又可使分散相液滴反复进行凝聚分散，减小了轴向混合，从而提高了萃取效率。此外，该类型萃取塔的尺寸范围较大，塔高可达 30 m，塔径可达 4 m，对物系的性质(密度差、黏度、界面张力等)适应性很强，且适用于含有悬浮固体或易乳化的料液。

9.4.2　萃取设备的选择

萃取设备的类型较多，特点各异，物系性质对操作的影响错综复杂。对于具体的萃取过程，选择萃取设备的原则如下：在满足工艺条件和要求的前提下，使设备费用和操作费用之和趋于最低。通常选择萃取设备时应考虑以下因素。

1. 需要的理论级数

当需要的理论级数不大于 3 时，各种萃取设备均可满足要求；当需要的理论级数较大(如大于 4)时，可选用筛板塔；当需要的理论级数再大(如 10 ～ 20)时，可选用有外加能量的设备，如混合-澄清槽、脉冲塔、往复筛板塔、转盘塔等。

2. 生产能力

处理量较小时，可选用填料塔、脉冲塔；处理量较大时，可选用混合-澄清槽、筛板塔及转盘塔。离心萃取器的处理能力也相当大。

3. 物系的物性

对密度差较大、界面张力较小的物系，可选用无外加能量的设备；对密度差较小、界面张力较大的物系，宜选用有外加能量的设备；对密度差甚小、界面张力小、易乳化的物系，应选用离心萃取器。

对有较强腐蚀性的物系，宜选用结构简单的填料塔或脉冲填料塔。对于放射性元素的提取，脉冲塔和混合-澄清槽用得较多。

物系中有固体悬浮物或在操作过程中产生沉淀物时，需定期清洗，此时一般选用混合-澄清槽或转盘塔。另外，往复筛板塔和脉冲筛板塔本身具有一定的自清洗能力，在某些场合也可考虑使用。

4. 物系的稳定性和液体在设备内的停留时间

对生产中要考虑物料的稳定性、要求在设备内停留时间短的物系，如抗生素的生产，宜选用离心萃取器；反之，若萃取物系中伴有缓慢的化学反应，要求有足够长的反应时间，则宜选用混合-澄清槽。

5. 其他

在选用萃取设备时,还应考虑其他一些因素。如能源供应情况,在电力紧张地区应尽可能选用依靠重力流动的设备;当厂房面积受到限制时,宜选用塔式设备,而当厂房高度受到限制时,则宜选用混合-澄清槽。

思　考　题

9-1　萃取操作的原理是什么?工业萃取包括哪几个基本过程?

9-2　萃取分离具有什么特点?

9-3　在什么情况下采用萃取分离方法可获得良好的技术经济效果?

9-4　三角形坐标图有多种类型,在实际应用时如何选择?

9-5　根据辅助曲线的作法可得多条辅助曲线,在实际应用时如何选择?

9-6　选择萃取剂时需考虑哪些因素?

9-7　萃取过程的典型流程有哪几种?各具有什么特点?

9-8　萃取的计算有多种方法,计算时如何选用?

9-9　对于气液传质的塔设备,气液负荷都有一定的范围,否则会发生液泛等不正常操作现象。对于逆流操作的萃取塔,是否也会发生液泛?

习　题

9-1　将A、B组分含量均为0.5(质量分数,下同)的400 kg混合液与A、C组分含量分别为0.2、0.8的混合液600 kg进行混合。(1) 在三角形坐标图中表示混合液混合后的总组成点M_1,并由图读出其总组成;(2) 由图解方法确定将混合物M_1脱除200 kg的C组分而获得的混合物M_2的量和组成;(3) 求将混合物M_2的C组分完全脱除后所得混合物M_3的量及组成。

【答案:(1) M_1(0.32,0.2,0.48);(2) 800 kg,M_2(0.4,0.25,0.35);(3) 520 kg,M_3(0.615,0.385)】

9-2　丙酮(A)、乙酸乙酯(B)及水(S)的三元混合液在30 ℃时,其平衡数据如表9-5所示。

表9-5　习题9-2附表

	质量分数(乙酸乙酯相)			质量分数(水相)		
	A	B	S	A	B	S
1	0.00	96.5	3.50	0.00	7.40	92.6
2	4.80	91.0	4.20	3.20	8.30	88.5
3	9.40	85.6	5.00	6.00	8.00	86.0
4	13.50	80.5	6.00	9.50	8.30	82.2
5	16.6	77.2	6.20	12.8	9.20	78.0
6	20.0	73.0	7.00	14.8	9.80	75.4
7	22.4	70.0	7.60	17.5	10.2	72.3
8	26.0	65.0	9.00	19.8	12.2	68.0
9	27.8	62.0	10.2	21.2	11.8	67.0
10	32.6	51.0	13.4	26.4	15.0	58.6

(1) 绘出以上三元混合物三角形相图及辅助曲线；(2) 若将 50 kg 含丙酮 0.3、含乙酸乙酯 0.7 的混合液与 100 kg 含丙酮 0.1、含水 0.9 的混合液混合，试求所得的新混合物总组成，并确定其在相图中的位置；(3) 以上两种混合物混合后所得两共轭相的组成及质量分数为多少？

【答案：(2) $M(0.165,0.235,0.6)$；(3) $E(0.15,0.1,0.75)$，115.4 kg；$R(0.23,0.69,0.08)$，34.6 kg】

9-3 在互成平衡的均含有 A、B、S 组分的液液两相中，R 相及 E 相的量分别为 300 kg 和 600 kg，且 R 相中 A 的含量为 0.3（质量分数），该三元混合物系的相图如图 9-36 所示。试求：

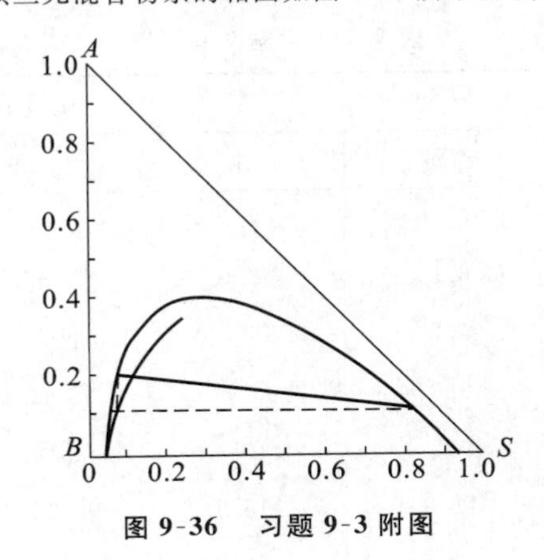

图 9-36 习题 9-3 附图

(1) A、B 组分在两相中的分配系数；

(2) 若向混合物中加入 A，两相中 A 的组成将如何变化？当加入多少 A 时，它们将成为均相混合液？此时，混合液的组成为多少？

(3) 如果不向系统加入 A，而向系统加入溶剂 S，其两相中 A 的组成将如何变化？加入多少溶剂 S 时，系统变成均相混合液？组成为多少？

【答案：(1) $k_A = 0.783, k_B = 0.215$；(2) 237.9 kg，$G(0.37,0.24,0.39)$；(3) 2571.4 kg，$H(0.06,0.075,0.865)$】

9-4 以水为溶剂，从丙酮-乙酸乙酯中萃取丙酮，通过单级萃取，使丙酮含量由原料液中的 0.3 降至萃余液中的 0.15（均为质量分数）。平衡数据见习题 9-2。若原料液量为 100 kg，试求：(1) 溶剂水的用量；(2) 所获得的萃取相的量及组成；(3) 为获取丙酮浓度最大的萃取液所需的溶剂用量。

【答案：(1) 203.0 kg；(2) 238.6 kg；$E(0.07,0.09,0.85)$；(3) 11.73 kg】

9-5 在 25 ℃ 时，以水为溶剂，通过三级错流萃取从乙酸-氯仿混合液中萃取乙酸。已知原料液量为 1000 kg，含乙酸 0.45（质量分数）。平衡数据如表 9-6 所示。

表 9-6 习题 9-5 附表

质量分数(氯仿层，R 相)		质量分数(水层，E 相)	
乙酸	水	乙酸	水
0.00	0.99	0.00	99.16
6.77	1.38	25.10	73.69
17.72	2.28	44.12	48.58
25.72	4.15	50.18	34.17
27.65	5.20	50.56	31.11
32.08	7.93	49.41	25.30
34.16	10.03	47.87	23.28
42.50	16.50	42.50	16.50

若每级加入溶剂量均为 250 kg,试求:(1) 最终萃余液的乙酸组成能降至多少?(2) 若保持溶剂总量相同,采用单级萃取,其萃余液组成能降至多少?并与以上多级错流萃取结果进行比较。

【答案:(1) 0.02;(2) 0.12】

9-6　在 25 ℃ 下,对 40% 的乙酸水溶液以乙醚为溶剂进行多级逆流萃取。原料液量及溶剂用量均为 1000 kg/h,要求萃余液中乙酸的含量不大于 2%(以上均为质量分数),试求所需的理论级数。平衡数据见表 9-7。

表 9-7　习题 9-6 附表

质量分数(水层)			质量分数(乙醚层)		
水	乙酸	乙醚	水	乙酸	乙醚
93.3	0	6.7	2.3	0	97.7
88.0	5.1	6.9	3.6	3.8	92.6
84.0	8.8	7.2	5.0	7.3	87.7
78.2	13.8	8.0	7.2	12.5	80.3
72.1	18.4	9.5	10.4	18.1	71.5
65.0	23.1	11.9	15.1	23.6	61.3
55.7	27.9	16.4	23.6	28.7	47.7

9-7　用单级萃取回收 6 kg 丙酮-乙酸乙酯溶液中的丙酮,原料液中的丙酮质量分数为 30%,溶剂水的用量为 6 kg。试求平衡两相中,丙酮的分配系数和溶剂水的选择性系数。【答案:0.67,0.13,5.15】

9-8　用三氯乙烷为溶剂,在具有 5 个平衡级的逆流萃取塔中萃取丙酮-水溶液中的丙酮。已知原料液处理量为 2000 kg/h,其中丙酮的含量为 0.32(质量分数,下同),溶剂用量为 700 kg/h。试求:该塔最终的萃余相中溶质组成能降至多少?丙酮-水-三氯乙烷物系相图如图 9-37 所示。【答案:0.08】

9-9　今以溶质 A 含量为 0.025 的(质量分数,下同)A、S 混合液为溶剂,采取多级错流萃取方法从 A 含量为0.3的 A、B 混合液中提取组分 A,原料液处理量为1000 kg,若各级加入相同溶剂量 200 kg,试求使萃余相溶质降至 0.05 所需的理论级数。已知 B、S 组分完全不互溶,其溶质的分配曲线如图 9-38 所示,图中 X、Y 均为质量比。

【答案:$N=8$】

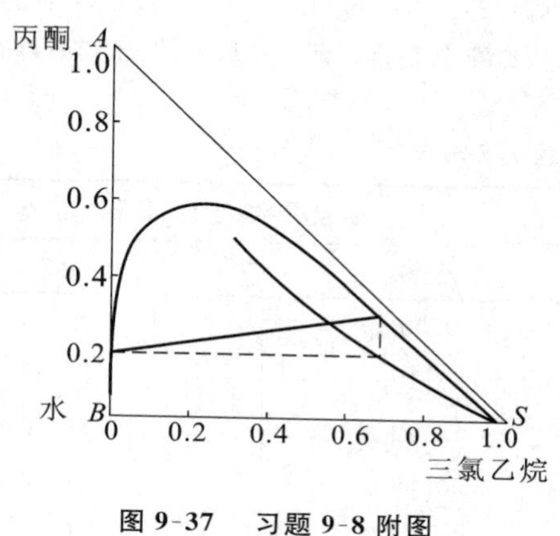

图 9-37　习题 9-8 附图

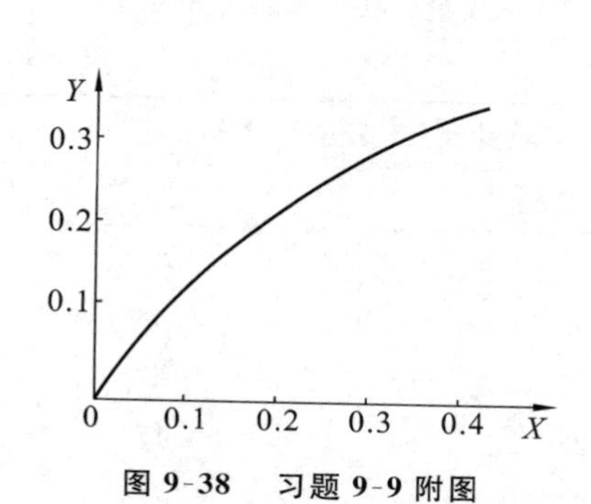

图 9-38　习题 9-9 附图

本章主要符号说明

符号	意义	单位	符号	意义	单位
a	单位体积中的有效传质面积	m^2/m^3	N	理论级数	
m_B	原溶剂量，质量或质量流量	kg 或 kg/s	N_{OR}	萃余相总传质单元数(稀溶液)	
b	萃取因数		m_R	萃余相量，质量或质量流量	kg 或 kg/s
m_E	萃取相量，质量或质量流量	kg 或 kg/s	$m_{R'}$	萃余液量，质量或质量流量	kg 或 kg/s
$m_{E'}$	萃取液量，质量或质量流量	kg 或 kg/s	m_S	萃取剂量，质量或质量流量	kg 或 kg/s
m_F	原料液量，质量或质量流量	kg 或 kg/s	X	原料液或萃余相中溶质的浓度，质量比	
H_{OR}	萃取相总传质单元高度(稀溶液)	m			
h_e	理论级的当量高度(HETS)	m	x	原料液或萃余相中溶质的浓度，质量分数	
h_o	萃取塔的有效高度	m			
K_X	萃余相中溶质的质量比组成为推动力的总传质系数	$kg/(m^3 \cdot h)$	Y	萃取剂或萃取相中溶质的浓度，质量比	
k_A	溶质 A 在两平衡液相间的分配系数		y	萃取剂或萃取相中溶质的浓度，质量分数	
m_M	混合液量，质量或质量流量	kg 或 kg/s	β	选择性系数	
m	平衡线的斜率		Ω	萃取塔的截面积	m^2

下标

A	溶质	F	原料液
a	萃取塔顶	max	最大值
B	原溶剂	min	最小值
b	萃取塔底	R	萃余相
E	萃取相	S	萃取剂

第 10 章　其他分离技术

学习要求

通过本章学习，掌握结晶、吸附、膜分离等分离过程的基本原理，了解结晶、吸附、膜分离等分离过程的实施方法和工业应用。

具体学习要求：掌握结晶、吸附、膜分离过程的基本原理；了解结晶、吸附、膜分离过程的实施方法；了解结晶、吸附、膜分离过程在工业上的应用。

新技术革命，包括信息技术、生物技术、新材料技术、新能源技术、海洋技术、环境技术及航天技术等的发展，对化学工程提出了新的要求，化学工程技术所涉及的领域不断扩展。结晶是生产过程中获得最终产品的一道非常关键的工序，对成品质量（纯度、晶形、主粒度和粒度分布、流动性、堆密度、结晶度）起着重要的作用。吸附是催化、脱色、脱臭、防毒等工业应用中必不可少的单元操作，广泛应用于石油化工、化工、医药、冶金和电子等工业部门，以及气体分离、干燥及空气净化、废水处理等环保领域。在化工分离方面，膜分离是近三十年来发展起来的新分离方法，运用范围相当广泛，既可用于非均相混合物分离，除去细小颗粒、细菌等，又可用于分离气相及液相均相混合物，且操作条件温和。因此本章主要对结晶、吸附、膜分离等单元操作进行简单介绍。

10.1　结　　晶

由蒸气、溶液或熔融物中析出晶体的单元操作称为结晶，它是获得高纯度固体物质的基本单元操作。结晶技术广泛应用于化工、生物、制药等领域，如化肥工业中尿素的生产，以及医药行业中青霉素的生产等。近年来，结晶技术还在精细化工、材料工业及高新技术领域得到了应用，如材料工业中超细粉的生产、生物技术中蛋白质的制造等。

与其他单元操作相比，结晶操作具有如下特点：

(1) 能从杂质含量相当多的混合液或多组分的熔融混合物中分离出纯净的晶体，特别是对于同分异构体混合物、恒沸物系、热敏性物系等，采用结晶分离往往更为有效；

(2) 能耗低，对设备材质要求不高，一般较少有“三废”排放，有利于环境保护；

(3) 结晶过程既包含传质过程，又包含传热过程，还涉及表面反应过程。

结晶过程可分为溶液结晶、熔融结晶、升华结晶和沉淀结晶四大类。工业上应用最广泛的是溶液结晶。

10.1.1　晶体的基本特性

晶体是一种内部结构中的质点元素（原子、离子或分子）作三维有序规则排列的固态物质。如果晶体成长环境良好，则可形成有规则的多面体外形，晶体的外形称为晶习，多面体的面称为晶面，棱边称为晶棱。

构成晶体的微观粒子(原子、离子或分子)在晶体所占有的空间中按一定的几何规则排列,由此形成的最小单元称为晶格。晶体按其晶格结构可分为七个晶系,如图 10-1 所示。

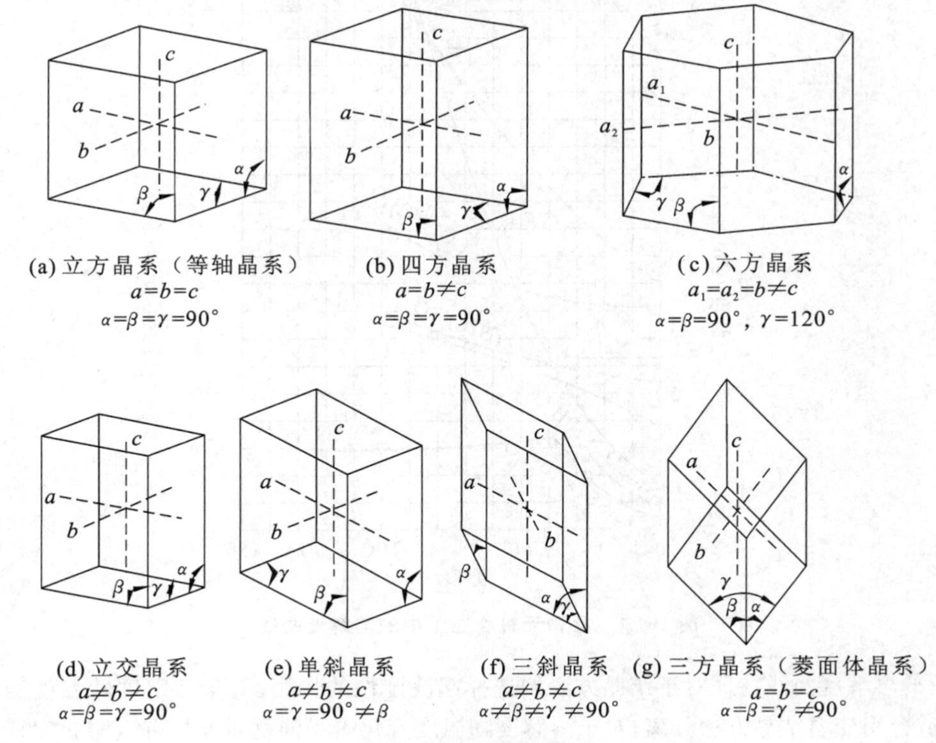

(a) 立方晶系(等轴晶系)
$a=b=c$
$\alpha=\beta=\gamma=90°$

(b) 四方晶系
$a=b\neq c$
$\alpha=\beta=\gamma=90°$

(c) 六方晶系
$a_1=a_2=b\neq c$
$\alpha=\beta=90°$, $\gamma=120°$

(d) 立交晶系
$a\neq b\neq c$
$\alpha=\beta=\gamma=90°$

(e) 单斜晶系
$a\neq b\neq c$
$\alpha=\gamma=90°\neq\beta$

(f) 三斜晶系
$a\neq b\neq c$
$\alpha\neq\beta\neq\gamma\neq 90°$

(g) 三方晶系(菱面体晶系)
$a=b=c$
$\alpha=\beta=\gamma\neq 90°$

图 10-1　晶系图

同一种物质在不同的条件下可形成不同的晶系,可能是两种晶系的过渡体。如熔融的硝酸铵在冷却过程中可由立方晶系变成斜棱晶系、长方晶系等。

溶液结晶中,改变结晶温度、溶剂种类或有少量杂质及添加剂的存在往往会改变晶习,使得到晶体的大小、外形甚至颜色有所不同。如控制不同的结晶温度,可得黄色或红色的碘化汞晶体;萘在环己烷中结晶析出时为针状,而在甲醇中析出时为片状;加快冷却速度易得到针状晶体等。

控制结晶操作的条件以改善晶习,获得理想的晶体外形,是结晶操作区别于其他分离操作的重要特点。

10.1.2　结晶过程的相平衡

1. *溶解度和溶解度曲线*

固体与其溶液间的相平衡关系通常用固体在溶液中的溶解度来表示。在一定温度下,某溶质在某溶剂中的最大溶解能力,称为该溶质在该溶剂中的溶解度。

溶解度会随温度和压力而变,但大多数物质在一定溶液中的溶解度主要随温度而变化,随压力的变化很小,可忽略,故溶解度曲线表示的是溶质在溶剂中的溶解度随温度而变化的关系。大多数物质的溶解度随温度的升高而增大,如硝酸钠、氯化钾、氯化钠等。这些物质在溶解过程中需要吸收热量,即具有正溶解度特性。少数物质的溶解度随温度升高反而下降,如硫酸钠,即具有逆溶解度特性。图 10-2 所示为几种无机物在水中的溶解度曲线。

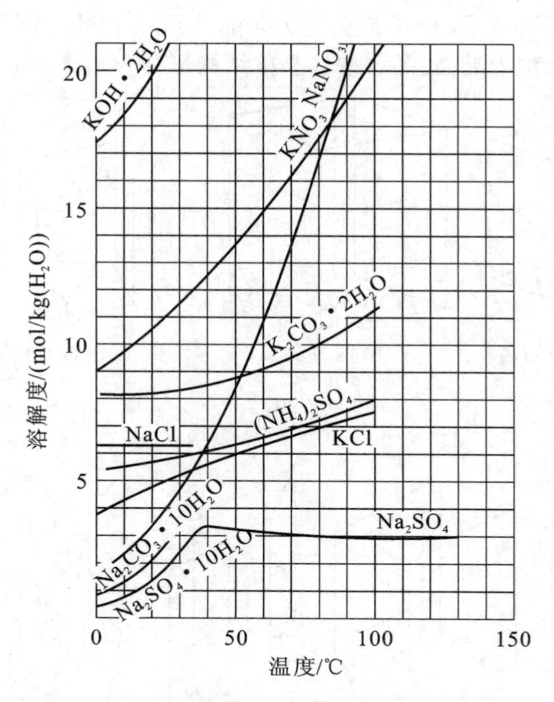

图 10-2　几种无机物在水中的溶解度曲线

物质的溶解度曲线特征对于结晶方法的选择起决定性的作用。对于溶解度随温度变化敏感的物质，适合用变温结晶方法分离；对于溶解度随温度变化缓慢的物质或具有逆溶解度特性的物质，适合用蒸发结晶法分离等。另外，不同温度下的溶解度数据还是计算结晶理论产量的依据。

2. 溶液的过饱和度

当溶液浓度恰好等于溶质的溶解度，即达到固、液相平衡时，该溶液称为饱和溶液。若溶液浓度低于溶质溶解度，为不饱和溶液。若溶液浓度大于溶解度，称为过饱和溶液，这时溶液的浓度与同温度下的溶解度之差称为过饱和度。溶液的过饱和度是结晶过程的推动力。将一个完全纯净的溶液在不受外界扰动(无搅拌、无振荡)及任何刺激(无超声波等作用)的状况下缓慢降温，就可以得到过饱和溶液，当过饱和度达到一定限度后，澄清的过饱和溶液就会开始析出晶核。表示溶液开始自发产生晶核的极限浓度曲线称为超溶解度曲线，如图 10-3 所示。图中 AB 线为具有正溶解度特性的溶解度曲线，CD 线为超溶解度曲线。

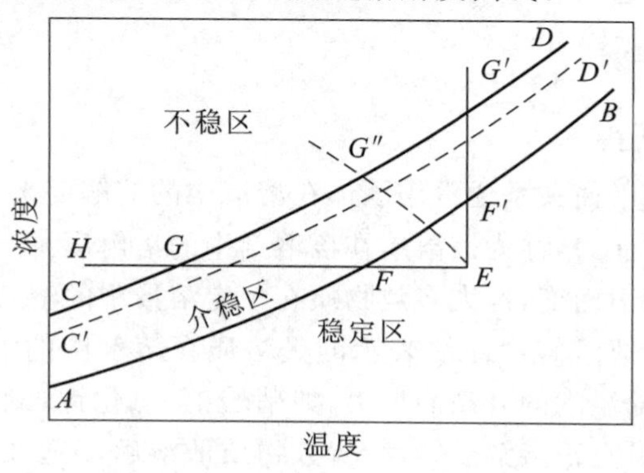

图 10-3　溶液状态图

需要指出，一个特定物系只存在一条明确的溶解度曲线，而超溶解度曲线在工业结晶过程中受多种因素的影响，如冷却速率、搅拌强度、有无晶种、晶种大小与多寡等，因此超溶解度曲线可有多条，其位置在 *CD* 线之下，与 *CD* 线的趋势大体一致，如 $C'D'$ 线。

溶解度曲线和超溶解度曲线将浓度-温度图分为三个区域。*AB* 线以下的区域是稳定区，在此区中溶液尚未达到饱和状态，不可能发生结晶。*AB* 线以上是过饱和区，此区又分为两部分：*AB* 线和 *CD* 线之间的区域称为介稳区，在这个区域内，不会自发地产生晶核，但如果在溶液中加入晶种，会使晶种长大；*CD* 线以上的区域是不稳区，在此区域中，溶液能自发地产生晶核，工业结晶过程应避免自发成核，以保证产品的粒度。

10.1.3　结晶过程

1. 结晶机理

溶质从溶液中结晶出来，要经历两个阶段，即晶核的生成(成核）和晶体的成长。无论是成核过程还是晶体成长过程，都必须以溶液的过饱和度作为推动力。溶液过饱和度的大小直接影响成核和晶体成长过程的快慢，而这两个过程的快慢又影响着晶体产品的粒度分布，因此，过饱和度是工业结晶过程中一个极其重要的参数。

在溶液中，新生成的晶体微粒称为晶核，其大小通常只有几纳米至几十微米。成核的机理有三种：初级均相成核、初级非均相成核和二次成核。

初级均相成核是指溶液在较高过饱和度下自发生成晶核的过程。初级非均相成核是指溶液在外来固体物的诱导下生成晶核的过程，它可以在较低过饱和度下发生。二次成核是含有晶体的溶液在晶体间相互碰撞或晶体与搅拌桨(或器壁）碰撞时晶体破碎产生微小晶体的诱导下发生的。需要注意，初级均相成核的速率远大于二次成核的速率，且对过饱和度的影响非常敏感，而初级非均相成核又会引入诱导物。因此，一般工业结晶应尽量避免发生初级成核，主要采用二次成核。

晶体成长是指溶液中的溶质质点(原子、离子或分子）在晶核上有序排列，使晶核不断长大的过程。其过程主要分两步：首先是溶质从溶液主体向晶体表面扩散传递，以浓度差为推动力；其次是溶质在晶体表面附着，按某种几何规律构成晶格，并放出结晶热。对于大多数结晶物系，晶体成长过程由第二步控制。

另外，结晶过程中，结出的小晶体因表面能较大而有被溶解的趋向。当溶液的过饱和度较低时，小晶体被溶解，大晶体则不断成长并使晶体外形更加完好，这就是晶体的再结晶现象。工业生产中常利用再结晶现象而使产品“最后熟化”，使结晶颗粒数目下降，粒度提高，达到一定的产品粒度要求。

溶液在结晶器中结晶出来的晶体和剩余的溶液所构成的混悬物称为晶浆，去除悬浮于其中的晶体后，剩下的溶液称为母液。结晶过程中，含有杂质的母液会以表面黏附和晶间包藏的方式夹带在固体产品中。工业上，通常在对晶浆进行固液分离以后，再用适当的溶剂对固体进行洗涤，以尽量除去由于黏附和包藏母液所带来的杂质。

2. 结晶速率

结晶速率包括成核速率和晶体成长速率。成核速率是指单位时间、单位体积溶液中产生的晶核数目。晶体成长速率是指单位时间内晶体平均粒度的增加量。工业上影响结晶速率的因素有很多，如溶液的过饱和度、黏度、密度、搅拌等，另外，如果在结晶母液中加入微量添加剂或杂质，其浓度仅为 10^{-6} mg/L，甚至更少，即可显著地影响结晶行为，其中包括对溶解度、介稳区宽度、结晶成核及成长速率、晶习及粒度分布等产生影响。

3. 溶液结晶

溶液结晶是指晶体从溶液中析出的过程。根据结晶过程过饱和度产生方法的不同,溶液结晶可分为冷却结晶、真空冷却结晶、蒸发结晶等不同类型。

冷却结晶是通过冷却降温使溶液变成过饱和溶液的结晶法。最简单的冷却结晶过程是将热的结晶溶液置于无搅拌的,有时甚至是敞口的结晶釜中,靠自然冷却而降温结晶。冷却结晶所得产品纯度较低,粒度分布不均,容易发生结块现象,并且设备所占空间大,容积生产能力较小。但由于这种结晶过程设备造价低,安装使用条件要求也不高,在某些生产量不大,对产品纯度及粒度要求又不严格的情况下,至今仍在应用。此法适用于溶解度随温度的降低而显著下降的物系。

真空冷却结晶是使溶剂在真空下闪蒸而使溶液绝热冷却的结晶法。真空冷却结晶过程是把热浓溶液送入绝热保温的密闭结晶器中,结晶器内维持较高的真空度,使溶液发生闪蒸而绝热冷却到与器内压力相对应的平衡温度。即通过蒸发浓缩及冷却两种效应来产生过饱和度。真空冷却结晶过程的特点是主体设备结构相对简单,无换热面,操作比较稳定,不存在内表面严重结垢及结垢清理问题。此法适用于具有正溶解度特性而溶解度随温度的变化率中等的物系。

蒸发结晶是使溶液在常压或减压上蒸发浓缩而变成过饱和溶液的结晶法。蒸发结晶器也常在减压下操作,采用减压的目的在于降低操作温度,增大传热温度差,并可组成多效蒸发装置。此法适用于溶解度随温度降低而变化不大或具有逆溶解度特性的物系。

10.1.4　结晶过程的物料衡算

在结晶操作中,原料液的浓度已知。大多数物系,结晶终了时母液与晶体达到了平衡状态,可由溶解度曲线查得母液浓度。但有些物系结晶终了时仍可能有剩余过饱和度,则需实测母液的终了浓度。

对于不形成溶剂化合物的结晶过程,可得

$$Wc_1 = G + (W - VW)c_2 \tag{10-1}$$

$$G = W[c_1 - (1 - V)c_2] \tag{10-1a}$$

式中,G 为结晶产量,kg 或 kg/h;W 为原料液中溶剂量,kg 或 kg/h;c_1、c_2 为原料液及母液中溶质的浓度,kg(无溶剂溶质)/kg(溶剂);V 为溶剂蒸发量,kg/kg(原料液中溶剂),一般不是已知值,须通过热量衡算求出。

对于形成溶剂化合物的结晶过程,由于溶剂化合物带出的溶剂不再存在于母液中,而该溶剂中原溶有的溶质则必然全部结晶出来。此时,溶质的衡算式为

$$Wc_1 = G\frac{1}{R} + (W + Wc_1 - VW - G)\frac{c_2}{1 + c_2} \tag{10-2}$$

可得

$$G = \frac{WR[c_1 - c_2(1 - V)]}{1 - c_2(R - 1)} \tag{10-3}$$

式中,R 为溶剂化合物与无溶剂溶质的摩尔质量之比。

对于真空绝热冷却结晶过程,V 取决于溶剂蒸发时需要的汽化热、溶质结晶时放出的结晶热及溶液绝热冷却时放出的显热。列热量衡算式,得

$$VWr_s = c_p(t_1 - t_2)(W + Wc_1) + r_{cr}G \tag{10-4}$$

将式(10-3)代入式(10-4),整理得

$$V = \frac{r_{cr}R(c_1 - c_2) + c_p(t_1 - t_2)(1 + c_1)[1 - c_2(R - 1)]}{r_s[1 - c_2(R - 1)] - r_{cr}Rc_2} \tag{10-5}$$

式中，r_{cr} 为结晶热，J/kg；r_s 为溶剂汽化热，J/kg；t_1、t_2 分别为溶液的初始及终了温度，℃；c_p 为溶液的比热容，J/(kg · ℃)。

用式(10-5) 求出 V 值，然后把 V 值代入式(10-1a) 或式(10-3)，即可求得结晶产量 G 值。

【例 10-1】 用真空冷却法进行乙酸钠溶液的结晶，获得水合盐 $CH_3COONa \cdot 3H_2O$。原料液是 70 ℃ 45% 的乙酸钠水溶液，进料量是 1500 kg/h。结晶器内绝对压力是 2046 Pa。溶液的沸点升高可取为 11.5 ℃。计算每小时结晶产量。已知结晶热 $r_{cr} = 144$ kJ/kg(水合物)，溶液比热容 $c_p = 3.5$ kJ/(kg · ℃)。

解　查出 2046 Pa 下水的汽化热 $r_s = 2451.8$ kJ/kg，水的沸点为 17.5 ℃，则

溶液的平衡温度　$t_2 = (17.5 + 11.5)℃ = 29$ ℃

溶液的初始浓度　$c_1 = 45/55$ kg/kg(水) $= 0.818$ kg/kg(水)

由手册查得母液在 29 ℃ 时的浓度　$c_2 = 0.54$ kg/kg(水)

原料液中的水量　$W = 1500 \times 0.55$ kg/h $= 825$ kg/h

摩尔质量之比　$R = 136/82 = 1.66$

代入式(10-5)，可得

$$V = \frac{144 \times 1.66 \times (0.818 - 0.54) + 3.5 \times (70 - 29)(1 + 0.818)[1 - 0.54 \times (1.66 - 1)]}{2451.8 \times [1 - 0.54 \times (1.66 - 1)] - 144 \times 1.66 \times 0.54} \text{ kg/kg(原料液中的水)}$$

$$= 0.162 \text{ kg/kg(原料液中的水)}$$

由式(10-3)，可得

$$G = \frac{WR[c_1 - c_2(1 - V)]}{1 - c_2(R - 1)} = \frac{825 \times 1.66 \times [0.818 - 0.54 \times (1 - 0.162)]}{1 - 0.54 \times (1.66 - 1)} \text{kg}(CH_3COONa \cdot 3H_2O)/\text{h}$$

$$= 777.7 \text{ kg}(CH_3COONa \cdot 3H_2O)/\text{h}$$

10.1.5　结晶器

结晶器的类型很多，按操作方式可分为间歇式结晶器和连续式结晶器，按结晶方法可分为冷却结晶器、蒸发结晶器、真空结晶器等，按流动方式可分为混合型结晶器、多级型结晶器、晶浆循环型结晶器和母液循环型结晶器。下面介绍几种主要的结晶器的结构及性能。

1. 冷却结晶器

图 10-4 所示为一台连续操作的循环型冷却结晶器。部分晶浆由结晶器的锥形底排出后，经循环管与原料液一起通过换热器加热，沿切线方向重新返回结晶室。此结晶器生产能力很大。但因外循环管路较长，输送晶浆所需的压头较高，循环泵叶轮转速较快，因而循环晶浆中晶体与叶轮之间的接触成核速率较高。另一方面，它的循环量较低，结晶室内的晶浆混合不很均匀，存在局部过浓现象。因此，所得产品平均粒度较小，粒度分布较宽。

2. 蒸发结晶器

图 10-5 所示为奥斯陆蒸发结晶器。该结晶器由蒸发室与结晶室两部分组成。结晶室的器身常有一定的锥度，即上部较底部有更大的截面积，液体向上的流速逐渐降低，其中悬浮晶体的粒度越往上越小，因此结晶室成为粒度分级的流化床。在结晶室的顶层，基本上已不再含有晶粒，作为澄清的母液进入循环管路，与热浓料液混合，或在换热器中加热并送入汽化室蒸发浓缩而产生过饱和度。过饱和的溶液通过中央降液管流至结晶室底部，与富集于结晶室底层的粒度较大的晶体接触，晶体长得更大。溶液在向上穿过晶体流化床时，逐步解除其过饱和度。

3. 真空结晶器

图 10-6 是真空结晶器的构造简图。该结晶器内有圆筒形挡板，中央有导流桶，在其下端装

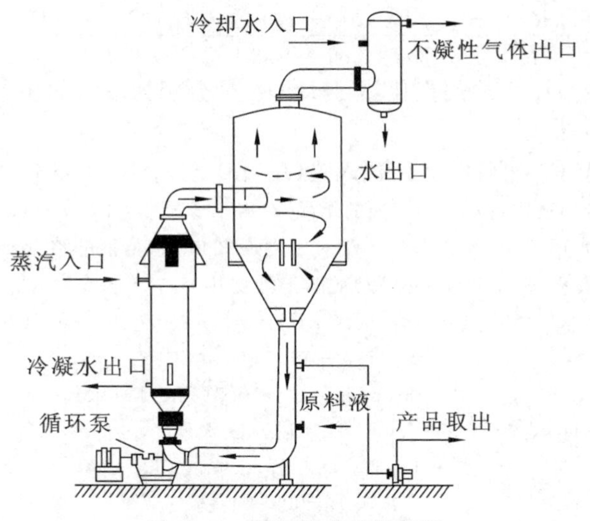

图 10-4　循环型冷却结晶器

置的螺旋桨式搅拌器的推动下,悬浮液在导流桶以及导流桶与挡板之间的环形通道内循环,形成良好的混合条件。圆筒形挡板将结晶器分为晶体成长区和澄清区。挡板与器壁间的环隙为澄清区,其中搅拌的作用基本上已经消除,使晶体得以从母液中沉降分离,只有过量的细晶才会随母液从澄清区的顶部排出加以消除,从而实现对晶核数量的控制。为了使产品粒度分布更均匀,有时在结晶器的下部设置淘洗腿。

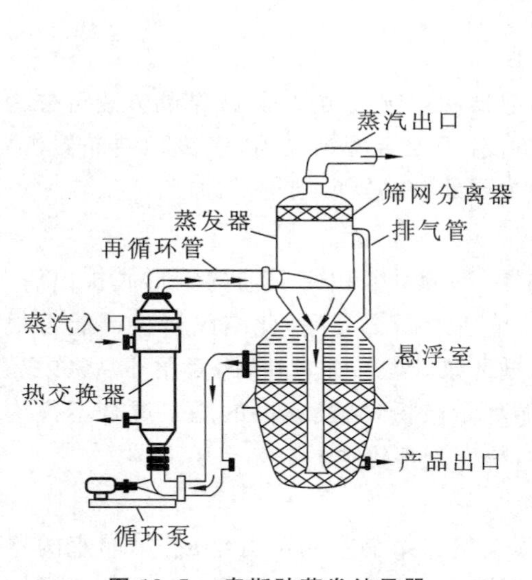

图 10-5　奥斯陆蒸发结晶器

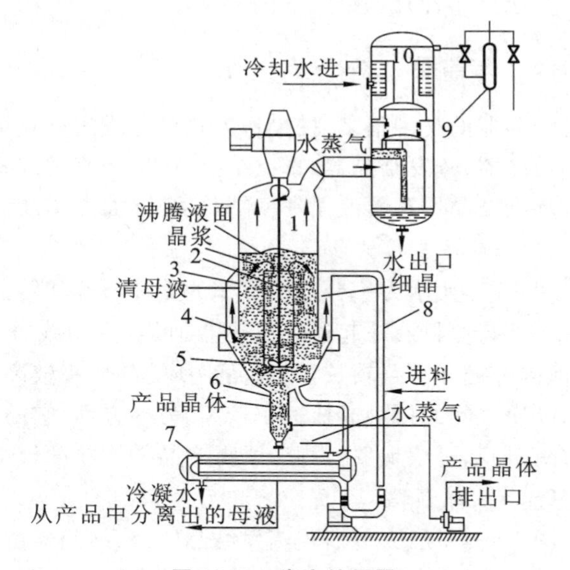

图 10-6　真空结晶器

1— 结晶室;2— 导液筒;3— 挡板;4— 澄清区;
5— 螺旋桨;6— 淘洗腿;7— 加热器;8— 循环管;
9— 喷射真空泵;10— 冷凝器

选择结晶器时,须考虑物系性质、产品粒度要求、处理量大小、能耗等多种因素。如要获得颗粒较大且均匀的晶体,可选用上述有粒度分级作用的结晶器;对于溶解度随温度降低而降低很小或不变的物系,可选择蒸发结晶器。另外,结晶器的选择还须考虑设备投资费用和操作费用的大小等因素。

10.1.6　其他结晶方法

生产中有时还采用许多其他结晶方法，如熔融结晶、盐析结晶、反应结晶、升华结晶、喷射结晶、冰析结晶等。

熔融结晶是在接近析出物熔点温度下，从熔融液体中析出组成不同于原混合物的晶体的操作，是根据待分离物质之间的凝固点不同而实现物质结晶分离的过程。熔融结晶过程主要应用于有机物的分离提纯，而专门用于冶金材料精制或高分子材料加工的区域熔炼过程也属于熔融结晶。

盐析结晶是在混合液中加入盐类或其他物质以降低溶质的溶解度，从而析出溶质的结晶操作。在盐析结晶过程中加入的物质称为盐析剂。盐析剂可以是液体、固体或气体。工业生产中联碱法以氯化钠作为盐析剂生产氯化铵。

反应结晶是液相中因化学反应生成的产物以结晶或无定形物析出的过程。反应结晶过程产生过饱和度的方法是通过气体（或液体）与液体之间的化学反应，生成溶解度很小的产物。工业上由硫酸及含氨焦炉气生产硫酸铵的过程即为反应结晶。

升华是指物质不经过液态而直接从固态变成气态的过程，其逆过程则是气态物质直接凝结为固态的过程。升华结晶过程常常包括上述两步，因此用这种方法可以把一个升华组分从含其他不升华组分的混合物中分离出来，如碘、萘、樟脑等常采用这种方法进行分离提纯。

喷射结晶类似于喷雾干燥过程，是将很浓的溶液中的溶质或熔融体固化的一种方法。此法所得固体并不一定能形成很好的晶体结构，固体形状很大程度上取决于喷射口的形状。

冰析结晶过程一般采用冷却方法，其特点是使溶剂结晶，而不是溶质结晶。冰析结晶的应用实例有海水的脱盐制取淡水、水果汁的浓缩等。

10.2　吸　　附

吸附现象很早就被人们发现并应用。例如制糖工业中，用活性炭来处理糖液，以吸附其中杂质，从而得到洁白的产品。近几十年来，吸附的应用范围越来越广，几乎遍及化工、食品、医药等各个行业中，尤其是活性炭在污染治理上的独特优点，使其在环境保护中占有重要地位。

吸附分离的应用主要包括：① 气体和液体的深度干燥；② 食品、药品和有机石油产品的脱色、除臭；③ 烷烃和芳烃的分离和精制；④ 气体的分离和精制；⑤ 从废水或废气中除去有害的物质等。

10.2.1　基本概念

1. 吸附与解吸

利用多孔固体颗粒选择性地吸附流体中的一个或几个组分，从而使流体混合物得以分离的方法称为吸附操作。通常称被吸附的物质为吸附质，用于吸附的多孔固体颗粒称为吸附剂。

按照吸附作用力性质的不同，吸附可以分为物理吸附、化学吸附和离子交换吸附。物理吸附是由于物质分子间范德华作用力而产生的吸附现象，其特点是被吸附的分子不是附着在吸附剂表面的特定位置上，而是稍微能够在介质表面上作自由移动，常常为多层吸附。化学吸附是指由吸附剂与吸附质的分子间形成化学键而引起的吸附现象，需要在较高温度下进行，选择性较强，通常为单分子层吸附。离子交换吸附是指在吸附过程中，每吸附一个吸附质的离子，吸附剂便放出等量电荷的离子，离子带电荷越多，它在吸附剂表面吸附力就越强。此外，按照吸附条件是否发生变化，又可以把吸附分为变温吸附、变压吸附以及变浓度吸附。通常，对于同一体系，在低温时主要属于物理吸附，在高温时主要是化学吸附，即两种吸附常同时发生。

与吸附相反，组分脱离固体吸附剂表面的现象称为解吸(或脱附)。与吸收-解吸过程相类似，吸附-解吸的循环操作构成一个完整的工业吸附过程。工业上提高吸附过程的处理量需要反复进行这样的循环操作，常采用的方法如下。

(1) 变温吸附：在一定压力和较低的温度下，流体通过吸附剂层，某个组分或几个组分被选择性吸附，混合物得以分离；当吸附剂达到吸附饱和后，用升高温度的方法进行解吸，使吸附剂再生，完成循环操作。

(2) 变压吸附：在恒温或无热源的吸附过程中，吸附剂在加压时进行吸附，减压或抽真空时解吸，利用压力的变化完成循环操作。

(3) 变浓度吸附：吸附分离时对热敏性组分，如不饱和烯烃类物质在较高温度下易发生聚合现象，不宜升温解吸，可选用惰性溶剂冲洗或萃取剂抽提的方式使吸附质解吸。

(4) 色谱吸附：色谱分离，包括气相色谱、液相色谱、离子交换色谱、凝胶色谱及其他色谱，是有机化工、食品、石油化工、医药等各种工业中常用而有效的分离技术之一。依据操作方法的不同，又可分为冲洗分离和置换分离。

不同的吸附和解吸操作有各自的优缺点和使用范围，应根据分离要求、原料组成、操作条件等具体进行选择，也可以将几种操作方式联合应用，如变温变压吸附、变温变浓度吸附等。

2. 常用吸附剂

吸附剂是流体吸附分离过程得以实现的基础。目前在吸附过程中常用的吸附剂主要有合成沸石(分子筛)、活性炭、硅胶、活性氧化铝等。在吸附操作中，针对不同的混合物系及不同净化度要求将采用不同的吸附剂。

(1) 合成沸石(分子筛)：人工合成的沸石(分子筛)是结晶硅酸金属盐的多水化合物。它的热稳定性好、化学稳定性高，且具有良好的分离性、选择性和吸附性能。

(2) 活性炭：活性炭是具有多孔结构并对气体等有很强吸附能力的碳基物质的总称。它是由含碳的有机物(如煤、椰子壳、坚果核、木材等)，加热炭化，除去全部挥发物质，再经破碎、活化和加工成型几个工序制成的。活性炭性能稳定，抗腐蚀，可广泛用于食品、石油化工、制药等工业的脱色、脱臭、精制、“三废”处理及作为催化剂的载体。

(3) 硅胶：硅胶是一种坚硬、多孔结构的亲水性吸附剂，是由硅酸钠溶液经酸处理，所得胶状沉淀物经老化、水洗、干燥后制得的。硅胶对极性物质具有良好的吸附性，故多用于气体或液体的干燥、层析分离等。

(4) 活性氧化铝：由含水氧化铝加热活化制得，是一种极性吸附剂，对水分的吸附能力大，可用做干燥剂、催化剂或催化剂载体等。因其吸附容量大，故具有使用周期长、不用频繁地切换再生等优点。

3. 吸附剂的性能要求

工业应用中，常由于混合物系净化度要求不同，而采用不同的吸附剂。一般来说，吸附剂应满足如下的主要性能要求。

(1) 有较大的比表面积。比表面积的大小与吸附剂的吸附容量成正比，比表面积越大，吸附容量越大。常见吸附剂比表面积列于表 10-1。

表 10-1　常用吸附剂比表面积

吸附剂种类	硅胶	活性氧化铝	活性炭	分子筛
比表面积/(m^2/g)	300 ~ 800	100 ~ 400	500 ~ 1500	400 ~ 750

(2) 具有良好的稳定性、吸附性和选择性。吸附剂应具有稳定的物理、化学性质，同时对不同吸附质应具有选择性吸附的作用，并且在特定条件下对流体具有良好的分离净化能力。

(3) 颗粒大小均匀。吸附剂外形通常为球形和短柱形。吸附剂颗粒大小均匀，可使流体通过床层时分布均匀，避免产生流体返混现象，提高分离效果。

(4) 具有较高的强度和耐磨性。吸附过程中流体的反复冲刷、压力的频繁变化以及温度的变化都对吸附剂产生影响。若吸附剂没有足够的机械强度和耐磨性，将出现破碎粉化现象，从而对操作过程和设备造成破坏性影响。

(5) 廉价易得。工业上吸附剂用量大，且生产具有连续性，故应具有稳定的来源和合理的价格。

10.2.2　吸附平衡

吸附平衡是指在一定温度和压力下，气固或液固两相充分接触，最后吸附质在两相中达到动态平衡的过程。例如，含有一定量的吸附质的惰性流体通过吸附剂固定床层，吸附质在流动相和固定相中反复分配，最后达到稳定的动态平衡。从宏观上看，当吸附量不再继续增加时，就达到了吸附平衡。此时的吸附量称为平衡吸附量，常用 q_e（单位为 kg(吸附质)/kg(吸附剂)）表示。q_e 的大小与吸附剂的物化性能，即比表面积、孔结构、粒度、化学成分等有关，也与吸附质的物化性能、压力(或浓度)、吸附温度等因素有关。

1. 单组分气体在固体上的吸附平衡

实验表明，若流体为气体，对于一个给定的物系（即一定的吸附剂和一定的吸附质），达到吸附平衡时，吸附量与温度及压力有关，可表示为

$$q_e = f(T,P)$$

当 T 为常数时，$q_e = f(P)$，它表明了平衡吸附量与压力之间的关系，反映这个关系的曲线称为吸附等温线。

根据实验，吸附等温线可归纳为如图 10-7 所示的五种类型。图中纵坐标为平衡吸附量 q^*，横坐标为蒸气分压 p_i 和该温度下饱和蒸气压 p^* 的比值 p_i/p^*（相对压力）。

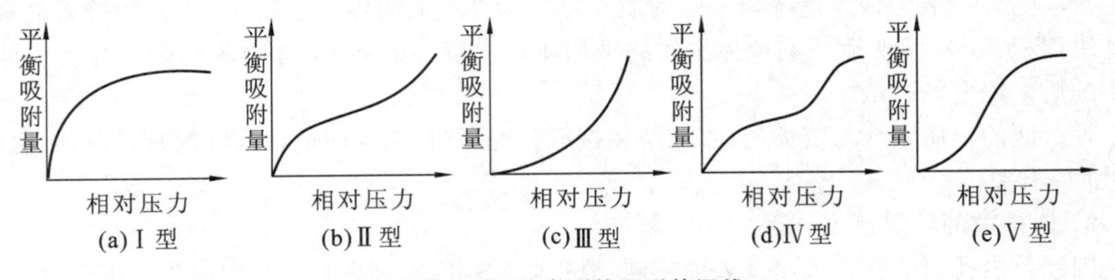

图 10-7　五种类型的吸附等温线

其中，Ⅰ 型表示在气相吸附质浓度很低时，仍有相当高的平衡吸附量，特点是曲线向上凸出，吸附出现饱和值。Ⅲ 型表示平衡吸附量随气相浓度上升开始增加较慢，后来较快，曲线下凹。而 Ⅱ 型、Ⅳ 型、Ⅴ 型则多见于多层吸附中。

DeVault 提出:沿吸附量坐标方向向上凸的吸附等温线为"优惠"等温线,即 Ⅰ 型,可以保证痕量物质脱除;向下凹的等温线为"非优惠"的吸附等温线,如 Ⅲ 型。五种类型的吸附等温线反映了吸附剂的表面性质不同,以及孔的分布和吸附质分子间的作用力不同。

2. 吸附平衡方程

常见的气体在分子筛、活性氧化铝、硅胶等吸附剂上的吸附等温线基本属于朗格缪尔(Langmuir)型,即图 10-7 中的 Ⅰ 型。朗格缪尔假设在等温下,对于均匀的表面,被吸附溶质分子间没有作用力,形成单分子吸附层。朗格缪尔方程的数学表达式为

$$\theta = \frac{q_p}{q_m} = \frac{Bp}{1 + Bp} \tag{10-6}$$

式中,θ 为吸附剂表面吸附质的覆盖率;q_p 为压力 p 时对应的平衡吸附量,kg(吸附质)/kg(吸附剂);q_m 为吸附剂的最大吸附容量,kg(吸附质)/kg(吸附剂);B 为朗格缪尔常数;p 为吸附压力,Pa。

朗格缪尔方程是一个理想的等温吸附方程,能较好地描述 Ⅰ 型在中、低浓度下的等温吸附平衡。

10.2.3　吸附速率

1. 吸附过程

吸附速率是设计吸附装置的重要依据。吸附速率是指当流体与吸附剂接触时,单位时间内的吸附量,单位为 kg/s。吸附速率与物系、操作条件及浓度有关。当物系及操作条件一定时,吸附过程可以分为三个步骤:第一步称为外扩散,吸附质从流体主体通过吸附剂颗粒周围的气膜(或液膜)扩散到颗粒的外表面;第二步称为内扩散,吸附质从吸附剂颗粒外表面传递到颗粒孔隙内部;第三步称为表面吸附过程,吸附质在固体内表面上被吸附。

吸附过程的三个步骤是按先后顺序进行的,脱附时则逆向而行。吸附过程的总速率由速率最慢的步骤控制,多数的吸附过程总速率是由内扩散控制的。

2. 吸附过程速率方程

1) 外扩散的传质速率方程

吸附质在流体主体和吸附剂颗粒表面有浓度差,吸附质以分子扩散的形式由流体主体扩散到吸附剂颗粒的外表面。外扩散的传质速率方程为

$$N_A = k_F a_p (c - c_i) \tag{10-7}$$

式中,N_A 为外扩散的传质速率,kg(吸附质)/s;k_F 为外扩散的传质系数,m/s;a_p 为吸附剂颗粒的外表面积,m^2;c 为吸附质在流体主体的平均质量浓度,kg/m^3;c_i 为吸附剂颗粒外表面处吸附质的质量浓度,kg/m^3。

外扩散的传质系数与流体的性质、两相接触状况、颗粒的几何形状及吸附操作条件(温度、压力)等有关。

2) 内扩散的传质速率方程

因颗粒内孔道的孔径大小及表面不同,故吸附质在吸附剂颗粒微孔内的扩散机理也不同,且比外扩散要复杂得多。其内扩散分五种情况。

(1) 分子扩散:当孔径远大于吸附质分子运动的平均自由程时,吸附质的扩散在分子间碰撞过程中进行。

(2) 努森(Knudsen) 扩散:当孔道直径很小时,扩散在以吸附质分子与孔道壁碰撞为主的

过程中进行。

(3) 过渡扩散：当孔径分布较宽，有大孔径又有小孔径时，分子扩散与努森扩散同时存在。

(4) 表面扩散：颗粒表面凹凸不平，表面能也起伏变化，吸附质在分子扩散时沿表面碰撞弹跳，从而产生表面扩散。

(5) 晶体扩散：吸附质分子在颗粒晶体内的扩散。

将内扩散过程作简单处理，传质速率方程采用下述简单形式：

$$N_A = k_s a_p (q_i - q) \tag{10-8}$$

式中，k_s 为吸附剂固体相侧的传质系数，kg/(m^2 · s)；q_i 为与吸附剂外表面浓度成平衡的吸附量，kg(吸附质)/kg(吸附剂)；q 为颗粒内部的平均吸附量，kg(吸附质)/kg(吸附剂)。

k_s 与吸附剂的孔结构、吸附质的性质等有关，通常由实验测定。

3) 吸附过程的总传质速率方程

吸附剂外表面处吸附质的浓度 c_i、q_i 很难测得，因此吸附过程的总传质速率通常以与流体主体平均浓度相平衡的吸附量和颗粒内部平均吸附量之差为吸附推动力来表示，即

$$N_A = K_s a_p (q^* - q) = K_F a_p (c - c^*) \tag{10-9}$$

式中，K_s 为以 $c - c^*$ 为吸附推动力的总传质系数，m/s；K_F 为以 $q^* - q$ 为吸附推动力的总传质系数，kg/(m^2 · s)。

10.2.4　固定床吸附过程分析

在固定床吸附过程中，影响吸附质分布及流体在床层中流动的因素很多。为直观地了解固定床吸附情况，常用吸附负荷曲线与透过曲线来描述。

1. 吸附负荷曲线

把颗粒大小均一的同种吸附剂装填在固定吸附床中，含有一定浓度(c_0)吸附质的气体混合物以恒定的流速通过吸附床层。假设床层内的吸附剂完全没有传质阻力，即在吸附速率无限大的情况下，吸附质一直是以 c_0 的初始浓度向气体流动方向推进，类似于气缸中的活塞移动，如图 10-8(a) 所示。

实际上，由于传质阻力的存在，沿床层不同的位置吸附质被吸附的量不同。通常将吸附质沿床层长度的浓度变化曲线称为吸附负荷曲线。当吸附质浓度为 c_0 的气体混合物通过吸附床时，首先是在吸附床入口处形成S形曲线，此曲线便称为吸附前沿(或传质前沿)，如图 10-8(b) 所示。随着气体混合物不断流入，吸附前沿向前移动，经过 t_3 时间后，吸附前沿的前端到达吸附床的出口端。

S 形曲线所占的床层长度称为吸附的传质区。传质区形成后，只要气流速率不变，其长度也不变，并随着气流不断进入，逐渐沿气流向前推进。因此在吸附过程中，吸附床可分为三个区段，如图 10-8(c) 所示。

(1) 吸附饱和区：此区域内吸附达到动态平衡，床层浓度均匀不变。

(2) 吸附传质区：传质区越短，表示传质阻力越小(即传质系数大)，床层中吸附剂的利用率越高。

(3) 吸附床的未吸附区：此区域内吸附剂未进行吸附。

2. 透过曲线

在吸附床中，随着气体混合物不断流入，吸附前沿不断向固定床的出口端推进，经过一定时间，吸附质出现在吸附床出口处，吸附质浓度逐渐增高。测定吸附床出口处吸附质浓度随时

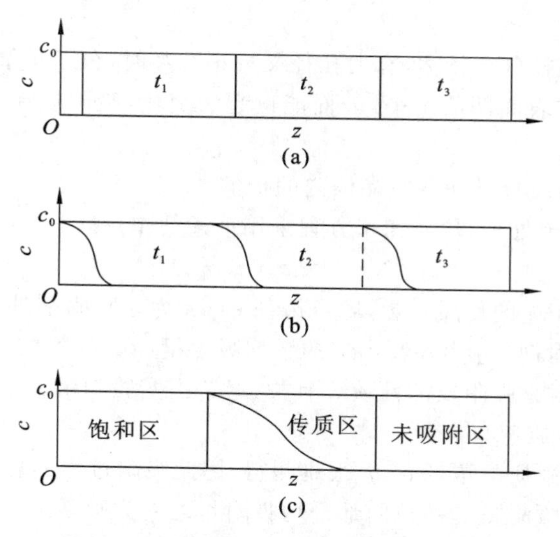

图 10-8　吸附前沿、传质区的移动和形成

间的变化,便可绘出如图 10-9 所示的曲线,称为透过曲线。该曲线上流体浓度开始明显升高时的点称为穿透点,与其对应的吸附质浓度、吸附时间分别称为透过浓度和透过时间。一般规定出口流体浓度为进口浓度的 5% 时为穿透点。若继续操作,床层出口处流体浓度将接近进口浓度,该点称为饱和点,一般取出口流体浓度为进口浓度的 95% 时为饱和点。

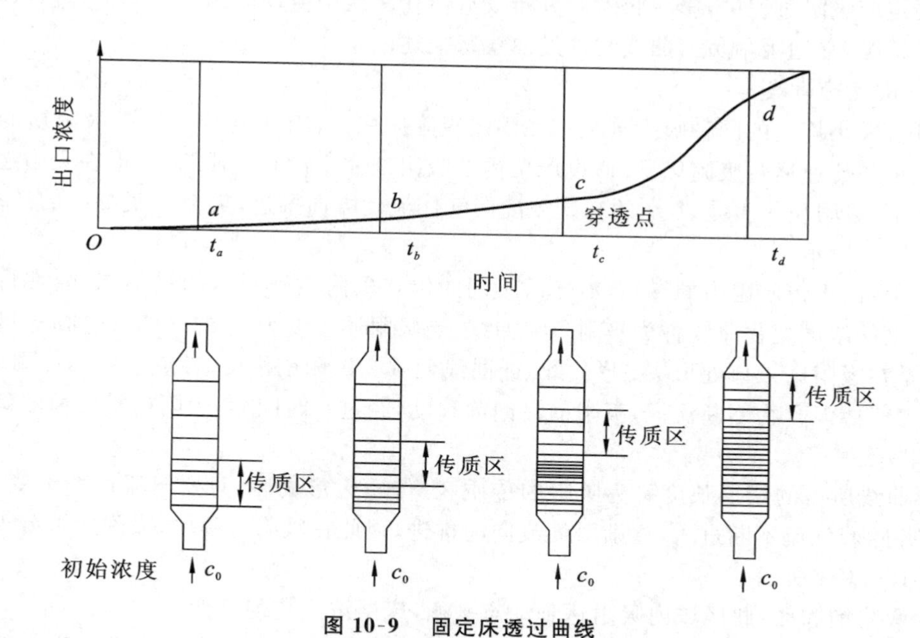

图 10-9　固定床透过曲线

负荷曲线或透过曲线的形状与吸附传质速率、流体流速以及相平衡有关。传质速率越大,传质区就越薄,对于一定高度的床层和气体负荷,其透过时间也越长。流体流速越小,停留时间越长,传质区也越薄,则床层的利用率也越高。当传质速率无限大时,传质区无限薄,负荷曲线和透过曲线均为阶跃曲线。

10.2.5　吸附分离设备

工业常用的吸附器有固定床吸附器、流化床吸附器及移动床吸附器等多种，操作方式因设备不同而异。

1. 固定床吸附器

固定床吸附器是最常用的吸附分离设备，属间歇操作设备。它大多为立式筒体结构，在筒体内部支撑的格板或多孔板上，放置吸附剂颗粒，成为固定床吸附床层，当需处理的流体通过该床层时，吸附质被吸附在固定吸附剂上，其余流体则由出口流出。

工业上一般采用两台吸附器轮流进行吸附与再生操作，操作时必须不断地进行周期切换。对运行中的设备，为保证吸附区高度有一定的富余，需要放置比实际需要更多的吸附剂，因而吸附剂用量较大。此外，静止的吸附剂床层传热性能差，再生时要将吸附剂床层加热升温，同时吸附过程会产生吸附热。因此，在吸附操作过程中往往会出现床层局部过热的现象，影响吸附。尽管固定床吸附器有以上缺点，但也有许多优点，如结构简单、造价低、吸附剂磨损少、操作易掌握、操作弹性大，可用于气相、液相吸附，分离效果较好，所以固定床吸附器在工业生产中得到广泛应用。

2. 流化床吸附器

图 10-10 所示为流化床吸附流程。用于吸附操作的流化床一般为双体流化床，即该系统由吸附单元与脱附单元组成。含有吸附质的流体由吸附器底部进入，由下而上流动，使向下流动的吸附剂流态化。净化后的流体由吸附器顶部排出，而吸附后的吸附剂则由吸附器底部排出进入脱附单元顶部进行解吸，再生后的吸附剂返回吸附器顶部继续进行吸附操作，解吸后释放的吸附质则被送入氧化炉中进行处理。

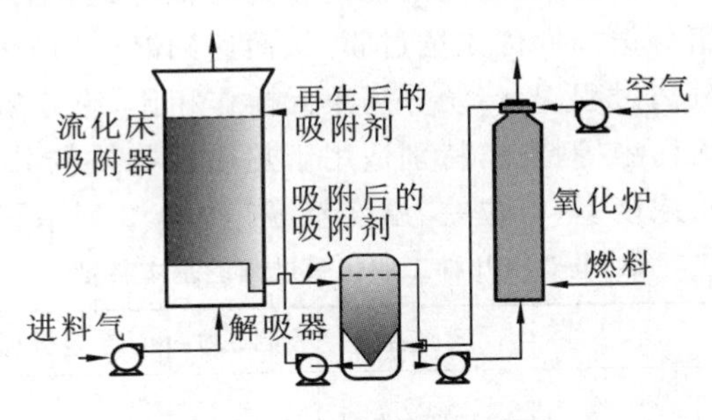

图 10-10　流化床吸附流程

流化床吸附器适用于处理大量流体的场合，如从工业废气中回收有机溶剂、从热电厂烟道气中回收二氧化碳等，其特点是吸附与脱附过程同时进行，有利于连续操作。缺点是床层内返混、对吸附剂磨损较大、操作弹性较窄、设备复杂、费用高等。

3. 流化床-移动床联合吸附设备

流化床-移动床联合吸附操作将吸附、再生集于一塔，如图 10-11 所示。该塔由三部分组成：塔的上部为多层流化床，原料与流态化的吸附剂充分接触进行吸附；吸附后的吸附剂进入塔中部带有加热装置的移动床层进行二次吸附；升温后进入塔下部的再生段。在再生段中，吸附剂与通入的惰性气体逆流接触得以再生。最后靠气力输送至塔顶，再次进入吸附段，再生后的流体可通过冷却器回收吸附质。该操作具有连续性好、吸附效果好的特点。

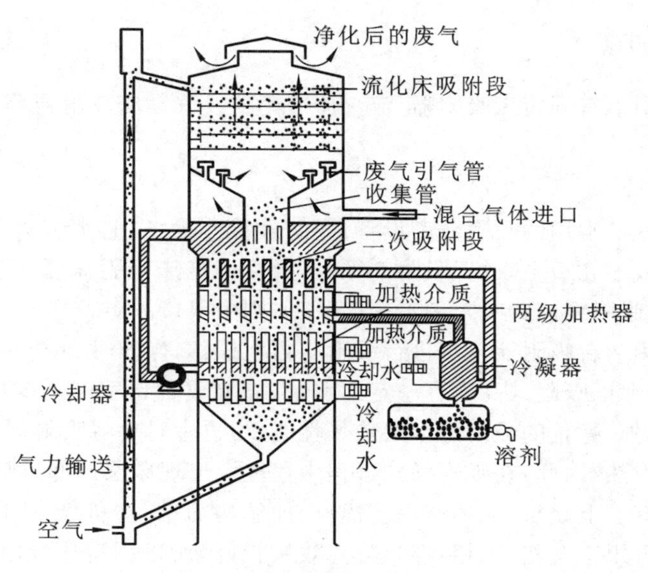

图 10-11　连续再生吸附塔

10.3 膜　分　离

10.3.1　膜分离的种类和特点

膜分离是指以对组分具有选择性透过功能的膜为分离介质,通过在膜两侧施加一种或多种推动力,使原料中的某组分选择性优先透过膜,从而达到混合物的分离,并实现产物的提取、浓缩、纯化等目的的新型分离过程。与传统分离单元操作相比,膜分离具有能耗低、操作灵活简便、适用范围广、占地少、无污染等特点,特别适用于热敏性物质的分离。膜分离的推动力可以为压力差(或称跨膜压差)、浓度差、电位差、温度差等。表 10-2 列举了几种膜分离过程的要点。

表 10-2　几种工业化膜过程的基本特征

过程	简图	膜类型	推动力	传递机理	透过物	截留物
微滤	进料 → 滤液(水)	均相膜、非对称膜	压力差	筛分	水、溶剂、溶解物	悬浮物微粒、细菌
超滤	进料 → 浓缩液、滤液	非对称膜、复合膜	压力差	微孔筛分	溶剂、离子及小分子	生物大分子
反渗透	进料 → 溶质(盐)、溶剂(水)	非对称膜、复合膜	压力差	优先吸附毛细孔流动	水	溶剂、溶质大分子、离子
渗析	进料 → 净化液;扩散液 ← 接收液	非对称膜、离子交换膜	浓度差	扩散	低相对分子质量溶质、离子	溶剂相对分子质量大于 1000

续表

过程	简图	膜类型	推动力	传递机理	透过物	截留物
电渗析	浓电解质；溶剂；正极；负极；阴膜；阳膜；进料	离子交换膜	电位差	反离子迁移	离子	同名离子、大分子、水
混合气体分离	进气；渗余气；渗透气	均相膜、复合膜、非对称膜	压力差、浓度差	气体的选择性扩散渗透	易渗透的气体	难渗透的气体
渗透汽化	进料；溶质或溶剂；溶剂或溶质	均相膜、复合膜、非对称膜	分压差	气体的选择性扩散渗透	蒸气	难渗透的液体

膜是分离过程的关键。好的膜必须具备高选择性、高通量、高强度、高稳定性，且基本无缺陷并能大规模生产等特性。目前工业中大规模应用的多为固膜，其分类如下。

（1）固膜按照结构可分为对称膜及非对称膜两类。对称膜截面方向（即渗透方向）的孔径与孔径分布基本均匀一致，分为致密膜和多孔膜，孔的形状呈网状、柱状或海绵状等。非对称膜则相反，膜截面方向结构是非对称的，其表面为极薄的、起分离作用的致密表皮层，或具有一定孔径的细孔表皮层，皮层下面是多孔的支撑层。此外，也可以在多孔支撑层上面覆盖一层不同材料的致密皮层而构成复合膜，所以复合膜也属于非对称膜。

（2）固膜按材质可分为无机膜及聚合物膜两大类。目前使用的绝大多数固膜是聚合物膜，通常用乙酸纤维素、芳香族、聚酰胺、聚砜、聚四氟乙烯等材料制成。近年来开发的无机膜则由陶瓷、玻璃、金属等材料制成，其耐热性、化学稳定性好，孔径较均匀。

10.3.2　膜组件

膜组件是将膜以某种形式组装在一个基本单元设备内，然后在外界推动力作用下实现对混合物中各组分分离的器件，又称膜分离器。好的膜组件应具备密封性能可靠、膜装填密度高、流体流动方式合理、造价低等特点。

目前工业上常用的膜组件主要有板框式、螺旋卷式、管式和中空纤维式四种类型，结构如图 10-12 所示。

（1）板框式：板框式膜组件类似于常规的板框式压滤装置，有长方形、椭圆形或圆盘形等。膜被放置在多孔的支撑板上，膜之间可夹有隔板，两块装有膜的多孔支撑板叠压在一起，形成 1 mm左右的料液流道间隔，且多层交替重叠压紧，两层间可并联或串联连接。隔板上的沟槽用做料液流道，支撑板上的联通多孔可作为透过液的通道。除了压紧式外，还有系紧螺栓式和耐压容器式两种。

（2）螺旋卷式：螺旋卷式膜组件是采用平板膜制成信封状密封膜袋，将多孔性支撑材料夹在膜袋内，半透膜的开口与中心管密封，在膜袋的上下，衬上料液隔网，然后连在一起滚压卷绕在空心管上，再将其装入圆柱形压力容器内，构成膜组件。组件内的膜袋数目称为叶数，叶数增

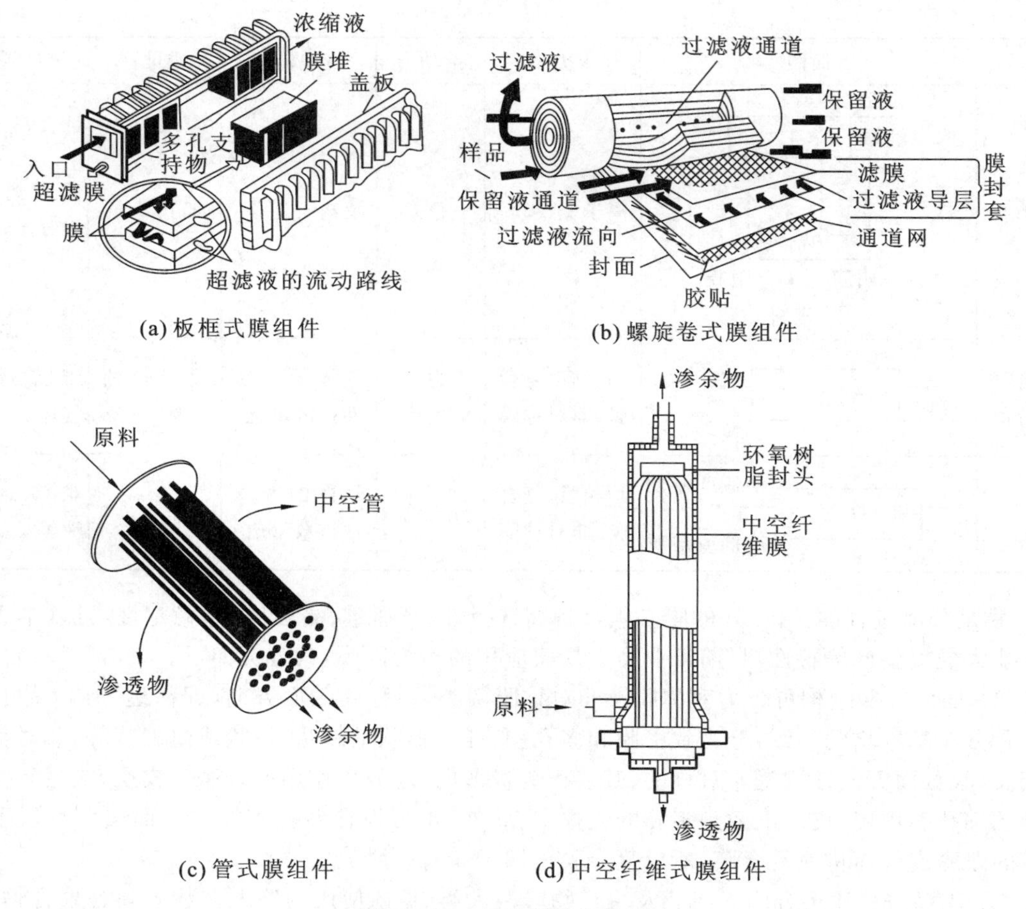

(a) 板框式膜组件　(b) 螺旋卷式膜组件

(c) 管式膜组件　(d) 中空纤维式膜组件

图 10-12　各种形式的膜组件

大,膜面积可增加,但原料流程变短。

(3) 管式:管式膜组件有无机膜和有机膜两大类。管式有机膜组件是将制膜液直接涂布在多孔支撑管上制成,常将 10 ~ 20 根管并联组装成类似于换热器的膜组件,也可制成套管式。无机膜组件可由多支单流道管或多流道管组装而成,多流道管的流道数可以为 7、19 及 37。

(4) 中空纤维式:该膜组件是将数千至几十万根中空纤维束弯成 U 形,在纤维束的中心轴装有一支原料分布管,纤维束的一端或两端用环氧树脂铸成管板或封头,装入圆筒形耐压容器内构成。中空纤维式膜组件大多为外压式,耐压能力较强。组件的排列方式有轴流型、径流型及纤维卷筒型等。

10.3.3　膜分离过程

膜分离过程的种类很多,通常根据分离目的、被截留物质与透过物质的特性、推动力、分离机理及进料与透过流体的状态的不同,将膜分离过程分为微滤、超滤、反渗透、渗析、电渗析、混合气体分离等过程,下面介绍几种膜分离过程。

1. *超滤*

超滤是指以压差为推动力,用固体多孔膜截留混合物中的微粒和大分子溶质而使溶剂透过膜孔的分离过程,如图 10-13 所示。

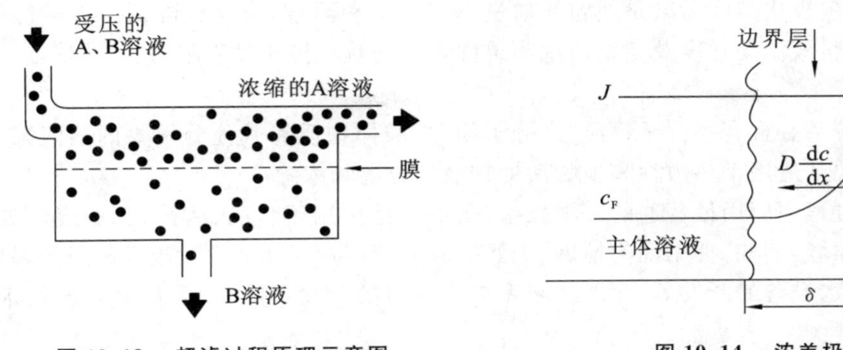

图 10-13　超滤过程原理示意图

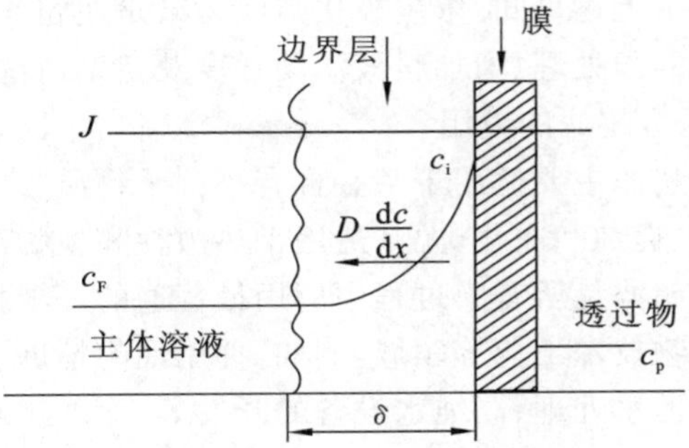

图 10-14　浓差极化模型

超滤膜孔的大小和形状对分离起主要作用，材料与膜的物化性质对分离性能影响不大。常用的超滤膜为非对称膜，表面活性剂的微孔孔径为 1～100 nm，操作压力差一般为 0.1～0.5 MPa。

表征超滤膜性能的主要参数有透过速率和截留相对分子质量以及截留率，而更多的是使用截留相对分子质量来表征。通常，超滤过程的截留相对分子质量为 500～10^6。

1）浓差极化

对于用压力差推动的膜分离过程，无论是反渗透还是超滤与微滤，在操作中都存在浓差极化的现象，其传递模型可用图 10-14 表示。

超滤时，在压力差作用下，混合物中小于膜孔的组分透过膜，而大于膜孔的组分被截留，这些被截留的组分在紧邻膜表面处形成浓度边界层，使边界层中的溶液浓度 c_i 大大高于主体流溶液浓度 c_F，形成由膜表面到主体流溶液之间的浓度差，从而导致紧靠膜表面的溶质反向扩散到主体流溶液中，这就是浓差极化现象。浓差极化使得一定压差下溶剂的透过速率下降，同时 c_i 的增加又使溶质的透过速率增大，截留率下降，严重时导致操作过程无法进行。

2）膜污染

膜污染是指料液中的某些组分在膜表面或膜孔中沉积下来，导致膜透过速率减小的现象。组分在膜表面沉积形成的污染层将产生额外的阻力，该阻力可能远大于膜本身的阻力而成为过滤的主要阻力；组分在膜孔中的沉积将造成膜孔减小甚至堵塞，减小了膜的有效面积。膜污染主要发生在超滤与微滤过程中。

图 10-15 所示的是超滤过程中压力差 Δp 与透过速率 J 之间的关系。对于纯水的超滤，其水通量与压力差成正比；对溶液的超滤，由于浓差极化与膜污染的影响，超滤通量随压力差的变化关系为曲线。当压力差达到一定值后，再提高压力只能使边界层的厚度或阻力增大，而超滤通量则不变，从而获得极限通量 J_∞。

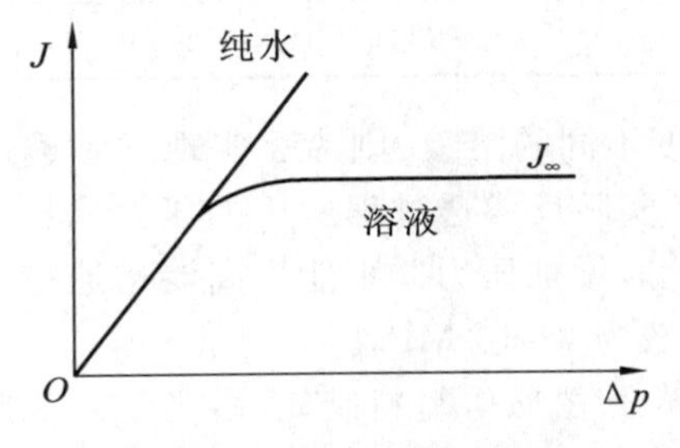

图 10-15　透过速率与操作压力差的关系

由上述可知,浓差极化与膜污染是使超滤通量下降的不利因素,应设法降低。可通过对原料液的预处理、增加料液湍动程度及定期清洗膜组件等方法减小传递过程阻力。

3) 超滤的应用

超滤主要适用于某些含有小分子物质、高分子物质、胶体物质和其他分散物的溶液浓缩、分离、提纯和净化,尤其适用于热敏性和生物活性物质的分离和浓缩。

超滤是所有膜过程中应用最普遍的一项技术,已被广泛应用于食品、医药、工业废水处理及生物技术工业等领域,例如,食用油的精炼、牛奶的浓缩、医药产品的除菌、激素和酶的提取、城市污水处理、高纯水设备的开发等。而近年来无机膜材料的开发,必将大大拓宽超滤技术的应用领域。

2. 反渗透

反渗透是利用孔径小于 1 nm 的反渗透膜,在压力差的推动下,克服溶剂的渗透压,使溶剂通过反渗透膜而从溶液中分离出来的过程。反渗透最早应用于海水和苦咸水的淡化处理,现在已向超纯水的制造、废水处理,医药、食品以及化工工业用水处理等领域快速扩展。

1) 反渗透原理

用一张固体膜将纯水与盐水隔开,如图 10-16(a) 所示,则纯水将自发地透过膜向盐水侧移动,这个现象称为渗透。随着水的不断渗透,盐水侧水位升高,当升高到 h 时,渗透过程达到动态平衡,如图 10-16(b) 所示,h 高度溶液产生的压头称为该溶液的渗透压(π),若在盐水上方施加一个外压力,且 $p > \pi$,则水将从盐水侧向纯水侧作反向移动,如图 10-16(c) 所示,这种现象称为反渗透。

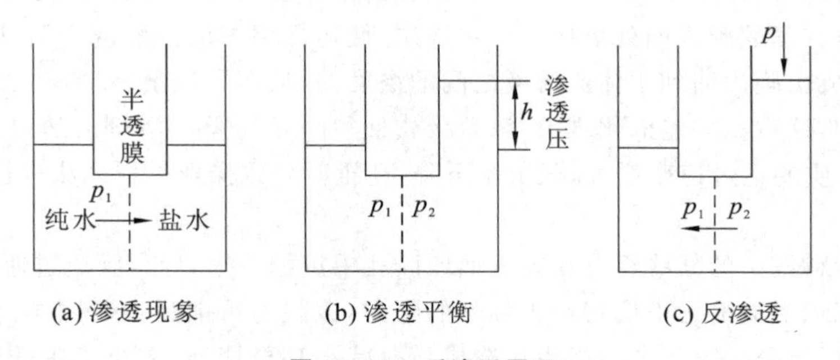

图 10-16　反渗透原理

渗透压是溶液的一个性质,与溶质的浓度有关,而与膜无关。表 10-3 列举了 25 ℃ 下不同浓度氯化钠溶液的渗透压。

表 10-3　25 ℃ 下不同浓度氯化钠溶液的渗透压

氯化钠质量分数	0	1.15%	3.39%	6.55%	12.3%
渗透压 /MPa	0	0.923	2.74	5.61	12.0

若反渗透膜的两侧是浓度不同的溶液,则为了实现反渗透过程,在膜两侧的压力差必须大于两侧溶液的渗透压差 $\Delta\pi$。实际反渗透过程所用的压力差比渗透压高许多倍,但达到一定压力时,膜面会形成凝胶层,此时增加压力并不能提高渗透通量,同时操作压力差的增大会导致能耗增加,因此反渗透压一般为 2~10 MPa。

反渗透膜常用乙酸纤维素、聚酰胺等材料制成,多为不对称膜或复合膜。如乙酸纤维素膜是由表面活性层、过渡层和多孔支撑层组成的不对称膜。表面活性层几乎无孔,可截留大多数溶质，使溶剂通过。多孔支撑层呈海绵状，过渡层介于二者之间。评价反渗透膜性能的主要参数为透水率与脱盐率。另外，在高压下，会对膜产生压实作用，造成透水率下降，故抗压实性也是反渗透膜性能的一个重要评价指标。

反渗透过程大致可分为三步进行（如图10-17所示）：水从料液主体传递到膜的表面；水从膜的表面进入膜的分离层，并渗透过分离层；从膜的分离层进入支撑体的孔道，然后流出膜。与此同时，少量的溶质也可以透过膜而进入透过液中，这个过程取决于膜的质量。

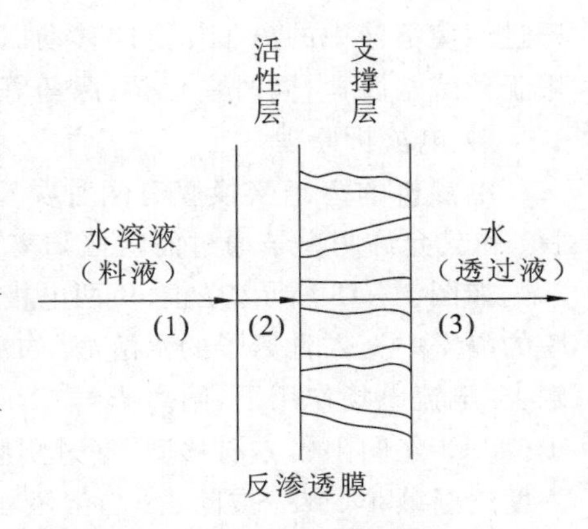

图10-17　反渗透过程

2）浓差极化

在反渗透过程中，由于浓差极化，膜表面处溶液浓度升高，易使溶质在膜表面沉积下来，使膜的传质阻力大为增加，同时导致溶液的渗透压升高。

由于膜的选择渗透性，膜分离过程中的浓差极化是无法根除的，但浓差极化可以通过改变操作条件加以控制。增加原料液的流速，使靠近高压侧膜表面的滞留层变薄；在流道中加入内插件，加大湍流程度；也可以采用脉冲形式进料，来增加湍流程度；适当提高温度，降低黏度，也可以使浓差极化得到部分的控制，但温度升高会导致能耗增大，并且对高分子膜的使用寿命有影响，因此反渗透过程一般在常温或略高于常温下操作。

3）膜的清洗

膜污染会导致膜的寿命下降。为了预防膜污染，需对原料液进行严格的预处理，一般包括沉淀、过滤、凝胶、除菌等。

一般来说，当出现透水量减少10%以上、进料压力增加10%以上、透盐率明显增大、膜表面结垢等情况，就需要对膜进行清洗。清洗的方法有两种：化学清洗和物理清洗。

物理清洗中可以采用流动的清水冲洗膜的表面，也可以采用水和空气的混合流冲洗。物理清洗时要注意避免损坏膜面。物理清洗一般只能除去一些附着不牢的污染物。化学清洗是采用各种清洗剂来清洗，清洗效果好。清洗过程一般先用酸性清洗剂清洗无机盐类，再用碱性清洗剂清洗有机物，同时还要考虑到pH、温度、膜表面电荷等。常用的清洗剂有草酸、柠檬酸、加酶洗涤剂和双氧水等。草酸、柠檬酸可以从膜上除去金属氧化物沉淀；加酶洗涤剂对有机物，特别是蛋白质、多糖类和油脂类污染物有较好的清洗效果；双氧水对有机物也有良好的洗涤效果。

4）反渗透的应用

海水脱盐是反渗透技术使用最广泛的领域之一。反渗透是一种节能技术，过程中无相变，一般不需加热，工艺过程简单，能耗低，操作和控制容易，现已逐渐应用到食品、医药、化工等领域的分离、精制、浓缩操作之中。用反渗透法生产淡水的成本与原水中的盐含量有关，盐含量越高，则淡化成本越高。电子工业用超纯水生产过程中，一般是采用反渗透法除去大部分（95%以上）盐后，再用离子交换法脱除残留的盐，这样既可减轻离子交换剂的操作负荷，又可延长其使用寿命。对于食品工业中液体食品（牛奶、果汁等）的部分脱水，与常用的冷冻干燥和蒸发脱水相比，反渗透法脱水比较经济，而且产品的香味和营养不致受到影响。用反渗透法处理废水很彻底，可以直接得到清水，但其成本相当高，因此，只能对那些危害极大的废水，或含有回收价值的废水使用反渗透技术。

3. 电渗析

电渗析是利用离子交换膜和直流电场的作用，以电位差为推动力，利用离子交换膜的选择透过性使溶液中的离子作定向移动以分离带电离子组分的一种电化学分离过程。电渗析可应用于苦咸水脱盐，同时在食品、医药等领域也具有广阔的应用前景。

1) 电渗析原理

电渗析的离子交换膜有两种类型：只允许阳离子通过而阻挡阴离子的阳离子交换膜(阳膜)和只允许阴离子通过而阻挡阳离子的阴离子交换膜(阴膜)。

如图 10-18 所示，在正、负两电极之间交替放置阴膜(以 A 表示)和阳膜(以 C 表示)，在两膜的隔室中充入含离子的水溶液(如 NaCl 水溶液)。阴、阳膜之间用特别的隔板隔开，以免接触。在电流电场作用下，阳离子(如 Na^+)向阴极方向移动，穿过阳膜，进入右侧的浓缩室；阴离子(如 Cl^-)向阳极方向移动，穿过阴膜，进入左侧的浓缩室。因而两膜隔室中的电解质(NaCl)浓度逐渐减小，最终被除去。当溶液中存在其他杂质，如 Ca^{2+}、Mg^{2+} 之类的离子时就会生成 $Mg(OH)_2$ 和 $CaCO_3$ 等水垢。

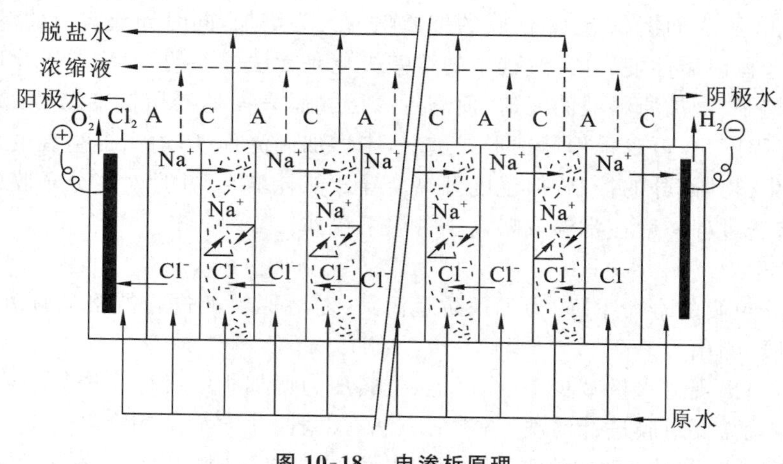

图 10-18　电渗析原理

电极反应消耗的电能为定值，与电渗析器中放置多少对阴阳膜关系不大，所以为了提高分离效率，两电极间通常放置百对以上的阴阳膜。

2) 离子交换膜及其性质

离子交换膜可以分为基膜和活性基团两大部分。基膜即具有立体网状结构的高分子化合物，立体网状结构的高分子骨架中存在许许多多网孔，这些网孔互相沟通形成细微孔径，微观看来就是一些迂回曲折的通道，通道的长度远大于膜的厚度，如图 10-19 所示。正是细微孔的存在，使离子有可能从膜的一侧运动到膜的另一侧。阳膜的活性基团常为磺酸基，结构为 $R—SO_3^- H^+$，在水溶液中，电离后的固定性基团带负电，产生的反离子 H^+ 进入水溶液，其固定性基团吸引溶液中的阳离子(如 Na^+)并允许它透过，而排斥带负电荷的离子；阴膜的活性基团常为季铵，结构为 $R—CH_2N^+(CH_3)_3OH^-$，在水溶液中，电离后的固定性基团带正电，产生的反离子 OH^- 进入水溶液，其固定性基团吸引溶液中的阴离子(如 Cl^-)并允许它透过，而排斥带正电荷的离子。

电渗析过程的浓差极化现象也十分严重。在直流电场作用下，水中阴、阳离子分别通过阴膜和阳膜作定向移动，反离子在膜内的迁移数大于其溶液中的迁移数，因此在膜两侧形成反离子的浓度边界层，对电渗析过程产生极为不利的影响，如引起溶液 pH 的变化，将使离子膜受到腐蚀而影响其使用寿命。

可采用以下措施减轻浓差极化的影响：严格控制操作电流，使电流密度低于极限电流密

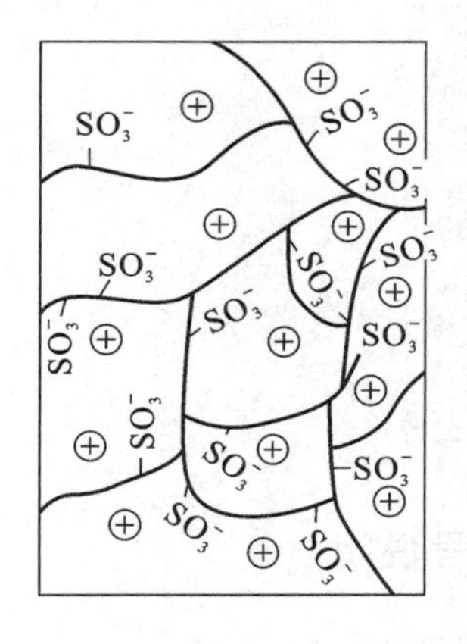

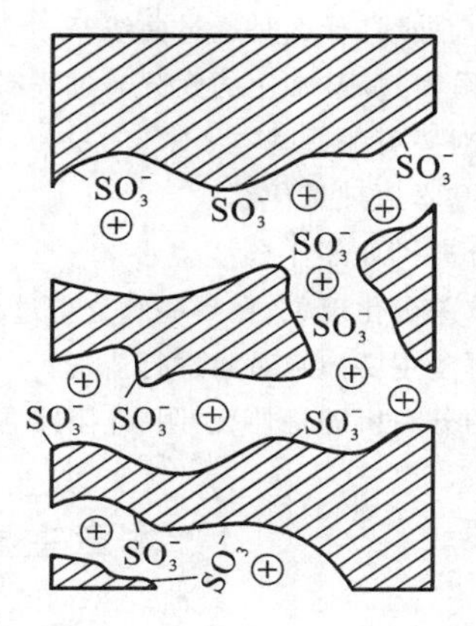

图 10-19　离子交换

度，提高淡化室两侧离子的传递速率；定期清洗沉淀或采用防垢剂和倒换电极等措施来消除沉淀；对水进行预处理，除去 Ca^{2+}、Mg^{2+}，防止沉淀的产生；提高温度，可以减小溶液黏度；减小滞留层厚度，提高离子扩散系数等。

3）电渗析的应用

电渗析是一种重要的膜分离技术，可同时去除溶液中的各种阴、阳离子，具有分离效率高、操作简便、运行费用低等优点。因此，此技术广泛应用于制药、化工、食品等行业。

（1）海水淡化：电渗析法脱盐的能耗（耗电量）与脱去的盐量成正比，原水盐浓度低时，电渗析脱盐的费用最低。原水盐浓度高时，则电渗析脱盐的费用较反渗透方法高，所以电渗析不适合于含盐量高的海水淡化，而适用于含盐量低的苦咸水等的脱盐。一般制取高纯水的方法是先经预处理除去原水中部分杂质，再经电渗析除去部分盐分，然后用离子交换法除去残留的盐分，最后用微滤或超滤除去菌体和离子交换树脂碎裂下来的微粒等，即得高纯水。

（2）生物制品中的应用：包括医药工业生产中葡萄糖、甘露醇、氨基酸、维生素 C 等溶液的脱盐；食品工业中牛乳、乳清的脱盐等。为了除去果汁中引起酸味的过量柠檬酸，可将它通入两侧均为阴膜的脱酸室中，使酸根从一侧渗出，而从另一侧渗入 OH^-，与 H^+ 中和。对于柠檬酸盐，可在两侧均为阳膜的转化室中使 Na^+ 从一侧渗出，而从另一侧渗入 H^+，即可得柠檬酸。氨基酸盐也可以用这种方法转化成游离氨基酸，如从蛋白质水解液和发酵液中分离氨基酸。

（3）废水处理：用电渗析法处理某些工业废水，既可使废水得到净化和重新使用，又可以回收其中有价值的物质。含有酸、碱、盐的各种废水均可以用电渗析法处理，以除去和回收其中的酸、碱和盐。例如：从金属酸洗废水中回收酸与金属；从造纸废水中回收碱、亚硫酸钠和木质素等；放射性废水处理。

思　考　题

10-1　超溶解度曲线与溶解度曲线有什么关系？什么是稳定区、介稳区、不稳区？

10-2　溶液结晶要经历哪两个阶段？

10-3　什么是再结晶过程？

10-4　什么是吸附现象？吸附的原理是什么？

10-5　工业吸附对吸附剂有哪些要求？常用的吸附剂有哪些？各有什么特点？

10-6　什么是负荷曲线?什么是透过曲线?

10-7　什么是膜分离过程?常用的膜分离过程有哪几种?

10-8　分离过程对膜有哪些基本要求?

10-9　反渗透的基本原理是什么?

10-10　超滤的分离机理是什么?

10-11　什么是浓差极化现象?在哪些膜分离过程中存在浓差极化?

10-12　可采取哪些主要措施对膜进行清洗?

10-13　电渗析的分离机理是什么?阴膜、阳膜各有什么特点?

本章主要符号说明

符号	意义	单位	符号	意义	单位
英文					
G	结晶产量	kg 或 kg/h	W	原料液中溶剂量	kg 或 kg/h
c_1	原料液中溶质的浓度	kg(无溶剂溶质)/kg(溶剂)	c_2	母液中溶质的浓度	kg(无溶剂溶质)/kg(溶剂)
V	溶剂蒸发量	kg/kg(原料液中溶剂)	R	溶剂化合物与无溶剂溶质的相对分子质量之比	
r_{cr}	结晶热	J/kg	R_s	溶剂汽化热	J/kg
t_1	溶液的初始温度	℃	t_2	溶液的终了温度	℃
c_p	溶液的(定压)比热容	J/(kg·℃)	q^*	平衡吸附量	kg(吸附质)/kg(吸附剂)
p_i	组分分压	Pa	p^*	饱和蒸气压	Pa
θ	吸附剂表面吸附质的覆盖率		q	压力为 p 时对应的平衡吸附量	kg(吸附质)/kg(吸附剂)
q_m	吸附剂最大吸附容量	kg(吸附质)/kg(吸附剂)	B	朗格缪尔常数	
a_p	吸附剂颗粒外表面积	m^2	N_A	吸附传质速率	kg(吸附质)/s
c_i	吸附剂颗粒外表面吸附质质量浓度	kg/m^3	k_F	外扩散传质系数	m/s
q_i	与吸附剂外表面浓度成平衡的吸附量	kg(吸附质)/kg(吸附剂)	c	吸附质平均质量浓度	kg/m^3
K_s	以 $c-c^*$ 为吸附推动力的总传质系数	m/s	k_s	内扩散传质系数	$kg/(m^2 \cdot s)$
c_0	吸附质气体初浓度	kg/m^3	q	颗粒内部平均吸附量	kg(吸附质)/kg(吸附剂)
t_c	透过时间	s 或 h	K_F	以 q^*-q 为吸附推动力的总传质系数	$kg/(m^2 \cdot s)$
c_F	主体溶液浓度	kg/m^3	c_c	透过浓度	kg/m^3

符号	意义	单位	符号	意义	单位
Δp	压力差	Pa	c_i	界面处溶液浓度	kg/m³
J_∞	极限通量	kg/(m²·h)	c_p	透过物浓度	kg/m³
π	渗透压	Pa	J	透过速率	kg/(m²·h)
h	高度差	m	b	挡板宽度	m
I	均匀度				
希文					
α	传热膜系数	W/(m²·℃)	μ	液体黏度	Pa·s
λ	导热系数	W/(m·℃)	φ'	固体颗粒与液体的体积比	
ρ	液体密度	kg/m³	η	表观黏度	Pa·s

附　　录

附录 A　化工中常用计量单位及单位换算

附录 A-1　法定基本单位

量的名称	单位名称	单位符号
长度	米	m
质量	千克(公斤)	kg
时间	秒	s
热力学温度	开尔文	K
物质的量	摩尔	mol

附录 A-2　导出物理量及单位

量的名称	单位名称	单位符号	量的名称	单位名称	单位符号
力	牛顿	N	黏度	帕斯卡・秒	Pa・s
压强(压力)	帕斯卡	Pa	运动黏度	平方米每秒	m^2/s
能、功、热量	焦耳	J	表面张力	牛顿每米	N/m
密度	千克每立方米	kg/m^3	功率	瓦特	W(J/s)

附录 A-3　基本常数与单位

名　　称	符　　号	数　　值
标准重力加速度	g	$9.80665\ m/s^2$
玻耳兹曼常数	K	$1.38044\times10^{-25}\ J/K$
摩尔气体常数	R	$8.314\ J/(mol\cdot K)$
气体标准比容	V_0	$22.4136\ m^3/kmol$
阿伏伽德罗常数	N_A	$6.02296\times10^{23}\ mol^{-1}$
斯蒂芬-玻耳兹曼常数	σ	$5.669\times10^{-8}\ W/(m^2\cdot K^4)$
光速(真空中)	c	$2.997930\times10^8\ m/s$

附录 A-4　单位换算

(1) 质量。

千克(kg)	吨(t)	磅(lb)
1000	1	2204.62
0.4536	4.536×10^{-4}	1

(2) 长度。

米(m)	英寸(in)	英尺(ft)	码(yd)
0.30480	12	1	0.33333
0.9144	36	3	1

注:1 微米(μm) = 10^{-6} 米,1 埃(Å) = 10^{-10} 米。

(3) 面积。

米^2(m^2)	厘米^2(cm^2)	英寸^2(in^2)	英尺^2(ft^2)
6.4516×10^{-4}	6.4516	1	0.006944
0.9290	929.030	144	1

注:1 平方公里 = 100 公顷 = 10000 公亩 = 10^6 平方米。

(4) 容积。

米^3(m^3)	升(L)	英尺^3(ft^3)	英加仑(UKgal)	美加仑(USgal)
0.02832	28.3161	1	6.2288	7.48048
0.004546	4.5459	0.16054	1	1.20095
0.003785	3.7853	0.13368	0.8327	1

(5) 流量。

米^3/秒 (m^3/s)	升/秒 (L/s)	米^3/时 (m^3/h)	美加仑/分 (USgal/min)	英尺^3/小时 (ft^3/h)	英尺^3/秒 (ft^3/s)
6.309×10^{-5}	0.06309	0.2271	1	8.021	0.002228
7.866×10^{-6}	7.866×10^{-3}	0.02832	0.12468	1	2.788×10^{-4}
0.02832	28.32	101.94	448.8	3600	1

(6) 力(重量)。

牛(N)	千克力(kgf)	磅(lb)	达因(dyn)	磅达(pdl)
4.448	0.4536	1	444.8	32.17
10^{-3}	1.02×10^{-6}	2.248×10^{-6}	1	0.7233×10^{-4}
0.1383	0.01410	0.03310	13825	1

(7) 密度。

千克/米^3(kg/m^3)	克/厘米^3(g/cm^3)	磅/英尺^3(lb/ft^3)	磅/美加仑(lb/USgal)
16.02	0.01602	1	0.1337
119.8	0.1198	7.481	1

(8) 压强(压力)。

帕 (Pa)	巴 (bar)	公斤(力)/厘米^2 (kgf/cm^2)	磅/英寸^2 (lb/in^2)	标准大气压 (atm)	水银柱		水柱	
					毫米(mm)	英寸(in)	米(m)	英寸(in)
10^5	1	1.0197	14.50	0.9869	750.0	29.53	10.197	401.8
9.807×10^4	0.9807	1	14.22	0.9678	735.5	28.96	10.01	394.0
895	0.06895	0.07031	1	0.06804	51.71	2.036	0.7037	27.70
1.0133×10^5	1.0133	1.0332	14.7	1	760	29.92	10.34	407.2
1.333×10^5	1.333	1.360	19.34	1.316	1000	39.37	13.61	535.67
3.386×10^5	0.03386	0.03453	0.4912	0.03342	25.40	1	0.3456	13.61
9798	0.09798	0.09991	1.421	0.09670	73.49	2.893	1	39.37
248.9	0.002489	0.002538	0.03609	0.002456	1.867	0.07349	0.0254	1

注:有时"巴"也指1达因/厘米^2,即相当于表中之$1/10^6$(也称"巴利"),1公斤(力)/厘米^2 = 98100牛顿/米^2。毫米水银柱也称"托"(Tor)。

(9) 动力黏度(通称黏度)。

帕·秒 (Pa·s)	泊 (P)	厘泊 (cP)	千克/(米·秒) (kg/(m·s))	千克/(米·时) (kg/(m·h))	磅/(英尺·秒) (lb/(ft·s))	公斤(力)秒/米^2 (kgf·s/m^2)
10^{-1}	1	100	0.1	360	0.06720	0.0102
10^{-3}	0.01	1	0.001	3.6	6.720×10^{-4}	1.02×10^{-4}
1	10	1000	1	3600	0.6720	0.102
2.78×10^{-4}	2.778×10^{-3}	0.2778	2.778×10^{-4}	1	1.8667×10^{-4}	2.83×10^{-5}
1.4884	14.881	1488.1	1.4881	5357	1	0.1519
9.81	98.1	9810	9.81	3.53×10^4	6.59	1

(10) 运动黏度。

米^2/秒(m^2/s)	[沲](斯托克)厘米^2/秒(cm^2/s)	米^2/时(m^2/h)	英尺^2/秒(ft^2/s)	英尺^2/时(ft^2/h)
10^{-4}	1	0.360	1.076×10^{-3}	3.875
2.778×10^{-4}	2.778	1	2.990×10^{-3}	10.76
9.29×10^{-2}	929.0	334.5	1	3600
2.581×10^{-5}	0.2581	0.0929	2.778×10^{-4}	1

注:1厘沲 = 0.01沲。

(11) 能量(功)。

焦 (J)	公斤(力)·米 (kgf·m)	千瓦·时 (kW·h)	马力·时	千卡 (kcal)	英热单位 (Btu)	英尺·磅 (fl·lb)
9.8067	1	2.724×10^{-6}	3.653×10^{-6}	2.342×10^{-3}	9.296×10^{-3}	7.233
3.6×10^6	3.671×10^5	1	1.3410	860.0	3413	2.655×10^6
2.685×10^6	2.738×10^5	0.7457	1	641.33	2544	1.981×10^6
4.1868×10^3	426.9	1.1622×10^{-3}	1.5576×10^{-3}	1	3.968	3087
1.055×10^3	107.58	2.930×10^{-4}	3.926×10^{-4}	0.2520	1	778.1
1.3558	0.1383	3.766×10^{-7}	5.051×10^{-7}	3.239×10^{-4}	1.285×10^{-3}	1

注:1尔格 = 1达因·厘米 = 10^{-7}焦。

(12) 功率。

瓦 (W)	千瓦 (kW)	公斤(力)·米/秒 (kgf·m/s)	英尺·磅/秒 (fl·lb/s)	马力	千卡/秒 (kcal/s)	英热单位/秒 (cc/s)
10^3	1	101.97	735.56	1.3410	0.2389	0.9486
9.8067	0.0098067	1	7.23314	0.01315	0.002342	0.009293
1.3558	0.0013558	0.13825	1	0.0018182	0.0003289	0.0012851
745.69	0.74569	76.0375	550	1	0.17803	0.70675
4186	4.1860	426.85	3087.44	5.6135	1	3.9683
1055	1.0550	107.58	778.168	1.4148	0.251996	1

(13) 热容(比热容)。

焦/(克·℃)(J/(g·℃))	千卡/(公斤·℃)(kcal/(kg·℃))	英热单位/(磅·F)(Btu/(lb·F))
1	0.2389	0.2389
4.186	1	1

(14) 导热系数。

瓦/(米·开) (W/(m·K))	焦/(厘米·秒·℃) (J/(cm·s·℃))	卡/(厘米·秒·℃) (cal/(cm·s·℃))	千卡/(米·时·℃) (kcal/(m·h·℃))	英热单位/(英尺·时·F) (Btu/(ft·h·F))
10^2	1	0.2389	86.00	57.79
418.6	4.186	1	360	241.9
1.163	0.1163	0.002778	1	0.6720
1.73	0.01730	0.004134	1.488	1

(15) 传热系数。

瓦/(米²·开) (W/(m²·K))	千卡/(米²·时·℃) kcal/(m²·h·℃)	卡/(厘米²·秒·℃) (cal/(cm²·s·℃))	英热单位/(英尺²·时·F) (Btu/(ft²·h·F))
1.163	1	2.778×10^{-5}	0.2048
4.186×10^4	3.6×10^4	1	7374
5.678	4.882	1.3562×10^{-4}	1

附录B　水的物理性质

温度/℃	饱和蒸气压 p/(kPa)	密度 ρ/(kg/m^3)	焓/(kJ/kg)	比热容 $c_p\times10^{-3}$/[J/(kg·K)]	热系数 $\lambda\times10^2$/[W/(m·K)]	黏度 $\mu\times10^5$/(Pa·s)	体积膨胀系数 $\times10^4$/K^{-1}	表面张力 $s\times10^3$/(N/m^2)	普兰特数 Pr
0	0.611	999.9	0	4.212	55.08	179.2	−0.63	75.61	13.67
10	1.227	999.7	42.04	4.191	57.41	130.1	0.70	74.14	9.52
20	2.338	998.2	83.91	4.183	59.85	100.5	1.82	72.67	7.02
30	4.241	995.7	125.69	4.174	61.71	80.12	3.21	71.20	5.42
40	7.375	992.2	165.71	4.174	63.33	65.32	3.87	69.63	4.31
50	12.335	988.1	209.30	4.174	64.73	54.92	4.49	67.67	3.54
60	19.92	983.2	211.12	4.178	65.89	46.98	5.11	66.20	2.98
70	31.16	977.8	292.99	4.187	66.70	40.06	5.70	64.33	2.55
80	47.36	971.8	334.94	4.195	67.40	35.50	6.32	62.57	2.21
90	70.11	965.3	376.98	4.208	67.98	31.48	6.95	60.71	1.95
100	101.3	958.4	419.19	4.220	68.21	28.24	7.50	58.84	1.75
110	143	951.0	461.34	4.233	68.44	25.89	8.04	56.88	1.60
120	199	943.1	503.67	4.250	68.56	23.73	8.58	54.82	1.47
130	270	934.8	546.38	4.266	68.56	21.77	9.12	52.86	1.36
140	362	926.1	589.08	4.287	68.44	20.10	9.68	50.70	1.26
150	476	917.0	632.20	4.312	68.33	18.63	10.26	48.64	1.17
160	618	907.4	675.33	4.346	68.21	17.36	10.87	46.58	1.10
170	792	897.3	719.29	4.379	67.86	16.28	11.52	44.33	1.05
180	1003	886.9	763.25	4.417	67.40	15.30	12.21	42.27	1.00
190	1255	876.0	807.8	4.459	67.0	14.42	12.96	40.02	0.96
200	1555	863.0	852.8	4.505	66.3	13.64	13.77	37.67	0.93
210	1908	852.3	897.7	4.555	65.5	13.05	14.67	35.41	0.91
220	2320	840.3	943.7	4.614	64.5	12.46	15.67	33.16	0.89
230	2798	827.3	990.2	4.681	63.7	11.97	16.80	31.00	0.88
240	3348	813.6	1037.5	4.756	62.8	11.48	18.08	28.55	0.87
250	3978	799.0	1085.7	4.844	61.8	10.99	19.55	26.19	0.86
260	4690	784.0	1135.7	4.949	60.5	10.59	21.27	23.74	0.87
270	5505	767.9	1185.7	5.070	59.0	10.20	23.31	21.48	0.88
280	6419	750.7	1236.8	5.230	57.4	9.81	25.79	19.13	0.90
290	7445	732.3	1290.0	5.458	55.8	9.42	28.84	16.87	0.93
300	8592	712.5	1344.9	5.736	54.0	9.12	32.73	14.42	0.97
310	9870	691.1	1402.2	6.071	52.3	8.83	37.85	12.07	1.03
320	11290	667.1	1462.1	6.574	50.6	8.53	44.91	9.810	1.11
330	12865	640.2	1526.2	7.244	48.4	8.14	55.31	7.671	1.22
340	14608	610.1	1594.8	8.165	45.7	7.75	72.10	5.670	1.39
350	16537	574.4	1671.4	9.504	43.0	7.26	103.7	3.816	1.60
360	18674	528.0	1761.5	13.984	39.5	6.67	182.9	2.021	2.35
370	21053	450.5	1892.5	40.321	33.7	5.69	676.7	0.4709	6.79

附录C　干空气的物理性质($p=1.01325\times10^5$ Pa)

温度 /℃	密度 ρ /(kg/m³)	比热容 $c_p\times10^{-3}$ /[J/(kg·K)]	导热系数 $\lambda\times10^2$ /[W/(m·K)]	导温系数 $a\times10^5$ /(m²/s)	黏度 $\mu\times10^5$ /(Pa·s)	运动黏度 $\nu\times10^5$ /(m²/s)	普兰特数 Pr
−50	1.584	1.013	2.040	1.27	1.46	9.23	0.728
−40	1.515	1.013	2.115	1.38	1.52	10.04	0.728
−30	1.453	1.013	2.196	1.49	1.57	10.80	0.723
−20	1.395	1.009	2.278	1.62	1.62	11.60	0.716
−10	1.342	1.009	2.359	1.74	1.67	12.43	0.712
0	1.293	1.005	2.440	1.88	1.72	13.28	0.707
10	1.247	1.005	2.510	2.01	1.77	14.16	0.705
20	1.205	1.005	2.591	2.14	1.81	15.06	0.703
30	1.165	1.005	2.673	2.29	1.85	16.00	0.701
40	1.128	1.005	2.754	2.43	1.91	16.96	0.699
50	1.093	1.005	2.824	2.57	1.96	17.95	0.698
60	1.060	1.005	2.893	2.72	2.01	18.97	0.696
70	1.029	1.009	2.963	2.86	2.06	20.02	0.694
80	1.000	1.009	3.044	3.02	2.11	21.09	0.692
90	0.972	1.009	3.126	3.19	2.15	22.10	0.690
100	0.946	1.009	3.207	3.36	2.19	23.13	0.688
120	0.898	1.009	3.335	3.68	2.29	25.45	0.686
140	0.854	1.013	3.186	4.03	2.37	27.80	0.684
160	0.815	1.017	3.637	4.39	2.45	30.09	0.682
180	0.779	1.022	3.777	4.75	2.53	32.49	0.681
200	0.746	1.026	3.928	5.14	2.60	34.85	0.680
250	0.674	1.038	4.625	6.10	2.74	40.61	0.677
300	0.615	1.047	4.602	7.16	2.97	48.33	0.674
350	0.556	1.059	4.904	8.19	3.14	55.46	0.676
400	0.524	1.068	5.206	9.31	3.31	63.09	0.678
500	0.456	1.093	5.740	11.53	3.62	79.38	0.687
600	0.404	1.114	6.217	13.83	3.91	96.89	0.699
700	0.362	1.135	6.700	16.34	4.18	115.4	0.706
800	0.329	1.156	7.170	18.88	4.43	134.8	0.713
900	0.301	1.172	7.623	21.62	4.67	155.1	0.717
1000	0.277	1.185	8.064	24.59	4.90	177.1	0.719
1100	0.257	1.197	8.494	27.63	5.12	199.3	0.722
1200	0.239	1.210	9.145	31.65	5.35	233.7	0.724

附录 D　饱和水蒸气表(按温度排列)

温度 /℃	压力		蒸气的比容 /(m³/kg)	蒸气的密度 /(kg/m³)	焓 /(kJ/kg)		汽化热 /(kJ/kg)
	kPa	kgf/cm²			液体	蒸气	
0	0.6082	0.0062	206.5	0.00484	0	2491.3	2491.3
5	0.8730	0.0089	147.1	0.00680	20.94	2500.9	2480.0
10	1.226	0.0125	106.4	0.00940	41.87	2510.5	2468.6
15	1.707	0.0174	77.9	0.01283	62.81	2520.6	2457.8
20	2.335	0.0238	57.8	0.01719	83.74	2530.1	2446.3
25	3.168	0.0323	43.40	0.02304	104.68	2538.6	2433.9
30	4.247	0.0433	32.93	0.03036	125.60	2549.5	2423.7
35	5.621	0.0573	25.25	0.03960	146.55	2559.1	2412.6
40	7.377	0.0752	19.55	0.05114	167.47	2568.7	2401.1
45	9.584	0.0997	15.28	0.06543	188.42	2577.9	2389.5
50	12.34	0.1258	12.054	0.0830	209.34	2587.6	2378.1
55	15.74	0.1605	9.589	0.1043	230.29	2596.8	2366.5
60	19.92	0.2031	7.687	0.1301	251.21	2606.3	2355.1
65	25.01	0.2550	6.209	0.1611	272.16	2615.6	2343.4
70	31.16	0.3177	5.052	0.1979	293.08	2624.4	2331.2
75	38.55	0.393	4.139	0.2416	314.03	2629.7	2315.7
80	47.38	0.483	3.414	0.2929	334.94	2642.4	2307.3
85	57.88	0.590	2.832	0.3531	355.90	2651.2	2295.3
90	70.14	0.715	2.365	0.4229	376.81	2660.0	2283.1
95	84.56	0.862	1.985	0.5039	397.77	2668.8	2271.0
100	101.33	1.033	1.675	0.5970	418.68	2677.2	2258.4
105	120.85	1.232	1.421	0.7036	439.64	2685.1	2245.5
110	143.31	1.461	1.212	0.8254	460.97	2693.5	2232.4
115	169.11	1.724	1.038	0.9635	481.51	2702.5	2221.0
120	198.64	2.025	0.893	1.1199	503.67	2708.9	2205.2
125	232.19	2.367	0.7715	1.296	523.38	2716.5	2193.1
130	270.25	2.755	0.6693	1.494	546.38	2723.9	2177.6
135	313.11	3.192	0.5831	1.715	565.25	2731.2	2166.0
140	361.47	3.685	0.5096	1.962	589.08	2737.8	2148.7
145	415.72	4.238	0.4469	2.238	607.12	2744.6	2137.5
150	476.24	4.855	0.3933	2.543	632.21	2750.7	2118.5
160	618.28	6.303	0.3075	3.252	675.75	2762.9	2087.1
170	792.59	8.080	0.2431	4.113	719.29	2773.3	2054.0
180	1003.5	10.23	0.1944	5.145	763.25	2782.6	2019.3

附录 E　饱和水蒸气表(按压力排列)

压力 /Pa	温度 /℃	蒸气的比容 /(m^3/kg)	蒸气的密度 /(kg/m^3)	焓/(kJ/kg)		汽化热 /(kJ/kg)
				液体	蒸气	
1000	6.3	129.37	0.00773	26.48	2503.1	2476.8
1500	12.5	88.26	0.01133	52.26	2515.3	2463.0
2000	17.0	67.29	0.01486	71.21	2524.2	2452.9
2500	20.9	54.47	0.01836	87.45	2531.8	2444.3
3000	23.5	45.52	0.02179	98.38	2536.8	2438.4
3500	26.1	39.45	0.02523	109.30	2541.8	2432.5
4000	28.7	34.88	0.02867	120.23	2546.8	2426.6
4500	30.8	33.06	0.03205	129.00	2550.9	2421.9
5000	32.4	28.27	0.03537	135.69	2554.0	2418.3
6000	35.6	23.81	0.04200	149.06	2560.1	2411.0
7000	38.8	20.56	0.04864	162.44	2566.3	2403.8
8000	41.3	18.13	0.05514	172.73	2571.0	2398.2
9000	43.3	16.24	0.06156	181.16	2574.8	2393.6
1×10^4	45.3	14.71	0.06798	189.59	2578.5	2388.9
1.5×10^4	53.3	10.04	0.09956	224.03	2594.0	2370.0
2×10^4	60.1	7.65	0.13068	251.51	2606.4	2354.9
3×10^4	66.5	5.24	0.19093	288.77	2622.4	2333.7
4×10^4	75.0	4.00	0.24975	315.93	2634.4	2312.2
5×10^4	81.2	3.25	0.30799	339.80	2644.3	2304.5
6×10^4	85.6	2.74	0.36514	358.21	2652.1	2293.9
7×10^4	89.9	2.37	0.42229	376.61	2659.8	2283.2
8×10^4	93.2	2.09	0.47807	390.08	2665.3	2275.3
9×10^4	96.4	1.87	0.53384	403.49	2670.8	2267.4
1×10^5	99.6	1.70	0.58961	416.90	2676.3	2259.5
1.2×10^5	104.5	1.43	0.69868	437.51	2684.3	2246.8
1.4×10^5	109.2	1.24	0.80758	457.7	2692.1	2234.4
1.6×10^5	113.0	1.21	0.82981	473.9	2698.1	2224.2
1.8×10^5	116.6	0.988	1.0209	489.3	2703.7	2214.3
2×10^5	120.2	0.887	1.1273	493.7	2709.2	2204.6
2.5×10^5	127.2	0.719	1.3904	534.4	2719.7	2185.4
3×10^5	133.3	0.606	1.6501	560.38	2728.5	2168.1
3.5×10^5	138.8	0.524	1.9074	583.76	2736.1	2152.3
4×10^5	143.4	0.463	2.1618	603.61	2742.1	2138.5
4.5×10^5	147.7	0.414	2.4152	622.42	2747.8	2125.4
5×10^5	151.7	0.375	2.6673	639.59	2752.8	2113.2
6×10^5	158.7	0.316	3.1686	670.22	2761.4	2091.1
7×10^5	164.7	0.273	3.6657	696.27	2767.8	2071.5
8×10^{59}	170.4	0.240	4.1614	720.96	2737.7	2052.7
9×10^5	175.1	0.215	4.6525	741.82	2778.1	2036.2
10×10^5	179.9	0.194	5.1432	762.68	2782.5	2019.7

附录F　水在不同温度下的黏度

温度 /℃	黏度 /(mPa · s)	温度 /℃	黏度 /(mPa · s)	温度 /℃	黏度 /(mPa · s)
0	1.7921	33	0.7523	67	0.4223
1	1.7313	34	0.7371	68	0.4174
2	1.6728	35	0.7225	69	0.4117
3	1.6191	36	0.7085	70	0.4061
4	1.5674	37	0.6947	71	0.4006
5	1.5188	38	0.6814	72	0.3952
6	1.4728	39	0.6685	73	0.3900
7	1.4284	40	0.6560	74	0.3849
8	1.3860	41	0.6439	75	0.3799
9	1.3462	42	0.6321	76	0.3750
10	1.3077	43	0.6207	77	0.3702
11	1.2713	44	0.6097	78	0.3655
12	1.2363	45	0.5988	79	0.3610
13	1.2028	46	0.5883	80	0.3565
14	1.1709	47	0.5782	81	0.3521
15	1.1403	48	0.5693	82	0.3478
16	1.1110	49	0.5588	83	0.3436
17	1.0828	50	0.5494	84	0.3395
18	1.0559	51	0.5404	85	0.3355
19	1.0299	52	0.5315	86	0.3315
20	1.0050	53	0.5229	87	0.3276
20.2	1.0000	54	0.5146	88	0.3239
21	0.9810	55	0.5064	89	0.3202
22	0.9579	56	0.4985	90	0.3165
23	0.9359	57	0.4907	91	0.3130
24	0.9142	58	0.4832	92	0.3095
25	0.8973	59	0.4759	93	0.3060
26	0.8737	60	0.4688	94	0.3027
27	0.8545	61	0.4618	95	0.2994
28	0.8360	62	0.4550	96	0.2962
29	0.8180	63	0.4463	97	0.2930
30	0.8007	64	0.4418	98	0.2899
31	0.7840	65	0.4355	99	0.2868
32	0.7679	66	0.4293	100	0.2838

附录 G　某些二元物系的气液相平衡数据

附录 G-1　乙醇-水(101.325 kPa)

乙醇摩尔分数/(%)		温度/℃	乙醇摩尔分数/(%)		温度/℃
液相	气相		液相	气相	
0.00	0.00	100.0	32.73	58.26	81.5
1.90	17.00	95.5	39.65	61.22	80.7
7.21	38.91	89.0	50.79	65.64	79.8
9.66	43.75	86.7	51.98	65.99	79.7
12.38	47.04	85.3	57.32	68.41	79.3
16.61	50.89	84.1	67.63	73.85	78.74
23.27	54.45	82.7	74.72	78.15	78.41
26.08	55.80	82.3	89.43	89.43	78.15

附录 G-2　苯-甲苯(101.325 kPa)

苯摩尔分数/(%)		温度/℃	苯摩尔分数/(%)		温度/℃
液相	气相		液相	气相	
0.0	0.0	110.6	59.2	78.9	89.4
8.8	21.2	106.1	70.0	85.3	86.8
20.0	37.0	102.2	80.3	91.4	84.4
30.0	50.0	98.6	90.3	95.7	82.3
39.7	61.8	95.2	95.0	97.9	81.2
48.9	71.0	92.1	100.0	100.0	80.2

附录 G-3　氯仿-苯(101.325 kPa)

氯仿质量分数/(%)		温度/℃	氯仿质量分数/(%)		温度/℃
液相	气相		液相	气相	
10	13.6	79.9	60	75.0	74.6
20	27.2	79.0	70	83.0	72.8
30	40.6	78.1	80	90.0	70.5
40	53.0	77.2	90	96.1	67.0
50	65.0	76.0			

附录 G-4　水-乙酸(101.325 kPa)

水摩尔分数/(%)		温度/℃	水摩尔分数/(%)		温度/℃
液相	气相		液相	气相	
0.0	0.0	118.2	83.3	88.6	101.3
27.0	39.4	108.2	88.6	91.9	100.9
45.5	56.5	105.3	93.0	95.0	100.5
58.8	70.7	103.8	96.8	97.7	100.2
69.0	79.0	102.8	100.0	100.0	100.0
76.9	84.5	101.9			

附录 G-5 甲醇-水(101.325 kPa)

甲醇摩尔分数/(%)		温度/℃	甲醇摩尔分数/(%)		温度/℃
液相	气相		液相	气相	
5.31	28.34	92.9	29.09	68.01	77.8
7.67	40.01	90.3	33.33	69.18	76.7
9.26	43.53	88.9	35.13	73.47	76.2
12.57	48.31	86.6	46.20	77.56	73.8
13.15	54.55	85.0	52.92	79.71	72.7
16.74	55.85	83.2	59.37	81.83	71.3
18.18	57.75	82.3	68.49	84.92	70.0
20.83	62.73	81.6	77.01	89.62	68.0
23.19	64.85	80.2	87.41	91.94	66.9
28.18	67.75	78.0			

附录 H 常用固体材料物理性质

材料	名称	密度/(kg/m³)	导热系数/[W/(m·K)]	比热容/[kJ/(kg·K)]
金属	钢	7850	45.3	0.46
	不锈钢	7900	17.0	0.50
	铸铁	7220	62.8	0.50
	铜	8800	383.8	0.41
	青铜	8000	64.6	0.38
	黄铜	8600	85.5	0.38
	铝	2670	203.5	0.92
	镍	9000	58.2	0.46
	铅	11400	34.9	0.13
塑料	酚醛	1250～1300	0.13～0.26	1.3～1.7
	脲醛	1400～1500	0.30	1.3～1.7
	聚氯乙烯	1380～1400	0.16	1.8
	聚苯乙烯	1050～1070	0.08	1.3
	低压聚乙烯	940	0.29	2.6
	高压聚乙烯	920	0.26	2.2
	有机玻璃	1180～1190	0.14～0.20	

材料	名称	密度/(kg/m³)	导热系数/[W/(m·k)]	比热容/[kJ/(kg·K)]
建筑材料、绝热材料、耐酸材料及其他	干沙	1500～1700	0.45～0.58	0.8
	黏土	1600～1800	0.47～0.54	
	锅炉炉渣	700～1100	0.19～0.30	
	黏土砖	1600～1900	0.47～0.68	0.92
	耐火砖	1840	1.05	0.96～1
	绝热砖(多孔)	600～1400	0.16～0.37	
	混凝土	2000～2400	1.3～1.55	0.84
	松木	500～600	0.07～0.11	2.72
	软木	100～300	0.041～0.064	0.96
	石棉板	700	0.11	0.816
	石棉水泥板	1600～1900	0.35	0.67
	玻璃	2500	0.74	
	耐酸陶瓷制品	2200～2300	0.93～2.0	0.75～0.80
	耐酸砖和板	2100～2400		
	耐酸搪瓷	2300～2700	0.99～1.04	0.84～1.26
	橡胶	1200	0.16	1.38
	冰	900	2.3	2.11

附录 I　一些气体溶于水的亨利系数

气体	温度 /℃															
	0	5	10	15	20	25	30	35	40	45	50	60	70	80	90	100
	$E\times10^{-6}$/kPa															
H_2	5.87	6.16	6.44	6.70	6.92	7.16	7.39	7.52	7.61	7.70	7.75	7.75	7.71	7.65	7.61	7.55
N_2	5.35	6.05	6.77	7.48	8.15	8.76	9.36	9.98	10.5	11.0	11.4	12.2	12.7	12.8	12.8	12.8
空气	4.38	4.94	5.56	6.15	6.73	7.30	7.81	8.34	8.82	9.23	9.59	10.2	10.6	10.8	10.9	10.8
CO	3.57	4.01	4.48	4.95	5.43	5.88	6.28	6.68	7.05	7.39	7.71	8.82	8.57	8.57	8.57	8.57
O_2	2.58	2.95	3.31	3.69	4.06	4.44	4.81	5.14	5.42	5.70	5.96	6.37	6.72	6.96	7.08	7.10
CH_4	2.27	2.62	3.01	3.41	3.81	4.18	4.55	4.92	5.27	5.58	5.85	6.34	6.75	6.91	7.01	7.10
NO	1.71	1.96	2.21	2.45	2.67	2.91	3.14	3.35	3.57	3.77	3.95	4.24	4.44	4.54	4.58	4.60
C_2H_5	1.28	1.57	1.92	2.90	2.66	3.06	3.47	3.88	4.29	5.07	5.07	5.72	6.31	6.70	6.96	7.01
	$E\times10^{-5}$/kPa															
C_2H_4	5.59	6.62	7.78	9.07	10.3	11.6	12.9									
N_2O		1.19	1.43	1.68	2.01	2.28	2.62	3.06								
CO_2	0.738	0.888	1.05	1.24	1.44	1.66	1.88	2.12	2.36	2.60	2.87	3.46				
C_2H_2	0.73	0.85	0.97	1.09	1.23	1.35	1.48									
Cl_2	0.272	0.334	0.399	0.461	0.537	0.604	0.669	0.74	0.80	0.86	0.90	0.97	0.99	0.97	0.96	
H_2S	0.272	0.319	0.372	0.418	0.489	0.552	0.617	0.686	0.755	0.825	0.689	1.04	1.21	1.37	1.46	1.50
	$E\times10^{-4}$/kPa															
SO_2	0.167	0.203	0.245	0.294	0.355	0.413	0.485	0.567	0.661	0.763	0.871	1.11	1.39	1.70	2.01	

附录J　某些液体的相对密度(液体密度与4 ℃水密度之比)

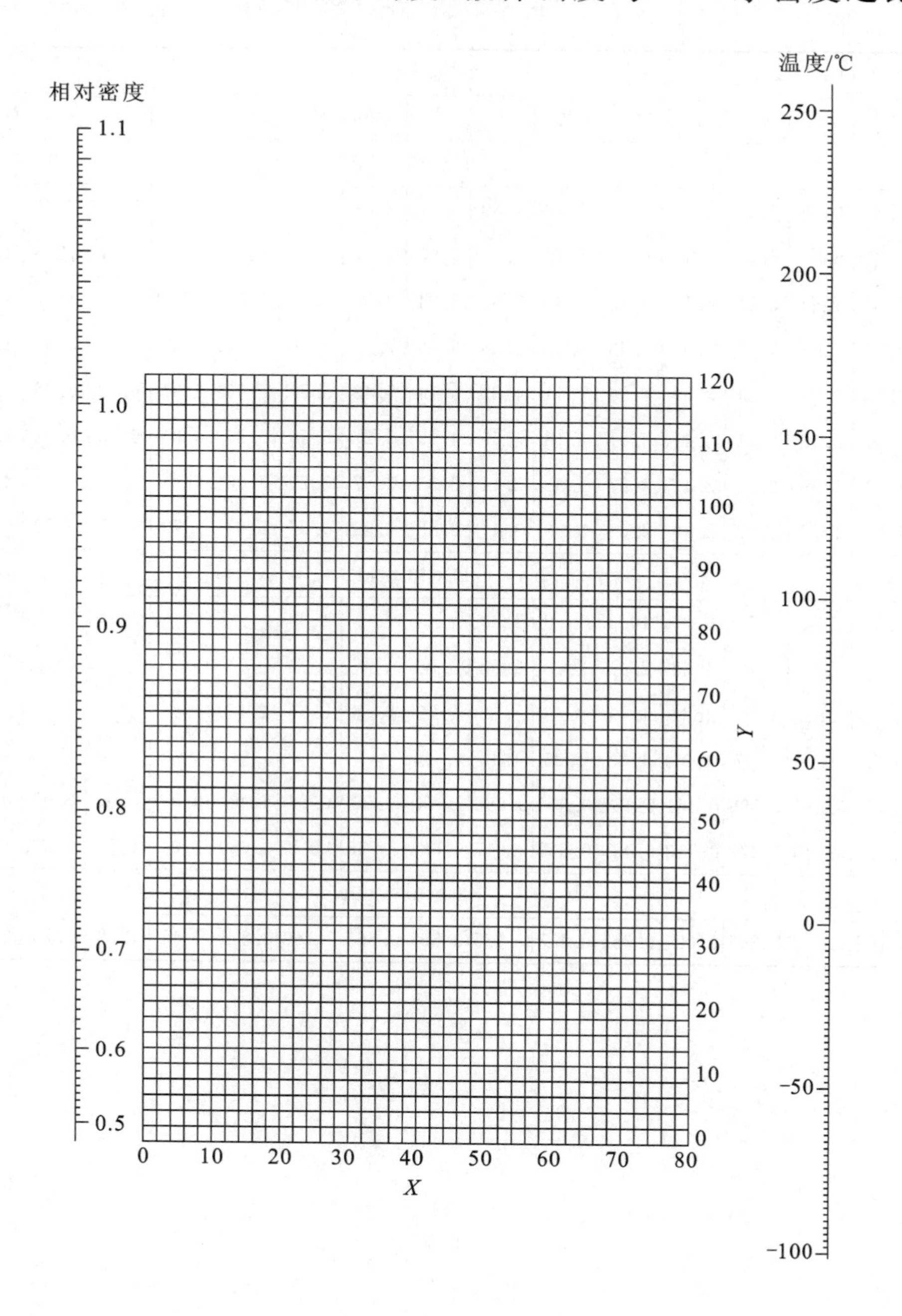

有机液体相对密度共线图的坐标值

有机液体	X	Y	有机液体	X	Y	有机液体	X	Y
乙炔	20.8	10.1	三氢化磷	28.0	22.1	辛烷	12.7	32.5
乙烷	10.3	4.4	己烷	13.5	27.0	庚烷	12.6	29.8
乙烯	17.0	3.5	壬烷	16.2	36.5	苯	32.7	63.0
乙醇	24.2	48.6	六氢吡啶	27.5	60.0	苯酚	35.7	103.8
乙醚	22.6	35.8	甲乙醚	25.0	34.4	苯胺	33.5	92.5
乙丙醚	20.0	37.0	甲醇	25.8	49.1	氟苯	41.9	86.7
乙硫醇	32.0	55.5	甲硫醇	37.3	59.6	癸烷	16.0	38.2
乙硫醚	25.7	55.3	甲硫醚	31.9	57.4	氨	22.4	24.6
二乙胺	17.8	33.5	甲醚	27.2	30.1	氯乙烷	42.7	62.4
二硫化碳	18.6	45.4	甲酸甲酯	46.4	74.6	氯甲烷	52.3	62.9
异丁烷	13.7	16.5	甲酸乙酯	37.6	68.4	氯苯	41.7	105.0
丁酸	31.3	78.7	甲酸丙酯	33.8	66.7	氰丙烷	20.1	44.6
丁酸甲酯	31.5	65.5	丙烷	14.2	12.2	氰甲烷	21.8	44.9
异丁酸	31.5	75.9	丙酮	26.1	47.8	环己烷	19.6	44.0
丁酸异甲酯	33.0	64.1	丙醇	23.8	50.8	乙酸	40.6	93.5
十一烷	14.4	39.2	丙酸	35.0	83.5	乙酸甲酯	40.1	70.3
十二烷	14.3	41.4	丙酸甲酯	36.5	68.3	乙酸乙酯	35.0	65.0
十三烷	15.3	42.4	丙酸乙酯	32.1	63.9	乙酸丙酯	33.0	65.5
十四烷	15.8	43.4	戊烷	12.6	22.6	甲苯	27.0	61.0
三乙胺	17.9	37.0	异戊烷	13.5	22.5	异戊烷	20.5	52.0

附录 K　液体表面张力共线图

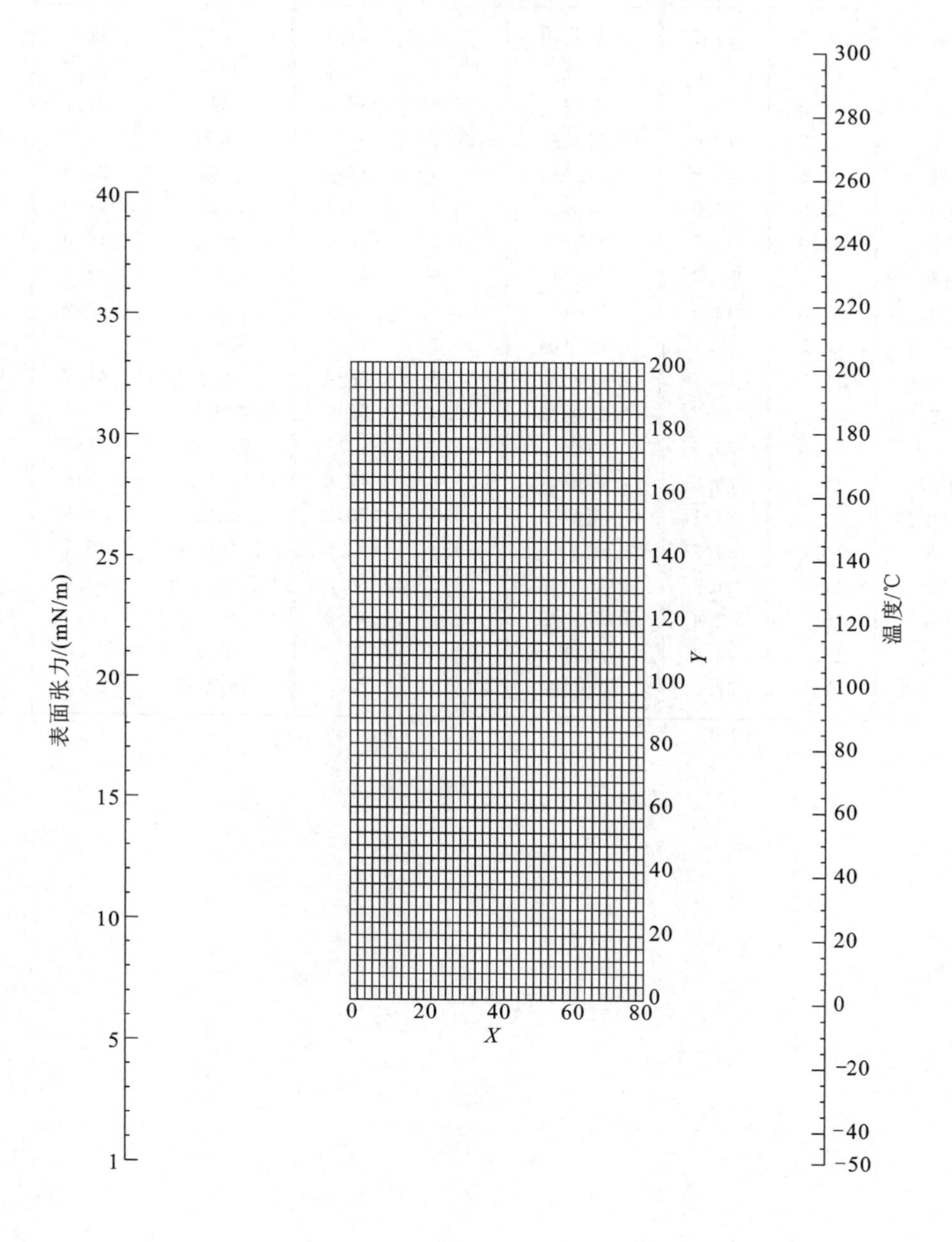

液体表面张力共线图坐标值

序号	液体名称	X	Y	序号	液体名称	X	Y
1	环氧乙烷	42	83	52	二乙基酮	20	101
2	乙苯	22	118	53	异戊醇	6	106.8
3	乙胺	11.2	83	54	四氯化碳	26	104.5
4	乙硫醇	35	81	55	辛烷	17.7	90
5	乙醇	10	97	56	亚硝酰氯	38.5	93
6	乙醚	27.5	64	57	苯	30	110
7	乙醛	33	78	58	苯乙酮	18	163
8	乙醛肟	23.5	127	59	苯乙醚	20	134.2
9	乙酰胺	17	192.5	60	苯二乙胺	17	142.6
10	乙酰乙酸乙酯	21	132	61	苯二甲胺	20	149
11	二乙醇缩乙醛	19	88	62	苯甲醚	24.4	138.9
12	间二甲苯	20.5	118	63	苯甲酸乙酯	14.8	151
13	对二甲苯	19	117	64	苯胺	22.9	171.8
14	二甲胺	16	66	65	苯甲胺	25	156
15	二甲醚	44	37	66	苯酚	20	168
16	1,2-二氯乙烯	32	122	67	苯并吡啶	19.5	183
17	二硫化碳	35.8	117.2	68	氨	56.2	63.5
18	丁酮	23.6	97	69	氧化亚氮	62.5	0.5
19	丁醇	9.6	107.5	70	草酸二乙酯	20.5	130.8
20	异丁醇	5	103	71	氯	45.5	59.2
21	丁酸	14.5	115	72	氯仿	32	101.3
22	异丁酸	14.8	107.4	73	对氯甲苯	18.7	134
23	丁酸乙酯	17.5	102	74	氯甲烷	45.8	53.2
24	异丁酸乙酯	20.9	93.7	75	氯苯	23.5	132.5
25	丁酸甲酯	25	88	76	对氯溴苯	14	162
26	异丁酸甲酯	24	93.8	77	氯甲苯(吡啶)	34	138.2
27	三乙胺	20.1	83.9	78	氰化乙烷(丙腈)	23	108.6
28	三甲胺	21	57.6	79	氰化丙烷(丁腈)	20.3	113
29	1,3,5-三甲苯	17	119.8	80	氰化甲烷(乙腈)	33.5	111
30	三苯甲烷	12.5	182.7	81	氰化苯(苯腈)	19.5	159
31	三氯乙醛	30	113	82	氰化氢	30.6	66
32	三聚乙醛	22.3	103.8	83	硫酸二乙酯	19.5	139.5
33	己烷	22.7	72.2	84	硫酸二甲酯	23.5	158
34	六氢吡啶	24.7	120	85	硝基乙烷	25.4	126.1
35	甲苯	24	113	86	硝基甲烷	30	139
36	甲胺	42	58	87	萘	22.5	165
37	间甲酚	13	161.2	88	溴乙烷	31.6	90.2
38	对甲酚	11.5	160.5	89	溴苯	23.5	145.5
39	邻甲酚	20	161	90	碘乙烷	28	113.2
40	甲醇	17	93	91	茴香脑	13	158.1
41	甲酸甲酯	38.5	88	92	乙酸	17.1	116.5
42	甲酸乙酯	30.5	88.8	93	乙酸甲酯	34	90
43	甲酸丙酯	24	97	94	乙酸乙酯	27.5	92.4
44	丙胺	25.5	87.2	95	乙酸丙酯	23	97
45	对异丙基甲苯	12.8	121.2	96	乙酸异丁酯	16	97.2
46	丙酮	28	91	97	乙酸异戊酯	16.4	130.1
47	异丙醇	12	111.5	98	乙酸酐	25	129
48	丙醇	8.2	105.2	99	噻吩	35	121
49	丙酸	17	112	100	环己烷	42	86.7
50	丙酸乙酯	22.6	97	101	磷酰氯	26	125.2
51	丙酸甲酯	29	95				

附录 L　液体黏度共线图

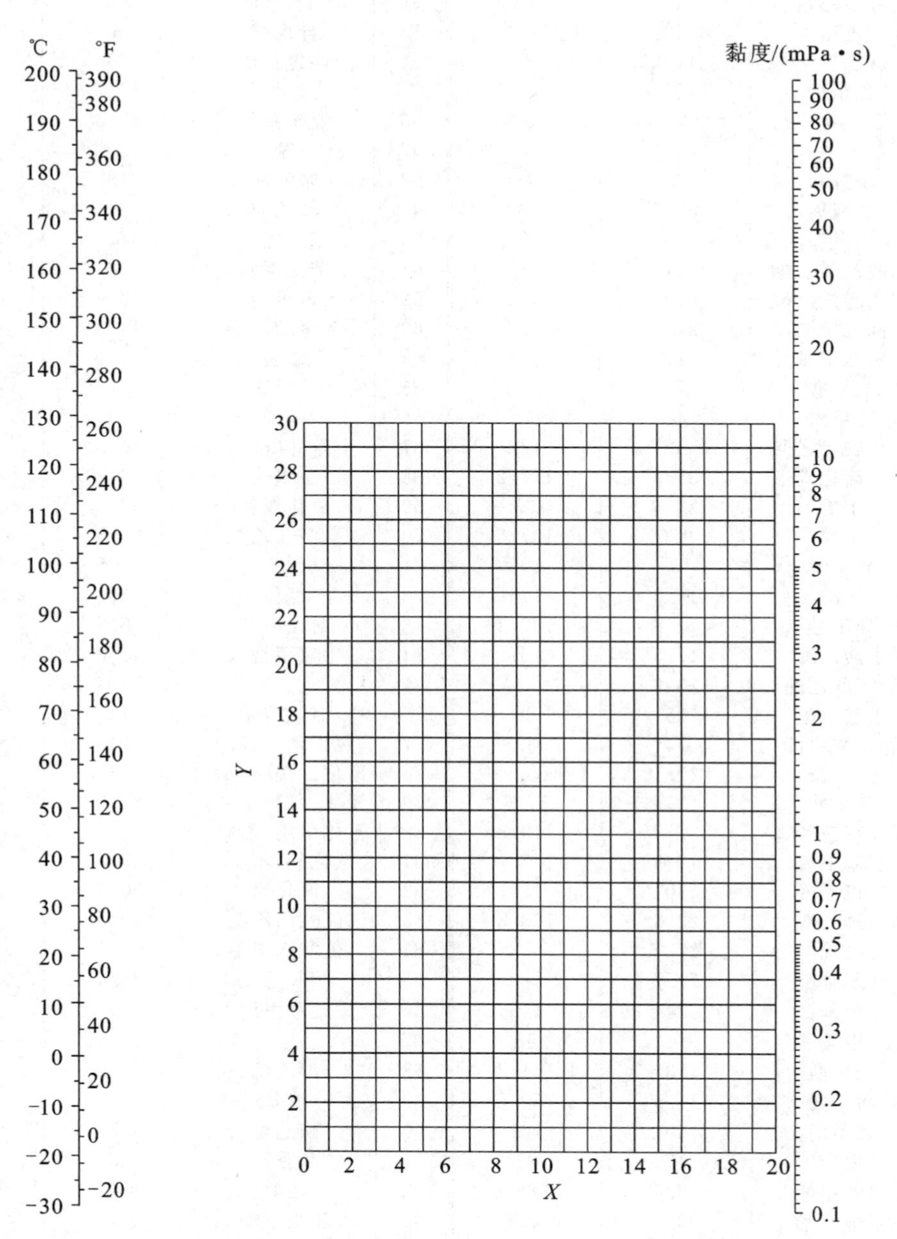

用法举例:求甲酸在 50 ℃ 时的黏度,从本表序号 52 查得甲酸的 $X=10.7$,$Y=15.8$。把这两个数值标在共线图 Y-X 坐标上的一点,把这点与图中左方温度标尺上 50 ℃ 的点连成直线,此直线与右方黏度标尺相交,定出甲酸在 50 ℃ 时的黏度。

液体黏度共线图坐标值

序号	液体名称	X	Y	序号	液体名称	X	Y
1	乙醛	15.2	14.8	41	乙酸乙酯	13.7	9.1
2	醋酸(100%)	12.1	14.2	42	乙醇(100%)	10.5	13.8
3	(70%)	9.5	17.0	43	(95%)	9.8	14.3
4	醋酸酐	12.7	12.8	44	(40%)	6.5	16.6
5	丙酮(100%)	14.5	7.2	45	乙苯	13.2	11.5
6	(35%)	7.9	15.0	46	溴乙烷	14.5	8.1
7	丙烯醇	10.2	14.3	47	氯乙烷	14.8	6.0
8	氨(100%)	12.6	2.0	48	乙醚	14.5	5.3
9	(26%)	10.1	13.9	49	甲酸乙酯	14.2	8.4
10	醋酸戊酯	11.8	12.5	50	碘乙烷	14.7	10.3
11	戊醇	7.5	18.4	51	乙二醇	6.0	23.6
12	苯胺	8.1	18.7	52	甲酸	10.7	15.8
13	苯甲醚	12.3	13.5	53	氟利昂-11	14.4	9.0
14	三氯化砷	13.9	14.5	54	氟利昂-12	16.8	5.6
15	苯	12.5	10.9	55	氟利昂-21	15.7	7.5
16	氯化钙溶液(25%)	6.6	15.9	56	氟利昂-22	17.2	4.7
17	氯化钠溶液(25%)	10.2	16.6	57	氟利昂-113	12.5	11.4
18	溴	14.2	13.2	58	甘油(100%)	2.0	30.0
19	溴甲苯	20	15.9	59	(50%)	6.9	19.6
20	乙酸丁酯	12.3	11.0	60	庚烷	14.1	8.4
21	丁醇	8.6	17.2	61	己烷	14.7	7.0
22	丁酸	12.1	15.3	62	盐酸(31.5%)	13.0	16.6
23	二氧化碳	11.6	0.3	63	异丁醇	7.1	18.0
24	二硫化碳	16.1	7.5	64	异丁酸	12.2	14.4
25	四氯化碳	12.7	13.1	65	异丙醇	8.2	16.0
26	氯苯	12.3	12.4	66	煤油	10.2	16.9
27	三氯甲烷	14.4	10.2	67	粗亚麻仁油	7.5	27.2
28	氯磺酸	11.2	18.1	68	水银	18.4	16.4
29	邻氯甲苯	13.0	13.3	69	甲醇(100%)	12.4	10.5
30	间氯甲苯	13.3	12.5	70	(90%)	12.3	11.8
31	对氯甲苯	13.3	12.5	71	(40%)	7.8	15.5
32	间甲酚	2.5	20.8	72	乙酸甲酯	14.2	8.2
33	环己醇	2.9	24.3	73	氯甲烷	15.0	3.8
34	二溴乙烷	12.7	15.8	74	丁酮	13.9	8.6
35	二氯乙烷	13.2	12.2	75	萘	7.9	18.1
36	二氯甲烷	14.6	8.9	76	硝酸(95%)	12.8	13.8
37	草酸乙酯	11.0	16.4	77	(60%)	10.8	17.0
38	草酸二甲酯	12.3	15.8	78	硝基苯	10.6	16.2
39	联苯	12.0	18.3	79	硝基甲苯	11.0	17.0
40	草酸二丙酯	10.3	17.7	80	辛烷	13.7	10.0

续表

序号	液体名称	X	Y	序号	液体名称	X	Y
81	辛醇	6.6	21.1	95	二氧化硫	15.2	7.1
82	五氯乙烷	10.9	17.3	96	硫酸(100%)	7.2	27.4
83	戊烷	14.9	5.2	97	(98%)	7.0	24.8
84	酚	6.9	20.8	98	(60%)	10.2	21.3
85	三溴化磷	13.8	16.7	99	二氯二氧化硫	15.2	12.4
86	三氯化磷	16.2	10.9	100	四氯乙烷	11.9	15.7
87	丙酸	12.8	13.8	101	四氯乙烯	14.2	12.7
88	丙醇	9.1	16.5	102	四氯化钛	14.4	12.3
89	溴丙烷	14.5	9.6	103	甲苯	13.7	10.4
90	氯丙烷	14.4	7.5	104	三氯乙烯	14.8	10.5
91	碘丙烷	14.1	11.6	105	松节油	11.5	14.9
92	钠	16.4	13.9	106	乙酸乙烯	14.0	8.8
93	氢氧化钠溶液(50%)	3.2	25.8	107	水	10.2	13.0
94	四氯化锡	13.5	12.8				

附录 M　气体黏度共线图(101.325 kPa)

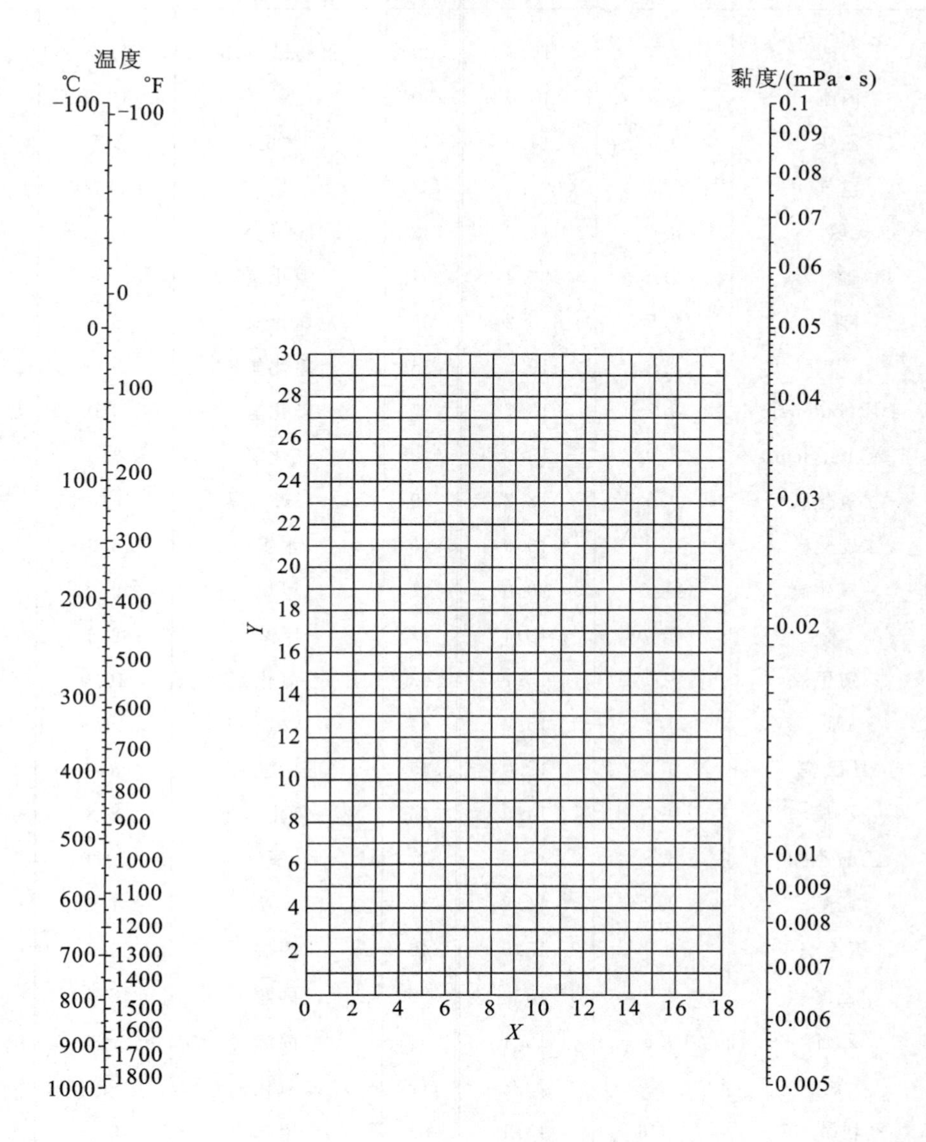

气体黏度共线图坐标值

序号	气体名称	X	Y	序号	气体名称	X	Y
1	乙酸	7.7	14.3	29	氟利昂-113	11.3	14.0
2	丙酮	8.9	13.0	30	氦	10.9	20.5
3	乙炔	9.8	14.9	31	己烷	8.6	11.8
4	空气	11.0	20.0	32	氢	11.2	12.4
5	氨	8.4	16.0	33	$3H_2+N_2$	11.2	17.2
6	氩	10.5	22.4	34	溴化氢	8.8	20.9
7	苯	8.5	13.2	35	氯化氢	8.8	18.7
8	溴	8.9	19.2	36	氰化氢	9.8	14.9
9	丁烯(butene)	9.2	13.7	37	碘化氢	9.0	21.3
10	丁烯(butylene)	8.9	13.0	38	硫化氢	8.6	18.0
11	二氧化碳	9.5	18.7	39	碘	9.0	18.4
12	二硫化碳	8.0	16.0	40	水银	5.3	22.9
13	一氧化碳	11.0	20.0	41	甲烷	9.9	15.5
14	氯	9.0	18.4	42	甲醇	8.5	15.6
15	三氯甲烷	8.9	15.7	43	一氧化氮	10.9	20.5
16	氰	9.2	15.2	44	氮	10.6	20.0
17	环己烷	9.2	12.0	45	五硝酰氯	8.0	17.6
18	乙烷	9.1	14.5	46	一氧化二氮	8.8	19.0
19	乙酸乙酯	8.5	13.2	47	氧	11.0	21.3
20	乙醇	9.2	14.2	48	戊烷	7.0	12.8
21	氯乙烷	8.5	15.6	49	丙烷	9.7	12.9
22	乙醚	8.9	13.0	50	丙醇	8.4	13.4
23	乙烯	9.5	15.1	51	丙烯	9.0	13.8
24	氟	7.3	23.8	52	二氧化硫	9.6	17.0
25	氟利昂-11	10.6	15.1	53	甲苯	8.6	12.4
26	氟利昂-12	11.1	16.0	54	2,3,3-三甲基丁烷	9.5	10.5
27	氟利昂-21	10.8	15.3	55	水	8.0	16.0
28	氟利昂-22	10.1	17.0				

附录N　液体比热容共线图

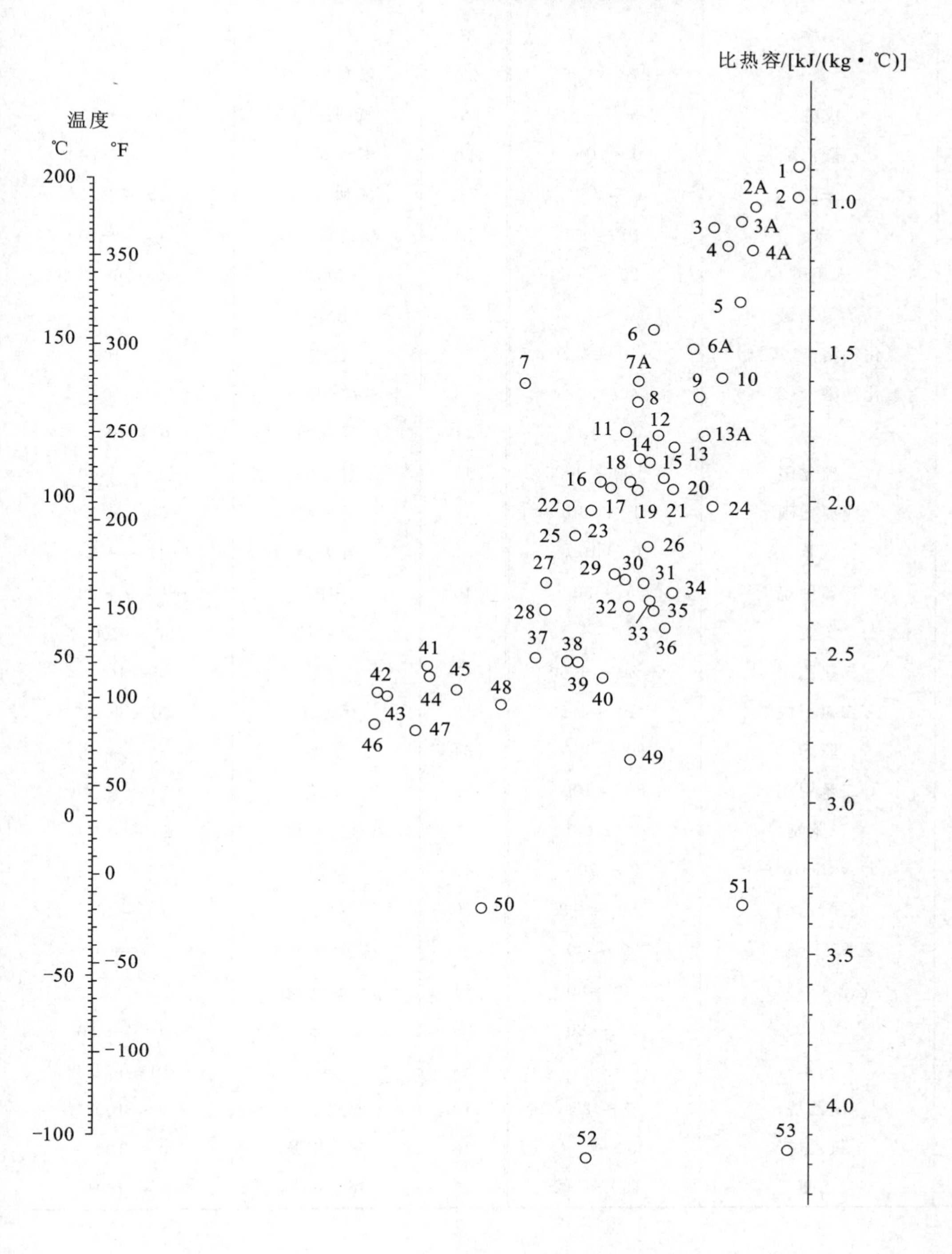

序号	液体	温度范围 /℃	序号	液体	温度范围 /℃
29	乙酸(100%)	0 ～ 80	7	碘乙烷	0 ～ 100
32	丙酮	20 ～ 50	39	乙二醇	－40 ～＋200
52	氨	－70 ～＋50	2A	氟利昂 -11	－20 ～＋70
37	戊醇	－50 ～＋25	6	氟利昂 -12	－40 ～＋15
26	乙酸乙酯	0 ～ 100	4A	氟利昂 -21	－20 ～＋70
30	苯胺	0 ～ 130	7A	氟利昂 -22	－20 ～＋70
23	苯	10 ～ 80	3A	氟利昂 -113	－40 ～＋20
27	苯甲醇	－20 ～＋30	38	三元醇	0 ～ 60
10	苯甲基氯	－30 ～＋30	28	庚烷	－80 ～＋20
49	氯化钙溶液(25%)	－40 ～＋20	35	己烷	20 ～ 100
51	氯化钠溶液(25%)	－40 ～＋20	48	盐酸(30%)	10 ～ 100
44	丁醇	0 ～ 100	41	异戊醇	0 ～ 100
2	二硫化碳	－100 ～＋25	43	异丁醇	－20 ～＋50
3	四氯化碳	10 ～ 60	47	异丙醇	－80 ～＋20
8	氯苯	0 ～ 100	31	异丙醚	－40 ～＋20
4	三氯甲烷	0 ～ 50	40	甲醇	－80 ～＋20
21	癸烷	－80 ～＋25	13A	氯甲烷	90 ～ 200
6A	二氯乙烷	－30 ～＋60	14	萘	0 ～ 100
5	二氯甲烷	－40 ～＋50	12	硝基苯	－50 ～＋125
15	联苯	80 ～ 120	34	壬烷	－50 ～＋25
22	二苯甲烷	80 ～ 100	33	辛烷	－30 ～＋140
16	二苯醚	0 ～ 200	3	过氯乙烯	－20 ～＋100
16	Dowtherm A	0 ～ 200	45	丙醇	－51 ～＋25
24	乙酸乙酯	－50 ～＋25	20	吡啶	10 ～ 45
42	乙醇(100%)	30 ～ 80	9	硫酸(98%)	－20 ～＋100
46	乙醇(95%)	20 ～ 80	11	二氧化硫	0 ～ 60
50	乙醇(50%)	20 ～ 80	23	甲苯	－10 ～＋60
25	乙苯	0 ～ 100	53	水	－10 ～＋200
1	溴乙烷	5 ～ 25	19	邻二甲苯	0 ～ 100
13	氯乙烷	－80 ～＋40	18	间二甲苯	0 ～ 100
36	乙醚	－100 ～＋25	17	对二甲苯	0 ～ 100

附录 O　气体比热容共线图(101.325 kPa)

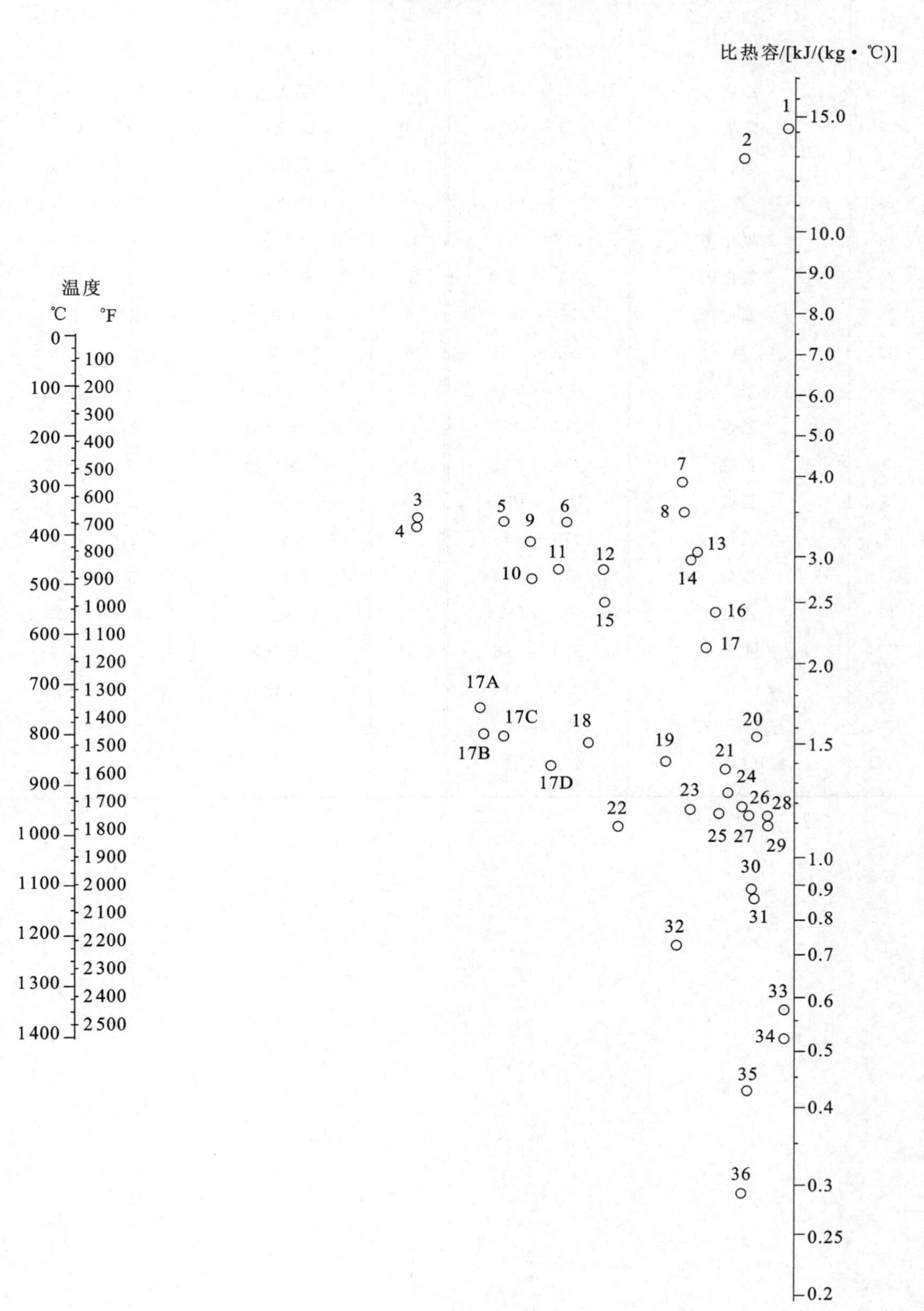

序号	气体	温度范围 /℃	序号	气体	温度范围 /℃
10	乙炔	273 ~ 473	1	氢	273 ~ 873
15	乙炔	473 ~ 673	2	氢	873 ~ 1673
16	乙炔	673 ~ 1673	35	溴化氢	273 ~ 1673
27	空气	273 ~ 1673	30	氯化氢	273 ~ 1673
12	氨	273 ~ 873	20	氟化氢	273 ~ 1673
14	氨	873 ~ 1673	36	碘化氢	273 ~ 1673
18	二氧化碳	273 ~ 673	19	硫化氢	273 ~ 973
24	二氧化碳	673 ~ 1673	21	硫化氢	973 ~ 1673
26	一氧化碳	273 ~ 1673	5	甲烷	273 ~ 573
32	氯	263 ~ 473	6	甲烷	573 ~ 973
34	氯	473 ~ 1673	7	甲烷	973 ~ 1673
3	乙烷	273 ~ 473	25	一氧化氮	273 ~ 973
9	乙烷	473 ~ 873	28	一氧化氮	973 ~ 1673
8	乙烷	873 ~ 1673	26	氮	273 ~ 1673
4	乙烯	273 ~ 473	23	氧	273 ~ 773
11	乙烯	473 ~ 873	29	氧	773 ~ 1673
13	乙烯	873 ~ 1673	33	硫	573 ~ 1673
17B	氟利昂 -11	273 ~ 423	22	二氧化硫	273 ~ 673
17C	氟利昂 -21	273 ~ 423	31	二氧化硫	673 ~ 1673
17A	氟利昂 -22	273 ~ 423	17	水	273 ~ 1673
17D	氟利昂 -113	273 ~ 423			

附录P　气体导热系数图

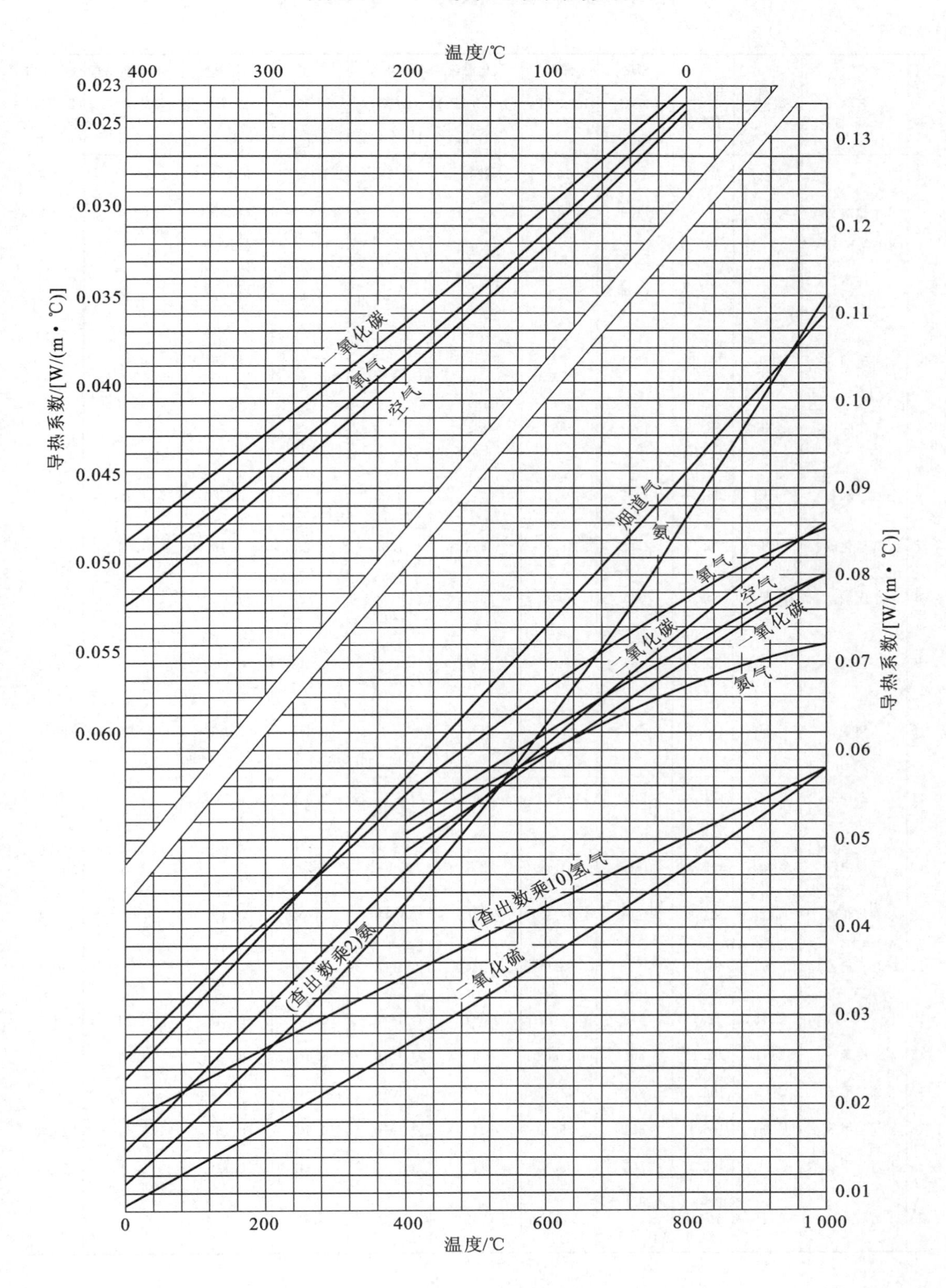

温度/℃
400
300
200
100
0
0.023
0.025
0.030
0.035
0.040
0.045
0.050
0.055
0.060
导热系数/[W/(m·℃)]
0.13
0.12
0.11
0.10
0.09
0.08
0.07
0.06
0.05
0.04
0.03
0.02
0.01
导热系数/[W/(m·℃)]
一氧化碳
氧气
空气
烟道气
氨
氧气
空气
二氧化碳
一氧化碳
氮气
(查出数乘10)氢气
(查出数乘2)氦
二氧化硫
0
200
400
600
800
1 000
温度/℃

附录Q 某些液体的物理性质

序号	名称	分子式	相对分子质量	密度(20 ℃)/(kg/m³)	沸点(101.3 kPa)/℃	汽化潜热(101.3 kPa)/(kJ/kg)	比热容(20 ℃)/[kJ/(kg·℃)]	黏度(20 ℃)/(mPa·s)	导热系数(20 ℃)/[W/(m·℃)]	体积膨胀系数×10³(20 ℃)/℃⁻¹	表面张力(20 ℃)/(mN/m)
1	水	H_2O	18.02	998	100	2258	4.183	1.005	0.599	0.182	72.8
2	盐水(25%NaCl)			1186(25 ℃)	107		3.39	2.3	0.57(30 ℃)	0.44	
3	盐水(25%$CaCl_2$)			1228	107		2.89	2.5	0.57	0.34	
4	硫酸	H_2SO_4	98.08	1831	340(分解)		1.47(98%)	23	0.38	0.57	
5	硝酸	HNO_3	63.02	1513	86	481.1		1.17(10 ℃)			
6	盐酸(30%)	HCl	36.47	1149			2.55	2(31.5%)	0.42	1.21	
7	二硫化碳	CS_2	76.13	1262	46.3	352	1.00	0.38	0.16	1.59	32
8	戊烷	C_5H_{12}	72.15	626	36.07	357.5	2.25(15.6 ℃)	0.229	0.113		16.2
9	己烷	C_6H_{14}	86.17	659	68.74	335.1	2.31(15.6 ℃)	0.313	0.119		18.2
10	庚烷	C_7H_{16}	100.20	684	98.43	316.5	2.21(15.6 ℃)	0.411	0.123		20.1
11	辛烷	C_8H_{18}	114.22	703	125.67	306.4	2.19(15.6 ℃)	0.540	0.131		21.8
12	三氯甲烷	$CHCl_3$	119.38	1489	61.2	254	0.992	0.58	0.138(30 ℃)	1.26	28.5(10 ℃)
13	四氯化碳	CCl_4	153.82	1594	76.8	195	0.850	1.0	0.12		26.8
14	1,2-二氯乙烷	$C_2H_4Cl_2$	98.96	1253	83.6	324	1.26	0.83	0.14(50 ℃)		30.8
15	苯	C_6H_6	78.11	879	80.10	394	1.70	0.737	0.148	1.24	28.6
16	甲苯	C_7H_8	92.13	867	110.63	363	1.70	0.675	0.138	1.09	27.9
17	邻二甲苯	C_8H_{10}	106.16	880	144.42	347	1.74	0.811	0.142		30.2
18	间二甲苯	C_8H_{10}	106.16	864	139.10	343	1.70	0.611	0.167	1.01	29.0
19	对二甲苯	C_8H_{10}	106.16	861	138.35	340	1.70	0.643	0.129		28.0
20	苯乙烯	C_8H_8	104.1	911(15.6 ℃)	145.2	(352)	1.733	0.72			

续表

序号	名称	分子式	相对分子质量	密度(20 ℃)/(kg/m³)	沸点(101.3 kPa)/℃	汽化潜热(101.3 kPa)/(kJ/kg)	比热容(20 ℃)/[kJ/(kg·℃)]	黏度(20 ℃)/(mPa·s)	导热系数(20 ℃)/[W/(m·℃)]	体积膨胀系数 ×10³(20 ℃)/℃⁻¹	表面张力(20 ℃)/(mN/m)
21	氯苯	C_6H_5Cl	112.56	1106	131.8	325	3.391	0.85	0.14 (30 ℃)		32
22	硝基苯	$C_6H_5NO_2$	123.17	1203	210.9	396	1.465	2.1	0.15		41
23	苯胺	$C_6H_5NH_2$	93.13	1022	184.4	448	2.068	4.3	0.174	0.85	42.9
24	酚	C_6H_5OH	94.1	1051 (50 ℃)	181.8 (熔点 40.9 ℃)	511		3.4 (50 ℃)			
25	萘	$C_{10}H_8$	128.17	1145 (固体)	217.9 (熔点 80.2 ℃)	314	1.805 (100 ℃)	0.59 (100 ℃)			
26	甲醇	CH_3OH	32.04	791	64.7	1101	2.495	0.6	0.212	1.22	22.6
27	乙醇	C_2H_5OH	46.07	789	78.3	846	2.395	1.15	0.172	1.16	22.8
28	乙醇(95%)			804	78.2			1.4			
29	乙二醇	$C_2H_4(OH)_2$	62.05	1113	197.6	800	2.349	23			47.7
30	甘油	$C_3H_5(OH)_3$	92.09	1261	290 (分解)			1499	0.59	0.53	63
31	乙醚	$(C_2H_5)_2O$	74.12	714	84.6	360	2.336	0.24	0.14	1.63	18
32	乙醛	CH_3CHO	44.05	783 (18 ℃)	20.2	574	1.88	1.3 (18 ℃)			21.2
33	糠醛	$C_5H_4O_2$	96.09	1160	161.7	452	1.59	1.15 (50 ℃)			48.5
34	丙酮	CH_3COCH_3	58.08	792	56.2	523	2.349	0.32	0.174		23.7
35	甲酸	$HCOOH$	46.03	1220	100.7	494	2.169	1.9	0.256		27.8
36	乙酸	CH_3COOH	60.03	1049	118.1	406	1.997	1.3	0.174	1.07	23.9
37	乙酸乙酯	$CH_3COOC_2H_5$	88.11	901	77.1	368	1.992	0.48	0.14 (10 ℃)		
38	煤油			780 ~ 820				3	0.15	1.00	
39	汽油			680 ~ 800				0.7 ~ 0.8	0.13 (30 ℃)	1.25	

附录 R　某些气体的物理性质

名称	化学符号	密度(0 ℃,101.3 kPa)/(kg/m³)	相对分子质量	比热容(20 ℃,101.3 kPa)/[kJ/(kg·K)]		$k=\frac{c_p}{c_V}$	黏度(0 ℃,101.3 kPa)/(μPa·s)	沸点(101.3 kPa)/℃	蒸发热(101.3 kPa)/(kJ/kg)	临界点		导热系数(0 ℃,101.3 kPa)/[W/(m·℃)]
				c_p	c_V					温度/℃	压力/MPa	
氮	N_2	1.2507	28.02	1.047	0.745	1.40	17.0	−195.78	199.2	−147.13	3.39	0.0228
氨	NH_3	0.771	17.03	2.22	1.67	1.29	9.18	−33.4	1 373	+132.4	11.29	0.0215
氩	Ar	1.7820	39.94	0.532	0.322	1.66	20.9	−185.87	162.9	−122.44	4.86	0.0173
乙炔	C_2H_2	1.171	26.04	1.683	1.352	1.24	9.35	−83.66(升华)	829	+35.7	6.24	0.0184
苯	C_6H_6		78.11	1.252	1.139	1.1	7.2	+80.2	394	+288.5	4.83	0.0088
丁烷(正)	C_4H_{10}	2.673	58.12	1.918	1.733	1.108	8.10	−0.5	386	+152	3.80	0.0135
空气		1.293	(28.95)	1.009	0.720	1.40	17.3	−195	197	−140.7	3.77	0.024
氢	H_2	0.08985	2.016	14.27	10.13	1.407	8.42	−252.754	454	−239.9	1.30	0.163
氦	He	0.1785	4.00	5.275	3.182	1.66	18.8	−268.85	19.5	−267.96	0.229	0.144
二氧化氮	NO_2		46.01	0.804	0.615	1.31		+21.2	711.8	+158.2	10.13	0.0400
二氧化硫	SO_2	2.867	64.07	0.632	0.502	1.25	11.7	−10.8	394	+157.5	7.88	0.0077
二氧化碳	CO_2	1.96	44.01	0.837	0.653	1.30	13.7	−782(升华)	574	+31.1	7.38	0.0137
氧	O_2	1.428 95	32	0.913	0.653	1.40	20.3	−182.98	213.2	−118.82	5.04	0.0240

续表

名　称	化学符号	密度(0 ℃, 101.3 kPa /(kg/m³)	相对分子质量	比热容(20 ℃,101.3 kPa)/[kJ/(kg·K)]		$k=\frac{c_p}{c_V}$	黏度(0 ℃, 101.3 kPa) /(μPa·s)	沸点 (101.3 kPa) /℃	蒸发热 (101.3 kPa) /(kJ/kg)	临界点		导热系数(0 ℃, 101.3 kPa) /[W/(m·℃)]
				c_p	c_V					温度 /℃	压力 /MPa	
甲烷	CH_4	0.717	16.04	2.223	1.700	1.31	10.3	−161.58	511	−82.15	4.62	0.0300
一氧化碳	CO	1.250	28.01	1.047	0.754	1.40	16.6	−101.48	211	−140.2	3.50	0.0226
戊烷(正)	C_5H_{12}		72.15	1.72	1.574	1.09	8.74	+36.08	360	+917.1	3.34	0.0128
丙烷	C_3H_8	2.020	44.1	1.863	1.650	1.13	7.95(18 ℃)	−42.1	427	+95.6	4.36	0.0148
丙烯	C_3H_6	1.914	42.08	1.633	1.436	1.17	8.35(20 ℃)	−47.7	440	+91.4	4.60	
硫化氢	H_2S	1.589	34.08	1.059	0.804	1.30	11.66	−60.2	548	+100.4	19.14	0.0131
氯	Cl_2	3.217	70.91	0.481	0.355	1.36	12.9(16 ℃)	−33.8	305.4	+144.0	7.71	0.0072
氯甲烷	CH_3Cl	2.308	50.49	0.741	0.582	1.28	9.89	−24.1	405.7	+148	6.69	0.0085
乙烷	C_2H_6	1.357	30.07	1.729	1.444	1.20	8.50	−88.50	486	+32.1	4.95	0.0180
乙烯	C_2H_4	1.261	28.05	1.528	1.222	1.25	9.85	−103.7	481	+9.7	5.14	0.0164

附录S　管子规格

附录 S-1　低压流体输送用焊接钢管　(单位:mm)

公称直径 DN	外径 D (通用系列)	最小公称壁厚 t	不圆度不大于	公称直径 DN	外径 D (通用系列)	最小公称壁厚 t	不圆度不大于
6	10.2	2.0	0.20	50	60.3	3.0	0.60
8	13.5	2.0	0.20	65	76.1	3.0	0.60
10	17.2	2.2	0.20	80	88.9	3.25	0.70
15	21.3	2.2	0.30	100	114.3	3.25	0.80
20	26.9	2.2	0.35	125	139.7	3.5	1.00
25	33.7	2.5	0.40	150	165.1	3.5	1.20
32	42.4	2.5	0.40	200	219.1	4.0	1.60
40	48.3	2.75	0.50				

注:摘自 GB/T 3091—2015。

附录 S-2　输送流体用无缝普通钢管　(单位:mm)

外径(通用系列)	壁厚		外径(通用系列)	壁厚		外径(通用系列)	壁厚	
	从	到		从	到		从	到
10(10.2)	0.25	3.5(3.6)	76(76.1)	1.0	20	406(406.4)	8.8(9.0)	100
13.5	0.25	4.0	89(88.9)	1.4	24	457	8.8(9.0)	100
17(17.2)	0.25	5.0	114(114.3)	1.5	30	508	8.8(9.0)	110
21(21.3)	0.40	6.0	140(139.7)	2.9(3.0)	36	610	8.8(9.0)	120
27(26.9)	0.40	7.0(7.1)	168(168.3)	3.5(3.6)	45	711	12(12.5)	120
34(33.7)	0.40	8.0	219(219.1)	6.0	55	813	20	120
42(42.4)	1.0	10	273	6.3(6.5)	85	914	25	120
48(48.3)	1.0	12(12.5)	325(323.9)	7.5	100	1016	25	120
60(60.3)	1.0	16	356(355.6)	8.8(9.0)	100			

注:① 壁厚系列有 0.25,0.30,0.40,0.50,0.60,0.80,1.0,1.2,1.4,1.5,1.6,1.8, 2.0, 2.2(2.3), 2.5(2.6), 2.8,(2.9) 3.0,3.2,3.5(3.6),4.0,4.5,5.0, (5.4)5.5,6.0, (6.3)6.5,7.0(7.1),7.5,8.0,8.5, (8.8)8.9,9.5,10,11,12(12.5), 13,14(14.2),15,16,17(17.5),18,19,20,22(22.2),24,25,26,28,30,32,34,36,38,40,42,45,48,50,55,60,65,70,75, 80,85,90,95,100,110,120,单位为 mm。

② 括号内尺寸为相应的 ISO4200 的规格。

③ 摘自 GB/T 17395—2008。

附录 S-3　钢管的外径允许偏差

钢管种类	外径允许偏差
热轧(扩)钢管	±1%D 或±0.5 mm,取其中较大者
冷拔(轧)钢管	±0.75%D 或±0.3 mm,取其中较大者

注:摘自 GB/T 8163—2018。

附录 S-4　热轧(扩)钢管壁厚允许偏差

钢管种类	钢管公称外径 D	S/D	壁厚允许偏差
热轧钢管	≤102		±12.5%S 或±0.4 mm,取其中较大者
	>102	≤0.05	±15%S 或±0.4 mm,取其中较大者
		0.05～0.10	±12.5%S 或±0.4 mm,取其中较大者
		>0.10	+12.5%S −10%S
热扩钢管			+17.5%S −12.5%S

注:摘自 GB/T 8163—2018。

附录 S-5　冷拔(轧)钢管壁厚允许偏差

钢管种类	钢管公称壁厚 S	允许偏差
冷拔(轧)钢管	≤3	+15%S −10%S　或±0.15 mm,取其中较大者
	3～10	+12.5%S −10%S
	>10	±10%S

注:摘自 GB/T 8163—2018。

附录 T　IS 型单级单吸离心泵性能表(摘录)

型号	转速 n /(r/min)	流量 Q /(m^3/h)	流量 Q /(L/s)	扬程 H /m	效率 η /(%)	功率/kW 轴功率	功率/kW 电机功率	必需汽蚀余量/m	质量/kg (泵/底座)
IS 50-32-125	2900	7.5	2.08	22	47	0.96	2.2	2.0	32/46
		12.5	3.47	20	60	1.13		2.0	
		15	4.17	18.5	60	1.26		2.5	
	1450	3.75	1.04	5.4	43	0.13	0.55	2.0	32/38
		6.3	1.74	5	54	0.16		2.0	
		7.5	2.08	4.6	55	0.17		2.5	
IS 50-32-160	2900	7.5	2.08	34.3	44	1.59	3	2.0	50/46
		12.5	3.47	32	54	2.02		2.0	
		15	4.17	29.6	56	2.16		2.5	

续表

型号	转速 n /(r/min)	流量 Q /(m³/h)	流量 Q /(L/s)	扬程 H /m	效率 η /(%)	功率/kW 轴功率	功率/kW 电机功率	必需汽蚀余量/m	质量/kg (泵/底座)
IS 50-32-160	1450	3.75	1.04	8.5	35	0.25	0.55	2.0	50/38
		6.3	1.74	8	4.8	0.29		2.0	
		7.5	2.08	7.5	49	0.31		2.5	
IS 50-32-200	2900	7.5	2.08	52.5	38	2.82	5.5	2.0	52/66
		12.5	3.47	50	48	3.54		2.0	
		15	4.17	48	51	3.95		2.5	
	1450	3.75	1.04	13.1	33	0.41	0.75	2.0	52/38
		6.3	1.74	12.5	42	0.51		2.0	
		7.5	2.08	12	44	0.56		2.5	
IS 50-32-250	2900	7.5	2.08	82	23.5	5.87	11	2.0	88/110
		12.5	3.47	80	38	7.16		2.0	
		15	4.17	78.5	41	7.83		2.5	
	1450	3.75	1.04	20.5	23	0.91	1.5	2.0	88/64
		6.3	1.74	20	32	1.07		2.0	
		7.5	2.08	19.5	35	1.14		3.0	
IS 65-50-125	2900	15	4.17	21.8	58	1.54	3	2.0	50/41
		25	6.94	20	69	1.97		2.5	
		30	8.33	18.5	68	2.22		3.0	
	1450	7.5	2.08	5.35	53	0.21	0.55	2.0	50/38
		12.5	3.47	5	64	0.27		2.0	
		15	4.17	4.7	65	0.30		2.5	
IS 65-50-160	2900	15	4.17	35	54	2.65	5.5	2.0	51/66
		25	6.94	32	65	3.35		2.0	
		30	8.33	30	66	3.71		2.5	
	1450	7.5	2.08	8.8	50	0.36	0.75	2.0	51/38
		12.5	3.47	8.0	60	0.45		2.0	
		15	4.17	7.2	60	0.49		2.5	
IS 65-40-200	2900	15	4.17	53	49	4.42	7.5	2.0	62/66
		25	6.94	50	60	5.67		2.0	
		30	8.33	47	61	6.29		2.5	
	1450	7.5	2.08	13.2	43	0.63	1.1	2.0	62/46
		12.5	3.47	12.5	55	0.77		2.0	
		15	4.17	11.8	57	0.85		2.5	

续表

型号	转速 n /(r/min)	流量 Q /(m^3/h)	流量 Q /(L/s)	扬程 H /m	效率 η /(%)	功率 /kW 轴功率	功率 /kW 电机功率	必需汽蚀余量 /m	质量 /kg (泵 / 底座)
IS 65-40-250	2900	15 25 30	4.17 6.94 8.33	82 80 78	37 50 53	9.05 10.89 12.02	15	2.0 2.0 2.5	82/110
	1450	7.5 12.5 15	2.08 3.47 4.17	21 20 19.4	35 46 48	1.23 1.48 1.65	2.2	2.0 2.0 2.5	82/67
IS 65-40-315	2900	15 25 30	4.17 6.94 8.33	127 125 123	28 40 44	18.5 21.3 22.8	30	2.5 2.5 3.0	152/110
	1450	7.5 12.5 15	2.08 3.47 4.17	32.2 32.0 31.7	25 37 41	6.63 2.94 3.16	4	2.5 2.5 3.0	152/67
IS 80-65-125	2900	30 50 60	8.33 13.9 16.7	22.5 20 18	64 75 74	2.87 3.63 3.98	5.5	3.0 3.0 3.5	44/46
	1450	15 25 30	4.17 6.94 8.33	5.6 5 4.5	55 71 72	0.42 0.48 0.51	0.75	2.5 2.5 3.0	44/38
IS 80-65-160	2900	30 50 60	8.33 13.9 16.7	36 32 29	61 73 72	4.82 5.97 6.59	7.5	2.5 2.5 3.0	48/66
	1450	15 25 30	4.17 6.94 8.33	9 8 7.2	55 69 68	0.67 0.79 0.86	1.5	2.5 2.5 3.0	48/46
IS 80-50-200	2900	30 50 60	8.33 13.9 16.7	53 50 47	55 69 71	7.87 9.87 10.8	15	2.5 2.5 3.0	64/124
	1450	15 25 30	4.17 6.94 8.33	13.2 12.5 11.8	51 65 67	1.06 1.31 1.44	2.2	2.5 2.5 3.0	64/46

续表

型号	转速 n /(r/min)	流量 Q /(m^3/h)	流量 Q /(L/s)	扬程 H /m	效率 η /(%)	功率/kW 轴功率	功率/kW 电机功率	必需汽蚀余量/m	质量/kg (泵/底座)
IS 80-50-250	2900	30 50 60	8.33 13.9 16.7	84 80 75	52 63 64	13.2 17.3 19.2	22	2.5 2.5 3.0	90/110
	1450	15 25 30	4.17 6.94 8.33	21 20 18.8	49 60 61	1.75 2.27 2.52	3	2.5 2.5 3.0	90/64
IS 80-50-315	2900	30 50 60	8.33 13.9 16.7	128 125 123	41 54 57	25.5 31.5 35.3	37	2.5 2.5 3.0	125/160
	1450	15 25 30	4.17 6.94 8.33	32.5 32 31.5	39 52 56	3.4 4.19 4.6	5.5	2.5 2.5 3.0	125/66
IS 100-80-125	2900	60 100 120	16.7 27.8 33.3	24 20 16.5	67 78 74	5.86 7.00 7.28	11	4.0 4.5 5.0	49/64
	1450	30 50 60	8.33 13.9 16.7	6 5 4	64 75 71	0.77 0.91 0.92	1	2.5 2.5 3.0	49/46
IS 100-80-160	2900	60 100 120	16.7 27.8 33.3	36 32 28	70 78 75	8.42 11.2 12.2	15	3.5 4.0 5.0	69/110
	1450	30 50 60	8.33 13.9 16.7	9.2 8.0 6.8	67 75 71	1.12 1.45 1.57	2.2	2.0 2.5 3.5	69/64
IS 100-65-200	2900	60 100 120	16.7 27.8 33.3	54 50 47	65 76 77	13.6 17.9 19.9	22	3.0 3.6 4.8	81/110
	1450	30 50 60	8.33 13.9 16.7	13.5 12.5 11.8	60 73 74	1.84 2.33 2.61	4	2.0 2.0 2.5	81/64

续表

型号	转速 n /(r/min)	流量 Q		扬程 H /m	效率 η /(%)	功率 /kW		必需汽蚀余量 /m	质量 /kg (泵 / 底座)
		/(m^3/h)	/(L/s)			轴功率	电机功率		
IS 100-65-250	2900	60 100 120	16.7 27.8 33.3	87 80 74.5	61 72 73	23.4 30.0 33.3	37	3.5 3.8 4.8	90/160
	1450	30 50 60	8.33 13.9 16.7	21.3 20 19	55 68 70	3.16 4.00 4.44	5.5	2.0 2.0 2.5	90/66

附录 U 4-72-11 型离心通风机规格(摘录)

机号	转速 n /(r/min)	全压系数	全压		流量系数	流量 /(m^3/h)	效率 /(%)	所需功率 /kW
			/mmH_2O	/Pa				
6C	2240	0.411	248	2432.1	0.220	15800	91	14.1
	2000	0.411	198	1941.8	0.220	14100	91	10.0
	1800	0.411	160	1569.1	0.220	12700	91	7.3
	1250	0.411	77	755.1	0.220	8800	91	2.53
	1000	0.411	49	480.5	0.220	7030	91	1.39
	800	0.411	30	294.2	0.220	5610	91	0.73
8C	1800	0.411	285	2795	0.220	29900	91	30.8
	1250	0.411	137	1343.6	0.220	20800	91	10.3
	1000	0.411	88	863.0	0.220	16600	91	5.52
	630	0.411	35	343.2	0.220	10480	91	1.51
10C	1250	0.434	227	2226.2	0.2218	41300	94.3	32.7
	1000	0.434	145	1422.0	0.2218	32700	94.3	16.5
	800	0.434	93	912.1	0.2218	26130	94.3	8.5
	500	0.434	36	353.1	0.2218	16390	94.3	2.3
6D	1450	0.411	104	1020	0.220	10200	91	4
	960	0.411	45	441.3	0.220	67200	91	1.32
8D	1450	0.44	200	1961.4	0.184	20130	89.5	14.2
	730	0.44	50	490.4	0.184	10150	89.5	2.06
16B	900	0.434	300	2942.1	0.2218	121000	94.3	127
20B	710	0.434	290	2844.0	0.2218	186300	94.3	190

附录V 常用浮头式(内导流)换热器的主要参数

DN/mm	N	n①		中心排管数		管程流通面积/m^2			A②/m^2							
		d				$d\times\delta_r$			L=3 m		L=4.5 m		L=6 m		L=9 m	
		19	25	19	25	19×2	25×2	25×2.5	19	25	19	25	19	25	19	25
325	2	60	32	7	5	0.0053	0.0055	0.0050	10.5	7.4	15.8	11.1				
	4	52	28	6	4	0.0023	0.0024	0.0022	9.1	6.4	13.7	9.7				
426	2	120	74	8	7	0.0106	0.0126	0.0116	20.9	16.9	31.6	25.6	42.3	34.4		
400	4	108	68	9	6	0.0048	0.0059	0.0053	18.8	15.6	28.4	23.6	38.1	31.6		
500	2	206	124	11	8	0.0182	0.0215	0.0194	35.7	28.3	54.1	42.8	72.5	57.4		
	4	192	116	10	9	0.0085	0.0100	0.0091	33.2	26.4	50.4	40.1	67.6	53.7		
600	2	324	198	14	11	0.0286	0.0343	0.0311	55.8	44.9	84.8	68.2	113.9	91.5		
	4	308	188	14	10	0.0136	0.0163	0.0148	53.1	42.6	80.7	64.8	108.2	86.9		
	6	284	158	14	10	0.0083	0.0091	0.0083	48.9	35.8	74.4	54.4	99.8	73.1		
700	2	468	268	16	13	0.0414	0.0464	0.0421	80.4	60.6	122.2	92.1	164.1	123.7		
	4	448	256	17	12	0.0198	0.0222	0.0201	76.9	57.8	117.0	87.9	157.1	118.1		
	6	382	224	15	10	0.0112	0.0129	0.0116	65.6	50.6	99.8	76.9	133.9	103.4		
800	2	610	366	19	15	0.0539	0.0634	0.0575			158.9	125.4	213.5	168.5		
	4	588	352	18	14	0.0260	0.0305	0.0276			153.2	120.6	205.8	162.1		
	6	518	316	16	14	0.0152	0.0182	0.0165			134.9	108.3	181.3	145.5		

续表

DN/mm	N	n①		中心排管数		管程流通面积/m²			A②/m²							
		d				$d\times\delta_r$			L=3 m		L=4.5 m		L=6 m		L=9 m	
		19	25	19	25	19×2	25×2	25×2.5	19	25	19	25	19	25	19	25
900	2	800	472	22	17	0.0707	0.0817	0.0741			207.6	161.2	279.2	216.8		
	4	776	456	21	16	0.0343	0.0395	0.0353			201.4	155.7	270.8	209.4		
	6	720	426	21	16	0.0212	0.0246	0.0223			186.9	145.5	251.3	195.6		
100	2	1006	606	24	19	0.0890	0.105	0.0952			260.6	206.6	350.6	277.9		
	4	980	588	23	18	0.0433	0.0509	0.0462			253.9	200.4	341.6	269.7		
	6	892	564	21	18	0.0262	0.0326	0.0295			231.1	192.2	311.0	258.7		
1100	2	1240	736	27	21	0.1100	0.1270	0.1160			320.3	250.2	431.3	336.8		
	4	1212	716	26	20	0.0536	0.0620	0.0562			313.1	243.4	421.6	327.7		
	6	1120	692	24	20	0.0329	0.0399	0.0362			289.3	235.2	389.6	316.7		
1200	2	1452	880	28	22	0.1290	0.1520	0.1380			374.4	298.6	504.3	402.2	764.2	609.4
	4	1424	860	28	22	0.0629	0.0745	0.0675			367.2	291.8	494.6	393.1	749.5	595.6
	6	1348	828	27	21	0.0396	0.0478	0.0434			347.6	280.9	468.2	378.4	709.5	573.4
1300	4	1700	1024	31	24	0.0751	0.0887	0.0804					589.3	467.1		
	6	1616	972	29	24	0.0476	0.0560	0.0509					560.2	443.3		

注:①排管数按正方形旋转 45°排列计算。

②计算换热面积时按光管及公称压力 2.5 MPa 的管板厚度确定。

参考文献

[1] 姚玉英，黄凤廉，陈常贵，等. 化工原理[M]. 2版. 天津：天津科学技术出版社，2009.

[2] 陈敏恒，丛德滋，方图南，等. 化工原理[M]. 3版. 北京：化学工业出版社，2006.

[3] 谭天恩，窦梅，周明华，等. 化工原理[M]. 3版. 北京：化学工业出版社，2006.

[4] 杨祖荣，刘丽英，刘伟. 化工原理[M]. 2版. 北京：化学工业出版社，2009.

[5] 柴诚敬. 化工原理[M]. 北京：高等教育出版社，2006.

[6] 钟理，伍钦，马四朋. 化工原理[M]. 北京：化学工业出版社，2008.

[7] 王志祥. 制药化工原理[M]. 北京：化学工业出版社，2005.

[8] 夏清，陈常贵. 化工原理[M]. 天津：天津大学出版社，2005.

[9] 祁存谦，丁楠，吕树申. 化工原理[M]. 2版. 北京：化学工业出版社，2009.

[10] 刘落宪. 中药制药工程原理与设备[M]. 北京：中国中医药出版社，2003.

[11] 何洪潮，冯宵. 化工原理[M]. 北京：科学出版社，2001.

[12] 钟秦，陈迁乔，王娟，等. 化工原理[M]. 北京：国防工业大学出版社，2001.

[13] 王志魁. 化工原理[M]. 2版. 北京：化学工业出版社，2005.

[14] 郑旭煦，杜长海. 化工原理[M]. 2版. 武汉：华中科技大学出版社，2016.

[15] 黄少烈，邹华生. 化工原理[M]. 北京：高等教育出版社，2002.

[16] 崔鹏，魏凤玉. 化工原理[M]. 2版. 合肥：合肥工业大学出版社，2007.

[17] 大连理工大学. 化工原理[M]. 北京：高等教育出版社，2002.

[18] 管国锋，赵汝溥. 化工原理[M]. 2版. 北京：化学工业出版社，2003.

[19] 姚玉英. 化工原理学习指南[M]. 天津：天津大学出版社，2003.

[20] 柴诚敬，夏清. 化工原理学习指南[M]. 北京：高等教育出版社，2007.

[21] 陈雪梅. 化工原理学习辅导与习题解答[M]. 武汉：华中科技大学出版社，2007.

[22] 何潮洪，南碎飞，安越，等. 化工原理习题精解[M]. 北京：科学出版社，2003.

[23] 杨嘉谟. 化工原理辅导与习题解析[M]. 武汉：华中科技大学出版社，2009.

[24] 冯孝庭. 吸附分离技术[M]. 北京：化学工业出版社，2001.

[25] 刘茉娥，等. 膜分离技术应用手册[M]. 北京：化学工业出版社，2001.

[26] 李宽宏. 膜分离过程及设备[M]. 四川：重庆大学出版社，1989.

[27] 丁渚潍，周理. 液体搅拌[M]. 北京：化学工业出版社，1983.

[28] 温瑞媛，严世强，江洪，等. 化学工程基础[M]. 北京：北京大学出版社，2002.

[29] 卓震. 化工容器及设备[M]. 北京：中国石化出版社，1998.

[30] 林爱光. 化学工程基础[M]. 北京：清华大学出版社，1999.